Áreas Importantes para a Conservação das Aves no Brasil

Parte I – Estados do Domínio da Mata Atlântica

Inclui áreas de Cerrado, Caatinga e Pampas

Organizadores
Glayson A. Bencke, Giovanni N. Maurício, Pedro F. Develey e Jaqueline M. Goerck

Compiladores e Editores Científicos
Glayson A. Bencke e Giovanni N. Maurício

Editoração
Sociedade para a Conservação das Aves do Brasil – SAVE Brasil

Colaboradores para a Redação dos Textos das IBAs
Fábio Olmos (PI, RN, PB)
Luís Fábio Silveira (BA)
Marcelo C. de Sousa (SE)
Pedro F. Develey (PE, BA, SP, PR, SC)
Priscila Napoli (BA)
Rafael G. Pimentel (BA, PR)
Sidnei S. Santos (BA)
Sônia A. Roda (PE)
Weber A. de G. Silva (CE)

Mapas
Rodrigo A. Balbueno

Apoio

Programa de IBAs: Museu de Ciências Naturais – Fundação Zoobotânica - RS - Brasil

Impressão: Rio Tinto

Programa do Brasil:

Birdfair – The British Birdwatching Fair

Forestry Bureau CoA, Taiwan

Ministerie van Buitenlandse Zaken

Realização

BirdLife International

SAVE Brasil

Citação recomendada/*Recommended citation*:
Bencke, G. A., G. N. Maurício, P. F. Develey & J. M. Goerck (orgs.). 2006. *Áreas Importantes para a Conservação das Aves no Brasil. Parte I – Estados do Domínio da Mata Atlântica.* São Paulo: SAVE Brasil.

Citação recomendada dos capítulos introdutórios (exemplo):
Wege, D. & J. M. Goerck. 2006. Áreas Importantes para a Conservação das Aves. Pp. 17-24 *in* G. A. Bencke, G. N. Maurício, P. F. Develey & J. M. Goerck (orgs.). *Áreas Importantes para a Conservação das Aves no Brasil. Parte I – Estados do Domínio da Mata Atlântica.* São Paulo: SAVE Brasil.

Recommended citation of introductory chapters (example):
Wege, D. & J. M. Goerck. 2006. *Important Bird Areas.* Pp. 25-31 *in* G. A. Bencke, G. N. Maurício, P. F. Develey & J. M. Goerck (orgs.). *Áreas Importantes para a Conservação das Aves no Brasil. Parte I – Estados do Domínio da Mata Atlântica.* São Paulo: SAVE Brasil.

Rua Fernão Dias, 219, conjunto 2, Pinheiros, 05427-010, São Paulo, SP, Brasil
Tel: 55 11 3815-2862

Ficha Catalográfica

Áreas importantes para a conservação das aves no Brasil : parte 1 – estados do domínio da Mata Atlântica. / organizadores Glayson A. Bencke, Giovanni N. Maurício, Pedro F. Develey e Jaqueline M. Goerck. São Paulo: SAVE Brasil, 2006.

494 p.

ISBN 85-99-808-01-X

1. Aves – Conservação – Brasil. 2. Áreas prioritárias – IBA. 3. Ornitologia – Aves – Mata Atlântica. 4. BirdLife International – SAVE Brasil I. Título.
A SAVE Brasil, Sociedade para a Conservação das Aves do Brasil, é uma associação da sociedade civil sem fins lucrativos, registrada no Brasil sob o CNPJ 07.117.000/0001-15

Layout e diagramação: Vitor´s Design S/C Ltda. ME
Impressão: Prol Editora Gráfica
Fontes: Arial (7,5/8/9/10/11/15/19 pt).

Disponível através da SAVE Brasil

SUMÁRIO/*CONTENTS*

PREFÁCIOS/*FOREWORDS*

Sua Alteza O Príncipe de Gales
His Royal Highness The Prince of Wales

CLARENCE HOUSE

The world faces an enormous challenge this millennium: to strike and maintain a balance between economic sustainability and the wise use of natural resources. In order to contribute positively towards this goal, BirdLife International is dedicated to the conservation of birds, their habitats and global biodiversity, working with people towards sustainability in the use of natural resources. The presence of BirdLife in more than a hundred countries throughout the world allows for a global perspective in the development of effective conservation strategies and tools. It is clear that some countries need greater efforts than others to achieve these aims. Brazil is, perhaps, one of the best examples: an extraordinarily diverse country with a developing economy, which faces continuous threats to its natural environment. All major environmental issues – particularly deforestation, desertification, carbon emissions, pollution, water management, habitat loss, climate change, overpopulation, overexploitation of natural resources - concern Brazil. Given its importance in terms of biodiversity and its size, the outcomes of decisions made now will undoubtedly have effects on the world as a whole.

To achieve sustainable biodiversity conservation in Brazil, much action is needed on the ground, at the local level. BirdLife's "Important Bird Areas" initiative identifies and conserves areas of global importance for bird and other biodiversity. Based on simple, but scientific and objective internationally-agreed criteria, it provides a framework to direct conservation efforts to where resources are limited and local action can provide global benefits. The publication of "Important Bird Areas in Brazil: Part I - Atlantic Forest Region" is an invaluable contribution to conservation in one of the most threatened regions of the world. What we do with and for these areas will determine our legacy for future generations.

Charles

Este livro chega em um momento importante porque ele trata o problema da extinção das espécies de aves em uma das áreas do mundo onde elas são mais vulneráveis, a Mata Atlântica no Brasil. A BirdLife International patrocinou a SAVE Brasil (Sociedade para a Conservação das Aves do Brasil) como parte de uma iniciativa global de identificação das áreas mais significativas para a diversidade das aves no mundo. A SAVE Brasil oferece este livro como parte de um conjunto que irá, eventualmente, compor um diretório universal das Áreas Importantes para a Conservação das Aves.

A informação exata de quais espécies estão sob ameaça de extinção e onde elas podem ser atualmente encontradas é de grande valia. É de extrema preocupação também. Devido à minha própria experiência durante a década de setenta no Rio Grande do Sul, eu senti grandes saudades ao relembrar muitas das minhas áreas preferidas com as imagens e os cantos de suas aves. No entanto, reconhecer que algumas das espécies comuns na época estão agora ameaçadas ou quase-ameaçadas de extinção entristece-me bastante.

Felizmente, o Brasil conta agora com mais de uma geração de ornitólogos e conservacionistas dedicados para trabalhar com essas questões. A eles nós devemos a informação contida neste livro. Através deles algumas das espécies ameaçadas serão salvas, o que não será fácil, pois a causa do declínio das populações, muitas vezes, não é clara ou, se conhecida, deve-se a problemas enraigados no comportamento e nas atividades da sociedade, que só serão mudados com muito esforço. Assim, a iniciativa de conservação só será bem-sucedida se aqueles que trabalham nas florestas, banhados e campos forem amplamente apoiados, em termos políticos e financeiros, pelos seus governos, pelo empresariado e pelos órgãos financiadores. Que todos se unam a esta causa!

I welcome this book because it attacks the problem of bird species extinction in one of the areas of the world where birds are most vulnerable, Brazil's Atlantic forest. BirdLife International has sponsored the organization of SAVE Brasil (Sociedade para a Conservação das Aves do Brasil) as part of a worldwide initiative to identify the globe's most significant centers of bird diversity. SAVE Brasil offers this volume as part of a set that will eventually provide a universal list of Important Bird Areas.

The precise information offered here, as to which species are in trouble and where they can be found, is invaluable. Some of it is also very disturbing. Because of my own experience during the 1970s in Rio Grande do Sul, I have felt great nostalgia as I recalled the many areas that were favorite haunts of mine and the sight and songs of their avian inhabitants. But to learn that some of the species common then are now on the endangered or semi-endangered lists has been very sobering.

Fortunately, Brazil now has more than a generation of dedicated ornithologists and conservationists to tackle these problems. To them we owe the information in this book. By them some of the endangered birds will be saved. This will not be easy, for the cause of decline is often unclear, or if clear it may be due to deeply-rooted human activity that will be very difficult to change. Thus the effort can only be successful if those working in the forests, swamps and fields are amply supported, politically and financially, by governments, businesses, and funding sources. May these rally to the cause!

William Belton
Membro Honorário/Member of Honour,
BirdLife International
Autor do livro/Author of "Aves do Rio Grande do Sul, distribuição e biologia"

O respeito à natureza e a preocupação com a sua conservação são, cada vez mais, assuntos de importância mundial. Atualmente, o setor produtivo tem voltado sua atenção para melhores práticas com os objetivos de minimizar o impacto ambiental e de promover o desenvolvimento sustentável. Muitas companhias já possuem uma agenda ambiental bem desenvolvida, trabalhando com parceiros para definir as opções para alcançar o desenvolvimento socioeconômico sem prejudicar o meio ambiente. Este é o caso da Rio Tinto, uma empresa comprometida com o equilíbrio entre desenvolvimento e conservação dos recursos naturais. No Brasil, onde a biodiversidade é enorme, este comprometimento tem ainda maior importância. O apoio a projetos de extrema relevância para a conservação da biodiversidade, como o livro "Áreas Importantes para a Conservação das Aves no Brasil", organizado pela BirdLife International-Programa do Brasil, reflete esta postura de respeito ao meio ambiente adotada pela Rio Tinto. A publicação deste livro representa um avanço importante na conservação das aves na Mata Atlântica, e trata-se de mais um resultado positivo da BirdLife no Brasil. No entanto, o trabalho não está concluído, e os desafios são enormes. A Rio Tinto está ciente do que precisa ser feito e conquistado com relação à conservação da biodiversidade no país e está trabalhando com esse objetivo, procurando o equilíbrio entre desenvolvimento e preservação ambiental.

Respect for the natural environment and concerns regarding its conservation are increasingly topics of global importance. Currently, the productive sector has turned its attention towards best-practices with the objective of minimizing environmental impact and of promoting sustainable development. Many companies already have a well defined environmental agenda, working together with partners to devise the best option to attain socioeconomic development without prejudicing the natural environment. This is the case of Rio Tinto, a corporation committed to balancing development with conservation of natural resources. In Brazil, a country of great biodiversity, this commitment carries even greater importance. The support to projects of extreme relevance for the conservation of biodiversity, such as this book "Important Bird Areas in Brazil", organized by the Brazil Programme of BirdLife International, reflects the attitude of respect for the environment adopted by Rio Tinto. The publication of this book represents an important advance in the conservation of the birds of the Atlantic Forests, and it is another positive achievement of BirdLife in Brazil. However, the work is not concluded, and the challenges are great. Rio Tinto is aware of what needs to be done and achieved in relation to biodiversity conservation in the country and is working towards this objective, by finding the balance between development and environmental preservation.

Andy Connor
Presidente/President
Rio Tinto Brasil

As aves são presença constante na cultura humana, a tal ponto que parece que sempre existiram, e que sempre existirão. Surgem na Bíblia antes do Homem ("*que os voadores voem sobre a terra*", Gênesis, 1, 20), e a ele sobrevivem ("*e todos os pássaros saciaram-se de suas carnes*", Apocalipse, 19, 21). No entanto, enfrentam no presente uma gama de ameaças que pode conduzi-las à extinção massiva dentro do horizonte histórico. Ainda que o mais visível desses fatores seja o das epidemias emergentes, que também ameaçam o Homem, há outro mais insidioso, que se configura na destruição de seus hábitats.

O programa "Áreas importantes para a conservação das aves" da *Birdlife International*, ao qual este livro se integra, é um dos mais notáveis trabalhos para o mapeamento e preservação dos hábitats e das populações de aves do mundo inteiro. A materialização de seus esforços neste volume dedicado à Mata Atlântica, no Brasil, é um importante somatório à luta pela salvação do que resta dessa floresta devastada pelo processo de ocupação desordenado.

O Museu de Ciências Naturais do Estado do Rio Grande do Sul sente-se extremamente orgulhoso de participar deste esforço. Dedicado ao estudo e conservação da biodiversidade de um estado que detém hoje não mais do que 4% da cobertura original da Mata Atlântica, o Museu estará sempre ao lado das organizações que lutam por um futuro ambientalmente melhor. Até para que sempre possa valer o verso de Mário Quintana, o mais terno dos poetas do Rio Grande do Sul:

Todos esses que aí estão
atravancando meu caminho,
eles passarão, eu passarinho.

Ney Gastal
Diretor-Executivo
Museu de Ciências Naturais
Fundação Zoobotânica do Rio Grande do Sul

AGRADECIMENTOS

Livros que reúnem dados de várias fontes sempre dependem do auxílio e colaboração de diversas pessoas para a sua realização. Este livro é, portanto, o produto da colaboração de muitos ornitólogos, pesquisadores, estudantes, conservacionistas, biólogos e amadores interessados na questão da conservação das aves e da biodiversidade como um todo. A generosidade dessas pessoas no fornecimento de informações não publicadas foi fundamental no processo de identificação das IBAs, garantindo assim, na medida do possível, que todas as áreas importantes fossem incluídas neste diretório. Sem esta ajuda, teríamos muitas lacunas na identificação de algumas das áreas mais importantes.

Gostaríamos de agradecer inicialmente a todos aqueles que disponibilizaram registros inéditos ou que forneceram informações que ajudaram a definir ou caracterizar as áreas: Sônia Aline Roda, Weber A. de Girão e Silva, José Fernando Pacheco, Pedro Cerqueira Lima, Carlos Yamashita, Sidnei Sampaio dos Santos, Bret M. Whitney, Luís Fábio Silveira, Bianca Luiza Reinert, Ricardo Parrini, Fábio Olmos, Maria Martha Argel-de-Oliveira, Ana Cristina Venturini, Pedro Rogerio de Paz, Cláudia Bauer, Marcelo Ferreira de Vasconcelos, Rômulo Ribon, Marcos Ricardo Bornschein, Eduardo Carrano, Mauro Pichorim, Rachel M. Lyra Neves, Severino Mendes de Azevedo Jr., Wallace R. Telino Jr., A. Galileo Coelho, Jan Karel F. Mähler Jr., Leonardo Vianna Mohr, Scherezino Barbosa Scherer, Rafael Antunes Dias, Juliana B. Almeida, Claiton Martins Ferreira, Paulo Martuscelli, Douglas Stotz, Marcelo Cardoso de Sousa e Vítor de Queiroz Piacentini. Dados inéditos dos organizadores Glayson A. Bencke, Giovanni N. Mauricio e Pedro F. Develey também foram utilizados na elaboração deste diretório.

A compilação inicial das informações foi baseada em diversas publicações e estudos, incluindo os resultados dos *workshops* de conservação da biodiversidade do Cerrado e Pantanal e da Mata Atlântica e Campos Sulinos (Conservation International-Brasil, Fundação Biodiversitas, Funatura, Ministério do Meio Ambiente), cujas bases de dados foram disponibilizadas pelas instituições promotoras, às quais somos gratos. O Instituto Sócio Ambiental, a Rede de ONGs da Mata Atlântica e a Sociedade Nordestina de Ecologia disponibilizaram o CD com a base digital de remanescentes da Mata Atlântica (Dossiê Mata Atlântica 2001). Agradecemos a B. L. Reinert, B. M. Whitney, C. Yamashita, Claudia T. Schaalmann, F. Olmos, J. F. Pacheco, L. F. Silveira, Luiz Fernando de Andrade Figueiredo, M. C. de Sousa, M. F. de Vasconcelos, M. M. A. de Oliveira, P. C. Lima, R. M. L. Neves e S. A. Roda pela participação no *workshop* organizado pela BirdLife em outubro de 2002 para discutir, juntamente com os organizadores deste livro, as IBAs propostas até o momento. A reunião ocorreu na sede do Comitê Nacional da Reserva da Biosfera da Mata Atlântica em São Paulo, gentilmente cedida por Clayton F. Lino.

Vários colegas disponibilizaram artigos científicos, documentos técnicos ou informações da literatura, e agradecemos a David Wege, Luiz dos Anjos, J. F. Pacheco, C. Bauer, M. F. de Vasconcelos, R. A. Dias, Fernando Costa Straube, A. G. Coelho, L. F. de A. Figueiredo, C. T. Schaalmann, Alexander Christianini, Carla Suertegaray Fontana, Carlos Eduardo Zimmermann, M. R. Bornschein e F. Olmos. Diversos fotógrafos cederam suas fotos para ilustrar o livro e somos gratos a Adriano Becker, R. A. Dias, Tomaz Vital Aguzzoli, P. C. Lima, Ciro Albano, P. R. de Paz e Jaqueline M. Goerck. As ilustrações que acompanham as páginas introdutórias na maioria dos estados (PI, CE, RN, PB, BA, MG, ES, RJ, SP, PR, SC) foram cedidas por Josep del Hoyo e são provenientes da série "Handbook of the Birds of the World", publicada pela Lynx Edicions. A British Birdwatching Fair cedeu a ilustração para um estado (AL), e a BirdLife possuía em seu acervo as ilustrações utilizadas em três estados (PE, SE, RS).

A equipe da BirdLife International no Brasil, em Cambridge e em Quito, bem como diversos representantes nacionais, atenderam aos nossos pedidos de auxílio e sempre nos forneceram as informações necessárias prontamente. Somos gratos a: Brasil – Priscila Napoli, Andre C. De Luca (voluntário), Rafael G. Pimentel (voluntário), Fábio Olmos, Patricia Ruggiero e Adriano C. Ferreira; Cambridge – David Wege, Adrian Long, Jonathan Stacey, Richard Thomas, Ed Parnell, Mich Herrick, Gina Pfaff, Peter Herkenrath, Nigel Collar, Lincoln Fishpool, Mike Rands, Gilly Banks, Marco Lambertini, Beverley Childs, Jonathan Ekstrom e John Sherwell; Quito – Ian Davidson, Angélica Estrada, Kerem Boyla, Rob Clay, Itziar Olmedo, David Díaz; e Aves Argentinas – Andrés Bosso e Adrián S. Di Giacomo. Os colegas responsáveis pela implementação do programa de IBAs no Uruguai e na Argentina, Adrián Azpiroz e Adrián Di Giacomo, sempre ofereceram estímulo, companheirismo e possibilitaram o intercâmbio de idéias. A editoração da versão em inglês dos capítulos iniciais contou com a participação especial e voluntária de Nick Langley para os capítulos 1, 2 e 3 e de Nigel Varty para os capítulos 4 e 5. Éverton Luís Luz de Quadros elaborou o mapa dos biomas que aparece no capítulo 4. A editoração do livro como um todo contou com o auxílio incansável de Priscila Napoli.

Alguns indivíduos e instituições foram fundamentais na viabilização deste projeto. Eduardo Vélez Martin, ex-Diretor Executivo do Museu de Ciências Naturais (MCN) da Fundação Zoobotânica do Rio Grande do Sul (FZB), forneceu o apoio e acolheu com entusiamo a idéia de uma cooperação técnica com a BirdLife International – Programa do Brasil que permitiu a dedicação de Glayson A. Bencke à elaboração deste livro. A atual Direção Executiva do MCN e a Presidência da FZB apoiaram esta iniciativa. O financiamento do Programa do Brasil da BirdLife International ao longo desses anos contou, principalmente, com o apoio das seguintes instituições: British Birdwatching Fair (com auxílio de Martin Davids e Tim Appleton), Forestry Bureau – Council of Agriculture of Taiwan, e Ministerie van Buitenlandse Zaken; e da generosidade de alguns indivíduos a quem somos extremamente gratos: Ken Berlin (doação realizada através da American Bird Conservancy), Ben Olewine, Stephen Rumsey (através da Wetlands Trust) e Tasso Leventis (através da A P Leventis Foundation). A Rio Tinto disponibilizou os recursos necessários para a impressão do livro.

Como o objetivo principal deste livro é a conservação das IBAs e de suas espécies, gostaríamos de agradecer a todos os financiadores de projetos que viabilizaram nossa atuação nessas áreas (em ordem alfabética): American Bird Conservancy, Beneficia Foundation, British Birdwatching

Fair, British Petroleum, Chester Zoological Garden, Clothworkers Foundation, Conservation International, Council of Agriculture-Forestry Bureau-Taiwan, Critical Ecosystem Partnership Fund, Disney Wildlife Conservation Fund, Dutch Ministry of Foreign Affairs-Development Cooperation (DGIS), European Union, Flemish Government, Funbio, Fundação o Boticário de Proteção à Natureza, Garfield Foundation, Global Conservation Fund, Global Environmental Facility, Helmut Sick Fund, Jensen Foundation, Marshall-Reynolds Foundation, Natuurpunt e BirdLife Belgium, NC-IUCN, Netherlands Postcode Lottery, NMBCA/USFWS, Oregon State University, Overbrook Foundation, Rainforest Action Fund, Royal Zoological Society of Scotland-Edinburgh Zoo, RSPB, Wildfowl and Wetlands Trust, World Pheasant Association, WWF-US e ZGAP; bem como o auxílio de diversos indivíduos: Albert e Nancy Boggess, Eric Carp, J. J. Childs, Barbara DeWitt, John Drummond, Eleanor Forrester, John Mitchell, Alan Keith, Andy Lazere, Patrícia O'Neill, Ben Olewine, Nigel Simpson, Byron Swift, Steve e Britt Thal, e Minturn T. Wright III.

Agradecemos ainda às ONGs parceiras que atuam conosco nas IBAs: Amane, Aquasis, Iesb, Pingo d'Água e SNE e ao trabalho incansável de Gabriel R. dos Santos, Maria das Dores de Vasconcelos Melo, Weber A. de G. e Silva, Edson R. Luiz, José Oscar Machado, Sidnei Sampaio dos Santos e todos os colegas destas e de outras instituições atuantes na conservação das áreas prioritárias.

Outros pesquisadores contribuíram com informações que nos auxiliaram a entender o andamento das pesquisas científicas e de conservação em ornitologia, ou trabalharam como voluntários na compilação de informações e agradecemos a: Iury Accordi, Alexandre Aleixo, Lisiane Becker, Robin Le Breton, Frederick Brammer, Alexandre Camargo Martensen, Paulo Cordeiro, Eduardo Dias Forneck, Caio Graco M. dos Santos, Ericka M. de Matos, Suzana M. Padua, Maria Virginia Petry, Paulo A. Pizzi, Rui Rocha, José Eduardo Simon, Elenise Angelotti Sipinski, Angelica Uejima, Djalma Weffort e Carlos Eduardo Zimmerman.

APRESENTAÇÃO

O Programa do Brasil da BirdLife International teve início no ano de 2000, após a revisão de um estudo preliminar apontar a necessidade de ações imediatas em determinadas áreas, para evitar a extinção de espécies de aves criticamente ameaçadas. Na ocasião, apesar do enorme desafio que isso representava, a BirdLife investiu na preservação de áreas como Murici, em Alagoas, e Boa Nova, na Bahia, há muito reconhecidas como áreas-chaves para a conservação de aves na Região Neotropical. Ao mesmo tempo incluiu em sua pauta de ação inicial outras áreas até então desconhecidas do público em geral, como a Serra das Lontras, na Bahia. No entanto, desde o início do programa, ficou clara a necessidade de reavaliar quais eram as áreas com maior importância para a conservação das aves e da biodiversidade como um todo. Contando com recursos limitados, tanto humanos quanto financeiros, este estudo só foi viabilizado por meio de uma parceria entre a BirdLife International-Programa do Brasil e a Fundação Zoobotânica do Rio Grande do Sul, através do seu Museu de Ciências Naturais. Como resultado dessa parceria, teve início em 2001 a identificação das Áreas Importantes para a Conservação das Aves (*Important Bird Areas* – IBAs) no Brasil, com a aplicação dos critérios globais estabelecidos e adotados pela aliança BirdLife em todo o mundo.

Novamente, a necessidade de ações a curto prazo em determinadas regiões, devido às ameaças observadas, levou a uma decisão pragmática. Optou-se por dividir o Brasil em duas "partes": 1 – os estados que compõem o Domínio da Mata Atlântica, incluindo porções de Cerrado, Caatinga e Pampa, e 2 – os estados que compõem os domínios de Cerrado, Pantanal e Amazônia. A prioridade de ação recaiu sobre a parte 1, à qual este livro se refere, pois é aí que estão atualmente as maiores ameaças à avifauna e à biodiversidade em geral, e sobre a qual existe um maior número de informações acessíveis. Dados sobre a Amazônia e o Cerrado ainda são escassos e o processo de identificação de IBAs nessas regiões, embora planejado para ocorrer num futuro próximo, demandará recursos que ainda não estão disponíveis.

A tarefa de identificar as IBAs nos estados do Domínio da Mata Atlântica constituiu um desafio, devido à falta de inventários e informações atualizadas sobre muitas áreas. Os critérios de identificação de IBAs foram seguidos à risca tanto quanto possível, mas definições dessa natureza não podem cobrir todas as possibilidades. Assim sendo, as desigualdades entre as regiões quanto à disponibilidade de informações e a falta generalizada de dados quantitativos sobre as espécies (importantes sobretudo para embasar a aplicação dos critérios das categorias A1 e A4) exigiu que a subjetividade fosse usada, em alguns casos, em grau maior do que seria desejável no julgamento das áreas. Essas limitações tiveram que ser compensadas pelo bom senso na aplicação dos critérios, sem jamais perder de vista a necessidade de objetividade e de padronização que o exercício de identificação de IBAs exige.

Um grande esforço foi feito para reunir o maior número possível de informações e registros de ocorrência para cada área, de modo a se obter um quadro o mais próximo possível da realidade sobre a representatividade das espécies de interesse no sistema de IBAs. Os dados obtidos por consulta às fontes publicadas ou de domínio público foram complementados com informações inéditas fornecidas por um grande número de pesquisadores brasileiros e estrangeiros que colaboraram com o programa (esses pesquisadores são relacionados nos Agradecimentos). Assim sendo, o resultado deste livro reflete não só o trabalho de compilação feito por algumas poucas pessoas, mas também (e principalmente) o esforço realizado por numerosos pesquisadores ao longo das últimas décadas, através do qual foi possível construir o conhecimento hoje existente sobre as aves da Mata Atlântica e dos biomas vizinhos. Foi dada especial atenção à qualidade da informação disponível. Sempre que necessário, a validade dos dados foi checada antes de sua utilização, visando não perpetuar registros de ocorrência errôneos ou altamente improváveis, que poderiam produzir um panorama distorcido sobre a representatividade de algumas espécies no sistema de IBAs.

O livro é dividido em duas partes – a primeira composta de capítulos de contextualização do estudo tanto com relação ao trabalho da BirdLife International e do Programa de IBAs de uma maneira geral bem como da importância desta informação para a conservação no Brasil. A primeira parte consiste ainda na descrição da metodologia e dos resultados encontrados. A segunda parte contém o diretório de áreas propriamente dito, com informações sobre todas as IBAs identificadas e a avifauna ameaçada presente em cada uma delas. A primeira parte é apresentada em português e inglês, enquanto as informações sobre as IBAs são apresentadas apenas em português.

Uma preocupação constante da BirdLife em todas as fases do programa foi a de que o presente diretório não deveria se tornar apenas mais um exercício de identificação de áreas prioritárias para a conservação, mas deveria ter um sentido pragmático, apontando não só quais áreas apresentam importância global para as aves, mas também que a conservação dessas áreas depende de vários atores, incluindo o poder público, os órgãos ambientais e a sociedade civil. Ou seja, a conservação das IBAs pode (e deve) ser realizada por uma rede de pessoas e instituições conscientes da importância dessas áreas. Esta prática tem funcionado em outros países onde as IBAs foram identificadas e divulgadas.

No entanto, algumas áreas consideradas insubstituíveis por conterem a maior parte da população de uma ou mais espécies que estão na iminência de desaparecer encontram-se em uma situação crítica e continuam sofrendo agressões diretas (captura ilegal, caça) ou indiretas (destruição do ambiente). Por esta razão, a BirdLife International-Programa do Brasil identificou, seguindo critérios práticos, áreas prioritárias para atuar a curto prazo. Estabeleceu-se como meta de trabalho a atuação imediata em 10% das IBAs identificadas. Estas IBAs foram escolhidas principalmente por serem áreas com cobertura vegetal extremamente reduzida e, até então, negligenciadas por outras instituições públicas ou privadas. A maioria delas é extremamente problemática sob o ponto de vista da conservação. Mas é justamente nessas áreas que as espécies mais ameaçadas vivem e, sem uma intervenção imediata, elas correm o risco real e imediato de extinção. O esforço da BirdLife trouxe uma renovada atenção a algumas dessas áreas, o que levou ao decreto de criação da Estação Ecológica de Murici, em 2001, e ao reconhecimento de determinadas áreas como sendo de extrema relevância para a conservação (Serra das Lontras e Boa Nova). Trouxe também uma nova esperança de sobrevivência para algumas das espécies mais ameaçadas no mundo – o Brasil é um dos países com maior diversidade no planeta e o país com o maior número de espécies de aves ameaçadas.

A necessidade de ações nas IBAs prioritárias levou à criação de uma entidade nacional, a Sociedade para a Conservação das Aves do Brasil, SAVE Brasil, para facilitar a implementação das atividades e o estabelecimento de novas parcerias com outras entidades nacionais com atuação local. Atualmente, a BirdLife/SAVE Brasil conta com cinco instituições parceiras locais para a execução de projetos desenvolvidos em conjunto em sete IBAs. Além disso, possui projetos em fase inicial em outras três IBAs e pretende, ainda em 2006, dar início aos trabalhos em mais duas IBAs, somando 12 das 16 IBAs prioritárias. O inventário das *Áreas Importantes para a Conservação das Aves no Brasil. Parte I – Estados do Domínio da Mata Atlântica* é, portanto, uma ferramenta útil na definição de prioridades de ação e pode ser utilizado como referência para futuros estudos e trabalhos de conservação pela comunidade como um todo.

Os organizadores

PRESENTATION

BirdLife International initiated a Country Programme in Brazil in 2000, after results from a preliminary study showed the need of immediate action in certain areas to avoid the extinction of Critically Endangered species of birds. Despite the enormous challenge this represented, BirdLife invested in the conservation of areas like Murici, in the state of Alagoas, and Boa Nova, in Bahia, long recognised as key-areas for birds in the Neotropics. At the same, investments were made in poorly-known areas, like Serra das Lontras, also in Bahia. In addition, since the beginning, the need to re-evaluate which areas were of greatest relevance for bird and biodiversity conservation was apparent. With limited financial and human resources, this study was enabled through a partnership between BirdLife International-Programa do Brasil and Fundação Zoobotânica do Rio Grande do Sul, through its Museum of Natural Sciences (*Museu de Ciências Naturais*). As a result from this partnership, the identification of Brazil's Important Bird Areas (IBAs) initiated in 2001, following global criteria established and adopted by the BirdLife partnership worldwide.

Again, the need for short-term action in certain regions, due to the threats observed, lead to a pragmatic division of Brazil: Part 1 – the Atlantic Forest Domain States, including portions of *Cerrado, Caatinga,* and Pampas, and Part 2 – States that compose the Domains of *Cerrado*, Pantanal and the Amazon. The former was identified as the priority because the greatest threats are there, but also because a large amount of information is available from that region. This book refers to the region encompassed in Part 1. Data from the Amazon and the *Cerrado* are still scarce and the process of IBA identification in these biomes, although planned for the near future, demands resources that are not available yet.

The identification of IBAs in the states of the Atlantic Forest Domain represented a challenge, due to the lack of inventories and current information of many areas. The criteria of IBA identification were followed as closely as possible, but definitions of this nature can never address all possibilities. Thus, inequalities among regions due to the unavailability of information and the generalised lack of quantitative data for species (important to apply A1 and A4 criteria) demanded, in some cases, a certain degree of subjectivity, perhaps greater than desired, in judging the selection of the areas. These limitations were compensated by common-sense in the application of the criteria, without ever losing objectivity and always following the patterns necessary in the IBA identification process.

A great effort was made to gather the largest possible number of records and for each area to achieve, as close as possible, a real picture of the representativeness of species of interest in the IBA scheme. Data obtained through the various published sources or of public domain were always complemented by unpublished information offered by a large number of Brazilian and foreign researchers that collaborated with the programme (names are listed in the Acknowledgements). Thus, the results of this book reflect not only the compilation effort done by few, but also (and principally) the effort of decades of work by numerous researchers, through which the current knowledge of the avifauna of the Atlantic Forest and the nearby biomes was constructed. Special attention was given to the quality of the available information. As often as necessary, the validity of the data was checked prior to its utilisation, to avoid perpetuation of erroneous records or those that were highly improbable, which could produce a distorted picture of the representation of some species in the IBA system.

The book is divided in two parts – the first is composed of chapters that place the study in context in relation to the work of BirdLife International and the IBA Programme as a whole, as well as the importance of this information for conservation in Brazil. The first part consists also in the description of the methodology and the results encountered. The second part contains the IBA accounts, with information on all identified IBAs and the threatened birds present in each one of them. The first part is presented in both, Portuguese and English, while the information on the IBAs is presented only in Portuguese.

A constant worry of BirdLife during all phases of the programme was that this directory should not become yet another exercise in the identification of priority areas for conservation, but that it should be pragmatic, pointing out not only the areas of global importance for birds but also that the conservation of these areas depends on various stakeholders, including the public sector, environmental institutes, and the civil society. That is, the conservation of the IBAs may (and should) be undertaken by a network of people and institutions aware of the importance of these areas. This strategy is working in other countries where IBAs have been identified and information on them disseminated.

Some areas are considered irreplaceable as they contain the largest portion of the population of one or more species whose extinction is imminent. These areas are in a critical situation and the avifauna they contain continues to suffer from direct (illegal capture for the pet trade, hunting) or indirect (degradation and destruction of the environment) activities. Therefore, BirdLife International-Programa do Brasil identified, following practical criteria, priority areas for action in the short-term. As an operational target, conservation work would target 10% of the identified IBAs. These IBAs were selected because their vegetation cover is extremely reduced and because, up until recently, they had been neglected by other public and private institutions. But it is precisely in these areas that some of the most threatened species survive and, without immediate intervention, they are under a clear and present danger of extinction. BirdLife's efforts brought renewed attention to some of these areas, which led to the creation of the Murici Ecological Station in 2001, and the recognition of certain areas as being of extreme relevance for conservation (Serra das Lontras and Boa Nova). It also brought a renewed hope for survival for some of the most threatened species in the world – Brazil is one of the countries with the largest diversity in the planet, and it is also the country with the greatest number of threatened birds in the world.

The need for actions at the priority IBAs led to the creation of a national entity, the Society for the Conservation of Birds in Brazil (SAVE Brasil), to enable the implementation of activities and the establishment of new partnerships with other national entities for local action. Currently BirdLife/SAVE Brasil works with five local partner institutions for the execution of projects developed jointly in seven IBAs. In addition, there are projects in the initial phases at three other IBAs and, still in 2006, there is the intention of initiating work in two other IBAs, adding to 12 of the 16 priority IBAs. The inventory of *Important Bird Areas in Brazil. Part I – Atlantic Forest Region* is, therefore, a useful tool in the definition of priorities for action and may be used as a reference for future studies and conservation work by the community as a whole.

The organisers

Jaqueline M. Goerck

Histórico

O futuro da humanidade depende apenas da geração que habita a Terra nos dias de hoje, que pode escolher entre manter o atual modelo de desenvolvimento ou se mover em direção a um paradigma sócio-ambiental sustentável. Para fazer tal escolha, é fundamental aumentar a compreensão existente sobre a relação entre o homem e a natureza. A "Cúpula Mundial sobre Desenvolvimento Sustentável", conhecida como Rio 92, onde todos os governos filiados às Nações Unidas discutiram assuntos relacionados ao meio ambiente e desenvolvimento, representou a oportunidade ideal para trazer ao público brasileiro a discussão sobre a importância da conservação do meio ambiente.

Embora as discussões sobre a questão ambiental tenham se intensificado recentemente, a identificação dos problemas relacionados à destruição do meio ambiente no Brasil data do fim do século XVIII (Pádua 2002). A partir daí, teve início um intenso estudo sobre a fauna e a flora do Brasil, somado a esforços para registrar e proteger esse patrimônio natural (Urban 1998). A primeira proposta para a criação de uma área protegida foi elaborada no século XIX, mas a primeira unidade de conservação pública, o Parque Nacional de Itatiaia, foi criada somente 60 anos mais tarde, em 1937. Naquela época, a perda de hábitat já era um processo bastante intenso. De fato, a destruição de florestas, a extração de madeira, o comércio de peles e penas e o tráfico de animais sempre fizeram parte da história do Brasil, particularmente da região da Mata Atlântica (Dean 1996). Muitas dessas ameaças ainda representam enormes desafios a serem vencidos a fim de evitar uma maior degradação do meio ambiente e, conseqüentemente, a extinção das espécies em um futuro não muito distante.

Tentativas isoladas visando à proteção de espécies ao redor de todo o mundo foram feitas no fim do século XIX. Os primeiros movimentos contra a devastação da natureza nos Trópicos surgiram na Inglaterra, quando as pessoas começaram a considerar sua função no meio ambiente (McCormick 1992). Um grupo de mulheres britânicas protestou contra o tráfico de penas do Brasil e de outros lugares (a maioria de garças, araras, papagaios, tucanos, beija-flores e surucuás) que estavam sendo usadas para decorar chapéus femininos (Urban 1998). A Sociedade Real para a Proteção das Aves (*Royal Society for the Protection of Birds – RSPB*, representante da BirdLife International no Reino Unido), criou em 1889 uma campanha contra o uso de penas em acessórios femininos. Essa campanha resultou no fim da exportação de penas da Índia em 1892. Infelizmente esse movimento não teve efeito no Brasil – entre 1901 e 1905, o Brasil exportou mais de 600 quilos de penas, a maioria para a Inglaterra (Urban 1998). Ainda em 1905, os Estados Unidos importaram mais de 11 mil quilos de penas de emas do Brasil para produzir espanadores de pó (Urban 1998).

O interesse científico nas aves surgiu em paralelo à preocupação com a sua proteção. O primeiro Congresso Internacional de Ornitologia aconteceu em 1884, em

Viena e um ano mais tarde o primeiro esforço de colaboração internacional para a proteção das aves foi realizado através da "Egret Convention". No início do século XX, foi consolidada uma colaboração internacional para a proteção da natureza com a criação de vários conselhos, dentre eles o Conselho Internacional para a Conservação de Aves em 1922 (*International Council for Bird Preservation – ICBP*, atualmente *BirdLife International*, veja abaixo), e a União Internacional para a Conservação da Natureza em 1948 (*International Union for the Conservation of Nature – IUCN*, hoje a *World Conservation Union,* União Internacional para a Conservação da Natureza).

O movimento ambientalista fortaleceu-se no pós-guerra, principalmente nas sociedades capitalistas do ocidente (Crespo 2003), mas atualmente trata-se de um fenômeno global. Entretanto, ele está distante de ser uniforme: as condições socio culturais imprimem características locais ou nacionais ao movimento ambientalista, tanto em termos da manifestação dos seus ideais quanto no intuito de provocar mudanças nas atitudes das pessoas e das instituições em prol do meio ambiente e de sua conservação.

O Movimento Ambientalista no Brasil

Dentre os primeiros grupos dedicados à conservação da natureza no Brasil estava a Sociedade dos Amigos das Árvores, criada em 1930 (Urban 1998). Em seguida, grupos compostos por renomados cientistas e jornalistas, entre outros, foram formados e estes exerceram forte influência em questões ligadas a políticas públicas. A maioria das discussões globais nos anos 60 e 70 sobre o meio ambiente estava relacionada à poluição, pois foi nessa época que a sociedade reconheceu os efeitos negativos dos processos industriais (Viola 2003). O Brasil seguiu a tendência, e as ONGs (Organizações Não-Governamentais) que surgiram no fim dos anos 70 e durante os anos 80 lidavam, na maior parte das vezes, com assuntos específicos sobre centros urbanos e temas como poluição e contaminação da água e do solo. Conseqüentemente, até hoje, os ambientalistas são alvos de severas críticas feitas por quem já foi afetado pelas denúncias de degradação ao meio ambiente e por aqueles que tiveram suas atividades ou tecnologias questionadas perante a opinião pública (Born 2003).

BirdLife International

Estabelecida como organização não-governamental em 1922, a BirdLife é uma aliança de organizações conservacionistas presentes em mais de 100 países, que, juntas, são a referência em conhecimento sobre o estado de conservação das aves, seus hábitats, as questões e os problemas que afetam a avifauna mundial em geral. Conservacionistas, cientistas, técnicos e amadores trabalham em conjunto compartilhando prioridades, políticas e programas de conservação, trocando conhecimentos, realizações e informações, desenvolvendo habilidades e gerando autoridade e influência. O objetivo é a elaboração de políticas, campanhas e ações integradas, baseadas em estudos científicos robustos, com abrangência internacional.

Missão
A aliança da BirdLife International visa conservar as aves, seus hábitats e a biodiversidade global, trabalhando com as pessoas para o uso sustentável dos recursos naturais.

Os objetivos de longo prazo da BirdLife International são:

- Prevenir a extinção de qualquer espécie de ave na natureza (1.212 espécies, ou cerca de 12% de todas as espécies de aves no mundo são consideradas globalmente ameaçadas de extinção)
- Manter e, quando possível, melhorar o estado de conservação de todas as espécies de aves
- Conservar e, quando apropriado, melhorar e aumentar as áreas e hábitats importantes para as aves
- Promover, através das aves, a conservação da biodiversidade e a melhoria da qualidade de vida das pessoas

A BirdLife preocupa-se com a identificação de prioridades, para definir alvos e direcionar ações voltadas à conservação das espécies, áreas e hábitats, dependendo primordialmente da capacitação dos representantes nacionais como suporte a essas ações de conservação. Através de sua rede global de representantes nacionais, a BirdLife tem no mundo cerca de 2,5 milhões de associados e trabalha com uma equipe de 4.000 pessoas. As atividades educacionais envolvem anualmente mais de dois milhões de crianças, e as atividades conservacionistas abrangem um milhão de hectares de hábitats próprios ou de terceiros manejados em todo o mundo. Essa aliança singular de organizações não governamentais voltadas à conservação das aves trabalha para atingir esses objetivos através do desenvolvimento de quatro programas complementares (e interligados): espécies, áreas, hábitats e pessoas.

1. Conservação das espécies

A BirdLife International identificou, na região das Américas, espécies ameaçadas de extinção ou que são alvos de atenção conservacionista (Collar et al. 1992, Birdlife International 2000, 2004). Esse programa trabalha para a proteção das espécies através de ações conservacionistas, que incluem: legislação, monitoramento, pesquisa, priorização, manejo de populações e aquisição e manejo de propriedades. Essa abordagem é freqüentemente adotada para espécies de importância econômica ou cultural relevantes, mas está aumentando para outras espécies ameaçadas de extinção nos níveis local, nacional e global.

2. Proteção de áreas

Trata-se da proteção de áreas para a conservação das espécies e hábitats, e da manutenção da integridade dos processos ecossistêmicos, designando-se áreas para a conservação dos recursos naturais, regulando-as e manejando-as de acordo com as necessidades da biodiversidade que ela contêm. Muitas pessoas no Brasil dependem da biodiversidade e do funcionamento dos ecossistemas para o próprio sustento: por exemplo, através do uso de plantas medicinais e da água proveniente de mananciais.

O Programa de Áreas Importantes para a Conservação das Aves da BirdLife International (IBA, do inglês *Important Bird Area*, veja capítulo 2) é uma iniciativa global que visa identificar e proteger uma rede mundial de áreas críticas para a conservação das aves. Os projetos voltados à conservação dessas áreas em todo o mundo trabalham em conjunto com os atores locais para integrar a conservação às suas necessidades de desenvolvimento.

3. Manejo de hábitats
Uma grande ameaça às aves e à biodiversidade em geral está na erosão contínua da qualidade e da extensão de hábitats em toda a paisagem. A perda e a degradação são ocasionadas pelo uso intensivo dos recursos naturais pelo ser humano. A conservação da qualidade e extensão de hábitats em toda a paisagem não pode ser alcançada somente pela proteção de áreas representativas – uma abordagem mais ampla é necessária. Governos e autoridades regionais ou locais podem favorecer e encorajar a conservação do meio ambiente através da formulação e uso de leis, políticas, planos, programas, iniciativas, subsídios, taxas, fundos, relações intergovernamentais e outras medidas de maior abrangência. Idealmente, essas ações deveriam estar totalmente integradas às políticas de uso da terra, regulamentações e planos, através de todos os setores da economia e em todas as escalas.

4. Trabalhando com as Pessoas
Um relevante tema presente em todos os programas da BirdLife International, é a necessidade imprescindível de trabalhar com e para as comunidades locais, através de sua capacitação em conservação da biodiversidade em nível nacional. O objetivo está em desenvolver o poder de articulação dos atores locais para que estes possam apoiar o manejo de áreas com alta biodiversidade, fortalecendo uma ampla rede de organizações conservacionistas e o público em geral para a valorização das aves, da biodiversidade e do meio ambiente como um todo.

Apesar disso, o movimento cresceu e um levantamento de ONGs presentes no Brasil no início dos anos 90 revelou 1.533 instituições voltadas ao meio ambiente (Cadastro Nacional de Instituições Ambientalistas; Mater Natura *et al.* 1996). A maioria dessas ONGs eram instituições pequenas e locais com poucos membros, orçamentos restritos, e largamente dirigidas pelo entusiasmo de seus fundadores (Urban 1998). Poucas atuavam em assuntos voltados a políticas públicas. A Rio 92 foi provavelmente responsável por um impulso extra no movimento ambientalista no Brasil, ao promover a inclusão da sociedade civil nas discussões de projetos e políticas de proteção ambiental e desenvolvimento sustentável. Como resultado, a situação mudou de tal forma que as ONGs ambientalistas agora são muito mais efetivas em políticas públicas, embora sua força e capacidade institucionais limitadas ainda sejam obstáculos para uma atuação mais ampla. O aumento da participação da sociedade civil foi visível no processo de preparação da primeira Conferência Nacional do Meio Ambiente, em 2003, que envolveu 65 mil pessoas. Um resultado importante foi o desenvolvimento de uma agenda nacional em diversos assuntos – água, biodiversidade, infra-estrutura, meio ambiente urbano, mudanças climáticas e florestas – construída com a colaboração de representantes do governo e da sociedade civil. Outro exemplo refere-se à elaboração do Plano Nacional de Áreas Protegidas, recentemente elaborado por um grupo de trabalho ministerial, em colaboração com especialistas, gestores de unidades de conservação e lideranças de organizações e movimentos sociais, envolvendo mais de 400 pessoas no processo[1].

As redes nacionais, fóruns de discussões

[1] Áreas Protegidas em Linha. Ano III, n. 61, 10 de Janeiro de 2006.

e coalizões para debater e desenvolver estratégias integradas também surgiram nos anos 90, levando à maximização de recursos e resultados. Uma maior força política é alcançada através da cooperação entre ONGs, evitando a duplicação de esforços ao mesmo tempo em que as organizações provêm apoio umas às outras. Algumas redes que lidam especificamente com assuntos relativos ao meio ambiente incluem: Fórum Brasileiro de Organizações Não-Governamentais e Movimentos Sociais para o Meio Ambiente e o Desenvolvimento (www.fboms.org.br); Rede de ONGs da Mata Atlântica (www.rma.org.br); Rede Nacional Pró-Unidades de Conservação (www.redeprouc.org.br); Coalizão Rios Vivos (www.riosvivos.org); Rede Nacional de Combate ao Tráfico de Animais Silvestres (www.renctas.org.br); e Rede Brasileira de Justiça Ambiental (www.justicaambiental.org.br). Alguns desses grupos são compostos por organizações nacionais e internacionais dos setores público e privado, alguns com mais de 500 associados.

Mudanças na rígida concepção conservacionista, ocasionadas por uma maior integração das dimensões social, econômica e cultural à questão ambiental puderam ser observadas no Brasil nos mais de 10 anos que sucederam a Rio 92 (Born 2003), expandindo-se do cenário local para o nacional, e mesmo para toda a esfera global. Apesar disso, para o público em geral, o meio ambiente não inclui seres humanos (indígenas, comunidades tradicionais ou urbanas), embora muitos brasileiros acreditem que o meio ambiente seja importante para a sua própria saúde (Crespo 2003), principalmente com relação ao fornecimento de água potável. Na realidade, as chances de iniciativas bem-sucedidas de conservação do meio ambiente serão maiores ao se estabelecer uma ligação forte entre a manutenção da biodiversidade em todas as suas formas e a qualidade de vida e saúde de todos os habitantes do planeta.

A Globalização e a Conservação da Biodiversidade

O mundo encontra-se cada vez menor devido aos mecanismos de comunicações instantâneos, aos avanços nos meios de transporte (especialmente viagens aéreas internacionais), e ao rápido desenvolvimento das relações políticas e econômicas. Está também se tornando efetivamente menor em virtude do impacto devastador do homem sobre o meio ambiente, reduzindo e fragmentando áreas naturais, contaminando a atmosfera, o oceano e o solo, e reduzindo o número e abundância da maioria das espécies de animais e plantas. Com a convergência de valores sociais e culturais, as responsabilidades são divididas e é no setor ambiental que tais resultados podem ser mais facilmente observados. Uma vez que os assuntos sobre meio ambiente são globais, o mesmo deve ocorrer para algumas de suas soluções. Nesse contexto, as ONGs internacionais têm desempenhado um papel significativo na conservação da natureza no Brasil. Muitas dessas ONGs trabalham como redes globais e desenvolvem atividades locais através da constituição de organizações nacionais ou estabelecendo parcerias com instituições locais já existentes. Entre essas ONGs estão a BirdLife International (veja o quadro), Conservação Internacional, Flora and Fauna International, Amigos da Terra, Greenpeace, The Nature Conservancy, Wildlife Conservation Society e o Fundo Mundial para a Natureza. Algumas delas atuam em nichos específicos, mas a maioria está adotando uma agenda comum voltada à conservação do meio ambiente global. Dividir responsabilidades em assuntos-chaves pode, potencialmente, facilitar a implementação de atividades porque, em princípio, estas são apoiadas por vários grupos.

Além disso, uma gama de acordos internacionais foi criada para apoiar a conservação da diversidade biológica e o uso sustentável dos recursos naturais. A complexidade da cooperação internacional está no fato de que todas as partes envolvidas visam maximizar os interesses nacionais; todavia, os benefícios coletivos usualmente implicam no oposto (Viola 2003). Geralmente, os maiores conflitos surgem devido às diferenças entre as nações desenvolvidas e em desenvolvimento. O Protocolo de Kyoto é um claro exemplo dessa dualidade existente nos acordos internacionais.

Embora convenções internacionais, acordos, tratados e demais mecanismos relacionados sejam planejados em nível governamental para que os países signatários possam contribuir com os objetivos estabelecidos, alguns oferecem oportunidades diretas para a sociedade civil apoiar a conservação das aves e de seus hábitats. O Brasil faz parte (os documentos já foram ratificados pelo governo federal) de algumas das mais importantes convenções mundiais. Abaixo segue uma lista de algumas dessas convenções e seus objetivos:

1. A Convenção sobre Diversidade Biológica (*Convention on Biological Diversity – CBD*, www.biodiv.org, total de 188 signatários) tem como objetivos promover a conservação da diversidade biológica, o uso sustentável de seus componentes, e a divisão justa e eqüitativa dos benefícios advindos da utilização de recursos genéticos. A abordagem principal dessa convenção é a conservação da vida na natureza e, desse modo, ela talvez ofereça as melhores oportunidades para a implementação das medidas necessárias à conservação das aves e da biodiversidade no Brasil.
2. A Convenção Ramsar em áreas úmidas de importância internacional (*Ramsar Convention on Wetlands of International Importance,* www.ramsar.org, 146 signatários) provê um sistema de cooperação internacional para a conservação e o uso consciente das zonas úmidas. A maior parte das áreas Ramsar encontra-se fora da região da Mata Atlântica, mas algumas já são consideradas Áreas Importantes para a Conservação das Aves (IBAs).
3. A Convenção sobre o Comércio Internacional de Espécies Ameaçadas de Fauna e Flora Silvestres (*Convention on International Trade in Endangered Species of Wild Fauna and Flora – CITES*, www.cites.org, 169 signatários) foi criada para assegurar que o comércio de animais e plantas silvestres, bem como seus produtos, sejam manejados de forma sustentável. O comércio ilegal é a principal questão, tanto nacional quanto internacionalmente, para a conservação das aves. Os esforços de ONGs nacionais, dentre as quais se destacam a Renctas e a SOS Fauna, têm sido essenciais em relação a essa questão, que representa a terceira maior atividade ilegal no Brasil (Renctas 2002).
4. A Convenção do Patrimônio Mundial (*World Heritage Convention – WHC*, whc.unesco.org, 180 signatários) tem o objetivo de identificar e conservar monumentos culturais, naturais e locais de considerável valor universal. Vem sendo implementada através da nomeação de áreas adequadas pelos governos nacionais. Há 16 sítios do Patrimônio Mundial no Brasil, alguns dos quais são considerados Áreas Importantes para a Conservação das Aves (IBAs).
5. O Programa Homem e Biosfera da UNES-

CO (*UNESCO's Man and Biosphere Programme – MaB*, www.unesco.org/mab/) não é um instrumento legal, e sim um programa que objetiva a conservação e o uso sustentável da diversidade biológica e a melhoria da relação entre as pessoas e o meio ambiente. Uma parte significativa da Mata Atlântica no Brasil foi declarada Reserva da Biosfera da Mata Atlântica, implementada através do Conselho Nacional da Reserva da Biosfera da Mata Atlântica – representado por organizações governamentais e não-governamentais –, que representa um fórum adicional para discussão de assuntos relacionados ao desenvolvimento sustentável na região da Mata Atlântica.

6. A Convenção do Hemisfério Ocidental (*Western Hemisphere Convention*, 22 signatários da região das Américas) tem estado inativa nos últimos anos, sem um secretariado que atue especificamente para atingir suas metas. Mesmo assim, o objetivo dessa convenção é o de conservar as espécies de animais e plantas terrestres e marinhos, e seus hábitats. Os meios pelos quais essas metas serão atingidas estão de acordo com todas as convenções descritas acima.

As convenções que seguem, das quais o Brasil também é signatário, terão impactos nas espécies de animais e hábitats no longo prazo:

1. A Convenção das Nações Unidas de Combate à Desertificação (*The United Nations Convention to Combat Desertification*, www.unccd.int, 191 signatários) foi sancionada durante a Rio 92 com o objetivo de combater a desertificação e mitigar os efeitos da seca;
2. A Convenção das Nações Unidas em Mudanças Climáticas (*The United Nations Framework Convention on Climate Change*, www.unfccc.int, 189 signatários) e o Protocolo de Kyoto UNFCCC (154 signatários), foram criados para mitigar os efeitos adversos das mudanças climáticas para o homem e para o meio ambiente; e
3. Os signatários da Convenção de Viena para a Proteção da Camada de Ozônio (*Vienna Convention for the Protection of the Ozone Layer*, www.unep.ch/ozone/vienna.shtml) e do Protocolo de Montreal sobre Substâncias que Afetam a Camada de Ozônio (*Montreal Protocol on Substances that Deplete the Ozone Layer*), concordaram em tomar medidas apropriadas para proteger a saúde do homem e o meio ambiente contra os efeitos adversos que resultam das mudanças na camada de ozônio.

O Brasil não faz parte da Convenção para a Conservação de Espécies Migratórias de Animais Silvestres (*Convention on the Conservation of Migratory Species of Wild Animals – CMS* ou *Bonn Convention*, www.cms.int, 92 signatários), desenvolvida para proteger espécies migratórias, e que reconhece que a proteção é necessária em todo o percurso da migração, o que requer ação e cooperação internacionais. É clara a necessidade da participação do Brasil nessa importante convenção, particularmente para as aves, pois o Brasil recebe espécies migratórias de regiões austrais e neotropicais durante seu ciclo anual de migração. Curiosamente, o Brasil é signatário (à espera pela ratificação) do Acordo sobre a Conservação de Albatrozes e Petréis (*Agreement on the Conservation of Albatrosses and Petrels – ACAP*, www.acap.aq), criado sob os auspícios da CMS.

Bibliografia

Birdlife International (2000) *Threatened birds of the world.* Barcelona & Cambridge, UK: Lynx Edicions & BirdLife International.

Birdlife International (2004) *Threatened birds of the world 2004.* CD-ROM. Cambridge, UK: BirdLife International.

Born, R. H. (2003) Articulação do capital social pelo movimento ambientalista para a sustentabilidade do desenvolvimento no Brasil. *In*: Trigueiro, A. (Ed.). *Meio Ambiente no Brasil – Século 21:* 21 especialistas falam da questão ambiental nas suas áreas de conhecimento. Rio de Janeiro: Sextante.

Collar, N. J., L. P. Gonzaga, N. Krabbe, A. Madroño Nieto, L. G. Naranjo, T. A. Parker III & D. C. Wege (1992) *Threatened birds of the Americas.* The ICBP/IUCN Red Data Book. Cambridge, UK: International Council for Bird Preservation.

Crespo, S. (2003) Uma visão sobre a evolução da consciência ambiental no Brasil nos anos 1990. *In*: Trigueiro, A. (Ed.). *Meio ambiente no Brasil – Século 21*: 21 especialistas falam da questão ambiental nas suas áreas de conhecimento. Rio de Janeiro: Sextante.

Dean, W. (1996) *A ferro e fogo: a história e a devastação da Mata Atlântica Brasileira.* São Paulo: Companhia das Letras.

MATER NATURA – Instituto de Estudos Ambientais (1996) *ECOLISTA – cadastro nacional de instituições ambientalistas.* 2. ed. Curitiba: Fundo Mundial para a Natureza – WWF e MATER NATURA – Instituto de Estudos Ambientais.

McCormick, J. (1992) *Rumo ao Paraíso – História do Movimento Ambientalista.* Rio de Janeiro: Relume Dumará.

Pádua, J. A. (2002) *Um Sopro de Destruição: Pensamento Político e Crítica Ambiental no Brasil Escravista.* Rio de Janeiro: Jorge Zahar.

Renctas (2002) *Animais silvestres – Vida à venda.* Brasília.

Urban, T. (1998) *Saudades do matão: relembrando a história da conservação da natureza no Brasil.* Curitiba: Editora da UFPR.

Viola, E. (2003) As complexas negociações internacionais para atenuar as mudanças climáticas. *In*: Trigueiro, A. (Ed.). *Meio Ambiente no Brasil – Século 21:* 21 especialistas falam da questão ambiental nas suas áreas de conhecimento. Rio de Janeiro: Sextante.

Civil Society and Conservation in Brazil

Jaqueline M. Goerck

Background

The future of Humanity depends solely on the generations living now on Earth: choosing to continue the current model of development, or moving towards a sustainable socio-environmental paradigm. In order to make such a choice, increasing the understanding of the relationship between humans and nature is a fundamental step. The Earth Summit, known as Rio 92, where all governments affiliated to the United Nations gathered to discuss issues of environment and development, presented the ideal opportunity to bring the discussion of the importance of environmental conservation to the Brazilian public.

Though discussions were intensified during this period, the identification of problems related to environmental destruction in Brazil dates back to the end of the eighteenth century (Pádua 2002). At that time national efforts to learn about the flora and fauna of Brazil were undertaken, along with attempts to record and protect the natural heritage (Urban 1998). The first proposal for the creation of a protected area (National Park) was developed in the nineteenth century, but the first public reserve, Itatiaia National Park was not created until more than 60 years later, in 1937. By that time, habitat destruction was already rampant. In fact, deforestation, timber extraction and the trade in skins, feathers and live animals have always been an integral part of the Brazilian history, particularly in the Atlantic Forest Region (Dean 1996). Many of these threats still represent enormous challenges to avoiding further degradation of the environment and consequent species extinctions in the immediate future.

Isolated attempts to protect groups of species throughout the world were made at the end of the nineteenth century. The first movements against the destruction of nature in the tropics emerged in England, when people began to consider their role in relation to the natural environment (McCormick 1992). A group of British women protested against the trafficking of feathers (mostly from egrets, macaws, parrots, toucans, hummingbirds and trogons) from Brazil and elsewhere, which were used to decorate women's hats (Urban 1998). The Royal Society for the Protection of Birds (RSPB, BirdLife International in the United Kingdom), created in 1889, launched a campaign against the use of feathers on women's accessories. This campaign resulted in the cessation of feather exports from India in 1892. Unfortunately this movement had no effect in Brazil – between 1901 and 1905, Brazil exported more than 600 kg of feathers, the majority to England (Urban 1998). Also in 1905, the United States imported more than 11,000 kg of *Rhea* feathers from Brazil to produce dusters (Urban 1998).

Scientific interest in birds emerged at around the same time as concerns about their protection. The first International Ornithological Congress took place in 1884, in Vienna, and a year later, the first attempt at international collaboration for the protection of birds was made through the "Egret Convention". In the early twentieth century, international collaboration for the protection of nature was consolidated with the creation of several committees, among them the International Council for Bird Preservation (ICBP, now BirdLife International, see below) in 1922, and the International Union for the Conservation of Nature (IUCN, now the World Conservation Union) in 1948.

The environmental movement gained momentum in the post-war years, mainly within western capitalist societies (Crespo 2003), but is now very much a global phenomenon. However, it is far from being homogeneous: national or local characteristics influence objectives, and approaches to changing attitudes towards the environment and its conservation.

Environmental Movement in Brazil

The Sociedade dos Amigos das Árvores, created in 1930, was among the first groups dedicated to nature conservation in Brazil (Urban 1998). Following on from this, other groups were formed by prominent scientists, journalists and others, and they exerted strong influence over public policy issues. Global environmental discussions in the 1960s and 1970s related mostly to pollution, when urban society recognised the negative effects of industrialisation (Viola 2003). Brazil followed the trend, and non-government organisations (NGOs) that appeared at the end of the 1970s and through the

BirdLife International

Established as an NGO in 1922, BirdLife is a Partnership of conservation organisations working in more than 100 countries which, together, are the leading authority on the status of birds, their habitats and the issues and problems affecting bird life. Conservationists, scientists, technicians and amateurs work together on shared priorities, policies and programmes for conservation action, exchanging skills, achievements and information, growing in ability, authority and influence. The objective is to develop integrated policies, campaigns and action programmes based on solid scientific studies, with a high international profile.

Mission Statement
The BirdLife International Partnership strives to conserve birds, their habitats and global biodiversity, working with people towards sustainability in the use of natural resources.

BirdLife International's long-term aims are to:
- Prevent the extinction of any bird species in the wild (1,212 species, or c.12% of the world's birds are currently considered globally threatened)
- Maintain and, where possible, improve the conservation status of all bird species
- Conserve and where appropriate improve and enlarge sites and habitats important for birds
- Help, through birds, to conserve biodiversity and to improve the quality of people's lives

BirdLife attaches great importance to the identification of priorities, to set targets and guide conservation action on species, sites and habitats, depending vitally on the building of the local capacity at a national level in support of conservation action. Through the Partnership, BirdLife has 2.500.000 members worldwide, working with 4000 staff. Educational activities engage over two million children annually, and conservation activities encompass one million hectares of natural habitats owned or managed throughout the world. The unique Partnership of bird-oriented non-governmental organisations works towards these aims through the development of four complementary (and inter-linked) programmes: species, sites, habitats, and people.

1. Conservation of species

Birdlife International has identified species that are threatened with extinction or are otherwise of global conservation concern in the Americas region (Collar et al. 1992, Birdlife International 2000, 2004). This programme works towards the protection of species through conservation action. Conservation action may take many forms, including legislation, monitoring, research, priorisation, management of populations, and the acquisition and management of land. Such an approach is often taken for species of economic or cultural importance, but increasingly also for species that are threatened with extinction at local, national and global levels.

2. Protection of sites

This is the protection of sites to conserve species and habitats and to maintain the integrity of ecosystem processes, by designating areas for the conservation of natural resources, and regulating and managing them according to the needs of the biodiversity they contain. Many people in Brazil depend on biodiversity and ecosystem functions for their livelihoods – medicinal plants and water supply that relies on forested watersheds, for example.

The Birdlife International's Important Bird Area Programme is a global initiative aimed at identifying and protecting a network of critical sites for the world's birds conservation (see chapter 2). Site-based projects worldwide are working with communities to integrate conservation with the development needs of local people.

3. Management of habitats

A great threat to birds' and to biodiversity in general, lies in the continuing erosion of the quality and extent of habitats across the entire landscape. This loss and degradation is driven by the increasing intensity of human uses of the environment. The conservation of habitat extent and quality across the landscape cannot be achieved solely by the protection of representative areas – a wider approach is needed. National governments and regional or local authorities can favour and encourage the conservation of the wider environment in the way that they formulate and use their laws, policies, plans, programmes, initiatives, subsidies, taxes, funds, inter-governmental relations and other broad measures. Ideally, these should be fully integrated into land-use policies, regulations and plans, across all sectors of the economy and at all scales.

4. Working with People

A consistent theme underlying all BirdLife International programmes is the over-riding need to work with and for local people, by building national capacity for biodiversity conservation, empowering site-adjacent communities to have a say in the management of high biodiversity sites, and strengthening a continent-wide network of conservation organisations and a general public that values wild birds, biodiversity and the wider environment.

1980s dealt mostly with specific urban issues and themes such as pollution and contamination of water and soils. Consequently, from early on, environmentalists became the target of ferocious criticism from those affected by the denunciations of environmental degradation, or people whose activities or technologies had been questioned before the general public (Born 2003).

Nevertheless, the movement grew and a list of NGOs present in Brazil in the early 1990s revealed 1,533 different environmental institutions (Cadastro Nacional de Instituições Ambientalistas; Mater Natura *et al.* 1996). These were mostly small, local NGOs with few members and tiny budgets, driven largely by the enthusiasm of their founders (Urban 1998). Few were engaged in public policy issues. Rio 92 may have been responsible for an extra impetus in the environmental movement in Brazil, as it promoted the inclusion of civil society issues in projects and policies of environmental protection and sustainable development. As a result, the situation changed such that non-government environmental organisations are now able to exert a greater and much more effective role in public policy, though limited institutional strength and capacity is still a hindrance to even greater participation. The increasing participation of the civil society was visible in the preparations for the first National Conference on the Environment in 2003 – 65,000 people were involved in preparatory meetings. A national agenda on several issues (water, biodiversity, infra-structure, urban environment, climate change and forests), – drawn up in collaboration by government and civil society representatives, was an important result of these meetings. Likewise, the National Protected Areas Plan was recently devised through the efforts of the Ministry of the Environment in collaboration with specialists, reserve managers, and civil society organisations, involving more than 400 people in the process[1].

The development of national networks, discussion fora, and coalitions to debate and develop integrated strategies for common positions also emerged in the 1990s. Working in networks allows for a maximization of resources and results: greater political strength is gained through cooperation among NGOs, avoiding duplication of efforts at the same time as organisations provide support to each other. Some of the networks dealing specifically with environmental issues are: the Brazilian Forum on NGOs and Social Movement for the Environment and Development (*Fórum Brasileiro de ONGs e Movimentos Sociais para o Meio Ambiente e o Desenvolvimento* www.fboms.org.br); Network of Atlantic Forest NGOs (*Rede de ONGs da Mata Atlântica* www.rma.org.br); Network on Protected Areas (*Rede Nacional Pró Unidades de Conservação* www.redeprouc.org.br); Coalition on Rivers (*Coalizão Rios Vivos* www.riosvivos.org); National Network against Wildlife Trade (*Rede Nacional de Combate ao Tráfico de Animais Silvestres* www.renctas.org.br); and Brazilian Network of Environmental Justice (*Rede Brasileira de Justica Ambiental* www.justicaambiental.org.br). Some of these groups include both, national and international organisations, from the public and private sectors, some with more than 500 member institutions.

More than 10 years after Rio 92, changes from a strict preservationist view to a greater integration of the social, economic and cultural dimensions of the problem can be observed in Brazil (Born 2003),

[1] Áreas Protegidas em Linha. Ano III, n. 61, 10 de Janeiro de 2006.

expanding from the local to the national, and even to the global spheres. Yet, to the general public, the environment does not include human beings (whether indigenous, traditional, or urban communities) even though most Brazilians believe the environment is important for their own health (Crespo 2003), mostly in relation to the supply of drinkable water. Indeed, the chances of success for the conservation of the environment will be greatest if a link can be established between maintaining the existing biodiversity in all of its forms, and the quality of life and health of all inhabitants of the planet.

Globalisation and the Conservation of Biodiversity

The world is growing ever smaller due to instantaneous communication mechanisms, major advances in travelling (especially international air travel), and the rapid development of political and economic relations. It is also becoming effectively smaller as a result of the devastating impact of humans on the environment, reducing and fragmenting natural areas, contaminating the atmosphere, the ocean and the soil, and diminishing the number and abundance of the majority of animal and plant species. With the convergence of social and cultural values, responsibilities become shared, and it is in the environment sector that such results are most easily observed. Since environmental issues have become global, some of the solutions also need to be. In this context international NGOs have played a significant role in the conservation of the environment in Brazil. Many of these NGOs work as global networks, and develop activities locally by establishing national NGOs, or through partnerships with existing local NGOs. Among these organizations are BirdLife International (see box), Conservation International, Flora and Fauna International, Friends of the Earth, Greenpeace, The Nature Conservancy, Wildlife Conservation Society, and World Wildlife Fund. Some of these NGOs have specific niches for their activities, but most are moving towards the development of a common agenda for the conservation of the global environment. Shared responsibilities on key issues could potentially facilitate the implementation of activities on the ground, if nothing else, simply by knowing that such activities are supported in principle by many others.

In addition, a range of international agreements has been established to support the conservation of biological diversity and sustainability in the use of natural resources. The complexities of international cooperation arise from the fact that all parties involved take positions that aim to maximize national interests, yet collective benefits usually result only when these are set aside (Viola 2003). In general the greatest conflicts emerge from differences between developed and developing nations. The Kyoto Protocol is a clear example of this dual facet of such international agreements.

Though international Conventions, Agreements, Treaties, and related mechanisms are devised at the government level so that signatory countries contribute to the objectives established, some offer direct opportunities to civil society to support the conservation of birds and their habitats. Brazil is Party (i.e. the documents have already been ratified by the government at the federal level) to some of the most important conventions worldwide. Below is a list of some of these conventions and their objectives:

1. The Convention on Biological Diversity (CBD, www.biodiv.org, total 188 parties) has the objectives of conserva-

tion of biological diversity, sustainable use of its components, and fair and equitable sharing of the benefits arising out of utilisation of genetic resources. The primary approach of this convention is conservation in the wild, and thus it offers perhaps the greatest opportunities for bird and biodiversity conservation in Brazil.

2. The Ramsar Convention on Wetlands of International Importance (www.ramsar.org, 146 parties) provides a framework for international cooperation for the conservation and wise use of wetlands. Most Ramsar sites in Brazil lie outside the Atlantic Forest Region, but some are already considered Important Bird Areas (IBAs).
3. The Convention on International Trade in Endangered Species of Wild Fauna and Flora (CITES, www.cites.org, 169 parties) was established to ensure that trade in wildlife and its products is managed sustainably. Illegal trade is a major issue, both nationally and internationally, for the conservation of birds. The efforts of national NGOs, most notably Renctas and SOS Fauna, have been instrumental in dealing with this issue, which represents the third largest illegal activity in Brazil (Renctas 2002).
4. The World Heritage Convention (WHC, whc.unesco.org, 180 parties) has the aim of identifying and conserving cultural and natural monuments and sites of outstanding universal value. This is implemented through the nomination of suitable sites by national governments. There are 16 World Heritage sites in Brazil, some of which are considered Important Bird Areas (IBAs).
5. UNESCO's Man and Biosphere Programme (MaB, www.unesco.org/mab/) is not a legally-binding instrument, rather it is a programme that aims for the conservation and sustainable use of biological diversity, and for the improvement of the relationship between people and their environment. A significant portion of the Atlantic forests of Brazil have been declared the Atlantic Forest Biosphere Reserve. It is implemented through the National Council of the Atlantic Forest Biosphere Reserve (*Conselho Nacional da Reserva da Biosfera da Mata Atlântica*), represented by both government and non-government organisations, which provides an additional forum to discuss issues related to sustainable development in the Atlantic Forest Region.
6. The Western Hemisphere Convention (22 parties from the Americas region) has been largely dormant over the last few years, with no secretariat working specifically towards its goals. Yet this convention's aims are to conserve terrestrial and marine species of animals, plants and their habitats, and the means by which these goals are to be achieved are consistent with all of the above conventions.

The following conventions, to which Brazil is also a Party, will have impacts on species and habitats in the longer term:

1. The United Nations Convention to Combat Desertification (www.unccd.int, 191 parties) was endorsed during Rio-92 with the objective of combating desertification and mitigating the effects of drought;
2. The United Nations Framework Convention on Climate Change (www.unfccc.int, 189 parties), and the UNFCCC Kyoto Protocol (154 parties) to mitigate adverse effects of climate change on humans and the environment; and
3. The Vienna Convention for the Protection of the Ozone Layer (www.unep.ch/ozone/vienna.shtml) and the Montreal Protocol on Substances that Deplete the Ozone Layer, where parties agreed to take appropriate measures to pro-

tect human health and the environment against adverse effects resulting from changes on the ozone layer.

Finally, Brazil is not a Party to the Convention on the Conservation of Migratory Species of Wild Animals (also known as CMS or Bonn Convention, www.cms.int, 92 parties), devised to protect migratory species, recognising that protection is needed throughout their migratory ranges, and that this requires international cooperation and action. Clearly effort is needed to encourage Brazil to take part in this important convention, particularly for birds, since Brazil hosts both austral and neotropical migrants during their annual migrations. Interestingly, Brazil is signatory (awaiting ratification) to the Agreement on the Conservation of Albatrosses and Petrels (ACAP, www.acap.aq), an agreement devised under the auspices of the CMS.

Bibliography

Birdlife International (2000) *Threatened birds of the world.* Barcelona & Cambridge, UK: Lynx Edicions & BirdLife International.

Birdlife International (2004) *Threatened birds of the world 2004.* CD-ROM. Cambridge, UK: BirdLife International.

Born, R. H. (2003) Articulação do capital social pelo movimento ambientalista para a sustentabilidade do desenvolvimento no Brasil. *In*: Trigueiro, A. (Ed.). *Meio Ambiente no Brasil – Século 21:* 21 especialistas falam da questão ambiental nas suas áreas de conhecimento. Rio de Janeiro: Sextante.

Collar, N. J., L. P. Gonzaga, N. Krabbe, A. Madroño Nieto, L. G. Naranjo, T. A. Parker III & D. C. Wege (1992) *Threatened birds of the Americas.* The ICBP/IUCN Red Data Book. Cambridge, UK: International Council for Bird Preservation.

Crespo, S. (2003) Uma visão sobre a evolução da consciência ambiental no Brasil nos anos 1990. *In*: Trigueiro, A. (Ed.). *Meio ambiente no Brasil – Século 21*: 21 especialistas falam da questão ambiental nas suas áreas de conhecimento. Rio de Janeiro: Sextante.

Dean, W. (1996) *A ferro e fogo: a história e a devastação da Mata Atlântica Brasileira.* São Paulo: Companhia das Letras.

MATER NATURA – Instituto de Estudos Ambientais (1996) *ECOLISTA – cadastro nacional de instituições ambientalistas.* 2. ed. Curitiba: Fundo Mundial para a Natureza – WWF e MATER NATURA – Instituto de Estudos Ambientais.

McCormick, J. (1992) *Rumo ao Paraíso – História do Movimento Ambientalista.* Rio de Janeiro: Relume Dumará.

Pádua, J. A. (2002) *Um Sopro de Destruição: Pensamento Político e Crítica Ambiental no Brasil Escravista.* Rio de Janeiro: Jorge Zahar.

Renctas (2002) *Animais silvestres – Vida à venda.* Brasília.

Urban, T. (1998) *Saudades do matão: relembrando a história da conservação da natureza no Brasil.* Curitiba: Editora da UFPR.

Viola, E. (2003) As complexas negociações internacionais para atenuar as mudanças climáticas. *In*: Trigueiro, A. (Ed.). *Meio Ambiente no Brasil – Século 21:* 21 especialistas falam da questão ambiental nas suas áreas de conhecimento. Rio de Janeiro: Sextante.

Áreas Importantes para a Conservação das Aves

David Wege & Jaqueline M. Goerck

Visão

O Programa de Áreas Importantes para a Conservação das Aves visa assegurar a conservação a longo prazo de uma rede de áreas criticamente importantes para as aves e para a biodiversidade, que, juntas, abrangem todos os grandes ecossistemas do mundo

O Programa de Áreas Importantes para a Conservação das Aves

Alguns lugares são excepcionalmente importantes para as aves e a biodiversidade em geral, e sua efetiva conservação, tanto como áreas oficialmente protegidas ou através da disseminação de práticas sustentáveis de uso da terra, é uma estratégia fundamental de conservação. A conservação de algumas espécies não pode, entretanto, ser realizada por meio de uma abordagem baseada apenas em áreas protegidas, demandando um tratamento diferente, ou deve ser combinada a medidas de conservação mais amplas enfocando o meio ambiente como um todo. Mesmo assim, o padrão de distribuição das aves é tal que, na maioria dos casos, é possível selecionar áreas que suportam muitas espécies cuja conservação é necessária. Esses lugares são cuidadosamente identificados seguindo critérios científicos globais e são conhecidos como **Áreas Importantes para a Conservação das Aves, ou IBAs, sigla de *Important Bird Areas*,** sua denominação em inglês. As IBAs são selecionadas para abranger populações distintas ao longo da distribuição geográfica das espécies. Essa rede de áreas pode ser considerada como o mínimo necessário para assegurar a sobrevivência das espécies de aves ao longo de seus locais de distribuição. Entretanto, pelo fato de a maior parte dessas áreas serem essencialmente refúgios (isto é, são remanescentes de hábitats naturais muito pequenos, ou únicos), as conseqüências da perda de qualquer uma delas podem ser desproporcionalmente grandes. Além disso, embora a rede de IBAs seja definida por sua avifauna, sua conservação asseguraria a sobrevivência de um grande número de espécies de outros grupos animais e vegetais.

A prevenção de extinções futuras e a manutenção da integridade dos ecossistemas depende de informações científicas atualizadas sobre espécies e áreas criticamente ameaçadas. Para alcançar resultados positivos a longo prazo, é necessário um conjunto integrado e objetivo de esforços, coordenado por tomadores de decisões e demais atores locais. O programa de IBAs busca o consenso e o comprometimento ao envolver todos os atores locais, desde o início, em um sistema no qual todos podem trabalhar para atingir metas adequadas e objetivas de conservação. Esta é uma abordagem integrada e participativa, e as iniciativas em curso se beneficiam pelo fato de sua importância ser estabelecida tanto em um contexto global como em parte de uma agenda nacional, enquanto novas iniciativas são desenvolvidas com base em suas prioridades. E, talvez, o mais importante de tudo: o programa proporciona uma estrutura na qual os ganhos (ou perdas) de conservação podem ser mensurados.

Argumento Biológico

As aves são indicadores de biodiversidade efetivos de outros grupos animais e vegetais (Bibby 1999), e são espécies bandeira excelentes para a conservação por serem relativamente bem conhecidas e por apresentarem apelo popular. Elas têm sido utilizadas de maneira eficaz na avaliação e conservação de áreas úmidas (por exemplo, na identificação de Sítios para a Convenção Ramsar) e na identificação de grandes centros de endemismo terrestre, onde algumas áreas muito restritas contêm a totalidade das populações de várias espécies (Projeto de Áreas de Aves Endêmicas da BirdLife, EBA, do inglês *Endemic Bird Area*). Em ambos os casos, a distribuição das aves tem sido usada para identificar áreas de importância global não somente para aves mas também para outras formas de vida.

O Processo de Identificação das Áreas Importantes para a Conservação das Aves

Categorias e critérios das Áreas Importantes para a Conservação das Aves (ver tabela para detalhes)

A1. Espécies globalmente ameaçadas de extinção
Áreas com número significativo de uma

O Programa de Áreas Importantes para a Conservação das Aves (IBAs) da BirdLife International

Um dos objetivos estratégicos da aliança BirdLife é identificar e proteger as IBAs ao redor do mundo.

- A função do programa de IBAs é identificar, proteger e gerenciar uma rede de áreas importantes para viabilizar, a longo prazo, populações naturais de aves, ao longo de seus locais de distribuição geográfica, para as quais uma abordagem baseada na conservação das áreas é apropriada (no caso de espécies migratórias, as IBAs devem englobar os locais de pouso durante o percurso).
- A manutenção da integridade biológica dessas áreas é decisiva para a conservação das aves. A proteção legal, o manejo e o monitoramento desses locais cruciais são alvos importantes de ação, e muitas (embora nem todas) espécies de aves podem ser efetivamente preservadas através desses meios.
- Enquanto as áreas são selecionadas usando critérios quantitativos cientificamente comprovados, o conceito de IBA é pragmático. Dessa forma, a rede de áreas protegidas existente é levada em consideração e, em muitos casos, formará a espinha dorsal da rede de IBAs com locais adicionais propostos para preencher eventuais lacunas.
- O Programa de IBAs é global em escala, e provavelmente mais de 20 mil IBAs ao redor do mundo serão identificadas usando critérios de seleção padronizados e internacionalmente reconhecidos. As IBAs em todo o mundo são equivalentes em importância.
- O programa visa contribuir com estratégias nacionais de conservação, através da promoção e do desenvolvimento de programas locais de áreas protegidas, ao mesmo tempo em que pode ser usado como ferramenta para o desenvolvimento de políticas públicas em nível internacional (por exemplo, para assegurar a implementação de acordos globais e medidas regionais).

ou mais espécies de aves globalmente ameaçadas de extinção.

A2. Espécies de distribuição restrita
Áreas que abrigam todas as espécies de distribuição restrita de uma Área de Aves Endêmicas. As EBAs são locais que contêm distribuições sobrepostas de espécies cujas áreas de distribuição são menores do que 50 mil km².

A3. Espécies restritas ao bioma
Áreas que abrigam espécies largamente ou completamente confinadas a um bioma específico.

A4. Espécies congregantes
Áreas mais importantes (por exemplo, colônias de reprodução, pontos de parada, locais de invernagem, áreas de gargalo durante a migração[1]) para aves aquáticas congregantes, aves limícolas, aves marinhas e outras aves migratórias (por exemplo, aves de rapina, cegonhas e alguns passeriformes).

Deve ser enfatizado que atender a estes critérios é uma condição mínima para a seleção das áreas, mas nem todas aquelas que se encaixam nestes critérios serão selecionadas como IBAs. Fatores adicionais que serão considerados na seleção das IBAs incluem: a importância do local para outras espécies da fauna e flora, a probabilidade do local receber proteção efetiva e quão bem a área se ajusta dentro de uma rede nacional (ela proporciona um aumento na cobertura geográfica de um bioma? É parte de um conjunto de áreas interdependentes? Inclui elementos importantes da avifauna que não são contemplados por outras áreas?).

Os limites de uma IBA são assim definidos de maneira que, na medida do possível, elas sejam diferentes em suas características, hábitat ou importância ornitológica de seu entorno. A IBA pode ser uma área protegida já existente ou potencial, com ou sem zonas de amortecimento, ou tratar-se de uma área que pode ser manejada para a conservação da natureza.

Finalmente, uma análise de complementaridade é desenvolvida para a identificação de hábitats críticos ou espécies que não estão adequadamente representadas nas áreas inicialmente propostas. O sistema de IBAs pode ser então melhorado para assegurar a conservação a longo prazo de um número maior (preferencialmente a totalidade) de espécies.

Fases do Programa de IBAs

O Programa de IBAs é dividido em quatro fases seqüenciais, que podem às vezes ser desenvolvidas simultaneamente, caso surjam oportunidades ou a necessidade de evitar uma maior degradação do hábitat ou a extinção de espécies.

Fase 1 – Identificação das IBAs em escala nacional

Esta fase consiste basicamente no levantamento de informações sobre as IBAs baseado na literatura existente. Listas de espécies são consultadas e critérios são aplicados para verificar se uma determinada área se qualifica como IBA. Um inventário de áreas é elaborado, revisado e aprovado por especialistas. O relatório das IBAs é então publicado e colocado à disposição de atores locais dos setores público e privado, nos níveis local, regional, nacional e internacional.

[1] Uma área de gargalo durante a migração é aquela pela qual passa regularmente um grande número de aves migratórias em certas estações do ano (tais áreas podem também ser usadas como locais tradicionais de descanso pelas aves que estão de passagem).

Critérios para a Identificação das Áreas Importantes para a Conservação das Aves

Categoria	Critério	Observações
A1 Espécies globalmente ameaçadas de extinção	Área que regularmente abriga número significativo de espécies globalmente ameaçadas, ou outras espécies de interesse global de conservação	A área se qualifica caso se tenha conhecimento ou se estime que ela abrigue uma população de espécies consideradas Criticamente Ameaçadas ou Em Perigo. O tamanho das populações de espécies para as quais são atribuídas classificações de Vulnerável, com Dados Insuficientes ou Quase-Ameaçadas é estabelecido regionalmente, conforme apropriado, para auxiliar na seleção das áreas
A2 Espécies de Distribuição Restrita	Área conhecida por abrigar espécies de distribuição restrita, isto é, aquelas cujas distribuições de reprodução definem as Áreas de Aves Endêmicas (EBAs) ou Áreas Secundárias[2] (*Secondary Área – SA*)	A área deve fazer parte de um grupo selecionado para assegurar que, na medida do possível, todas as espécies de distribuição restrita de uma EBA ou SA estejam presentes em número significativo em pelo menos um local e, preferivelmente, em mais de um
A3 Espécies Restritas ao Bioma	Área onde se tem o conhecimento ou que se estime que abrigue um grupo de espécies cujas distribuições são largamente ou completamente confinadas a um bioma específico	A área deve fazer parte de um grupo selecionado para assegurar que, na medida do possível, todas as espécies confinadas a um bioma sejam adequadamente representadas
A4 Espécies congregantes	**(i)** Área onde se tenha o conhecimento ou que se estime que abrigue, em uma base regular, ≥1% de uma população biogeográfica de espécies aquáticas congregantes *ou*	Esta categoria se aplica às espécies aquáticas definidas pela Wetlands International (2002). Os limiares são gerados em alguns casos combinando populações migratórias dentro de uma região biogeográfica. Para outras espécies sobre as quais faltam dados quantitativos, os limiares são definidos regional ou inter-regionalmente, conforme apropriado. Nestes casos, os limiares serão estimados em 1% da população biogeográfica
	(ii) Área onde se tenha o conhecimento ou que se estime que abrigue, em uma base regular, ≥1% da população global de espécies congregantes de aves marinhas ou terrestres *ou*	Esta categoria inclui aquelas espécies de aves marinhas não definidas por Wetlands International (2002). Na ausência de dados quantitativos, os limiares numéricos para cada espécie são definidos regional ou inter-regionalmente, conforme apropriado. Nestes casos, os limiares serão estimados em 1% da população global
	(iii) Área onde se tenha o conhecimento ou que se estime que abrigue, em uma base regular, ≥20 mil aves aquáticas ou ≥10 mil casais de aves marinhas de uma ou mais espécies. *ou*	Para as aves aquáticas, são aplicados os mesmos critérios adotados na categoria 5 da Convenção Ramsar
	(iv) Área onde se tenha o conhecimento ou que se estime que exceda os limiares definidos para espécies migratórias em locais de gargalo durante a migração	Os limiares numéricos são definidos regional ou inter-regionalmente, conforme apropriado

[2] Áreas Secundárias são áreas que abrigam uma ou mais espécies de aves com distribuição restrita, mas que não se qualificam como uma Endemic Bird Areas, uma vez que menos do que duas espécies têm sua distribuição totalmente confinada nessas áreas.

Fase 2 – Designação de áreas
Para designar um local como uma IBA, são desenvolvidas campanhas e, em muitos casos, as atividades de conservação começam imediatamente. Grupos formados por atores locais (*Local Conservation Groups* – LCG, grupos de parceiros locais estabelecidos para uma área em particular) são criados com o objetivo de apoiar e promover ações de conservação para cada área. Em muitos casos, estes grupos já existem, podendo se beneficiar do fato que o local agora é considerado uma IBA (*status* de reconhecimento internacional) e promover campanhas visando um maior apoio à conservação local. Os LCGs podem ser compostos também por empresas ou órgãos governamentais que atuam ou que tenham interesse no local.

Fase 3 – Proteção: articulação e ação
Os grupos de parceiros locais são encorajados a desenvolver e implementar planos de ação de conservação ou de manejo para as áreas. É recomendável a articulação com a esfera governamental. Como uma rede de áreas que, se protegidas, conservarão todas as espécies de aves e a biodiversidade em geral, as IBAs podem ajudar o governo a efetivar os compromissos firmados em Convenções e Acordos Internacionais dos quais o país é signatário (ver capítulo 1).

Fase 4 – Atualização e monitoramento
A informação sobre as IBAs é gerenciada e monitorada por uma coordenação nacional. Uma rede de colaboradores deve ser formada para apoiar o processo de atualização da informação, visando ações futuras de monitoramento e conservação. Os colaboradores podem ser membros dos LCGs ou "guardiães das IBAs", nesse caso representados por pessoas que, embora não estejam diretamente envolvidas na conservação da área, reportam-se para o coordenador nacional sobre a situação do local. O ideal é que seja elaborado um cadastro nacional para facilitar o gerenciamento das informações. Em nível global, a BirdLife está desenvolvendo o Banco de Dados das Aves no Mundo (*World Bird Data Base* – WBDB) para integrar informações de todos os países. O WBDB tem sido usado pela BirdLife para gerenciar, analisar e reportar o *status* de conservação de espécies ameaçadas, contribuindo para análises globais como o Estado das Aves no Mundo (BirdLife International 2004) e na publicação dos Livros Vermelhos (*Red Data Books*, publicação desenvolvida pela BirdLife International com dados sobre as espécies de aves globalmente ameaçadas de extinção no mundo inteiro (por exemplo, Collar et al. 1992). O WBDB também possui informações sobre as IBAs, que estarão disponíveis na Internet assim que todos os coordenadores nacionais das IBAs alimentarem os dados no sistema. Para tornar isso possível, informações completas sobre as IBAs (estado de conservação, ameaças, uso de terra) e espécies (distribuição, tamanho das populações, ameaças) serão fornecidas e atualizadas regularmente. Dessa forma, o WBDB é um canal que permite que a informação seja disseminada entre aqueles que coletam os dados, os que os atualizam, aqueles que os validam, os que os analisam para converter a informação científica em objetivos específicos, e aqueles que fornecem essa informação para os tomadores de decisão, traduzindo a ciência da conservação em ação.

Histórico

O conceito de Áreas Importantes para a Conservação das Aves resultou de diversos estudos desenvolvidos pela BirdLife International (e pela Wetlands International) em nome da Comissão da Comunidade Européia e do Conselho Europeu durante a década de 80. Esses estudos identificaram áreas que necessitam de proteção especial na Europa, sendo de grande utilidade para tomadores de decisão e conservacionistas, e permitiram que organizações como a BirdLife e a Wetlands International, entre outras, pudessem interceder em favor de uma maior proteção dessas áreas. Com a cooperação de mais de 400 especialistas em todos os países da Europa que em consenso adotaram critérios objetivos, foram coletados e apresentados de forma clara e simples dados de 2.444 localidades, de 41 países na Europa. A publicação desses dados, em 1989, intitulada "Áreas Importantes para a Conservação das Aves na Europa" (*Important Bird Areas in Europe)* representou o nascimento do conceito de IBA e foi um marco na evolução da estratégia de conservação das aves, adotada pela aliança BirdLife na Europa.

Em 1990, na forma de um acompanhamento à publicação do inventário das IBAs, teve efetivamente início o programa de IBAs da Europa, com o objetivo principal de proteger as aves e a biodiversidade, defendendo a manutenção e o melhoramento do *status* de conservação de todas as IBAs. Esse programa vem sendo implementado pela aliança BirdLife em toda a Europa, enfatizando que o conceito é mais do que apenas um exercício de definir prioridades. A proteção legal ou o manejo das IBAs é assim o objetivo final e, através de cooperação com órgãos nacionais e tomadores de decisão, alguns países europeus têm hoje quase todas as suas IBAs protegidas. Em 1989, somente 25% das IBAs estavam oficialmente protegidas, mas em 2000 esse número aumentou para 60%, devido principalmente aos esforços de vários parceiros da BirdLife por toda a região. Outras atividades do programa das IBAs incluem o desenvolvimento de campanhas, manejo direto das áreas, publicidade (como, por exemplo, o Informativo sobre as IBAs na Europa), e o trabalho através de tratados internacionais, como as convenções Ramsar, CMS e CDB.

Dessa forma, a publicação "Áreas Importantes para Conservação das Aves na Europa" (e subseqüentes publicações nacionais e a atualização regional em 2000) influenciou o desenvolvimento das iniciativas de conservação e a colaboração entre as organizações. Esta publicação tem-se mostrado extremamente valiosa ao apresentar aos tomadores de decisão argumentos claros sobre as necessidades de conservação, e tem direcionado os esforços de conservação no preenchimento de lacunas, tanto em termos de conhecimento como em grau de proteção necessário a cada área. Reconhecendo as excelentes oportunidades de conservação que o conceito e o programa de IBAs apresentam, em ambos os níveis, nacional e internacional, os representantes da BirdLife deram início aos programas de IBAs nas demais regiões do mundo.

Áreas Importantes para a Conservação das Aves nas Américas

Na região das Américas, o programa de Áreas Importantes para a Conservação das Aves teve início em 1995, quando a BirdLife International começou a sua divulgação entre suas organizações representantes. O desenvolvimento do programa é realizado em nível continental, um esforço hercúleo que só é possível através da aliança de representantes da BirdLife. O programa soma esforços às outras iniciativas existentes na região das Américas, entre elas a Iniciativa Norte-Americana de Conservação de Aves (*North American Bird Conservation Initia-*

tive – NABCI), Parceiros em Vôo (*Partners in Flight* – PIF), Plano de Conservação de Aves Aquáticas Congregantes na América do Norte (*North American Colonial Waterbird Conservation Plan* – NACWP), Rede de Reservas de Aves Limícolas do Hemisfério Ocidental (*Western Hemisphere Shorebird Reserve Network* – WHSRN), a iniciativa das Espécies Migratórias do Hemisfério Ocidental (*Western Hemisphere Migratory Species* – WHMS), Ato de Conservação das Aves Migratórias da Região Neotropical (*Neotropical Migratory Bird Conservation Act* – NMBCA), e a Aliança pela Extinção Zero (*Alliance for Zero Extinctions* – AZE), entre outras, com a característica única de abranger todos os grupos de aves (terrestres, aquáticas, marinhas, residentes, ameaçadas, endêmicas e de distribuição restrita). A BirdLife está trabalhando em concordância com as iniciativas acima para maximizar resultados e evitar a duplicação de esforços. O desenvolvimento das ações de conservação são atribuídos às organizações locais que formam a aliança BirdLife, para que sejam implementadas de maneira efetiva.

Em 1995 a BirdLife International publicou um análise de áreas-chaves para espécies ameaçadas na região neotropical (Wege e Long 1995). O trabalho foi baseado no livro das espécies ameaçadas das Américas (Collar et al. 1992), que representa uma síntese de cada espécie ameaçada. O livro de espécies ameaçadas apresentou informações cruzadas entre as espécies ameaçadas de ocorrência nas mesmas áreas e a sobreposição dessas áreas com unidades de conservação; no entanto esses dados não foram apresentados de um modo sistemático. O livro das áreas-chaves foi uma resposta para uma melhor compreensão das prioridades de conservação para as aves ameaçadas considerando as áreas de ocorrência e representou um ponto de partida para a identificação das IBAs na região Neotropical.

Para facilitar a implementação do Programa de IBAs em nível regional, seis sub-regiões foram identificadas, abrangendo todos os países do continente (incluindo aqueles onde ainda não há uma organização representante da aliança BirdLife): América do Norte, Caribe, América Central, Andes, Cone Sul e Brasil. Para o Brasil, um país de dimensões continentais, com uma das mais ricas e ameaçadas avifaunas do mundo, uma outra sub-divisão ainda foi necessária: Região da Mata Atlântica e Regiões do Cerrado e da Floresta Amazônica.

Dadas as diferenças em termos de história, demandas e realidades, os países na região das Américas estão em diferentes estágios de desenvolvimento do Programa de IBAs, que está progredindo em todas as sub-regiões. Muitos países já completaram e publicaram as informações de seus inventários: Argentina, Canadá, Estados Unidos, México, Panamá, e a publicação regional envolvendo países Andinos (Venezuela, Colômbia, Equador, Peru e Bolívia). Em nível mundial, aproximadamente 7500[3] IBAs foram identificadas em 170 países, incluindo o Brasil.

[3] Atualizado em 2004. Esse número sofrerá mudanças assim que todos os países tiverem finalizado e revisado seus inventários de IBAs.

Bibliografia

Bibby, C. J. (1999) *Making the most of birds as environmental indicators.* Ostrich 70:81-88.

BirdLife International (2004) *State of the world's birds 2004: indicators for our changing world.* Cambridge, UK: BirdLife International.

Collar, N. J., L. P. Gonzaga, N. Krabbe, A. Madroño Nieto, L. G. Naranjo, T. A. Parker III & D. C. Wege (1992) *Threatened birds of the Americas.* The ICBP/IUCN Red Data Book. Cambridge, UK: International Council for Bird Preservation.

Conservation International do Brasil, Fundação SOS Mata Atlântica, Fundação Biodiversitas, Instituto de Pesquisas Ecológicas, Secretaria do Meio Ambiente do Estado de São Paulo, SEMAD / Instituto de Florestas-MG (2000). *Avaliação e ações prioritárias para a conservação da biodiversidade da Mata Atlântica e Campos Sulinos.* Brasília: MMA/SBF. 40p.

Wege, D. C. & Long, A. J. (1995) *Key Areas for threatened birds in the Neotropics.* Cambridge, U.K.: BirdLife International (BirdLife Conservation Series 5).

Wetlands International. (2002) *Waterbird Population Estimates* – 3.ed. Wetlands International Global Series No. 12. Wageningen, The Netherlands.

David Wege & Jaqueline M. Goerck

Vision

The Important Bird Areas programme aims to ensure the long-term conservation of a network of critically important bird and biodiversity sites that, in combination, encompass all major ecosystems in the world.

The Important Bird Areas Programme

Some sites are exceptionally important for birds and biodiversity, and their effective protection, either as officially protected areas or through the promotion of sustainable land-use practices, is one important and cost-effective approach to conservation. Some species are, however, not amenable to conservation through a site-based approach and require different treatments. For others, the site-based approach needs to be combined with conservation measures in the wider environment. Nevertheless, patterns of bird distributions are such that, in most cases, it is possible to select sites that support many species of conservation concern. These sites are carefully identified following global scientific criteria and are known as **Important Bird Areas (IBAs)**. IBAs are selected to encompass distinct populations throughout the species' geographic distribution. This network of sites may be considered the minimum essential to ensure the survival of bird species across their ranges should remaining surrounding habitat disappear. However, because most areas are essentially refuges, the consequences of the loss of any one of them may be disproportionately large. Also, although defined by its bird fauna, the conservation of the IBA network would ensure the survival of a correspondingly large number of species from other animal and plant groups.

Prevention of future extinctions and maintenance of ecosystem integrity depend on up-to-date scientific information on the most critical species and areas. Collective efforts well targeted and coordinated amongst decision makers and other stakeholders are necessary for positive long-lasting results. The IBA programme attempts to build consensus and ownership by involving all willing stakeholders from the beginning of the initiative, in a framework within which everyone can work towards appropriate, objective conservation goals. This is an integrated and inclusive approach to achieving conservation: current initiatives benefit from their importance being set both in a global context and within a national agenda; and new initiatives are developed on the basis of their priorities. Perhaps, most importantly, the programme provides the structure within which conservation gain (or loss) can be measured.

Biological rationale

Birds have proved to be effective indicators of biodiversity in other animal and plant groups (Bibby 1999), and are excellent flagships for conservation because they are relatively well known and can carry popular support. They have been used effectively in developing wetland evaluation and conservation (e.g. for the Ramsar Convention) and in identifying major centres of terrestrial endemism where unique wildlife concentrates in some very restricted areas (BirdLife's Endemic Bird Area Project). In both cases, the distribution of birds has been used to identify areas of global importance, not only for birds, but for other life forms as well.

The Important Bird Areas Identification Process

Important Bird Areas Categories and Criteria (see table for details)

A1. Globally threatened species
Site holds significant populations of one or more globally threatened species.

A2. Restricted-range species
Site is one of a set that together hold all the restricted range species of an Endemic Bird Area (EBAs). EBAs are sites that contain overlapping distributions of species whose distributional ranges are less than 50,000 km^2.

A3. Biome-restricted assemblage
Site is one of a set that, together, hold all species largely or wholly confined within a biome.

A4. Congregatory species
The most important sites (e.g. breeding colonies, staging sites, wintering grounds, migratory bottlenecks[1]) for congregatory waterfowl, shorebirds, seabirds and other migratory birds (e.g. raptors, storks and certain passerines).

It should be stressed that meeting the criteria is a minimum qualification for selec-

The BirdLife International Important Bird Areas (IBA) Programme

One of the BirdLife Partnership's strategic aims is to identify and protect IBAs throughout the world.

- The function of the IBA Programme is to identify, protect and manage a network of sites that are important for the long-term viability of naturally occurring bird populations, across the geographical range of those bird species for which a site-based approach is appropriate (in the case of migrants, the IBAs will provide the requirements needed for the duration of their presence).
- The continued ecological integrity of these sites will be decisive in maintaining and conserving such birds. Legal protection, management and monitoring of these crucial sites will all be important targets for action, and many (but not all) bird species may be effectively conserved by these means.
- While sites are selected using scientifically defensible, quantitative criteria, the IBA concept is a pragmatic one. Thus, the existing protected area network is taken fully into consideration and will, in many cases, form the backbone of the network with additional sites proposed to fill in the gaps.
- The IBA Programme is global in scale, and it is anticipated that up to 20,000 IBAs will be identified worldwide, using standard, internationally recognised criteria for selection. IBAs throughout the world are equivalent in importance.
- The programme aims to guide the implementation of national conservation strategies, through the promotion and development of local protected-area programmes, at the same time that it may be used as a tool for international public policy development (for example, to ensure the implementation of global agreements and regional measures).

[1] A migratory bottleneck is a site at which, at certain seasons of the year, large numbers of migratory birds regularly pass through or over (such areas may also be used as traditional roosting sites by these birds whilst on passage).

Important Bird Areas selection criteria

Category	Criterion	Notes
A1 Species of global conservation concern	The site regularly holds significant populations of a globally threatened species, or other species of global conservation concern	The site qualifies if it is known or estimated to hold a population of a species categorised as Critical or Endangered. Population-size thresholds for Vulnerable, Data Deficient and Near Threatened species are set regionally, as appropriate, to help in site selection
A2 Assemblage of restricted-range species	The site is known to hold a significant component of the restricted-range species whose breeding distributions define an Endemic Bird Area (EBA) or a Secondary Area[2] (SA)	The site has to form one of a set selected to ensure that, as far as possible, all restricted-range species of an EBA or SA are present in significant numbers in at least one site and, preferably, more
A3 Assemblage of biome-restricted species	The site is known or thought to hold a significant component of the group of species whose distributions are largely or wholly confined to one biome	The site has to form one of a set selected to ensure that, as far as possible, all species restricted to a biome are adequately represented
A4 Congregations	**(i)** The site is known or thought to hold, on a regular basis, ≥1% of a biogeographic population of a congregatory waterbird species *or*	This applies to waterbird species as defined by Wetlands International (2002). Thresholds are generated in some instances by combining flyway populations within a biogeographic region, but for other species that lack quantitative data, thresholds are set regionally or inter-regionally, as appropriate. In such cases, thresholds will be taken as estimates of 1% of the biogeographic population
	(ii) The site is known or thought to hold, on a regular basis, ≥1% of the global population of a congregatory seabird or terrestrial species *or*	This includes those seabird species not covered by Wetlands International (2002). Where quantitative data are lacking, numerical thresholds for each species are set regionally or inter-regionally, as appropriate. In such cases, thresholds will be taken as estimates of 1% of the global population
	(iii) The site is known or thought to hold, on a regular basis, ≥20,000 waterbirds or ≥10,000 pairs of seabirds of one or more species *or*	For waterbirds, this is the same as Ramsar Convention criteria category 5
	(iv) The site is known or thought to exceed thresholds set for migratory species at bottleneck sites	Numerical thresholds are set regionally or inter-regionally, as appropriate

[2] Secondary Area is an area which supports one or more restricted-range bird species, but does not qualify as an EBA because fewer than two species are entirely confined to it.

tion of sites. Not all sites that meet the criteria will be selected as IBAs. Additional factors that will be considered when selecting IBAs include the site's importance for other fauna and flora, the likelihood of the site receiving protection, and how well the site fits into a national network (does it increase the geographical spread of coverage within a biome? Does it form part of a set of sites which may be interdependent? Does it include important elements of the avifauna that are not covered at other sites?).

The boundaries of an IBA are defined so that, as far as possible, they are different in character or habitat or ornithological importance from the surrounding area. The IBA may exist as an actual or potential protected area, with or without buffer zones, or is an area which can be managed in some way for nature conservation.

Finally, a complementarity analyses is developed to allow for the identification of critical habitats or species that are not adequately represented in the initially proposed areas. The IBA system can then be improved to ensure the long-term preservation of a greater number of (preferably all) species.

Phases of the IBA Programme

The IBA programme is divided in four sequential phases, which sometimes may be developed simultaneously, if opportunities or new pressures arise, to avoid further habitat degradation or species extinctions.

Phase 1 – Identification of IBAs at the country level

This phase consists primarily of the information gathering on IBAs based on the existing available literature. Species lists are consulted and IBA criteria applied to verify whether a particular area qualifies as an IBA. An inventory of sites is elaborated, reviewed and approved by experts. The directory of IBAs is then published and made available to various stakeholders in the public and private sectors, at the local, regional, national and international levels.

Phase 2 – Designation of sites

In order to designate a site as an IBA, campaigns are undertaken and, in many cases, conservation activities start immediately. Local Conservation Groups (LCGs – groups of stakeholders for a particular site) are created as a means to provide support and undertake conservation actions for each site. In many cases, such groups already exist, but they can take advantage of the fact that the site is now considered an IBA, an internationally recognised conservation status for the area, and campaign for greater support for conservation of the site. LCGs may also be comprised of companies or government bodies with a stake at the site.

Phase 3 – Protection: advocacy and action

Local Conservation Groups are encouraged to develop and implement conservation action plans or management plans for the sites. Advocacy at the government level is recommended. As a network of sites that, if protected, will conserve all bird species and other biodiversity, IBAs will help the government achieve the commitments undertaken through International Conventions and Agreements to which the country is Party.

Phase 4 – Update and monitoring

Information on IBAs should be managed and monitored by a national coordinator. A network of collaborators should then be formed to aid the process of updating information, as a means for future monitoring and conservation. Collaborators may be LCGs or "IBA guardians" – the latter represented by individuals who, although not directly involved in the conservation of the area, report to the national coordinator about the situation of the site. Ideally, a national catalogue should be made to facilitate information management. At the global level, BirdLife is developing the World Bird Data Base (WBDB) to integrate information from all countries. The WBDB has been used by BirdLife to manage, analyse, and report on the status of threatened species, and contribute to the publication of Red Data Books (eg., Collar et al. 1992), and to global analyses like State of the World's Birds (BirdLife International, 2004). It also holds information on IBAs, which will become available on the web in the future, once national IBA coordinators feed the data onto the WBDB. To the extent that is possible, complete information on IBAs (conservation status, threats, land use) and species (distribution, population sizes, threats) will be provided. This information will be updated at regular periods. Thus, the WBDB is a channel that allows information to flow among those that gather data, those that provide updates, those that check them, those that analyse the data to convert scientific information to specific objectives, and those that provide this information to decision makers, translating conservation science into action.

History

The Important Bird Area concept resulted from a number of studies undertaken by BirdLife International (and Wetlands International) on behalf of the Commission of the European Community and the Council of Europe during the 1980s. These studies identified sites for species in need of special protection in Europe, were helpful to planners and conservationists, and enabled BirdLife, Wetlands International and others to lobby for greater protection of these sites. With the co-operation of over 400 experts from all European countries, and using agreed, objective criteria, data were collected and presented in a clear and user-friendly format for 2,444 sites from each of 41 countries in Europe. The publication of these data, in 1989, as *Important Bird Areas in Europe* represented the birth of the IBA concept and was a milestone in the evolution of the BirdLife Partnership's bird conservation strategy for Europe.

In 1990, as a follow-up to the publication of the IBA inventory, the European IBA programme started in earnest, with the primary aim to protect birds and biodiversity by advocating the maintenance and enhancement of the conservation status of all IBAs. This programme is being implemented by the BirdLife Partnership all over Europe emphasising that the concept is more than just a priority-setting exercise. Legal protection or conservation management of IBAs is thus the ultimate aim, and through co-operation with national decision-making bodies, a number of European countries now have nearly all of their IBAs protected. In 1989 only 25% of IBAs were formally protected, but by 2000 this had risen to 60%, due largely to the efforts of the various BirdLife partners throughout the region. Other IBA programme activities have included campaigns, direct site management, publicity (e.g. the European IBA Newsletter), and working through international treaties such as the Ramsar, CMS and CBD conventions.

Thus the publication of *Important Bird Areas in Europe* (and subsequent national publications and the expanded regional update in 2000) has been influential in promoting the development of conservation initiatives and collaboration among organisations across the region. It has proved to be uniquely valuable in presenting clear statements to decision-makers of the needs of conservation and has guided conservation efforts towards filling gaps both in knowledge and in the degree of site protection. Recognising the excellent conservation opportunities that the IBA concept and programme presents at national and international levels, BirdLife Partners have initiated IBA programmes throughout the other regions of the world.

Important Bird Areas in the Americas

In the Americas region, the Important Bird Area programme was initiated in 1995, when BirdLife International started disseminating the programme among the existing partners. The development of the programme is taking place at the continent level, a Herculean task only achievable through the existing BirdLife Partnership scheme. This programme adds to other existing initiatives in the Americas region, such as the North American Bird Conservation Initiative (NABCI), Partners in Flight (PIF), North American Waterbird Conservation Plan (NAWCP), Western Hemisphere Shorebird Reserve Network (WHSRN), Western Hemisphere Migratory Species Initiative (WHMSI), Neotropical Migratory Bird Conservation Act (NMBCA), North America Waterfowl Management Plan (NAWMP), National (US and Canada) Shorebird Plans and the Alliance for Zero Extinctions (AZE), among others. It encompasses all bird groups (terrestrial, aquatic, marine, resident, migrant, threatened, endemic, restricted-range), and by acting through the local organisations which form the BirdLife Partnership, is an effective way of implementing conservation. BirdLife is working in concert with the above initiatives to maximise results and avoid duplication of efforts.

In 1995 BirdLife International published an analysis of the key areas for threatened species in the Neotropics (Wege and Long 1995). The work was based on Threatened Birds of the Americas (Collar et al. 1992) which presents a synthesis on threatened birds in a species-by-species format. The Threatened Birds book provided some cross-referencing between species which occurred at the same sites, and an attempt to match species localities to formally protected areas, but this was not done in a systematic way. Key Areas was a response to a clear need to make a comprehensive assessment of site-based conservation priorities for threatened birds, and to create a starting point for IBA identification for the Neotropics.

In order to facilitate implementation at the regional level, six sub-regions were identified, encompassing all countries of the continent (including those where BirdLife currently does not have representation): North America, Caribbean, Meso-America, Andes, Southern Cone, and Brazil. Brazil, a country of continental dimensions, with one of the richest and most threatened avifaunas in the world, was further sub-divided into the Atlantic Forest Region, and the Cerrado and Amazonian Forests. In each country, the IBA programme is implemented by the BirdLife official partner organisation.

Given differences in history, demands, and realities in the Americas region, countries are at different stages of the programme, but it is progressing in all sub-regions. Several countries have already completed their inventories and published the information: Argentina, Canada, Mexico, Panama, United States, and the regional publication involving Andean countries (Venezuela, Colombia, Ecuador, Peru, and Bolivia), *Important Bird Areas in the Tropical Andes*. At the global level, 7500[3] IBAs have been identified in 170 countries, including Brazil.

Bibliography

Bibby, C. J. (1999) *Making the most of birds as environmental indicators.* Ostrich 70:81-88.

BirdLife International (2004) *State of the world's birds 2004: indicators for our changing world.* Cambridge, UK: BirdLife International.

Collar, N. J., L. P. Gonzaga, N. Krabbe, A. Madroño Nieto, L. G. Naranjo, T. A. Parker III & D. C. Wege (1992) *Threatened birds of the Americas.* The ICBP/IUCN Red Data Book. Cambridge, UK: International Council for Bird Preservation.

Conservation International do Brasil, Fundação SOS Mata Atlântica, Fundação Biodiversitas, Instituto de Pesquisas Ecológicas, Secretaria do Meio Ambiente do Estado de São Paulo, SEMAD / Instituto de Florestas-MG (2000). *Avaliação e ações prioritárias para a conservação da biodiversidade da Mata Atlântica e Campos Sulinos.* Brasília: MMA/SBF. 40p.

Wege, D. C. & Long, A. J. (1995) *Key Areas for threatened birds in the Neotropics.* Cambridge, U.K.: BirdLife International (BirdLife Conservation Series 5).

Wetlands International. (2002) *Waterbird Population Estimates* – 3.ed. Wetlands International Global Series No. 12. Wageningen, The Netherlands.

[3] Update as of 2004. This number will change, once all countries have completed and reviewed their IBA inventories.

Conservação de Aves na Região do Domínio da Mata Atlântica no Brasil

Jaqueline M. Goerck

Ornitologia e Conservação de Aves

O interesse pela ornitologia vem crescendo sistematicamente no Brasil e isso se reflete no incremento do número e da qualidade das publicações relacionadas à avifauna brasileira (ver Oniki & Willis 2002 sobre catálogo de publicações), assim como no sucesso dos congressos de Ornitologia (CBO, Congresso Brasileiro de Ornitologia), que ocorrem a cada 1 ou 2 anos. Como exemplo, o penúltimo congresso de Ornitologia (Santa Catarina, em Novembro de 2004) teve a participação de aproximadamente 500 estudantes e profissionais da área, e o último, realizado em 2005, em Belém, contou com 380 participantes (A. Aleixo *in litt.*). Além disso, atualmente, as maiores universidades do país possuem ornitólogos no seu corpo docente e a Sociedade Brasileira de Ornitologia[1] conta com mais de 800 associados (I. Accordi com. pess.).

Estudos sobre aves no Brasil abrangem diversas áreas do conhecimento, desde taxonomia até ecologia, variando quanto aos métodos aplicados, profundidade e detalhamento das pesquisas. Dados sobre distribuição, requisitos ecológicos, história natural e outros aspectos da biologia das espécies são essenciais para a elaboração de estratégias de conservação. A BirdLife International (2000) sugeriu uma série de ações para a conservação das espécies globalmente ameaçadas de extinção, e informações relativas aos aspectos mencionados acima ainda são desconhecidas para a vasta maioria das aves ameaçadas. Até mesmo estudos taxonômicos são necessários para verificar a validade de algumas espécies, particularmente de algumas aves normalmente consideradas como criticamente ameaçadas (*Leptodon forbesi*, *Myrmotherula fluminensis*). Apesar da compilação de informações científicas de alta qualidade ser um passo fundamental para a conservação em qualquer região do planeta, pouco tem sido feito no Brasil para transformar dados técnico-científicos já disponíveis em ações de conservação para aves e outros grupos da biodiversidade brasileira.

De fato, poucas publicações são direcionadas para conservacionistas, elaboradores de políticas públicas e outros tomadores de decisão. O excelente *Ornitologia Brasileira* (Sick 1997), de Helmut Sick[2], é um exemplo do esforço para disponibilizar informação técnica acurada numa linguagem acessível ao público não científico. Campanhas educativas e programas de televisão sobre meio ambiente cresceram significativamente nos últimos anos e têm despertado o interesse das novas gerações sobre temas da natureza. Além disso, grupos de discussão específicos, assim como listas de espé-

---

[1] Sociedade Brasileira de Ornitologia: www.ararajuba.org.br

[2] Helmut Sick, ornitólogo alemão que veio para o Brasil em 1939 e nunca retornou a seu país natal. A sua contribuição para a ornitologia brasileira é incalculável, e sua obra tem influenciado positivamente muitos dos atuais ornitólogos de destaque no Brasil. Seu livro permanece como uma das obras publicadas mais completas sobre a avifauna brasileira e é amplamente usado por profissionais e estudantes de ornitologia.

cies de aves de diferentes localidades não publicadas, porém disponíveis na internet, revelam a grande disposição do público em geral em oferecer e trocar informações sobre as aves.

Clubes de observadores de aves, comuns na América do Norte e na Europa (particularmente na Inglaterra), ainda são raros no Brasil. Estes clubes são excelentes canais para a introdução do hábito de apreciar aves no seu ambiente natural – um passo importante para a conservação destes animais. Os associados destes clubes reúnem-se para apresentar seminários sobre aves e natureza, saem em passeios para observação de aves e, em alguns casos, acabam desenvolvendo campanhas para a conservação de espécies ou a proteção de suas áreas de ocorrência. Um dos clubes mais ativos no Brasil é o Centro de Estudos Ornitológicos[3] (CEO), em São Paulo, que participa do Festival Mundial das Aves (*World Bird Festival*), promovido pela BirdLife com o objetivo de aproximar as pessoas das aves e da natureza. As atividades são desenvolvidas durante o mês de Outubro, especialmente no Dia Nacional da Ave (5 de outubro), instituído a partir de um decreto federal de 2002. Este decreto também estabelece o sabiá-laranjeira (*Turdus rufiventris*) como sendo a Ave Nacional Brasileira.

Apesar do fato de o ecoturismo ser considerado uma atividade econômica que se alia à proteção da natureza, este é freqüentemente falho na sua falta de planejamento no que se refere às visitas de turistas e no envolvimento das comunidades locais em suas atividades. Além disso, dificuldades para consolidar a observação da natureza como uma atividade econômica viável têm sido atribuídas às várias ameaças que a nossa fauna sofre (Matos 2003). Até mesmo as atividades de observadores de aves necessitam de intenso planejamento, uma vez que são realizadas por grupos especializados e com grandes expectativas sobre a observação das espécies[4].

Iniciativa de Conservação de Espécies

Existem numerosas iniciativas para a conservação das aves, mas poucas são enfocadas diretamente em espécies criticamente ameaçadas de extinção, isto é, aquelas que enfrentam alto risco de extinção no seu hábitat natural (IUCN 2001). Algumas dessas espécies necessitam da aplicação de medidas diferentes simultaneamente para que a sua sobrevivência se dê nos prazos médio e longo. Das 20 aves criticamente ameaçadas (ou extintas na natureza) que ocorrem (ou ocorriam) dentro dos limites avaliados neste livro, as espécies de maior porte procuradas pelo mercado ilegal de animais, ou para caça, receberam mais atenção. As aves são amplamente comercializadas ilegalmente no Brasil, tanto para atender ao mercado nacional quanto o internacional (Renctas 2001), e muitas espécies são severamente impactadas por isso. Evidentemente, o esforço para erradicar o tráfico de animais é a ação mais importante e efetiva para a conservação destas e de outras espécies. Centros de seleção e reabilitação fornecem o cuidado necessário às espécies apreendidas. No entanto, atividades complementares são necessárias para a realização da conser-

[3] Centro de Estudos Ornitológicos: www.ib.usp.br/ceo/); outros clubes e sociedades existem em vários estados ou municípios do Brasil (verificar www.ao.com.br ou www.ib.usp.br/ceo/ para maiores informações.
[4] Verificar www.biobrasil.org/ para um exemplo bem-sucedido.

vação *in situ* e projetos específicos liderados pelo IBAMA (Instituto Brasileiro do Meio Ambiente e dos Recursos Naturais Renováveis; www.ibama.gov.br) já foram elaborados para algumas espécies, como, por exemplo, o mutum-do-nordeste *Mitu mitu*, a arara-azul-de-lear *Anodorhynchus leari*, e a ararinha-azul *Cyanopsitta spixii,* e implementados em parcerias com ONGs, proprietários de terra e institutos de pesquisa. Infelizmente, para algumas espécies (*M. mitu* e *C. spixii*), estas medidas chegaram tarde e os esforços despendidos não foram suficientes para prevenir suas extinções na natureza (ver Juniper 2002 para maiores informações sobre a ararinha-azul). O último indivíduo de ararinha-azul vivendo livremente na natureza foi observado em Outubro de 2000 enquanto o mutum-do-nordeste desapareceu da natureza na década de 80. Atualmente, a esperança para estas espécies reside na restauração de seus hábitats naturais, seguida da reintrodução na natureza de animais criados em cativeiro, e posterior monitoramento de ambos – hábitat e indivíduos. Um número bem-sucedido de iniciativas com criação em cativeiro e reintrodução na natureza (por exemplo, *Crax blumenbachii*, *Pipile jacutinga*; Silveira *et al.* 2005) mostrou que o método foi eficiente na conservação de algumas espécies ameaçadas.

Outras espécies criticamente ameaçadas, como o pato-mergulhão (*Mergus octosetaceus*), estão agora recebendo maior atenção (Plano de Ação do Pato-mergulhão, em preparação) e serão provavelmente beneficiadas com ações de conservação a serem implementadas num futuro próximo. Em 2003, o Fundo Nacional para o Meio Ambiente (FNMA) aprovou cinco propostas para a elaboração de planos de manejo para espécies ameaçadas, incluindo algumas das aves mais ameaçadas da Mata Atlântica (várias espécies endêmicas do Centro de Endemismo Pernambuco e o soldadinho-do-araripe *Antilophia bokermanni*). O Programa de Proteção das Espécies Ameaçadas de Extinção da Mata Atlântica Brasileira[5], recentemente lançado e coordenado pela Fundação Biodiversitas e pelo Centro de Pesquisas Ambientais do Nordeste (CEPAN), com recursos do CEPF (Fundo de Parceria para Ecossistemas Críticos) também disponibiliza recursos exclusivamente para trabalhos com espécies ameaçadas. A esperança é que estes esforços contribuam significativamente para melhorar o *status* de conservação de algumas espécies ou, ao menos, auxiliar para que as populações se mantenham estáveis.

Araras e papagaios considerados "em perigo", como a arara-azul-grande *Anodorhynchus hyacinthinus* e o papagaio-de-cara-roxa *Amazona brasiliensis*, assim como o "vulnerável" papagaio-da-serra *Amazona pretrei*, são também foco de iniciativas de conservação já existentes (ver Galetti e Pizo 2002, e citações deste para estudos sobre estas e outras espécies da família Psittacidae). Outras espécies de aves ameaçadas e vulneráveis receberam menos atenção diretamente, ainda que sua conservação seja realizada através da proteção de áreas públicas e privadas (veja abaixo).

O Centro Nacional de Pesquisa para a Conservação das Aves Silvestres (CEMAVE)[6] do IBAMA, em conjunto com ONGs, vem monitorando espécies migratórias, na sua maioria espécies aquáticas, incluindo aves marinhas e da região costeira. Iniciativas como essas são importantes

[5] Para informações sobre o recurso disponível, verificar www.biodiversitas.org.br ou www.cepan.org.br.
[6] Centro Nacional de Pesquisa para Conservação das Aves Silvestres: www2.ibama.gov.br/cemave.

para o registro das oscilações populacionais das espécies, fornecendo elementos que permitem assegurar que os processos ecológicos destas populações permaneçam estáveis. Muitas espécies marinhas são migratórias e passam grande parte de suas vidas sobrevoando os mares sobre a plataforma continental brasileira. Neste sobrevôo, grandes números de indivíduos de pelo menos oito espécies de albatrozes e petréis globalmente ameaçadas morrem constantemente afogados em águas brasileiras após ficarem presos nas iscas de anzóis de barcos de pesca de espinhel. No ano de 2000, a BirdLife International iniciou uma campanha global pela conservação dessas aves[7], promovendo o uso de medidas mitigatórias para reduzir a captura das aves marinhas nesse tipo de pesca. Essa campanha acabou por ajudar na formatação do Acordo Internacional para a Conservação dos Albatrozes e Petréis (ACAP), legalmente formalizado, do qual o Brasil é signatário (ver capítulo 1).

Proteção de Áreas

A proteção de grandes áreas de hábitat intocado é, sem dúvida, a maneira mais efetiva para a conservação das espécies. De acordo com a BirdLife International (2000), essa medida favoreceria a maioria das aves globalmente ameaçadas de extinção (Figura 1).

Segundo a legislação brasileira, a implementação do Sistema Nacional de Unidades de Conservação (SNUC, Lei n. 9.985/2000) garantiria a conservação de pelo menos 103 áreas de extrema importância para a conservação de aves (63 % das IBAs são contempladas por UCs de proteção integral) e outras espécies da região da Mata Atlântica, através da consolidação e manejo adequado de áreas públicas de proteção integral (Parques Nacionais, Reservas Biológicas e Estações Ecológicas), pelo IBAMA e pelos Institutos Estaduais de Meio Ambiente. Além disso, se as áreas de uso sustentá-

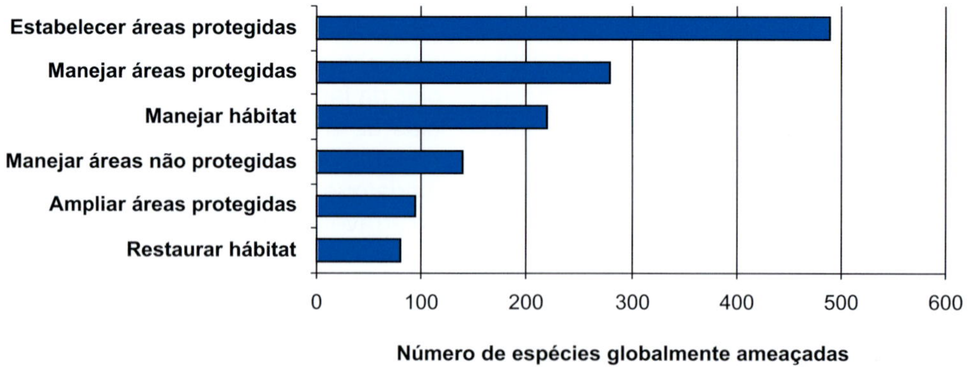

Figura 1. Ações propostas para a conservação de áreas e hábitats e a média do número de espécies de aves globalmente ameaçadas que se beneficiariam dessas ações.

[7] Campanha "*Save the Albatross*". No Brasil, esta iniciativa tem sido implementada com sucesso em parceria com o Instituto Albatroz (www.projetoalbatroz.com.br).

vel (Florestas Nacionais e Áreas de Relevante Interesse Ecológico) fossem também implantadas de acordo com as normas e objetivos para as quais elas foram criadas, um adicional de 3% de áreas importantes para a conservação das aves seria protegido (as APAs e as RPPNs estão excluídas desse cálculo).

De fato, se a legislação fosse aplicada integralmente desde o princípio, muito mais remanescentes florestais da Mata Atlântica teriam proteção adequada, uma vez que 20% da área da maioria das propriedades rurais (as propriedades agrícolas familiares são exceção) supostamente estariam intocadas na denominada Reserva Florestal Legal (Lei n. 4.771/1965). Além da Reserva Legal, as Áreas de Preservação Permanente (APP, Novo Código Florestal/1965), que incluem beira de corpos-d'água, onde por exemplo podem ser encontradas as florestas de galerias, e áreas de declividade maior que 45 graus, também estariam protegidas segundo a legislação. Esses instrumentos são ferramentas importantes para aumentar o total de cobertura florestal, formando zonas tampão ao redor de áreas de extrema importância para a conservação.

Ao longo da última década, o setor privado contribuiu significativamente para a conservação da biodiversidade através do estabelecimento de Reservas Naturais Privadas (RPPN – Reserva Particular do Patrimônio Natural) (Morsello 2001), impulsionado pelo Decreto Federal 1.922/1996. Os proprietários dessas terras recebem alguns benefícios sobre as áreas reservadas para a conservação, como a isenção do Imposto Territorial Rural (ITR) e a possibilidade de obtenção de recursos de fundos públicos e privados para desenvolver estratégias de conservação para a área protegida. Na região abordada neste livro, 31 áreas são parcialmente protegidas através de reservas naturais privadas, algumas inclusive de grande relevância para a conservação de aves. O Programa de Incentivo à Sustentabilidade das Reservas Naturais Privadas (Programa de RPPNs)[8], coordenado pela Aliança para a Conservação da Mata Atlântica, disponibiliza recursos para ajudar na implementação dessas reservas.

Áreas protegidas, tanto públicas quanto privadas, que podem variar em tamanho desde poucos quilômetros quadrados até milhares de hectares, são bastante isoladas em manchas florestais (especialmente na região nordeste do país) e inseridas numa matriz composta de áreas de agricultura, pasto e áreas urbanas. Os efeitos negativos da intensa fragmentação da floresta sobre a fauna e a flora nativas são bem conhecidos, particularmente para aves (Laurance et al. 2002). No entanto, dado o grande número de espécies endêmicas com distribuição restrita encontradas em fragmentos isolados, é essencial abordar as questões de conservação na escala local e de espécie (Goerck & Wege 2005), ainda que a sobrevivência das espécies na maioria destes fragmentos dependa da sua proximidade a uma grande extensão de floresta. Portanto, esforços para a conservação da natureza levando em consideração a paisagem constituem indubitavelmente a ação de longo prazo mais efetiva para que a integridade do ecossistema seja mantida.

Abordagens na Escala da Paisagem

Iniciativas recentes do governo federal para ações de conservação na escala da paisagem incluem, por exemplo, o proje-

[8] Para maiores informações sobre este tema, verificar www.sosmatatlantica.org.br.

to de Corredores Ecológicos do Ministério do Meio Ambiente (MMA) e a abordagem de mosaicos adotada pelo IBAMA, nos quais áreas núcleo são foco de proteção integral, enquanto o uso da terra nas áreas de ligação entre as Unidades de Conservação é orientado por projetos de desenvolvimento sustentável e outros mecanismos que assegurem que as manchas de floresta estejam conectadas. Três corredores principais foram identificados na região da Mata Atlântica:

- Corredor Central da Mata Atlântica, no qual se localizam áreas do sul da Bahia, norte do Espírito Santo e nordeste de Minas Gerais,
- Corredor da Serra do Mar, que engloba a cadeia montanhosa da Serra do Mar ao longo da costa do Rio de Janeiro e de São Paulo e o interior do sul de Minas Gerais, e
- Corredor da Biodiversidade do Alto Rio Paraná (incluindo o corredor trinacional), que abrange áreas de Mata Atlântica desde o interior do Rio Grande do Sul até o sul de São Paulo, junto com Argentina (Missiones) e leste do Paraguai.

Essas áreas, conjuntamente, abrangem a maior parte dos remanescentes de Mata Atlântica e contêm uma grande proporção da diversidade da sua flora e fauna. Atividades conjuntas conduzidas em nível local, em parceria com ONGs[9], mostram que essta é uma forma de atuação importante, viável e que pode trazer resultados muito positivos.

Outra abordagem estratégica para a conservação em nível da paisagem se relaciona com o conceito de Ecorregiões, que é em princípio semelhante ao conceito de Corredores, com a distinção de que os limites das áreas das Ecorregiões a serem definidas são estabelecidos utilizando-se critérios biológicos. Ecorregiões são áreas relativamente extensas de ambientes terrestres e aquáticos, que comportam um grupo característico de espécies, comunidades, dinâmicas e condições ambientais, identificadas por um grupo de especialistas nesses temas liderados pelo Fundo Mundial para a Natureza (www.panda.org). Uma vez que os limites das ecorregiões são definidos segundo suas características biológicas, uma ecorregião enfoca sua atenção na conservação da biodiversidade através do desenvolvimento de estratégias que garantam a manutenção integral dos processos ecológicos. Existem nove ecorregiões na área englobada por este livro: Floresta Atlântica Costeira, Floresta Atlântica de Interior, Restingas da Floresta Atlântica Costeira, Restingas do Nordeste do Brasil, Mangues, Florestas de Araucária, Savanas Uruguaias (inclui Pampa), Cerrado e Caatinga (Dinerstein *et al.* 1995). Estas ainda podem ser divididas em áreas menores que possuem grande identidade biológica.

Apesar de iniciativas de conservação no nível da paisagem serem necessárias para assegurar a sobrevivência das espécies no longo prazo, muitas espécies criticamente ameaçadas de extinção demandam atenção imediata para que populações viáveis sejam mantidas para dispersar para áreas recuperadas ou conectadas por corredores (Goerck & Wege 2005). Como mencionado acima, para a maioria das espécies, a proteção e o manejo adequado das áreas de hábitat nas quais essas espécies são encontradas é um passo fundamental para a sua conservação.

---

[9] Para dados atualizados sobre o Corredor Ecológico Central, verificar www.iesb.org.br e www.conservation.org.br; para o Corredor Ecológico da Serra do Mar, verificar www.micoleao.org.br; e para o Corredor do Alto Rio Paraná, verificar www.maternatura.org.br, www.apoena.org.br e www.wwf.org.br.

Bibliografia

Birdlife International (2000) *Threatened birds of the world.* Barcelona: Lynx Edicions and Cambridge: BirdLife International.

Dinerstein, E., D. M. Olson, D. J. Graham, A. L. Websters, S. A. Primm, M. P. Bookbinder & G. Ledec (1995) *A conservation assessment of the terrestrial ecoregions of Latin America and the Caribbean.* Washington, DC: The World Bank.

Galetti, M. & M. A. Pizo (2002) *Ecologia e conservação de psitacídeos no Brasil.* Belo Horizonte: Melopsittacus Publicações Científicas.

Goerck, J. M. & D. Wege (2005) Pp. 1150-1155 *in* C. John Ralph e Terrell D. Rich (Ed.). *Bird Conservation Implementation and Integration in the Americas: Proceedings of the Third International Partners in Flight Conference.* 2002 March 20-24; Asilomar, California; Volume 2. Gen. Tech. Rep. PSW-GTR-191. Albany, CA: Pacific Southwest Research Station, Forest Service, U.S. Department of Agriculture.

IUCN (2001) *IUCN Red List Categories and Criteria.* Version 3.1. IUCN Species Survival Commission. Gland e Cambridge: IUCN.

Juniper, T. (2002) *Spix's Macaw: The Race to Save the World's Rarest Bird.* London: Fourth Estate.

Laurance, W. F., T. E. Lovejoy, H. L. Vasconcelos, E. M. Bruna, R. K. Didham, P. C. Stouffer, C. Gascon, R. O. Bierregaard, S. G. Laurance, & E. M. Sampaio (2002) Ecosystem decay of amazonian forest fragments: A 22-year investigation. *Conservation Biology* 16(3): 605-618.

Matos, E. M. de (2003) *Turismo de observação de fauna silvestre.* Trabalho de conclusão de curso de pós-graduação em Ecoturismo. São Paulo: Faculdade SENAC de Turismo e Hotelaria de São Paulo.

Morsello, C. (2001) *Áreas protegidas públicas e privadas: seleção e manejo.* São Paulo: Annablume/Fapesp.

Oniki, Y. & E. O. Willis (2002) *Bibliography of Brazilian Birds: 1500-2002.* Rio Claro: Instituto de Estudos da Natureza.

Renctas (2001) *Primeiro Relatório Nacional sobre o Tráfico de Animais Silvestres.* Brasília: Renctas.

Sick, H. (1997) *Ornitologia brasileira.* Edição revista e ampliada por José Fernando Pacheco. Rio de Janeiro: Nova Fronteira.

Silveira, L. F., F. Olmos, C. Bianchi, J. Simpson, R. Azeredo, P. J. K. McGowan & N. J. Collar (2005) *Action Plan for the Conservation of the Red-billed Curassow* Crax blumenbachii *– a Flagship Species for the Brazilian Atlantic Forest.* Fordingbridge e São Paulo: World Pheasant Association e BirdLife International – Programa do Brasil.

Conservation of Birds in the Atlantic Forest Region of Brazil

Jaqueline M. Goerck

Ornithology and Bird Conservation

Interest in ornithology has been systematically growing in Brazil. This is reflected in the increasing numbers and quality of publications related to the Brazilian avifauna (see Oniki & Willis 2002 for a catalogue of publications), as well as on the success of the Ornithological Meetings (CBO, Congresso Brasileiro de Ornitologia) held every one or two years in Brazil. For example, approximately 500 students and professionals attended the CBO that took place in Santa Catarina, in November 2004, and the last CBO, held in Belém, 2005, gathered 380 participants (A. Aleixo *in litt.*). Also, major universities now have ornithologists among their faculty, and the Brazilian Ornithological Society (Sociedade Brasileira de Ornitologia[1]) has currently more than 800 members (I. Accordi pers. comm.).

Studies on birds in Brazil cover diverse subjects, from taxonomy to ecology, and vary greatly in methodology, length, and detail. Data on distribution, population, ecological requirements, natural history, and all aspects of a species' biology are essential to devising sound conservation strategies. BirdLife International (2000) suggested a number of activities for the conservation of globally threatened species, and information on the above is still needed for the vast majority of threatened birds. Taxonomic studies are necessary to verify the validity of some species, particularly for some birds currently considered as critically threatened (*Leptodon forbesi*, *Myrmotherula fluminensis*). Though scientific information gathered at high standards is an essential step towards conservation anywhere, little has been done to translate available data into conservation actions for birds and other biodiversity in Brazil. Indeed, only a few publications are targeted at conservationists, policy makers, and other stakeholders. The wonderful *Ornitologia Brasileira* (Sick 1997), by the late Helmut Sick[2], is an example of an effort to provide accurate technical information in a language accessible to the general public. Educational campaigns and television programmes on nature are ever increasing and have awakened the younger generation's interest in nature. Internet discussion groups, as well as unpublished bird lists from various localities available on the internet, reveal a greater disposition from the general public to offer and exchange information on birds.

Birdwatching clubs, common in North America and Europe (particularly in England), are still a rarity in Brazil. These clubs are an excellent venue to introduce the habit of appreciating birds in their natural environment, an important step towards their conservation. Associates gather to present seminars on birds and nature, go on outings to observe birds,

[1] Sociedade Brasileira de Ornitologia: www.ararajuba.org.br.

[2] Helmut Sick, a German ornithologist who came to Brazil in 1939 and never returned to live in his home country. His contribution to Brazilian ornithology is invaluable, and he has influenced positively many of the current leading ornithologists in Brazil. His book is still the most complete published book on the Brazilian avifauna and is widely used by ornithology students and professionals.

and, in some cases, develop campaigns towards the conservation of species or areas. One of the most active clubs is the Centro de Estudos Ornitológicos (CEO)[3], in São Paulo, which participates of the World Bird Festival promoted by BirdLife with the objective of bringing people closer to birds and nature. Activities are carried during the month of October, especially on National Bird Day (5 October), instituted through a federal decree in 2002. This decree also established the Rufous-bellied Thrush *Turdus rufiventris* as the National Bird.

Though ecotourism is considered a positive way of developing an economic activity while protecting the environment, it has often failed to achieve either, through lack of planning on visiting schedules and lack of involvement with the local community. Difficulties in establishing nature observation as a viable economic activity can also be attributed to the various threats our fauna faces (Matos 2003). Greater planning is needed where birding tourists are concerned, since these are usually specialised groups with high expectations of species to be observed[4].

Species-Specific Initiatives

There are many bird conservation initiatives, yet few focus on critically endangered species, i.e, those facing an extremely high risk of extinction in the wild (IUCN 2001). Some of these species may require a number of different measures applied together to ensure their long-term survival. Of the 20 critically endangered (or extinct in the wild) birds that occur (or occurred) within the region covered in this book, the larger species sought for the illegal pet trade (or hunting) received greater attention. Birds are largely traded illegally in Brazil, both for the national and international markets (RENCTAS 2001), and several species have been severely impacted. Evidently eradicating the traffic is the foremost effort that needs to be undertaken towards the conservation of these and other species. Smuggled birds that are apprehended by the authorities may be rehabilitated, but complementary activities are needed for conservation *in situ*. Specific projects led by the Brazilian Environmental Institute (IBAMA, Instituto Brasileiro do Meio Ambiente e dos Recursos Naturais Renováveis; www.ibama.gov.br) have been developed for some species, namely, Alagoas Curassow *Mitu mitu*, Lear's Macaw *Anodorhynchus leari*, and Spix's Macaw *Cyanopsitta spixii*, implemented in partnership with NGOs, local land-owners, and research institutes. Unfortunately, for some (*M. mitu* and *C. spixii*) these measures came too late and efforts were not enough to prevent their extinction in the wild (see Juniper 2002 for more information on Spix's Macaw). The last Spix's Macaw living freely in nature was observed in October 2000, while the Alagoas Curassow disappeared from the wild in the 1980s. The hope for these species lies now in the restoration of their habitat, followed by the introduction to the wild of captive-bred individuals, with subsequent intensive monitoring of both habitat and individuals. A number of successful captive breeding initiatives with subsequent reintroduction of individuals to the wild (eg. *Crax blumenbachii*, *Pipile jacutinga*; Silveira *et al.* 2005) have proven the

[3] São Paulo: Centro de Estudos Ornitológicos (CEO; www.ib.usp.br/ceo/); other clubs and societies exist in various states or municipalities of Brazil (please check www.ao.com.br or www.ib.usp.br/ceo/ for contact information).

[4] Please see www.biobrasil.org/ for a successful example.

effectiveness of this method for conserving some threatened species.

Other critically threatened species, like the Brazilian Merganser *Mergus octosetaceus* are now receiving greater attention (Brazilian Merganser Action Plan *in prep.*), and will likely benefit from conservation activities to be implemented in the near future. In 2003, the Brazilian National Fund for the Environment (FNMA) approved five proposals to develop management plans for threatened species, including some of the most threatened birds in the Atlantic Forest region (several species endemic to the Pernambuco Centre, and the Araripe Manakin *Antilophia bokermanni*). The recently launched "Programme on Threatened Species" (Programa de Proteção das Espécies Ameacadas de Extinção da Mata Atlântica Brasileira [5]), coordinated by Fundação Biodiversitas and Centro de Pesquisas Ambientais do Nordeste (CEPAN), with funds from CEPF (Critical Ecosystem Partnership Fund), also provides funds to work specifically with threatened species. These efforts will hopefully contribute to improving the status of some species or, at least, aid in the maintenance of stable populations.

Endangered macaws and parrots, such as the Hyacinth Macaw *Anodorhynchus hyacinthinus* and the Red-tailed Amazon *Amazona brasiliensis*, as well as the vulnerable *Amazona pretrei* are also the focus of existing conservation initiatives (see Galetti and Pizo 2002, and papers therein for studies on these and other species of the Psittacidae family). Other endangered and vulnerable bird species received less direct attention, though their conservation is largely effected through the protection of public and private areas (see below).

The National Center for Wild Birds Conservation Research (CEMAVE, Centro Nacional de Pesquisa para Conservação das Aves Silvestres)[6] of IBAMA, in conjunction with NGOs, has been monitoring migratory species mostly of waterbirds, including shore and seabirds. Initiatives like these are important to assess trends in species' populations, to ensure that ecological processes remain stable. Many seabirds are migrants that spend large portions of their lives flying over the Brazilian continental shelf. At least eight globally threatened species of albatrosses and petrels are drowning in Brazilian waters in large numbers after being caught in the baited hooks of "longline" fishing boats. In 2000, BirdLife International initiated a global campaign[7] to improve the conservation status of albatrosses and petrels by promoting the use of mitigation measures to reduce seabird by-catch from longlining. The campaign helped to shape the legally-binding international Agreement for the Conservation of Albatrosses and Petrels (ACAP), of which Brazil is a signatory (see chapter 1).

Protection of Sites

Undoubtedly, the most effective way of conserving species is the protection of large tracts of pristine habitat. According to BirdLife International (2000), this measure would favour the majority of globally threatened birds (Figure 1).

Following the Brazilian legislation, the implementation of the National System of

[5] For information on the grant scheme, please see www.biodiversitas.org.br or www.cepan.org.br.

[6] Centro Nacional de Pesquisa para Conservação das Aves Silvestres: www2.ibama.gov.br/cemave.

[7] "Save the Albatross" campaign. In Brazil, this initiative has been successfully implemented in partnership with the Instituto Albatroz (www.projetoalbatroz.com.br).

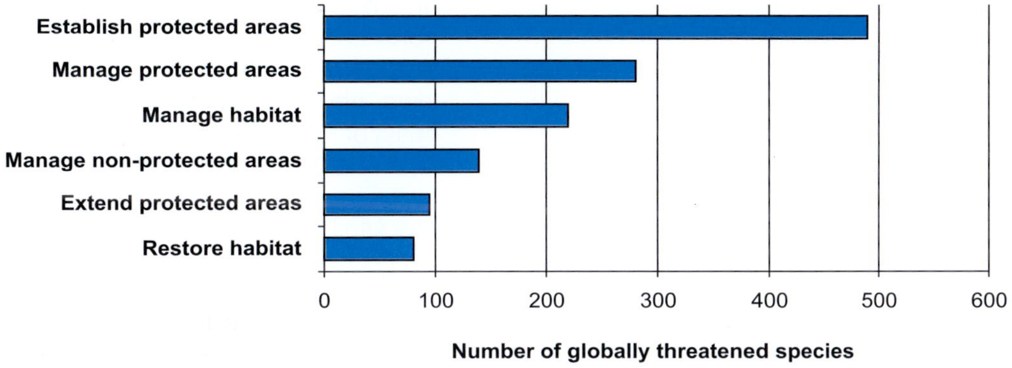

Figure 1. Actions for sites and habitats and average number of globally threatened bird species favoured by them

Protected Areas (SNUC, Sistema Nacional de Unidades de Conservação, Law n. 9985/2000) would partially guarantee the conservation of at least 103 areas of greatest importance for bird and biodiversity conservation in the Atlantic Forest region, through the consolidation and management of public protected areas of integral protection (National Parks, Biological Reserves, and Ecological Stations) by IBAMA and State Environmental Institutes (63% of the IBAs identified in this book are part or within public reserves of integral protection). Furthermore, if protected areas of sustainable use (National Forests – FLONA – and Areas of Relevant Ecological Interest – ARIE) were also implemented following the guidelines and objectives for which they were created, an additional 3% of important bird conservation areas would be protected (Areas of Environmental Protection – APA – and Private Nature Reserves – RPPN – were not considered in this calculation).

Indeed, if legislation was followed in earnest, much of the remaining forests and natural vegetation would receive adequate protection in the Atlantic Forest, as 20% of the majority of the rural properties (family agricultural properties are an exception) would remain intact as the so called Legal Reserves (Law n. 4.771/1965). In addition, Areas of Permanent Preservation (APP; Brazilian Forestry Code/1965), which include gallery forests and areas with slopes over 45 degrees, would also be protected with the compliance of current legislation. These instruments are important tools to increase total forest cover to form buffer zones surrounding areas of high importance for conservation.

Over the last decade, the private sector has contributed significantly towards the conservation of biodiversity through the establishment of Private Nature Reserves (RPPNs, Reservas Particulares do Patrimônio Natural) (Morsello 2001), impelled by the Federal Decree 1922/1996. Landowners receive some benefits in areas set aside for conservation, such as waiving of rural taxes, and opportunities to obtain public and private funds to devise conservation strategies for the protected area. In the region covered by this book 31 IBAs are partially protected through private nature reserves, some of which are of highest priority for bird conservation. The Programme of Incentives to the Sustainability of Private Nature Reserves (Programa de RPPNs)[8], coordinated by the Alliance for the Conservation of the Atlantic Forest (Aliança para a Conservação da Mata Atlântica) provides funds to help implement private reserves.

Protected areas, either public or private, which vary in size from kilometres squared to thousands of hectares, are largely isolated patches of forests (especially so in the north-eastern region of Brazil) within a matrix of agricultural, pastures, and urban areas. Negative effects of fragmentation of forests over the flora and fauna are well known, particularly for birds (Laurance *et al.* 2002). Yet, given the large number of very local endemic species that individual areas support, it is essential to look at species-specific and site-level conservation issues (Goerck & Wege 2005), although survival of species in many of these fragments will depend on their proximity to larger forest tracts. Thus, landscape level conservation efforts are the ultimate long-term goal, so that integrity of the entire ecosystem is maintained.

Landscape-Level Approaches

Recent government landscape initiatives include the Ecological (or Biodiversity) Corridors project and the mosaic approach for conservation units, where core areas are to be protected while land use in the intervening areas shall be regulated through sustainable development projects and other mechanisms that ensure that forested patches are connected. Three main corridors have been identified in the Atlantic forests:

- The Central Atlantic Forest Corridor, which includes areas in southern Bahia, northern Espírito Santo, and north-eastern Minas Gerais
- The Serra do Mar Corridor, which follows this mountain range along the coast of Rio de Janeiro and São Paulo, and in south-eastern Minas Gerais, and
- The Alto Rio Paraná Biodiversity Corridor (including the Tri-national corridor), which includes the interior Atlantic forests from Rio Grande do Sul to southern São Paulo, together with Argentina (Misiones) and eastern Paraguay.

These areas together hold much of the remaining Atlantic Forest remnants, and contain a great proportion of the fauna and flora diversity. Current activities conducted at the local level in partnership with NGOs[9] have proved that this is a viable and important concept, which may bring positive results.

Another strategic approach to landscape conservation relates to the ecoregion concept, which is, in principle, similar to the corridor concept, but boundaries of areas to be considered are defined through biological criteria. An ecoregion is a relatively large area of land or water that harbours a characteristic set of species, communities, dynamics and environmental conditions, identified by a group of experts led by World Wildlife Fund (www.panda.org). Since the ecoregion limits are defined in biological terms, an ecoregion focuses attention to conserve biodiversity by developing large-scale strategies to ensure that entire ecological processes are maintained. There are nine ecoregions in the area covered by this book: Brazilian Coastal Atlantic Forests, Brazilian Interi-

[8] For more information on this grant, please check www.sosmatatlantica.org.br.

[9] For an update on the Central Ecological Corridor, please check www.iesb.org.br and www.conservation.org.br; for the Serra do Mar Ecological Corridor, please check www.micoleao.org.br; and for the Alto Corridor, please check www.maternatura.org.br, www.apoena.org.br, and www.wwf.org.br.

or Atlantic Forests, Brazilian Atlantic Coast Restingas, Northeastern Brazil Restingas, Mangroves, Brazilian Araucaria Forests, Uruguayan Savannas, Cerrado (Brazilian Savannas) and Caatinga (Brazilian semi-arid vegetation) (Dinerstein *et al.* 1995). These can be further divided in subsets that hold greater biological affinities.

Though landscape-level conservation initiatives are necessary to ensure the long-term survival of species, many critically threatened species need immediate attention, so that source populations persist to disperse into restored or corridor-connected areas (Goerck & Wege 2005). As mentioned above, for the majority of species, protection and management of the habitat or areas where they are found is a necessary step towards their conservation.

Bibliography

Birdlife International (2000) *Threatened birds of the world.* Barcelona: Lynx Edicions and Cambridge: BirdLife International.

Dinerstein, E., D. M. Olson, D. J. Graham, A. L. Websters, S. A. Primm, M. P. Bookbinder & G. Ledec (1995) *A conservation assessment of the terrestrial ecoregions of Latin America and the Caribbean.* Washington, DC: The World Bank.

Galetti, M. & M. A. Pizo (2002) *Ecologia e conservação de psitacídeos no Brasil.* Belo Horizonte: Melopsittacus Publicações Científicas.

Goerck, J. M. & D. Wege (2005) Pp. 1150-1155 *in* C. John Ralph e Terrell D. Rich (Ed.). *Bird Conservation Implementation and Integration in the Americas: Proceedings of the Third International Partners in Flight Conference.* 2002 March 20-24; Asilomar, California; Volume 2. Gen. Tech. Rep. PSW-GTR-191. Albany, CA: Pacific Southwest Research Station, Forest Service, U.S. Department of Agriculture.

IUCN (2001) *IUCN Red List Categories and Criteria.* Version 3.1. IUCN Species Survival Commission. Gland e Cambridge: IUCN.

Juniper, T. (2002) *Spix's Macaw: The Race to Save the World's Rarest Bird.* London: Fourth Estate.

Laurance, W. F., T. E. Lovejoy, H. L. Vasconcelos, E. M. Bruna, R. K. Didham, P. C. Stouffer, C. Gascon, R. O. Bierregaard, S. G. Laurance, & E. M. Sampaio (2002) Ecosystem decay of amazonian forest fragments: A 22-year investigation. *Conservation Biology* 16(3): 605-618.

Matos, E. M. de (2003) *Turismo de observação de fauna silvestre.* Trabalho de conclusão de curso de pós-graduação em Ecoturismo. São Paulo: Faculdade SENAC de Turismo e Hotelaria de São Paulo.

Morsello, C. (2001) *Áreas protegidas públicas e privadas: seleção e manejo.* São Paulo: Annablume/Fapesp.

Oniki, Y. & E. O. Willis (2002) *Bibliography of Brazilian Birds: 1500-2002.* Rio Claro: Instituto de Estudos da Natureza.

Renctas (2001) *Primeiro Relatório Nacional sobre o Tráfico de Animais Silvestres.* Brasília: Renctas.

Sick, H. (1997) *Ornitologia brasileira*. Edição revista e ampliada por José Fernando Pacheco. Rio de Janeiro: Nova Fronteira.

Silveira, L. F., F. Olmos, C. Bianchi, J. Simpson, R. Azeredo, P. J. K. McGowan & N. J. Collar (2005) *Action Plan for the Conservation of the Red-billed Curassow* Crax blumenbachii *– a Flagship Species for the Brazilian Atlantic Forest*. Fordingbridge e São Paulo: World Pheasant Association e BirdLife International – Programa do Brasil.

FOTOS DAS AVES E DOS HÁBITATS
PICTURES OF BIRDS AND HABITATS

Surucuá-de-peito-azul *Trogon surrucura* (Adriano Becker)

Serra das Lontras - BA
(Jaqueline M. Goerck)

Mata de altitude, Serra do Mar - SP
(Jaqueline M. Goerck)

Serra do Baturité - CE
(Ciro Albano)

Tiriba-de-peito-cinza
Pyrrhura griseipectus
(Ciro Albano)

Chapada do Araripe - CE
(Ciro Albano)

Soldadinho-do-araripe
Antilophia bokermanni
(Ciro Albano)

Caatinga na região de Boa Nova - BA (Jaqueline M. Goerck)

Gravatazeiro *Rhopornis ardesiacus* (Edson Endrigo)

Parque Nacional Monte Pascoal - BA (Jaqueline M. Goerck)

Mutum-do-sudeste *Crax blumenbachii* (Pedro Paz)

Pintor-verdadeiro
Tangara fastuosa
(Edson Endrigo)

Serra das Lontras - BA
(Jaqueline M. Goerck)

Serra das Lontras - BA
(Jaqueline M. Goerck)

Parque Nacional do Caparaó - MG
(Jaqueline M. Goerck)

Taquaral no Parque Nacional do Caparaó - MG
(Jaqueline M. Goerck)

Trepador-coleira
Anabazenops fuscus
(Edson Endrigo)

Parque Estadual do Rio Doce - MG
(Jaqueline M. Goerck)

Serra do Rio do Rastro - SC
(Jaqueline M. Goerck)

Saíra-sete-cores
Tangara seledon
(Adriano Becker)

Maria-catarinense
Hemitriccus kaempferi
(Edson Endrigo)

Parque Nacional do Iguaçu - PR
(Jaqueline M. Goerck)

Assobiador
Tijuca atra
(Edson Endrigo)

Serra dos Órgãos - RJ
(Jaqueline M. Goerck)

Serra do Mar - SP
(Jaqueline M. Goerck)

Mata de baixada, litoral de São Paulo
(Jaqueline M. Goerck)

Tangarazinho
Ilicura militaris
(Edson Endrigo)

Parque Nacional de Aparados da Serra - RS
(Jaqueline M. Goerck)

Região de Aparados da Serra - RS
(Jaqueline M. Goerck)

Região de Aparados da Serra - RS
(Theodore A. Parker III)

Arredio-de-papo-manchado *Cranioleuca sulphurifera*
(Adriano Becker)

Caboclinho *Sporophila cinnamomea*
(Rafael Antunes Dias)

Campos da Região de Bagé - RS
(Rafael Antunes Dias)

Região de Pinheiro Machado - RS
(Rafael Antunes Dias)

Junqueiro-de-bico-curvo
Limnornis curvirostris
(Adriano Becker)

Estação Ecológica de Itirapina - SP
(Glayson A. Bencke)

Beija-flor-de-gravata-vermelha
Augastes lumachella (Edson Endrigo)

Galo-da-campina *Paroaria dominicana*
(Edson Endrigo)

Gralha-do-campo
Cyanocorax cristatellus
(Edson Endrigo)

Estação Ecológica Juréia-Itatins - SP
(Pedro F. Develey)

Araçari-banana
Baillonius bailloni
(Edson Endrigo)

Restinga de Peruíbe - SP
(Jaqueline M. Goerck)

Saíra-apunhalada
Nemosia rourei
(Pedro Paz)

Serra do Mar - SP
(Jaqueline M. Goerck)

Borralhara-assobiadora
Mackenziaena leachii
(Edson Endrigo)

Beija-flor-de-topete
Stephanoxis lalandi
(Adriano Becker)

Formigueiro-do-litoral
Formicivora littoralis
(Edson Endrigo)

Serra do Mar - SP
(Jaqueline M. Goerck)

Lenheiro-da-serra-do-cipó
Asthenes luizae
(Edson Endrigo)

Chapada Diamantina - BA
(Tomaz Vital Aguzzoli)

Rabo-mole-da-serra
Embernagra longicauda
(Tomaz Vital Aguzzoli)

Glayson A. Bencke & Giovanni N. Maurício*

Introdução

Neste capítulo são descritos os métodos empregados na identificação de Áreas Importantes para a Conservação das Aves (IBAs) na região da Mata Atlântica brasileira, as limitações à abordagem adotada e as adaptações metodológicas que se mostraram necessárias para fazer face a dificuldades específicas enfrentadas durante o processo.

Definição da Área de Abrangência

O limite entre a Mata Atlântica e os biomas vizinhos, como o Cerrado e a Caatinga, não é nitidamente demarcado na maioria das regiões, mas ocorre sob a forma de uma faixa de transição (ecótono) de amplitude variável. Conseqüentemente, torna-se difícil estabelecer os limites precisos das formações vegetais associadas à Mata Atlântica. Em virtude disso, adotaram-se aqui os limites geográficos do Domínio da Mata Atlântica definidos pelo Decreto Federal n. 750/93 (Figura 1), que considera as florestas e demais ecossistemas associados a esse bioma em território brasileiro como restritos essencialmente a 15 estados: Piauí, Ceará, Rio Grande do Norte, Paraíba, Pernambuco, Alagoas, Sergipe, Bahia, Minas Gerais, Espírito Santo, Rio de Janeiro, São Paulo, Paraná, Santa Catarina e Rio Grande do Sul. Para os propósitos da presente publicação, esses estados serão coletivamente tratados sob a designação de os "Estados do Domínio da Mata Atlântica". Dois outros estados que também fazem parte do Domínio da Mata Atlântica (de acordo com o Decreto Federal n. 750/93), a saber Goiás e Mato Grosso do Sul, não foram considerados porque têm apenas uma parte muito restrita de seus territórios ocupada por Mata Atlântica e são mais adequadamente tratados sob outros biomas brasileiros (Cerrado e Pantanal, respectivamente), com os quais apresentam maiores afinidades.

No presente inventário, identificaram-se as IBAs de cada um desses 15 estados[1]. Conseqüentemente, a cobertura das Regiões Nordeste (excluindo o Maranhão, que não faz parte do Domínio da Mata Atlântica), Sudeste e Sul do Brasil é considerada completa. Como esses estados também englobam parte do Cerrado, a Caatinga e o Pampa (IBGE 2004), as IBAs que contêm esses biomas também foram identificadas durante o processo.

Abordagem Metodológica

Essencialmente, os métodos aqui empregados seguiram o procedimento para identificação de IBAs tal como descrito na literatura específica (Grimmett & Jones 1989, Fishpool et al. 1998, Heath & Evans 2000, Wege 2001) e em conformidade com o que foi acordado no *workshop* de treinamento da World Bird Database da BirdLife International, transcorrido no México em abril de 2001.

Fontes de informação

Um grande volume de informação sobre

---

* Com o aporte adicional e editorial de Nigel Varty.

[1] A identificação de IBAs na escala geopolítica estadual (*i.e.*, gerando listas completas de IBAs por estado) facilita a integração da conservação dessas áreas diretamente às políticas estaduais de meio ambiente.

áreas importantes para aves endêmicas ou ameaçadas de extinção da Mata Atlântica brasileira encontra-se disponível na literatura científica e a partir de avaliações prévias de áreas prioritárias para a conservação (notadamente os seminários promovidos entre 1998 e 2000 pelo Ministério do Meio Ambiente no âmbito do Projeto de Conservação e Utilização Sustentável da Diversidade Biológica Brasileira – PROBIO; MMA 2002).

Informações sobre espécies e áreas
Uma revisão e análise completa das informações disponíveis foi conduzida como parte essencial do processo de identificação de IBAs nessa região e como forma de evitar a duplicação de esforços. As principais fontes utilizadas foram:

- Wege & Long (1995) – *Key areas for threatened birds in the Neotropics*;
- Relatório técnico sobre aves (Pacheco & Bauer 2000) e base de dados do *workshop* "Avaliação e Ações Prioritárias para Conservação dos Biomas Floresta Atlântica e Campos Sulinos" (promovido pelo Ministério do Meio Ambiente e *Conservation International*);
- Literatura recente, incluindo resumos de congressos científicos;
- Relatórios não publicados;

Informações sobre o nível de proteção das IBAs
Para avaliar o nível de proteção das IBAs propostas, consideraram-se somente as unidades de conservação federais e es-

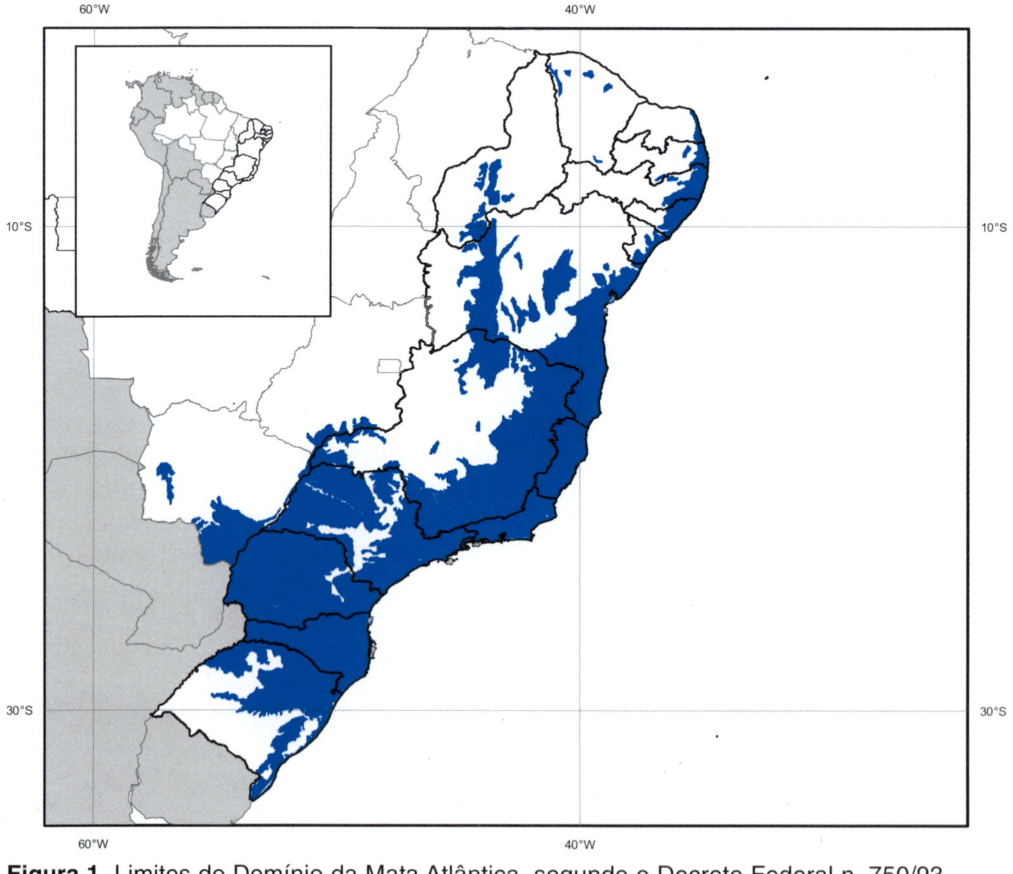

Figura 1. Limites do Domínio da Mata Atlântica, segundo o Decreto Federal n. 750/93.

taduais de proteção integral (*e.g.*, parques nacionais, reservas biológicas) e as particulares (*e.g.*, reservas particulares do patrimônio natural – RPPNs), bem como áreas de preservação privadas que dispõem de uma infra-estrutura de proteção mínima. As unidades de conservação de uso sustentável (*e.g.*, áreas de proteção ambiental e florestas nacionais), embora listadas nos textos das IBAs, foram desconsideradas na presente análise porque a grande maioria delas carece de um plano de manejo que defina diretrizes de uso sustentável e zonas-núcleo para a proteção ambiental. Conseqüentemente, não há garantia de que os hábitats naturais dentro dessas unidades de conservação serão mantidos em um estado compatível com a preservação a longo prazo das aves. Informações sobre a localização e a área das unidades de conservação foram obtidas na internet (www.ibama.gov.br, www.socioambiental.org e *sites* de várias secretarias estaduais de meio ambiente), no *Atlas de Conservação da Natureza Brasileira* (2004) e em publicações específicas disponíveis para alguns estados (principalmente São Paulo, Bahia e Espírito Santo).

Informações sobre ameaças

Informações qualitativas sobre as principais ameaças (reais e potenciais) às áreas e às espécies mais importantes foram compiladas diretamente da literatura ou de fontes confiáveis na internet. Muitas informações também foram obtidas através da contribuição de um grande número de ornitólogos que colaboraram com o programa. Estas informações são apresentadas na seção "Ameaças" dos textos das IBAs. Projetos de conservação ou práticas de manejo que estão em andamento nas IBAs também são mencionados nessa seção, quando relevantes.

As informações reunidas foram classificadas de forma padronizada para simplificar a sua análise e facilitar futuras comparações dos dados. As classes de ameaça definidas para os propósitos desta publicação (listadas no Quadro 1) cobrem todos os tipos relatados para as IBAs dos Estados do Domínio da Mata Atlântica e refletem, em grande parte, o conteúdo do módulo de IBAs da World Bird Database, utilizada pela aliança BirdLife International em todo o mundo.

Um considerável esforço foi despendido na obtenção de informações atualizadas sobre ameaças. Contudo, a disponibilidade de informações sobre os impactos (natureza, extensão e importância relativa) que afetam as áreas variou grandemente entre as IBAs propostas, e a informação apresentada para algumas áreas pode estar incompleta e/ou desatualizada. Pela mesma razão, a falta de informação para uma determinada IBA não deve ser tomada como indício de que a área não sofre ameaças.

Taxonomia

A taxonomia utilizada neste livro segue Sibley & Monroe (1990, 1993) para o nível taxonômico de espécie, incorporando as alterações adotadas pela BirdLife International até dezembro de 2005, conforme documentado e historiado em BirdLife International (2000, 2004) e http://www.birdlife.org/datazone/species/taxonomy.html. Em adição, as seguintes alterações taxonômicas e nomenclatórias foram adotadas: *Pyrrhura griseipectus* é reconhecida como espécie distinta de *P. leucotis* (Olmos et al. 1997, Joseph 2000, Olmos et al. 2005); *Phylloscartes paulistus* é listado como *Phylloscartes paulista*, conforme Straube & Pacheco (2001); *Lepidocolaptes fuscus* é tratado sob o gênero *Xiphorhynchus* (García-Moreno & Silva 1997, Aleixo 2002); *Lepidocolaptes falcinellus* é desmembrado de *L. squamatus* (Silva & Straube 1996); *Notharchus swainsoni* é desmem-

Quadro 1. Classificação das ameaças que incidem sobre as IBAs dos Estados do Domínio da Mata Atlântica[1]

Nome abreviado[2]	Ameaça
Caça	Caça predatória (de subsistência ou para fins comerciais)
Captura/comércio ilegal	Captura de fauna silvestre para o comércio ilegal ou manutenção em cativeiro
Conflitos com indígenas	Sobreposição com áreas indígenas/invasão por indígenas
Construção de barragens	Construção/impactos da construção de diques, barragens e reservatórios
Corte seletivo	Corte seletivo em florestas
Degradação do hábitat	Alterações na estrutura do hábitat devido a atividades humanas
Desmatamento	Desmatamento para fins comerciais (incluindo a fabricação de carvão)
Drenagem	Drenagem de áreas úmidas
Expansão agropecuária	Expansão/intensificação de atividades agropecuárias (geralmente levando à conversão de hábitats naturais em roças, lavouras ou pastagens; inclui irrigação e substituição de método de cultivo e espécie cultivada)
Exploração de produtos vegetais	Exploração não-sustentável de produtos vegetais (incluindo extração de palmito)
Extração de madeira	Extração de lenha e madeira
Fragmentação/insularização	Efeitos da fragmentação/insularização do hábitat
Impacto de animais domésticos	Impactos de animais domésticos (sobre a estrutura do hábitat ou populações de plantas)
Infra-estrutura	Construção/impactos de infra-estruturas (incluindo estradas, linhas de transmissão, etc.)
Mineração	Mineração
Perturbação	Perturbação direta às aves (pelo homem ou por animais domésticos)
Plantas/animais introduzidos	Conseqüências da introdução de plantas ou animais exóticos
Poluição	Poluição (vazamentos de petróleo e contaminação da água por agrotóxicos e outros insumos agrícolas)
Queimadas	Queimadas e incêndios causados pelo homem
Silvicultura extensiva	Silvicultura extensiva
Sobrepastoreio	Sobrepastoreio (em campos naturais)
Tráfego de veículos	Tráfego veicular (causando perturbação e atropelamentos da fauna)
Turismo	Recreação/turismo
Urbanização	Urbanização
Outras	Outras (incluindo conflitos pelo uso da água, abandono de áreas agrícolas, etc.)

[1] Adaptado de Fishpool & Evans (2001).
[2] Conforme utilizado na Figura 6 do capítulo 5.

brado de *N. macrorhynchos*, seguindo a proposta de Alvarenga et al. (2002); *Phaethornis margarettae* (incluindo *P. camargoi*, de acordo com Hinkelmann 1996) é considerado uma espécie válida, conforme CBRO (2005), e *Thamnophilus ambiguus* é tratado independentemente de *T. punctatus*, com base em Isler et al. (1997). As populações ainda não nomeadas de *Scytalopus* que habitam a Cadeia do Espinhaço, há muito reconhecidas como distintas de *S. novacapitalis* (Collar et al. 1992), são listadas separadamente como uma única entidade taxonômica (*Scytalopus* sp.), embora mais de uma espécie possa estar envolvida. Por fim, duas espécies recentemente descritas para a ciência também foram incorporadas nas análises: *Glaucidium mooreorum* (Silva et al. 2002) e *Scytalopus pachecoi* (Maurício 2005).

O tratamento taxonômico utilizado em Parker et al. (1996) foi adotado para as espécies endêmicas de biomas (categoria A3), com algumas inclusões resultantes de desmembramentos taxonômicos ou descrições de novas espécies, enquanto para as espécies de distribuição restrita (categoria A2) seguiu-se Stattersfield et al. (1998). As diversas espécies endêmicas adicionadas para atualizar as listas de Parker et al. (1996) são listadas a seguir. Todas são espécies novas, descritas a partir de 1994, exceto quando indicado diferentemente. Mata Atlântica – *Otus sanctaecatarinae* (desmembrada de *O. atricapillus*; Marshall et al. 1991), *Glaucidium minutissimum* (distribuição geográfica redefinida por Howell & Robbins 1995), *G. mooreorum*, *Thalurania watertonii* (veja Pacheco & Whitney 1995), *Lepidocolaptes falcinellus* (desmembrado de *L. squamatus*; veja acima), *Acrobatornis fonsecai*, *Synallaxis cinerea*, *Thamnophilus ambiguus* (desmembrado de *T. punctatus*; veja acima), *Herpsilochmus pileatus* (distribuição geográfica redefinida por Whitney et al. 2000), *Stymphalornis acutirostris*, *Myrmotherula snowi* (*status* específico proposto por Whitney & Pacheco 1997), *Scytalopus iraiensis*, *Scytalopus pachecoi*, *Laniisoma elegans* (recentemente reinstituído como espécie independente de *L. buckleyi*; Collar et al. 1992, BirdLife International 2000) e *Phylloscartes beckeri*; Cerrado – *Arremon franciscanus*; Caatinga – *Nyctiprogne vielliardi*, *Herpsilochmus sellowi* e *Antilophia bokermanni*.

Aplicação dos critérios

A identificação de IBAs nos Estados do Domínio da Mata Atlântica seguiu os critérios globais unificados desenvolvidos pela BirdLife International ao longo dos últimos vinte anos (veja o capítulo 2 para uma explicação sobre cada categoria de critério). A aplicação dos critérios não apresentou dificuldades, mas em alguns casos pequenos ajustes se mostraram necessários (descritos a seguir).

Categoria A1. Espécies globalmente ameaçadas

A lista oficial das espécies da fauna brasileira ameaçadas de extinção (Instrução Normativa 3, de 27 de maio de 2003, do Ministério do Meio Ambiente) coincide em grande parte com a lista mundial da IUCN/BirdLife International. Contudo, há algumas diferenças importantes, tais como a inclusão de subespécies na lista nacional, as quais não são tratadas na lista mundial. A presente análise baseia-se exclusivamente na lista mundial (BirdLife International 2000, 2004, 2005), de acordo com o procedimento padrão para classificação de IBAs. O conceito de IBA envolve uma categorização internacional e as áreas reconhecidas como IBAs no Brasil apresentam a mesma importância e o mesmo valor de IBAs reconhecidas em qualquer outro lugar do mundo. Considerações e especificidades nacionais, portanto, não são levadas em conta no processo de identificação de IBAs, pois variam enormemente de um país para outro. A lista das espécies que são alvo de atenção conservacionista global registradas nos 15 Estados do Domínio da Mata Atlântica, juntamente com suas categorias de ameaça, é apresentada no Apêndice 2.

Categoria A2. Espécies de distribuição restrita

Definem-se como espécies de distribuição restrita aquelas que apresentam distribuição geográfica global menor do que 50 mil km^2 e como Áreas de Endemismo de Aves (*Endemic Bird Areas* – EBA) as regiões onde as distribuições de duas ou mais dessas espécies se sobrepõem (Stattersfield et al. 1998). Globalmente, há 218 EBAs, 9 das quais estão nos Estados do Domínio da Mata Atlântica (Tabela 1). No presente contexto, um ajuste foi feito em razão da presença de um número desigual de espécies de distribuição restrita nas EBAs da região de abrangência do programa. Especificamente, foram consideradas IBAs as áreas em que o número de espécies de distribuição restrita é igual ou superior a 50% do número máximo registrado para uma única área, considerando todas as IBAs identificadas. Por exemplo, áreas com 12 ou mais espécies da EBA Mata Atlântica de Planície (075), ou 8 ou mais espécies da EBA Mata Atlântica Montana (076), foram classificadas como IBAs porque estes valores são equivalentes ou superiores a 50% dos valores máximos registrados para essas EBAs entre as IBAs identificadas (24 e 16, respectivamente).

Categoria A3. Espécies endêmicas de biomas

Os biomas considerados para a aplicação dos critérios desta categoria correspondem às regiões zoogeográficas definidas em Stotz et al. (1996) (Figura 2), conforme adotado pelo programa de IBAs da BirdLife International nas Américas. Uma vez que muitas espécies de aves endêmicas estão amplamente distribuídas ao longo da Mata Atlântica, numerosas áreas podem ser consideradas representativas deste bioma e praticamente qualquer fragmento florestal de razoável tamanho poderia potencialmente ser reconhecido como uma IBA. Para contornar este problema, um procedimento operacional similar ao descrito para a aplicação do critério A2 foi adotado, ou seja, o número de espécies endêmicas de uma área foi comparado ao número máximo encontrado entre todas as IBAs propostas. Áreas onde o número de endemismos é igual ou superior a 50% desse valor máximo foram consideradas IBAs. Por exemplo, áreas que somam 62 ou mais espécies endêmicas da Mata Atlântica foram reconhecidas como IBAs pelo critério A3 porque o número máximo encontrado em uma única área foi 123 (Serra da Bocaina/Paraty/Angra dos Reis). Adotou-se o mesmo procedimento para classificar áreas de Cerrado, Caatinga e Pampas, embora os limiares quantitativos variassem até certo ponto entre estes biomas (veja a Tabela 1).

A aplicação do critério A3 exigiu um ajuste adicional. Dividiu-se a região zoogeográfica Centro da América do Sul (*sensu* Stotz et al. 1996) nas sub-regiões Caatinga e Cerrado. O Cerrado possui um número de espécies endêmicas consideravelmente maior do que a Caatinga (37 contra 23, respectivamente); em conseqüência, o tratamento desses dois biomas em conjunto resultaria em uma sub-representação das IBAs da Caatinga. Santos & Silva (2001) e Leal et al. (2003) forneceram argumentos adicionais em favor de se considerar a Caatinga como um bioma independente.

Os números máximo e mínimo de espécies de distribuição restrita e de espécies endêmicas de biomas nas IBAs propos-

Tabela 1. Números máximo e mínimo de espécies endêmicas e de distribuição restrita de cada Bioma/EBA utilizados para identificar e classificar IBAs

Biomas/EBAs	Sigla	Número de espécies*	Máximo encontrado	Mínimo para classificar as IBAs
Biomas				
Mata Atlântica	ATL	217	123	62
Cerrado	CER	37	18	9
Caatinga	CAA	23	12	7
Pampas	PAM	8	4	3
Endemic Bird Areas				
Fernando de Noronha	EBA069	2	2	2
Caatinga Nordestina	EBA070	6	3	3
Vertente Atlântica de Alagoas e Pernambuco	EBA071	14	12	7
Matas Decíduas da Bahia	EBA072	2	2	1
Serras e Chapadas do Brasil Central	EBA073	7	5	4
Matas Decíduas de Minas Gerais e Goiás	EBA074	2	2	1
Mata Atlântica de Planície	EBA075	55	24	12
Mata Atlântica Montana	EBA076	23	16	8
Campos da Mesopotâmia Argentina	EBA077	3	3	3

* Registradas nos Estados do Domínio da Mata Atlântica. Fontes: Parker et al. (1996), Stattersfield et al. (1998).

tas são indicados na Tabela 1. Uma lista de todas as espécies de distribuição restrita (critério A2) e endêmicas de biomas (critério A3) que ocorrem nos 15 Estados do Domínio da Mata Atlântica é apresentada no Apêndice 3.

Categoria A4. Espécies congregantes
As espécies selecionáveis para aplicação desta categoria de critérios (*e.g.*, aves aquáticas, batuíras e maçaricos migratórios, aves marinhas coloniais) foram identificadas a partir de consulta à literatura. Wetlands International (2002) serviu como fonte primária para a compilação dos limiares numéricos (correspondentes a 1% das populações biogeográficas) para aves aquáticas.

Análise de complementaridade
Há numerosas espécies ameaçadas, endêmicas e de distribuição restrita nos Estados do Domínio da Mata Atlântica e o grau de sobreposição entre as áreas de ocorrência dessas espécies varia enormemente. Portanto, é necessária uma rede de áreas para assegurar a adequada representação de todas as espécies. Embora os critérios de identificação de IBAs sejam direcionados para evitar a seleção de áreas tão-somente pela presença de uma ou algumas poucas espécies de interesse que se distribuem por amplas regiões e, portanto, ocorrem em outras IBAs identificadas, em alguns casos é necessário selecionar áreas adicionais para assegurar a presença de espécies que, de outra forma, estariam sub-representadas[2]. Por conseguinte, uma análise de complementaridade foi realizada para conferir maior robustez ao processo de seleção de IBAs.

[2] Por exemplo, espécies com requerimentos de hábitat particulares que dependem de áreas críticas onde poucas ou nenhuma outra espécie ameaçada/endêmica está presente (*e.g.*, *Formicivora littoralis*).

Figura 2. Regiões zoogeográficas da América do Sul continental, de acordo com Stotz et al. (1996). A região zoogeográfica Centro da América do Sul está dividida nas sub-regiões Caatinga e Cerrado. Os 15 Estados do Domínio da Mata Atlântica são mostrados em azul. ATL – Mata Atlântica, CAA – Caatinga, CER – Cerrado, PAM – Pampas.

Para os efeitos desta análise, definiu-se que cada espécie globalmente ameaçada ou quase ameaçada deveria estar representada em um mínimo de três IBAs, e cada espécie de distribuição restrita ou endêmica de bioma em pelo menos uma IBA[3]. A análise foi conduzida selecionando-se inicialmente as IBAs com o maior número de espécies ameaçadas, de distribuição restrita ou endêmicas (um grupo de espécies de cada vez); a seguir, as listas de espécies dessas IBAs foram comparadas com as de outras áreas para identificar (pelo critério apropriado) aquelas que contêm o maior número de espécies ameaçadas, de distribuição restrita ou endêmicas *não* representadas no conjunto inicial de IBAs (veja o Quadro 2 para um exemplo prático). Este procedimento foi repetido até que cada espécie estivesse adequadamente representada no sistema de IBAs proposto.

Localização, limites e estimativa de área das IBAs

A coordenada central de cada IBA proposta foi obtida diretamente a partir da base digital de remanescentes da Mata Atlântica (Dossiê Mata Atlântica 2001) com o uso do programa ArcView 3.2 (Environmental Systems Research Institute, Inc). Para IBAs dos biomas Cerrado, Caatinga e Pampa, as coordenadas foram extraídas diretamente da literatura ou de Paynter & Traylor (1990).

Tanto quanto possível, definiram-se os limites das IBAs de acordo com o fragmento ou conjunto de fragmentos de hábitat remanescente, ou, no caso de unidades de conservacão, com base em seus limites oficiais[4]. Os limites das unidades de conservação federais foram obtidos diretamente (na forma de arquivos digitais) a partir do *site* do IBAMA (www.ibama.gov.br/siucweb/). Via de regra, áreas protegidas contíguas em regiões homogêneas onde o hábitat mantém-se razoavelmente contínuo foram agrupadas em uma mesma IBA. A delimitação de cada IBA também levou em consideração a viabilidade de se implementarem iniciativas práticas de conservação, o que incluiu uma avaliação do contexto social e ambiental das áreas como parte do processo de identificação das IBAs (ainda que apenas dados preliminares estivessem disponíveis). Por exemplo, nos casos em que a junção de duas ou mais áreas vizinhas em uma mesma IBA poderia resultar em uma complexa combinação de conflitos/cenários ambientais de natureza muito distinta, o que poderia dificultar o desenvolvimento e a implementação de planos de conservação na área, essas IBAs foram tratadas separadamente.

A superfície de cada IBA proposta foi estimada exclusivamente com base em informações obtidas a partir das fontes consultadas (não foi efetuado o mapeamento das áreas em campo). Na maioria dos casos, as estimativas correspondem à área do polígono que contém os remanescentes de hábitat abrangidos pela IBA, calculada diretamente a partir da base digital. Conseqüentemente, a área indicada para uma IBA nem sempre corresponde à extensão exata dos remanescentes de hábitat que abrange, podendo ser algo maior.

---

[3] Estas metas conservadoras foram estabelecidas em razão da reduzida disponibilidade de inventários ornitológicos entre as IBAs propostas. Uma vez que não existem inventários para 39% das IBAs, e que estão disponíveis apenas levantamentos preliminares para outros 30% das áreas (veja capítulo 5), é muito provável que algumas espécies ameaçadas e várias espécies endêmicas estejam presentes em IBAs adicionais, onde sua ocorrência permanece desconhecida.

[4] O mapeamento completo e acurado de todas as IBAs não integrou os objetivos iniciais do programa. Antecipamos que essa tarefa terá lugar na próxima fase do programa, após a publicação do diretório das IBAs.

Denominação das IBAs

Para cada IBA escolheu-se uma designação o mais informativa e familiar possível. Quando a área correspondia totalmente ou sobrepunha-se em grande parte a uma unidade de conservação, deu-se preferência ao nome completo dessa área protegida. Para grandes áreas homogêneas apenas parcialmente cobertas por unidades de conservação (ainda que extensas), ou protegidas por várias unidades de conservação diferentes, adotou-se um nome descritivo relacionado a alguma característica topográfica, geológica ou geomorfológica da região (*e.g.* Raso da Catarina, Maciço Florestal de Paranapiacaba, Região dos Aparados da Serra).

Nível de conhecimento sobre a avifauna

Tanto a disponibilidade quanto a qualidade dos inventários ornitológicos podem limitar consideravelmente a robustez do processo de avaliação das áreas candidatas pelos critérios de identificação de IBAs. Assim, o nível de conhecimento sobre a avifauna de cada área é indicado através de uma classificação subjetiva com as seguintes categorias:

- Representativo – uma lista de espécies razoavelmente completa ou completa está disponível para consulta;
- Preliminar – somente uma lista preliminar de espécies está disponível para consulta;
- Não disponível – não há listas de espécies disponíveis para consulta, mas pode haver citações de algumas espécies em particular na literatura.

Listas de espécies de distribuição restrita e endêmicas foram compiladas para cada IBA que dispõe de pelo menos um inventário ornitológico preliminar e recente. Em adição, para tornar a análise de complementaridade mais consistente, registros isolados de fontes confiáveis foram adicionados às listas de espécies existentes e foram considerados também para as IBAs que não dispõem de inventários divulgados. Fontes históricas, por outro lado, foram em geral desconsideradas[5], uma vez que não fornecem informações atualizadas sobre a ocorrência e situação das espécies nas IBAs.

Seleção final das IBAs

Após o encerramento da primeira fase do programa, em outubro de 2002, um *workshop* foi organizado para revisar as informações compiladas da literatura e incorporar informações novas e não publicadas que até então não haviam sido consideradas[6]. O *workshop* resultou em uma lista final de IBAs candidatas, acompanhada de informações úteis sobre configuração e ações práticas de conservação para muitas áreas. Uma atualização final da lista de IBAs e da base de dados do programa, bem como dos textos das áreas, foi feita a partir da publicação das listas revisadas de espécies globalmente ameaçadas pela BirdLife International em 2004 e 2005, quando foram incorporadas as alterações no *status* de conservação de algumas espécies.

---

[5] Fontes históricas são aqui definidas como aquelas publicadas há 15 anos ou mais e foram consideradas somente se o hábitat (e, portanto, provavelmente também a lista de espécies) permaneceu essencialmente inalterado desde a divulgação da informação.

[6] Vinte ornitólogos, representando quase todos os 15 Estados do Domínio da Mata Atlântica, participaram desse *workshop*, assegurando que a lista preliminar de IBAs fosse o mais completa possível e, ao mesmo tempo, refletisse um aporte eqüitativo de informações de todos os estados.

Quadro 2. Exemplo de análise de complementaridade

Espécies de distribuição restrita da EBA076	Código da IBA											
	RJ/MG01	RJ/SP01	SP/MG01	RS/SC02	RJ04	RJ06	PR06	SP04	ES/MG01	RS/SC01	BA22	RS05
Amazona pretrei				X						X		X
Cinclodes pabsti				X						X		
Leptasthenura striolata				X						X		
Leptasthenura setaria	X		X	X			X			X		
Oreophylax moreirae	X		X		X				X			
Synallaxis cinerea											X	
Dysithamnus xanthopterus	X	X	X		X	X	X	X				
Drymophila genei	X	X	X		X	X			X			
Drymophila ochropyga	X	X			X	X	X	X	X		X	
Chamaeza ruficauda	X	X	X	X	X	X	X	X				
Tijuca atra	X	X	X		X	X						
Tijuca condita					X	X						
Neopelma chrysolophum	X	X	X					X				
Piprites pileata	X	X	X	X								
Hemitriccus obsoletus	X	X	X	X			X			X		
Phyllomyias griseocapilla	X	X	X	X	X		X	X	X			
Phylloscartes difficilis	X	X	X	X	X	X	X	X	X			
Phylloscartes beckeri											X	
Polystictus superciliaris	X	X										
Poospiza thoracica	X	X	X	X	X	X	X		X			
Sporophila melanogaster				X						X		
Orthogonys chloricterus	X	X		X		X	X	X	X			
Tangara desmaresti	X	X	X		X	X	X	X	X			
Total de espécies	16	14	13	12	11	10	10	8	8	6	3	1

RJ/MG01 – Parque Nacional de Itatiaia; RJ/SP01 – Serra da Bocaina/Paraty/Angra dos Reis; SP/MG01 – Serra da Mantiqueira; RS/SC02 – Região dos Aparados da Serra; RJ04 – Serra dos Órgãos; RJ06–Serra do Tinguá; PR06 – Serra do Marumbi; SP04 – Parque Estadual da Serra do Mar (entre Santos e São Sebastião); ES/MG01 – Parque Nacional do Caparaó; RS/SC01 – Campos do Planalto das Araucárias; BA22–Serras das Lontras e do Javi; RS05 – Médio Rio Camaquã.

A tabela acima lista as espécies de aves com distribuição geográfica restrita (<50,000 km²), cujas áreas de ocorrência combinadas definem a EBA Mata Atlântica Montana (076), juntamente com as IBAs que satisfazem o critério A2 designadas para essa Área de Endemismo de Aves. As primeiras nove áreas qualificam-se como IBAs sob o critério A2 porque suportam uma proporção significativa do conjunto de espécies de distribuição restrita da EBA076 (aqui definida como 8 ou mais espécies, valor correspondente ou superior a 50% do número máximo encontrado em uma única área, considerando todas as IBAs identificadas). Juntas, essas áreas abrigam 21 das 23 espécies constituintes desta EBA. Três outras áreas foram selecionadas através da análise de complementaridade para assegurar a representação adequada de todas as espécies. A IBA Campos do Planalto das Araucárias (RS/SC01) qualifica-se sob o critério A2 pois suporta números significativos de três espécies de distribuição restrita (*Amazona pretrei*, *Cinclodes pabsti* e *Sporophila melanogaster*) que habitam principalmente hábitats abertos e, por esta razão, estão parcamente representadas nas outras áreas selecionadas. A IBA Serras das Lontras e do Javi (BA22), embora suporte apenas três espécies constituintes, foi selecionada sob o critério A2 por causa da presença de populações importantes de *Synallaxis cinerea* e *Phylloscartes beckeri*, que são as duas espécies de distribuição restrita não representadas nas outras áreas. Por fim, a IBA Médio Rio Camaquã (RS05) foi selecionada por causa de sua importância global como área de reprodução para *Amazona pretrei*.

Bibliografia

Aleixo, A. (2002) Molecular systematics and the role of the "várzea"–"terra-firme" ecotone in the diversification of *Xiphorhynchus* woodcreepers (Aves: Dendrocolaptidae). *Auk* 119(3):621–640.

Alvarenga, H. M. F., E. Höfling & L. F. Silveira (2002) *Notharchus swainsoni* (Gray, 1846) (Bucconidae) é uma espécie válida. *Ararajuba* 10(1):73–77.

Atlas da Conservação da Natureza Brasileira (2004) *Atlas da conservação da natureza brasileira – Unidades federais.* São Paulo: Metalivros.

BirdLife International (2000) *Threatened birds of the world.* Barcelona e Cambridge, UK: Lynx Edicions e BirdLife International.

BirdLife International (2004) *Threatened birds of the world 2004.* CD-ROM. Cambridge, UK: BirdLife International.

BirdLife International (2005) *Species factsheets.* Disponível em: http://www.birdlife.org/datazone/index.html.

CBRO [Comitê Brasileiro de Registros Ornitológicos] (2005) *Listas das aves do Brasil.* Versão 22/3/2005. Disponível em http://www.cbro.org.br. Acesso em: 26 maio 2005.

Collar, N. J., L. P. Gonzaga, N. Krabbe, A. Madroño Nieto, L. G. Naranjo, T. A. Parker III & D. C. Wege (1992) *Threatened birds of the Americas.* The ICBP/IUCN Red Data Book. Cambridge, UK: International Council for Bird Preservation.

Dossiê Mata Atlântica 2001 (2001) *Dossiê Mata Atlântica 2001. Projeto Monitoramento Participativo da Mata Atlântica.* São Paulo: Instituto Socioambiental, Sociedade Nordestina de Ecologia e Rede de ONGs da Mata Atlântica.

Fishpool, L. D. C., M. F. Heath, Z. Waliczky, D. C. Wege & M. J. Crosby (1998) Important Bird Areas – criteria for selecting sites of global conservation significance. *In* N. J. Adams & H. Slotow (eds.) Proc. 22 Int. Ornithol. Congr., Durban. *Ostrich* 69:428.

Fishpool, L. D. C. & M. I. Evans (eds.) (2001) *Important bird areas in Africa and associated islands: Priority sites for conservation.* Newbury e Cambridge, UK: Pisces Publications e BirdLife International (BirdLife Conservation Series 11).

García-Moreno, J. & J. M. C. Silva (1997) An interplay between forest and non-forest South American avifaunas suggested by a phylogeny of *Lepidocolaptes* woodcreepers (Dendrocolaptinae). *Stud. Neotrop. Fauna & Environm.* 32:164–173.

Grimmett, R. F. A. & T. A. Jones (1989) *Important Bird Areas in Europe.* Cambridge, UK: International Council for Bird Preservation (Techn. Publ. 9).

Heath, M. F. & M. I. Evans (eds.) (2000) *Important Bird Areas in Europe: Priority sites for conservation.* Cambridge, UK: BirdLife International (BirdLife Conservation Series 8).

Hinkelmann, C. (1996) Systematics and geographic variation in long-tailed hermit hummingbirds, the *Phaethornis superciliosus-malaris-longirostris* species group (Trochilidae), with notes on their biogeography. *Orn. Neotrop.* 7:119–148.

Howell, S. N. G. & M. B. Robbins (1995) Species limits of the Least Pygmy-Owl (*Glaucidium minutissimum*) complex. *Wilson Bull.* 107:7–25.

IBGE [Instituto Brasileiro de Geografia e Estatística] (2004) *Mapa de biomas do Brasil. Primeira aproximação.* Brasília: IBGE e Ministério do Meio Ambiente.

Isler, M. L., P. R. Isler & B. M. Whitney (1997) Biogeography and systematics of the *Thamnophilus punctatus* (Thamnophilidae) complex. *in* J. V. Remsen Jr. (Ed.) *Studies in Neotropical Ornithology Honoring Ted Parker.* Washington: American Ornithologist's Union (Ornithol. Monogr. 48). Pp. 355–381

Joseph, L. (2000) Beginning an end to 63 years of uncertainty: The Neotropical parakeets known as *Pyrrhura picta* and *P. leucotis* comprise more than two species. *Proc. Acad. Nat. Sci. Phila.* 150:279–292.

Leal, I. R., M. Tabarelli & J. M. C. da Silva (2003) *Ecologia e conservação da Caatinga.* Recife: Universidade Federal de Pernambuco.

Marshall, J. T., R. A. Behrstock & C. König (1991) Special review – Voices of the New World owls. *Wilson Bull.* 103(2):311–314.

MMA [Ministério do Meio Ambiente] (2002) *Biodiversidade brasileira. Avaliação e identificação de áreas e ações prioritárias para conservação, utilização sustentável e repartição dos benefícios da biodiversidade nos biomas brasileiros.* Brasília: MMA e Secretaria de Biodiversidade e Florestas.

Maurício, G. N. (2005) Taxonomy of southern populations in the *Scytalopus speluncae* group, with description of a new species and remarks on the systematics and biogeography of the complex (Passeriformes: Rhinocryptidae). *Ararajuba* 13:7–28.

Olmos, F., P. Martuscelli & R. Silva e Silva (1997) Distribution and dry-season ecology of Pfrimer's Conure *Pyrrhura pfrimeri*, with a reappraisal of Brazilian *Pyrrhura "leucotis"*. *Orn. Neotrop.* 8(2):121–132.

Olmos, F., W. A. G. Silva & C. Albano (2005) Grey-breasted Conure *Pyrrhura griseipectus*, an overlooked endangered species. *Cotinga* 24:77–83.

Pacheco, J. F. & B. M. Whitney (1995) Range extensions for some birds in northeastern Brazil. *Bull. Brit. Ornith. Club* 115(3):157–163.

Pacheco, J. F. & C. Bauer (2000) *Biogeografia e conservação da avifauna na Mata Atlântica e Campos Sulinos – construção e nível atual do conhecimento.* Relatório Técnico do Subprojeto "Avaliação e Ações Prioritárias para Conservação dos Biomas Floresta Atlântica e Campos Sulinos". Brasília: PROBIO/PRONABIO/MMA. Disponível em: http://www.bdt.fat.org.br/workshop/mata.atlantica/BR/rfinais/rt aves.

Parker, T. A., III, D. F. Stotz & J. W. Fitzpatrick (1996) Ecological and distributional databases. Pp. 113-436 *in* D. F. Stotz, J. W. Fitzpatrick, T. A. Parker III & D. K. Moskovits (eds.) *Neotropical bird ecology and conservation.* Chicago: University of Chicago Press.

Paynter, R. A., Jr. & M. A. Traylor (1991) *Ornithological gazetteer of Brazil.* Cambridge, Mass.: Museum of Comparative Zoology. 2v.

Santos, M. P. D. & J. M. C. Silva (2001) Análise biogeográfica da avifauna em uma área de transição Cerrado–Caatinga no centro-sul do Piauí, Brasil. *in* F. C. Straube (ed.). *Ornitologia sem fronteiras, incluindo os resumos do IX Congresso Brasileiro de Ornitologia.* Curitiba: PUC–PR. P. 350.

Sibley, C. G. & B. L. Monroe (1990) *Distribution and taxonomy of birds of the world.* New Haven, USA: Yale University Press.

Sibley, C. G. & B. L. Monroe (1993) *A supplement to Distribution and taxonomy of birds of the world.* New Haven, USA: Yale University Press.

Silva, J. M. C., A. G. Coelho & L. P. Gonzaga (2002) Discovered on the brink of extinction: a new species of Pygmy-owl (Strigidae: *Glaucidium*) from Atlantic forest of northeastern Brazil. *Ararajuba* 10:123–130.

Silva, J. M. C. & F. C. Straube (1996) Systematics and biogeography of Scaled Woodcreepers (Aves: Dendrocolaptidae). *Stud. Neotrop. Fauna & Environm.* 31:3–10.

Stattersfield, A. J., M. J. Crosby, A. J. Long & D. C. Wege (1998) *Endemic bird areas of the world: Priorities for bird conservation.* Cambridge, U.K.: BirdLife International (BirdLife Conservation Series 7).

Stotz, D. F., J. W. Fitzpatrick, T. A. Parker III & D. K. Moskovits (eds.) (1996) *Neotropical bird ecology and conservation.* Chicago: University of Chicago Press.

Straube, F. C. & J. F. Pacheco (2001) *Phylloscartes paulista*: uma grafia correta para *Phylloscartes paulistus. Ararajuba* 10(1):83–84.

Wege, D. C. (2001) Caribbean Important Bird program: resource book. BirdLife International (não publicado).

Wege, D. C. & A. J. Long (1995) *Key areas for threatened birds in the Neotropics.* Cambridge, U.K.: BirdLife International (BirdLife Conservation Series 5).

Wetlands International (2002) *Waterbird population estimates* (3.ed.). Wageningen: Wetlands International (Wetlands International Global Series 12).

Whitney, B. M. & J. F. Pacheco (1997) Behavior, vocalizations, and relationships of some *Myrmotherula* Antwrens (Thamnophilidae) in eastern Brazil, with comments on the "plain-winged" group. *in* J. V. Remsen Jr. (ed.) *Studies in Neotropical Ornithology honoring Ted Parker.* Washington: American Ornithologist's Union (Ornithol. Monogr. 48). Pp. 809–819.

Whitney, B. M., J. F. Pacheco, D. R. C. Buzzetti & R. Parrini (2000) Systematic revision and biogeography of the *Herpsilochmus pileatus* complex, with description of a new species from northeastern Brazil. *Auk* 117(4):869–891.

Glayson A. Bencke & Giovanni N. Maurício*

Introduction

This chapter presents a description of the methodology employed to identify Important Bird Areas (IBAs) in the Atlantic Forest Region, the limitations of the approach taken, and modifications to the standard IBA methodology to take into account specific problems facing the identification of IBAs in Brazil.

Definition of Atlantic Forest Region

The boundary between the Atlantic Forest and neighbouring biomes, such as Cerrado and Caatinga, is not sharply demarcated in most areas but occurs as a transition (ecotone) over varying distances. Consequently, it is difficult to establish the exact limits of the Atlantic Forests. Because of this, the current publication follows the geographic limits of these forests presented in Federal Decree n. 750/93 (Figure 1), which considers the (Brazilian) Atlantic Forests to be essentially restricted to 15 states – Piauí, Ceará, Rio Grande do Norte, Paraíba, Pernambuco, Alagoas, Sergipe, Bahia, Minas Gerais, Espírito Santo, Rio de Janeiro, São Paulo, Paraná, Santa Catarina, and Rio Grande do Sul. For the purposes of this publication, these states are collectively referred to as the "States of the Atlantic Forest Region". Two other states which also contain Atlantic Forests (according to Federal Decree No 750/93), namely Goiás and Mato Grosso do Sul, were not considered here because only a minor part of their territory is covered with Atlantic Forest and they are better treated under other Brazilian biomes (Cerrado and Pantanal, respectively), with which they show greater affinities.

The IBA Programme identified IBAs for each of these 15 states[1] and consequently IBA coverage in North East (excluding the State of Maranhão), South East and South Brazil is considered complete. However, these states also contain Cerrado, Caatinga and Pampas biomes (IBGE 2004) and IBAs containing these biomes were also identified in the IBA process.

Methodological Approach

The methodology essentially followed the procedure for identifying IBAs described in the specific literature (Grimmett & Jones 1989, Fishpool et al. 1998, Heath & Evans 2000, Wege 2001) and as agreed at the BirdLife International's World Bird Database workshop held in Mexico in April 2001.

Sources of information

A large amount of information on important areas for endemic or threatened birds of the Brazilian Atlantic Forest is readily available in the scientific literature and from previous assessments of priority areas for conservation (especially those from workshops organised between 1998 and 2000 under the PROBIO project[2], Ministry of Environment; MMA 2002).

* With additional and editorial input from Nigel Varty.

[1] Identifying IBAs at the state level (i.e., producing state lists of IBAs) also facilitates integration of their conservation directly into state government policy.

[2] PROBIO – Projeto de Conservação e Utilização Sustentavel da Diversidade Biológica Brasileira.

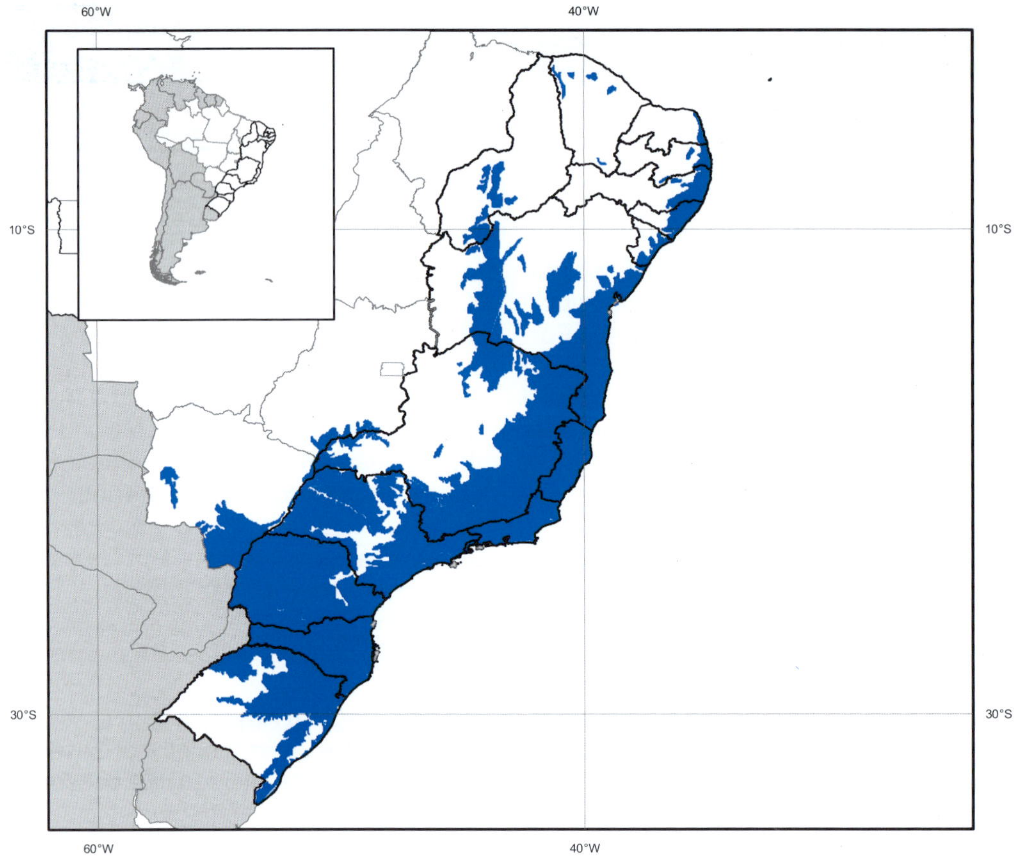

Figure 1. Limits of the Atlantic Forest in Brazil, according to Federal Decree n. 750/93.

Species and site information

A thorough review and analysis of existing information was undertaken as an essential step in the process of identifying IBAs for this region and to avoid duplication of effort. The main sources used were:

- Wege & Long (1995) – *Key areas for threatened birds in the Neotropics*;
- Technical report on birds (Pacheco & Bauer 2000) and database from the workshop "Evaluation and Priority Actions for the Conservation of the Atlantic Forest and Southern Grasslands Biomes", held by the Ministry of Environment and Conservation International in 1999;
- Recent published literature, including abstracts from scientific meetings; and
- Unpublished reports.

Information on protection status of IBAs

In order to evaluate the level of protection of the proposed IBAs, data on federal and state protected areas (e.g. National Parks, Biological Reserves) as well as private nature reserves (e.g. Natural Heritage Private Reserves – RPPNs[3]) were considered. Protected areas designated for sustainable use (e.g. Environmental Protection Areas, National Forests), though listed in the IBA accounts, were not considered in the analysis because the majority lack management plans defining

[3] See chapter 3 for more information on RPPNs.

core areas for protection and sustainable use policies. Consequently, there is no guarantee that natural habitats within these protected areas will be maintained in a state compatible with the long term conservation of birds. Information on the location and characteristics of each protected area were obtained from the internet (www.ibama.gov.br; www.socioambiental.org), from the *Atlas de Conservação da Natureza Brasileira* (2004), from specific publications available in some states (mainly São Paulo, Bahia and Espírito Santo) or from various state-level environment agency web sites.

Information on threats

Qualitative information on the main threats (actual and potential) to sites and key species were collected directly from the literature or from reliable sources in the internet. Also, much information was obtained through the contribution of a large number of ornithologists who have collaborated with the programme. This information is presented under the "Ameaças" section of the IBA accounts. Current conservation projects or management practices that are underway in IBAs are also covered in the site accounts.

The information on threats was categorized in a standard way to simplify the analysis and to facilitate any subsequent comparison of data. The classes of threat defined for the purposes of this publication (listed in Box 1) cover all types reported for IBAs in the Atlantic Forest Region and reflect as much as possible the content of the IBA module of the World Bird Database, as used by the BirdLife International Partnership worldwide.

Much effort was expended in obtaining the most up-to-date information on threats. However, the availability of information on threats (nature, extent and relative importance) impacting on the sites varied greatly among the proposed IBAs and the information presented in some IBA accounts is likely to be incomplete, and possibly out-of-date. For the same reason, a lack of information on threats at an IBA should not be taken to imply that the site faces no significant threats.

Taxonomy

Bird taxonomy followed Sibley & Monroe (1990, 1993) at the specific level, incorporating the changes adopted by BirdLife International up to December 2005, as documented in BirdLife International (2000, 2004) and available at http://www.birdlife.org/datazone/species/taxonomy.html. In addition, the following taxonomic and nomenclatural changes were adopted: *Pyrrhura griseipectus* is recognised as distinct from *P. leucotis* (Olmos et al. 1997, Joseph 2000, Olmos et al. 2005); *Phylloscartes paulistus* is listed as *Phylloscartes paulista* following Straube & Pacheco (2001); *Lepidocolaptes fuscus* is treated under the genus *Xiphorhynchus* (García-Moreno & Silva 1997, Aleixo 2002); *Lepidocolaptes falcinellus* is split from *L. squamatus* (Silva & Straube 1996); *Notharchus swainsoni* is split from *N. macrorhynchos* following the study of Alvarenga et al. (2002); *Phaethornis margarettae* (including *P. camargoi*, according to Hinkelmann 1996) is considered a valid species, following CBRO (2005); and *Thamnophilus ambiguus* is treated as independent from *T. punctatus*, based on Isler et al. (1997). The still unnamed *Scytalopus* populations from the Espinhaço Range, long recognised as distinct from the geographically related *S. novacapitalis* (Collar et al. 1992), are listed separately as a single taxonomic entity (*Scytalopus* sp.), though more than one species may be involved. In addition to these, two species recently described to science have already been

Box 1. Classification of threats at Important Bird Areas in the States of the Atlantic Forest Region[1]

Abridged name[2]	Threat
Afforestation	Large-scale afforestation
Agricultural expansion	Agricultural intensification/expansion (usually leading to habitat conversion and including irrigation and changes in crop species or cultivation method)
Animal/plant introduction	Consequences of animal/plant introductions
Burning of vegetation	Burning of vegetation (not caused by natural events)
Conflicts with indigenous people	Overlap with indigenous areas/invasion by indigenous people
Construction of dam/barrage	Construction/impact of dyke/dam/barrage
Deforestation	Deforestation for commercial purposes (including charcoal burning)
Disturbance	Disturbance to birds (direct disturbance to birds by man and domestic animals)
Drainage	Drainage of wetlands
Firewood collection	Firewood collection
Fragmentation/insularization	Effects of habitat fragmentation/insularization
Hunting	Unsustainable animal exploitation (limited to hunting for subsistence or commercial purposes)
Habitat degradation	Changes in habitat structure due to human activities
Illegal trapping/trade	Illegal trapping of wildlife for trade
Impacts of domestic animals	Impacts of domestic animals (on habitat structure or plant populations)
Infrastructure	Construction/impact of infrastructure (including roads, transmission lines, etc.)
Mining	Extraction industry (mining)
Overgrazing	Overgrazing (in grasslands)
Pollution	Pollution (oil spill and water contamination by fertilizer or other chemicals used in agriculture)
Vehicle traffic	Vehicular traffic (causing disturbance and road deaths)
Tourism	Recreation/tourism
Selective logging	Selective logging/cutting
Unsustainable plant exploitation	Unsustainable plant exploitation (including intensive collecting of palmito)
Urbanization	Urbanization
Other	Other (including groundwater abstraction, agricultural abandonment, etc.)

[1] Adapted from Fishpool & Evans (2001).
[2] As used in Figure 6 of chapter 5.

incorporated into the analysis: *Glaucidium mooreorum* (Silva et al. 2002) and *Scytalopus pachecoi* (Maurício 2005).

The taxonomic arrangement proposed by Parker et al. (1996) was adopted for the biome-restricted species (with some inclusions resulting from taxonomic splits or descriptions of new species) and restricted-range species followed that presented by Stattersfield et al. (1998). However, several additional species were added as biome endemics, updating the list of Parker et al. (1996). All are new species, described since 1994, except if otherwise noted. For the Atlantic Forest these are: *Otus sanctaecatarinae* (split from *O. atricapillus*; Marshall et al. 1991), *Glaucidium minutissimum* (range redefined by Howell & Robbins 1995), *G. mooreorum*, *Thalurania watertonii* (see Pacheco & Whitney 1995), *Lepidocolaptes falcinellus* (split from *L. squamatus*; see above), *Acrobatornis fonsecai*, *Synallaxis cinerea*, *Thamnophilus ambiguus* (split from *T. punctatus*; see above), *Herpsilochmus pileatus* (range redefined by Whitney et al. 2000), *Stymphalornis acutirostris*, *Myrmotherula snowi* (specific status proposed by Whitney & Pacheco 1997), *Scytalopus iraiensis*, *Scytalopus pachecoi*, *Laniisoma elegans* (recently reinstated as a species distinct from *L. buckleyi*; Collar et al. 1992, BirdLife International 2000), and *Phylloscartes beckeri*. For the Cerrado one new species – *Arremon franciscanus* – was added, while three more were included for the Caatinga biome – *Nyctiprogne vielliardi*, *Herpsilochmus sellowi*, and *Antilophia bokermanni*.

Application of IBA criteria

Standardised global criteria developed by BirdLife International over the last 20 years were used to identify candidate IBAs in the States of the Atlantic Forest Region (see chapter 2 for explanation of each criterion). The application of some criteria was relatively straightforward, but in some cases minor adjustments had to be made (described below).

Category A1. Globally threatened species

The Brazilian List of Threatened Species (Ministry of Environment Normative Ruling Number 3, dated 27 May 2003) overlaps largely with the IUCN/BirdLife list. However, there are some important differences, such as the inclusion of subspecies in the Brazilian list, which are not treated in the global list. The analysis presented here is solely based on the global list (BirdLife International 2000, 2004, 2005) following agreed IBA categorization procedures. An IBA is an international classification, and sites identified as IBAs in Brazil have global importance and the same value as IBAs anywhere else in the world. National considerations and specificities are not taken into account when identifying IBAs because these vary enormously from country to country. A list of the bird species of global conservation concern recorded within the 15 States of the Atlantic Forest Region, together with their threat status, is presented in Appendix 2.

Category A2. Restricted-range species

Restricted-range species are defined as species occupying less than 50,000 sq km and Endemic Bird Areas (EBAs) as regions where the ranges of two or more such species overlap (Stattersfield et al. 1998). Globally, there are 218 EBAs, 9 of which occur in the States of the Atlantic Forest Region (Table 1). In the current context, an adjustment was applied because uneven numbers of restricted-range species occur in the EBAs within the region studied. Specifically, sites were considered IBAs if the number of restricted-range species was equal to or greater than 50% of the maximum number of restricted-range species reported for any of the IBAs identified. For example, areas with 12 or more species within the Lowland Atlantic Forest EBA (075), or 8 or more species within the Montane Atlantic Forest EBA (076) were classified as IBAs because these counts were equal to or greater than 50% of the maximum number recorded for these EBAs (24 and 16, respectively).

Category A3. Biome-restricted assemblage
The biomes considered under this category of criteria correspond to the zoogeographic regions defined in Stotz et al. (1996) (Figure 2), as adopted by BirdLife's IBA programme in the Americas. Because many endemic bird species are widely distributed in the Atlantic Forest, many areas can be regarded as typical of this biome and almost all sizeable forest fragments could potentially be designated as IBAs. To address this problem, an operational procedure, similar to that described for A2, was adopted in which the number of biome-restricted species in an area was compared to the maximum number reported for any of the proposed IBAs. Areas where the reported number of endemic species was equal to or greater than 50% of this maximum value were considered IBAs. For example, areas with 62 or more of the Atlantic Forest endemic species were considered IBAs because the maximum number recorded for any single area was 123 (Serra da Bocaina/Paraty/Angra dos Reis). This procedure was also used to classify areas of Cerrado, Caatinga, and Pampas, though quantitative thresholds varied to some extent among these biomes (see Table 1).

An additional adjustment was made for criterion A3. The Central South America zoogeographic region (*sensu* Stotz et al. 1996) was divided into separate Caatinga and Cerrado sub-regions. The Cerrado has a greater number of endemic species than the Caatinga (37 vs. 23, respectively); consequently, treating them together would have resulted in under-representation of Caatinga IBAs. Santos & Silva (2001) and Leal et al. (2003) provide additional arguments in favour of treating Caatinga as an independent biome.

The maximum and minimum numbers of restricted-range and endemic species in the proposed IBAs are given in Table 1. A list of all restricted-range (A2 criterion) and biome-restricted (A3 criterion) species that occur in the 15 States of the Atlantic Forest Region is given in Appendix 3.

Category A4. Congregatory species
Congregatory species (e.g., waterfowl, shorebirds, colonial seabirds) were identified from the literature. Wetlands International (2002) was used as the primary source for compiling numerical thresholds (corresponding to 1% of biogeographic populations) for congregatory waterbird species.

Complementarity analysis
There are many threatened, endemic and restricted-range species in the States of the Atlantic Forest Region and the extent to which the ranges of these species overlap varies greatly. Therefore, a network of sites is needed to ensure adequate representation of all these species. Although the IBA criteria are intended to avoid selecting sites solely on the basis of the presence of one or a few threatened or endemic species that are widespread and, therefore, occur at other chosen sites, it is sometimes necessary to select addition-

Table 1. Maximum and minimum number of endemic and restricted-range species for each Biome/Endemic Bird Area used to identify and classify IBAs

Biomes and Endemic Bird Areas	Reference Code	Number of species*	Maximum Found	Minimum to classify IBAs
Biomes				
Atlantic Forest	ATL	217	123	62
Cerrado	CER	37	18	9
Caatinga	CAA	23	12	7
Pampas	PAM	8	4	3
Endemic Bird Areas				
Fernando de Noronha	EBA069	2	2	2
Northeastern Caatinga	EBA070	6	3	3
Alagoas and Pernambuco Atlantic Slopes	EBA071	14	12	7
Bahia Deciduous Forest	EBA072	2	2	1
Mountains and Plateaus of Central Brazil	EBA073	7	5	4
Minas Gerais and Goiás Deciduous Forest	EBA074	2	2	1
Lowland Atlantic Forest	EBA075	55	24	12
Montane Atlantic Forest	EBA076	23	16	8
Argentine Mesopotamian Grasslands	EBA077	3	3	3

* Recorded in the States of the Atlantic Forest Region. Sources: Parker et al. (1996), Stattersfield et al. (1998).

al sites to ensure the presence of species that would otherwise be under-represented[4]. Therefore, a complementarity analysis was undertaken to strengthen the identification of IBAs.

For this analysis, each globally threatened species needed to be represented at a minimum of three IBAs and restricted-range and endemic species at at least one IBA[5]. The analysis was undertaken by first selecting the IBAs with the largest number of threatened, restricted-range and biome-restricted species (3 separate analyses) and then comparing their species lists with those of other areas to select (under the appropriate criteria) the sites containing the largest number of threatened, restricted-range, or endemic species *not* represented in the first group of IBAs (see Box 1 for worked example). This procedure was repeated until each species was fully represented in the proposed IBA system.

Location, boundaries and estimation of the area of IBAs

Central coordinates for each proposed IBA were obtained directly from the digital database of Atlantic Forest remnants (Dossiê Mata Atlântica 2001) using ArcView 3.2 (Environmental Systems Research Institute, Inc). For IBAs located in non-forest biomes, namely the Cerrado,

[4] For example, species with particular habitat requirements that depend on critical sites where few or no other threatened/endemic species are present (e.g., *Formicivora littoralis*).

[5] These conservative targets were chosen because of the poor availability of ornithological inventories among the proposed IBAs. As site inventories are lacking for 39% of IBAs and are only preliminary in another 30% (see chapter 5), a number of the threatened and many of the endemic species are likely to occur at additional IBAs from where they remain unrecorded.

Figure 2. Zoogeographic regions of continental South America, according to Stotz et al. (1996). The Central South America zoogeographic region was divided into the Caatinga and Cerrado subregions. The 15 States of the Atlantic Forest Region are shown in blue. ATL – Atlantic Forest, CAA – Caatinga, CER – Cerrado, PAM – Pampas.

Caatinga, and Pampas, coordinates were extracted directly from the literature or from Paynter & Traylor (1990).

As far as possible, IBA boundaries were defined according to the fragment or group of fragments of existing habitat, or, in the case of protected areas, according to their official gazetted limits[6]. Boundaries of federal protected areas were taken directly (as digital shape files) from IBAMA's website (www.ibama.gov.br/siucweb/). Contiguous protected areas in homogeneous regions where the habitat was more or less continuous were grouped within the same IBA. The delineation of each IBA also took into account the feasibility of applying practical conservation measures, which included an evaluation of an area's social and environmental context (even if only preliminary data existed) as part of the IBA identification process. For example, if grouping two or more neighbouring sites of global importance within a single IBA would result in an IBA encompassing several very distinct environmental conflicts/scenarios that would hinder the development and implementation of conservation plans for the area, these sites were treated separately.

The area of each proposed IBA was estimated using data obtained from reference sources (no field mapping was undertaken). In many cases, these estimates correspond to the area of the polygon that contains the habitat remnants encompassed by the IBA, calculated directly from the digital database. Consequently, the area of an IBA does not always correspond to the exact amount of habitat remaining in that IBA, and may be somewhat greater than the area of remaining Atlantic Forest it contains.

Selection of IBA names

The IBAs designations were chosen to be as informative and familiar as possible. When an area completely corresponded to or largely overlapped a protected area, the IBA took the full name of the protected area. For large homogeneous areas only partially covered by protected areas (even extensive ones), or including many different protected areas, a descriptive name related to some topographic, geological, or geomorphological feature of the region was used instead (e.g. Raso da Catarina, Maciço Florestal de Paranapiacaba, Região dos Aparados da Serra).

Impact of information quality on the IBA analysis

Poor availability or quality of site inventories can significantly limit the power of the IBA approach. Therefore, the extent of information on the avifauna at each IBA was assessed subjectively according to the following categories:

- Representative – a reasonably complete list of species available;
- Preliminary – only a preliminary list of species available;
- Not available – no lists of species available, but there may be citations in the literature of specific species occurring in the area.

Lists of endemic and restricted-range species were compiled for each IBA that had at least a preliminary and recently updated inventory. In addition, in order to make the complementarity analyses more consistent, isolated records from reliable sources were added to existing lists of species and were considered for IBAs for which bird lists were not available. Historical sources, on the other hand, were

[6] A complete and accurate mapping of all IBAs was not part of the initial IBA programme objectives. It is envisaged that this will take place in the next phase following publication of the IBA directory.

generally disregarded[7], since they did not provide recent information on species occurrence and status in the IBAs.

Final Selection of Important Bird Areas

After the first phase of the IBA identification programme was completed in October 2002, a workshop was held to review the information compiled to date and to incorporate new and unpublished information that had not been considered previously[8]. The workshop resulted in a final list of candidate IBAs with additional useful information on practical conservation actions for many sites. A final update of the IBA list and site accounts was undertaken following the publication of a revised list of globally threatened species by BirdLife International in 2004 and in 2005, which considered the change in the conservation status of some species.

[7] Historical sources were defined as greater than 15 years old and were only considered if the habitat (and therefore probably the species list) had remained essentially unaltered since the information was published.

[8] Twenty ornithologists, representing almost all the 15 Atlantic Forest states, participated in this workshop, ensuring that the preliminary IBA list was both comprehensive and reflected a balanced input from all relevant states.

Box 2. An example of complementarity analysis

Restricted-range species of EBA076	IBA code											
	RJ/MG01	RJ/SP01	SP/MG01	RS/SC02	RJ04	RJ06	PR06	SP04	ES/MG01	RS/SC01	BA22	RS05
Amazona pretrei				X						X		X
Cinclodes pabsti				X						X		
Leptasthenura striolata				X						X		
Leptasthenura setaria	X		X	X			X			X		
Oreophylax moreirae	X		X		X				X			
Synallaxis cinerea											X	
Dysithamnus xanthopterus	X	X	X		X	X	X	X				
Drymophila genei	X	X	X		X	X			X			
Drymophila ochropyga	X	X			X	X	X	X	X		X	
Chamaeza ruficauda	X	X	X	X	X	X	X	X				
Tijuca atra	X	X	X		X	X						
Tijuca condita					X	X						
Neopelma chrysolophum	X	X	X					X				
Piprites pileata	X	X	X	X								
Hemitriccus obsoletus	X	X	X	X			X			X		
Phyllomyias griseocapilla	X	X	X	X	X		X	X	X			
Phylloscartes difficilis	X	X	X	X	X	X	X	X	X			
Phylloscartes beckeri											X	
Polystictus superciliaris	X	X										
Poospiza thoracica	X	X	X	X	X	X	X		X			
Sporophila melanogaster				X						X		
Orthogonys chloricterus	X	X		X		X	X	X	X			
Tangara desmaresti	X	X	X		X	X	X	X	X			
Total of species	**16**	**14**	**13**	**12**	**11**	**10**	**10**	**8**	**8**	**6**	**3**	**1**

RJ/MG01 – Parque Nacional de Itatiaia; RJ/SP01 – Serra da Bocaina/Paraty/Angra dos Reis; SP/MG01 – Serra da Mantiqueira; RS/SC02 – Região dos Aparados da Serra; RJ04 – Serra dos Órgãos; RJ06 – Serra do Tinguá; PR06 – Serra do Marumbi; SP04 – Parque Estadual da Serra do Mar (entre Santos e São Sebastião); ES/MG01 – Parque Nacional do Caparaó; RS/SC01 – Campos do Planalto das Araucárias; BA22–Serras das Lontras e do Javi; RS05 – Médio Rio Camaquã.

The table above lists the bird species with a globally restricted range (<50,000 km^2) whose combined ranges define the Endemic Bird Area Montane Atlantic Forest (EBA076), along with the IBAs meeting criterion A2 that have been selected for this EBA. The first nine sites qualify as IBAs under the A2 criteria because they hold a significant proportion of the restricted-range species of the EBA076 (here defined as 8 or more species, which is equal to or greater than 50% of the maximum number reported for any of the proposed IBAs). Together, these sites hold 21 of the 23 constituent species of this EBA. Three more sites were selected by complementarity analysis to ensure adequate representation of all species. The IBA Campos do Planalto das Araucárias (RS/SC01) qualifies under criterion A2 because this site supports significant numbers of three restricted-range species (namely, *Amazona pretrei*, *Cinclodes pabsti*, and *Sporophila melanogaster*) that inhabit mainly open habitats and, for this reason, are poorly represented at the other chosen sites. The IBA Serras das Lontras e do Javi (BA22), though holding only 3 constituent species, was selected under the criterion A2 because of the presence of important populations of *Synallaxis cinerea* and *Phylloscartes beckeri*, which are the two restricted-range species not represented at any of the other sites. Finally, the IBA Médio Rio Camaquã (RS05) was chosen because of its global importance as a breeding area for *Amazona pretrei*.

Bibliography

Aleixo, A. (2002) Molecular systematics and the role of the "várzea"–"terra-firme" ecotone in the diversification of *Xiphorhynchus* woodcreepers (Aves: Dendrocolaptidae). *Auk* 119(3):621–640.

Alvarenga, H. M. F., E. Höfling & L. F. Silveira (2002) *Notharchus swainsoni* (Gray, 1846) (Bucconidae) é uma espécie válida. *Ararajuba* 10(1):73–77.

Atlas da Conservação da Natureza Brasileira (2004) *Atlas da conservação da natureza brasileira – Unidades federais.* São Paulo: Metalivros.

BirdLife International (2000) *Threatened birds of the world.* Barcelona and Cambridge, UK: Lynx Edicions and BirdLife International.

BirdLife International (2004) *Threatened birds of the world 2004.* CD-ROM. Cambridge, UK: BirdLife International.

BirdLife International (2005) *Species factsheets.* Available at: http://www.birdlife.org/datazone/index.html.

CBRO [Comitê Brasileiro de Registros Ornitológicos] (2005) *Listas das aves do Brasil.* Versão 22/3/2005. Available at http://www.cbro.org.br. Accessed on: 26 May 2005.

Collar, N. J., L. P. Gonzaga, N. Krabbe, A. Madroño Nieto, L. G. Naranjo, T. A. Parker III & D. C. Wege (1992) *Threatened birds of the Americas.* The ICBP/IUCN Red Data Book. Cambridge, UK: International Council for Bird Preservation.

Dossiê Mata Atlântica 2001 (2001) *Dossiê Mata Atlântica 2001. Projeto Monitoramento Participativo da Mata Atlântica.* São Paulo: Instituto Socioambiental, Sociedade Nordestina de Ecologia and Rede de ONGs da Mata Atlântica.

Fishpool, L. D. C., M. F. Heath, Z. Waliczky, D. C. Wege & M. J. Crosby (1998) Important Bird Areas – criteria for selecting sites of global conservation significance. *In* N. J. Adams & H. Slotow (eds.) Proc. 22 Int. Ornithol. Congr., Durban. *Ostrich* 69:428.

Fishpool, L. D. C. & M. I. Evans (eds.) (2001) *Important bird areas in Africa and associated islands: Priority sites for conservation.* Newbury and Cambridge, UK: Pisces Publications and BirdLife International (BirdLife Conservation Series 11).

García-Moreno, J. & J. M. C. Silva (1997) An interplay between forest and non-forest South American avifaunas suggested by a phylogeny of *Lepidocolaptes* woodcreepers (Dendrocolaptinae). *Stud. Neotrop. Fauna & Environm.* 32:164–173.

Grimmett, R. F. A. & T. A. Jones (1989) *Important Bird Areas in Europe.* Cambridge, UK: International Council for Bird Preservation (Techn. Publ. 9).

Heath, M. F. & M. I. Evans (eds.) (2000) *Important Bird Areas in Europe: Priority sites for conservation.* Cambridge, UK: BirdLife International (BirdLife Conservation Series 8).

Hinkelmann, C. (1996) Systematics and geographic variation in long-tailed hermit hummingbirds, the *Phaethornis superciliosus-malaris-longirostris* species group (Trochilidae), with notes on their biogeography. *Orn. Neotrop.* 7:119–148.

Howell, S. N. G. & M. B. Robbins (1995) Species limits of the Least Pygmy-Owl (*Glaucidium minutissimum*) complex. *Wilson Bull.* 107:7–25.

IBGE [Instituto Brasileiro de Geografia e Estatística] (2004) *Mapa de biomas do Brasil. Primeira aproximação.* Brasília: IBGE and Ministério do Meio Ambiente.

Isler, M. L., P. R. Isler & B. M. Whitney (1997) Biogeography and systematics of the *Thamnophilus punctatus* (Thamnophilidae) complex. *in* J. V. Remsen Jr. (Ed.) *Studies in Neotropical Ornithology Honoring Ted Parker.* Washington: American Ornithologist's Union (Ornithol. Monogr. 48). Pp. 355–381.

Joseph, L. (2000) Beginning an end to 63 years of uncertainty: The Neotropical parakeets known as *Pyrrhura picta* and *P. leucotis* comprise more than two species. *Proc. Acad. Nat. Sci. Phila.* 150:279–292.

Leal, I. R., M. Tabarelli & J. M. C. da Silva (2003) *Ecologia e conservação da Caatinga.* Recife: Universidade Federal de Pernambuco.

MMA [Ministério do Meio Ambiente] (2002) *Biodiversidade brasileira. Avaliação e identificação de áreas e ações prioritárias para conservação, utilização sustentável e repartição dos benefícios da biodiversidade nos biomas brasileiros.* Brasília: MMA and Secretaria de Biodiversidade e Florestas.

Marshall, J. T., R. A. Behrstock & C. König (1991) Special review – Voices of the New World owls. *Wilson Bull.* 103(2):311–314.

Maurício, G. N. (2005) Taxonomy of southern populations in the *Scytalopus speluncae* group, with description of a new species and remarks on the systematics and biogeography of the complex (Passeriformes: Rhinocryptidae). *Ararajuba* 13:7–28.

Olmos, F., P. Martuscelli & R. Silva e Silva (1997) Distribution and dry-season ecology of Pfrimer's Conure *Pyrrhura pfrimeri*, with a reappraisal of Brazilian *Pyrrhura "leucotis"*. *Orn. Neotrop.* 8(2):121–132.

Olmos, F., W. A. G. Silva & C. Albano (2005) Grey-breasted Conure *Pyrrhura griseipectus*, an overlooked endangered species. *Cotinga* 24:77–83.

Pacheco, J. F. & B. M. Whitney (1995) Range extensions for some birds in northeastern Brazil. *Bull. Brit. Ornith. Club* 115(3):157–163.

Pacheco, J. F. & C. Bauer (2000) *Biogeografia e conservação da avifauna na Mata Atlântica e Campos Sulinos – construção e nível atual do conhecimento.* Relatório Técnico do Subprojeto "Avaliação e Ações Prioritárias para Conservação dos Biomas Floresta Atlântica e Campos Sulinos". Brasília: PROBIO/PRONABIO/MMA. Available at: http://www.bdt.fat.org.br/workshop/mata.atlantica/BR/rfinais/rt aves.

Parker, T. A., III, D. F. Stotz & J. W. Fitzpatrick (1996) Ecological and distributional databases. Pp. 113-436 *in* D. F. Stotz, J. W. Fitzpatrick, T. A. Parker III & D. K. Moskovits (Eds.) *Neotropical bird ecology and conservation.* Chicago: University of Chicago Press.

Paynter, R. A., Jr. & M. A. Traylor (1991) *Ornithological gazetteer of Brazil.* Cambridge, Mass.: Museum of Comparative Zoology. 2v.

Santos, M. P. D. & J. M. C. Silva (2001) Análise biogeográfica da avifauna em uma área de transição Cerrado–Caatinga no centro-sul do Piauí, Brasil. *in* F. C. Straube (Ed.). *Ornitologia sem fronteiras, incluindo os resumos do IX Congresso Brasileiro de Ornitologia.* Curitiba: PUC–PR. P. 350.

Sibley, C. G. & B. L. Monroe (1990) *Distribution and taxonomy of birds of the world.* New Haven, USA: Yale University Press.

Sibley, C. G. & B. L. Monroe (1993) *A supplement to Distribution and taxonomy of birds of the world.* New Haven, USA: Yale University Press.

Silva, J. M. C., A. G. Coelho & L. P. Gonzaga (2002) Discovered on the brink of extinction: a new species of Pygmy-owl (Strigidae: *Glaucidium*) from Atlantic forest of northeastern Brazil. *Ararajuba* 10:123–130.

Silva, J. M. C. & F. C. Straube (1996) Systematics and biogeography of Scaled Woodcreepers (Aves: Dendrocolaptidae). *Stud. Neotrop. Fauna & Environm.* 31:3–10.

Stattersfield, A. J., M. J. Crosby, A. J. Long & D. C. Wege (1998) *Endemic bird areas of the world: Priorities for bird conservation.* Cambridge, U.K.: BirdLife International (BirdLife Conservation Series 7).

Stotz, D. F., J. W. Fitzpatrick, T. A. Parker III & D. K. Moskovits (Eds.) (1996) *Neotropical bird ecology and conservation.* Chicago: University of Chicago Press.

Straube, F. C. & J. F. Pacheco (2001) *Phylloscartes paulista*: uma grafia correta para *Phylloscartes paulistus. Ararajuba* 10(1):83–84.

Wege, D. C. (2001) Caribbean Important Bird program: resource book. BirdLife International (unpublished report).

Wege, D. C. & A. J. Long (1995) *Key areas for threatened birds in the Neotropics.* Cambridge, U.K.: BirdLife International (BirdLife Conservation Series 5).

Wetlands International (2002) *Waterbird population estimates.* 3rd ed. Wageningen: Wetlands International (Wetlands International Global Series 12).

Whitney, B. M. & J. F. Pacheco (1997) Behavior, vocalizations, and relationships of some *Myrmotherula* Antwrens (Thamnophilidae) in eastern Brazil, with comments on the "plain-winged" group. *in* J. V. Remsen Jr. (Ed.) *Studies in Neotropical Ornithology honoring Ted Parker.* Washington: American Ornithologist's Union (Ornithol. Monogr. 48). Pp. 809–819.

Whitney, B. M., J. F. Pacheco, D. R. C. Buzzetti & R. Parrini (2000) Systematic revision and biogeography of the *Herpsilochmus pileatus* complex, with description of a new species from northeastern Brazil. *Auk* 117(4):869–891.

Áreas Importantes para a Conservação das Aves nos Estados do Domínio da Mata Atlântica – Síntese dos Resultados

Glayson A. Bencke & Giovanni N. Maurício*

Introdução

Este capítulo apresenta uma sinopse dos principais resultados obtidos a partir da análise das Áreas Importantes para a Conservação das Aves (*Important Bird Areas* – IBAs) identificadas nos Estados do Domínio da Mata Atlântica.

Identificação das IBAs

Mais de 300 áreas candidatas foram avaliadas, das quais 163[1] apresentaram os requisitos para serem reconhecidas como IBAs. A grande maioria foi identificada com base exclusivamente no critério A1 (espécies globalmente ameaçadas) ou através de uma combinação dos critérios A1, A2 e A3 (Figuras 1 e 2). Um total de 114 áreas previamente identificadas como prioritárias para a conservação de aves não foram consideradas IBAs, seja porque não satisfazem os critérios globais, seja porque não há informações suficientes que permitam uma avaliação objetiva de sua situação por esses critérios.

Inventários ornitológicos representativos, permitindo a plena aplicação dos critérios A2 e A3, estão disponíveis para 56 (34%) das 163 IBAs identificadas. Inventários preliminares existem para outras 44 IBAs (27% do total). Por outro lado, a avifauna de muitas IBAs (63, ou 39% do total) ainda é pouco conhecida, visto que não há listas de espécies acessíveis (publicadas ou não) para essas áreas. Conseqüentemente, algumas espécies ameaçadas ou quase ameaçadas e várias espécies endêmicas podem estar mais bem representadas no sistema proposto de IBAs do que atualmente se conhece.

Número, Distribuição, Tamanho e Nível de Proteção das IBAs

Número e distribuição

Todos os 15 Estados do Domínio da Mata Atlântica possuem IBAs (Figura 3). Os dois estados com o maior número de IBAs identificadas foram Bahia (com 33 áreas, incluindo as IBAs interestaduais[2]) e Minas Gerais (com 25 áreas), que também são os dois maiores estados no Domínio da Mata Atlântica (Tabela 1). No entanto, a área coberta por IBAs é maior no Rio Grande do Sul, São Paulo, Piauí e Bahia (Tabela 1). O número de espécies globalmente ameaçadas de extinção nas IBAs propostas varia de 0 (áreas importantes somente para aves congregantes) até um máximo de 17 (Guaraqueçaba/Jacupiranga/Cananéia). O número de espécies quase ameaçadas, por sua vez, varia de 0 até 29 (Serra da Bocaina/Paraty/Angra dos Reis e Maciço Florestal de Paranapiacaba).

Área

A área estimada das IBAs propostas (considerando somente as continentais) varia de algumas centenas de hectares, como é o caso da Mata do Estado (Pernambuco), com 600 ha, até centenas de

---

* Com o aporte adicional e editorial de Nigel Varty.

[1] Este número pode variar no futuro, uma vez que o processo de identificação de IBAs é dinâmico. Novas áreas podem ser identificadas à medida que mais informações estiverem disponíveis ou IBAs já reconhecidas podem ser desqualificadas no caso de não mais serem viáveis para a conservação.

[2] IBAs compartilhadas por dois ou mais estados.

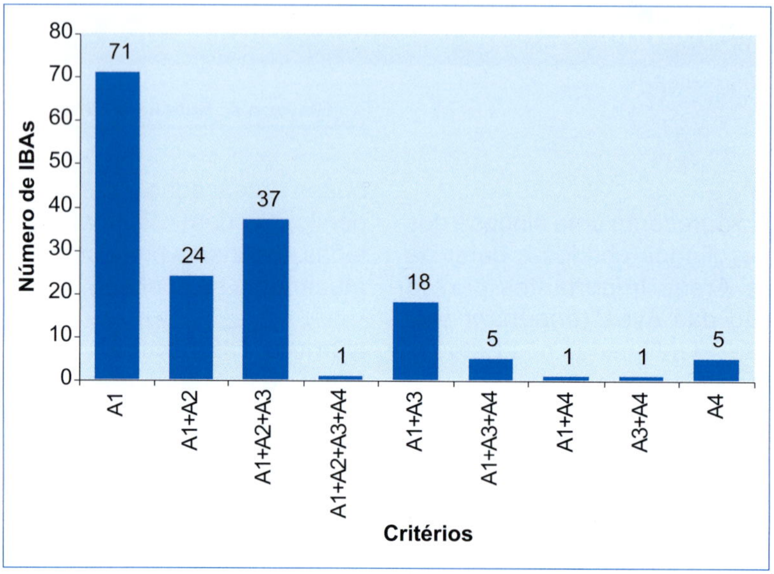

Figura 1. Número de áreas que satisfazem os diferentes critérios para identificação de IBAs nos Estados do Domínio da Mata Atlântica.

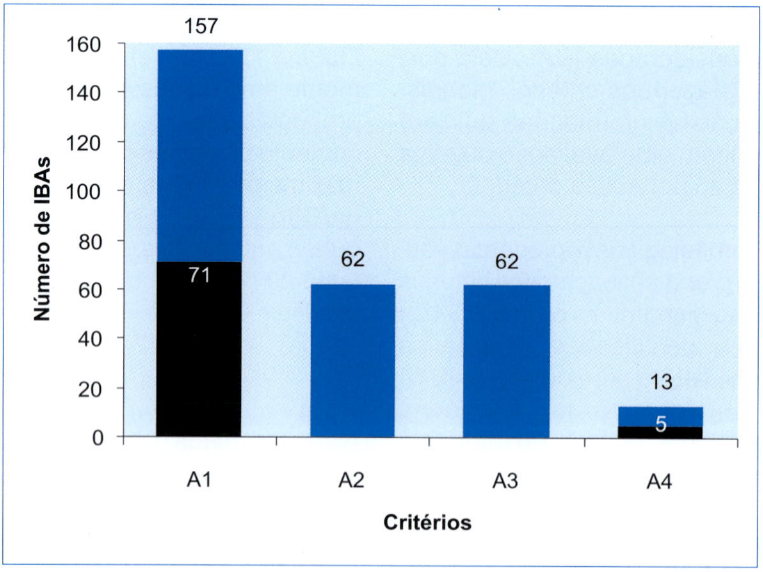

Figura 2. Número de IBAs que satisfazem cada critério nos Estados do Domínio da Mata Atlântica. O número junto ao topo das barras pretas indica a quantidade de IBAs que satisfazem somente aquele critério.

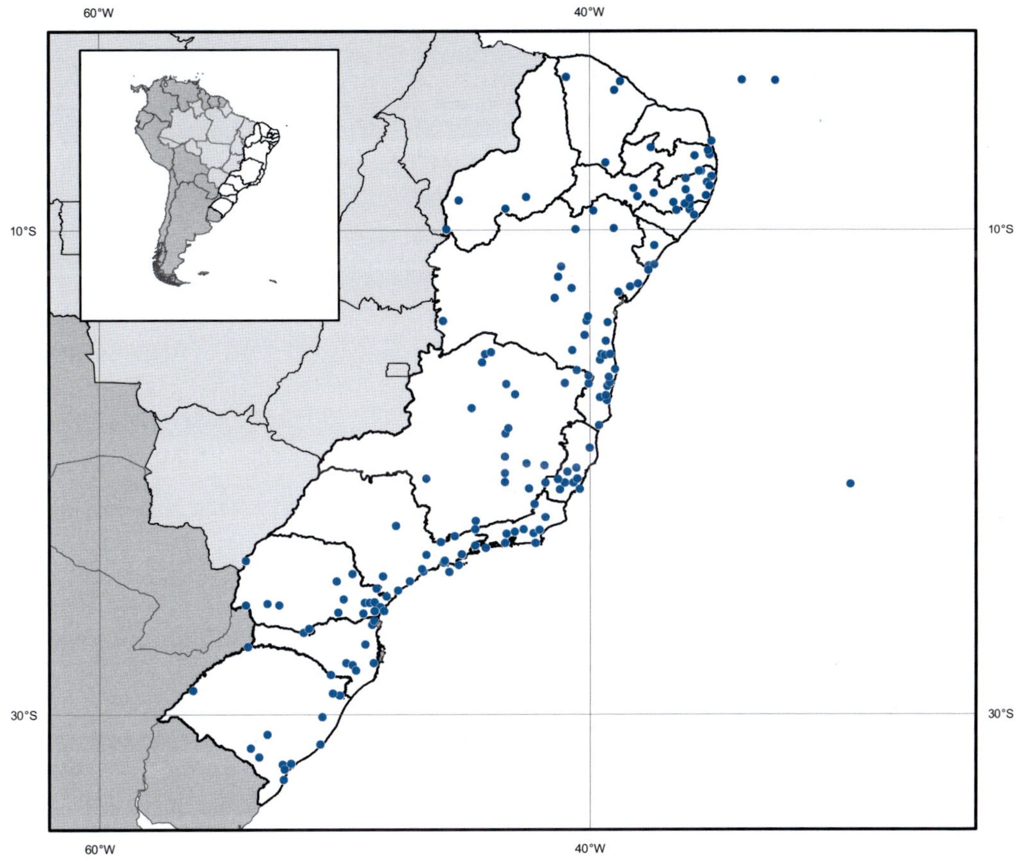

Figura 3. Distribuição das IBAs nos Estados do Domínio da Mata Atlântica (total de 163 IBAs).

milhares de hectares, como é o caso do Parque Nacional da Serra das Confusões (Piauí), que protege 502.902 ha de hábitats contínuos, e das IBAs interestaduais Nascentes do Rio Parnaíba (730.000 ha) e Campos do Planalto das Araucárias (850.000 ha). A maior parte (78%) das IBAs continentais, no entanto, são menores do que 100.000 ha (Figura 4). A área total coberta pelas IBAs continentais ultrapassa 8.414.000 ha, o que representa pouco mais de 3% da superfície abrangida pelos 15 Estados do Domínio da Mata Atlântica (ou uma área equivalente à dos territórios dos estados de Alagoas e Paraíba juntos).

Distribuição por bioma

Quatro biomas continentais brasileiros (de um total de seis, conforme definido por IBGE 2004), mais as Zonas Costeira e Marinha estão representados no sistema de IBAs proposto (Figura 5). Como esperado, a maioria das IBAs identificadas são representativas da Mata Atlântica ou incluem ecossistemas associados a esse bioma (Figura 5). A cobertura da Mata Atlântica foi praticamente completa em

Tabela 1. Número e área das IBAs identificadas em cada um dos Estados do Domínio da Mata Atlântica

Estado	Número de IBAs	Área total (ha)
Alagoas	3	13.800
Bahia	31	>972.214
Ceará	3	137.190
Espírito Santo	10	110.700
Minas Gerais	18	>543.474
Paraíba	3	24.600
Paraná	16	>586.445
Pernambuco	14	125.561
Piauí	3	737.902
Rio de Janeiro	9	173.326
Rio Grande do Norte	3	39.415
Rio Grande do Sul	12	>1.047.051
Santa Catarina	7	384.079
São Paulo	12	630.525
Sergipe	2	17.966
IBAs interestaduais*		
Alagoas/Pernambuco	2	9.000
Ceará/Pernambuco	1	100.000
Espírito Santo/Minas Gerais	1	31.850
Minas Gerais/Bahia	2	25.000
Minas Gerais/Rio de Janeiro	2	40.000
Paraná/Mato Grosso do Sul	1	78.875
Paraná/São Paulo	1	500.000
Piauí/Maranhão/Tocantins	1	730.000
Rio de Janeiro/São Paulo	1	150.000
Rio Grande do Sul/Santa Catarina	2	1.000.000
São Paulo/Minas Gerais	2	>95.000
Santa Catarina/Paraná	1	110.000
TOTAL	**163**	**>8.413.973**

* IBAs compartilhadas por dois ou mais estados.

escala nacional, ou seja, espera-se que somente algumas poucas IBAs adicionais venham a ser identificadas fora dos limites dos 15 estados aqui considerados (especificamente no Mato Grosso do Sul e em Goiás), ao passo que várias outras deverão ser reconhecidas em países vizinhos[3]. Similarmente, a cobertura dos biomas Caatinga e Pampa foi completa em escala global e nacional, respectivamente. Por outro lado, menos da metade da superfície do Cerrado foi coberta pela

[3] O inventário das IBAs da Argentina, recentemente publicado (Di Giacomo 2005), resultou na identificação de 23 IBAs adicionais na Mata Atlântica.

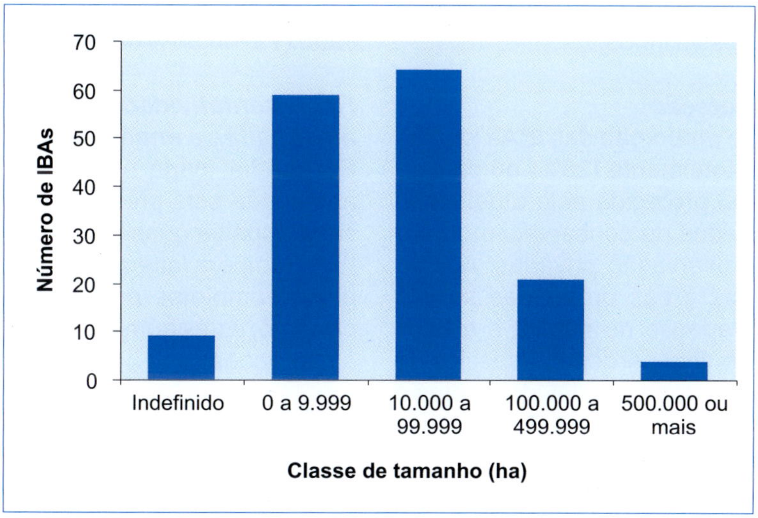

Figura 4. Distribuição por tamanho das IBAs continentais dos Estados do Domínio da Mata Atlântica.

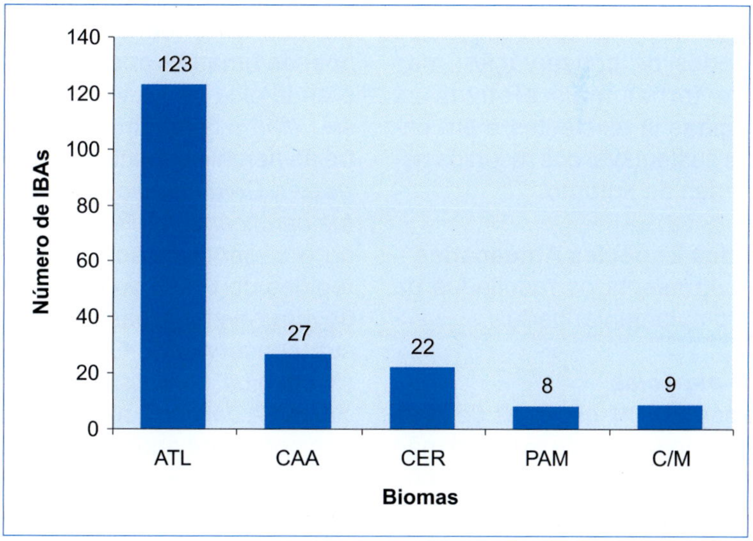

Figura 5. Biomas brasileiros representados no sistema de IBAs proposto. A soma dos valores das barras é maior do que 163 porque algumas IBAs incluem mais de um bioma. ATL – Mata Atlântica, CAA – Caatinga, CER – Cerrado, PAM – Pampa, C/M – Zonas Costeira e Marinha.

presente análise. Conseqüentemente, várias IBAs adicionais são esperadas para esse bioma, tanto no Brasil como em alguns países vizinhos.

Nível de proteção

Uma grande proporção das IBAs identificadas está totalmente (23%) ou parcialmente (40%) protegida pelo atual sistema de unidades de conservação ou por áreas de preservação privadas. Apesar disso, muitas áreas protegidas sofrem com a degradação do hábitat e a caça predatória, e vêm perdendo espécies de aves ao longo dos anos devido a estes e a outros fatores antrópicos. Entre essas áreas incluem-se as reservas biológicas do São Donato, União, e de Poço das Antas, as estações ecológicas de Itirapina e Murici, e os parques nacionais de Monte Pascoal e Serra da Capivara (veja as descrições dessas IBAs adiante). Outras 60 IBAs (37% do total) não recebem qualquer forma de proteção. A solução para a falta de proteção em muitas IBAs, portanto, não está somente na criação de novas unidades de conservação, mas também em tornar mais efetivas as áreas protegidas já existentes e em encorajar o uso sustentável dos recursos naturais nas áreas de entorno.

Cobertura das Espécies Ameaçadas

Esta seção apresenta os resultados da análise de complementaridade.

Número de espécies

No Brasil ocorrem 111 espécies de aves globalmente ameaçadas de extinção (não considerando espécies marinhas que não se reproduzem em território nacional) e 93 espécies quase ameaçadas (BirdLife International 2005). Destas, 98 espécies ameaçadas são registradas para os Estados do Domínio da Mata Atlântica (além de outras duas, *Crax mitu* e *Anodorhynchus glaucus*, já seguramente extintas na região), o que corresponde a 88% do total de espécies globalmente ameaçadas do país. O número de espécies quase ameaçadas nessa região também é elevado (79, ou 85% do total nacional).

Representatividade das espécies ameaçadas e endêmicas nas IBAs

Em média, cada espécie globalmente ameaçada está presente em 7,4 IBAs e cada espécie quase ameaçada em 12,5 IBAs (embora faltem inventários ornitológicos completos para muitas áreas e, portanto, estes números estejam sujeitos a alterações).

A meta de ter cada espécie ameaçada ou quase ameaçada (critério A1) representada em pelo menos três IBAs e cada espécie de distribuição restrita ou endêmica de bioma (critérios A2 e A3) representadas em pelo menos uma IBA não foi alcançada devido à extrema raridade de algumas espécies (Tabela 2). Das espécies globalmente ameaçadas, oito não possuem registros conhecidos em nenhuma das IBAs identificadas. Entre elas, apenas uma (*Myrmotherula fluminensis*) é endêmica da Mata Atlântica, mas tem seu *status* taxonômico incerto. Três entre as demais espécies (*Penelope ochrogaster*, *Columbina cyanopis* e *Eleothreptus candicans*) são endêmicas do Cerrado e a identificação de IBAs em outras regiões do Brasil ou em países vizinhos deverá revelar áreas importantes para a sua conservação. Outras três espécies (*Numenius borealis*, *Alectrurus risora* e *Sturnella defilippii*) não têm sido registradas por vários anos ou décadas e provavelmente estão extintas no leste e sudeste do Brasil, enquanto *Cyanopsitta spixii* está quase certamente extinta na natureza. Somente uma espécie quase ameaçada (*Neochen jubata*) não está representada nas IBAs propostas. Esse ganso parece ter desaparecido do Brasil oriental mas ocorre em outras regiões (*e.g.*, no centro do país e na Bolívia), onde efetivamente

Tabela 2. Espécies globalmente ameaçada ou quase ameaçadas não representadas ou sub-representadas (*i.e.*, presentes em menos de três áreas) nas IBAs dos Estados do Domínio da Mata Atlântica

Nome científico	Nome em português	Categoria de ameaça	Número de IBAs	Justificativa*
*Taoniscus nanus*CER	Inhambu-carapé	VU	1	1
*Pterodroma arminjoniana*ATL	Grazina-de-trindade	VU	1	2
Phoenicoparrus andinus	Flamingo-grande-dos-andes	VU	1	3
Mergus octosetaceus	Pato-mergulhão	CR	2	1
*Leptodon forbesi*ATL	Gavião-de-pescoço-branco	CR	2	4, 5
*Penelope ochrogaster*CER	Jacu-de-barriga-castanha	VU	0	6, 7
Laterallus xenopterus	Sanã-de-cara-ruiva	VU	1	5, 6
Porzana spiloptera	Sanã-cinza	VU	2	1, 5
Numenius borealis	Maçarico-esquimó	CR(PE)	0	8
*Larus atlanticus*PAM	Gaivota-de-rabo-preto	VU	2	3, 6
*Columbina cyanopis*CER	Rolinha-do-planalto	CR	0	7
Anodorhynchus hyacinthinus	Arara-azul-grande	EN	2	6
*Anodorhynchus leari*CAA	Arara-azul-de-lear	CR	2	5
*Cyanopsitta spixii*CAA	Ararinha-azul	CR(PE)	0	8
*Eleothreptus candicans*CER	Bacurau-de-rabo-branco	EN	0	7
*Philydor novaesi*ATL	Limpa-folha-do-nordeste	CR	2	5
*Myrmotherula fluminensis*ATL	Choquinha-fluminense	CR	0	4
*Formicivora littoralis*ATL	Formigueiro-do-litoral	CR	1	9
*Formicivora erythronotos*ATL	Formigueiro-de-cabeça-negra	EN	1	9
*Merulaxis stresemanni*ATL	Entufado-baiano	CR	2	5
*Scytalopus psychopompus*ATL	Macuquinho-baiano	CR	2	5
*Tijuca condita*ATL	Saudade-de-asa-cinza	VU	2	5
*Calyptura cristata*ATL	Tietê-de-coroa	CR	1	5
*Antilophia bokermanni*CAA	Soldadinho-do-araripe	CR	1	5
*Elaenia ridleyana*ATL	Cocoruta	VU	1	9
Alectrurus risora	Tesoura-do-campo	VU	0	3, 7
Gubernatrix cristata	Cardeal-amarelo	EN	1	6, 10
*Sporophila zelichi*PAM	Caboclinho-de-coleira-branca	CR	1	3, 5
Dendroica cerulea	Mariquita-azul	VU	2	3, 6
*Sturnella defilippii*PAM	Peito-vermelho-grande	VU	0	6, 7
Neochen jubata	Pato-corredor	NT	0	6, 7
Ortalis superciliaris	Aracuã-de-sobrancelhas	NT	1	1, 6
*Amazona xanthops*CER	Papagaio-galego	NT	1	6
*Geobates poecilopterus*CER	Andarilho	NT	2	1
*Scytalopus novacapitalis*CER	Tapaculo-de-brasília	NT	1	1
Polystictus pectoralis	Papa-moscas-canela	NT	2	1
Sporophila ruficollis	Caboclinho-de-papo-escuro	NT	1	3
*Sporophila hypochroma*CER	Caboclinho-de-sobre-ferrugem	NT	1	3
Oryzoborus maximiliani	Bicudo	NT	1	10
*Vireo gracilirostris*ATL	Juruviara-de-noronha	NT	1	9

ATL – Endêmico da Mata Atlântica; CAA – Endêmico da Caatinga; CER – Endêmico do Cerrado; PAM – Endêmico dos Pampas; * 1 – Hábitat naturalmente restrito ou atualmente muito reduzido na região; 2 – Não há outras áreas de reprodução conhecidas; 3 – Não há populações reprodutoras (conhecidas) na região; algumas espécies podem ser apenas vagantes; 4 – Táxon de validade incerta; 5 – Não conhecido de outras áreas (na região ou globalmente); 6 – A maior parte da população global da espécie ocorre fora da região; 7 – Sem registros recentes na região; pode estar regionalmente extinto; 8 – Provavelmente extinto, pelo menos na natureza; 9 – Espécie historicamente restrita a uma única área; 10 – População muito reduzida devido à captura e ao comércio de aves de cativeiro.

há oportunidades para a identificação de IBAs que possam protegê-lo. Entre as espécies restritas a biomas (excluindo aquelas que também são globalmente ameaçadas ou quase ameaçadas), somente *Celeus obrieni* está ausente das IBAs propostas. Não há registros recentes desse pica-pau (Whittaker & Oren 1999) e a espécie deve ser considerada uma prioridade para a identificação de novas IBAs no Brasil.

Espécies nacionalmente ameaçadas

O sistema de IBAs proposto também cobre a quase totalidade das espécies e subespécies consideradas ameaçadas de extinção em escala nacional (Instrução Normativa 03/2003 do Ministério do Meio Ambiente). Dos 142 táxons nacionalmente ameaçados que ocorrem nos Estados do Domínio da Mata Atlântica (desconsiderando os extintos e as aves marinhas que não se reproduzem em território nacional), somente oito (cerca de 6%) não estão representados nas IBAs identificadas. São eles: *Penelope ochrogaster*, *Columbina cyanopis*, *Eleothreptus candicans*, *Drymornis bridgesii*, *Asthenes baeri*, *Leptasthenura platensis*, *Coryphistera alaudina* e *Pseudoseisura lophotes*. As três primeiras espécies provavelmente não mais ocorrem no leste e sudeste do Brasil (veja acima). As restantes são associadas ao Chaco e apresentam distribuição apenas marginal no Brasil. Por fim, não é certo se *Sclerurus caudacutus caligineus* da Mata Atlântica do Nordeste está representado no sistema de IBAs proposto. Essa subespécie possui distribuição geográfica restrita às matas costeiras de Alagoas (Pinto 1978) e pode ocorrer em Murici.

Ameaças às IBAs

A Figura 6 apresenta um sumário das principais ameaças que afetam as 163 IBAs identificadas nos Estados do Domínio da Mata Atlântica. A caça de aves e outros animais silvestres, a expansão agropecuária (levando à perda e fragmentação de hábitats), os incêndios causados pelo homem e a crescente urbanização das áreas naturais são os impactos mais freqüentemente relatados, afetando entre 24% e 33% das IBAs[4]. Outras ameaças importantes, relatadas para pelo menos cerca de 15% das IBAs, incluem a captura ilegal de animais silvestres (em sua maioria aves), tanto para manutenção em cativeiro quanto para abastecer o comércio ilegal de fauna silvestre, a extração de lenha e madeira das matas nativas e cerrados, e os desmatamentos para fins comerciais. Estes e outros impactos ocorrem combinados à ineficácia de muitas áreas protegidas, que padecem de problemas fundiários, falta de infra-estrutura e proteção ineficiente, problemas freqüentemente relatados nas fontes consultadas para a compilação de informações sobre ameaças.

É evidente, a partir das informações disponíveis, que ações de manejo e/ou proteção precisam ser significativamente incrementadas em muitas IBAs dos Estados do Domínio da Mata Atlântica se quisermos que essas áreas mantenham sua importância para as aves ameaçadas e endêmicas, assim como para toda a biodiversidade que abrigam.

[4] Os valores reais são provavelmente muito mais elevados, visto que as informações compiladas para algumas áreas devem estar incompletas (veja capítulo 4).

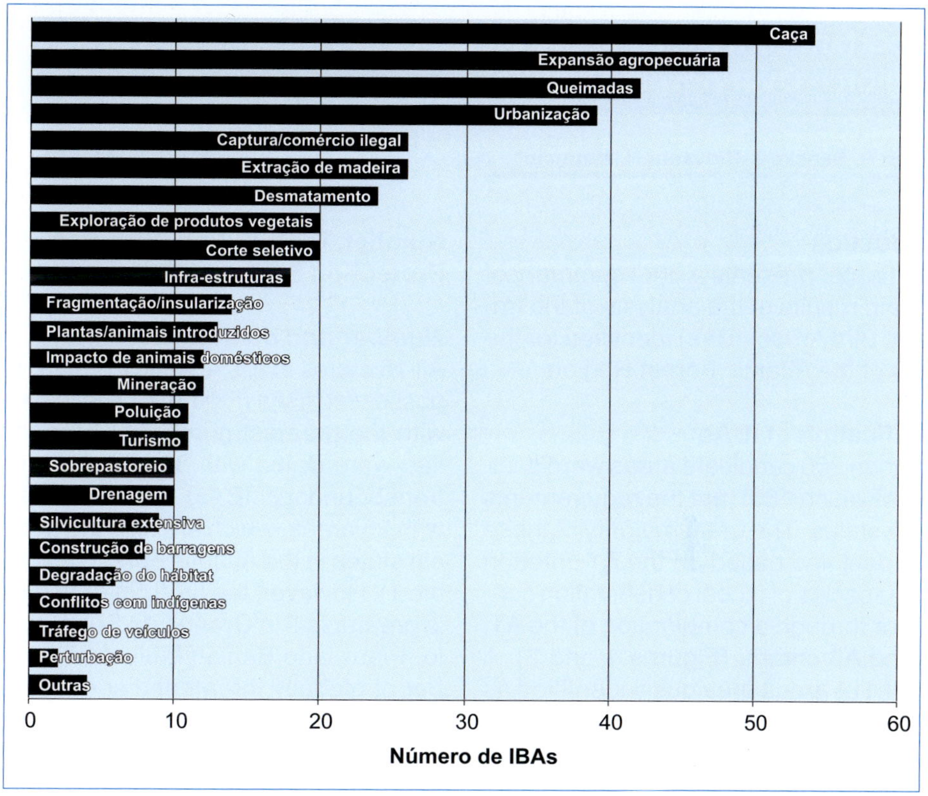

Figura 6. Ameaças que afetam as IBAs nos 15 Estados do Domínio da Mata Atlântica.

Bibliografia

Di Giacomo, A. S. (ed.) (2005) *Áreas importantes para la conservación de las aves en la Argentina: Sitios prioritarios para la conservación de la biodiversidad.* Buenos Aires: Aves Argentinas e Asociación Ornitológica del Plata (Temas de la Naturaleza y Conservación 5).

BirdLife International (2005) *Species factsheets.* Disponível em: http://www.birdlife.org/datazone/index.html.

IBGE [Instituto Brasileiro de Geografia e Estatística] (2004) *Mapa de biomas do Brasil. Primeira aproximação.* Brasília: IBGE e Ministério do Meio Ambiente.

Pinto, O. M. O. (1978) *Novo catálogo das aves do Brasil.* 1ª Parte. São Paulo: Empr. Gráf. Revista dos Tribunais.

Whittaker, A. & D. C. Oren (1999) Important ornithological records from the Rio Juruá, western Amazonia, including twelve additions to the Brazilian avifauna. *Bull. Brit. Ornith. Club* 119:235-260.

Important Bird Areas in the States of the Atlantic Forest Region – Overview of Results

Glayson A. Bencke & Giovanni N. Maurício*

Introduction

This chapter presents a brief summary of the main results of the analysis of the Important Bird Areas (IBAs) identified for the States of the Atlantic Forest Region.

Identification of IBAs

More than 300 candidate areas were analysed, of which 163[1] met the requirements for IBA status. The great majority of these were identified based on the A1 criterion alone (species of global conservation concern) or through a combination of the A1, A2, and A3 criteria (Figures 1 and 2). A total of 114 areas previously identified as priority sites were not considered as IBAs, either because they did not meet the global criteria or because they lacked sufficient data to enable an objective assessment of their status for IBA designation.

Ornithological inventories, which allowed the full application of the criteria A2 and A3, were available for 56 (34%) of the 163 IBAs identified. Preliminary inventories exist for another 44 IBAs (27% of the total). However, the avifauna of many IBAs (63, or 39% of the total) is still poorly known, as they do not possess published or accessible unpublished species lists. Consequently, some threatened and near threatened species and several endemic species may be better represented in the proposed IBA system than currently known.

Number, Distribution, Size and Protection Status of IBAs

Number and distribution

All 15 states in the Atlantic Forest Region possessed IBAs (Figure 3). The two states with the greatest number of IBAs identified were Bahia with 33 areas (including transboundary[2] IBAs) and Minas Gerais with 25 areas, which are also the two largest states in the Atlantic Forest region (Table 1). However, the area covered by IBAs is greater in Rio Grande do Sul, São Paulo, Piauí, and Bahia (Table 1). The number of globally threatened species in the proposed IBAs varies from 0 (areas important for congregatory species only) up to a maximum of 17 (Guaraqueçaba/Jacupiranga/Cananéia). The number of near threatened species varies from 0 to a maximum of 29 (Serra da Bocaina/Paraty/Angra dos Reis and Maciço Florestal de Paranapiacaba).

Area

The estimated areas of the proposed IBAs (considering only the continental sites) varies from a few hundred hectares, e.g. the 600 ha fragment of the Mata do Estado (Pernambuco), to many thousands of hectares, e.g. the 502,902 ha of continuous habitat of the Parque Nacional da Serra das Confusões (Piauí), and the transboundary IBAs Nascentes do Rio Parnaíba (730,000 ha) and Campos do

* With additional and editorial input from Nigel Varty.

[1] This number may change in the future, since the process of IBA identification is dynamic. New areas may be identified with increasing knowledge or areas may be disqualified if they become no longer viable for conservation.

[2] Transboundary refers to sites that are shared between two or more states.

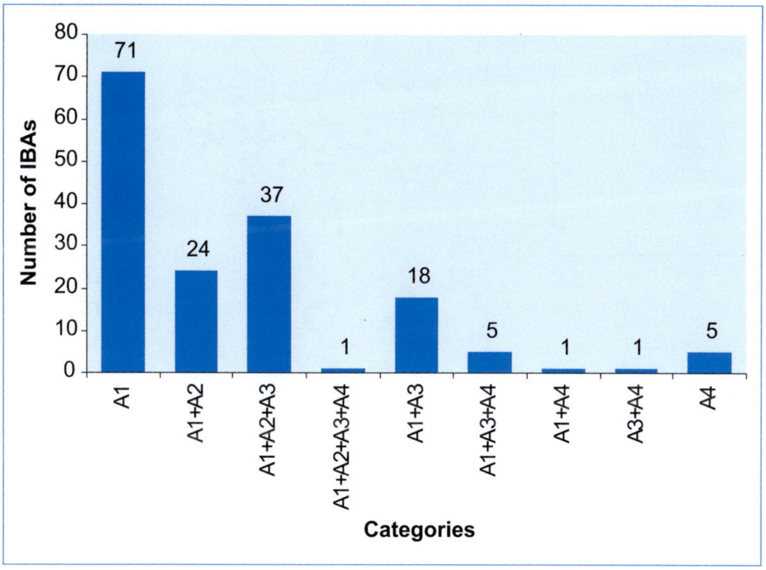

Figure 1. Number of sites that meet the different IBA criteria in the States of the Atlantic Forest Region.

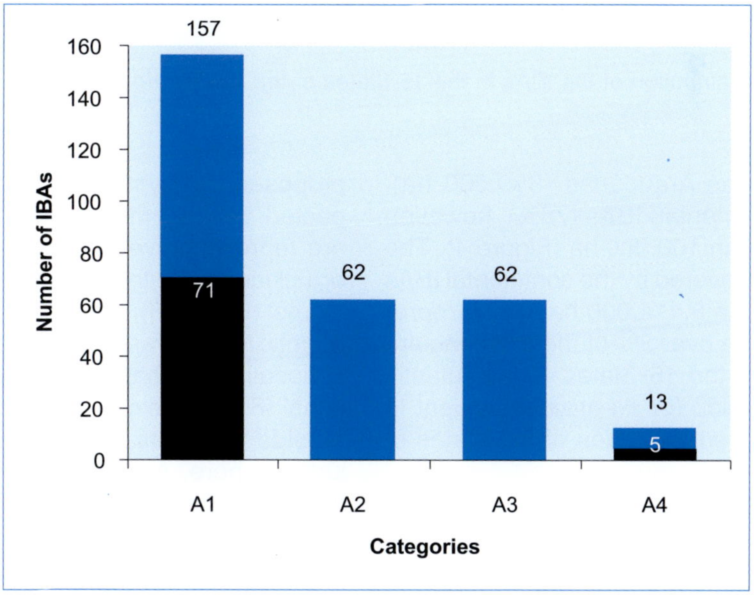

Figure 2. Number of IBAs that meet each criterion in the States of the Atlantic Forest Region. The number at the top of the black bars indicates the number of IBAs which meet only this category of criteria.

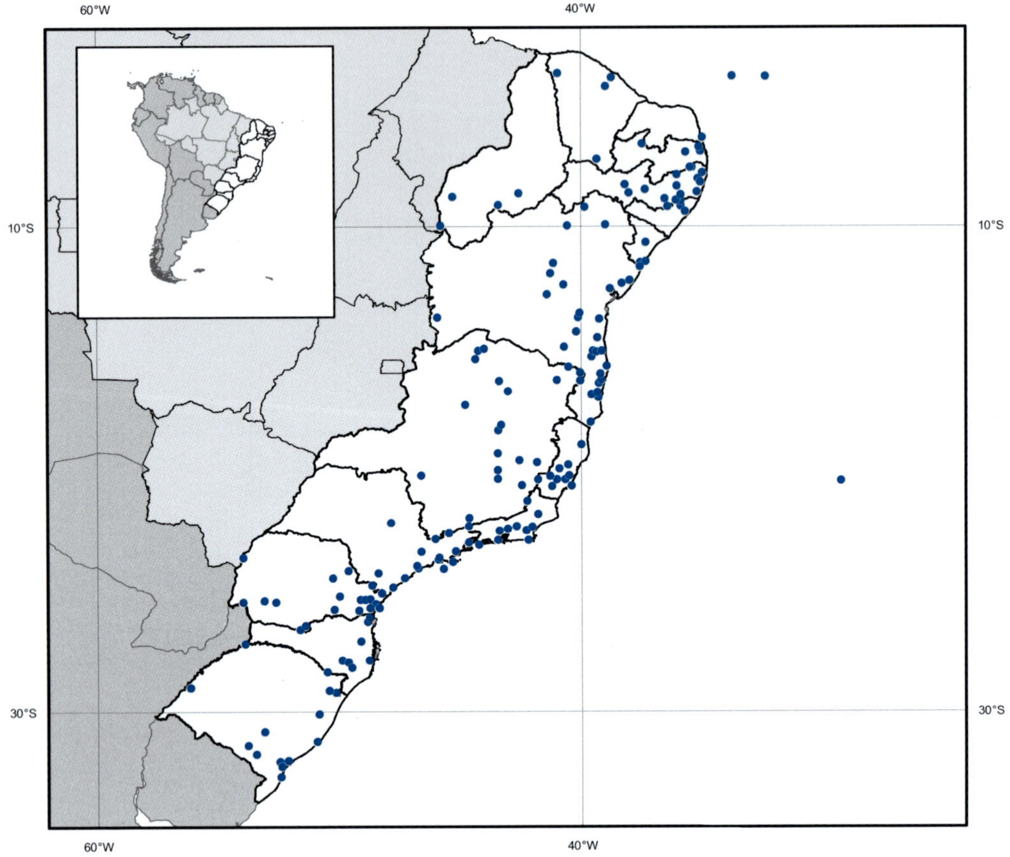

Figure 3. Distribution of the IBAs in the 15 States of the Atlantic Forest Region (total of 163 IBAs).

Planalto das Araucárias (850,000 ha). Most (continental) IBAs (78%), however, are less than 100,000 ha (Figure 4). The total area covered by the continental IBAs is more than 8,414,000 ha, which represents a little over 3% of the area encompassed by the 15 States of the Atlantic Forest Region (or an area equivalent to the combined territories of the states of Alagoas and Paraíba).

Distribution according to biome

Four Brazilian biomes (of a total of six, as defined by IBGE 2004), plus coastal and marine ecosystems are represented in the proposed IBA system (Figure 5). As expected, the majority of the IBAs identified are representative of the Atlantic Forest or include ecosystems associated with this biome (Figure 5). The coverage of the Atlantic Forest was nearly complete at the national scale, that is only very few additional IBAs are expected to be identified outside the limits of the 15 states considered here. Additional Atlantic Forest IBAs may be identified in the states of Mato Grosso do Sul and Goiás, while several others will likely be identified in neighbouring countries[3]. Likewise, the coverage of the Caatinga was complete

[3] The recently published IBA inventory for Argentina (Di Giacomo 2005) recognized 23 additional IBAs within this biome.

Table 1. Number and total area of IBAs identified in each state of the Atlantic Forest Region in Brazil

State	Number of IBAs	Total Area (ha)
Alagoas	3	13,800
Bahia	31	>972,214
Ceará	3	137,190
Espírito Santo	10	110,700
Minas Gerais	18	>543,474
Paraíba	3	24,600
Paraná	16	>586,445
Pernambuco	14	125,561
Piauí	3	737,902
Rio de Janeiro	9	173,326
Rio Grande do Norte	3	39,415
Rio Grande do Sul	12	>1,047,051
Santa Catarina	7	384,079
São Paulo	12	630,525
Sergipe	2	17,966
Transboundary IBAs*		
Alagoas/Pernambuco	2	9,000
Ceará/Pernambuco	1	100,000
Espírito Santo/Minas Gerais	1	31,850
Minas Gerais/Bahia	2	25,000
Minas Gerais/Rio de Janeiro	2	40,000
Paraná/Mato Grosso do Sul	1	78,875
Paraná/São Paulo	1	500,000
Piauí/Maranhão/Tocantins	1	730,000
Rio de Janeiro/São Paulo	1	150,000
Rio Grande do Sul/Santa Catarina	2	1,000,000
São Paulo/Minas Gerais	2	>95,000
Santa Catarina/Paraná	1	110,000
TOTAL	**163**	**>8,413,973**

* IBAs shared by two or more states.

at the global scale, while that of the Pampas was complete at the national scale. On the other hand, less than half of the area of the Cerrado has been covered by this analysis. Consequently, additional IBAs are expected for this biome.

Protection status

A large proportion of the IBAs identified are either totally (23%) or partially (40%) protected within the existing protected areas network or as private reserves. In spite of this, many protected areas suffer from

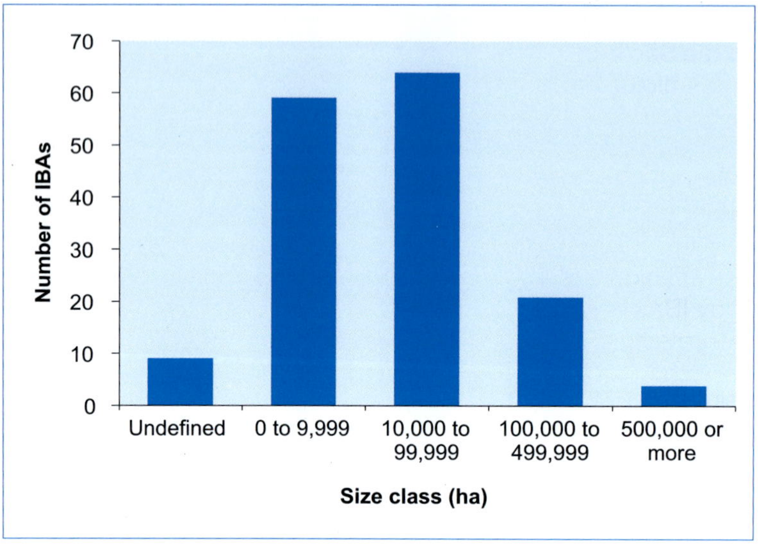

Figure 4. Size distribution of continental IBAs for the 15 States of the Atlantic Forest Region.

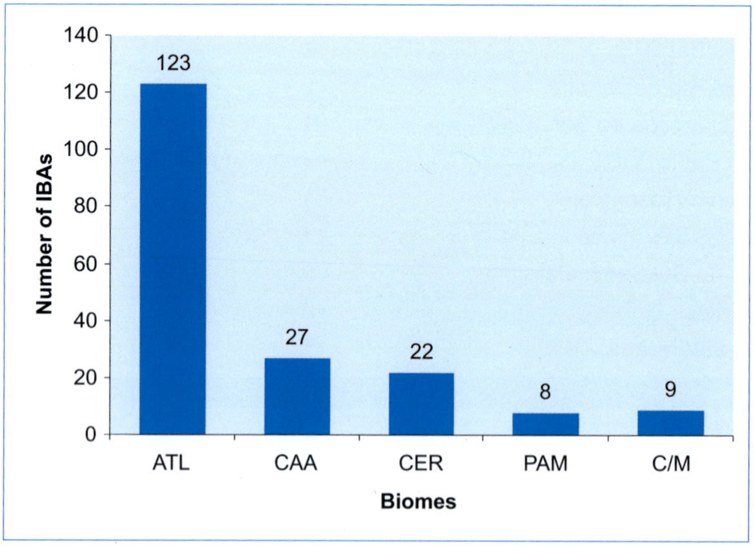

Figure 5. Brazilian biomes represented in the proposed IBA system. The sum of the bars is greater than 163 because some IBAs include more than one biome. ATL – Atlantic Forest, CAA – Caatinga, CER – Cerrado, PAM – Pampas, C/M – Coastal and marine ecosystems.

habitat degradation and severe hunting, and have lost bird species over the years to these and other anthropogenic threats. This includes the São Donato, União, and Poço das Antas biological reserves, the Itirapina and Murici ecological stations, and the Monte Pascoal and Serra da Capivara national parks (see relevant IBA accounts). Another 60 IBAs (37% of the total) do not receive any form of protection. Therefore, the solution to the lack of protection of many IBAs is not simply one of creating new protected areas, but rather existing ones need more effective management and sustainable use of natural resources needs to be encouraged in the areas surrounding IBAs.

Coverage of Threatened Species

This section presents the results of the complementarity analysis.

Species number

In Brazil, 111 bird species are globally threatened with extinction (excluding non-breeding marine species), and an additional 93 are considered near threatened (BirdLife International 2005). Of these, 98 globally threatened birds occur in the States of the Atlantic Forest Region (with two others, *Crax mitu* and *Anodorhynchus glaucus*, certainly extinct), corresponding to 88% of all threatened species in the country. The number of near threatened species in this region is also very high (79, or 85% of the country's total).

Distribution of threatened species among IBAs

On average, each globally threatened species occurs in 7.4 IBAs, and each near threatened species occurs in 12.5 IBAs (although complete ornithological inventories are not available for many areas and these figures may change).

The IBA programme goal of having each globally threatened or near threatened species (A1 criterion) present in at least three IBAs, and each restricted-range and endemic species (A2 and A3 criteria) represented in at least one IBA was not achieved due to the extreme rarity of some species (Table 2). Of the globally threatened species, 8 have not been recorded in any identified IBA. Among them, one species, *Myrmotherula fluminensis*, is endemic to the Atlantic Forest but its taxonomic status is currently uncertain. Three of the other species, *Penelope ochrogaster*, *Columbina cyanopis*, and *Eleothreptus candicans*, are endemic to the Cerrado and the identification of IBAs in the remaining regions of Brazil or in neighbouring countries will likely reveal sites for their conservation. Another three species, namely *Numenius borealis*, *Alectrurus risora*, *Sturnella defilippii*, have not been recorded for a number of years or decades and are likely to be extinct in eastern and southeastern Brazil, while *Cyanopsitta spixii* is almost certainly extinct in the wild. Only one near threatened species, *Neochen jubata*, is not represented in the proposed IBAs. This species may already be extinct in eastern Brazil but it does occur in other regions (e.g., Bolivia and central Brazil), where there are opportunities to designate IBAs to protect it. Among the biome-restricted species (excluding those which are also globally threatened or near threatened), only *Celeus obrieni* is absent from the proposed IBAs. There are no recent records of this odd woodpecker (Whittaker & Oren 1999) and the species must be a priority for the identification of additional IBAs in Brazil.

National priorities

The proposed IBA system also includes almost all of the species and subspecies considered threatened at the national level (Ministry of Environment Normative Ruling Number 3, dated 27 May 2003). Of the 142 nationally threatened taxa occurring in the States of the Atlantic Forest

Table 2. Globally threatened and near threatened species not represented in the identified IBAs or present in less than three sites in the States of the Atlantic Forest Region

Scientific name	English name	Category	Number of IBAs	Justification*
Taoniscus nanus[CER]	Dwarf Tinamou	VU	1	1
Pterodroma arminjoniana[ATL]	Trindade Petrel	VU	1	2
Phoenicoparrus andinus	Andean Flamingo	VU	1	3
Mergus octosetaceus	Brazilian Merganser	CR	2	1
Leptodon forbesi[ATL]	White-collared Kite	CR	2	4, 5
Penelope ochrogaster[CER]	Chestnut-bellied Guan	VU	0	6, 7
Laterallus xenopterus	Rufous-faced Crake	VU	1	5, 6
Porzana spiloptera	Dot-winged Crake	VU	2	1, 5
Numenius borealis	Eskimo Curlew	CR(PE)	0	8
Larus atlanticus[PAM]	Olrog's Gull	VU	2	3, 6
Columbina cyanopis[CER]	Blue-eyed Ground-dove	CR	0	7
Anodorhynchus hyacinthinus	Hyacinth Macaw	EN	2	6
Anodorhynchus leari[CAA]	Lear's Macaw	CR	2	5
Cyanopsitta spixii[CAA]	Spix's Macaw	CR(PE)	0	8
Eleothreptus candicans[CER]	White-winged Nightjar	EN	0	7
Philydor novaesi[ATL]	Alagoas Foliage-gleaner	CR	2	5
Myrmotherula fluminensis[ATL]	Rio de Janeiro Antwren	CR	0	4
Formicivora littoralis[ATL]	Restinga Antwren	CR	1	9
Formicivora erythronotos[ATL]	Black-hooded Antwren	EN	1	9
Merulaxis stresemanni[ATL]	Stresemann's Bristlefront	CR	2	5
Scytalopus psychopompus[ATL]	Bahia Tapaculo	CR	2	5
Tijuca condita[ATL]	Grey-winged Cotinga	VU	2	5
Calyptura cristata[ATL]	Kinglet Calyptura	CR	1	5
Antilophia bokermanni[CAA]	Araripe Manakin	CR	1	5
Elaenia ridleyana[ATL]	Noronha Elaenia	VU	1	9
Alectrurus risora	Strange-tailed Tyrant	VU	0	3, 7
Gubernatrix cristata	Yellow Cardinal	EN	1	6, 10
Sporophila zelichi[PAM]	Entre Ríos Seedeater	CR	1	3, 5
Dendroica cerulea	Cerulean Warbler	VU	2	3, 6
Sturnella defilippii[PAM]	Pampas Meadowlark	VU	0	6, 7
Neochen jubata	Orinoco Goose	NT	0	6, 7
Ortalis superciliaris	Buff-browed Chachalaca	NT	1	1, 6
Amazona xanthops[CER]	Yellow-faced Amazon	NT	1	6
Geobates poecilopterus[CER]	Campo Miner	NT	2	1
Scytalopus novacapitalis[CER]	Brasília Tapaculo	NT	1	1
Polystictus pectoralis	Bearded Tachuri	NT	2	1
Sporophila ruficollis	Dark-throated Seedeater	NT	1	3
Sporophila hypochroma[CER]	Grey-and-chestnut Seedeater	NT	1	3
Oryzoborus maximiliani	Great-billed Seed-finch	NT	1	10
Vireo gracilirostris[ATL]	Noronha Vireo	NT	1	9

ATL – Endemic to the Atlantic Forest; CAA – Endemic to the Caatinga CER – Endemic to the Cerrado; PAM – Endemic to the Pampas; * 1 – Habitat naturally restricted or much reduced in the States of the Atlantic Forest Region; 2 – Not known to breed in other areas; 3 – No (known) breeding populations in the States of the Atlantic Forest Region; some may be only vagrants; 4 – Taxonomic validity uncertain; 5 – Not known to occur in other areas (within the States of the Atlantic Forest Region or globally); 6 – Most of species' global population is outside the limits of the States of the Atlantic Forest Region; 7 – No recent records in the States of the Atlantic Forest Region; may be regionally extinct; 8 – Probably extinct (at least in the wild); 9 – Species historically restricted to a single area; 10 – Population much reduced due to cage-bird traffic.

Region (except for extinct and non-breeding marine species), only 8 (nearly 6%) are not represented in the IBA list. These are: *Penelope ochrogaster*, *Columbina cyanopis*, *Eleothreptus candicans*, *Drymornis bridgesii*, *Asthenes baeri*, *Leptasthenura platensis*, *Coryphistera alaudina*, and *Pseudoseisura lophotes*. The first three species probably no longer occur in eastern and southeastern Brazil. The remaining species are associated to the Chaco biome and have only a marginal distribution in Brazil. It is also not certain if *Sclerurus caudacutus caligineus* of the Atlantic forests of northeastern Brazil is represented in the proposed IBA system. This subspecies has a very restricted range in the coastal forests of Alagoas (Pinto 1978) and may occur at Murici.

Threats at IBAs

Figure 6 presents a summary of the main threats affecting the 163 IBAs in the States of the Atlantic Forest Region. Hunting of birds and other fauna, agricultural encroachment (leading to habitat loss or fragmentation), deliberate setting of fires, and increasing urbanization of natural areas are the most commonly reported threats, affecting between 24% and 33% of IBAs[4]. Other important threats, reported to affect around at least 15% of IBAs, include illegal trapping of wildlife (mostly birds) for the pet trade, extraction of tim-

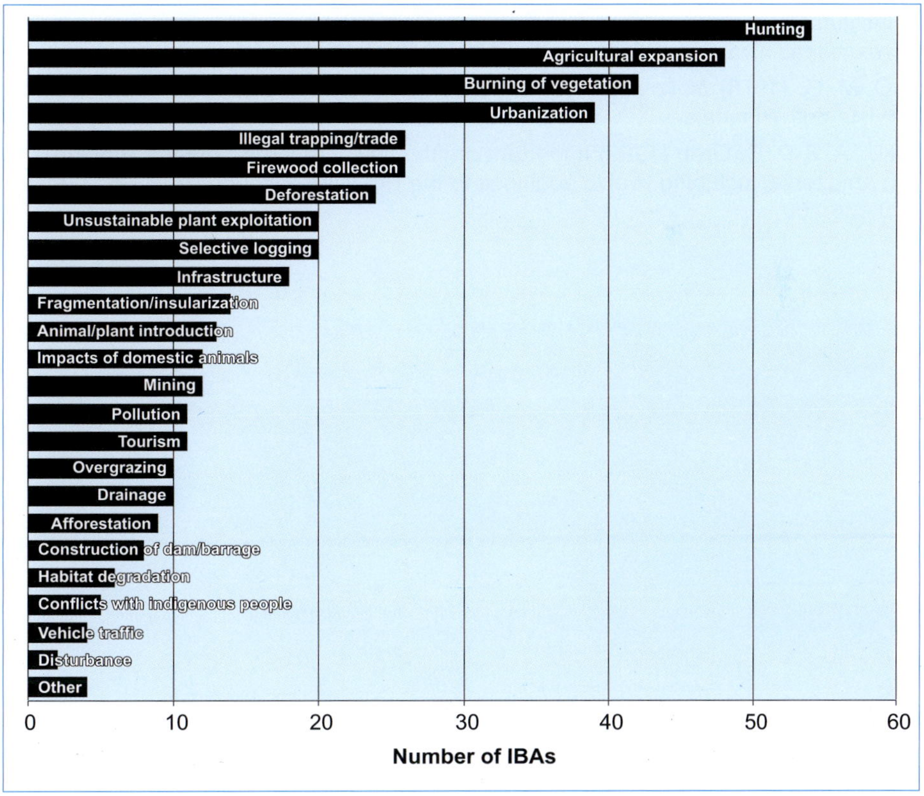

Figure 6. Threats affecting IBAs in the 15 States of the Atlantic Forest Region.

[4] The true figures are probably much higher because the information compiled for some IBAs is likely to be incomplete (see chapter 4).

ber from native woodlands and Cerrado, and deforestation for commercial purposes. These and other threats are compounded by the ineffectiveness of many existing protected areas, which suffer from land tenure problems, lack of infrastructure, and inefficient protection and management. All these limitations were widely reported in the sources used to compile the section on threats for the sites accounts.

It is clear from current information that management and/or protection needs to be greatly improved at many IBAs in the States of the Atlantic Forest Region if they are to retain their value for threatened/endemic bird species and other biodiversity.

Bibliography

Di Giacomo, A. S. (ed.) (2005) *Áreas importantes para la conservación de las aves en la Argentina: Sitios prioritarios para la conservación de la biodiversidad.* Buenos Aires: Aves Argentinas and Asociación Ornitológica del Plata (Temas de la Naturaleza y Conservación 5).

BirdLife International (2005) *Species factsheets.* Available at: http://www.birdlife.org/datazone/index.html.

IBGE [Instituto Brasileiro de Geografia e Estatística] (2004) *Mapa de biomas do Brasil. Primeira aproximação.* Brasília: IBGE and Ministério do Meio Ambiente.

Pinto, O. M. O. (1978) *Novo catálogo das aves do Brasil.* 1ª Parte. São Paulo: Empr. Gráf. Revista dos Tribunais.

Whittaker, A. & D. C. Oren (1999) Important ornithological records from the Rio Juruá, western Amazonia, including twelve additions to the Brazilian avifauna. *Bull. Brit. Ornith. Club* 119:235-260.

APRESENTAÇÃO DOS DADOS

Os textos sobre cada uma das Áreas Importantes para a Conservação das Aves (IBAs) tratadas neste livro estão separados em seções organizadas por estado. A seqüência de apresentação dos 15 estados analisados segue uma ordem geográfica de norte a sul (do Piauí ao Rio Grande do Sul). A seqüência de apresentação das IBAs de cada estado (inclusive as compartilhadas com estados vizinhos) também obedece à ordem geográfica.

Apresentação por Estado

Mapas

No início de cada seção é apresentado um mapa com a localização de todas as IBAs do estado, incluindo aquelas compartilhadas com estados vizinhos. Um mapa menor mostra onde o estado se insere na região do Domínio da Mata Atlântica. A localização de cada IBA (identificada pelo código) é mostrada através de um círculo cujo diâmetro reflete a classe de tamanho da área. Áreas com tamanho indefinido são representadas por uma estrela.

Ilustrações

Junto aos mapas apresentados na página de abertura de cada seção aparece a ilustração de uma ave ameaçada que ocorre naquele estado. As ilustrações correspondem em grande parte às utilizadas no livro *Threatened birds of the world* (BirdLife International 2000) e foram gentilmente cedidas por Josep del Hoyo (Lynx Edicions – *Handbook of birds of the world*), BirdLife International e British Birdwatching Fair.

Tabelas dos estados

Para cada estado são apresentadas três tabelas. A primeira contém o código nacional e o nome das IBAs, o bioma no qual estão inseridas e o(s) critério(s) segundo o(s) qual(is) foram definidas. Para as IBAs que satisfazem os critérios das categorias A2 e A3[1], o número da Área de Endemismo de Aves (EBA – *Endemic Bird Area*; Stattersfield et al. 1998) e o bioma do qual a área é representativa são indicados nas colunas A2 e A3, respectivamente. Os biomas considerados para aplicação do critério A3 correspondem às regiões zoogeográficas definidas para a Região Neotropical por Stotz et al. (1996)[2], que são Mata Atlântica (ATL), Cerrado (CER), Caatinga (CAA) e Pampas (PAM), além das Zonas Costeira e Marinha. As IBAs interestaduais tratadas em seções referentes a outros estados são relacionadas ao final da tabela. O número da página onde cada IBA é descrita consta no Apêndice 1.

A segunda e a terceira tabelas encontram-se ao final das descrições das IBAs de cada estado. A segunda tabela apresenta as espécies que são alvo de atenção conservacionista global (ameaçadas e quase ameaçadas de extinção), a sua categoria de ameaça, a(s) IBA(s) onde ocorrem, o número de IBAs do estado onde estão presentes (coluna a), sem considerar as IBAs interestaduais tratadas sob outros estados, e o número total de IBAs em que são encontradas (coluna b), considerando a região de abrangência do programa como um todo. Ao final dessa tabela são apresentados os totais

[1] Os critérios para identificação de IBAs são apresentados no capítulo 2.

[2] Veja capítulo 4 para mais informações e um mapa dos biomas considerados.

de espécies ameaçadas e quase ameaçadas de cada IBA.

A terceira tabela apresenta as espécies de distribuição restrita (segundo Stattersfield et al. 1998) e as espécies endêmicas dos biomas considerados (de acordo com Stotz et al. 1996), com o número da EBA à qual pertencem (quando for o caso), as IBAs em que ocorrem, o número de IBAs do estado onde estão representadas (coluna a), sem considerar as IBAs interestaduais tratadas sob outros estados, e o número total de IBAs em que são encontradas (coluna b), considerando a região de abrangência do programa como um todo. As espécies são listadas separadamente por bioma. Ao final de cada parte da tabela referente a um determinado bioma encontram-se os totais de espécies endêmicas de cada IBA.

Nas tabelas 2 e 3, as espécies são listadas somente pelo nome científico. Os nomes em vernáculos português (segundo CBRO 2005) e inglês de todas as espécies ameaçadas, de distribuição restrita ou endêmicas constam nos Apêndices 2 e 3. O código das IBAs que dispõem de inventário ornitológico representativo aparece em negrito. O número de espécies ameaçadas e endêmicas indicado nas tabelas 2 e 3 não necessariamente corresponde ao número total de espécies dessas categorias presentes no estado, uma vez que outras espécies podem estar presentes em IBAs interestaduais tratadas sob outros estados, ou uma determinada espécie pode não estar representada nas IBAs identificadas para o estado.

Descrição das 163 IBAs identificadas

Cabeçalho
Veja abaixo um exemplo da informação contida nos cabeçalhos.

Descrição
As descrições gerais das IBAs fornecem informações sucintas e objetivas sobre cada área, como localização geopolítica, características físicas, tipos de vegetação, grau de preservação e dados climáticos, entre outras. A disponibilidade de informações sobre as IBAs não é uniforme; conseqüentemente, algumas descrições são mais completas e detalhadas do que outras.

Aves
Essa seção destaca a importância ornitológica da área, enfatizando a presença e a situação de espécies ameaçadas de extinção, de distribuição restrita ou endêmicas, em especial daquelas para as quais a área é particularmente importante. Quando disponível, a informação sobre o número total de espécies registradas na área também é fornecida nessa seção.

Ameaças
É apresentada uma listagem ou descrição sucinta dos principais problemas de conservação relatados para a IBA e, eventualmente, para algumas espécies de interesse especial que ocorrem na área.

Referências
As referências ao final de cada texto incluem todas as fontes utilizadas para elaborar os textos descritivos e compor as listas de espécies ameaçadas e endêmicas da área. Números sobrescritos ao longo dos textos direcionam para as respectivas citações ao final da descrição de cada IBA. As referências completas são apresentadas na seção "Literatura Consultada".

IBAs sugeridas pelos colaboradores
A inclusão de algumas IBAs neste inventário resulta da indicação de ornitólogos que colaboraram com o programa, durante e após o *workshop* para revisão do documento base (veja capítulo 4). O nome desses ornitólogos é mencionado logo após as referências. Todas as sugestões dos colaboradores foram cuidadosamente avaliadas

pelo compiladores antes de serem incorporadas ao inventário, para checar se as áreas sugeridas apresentavam de fato os requisitos necessários para serem reconhecidas como IBAs.

Tabelas das IBAs

As seguintes informações são apresentadas em tabelas que acompanham a descrição de cada IBA:

– Lista e total de espécies globalmente ameaçadas e quase ameaçadas de extinção registradas na IBA, com as principais fontes que documentam e/ou indicam sua ocorrência recente na área. Breves informações sobre a situação de cada espécie na área são adicionadas, quando disponíveis.

– Total de espécies de distribuição restrita e o número da EBA da qual fazem parte, quando a IBA satisfaz os critérios da categoria A2; no caso da IBA qualificar-se sob este critério pela análise de complementaridade (veja capítulo 4), o número da EBA aparece entre colchetes e as espécies que justificam essa categorização são listadas em seguida, também entre colchetes.

– Total de espécies endêmicas e o bioma ao qual estão restritas, quando a IBA satisfaz os critérios da categoria A3; no caso da IBA qualificar-se sob este critério pela análise de complementaridade, a sigla do bioma aparece entre colchetes e as espécies que justificam essa categorização são listadas em seguida.

– Lista das unidades de conservação (públicas ou particulares) e áreas protegidas privadas que se sobrepõem à IBA, sua categoria de manejo (proteção integral ou uso sustentável) e superfície (em hectares).

Exemplo de um cabeçalho

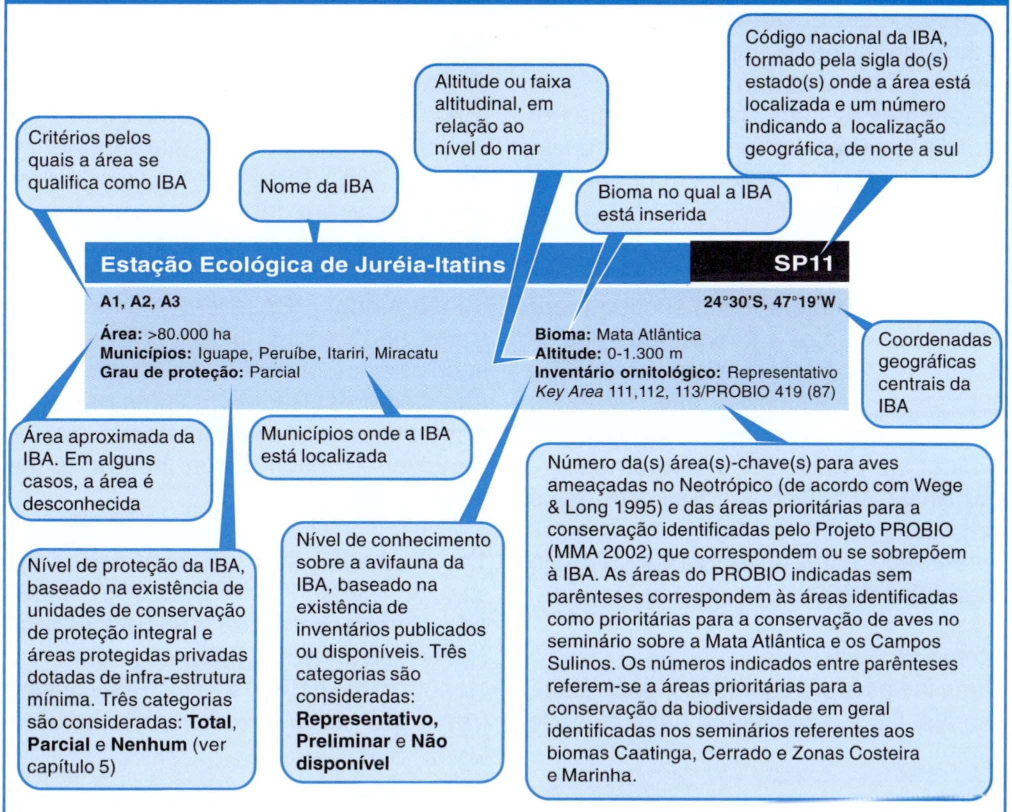

DATA PRESENTATION

Detailed information on each Important Bird Area (IBA) is presented in sections organized by state. The sequence of the sections follows the north-south geographic distribution of the fifteen states considered here (from Piauí to Rio Grande do Sul). The sequence of IBAs (including transboundary IBAs) within each state section also follows a north-south geographic order.

Information by State

Maps
A map showing the location of the IBAs, including those that are shared with other states, is presented at the beginning of each section. An insert shows the location of the state within the Atlantic Forest Region. The location of each IBA is represented by a dot. The size of the dot depicts the size class into which the site falls. If the size of an IBA is unknown, a star is used instead.

Illustration
On the initial page of each section there is an illustration of a threatened species of bird that occurs in that state. The illustrations were kindly granted by Josep del Hoyo (Lynx Edicions – *Handbook of birds of the world*), BirdLife International and British Birdwatching Fair, and were extracted mainly from the book *Threatened birds of the world* (BirdLife International 2000).

Tables for each state
Three tables are presented for each state. The first table contains the national code and full name of IBAs, the biome where they are located, and the criterion(a) used to define the sites. For sites that meet the A2 and A3 criteria[1], the number of the Endemic Bird Area (*sensu* Stattersfield et al. 1998) and the biome for which they qualify as IBAs are indicated in the columns "A2" and "A3", respectively. The biomes considered in this book (from Stotz et al. 1996) are ATL = Atlantic Forest, CER = Cerrado, CAA = Caatinga, and PAM = Pampa, plus coastal and marine ecossystems. Transboundary IBAs described in other sections are listed at the end of the table. The page where each IBA is described is given in the Appendix 1.

The second and third tables are presented at the end of each section, following the IBA accounts. The second table lists globally threatened and near threatened species, their threat status, the IBA(s) where they are found, the number of IBAs in the state where each species is present (column a), without considering transboundary IBAs treated under other states, and the total number of IBAs where each species occurs in the States of the Atlantic Forest Region (column b). Totals of threatened and near threatened species are given for each IBA at the end of the table.

The third table lists the restricted-range species (*sensu* Stattersfield et al. 1998) and biome-restricted species (*sensu* Parker et al. 1996), together with the number of the EBA(s) to which they belong (restricted-range species only), the IBAs

[1] For IBA criteria, please refer to chapter 2.

where they have been recorded, the number of IBAs in the state where each species is present (column a), without considering transboundary IBAs treated under other states, and the total number of IBAs where each species occurs in the States of the Atlantic Forest Region (column b). Totals of endemic species are given for each IBA at the end of each biome section of the table.

Only scientific names are used in the tables. Vernacular names in Portuguese and English are given in Appendices 2 and 3. In the tables, the code of the IBAs for which representative ornithological inventories are available is shown in bold. The number of threatened and endemic species listed in tables 2 and 3 do not correpond necessarily to the total number of these species occurring in the state, as other species may be represented in transboundary IBAs treated under other states, or there may be no IBAs identified for a given species in the state.

Description of the 163 proposed IBAs

Header
See below for an example of the information contained in the header.

Description
The IBA accounts give brief information about the sites, including location, topographical features, vegetation types, conservation status, etc. The availability of information on the proposed IBAs was uneven, consequently, some descriptions are more complete and detailed than others.

Birds
This section highlights the ornithological importance of the area, giving emphasis to the occurrence and status of threatened, restricted-range, and/or endemic species for which the site is particularly important. Where known, the total number of species that have been recorded from the site is also given.

Threats
This section gives a brief description of the main threats reported to affect the area or any of the key species present in the site.

References
The references section at the end of each account includes all sources used to compile the information on the site and the lists of threatened and endemic species for the area. Superscript numbers in the text refer the reader to the source of the information. The full citations are given in the General bibliography section.

IBAs proposed by the collaborators
Ornithologists who have collaborated with the programme proposed some IBAs included in this directory. The name of these ornithologists appears after the references section. The importance of each proposed site was carefully evaluated by the compilers before incorporation in the IBA system, to check for inconsistencies and to ensure that the site met the global criteria.

IBA tables
The following tables are presented for each IBA:
– List and total number of species of global conservation concern, together with the source(s) of information. A brief comment on the status of each species is also provided, where the information is available;
– Total number of restricted-range species and the EBA to which they belong, for those IBAs qualifying under the A2 criterion. Where the IBA was selected by the complementarity analysis (see chapter

4), these data and the relevant species are given in brackets;

– Total number of endemic species and the biome to which they are confined, for those IBAs qualifying under the A2 criterion. Where the IBA was selected by the complementarity analysis (see chapter 4), these data and the relevant species are given in brackets;

– List of protected areas that overlap the IBA, together with their category and area.

Example of a caption

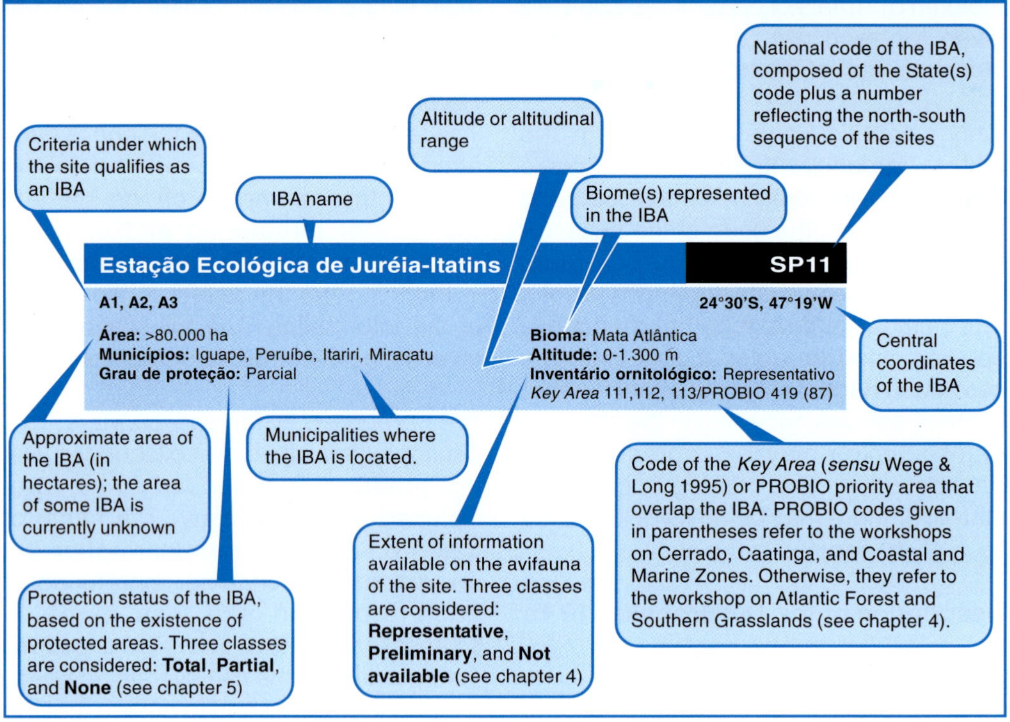

PIAUÍ

OCEANO PACÍFICO
OCEANO ATLÂNTICO

Anodorhynchus hyacinthinus

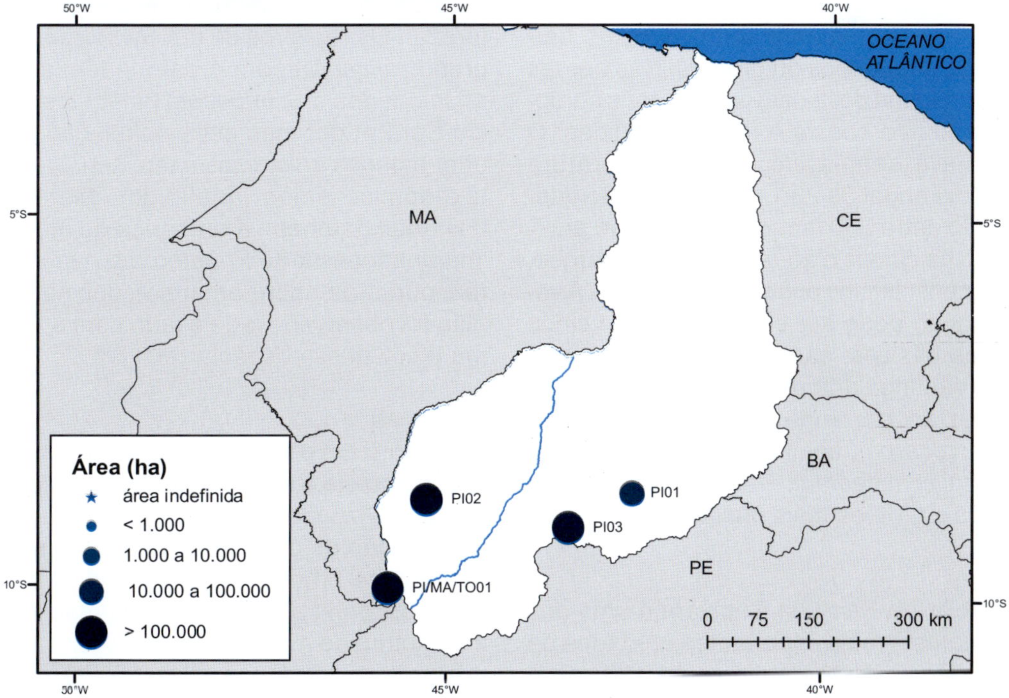
50°W
45°W
40°W
5°S
10°S
OCEANO ATLÂNTICO
MA
CE
BA
PE
PI01
PI02
PI03
PI/MA/TO01
Área (ha)
área indefinida
< 1.000
1.000 a 10.000
10.000 a 100.000
> 100.000
0 75 150 300 km

Tabela 1. Lista das IBAs no Estado do Piauí

			Critérios*			
Código	**Nome**	**Bioma**	**A1**	**A2**	**A3**	**A4**
PI01	Parque Nacional da Serra da Capivara	CAA	X	70	CER, CAA	
PI02	Estação Ecológica de Uruçuí-Una	CER	X		CER	
PI03	Parque Nacional da Serra das Confusões	CAA	X	70	CAA	
PI/MA/TO01	Nascentes do Rio Parnaíba	CER, CAA	X		CER	

* Ver capítulo 2 para explicação dos critérios.

Parque Nacional da Serra da Capivara — PI01

A1, A2, A3 — **8°40'S, 42°34'W**

Área: 100.000 ha
Municípios: João Costa, Coronel José Dias, Brejo do Piauí, São Raimundo Nonato
Grau de proteção: Total

Bioma: Caatinga
Altitude: 500-600 m
Inventário ornitológico: Representativo
Key Area 024/PROBIO (35)

Descrição

O Parque Nacional da Serra da Capivara, mais conhecido por seus importantes sítios arqueológicos, está localizado no centro-sul do Piauí, a 380 km de Teresina. O parque cobre parte de uma ampla chapada arenítica (Serra da Gurguéia) dissecada por alguns vales e cânions estreitos[1], localmente denominados baixões, boqueirões ou grotões. Nas bordas da chapada destacam-se escarpas abruptas do tipo *cuesta* e rochas erodidas. O clima é semi-árido, com temperatura média anual de 28°C e precipitação variando entre 250 mm e 1.260 mm ao ano[1]. Não há cursos d'água perenes no parque, somente alguns poços e nascentes[1]. A vegetação pode ser classificada em cinco tipos básicos: caatinga arbóreo-arbustiva, caatinga arbórea, angical (formações abertas de angico, *Anadenanthera macrocarpa*), caatinga secundária e floresta semidecídua (restrita aos boqueirões e grotões mais úmidos)[1].

Aves

O P. N. da Serra da Capivara é uma das maiores e mais importantes unidades de conservacão da Caatinga. As 179 espécies listadas para o parque incluem a maioria das aves endêmicas desse bioma encontradas no Piauí[1]. Há relatos fidedignos das décadas de 1970 e 1990 sobre a presença de uma arara-azul pequena na região, que poderia ser *Cyanopsitta spixii* (ararinha-azul)[1], hoje considerada provavelmente extinta na natureza[2]. Os registros de um *Synallaxis* do grupo *ruficapilla* para o parque têm sido relacionados a *S. infuscata* (tatac), espécie Em Perigo, mas essa população requer estudos adicionais e tem seu *status* taxonômico ainda indefinido[2]. Merece destaque, também, a presença do morfo 'maranhaoensis' de *Phaethornis nattereri* (besourão-de-sobre-amarelo), que na região foi observado lado a lado com a forma típica dessa espécie[1].

Ameaças

A regularização fundiária do parque não está completa e muitos proprietários continuam utilizando a área para a agricultura e criação de gado[1]. Outros problemas são a caça predatória, os incêndios criminosos, a extração seletiva de madeira e a captura de aves para abastecer o comércio local de fauna silvestre[1]. O par-

Espécies ameaçadas: 2	
Penelope jacucaca	Aparentemente uma população significativa (Olmos 1993).
Carduelis yarrellii	Rara (Olmos 1993).

Espécies quase ameaçadas: 8	
Rhea americana	Pequena população remanescente a nordeste do parque (Olmos 1993).
Crypturellus noctivagus	Comum (Olmos 1993).
Primolius maracana	Regular somente no cânion do Varedão, junto ao limite nordeste do parque (Olmos 1993).
Picumnus fulvescens	Um registro apenas, para o entorno do parque (F. Olmos); BirdLife International (2000); Olmos (1993), sob *P. limae.*
Gyalophylax hellmayri	Rara (Olmos 1993).
Herpsilochmus sellowi	Razoavelmente comum (Olmos 1993).
Hylopezus ochroleucus	Razoavelmente comum (Olmos 1993).
Oryzoborus maximiliani	Observada em 1986, mas agora provavelmente extinto na região (Olmos 1993).

Espécies de distribuição restrita: 3 **EBA070**

Espécies endêmicas: 11 **CAA**

Espécies endêmicas: 2 [CER] (*Phaethornis nattereri*)

Área protegida:

Nome	Categoria	Área
Parque Nacional da Serra da Capivara	Proteção Integral	100.000 ha

que também sofre graves restrições orçamentárias e falta de recursos humanos. Recentemente, 79 funcionários que auxiliavam na manutenção da unidade de conservação tiveram que ser demitidos por falta de verbas, fato que ganhou repercussão nacional.

Referências

1. Olmos (1993); **2.** BirdLife International (2000); Wege & Long (1995); Fábio Olmos (verb.).

Estação Ecológica de Uruçuí-Una — PI02

A1, A3 — **8°48'S, 45°18'W**

Área: 135.000 ha
Municípios: Baixo Grande do Ribeiro, Ribeiro Gonçalves, Santa Filomena
Grau de proteção: Total
Bioma: Cerrado
Altitude: 480-650 m
Inventário ornitológico: Representativo
Key Area 023

Descrição

Essa extensa unidade de conservação está localizada no sudoeste do Piauí, entre os rios Uruçuí-Preto e das Pedras, ambos pertencentes à bacia do rio Parnaíba. O cerrado é a principal formação vegetal na região. Ao longo dos cursos-d'água existem matas ripárias, em geral estreitas e de baixo porte. Outros tipos de vegetação encontrados na área incluem buritizais de *Mauritia vinifera* nos brejos e campos limpos no alto de alguns morros[1,2,3]. Matas secas de dossel compacto e ricas em bromélias terrestres ocorrem limitadamente em áreas com afloramentos rochosos, em geral encaixadas em vales pouco profundos[2].

Aves

Embora situe-se próximo ao limite norte do domínio do Cerrado, a Estação Ecológica de Uruçuí-Una apresenta uma avifauna bastante representativa desse bioma. Apenas outras quatro IBAs do Nordeste/Sudeste do Brasil abrigam mais espécies endêmicas do Cerrado. A área é especialmente rica em espécies de psitacídeos, 15 ao todo[2]. A arara-azul-grande (*Anodorhynchus hyacinthinus*) ainda é comum na região, ocupando buritizais e cerrados[2]. As emas (*Rhea americana*) são mais numerosas nas áreas de chapada. Existem registros de *Crypturellus noctivagus*, *Penelope jacucaca* e *Megaxenops parnaguae* para a Serra do Uruçuí, que é próxima à estação ecológica, mas do lado oposto do rio Uruçuí-Preto[4].

Ameaças

A E. E. de Uruçuí-Una não está efetivamente implementada. Em 2001, cerca de 40 famílias ainda viviam em seu interior[3]. São notórios os impactos causados pelo gado, pelo corte seletivo de madeira e pelos incêndios criminosos[2,3]. Como resultado das queimadas sucessivas, o cerrado das partes mais altas da estação ecológica é hoje pobre em espécies arbóreas[2]. Outras ameaças incluem a caça furtiva e a captura de araras-azuis para abastecer o comércio ilegal de animais de estimação[2,3].

Referências
1. Novaes (1992); **2.** Silveira (2001); **3.** Silveira et al. (2001); **4.** Santos (2000); Wege & Long (1995); BirdLife International (2000).

Espécie ameaçada	
Anodorhynchus hyacinthinus Wege & Long (1995), Novaes (1992).	

Espécies quase ameaçadas: 5	
Rhea americana	Silveira (2001).
Primolius maracana	Silveira (2001).
Charitospiza eucosma	Novaes (1992).
Passerina caerulescens	Silveira (2001).
Neothraupis fasciata	Novaes (1992).

Espécies endêmicas: 9	**CER**

Área protegida:		
Nome	**Categoria**	**Área**
Estação Ecológica Uruçuí-Una	Proteção Integral	135.000 ha

Parque Nacional da Serra das Confusões — PI03

A1, A2, A3 — **9°09'S, 43°24'W**

Área: 502.411 ha
Municípios: Caracol, Guaribas, Santa Luz, Cristino Castro
Grau de proteção: Total

Bioma: Caatinga
Altitude: 480-710 m
Inventário ornitológico: Representativo
PROBIO 128 (37)

Descrição

O Parque Nacional da Serra das Confusões está situado em uma chapada arenítica recortada por vales e cânions escavados por cursos-d'água, hoje temporários. Predomina na região a caatinga arbóreo-arbustiva, cujo dossel tem em torno de 6 m de altura. A vegetação se torna mais arbórea em locais com maior acúmulo de umidade, como o sopé de encostas e as depressões do terreno. Nos vales, especialmente os mais estreitos, há encraves de um tipo de floresta semidecídua ("mata seca") similar à encontrada em outras localidades no sul do Piauí e do Maranhão. Esses encraves apresentam árvores com mais de 20 m de altura e sub-bosque aberto. Nos afloramentos rochosos ocorrem formações arbustivas densas, com muitos cactos e bromélias terrestres. A região possui baixa densidade demográfica, mas áreas próximas a fontes de água permanentes historicamente têm atraído novos habitantes.

Aves

A extensão do parque o torna uma das poucas áreas protegidas da Caatinga com o potencial de sustentar populações viáveis da maior parte de sua biota original, especialmente se puder ser mantido algum tipo de conexão com o Parque Nacional da Serra da Capivara (PI01), situado a cerca de 40 km a leste. Em duas expedições realizadas em 2000 e 2002, foram registradas 222 espécies de aves

Espécies ameaçadas: 2

Penelope jacucaca	Raro (Silveira & Santos 2002).
Xiphocolaptes falcirostris	Localmente comum (Silveira & Santos 2002).

Espécies quase ameaçadas: 5

Crypturellus noctivagus	Raça *C. n. zabele*; localmente comum (Silveira & Santos 2002).
Primolius maracana	Rara (Silveira & Santos 2002).
Gyalophylax hellmayri	Rara (Silveira & Santos 2002).
Herpsilochmus sellowi	Comum (Silveira & Santos 2002).
Hylopezus ochroleucus	Comum (Silveira & Santos 2002).

Espécies de distribuição restrita: 2 — **EBA070**

Espécies endêmicas: 12 — **CAA**

Área protegida:

Nome	Categoria	Área
Parque Nacional da Serra das Confusões	Proteção Integral	502.411 ha

no parque, incluindo a forma da Caatinga do arapaçu-do-nordeste (*Xiphocolaptes falcirostris*)[1], presente em somente outras duas IBAs. A área também é fonte de rumores, não substanciados, sobre a presença recente de ararinhas-azuis (*Cyanopsitta spixi*)[2], espécie tida como extinta na natureza. O parque abriga 12 das 23 espécies endêmicas da Caatinga, a maioria compartilhada com o vizinho P. N. da Serra da Capivara.

Ameaças
Ao que parece, a maior parte das famílias que residiam no interior do parque já foi indenizada, mas ainda há um longo caminho até a efetiva implantação da unidade de conservação, que contava com apenas um funcionário em janeiro de 2005. A falta de fiscalização torna a área muito visada para a prática da caça com fins comerciais ou recreativos; além disso, os incêndios ameaçam especialmente os frágeis encraves de florestas semidecíduas[1]. A manutenção da conexão com o P. N. da Serra da Capivara através de um corredor ecológico está ameaçada por planos para estabelecer assentamentos da reforma agrária na região.

Referências
1. Silveira & Santos (2002); **2.** Luís F. Silveira (in litt.).

Nascentes do Rio Parnaíba — PI/MA/TO01

A1, A3 — **10°00'S, 45°48'W**

Área: 730.000 ha
Municípios: Gilbués, Barreiras do Piauí (PI), Alto Parnaíba (MA); Mateiros (TO)
Grau de proteção: Total
Bioma: Cerrado, Caatinga
Altitude: 400-880 m
Inventário ornitológico: Representativo

Descrição
As nascentes do rio Paranaíba estão situadas na Chapada das Mangabeiras, um planalto arenítico que se estende por cerca de 300 km ao longo das fronteiras entre o sul do Maranhão e Piauí, leste do Tocantins e noroeste da Bahia. Essa chapada, que se eleva 200 a 400 m acima do terreno circundante, marca o divisor de águas das bacias dos rios Tocantins e Parnaíba. É uma região biogeograficamente complexa, onde ocorre o contato de elementos do Cerrado e da Caatinga. Há uma predominância de cerrados, que variam de cerradões sobre as encostas aos campos limpos e sujos que dominam o alto da chapada. Os rios situados no alto do planalto formam ravinas margeadas por matas de galeria estreitas. Fontes que nascem nas encostas e na base da chapada dão origem a cursos-d'água que nutrem uma complexa rede de matas de galeria e veredas com buritizais a jusante. Até recentemente, a região contava apenas com a proteção de duas APAs (Áreas de Proteção Ambiental), mas em 2002 foi criado o Parque Nacional das Nascentes do Rio Parnaíba, que resguarda uma das maiores e mais conservadas extensões de cerrado no país. O novo parque nacional sobrepõe-se à APA Estadual Chapada das Mangabeiras e incorporou parte da área da APA Serra de Tabatinga.

Aves
Foram registradas 254 espécies de aves na região[1]. A população de *Anodorhynchus hyacinthinus* (arara-azul-grande) está entre as mais importantes da chamada "Região dos Gerais". A área abriga vários endemismos do Cerrado considerados quase ameaçados de extinção, destacando-se *Amazona xanthops* (papagaio-ga-

lego), que não ocorre em outras IBAs da região da Mata Atlântica. Outra espécie quase ameaçada sem registros em outras IBAs identificadas até agora e que presumivelmente conta com uma população numerosa na área é *Ortalis superciliaris* (aracuã-de-sobrancelhas). Também está presente a araponga-do-nordeste (*Procnias a. averano*), endêmica da Região Nordeste e considerada ameaçada no Brasil.

Ameaças

A área está inserida em uma das regiões de expansão da fronteira agrícola brasileira. As monoculturas de soja e outros *commodities* agrícolas já foram responsáveis pelo desmatamento de grandes extensões do entorno do parque nacional, que ainda não foi implantado. Este fator de pressão se soma à pecuária extensiva, tradicional na região, à qual está associada a prática nociva das queimadas freqüentes para renovação de pastagens. As matas de galeria e as veredas são os sítios preferenciais para o estabelecimento de lavouras de subsistência, que causam danos virtualmente irreparáveis a esses ambientes. Traficantes de animais atuam na região, visando principalmente espécies como a arara-azul-grande e a araponga-do-nordeste.

Referências

1. Santos (1998, 2001); Snyder et al. (2000); Pedro C. Lima (in litt.); http://www2.ibama.gov.br/unidades/parques/parnas.htm

Espécies ameaçadas: 2	
Penelope jacucaca	Santos (1998, 2001).
Anodorhynchus hyacinthinus	1.000-2.500 indivíduos no sudoeste do Piauí e áreas adjacentes da Bahia, Maranhão e Tocantins (Snyder et al. 2000); Santos (1998, 2001).

Espécies quase ameaçadas: 7	
Ortalis superciliaris	Santos (2001).
Primolius maracana	Santos (2001).
Amazona xanthops	Santos (2001).
Euscarthmus rufomarginatus	Santos (2001).
Charitospiza eucosma	Santos (2001).
Passerina caerulescens	Santos (2001).
Neothraupis fasciata	Santos (2001).

Espécies endêmicas: 9	**CER**

Áreas protegidas:

Nome	Categoria	Área
Parque Nacional das Nascentes do Rio Parnaíba	Proteção Integral	730.000 ha
APA Estadual Chapada das Mangabeiras	Uso Sustentável	96.742 ha
APA Serra de Tabatinga	Uso Sustentável	c.9.800 ha*

* Originalmente com 61.000 ha, teve parte de sua área incorporada ao P. N. das Nascentes do Rio Parnaíba.

Tabela 2. Espécies ameaçadas de extinção com ocorrência nas IBAs do Piauí

Espécies	Categ.*	Código IBA				Total**	
		PI01	PI02	PI03	PI/MA/TO01	a	b
Penelope jacucaca	VU	X		X	X	3	14
Anodorhynchus hyacinthinus	EN		X		X	2	2
Xiphocolaptes falcirostris	VU			X		1	5
Carduelis yarrellii	VU	X				1	17
Total de espécies		2	1	2	2		
Rhea americana	NT	X	X			2	13
Crypturellus noctivagus	NT	X		X		2	24
Ortalis superciliaris	NT				X	1	1
Primolius maracana	NT	X	X	X	X	4	25
Amazona xanthops	NT				X	1	1
Picumnus fulvescens	NT	X				1	16
Gyalophylax hellmayri	NT	X		X		2	10
Herpsilochmus sellowi	NT	X		X		2	20
Hylopezus ochroleucus	NT	X		X		2	13
Euscarthmus rufomarginatus	NT				X	1	3
Charitospiza eucosma	NT		X		X	2	6
Oryzoborus maximiliani	NT	?				0	1
Passerina caerulescens	NT		X		X	2	7
Neothraupis fasciata	NT		X		X	2	7
Total de espécies		7	5	5	7		

* Categorias de ameaça: CR – criticamente em perigo; EN – em perigo; VU - vulnerável; NT – quase ameaçada.
** Número de IBAs em que a espécie se encontra presente em: **a** – Piauí; **b** – Região como um todo.

Tabela 3. Espécies endêmicas por IBA no Estado do Piauí, agrupadas por Bioma

Espécies	nº EBA*	Código IBA				Total**	
		PI01	PI02	PI03	PI/MA/TO01	a	b
Mata Atlântica							
Crypturellus noctivagus		X		X		2	24
Total de espécies		**1**	**0**	**1**	**0**		
Cerrado							
Amazona xanthops					X	1	1
Phaethornis nattereri		X				1	2
Herpsilochmus longirostris			X			1	4
Melanopareia torquata			X		X	2	6
Antilophia galeata			X		X	2	6
Charitospiza eucosma			X		X	2	6
Passerina caerulescens			X		X	2	7
Neothraupis fasciata			X		X	2	7
Cypsnagra hirundinacea			X		X	2	8
Compsothraupis loricata		X	X	X	X	4	15
Cyanocorax cristatellus			X		X	2	8
Total de espécies		**2**	**9**	**1**	**9**		
Caatinga							
Penelope jacucaca		X		X	X	3	14
Caprimulgus hirundinaceus	70	X		X		2	5
Phaethornis gounellei		X		X		2	8
Picumnus fulvescens	70, 71	X				1	16
Picumnus pygmaeus			X	X	X	3	13
Xiphocolaptes falcirostris				X		1	3
Gyalophylax hellmayri	70	X		X		2	10
Megaxenops parnaguae		X		X		2	11
Pseudoseisura cristata		X		X		2	13
Sakesphorus cristatus		X		X		2	12
Herpsilochmus sellowi		X		X		2	20
Hylopezus ochroleucus		X		X		2	13
Paroaria dominicana		X	X	X	X	4	30
Total de espécies		**11**	**2**	**12**	**3**		
Total geral de espécies		**14**	**11**	**14**	**12**		

* EBA: Endemic Bird Areas of the World (Stattersfield et al., 1998). Ver capítulo 4.

** Número de IBAs em que a espécie se encontra presente em: **a** – Piauí; **b** – Região como um todo.

CEARÁ

Antilophia bockermanii

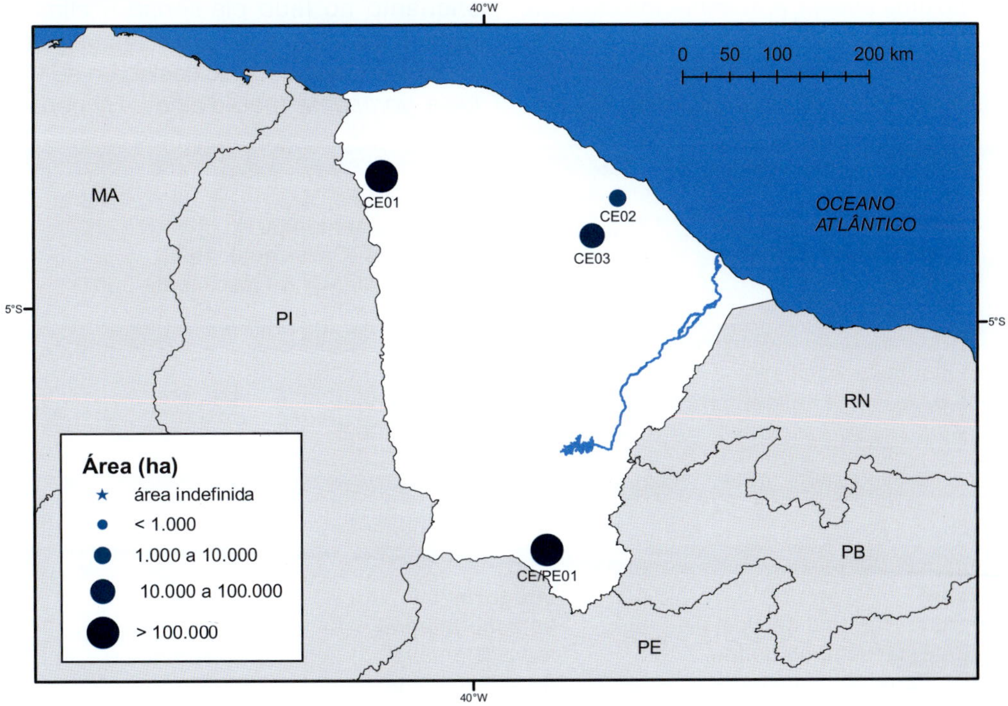

CEARÁ

Tabela 1. Lista das IBAs no Estado do Ceará

			Critérios*			
Código	**Nome**	**Bioma**	**A1**	**A2**	**A3**	**A4**
CE01	Serra de Ibiapaba	CAA, ATL	X		CAA	
CE02	Serras de Maranguape e da Aratanha	CAA, ATL	X			
CE03	Serra do Baturité	ATL, CAA	X		ATL	
CE/PE01	Chapada do Araripe	ATL, CAA, CER	X	70	CAA	

* Ver capítulo 2 para explicação dos critérios.

Serra de Ibiapaba — CE01

A1, A3 — **3°42'S, 40°57'W**

Área: 100.000-150.000 ha
Municípios: Barroquinha, Granja, Viçosa do Ceará, Tianguá, Ubajara, Ibiapina, São Benedito, Graça, Guaraciaba do Norte, Reriutaba, Ipu, Croatá, Ipueiras
Grau de proteção: Parcial

Bioma: Caatinga, Mata Atlântica
Altitude: 750 m
Inventário ornitológico: Não disponível

Key Area 027/PROBIO 106 (05)

Descrição

A Serra de Ibiapaba estende-se no sentido norte-sul ao longo da divisa entre os Estados do Ceará e Piauí, a cerca de 300 km de Fortaleza e a 200 km de Teresina. Geomorfologicamente, é classificada como uma *cuesta*, apresentando uma das vertentes com declividade suave (no lado piauiense) e a outra escarpada (no lado cearense). A área abrangida pela IBA corresponde à estreita faixa de mata úmida que se estende por cerca de 160 km no lado cearense, incluindo as escarpas e o planalto adjacente. O clima nessa parte da serra é quente e úmido, com média pluviométrica anual superior a 1.100 mm, enquanto no lado piauiense o clima é semi-árido. Entre as espécies vegetais características da região destacam-se *Gallesia gorasema* (pau-d'alho), *Hymenaea*

Espécies ameaçadas: 4

Picumnus limae	BirdLife International (2000).
Xiphocolaptes falcirostris	Ubajara (Sales-Jr & Nascimento 2001).
Hemitriccus mirandae	Localidade-tipo da espécie (Collar et al. 1992).
Carduelis yarrellii	Ubajara, recentemente (Sales-Jr & Nascimento 2001).

Espécies quase ameaçadas: 3

Gyalophylax hellmayri	Teixeira (1992a).
Herpsilochmus sellowi	Girão e Silva & Albano (2002).
Hylopezus ochroleucus	Krabbe & Schulenberg (2003).

Espécies endêmicas: 8 CAA

Áreas protegidas:

Nome	**Categoria**	**Área**
Parque Nacional de Ubajara	Proteção Integral	6.298 ha
APA Estadual Bica do Ipu	Uso Sustentável	3.485 ha
APA Serra da Ibiapaba (em parte)	Uso Sustentável	1.592.550 ha

courbaril (jatobá), *Orbignya phalerata* (babaçu), *Chlorophora tinctoria* (tatajuba), *Zanthoxylum rhoifolium* (limãozinho) e *Machaerium angustifolium* (piquiá-pedra).

Aves

O conhecimento sobre a avifauna da Serra de Ibiapaba está baseado principalmente em coletas antigas realizadas no início do século passado. A maior parte dos levantamentos posteriores não envolveu coletas e restringiu-se ao Parque Nacional de Ubajara[1]. A compilação dos dados existentes indica a ocorrência de pelo menos cerca de 180 espécies na região. A área abriga dois endemismos da Caatinga pouco representados em outras IBAs, que são *Picumnus limae* (pica-pau-anão-da-caatinga) e a raça nominal de *Xiphocolaptes falcirostris* (arapaçu-do-nordeste). *Pyrrhura griseipectus* (tiriba-de-peito-cinza), periquito com distribuição relictual nos brejos de altitude do Ceará e Pernambuco, foi coletado na Serra de Ibiapaba no passado, mas possivelmente está extinto agora[2]. Há registros de *Touit surdus* (apuim-de-cauda-amarela) no município de Camocim, um pouco ao norte da área[3], assim como indícios etnobiológicos da presença de *Penelope jacucaca* (jacucaca) na região.

Ameaças

O avanço da agricultura sobre as áreas florestais, sobretudo das culturas de cana-de-açúcar e banana, representa a principal ameaça. Os efeitos do estado avançado de fragmentação das florestas sobre a avifauna da região são desconhecidos.

Referências

1. Sales-Jr. & Nascimento (2001); **2.** Olmos et al. (2005); **3.** Collar et al. (1992); Teixeira (1992a); Teixeira et al. (1993); BirdLife International (2000); Girão e Silva & Albano (2002); Krabbe & Schulenberg (2003).

Serras de Maranguape e da Aratanha — CE02

A1 — **3°53'S, 38°44'W**

Área: 4.500 ha
Municípios: Maranguape, Caucaia, Pacatuba, Guaiúba
Grau de proteção: Nenhum

Bioma: Caatinga, Mata Atlântica
Altitude: 200-919 m
Inventário ornitológico: Não disponível
PROBIO 105

Descrição

Essa área engloba dois brejos de altitude cobertos com remanescentes de Mata Atlântica, no norte do Ceará. As serras de Maranguape e da Aratanha são semelhantes à Serra do Baturité (CE03) quanto à geomorfologia, clima e regime pluviométrico, consistindo em maciços cristalinos residuais que se sobressaem em meio à depressão sertaneja. As serras de Maranguape e da Aratanha são menores do que a Serra de Baturité em extensão e altitude, porém são mais próximas do litoral, de onde provém a umidade que mantém suas florestas. A fisionomia da vegetação muda ao longo do gradiente de altitude: de caatinga arbórea até os 400 m, passando a matas secas entre 400-600 m, até matas úmidas nas regiões serranas, acima de 600 m[1]. A Serra da Aratanha está melhor conservada que a de Maranguape[2]. Nessas duas pequenas serras não há cidades no topo, como acontece na Serra de Baturité.

Aves

Segundo levantamentos recentes, *Picumnus limae* (pica-pau-anão-da-caatinga) é comum nas serras e nas áreas do entorno[2]. Essa espécie é endêmica da Caatinga e está restrita ao território cearense, ao norte do paralelo 6° S. *Pyrrhura*

Espécies ameaçadas: 2	
Penelope jacucaca	W. A. de Girão e Silva.
Picumnus limae	Localidade-tipo da espécie (Serra de Maranguape; Girão e Silva et al. 2003); Teixeira (1990), BirdLife International (2000).

Área protegida:		
Nome	**Categoria**	**Área**
APA da Serra da Aratanha	Uso Sustentável	4.448 ha

griseipectus (tiriba-de-peito-cinza), periquito conhecido com segurança de apenas três áreas de brejo do Nordeste, parece ter ocorrido nas serras de Maranguape e da Aratanha até 15-20 anos atrás, de acordo com relatos de habitantes locais[3].

Ameaças

Diferentes ciclos agrícolas têm ameaçado a avifauna das serras de Maranguape e da Aratanha nos últimos séculos, mas o cultivo extensivo da banana é atualmente o principal responsável pela supressão das florestas da região. A especulação imobiliária ainda não representa uma ameaça tão grave quanto na Serra do Baturité, mas este problema tende a se agravar com a expansão da Região Metropolitana de Fortaleza. A caça prejudica espécies como *Penelope jacucaca* (jacucaca), e o tráfico de animais silvestres pode ter sido responsável pela provável extinção local de *Pyrrhura griseipectus*.

Referências

1. www.pacatuba.ce.gov.br; **2.** Weber A. de Girão e Silva (in litt.); **3.** Olmos et al. (2005); Teixeira (1990), BirdLife International (2000), Girão e Silva et al. (2003); Base de dados do *workshop* Avaliação e Ações Prioritárias para a Conservação dos Biomas Floresta Atlântica e Campos Sulinos.

Serra do Baturité — CE03

A1, A3 — **4°15'S, 38°58'W**

Área: 32.690 ha
Municípios: Aratuba, Baturité, Capistrano, Guaramiranga, Mulungu, Pacoti, Palmácia, Redenção
Grau de proteção: Parcial
Bioma: Mata Atlântica, Caatinga
Altitude: 600-1.114 m
Inventário ornitológico: Não disponível
Key Area 026/PROBIO 107 (08)

Descrição

A Serra do Baturité está localizada a aproximadamente 70 km de Fortaleza, no centro-norte do Ceará. Devido à sua altitude, recebe umidade plúvio-nebular suficiente para a manutenção de uma floresta úmida isolada em meio à planície semiárida. As áreas de floresta remanescente somam cerca de 20.000 ha, distribuídos em fragmentos que competem por espaço com quatro cidades e seus acessos, localizados acima dos 600 m de altitude. Essas cidades reúnem mais de 30% dos 90.600 habitantes residentes na região e recebem regularmente uma grande quantidade de veranistas[1]. A vegetação úmida da serra inclui plantas encontradas na Mata Atlântica do sul do Brasil e na Floresta Amazônica, como *Podocarpus sellowii* (pinheiro-bravo) e *Stryphnodendron purpureum* (favinha), respectivamente. A temperatura média e a precipitação pluviométrica na Serra do Baturité atingem valores anuais de 24°C e 1.700 mm, enquanto na caatinga circundante os valores são de 28°C e 800 mm[2].

Espécies ameaçadas: 5	
Penelope jacucaca	Weber A. de Girão e Silva.
Picumnus limae	BirdLife International (2000), Whitney & Bevier (2003), W. A. de Girão e Silva.
Xiphocolaptes falcirostris	Recentemente apenas em Guaramiranga (BirdLife International 2000); Wege & Long (1995).
Hemitriccus mirandae	Razoavelmente comum (Wege & Long 1995).
Carduelis yarrellii	Weber A. de Girão e Silva.

Espécies endêmicas: 7	[ATL] (*Conopophaga cearae*, *Hemitriccus mirandae*)

Áreas protegidas:		
Nome	**Categoria**	**Área**
Parque Ecológico de Guaramiranga	Proteção Integral	3.320 ha
APA da Serra do Baturité	Uso Sustentável	32.690 ha

Aves

A Serra do Baturité tem sido palco de estudos ornitológicos há mais de 140 anos, e é freqüentemente visitada por ornitólogos e observadores de aves, motivo pelo qual sua avifauna é relativamente bem conhecida. Ao todo, 235 espécies já foram registradas na região[3]. Devido à sua localização geográfica e relativo isolamento em relação a outras áres com florestas úmidas do Nordeste, a Serra do Baturité abriga uma avifauna singular, que mistura elementos de origem amazônica com formas endêmicas da Mata Atlântica nordestina, algumas delas descritas com base em exemplares coletados na região, como *Conopophaga cearae* e a saíra *Tangara cyanocephala cearensis*. A forma local da choca-da-mata (*Thamnophilus caerulescens cearensis*) é conhecida somente da Serra do Baturité. A área também representa o principal reduto atual de outro endemismo das matas de brejo de altitude do Nordeste, que é o periquito *Pyrrhura griseipectus* (tiriba-de-peito-cinza)[4]. Das cinco espécies globalmente ameaçadas da Serra do Baturité, apenas *Hemitriccus mirandae* (maria-do-nordeste) está restrito às matas mais úmidas. *Picumnus limae* (pica-pau-anão-da-caatinga) é comum em ambientes xéricos, habitando inclusive áreas degradadas[3]. *Xiphocolaptes falcirostris* (arapaçu-do-nordeste) foi coletado na caatinga da região[5] e teria sido avistado no alto da serra em 1987[6]. Porém, a espécie não foi incluída em uma lista mais recente das aves da Serra do Baturité[7]. O quase ameaçado *Oryzoborus maximiliani* (bicudo) também foi listado entre as aves da serra[7,8], mas os indivíduos observados poderiam ser originários de solturas realizadas por criadores de aves na primeira metade dos anos 80.

Ameaças

A principal ameaça à região é a destruição de florestas para a agricultura, favorecida pelo clima, seguida pela especulação imobiliária e o crescimento urbano. A caça de subsistência atinge a jacucaca (*Penelope jacucaca*), enquanto o tráfico de animais silvestres prejudica o pintassilgo-do-nordeste (*Carduelis yarrellii*)[3].

Referências

1. www.ibge.gov.br; **2.** Cavalcante (2005); **3.** Weber A. de Girão e Silva (dados inéditos); **4.** Olmos et al. (2005); **5.** Pinto & Camargo (1961); **6.** Collar et al. (1992); **7.** Otoch (1991); **8.** Girão e Silva & Albano (2002); Wege & Long (1995); BirdLife International (2000); Rodrigues et al. (2003); Whitney & Bevier (2003).

CEARÁ

Chapada do Araripe — CE/PE01

A1, A2, A3 7°15'S, 39°20'W

Área: >100.000 ha
Municípios: Missão Velha, Juazeiro do Norte, Barbalha, Crato, Jardim, Porteira (CE), Exu, Moreilândia, Serrita (PE)
Grau de proteção: Nenhum

Bioma: Mata Atlântica, Caatinga, Cerrado
Altitude: até 900 m
Inventário ornitológico: Representativo
Key Area 028/PROBIO 117 (12)

Descrição

Localizada na fronteira dos Estados do Ceará, Pernambuco e Piauí, a Chapada do Araripe reúne carrasco, cerrado e cerradão como formações vegetais predominantes em seu platô. Uma floresta úmida ocorre na borda dos penhascos a nordeste e encosta abaixo, onde a precipitação média anual é de 1.000 mm. A concentração dos recursos hídricos nessa parte da chapada, conhecida como vale do Cariri, sustenta uma paisagem verdejante que contrasta com o entorno semi-árido. No restante da chapada, a quantidade de chuvas varia entre 600 e 700 mm anuais, e o clima é quente e semiárido, com temperaturas médias mensais oscilando entre 24 e 26ºC. Entre as plantas da região, o pequizeiro (*Caryocar coriaceum*) se destaca por seu relevante significado econômico e social. Outras plantas conspícuas incluem *Parkia platycephala* (faveira ou visgueiro) no cerrado e cerradão, e *Hymenaea courbaril* (jatobá) e *Tabebuia serratifolia* (pau-d'arco ou ipê-amarelo) na mata úmida. A integri-

Espécies ameaçadas: 3

Penelope jacucaca	Nascimento et al. (2000).
Antilophia bokermanni	Nas porções úmidas da Chapada (Coelho & Silva 1998), Azevedo Jr. et al. (2000).
Carduelis yarrellii	População muito diminuída (W. A. Girão e Silva); Nascimento et al. (2000), Nascimento (1996).

Espécies quase ameaçadas: 7

Crypturellus noctivagus	Rara e em diminuição (W. A. de Girão e Silva).
Primolius maracana	Atualmente rara (W. A. de Girão e Silva).
Thalurania watertonii	Nascimento et al. (2000).
Picumnus fulvescens	Área importante (BirdLife International 2000), Almeida & Teixeira (1993), Nascimento et al. (2000).
Gyalophylax hellmayri	Comum (Whitney & Pacheco 1994); Nascimento et al. (2000);
Herpsilochmus sellowi	Teixeira et al. (1989), Nascimento et al. (2000), Whitney et al. (2000).
Hylopezus ochroleucus	Nascimento et al. (2000).

Espécies de distribuição restrita: 2 EBA070

Espécies endêmicas: 12 CAA

Áreas protegidas:

Nome	Categoria	Área
Floresta Nacional do Araripe-Apodi	Uso Sustentável	39.262 ha
APA Chapada do Araripe	Uso Sustentável	1.063.000 ha
RPPN Arajara Park	Particular	28 ha

dade da floresta no alto da chapada deve-se, em parte, à existência da Floresta Nacional do Araripe, decretada em 1946, a primeira unidade de conservação de sua categoria no País. As maiores cidades da região são Juazeiro do Norte, Crato e Barbalha, distando cerca de 400 km de Fortaleza e 500 km de Recife[1]. A IBA inclui somente a área da Floresta Nacional e adjacências, abrangendo as zonas de encosta onde é encontrado *Antilophia bokermanni* (soldadinho-do-araripe), a espécie de ave mais significativa e emblemática da Chapada do Araripe (ver abaixo).

Aves

Xiphocolaptes falcirostris (arapaçu-do-nordeste) foi coletado em Juazeiro do Norte no início do século passado[2], mas não tem sido encontrado deste então[3]. Estudos subseqüentes desenvolvidos desde 1976 confirmaram 241 espécies para a região[4,5,6,7,8]. A descrição de *Antilophia bokermanni* (soldadinho-do-araripe) na Chapada do Araripe, em 1998, foi considerada uma das mais surpreendentes descobertas ornitológicas recentes[9]. A área de ocorrência dessa espécie ameaçada abrange apenas as matas úmidas e ciliares das encostas da chapada nos municípios de Crato, Barbalha e Missão Velha[10]. Merece destaque, ainda, a ocorrência do morfo 'maranhaoensis' de *Phaethornis nattereri*, táxon que carece de estudos taxonômicos adicionais[11].

Ameaças

O desenvolvimento das cidades cearenses de Juazeiro do Norte, Crato e Barbalha ocorreu às custas da exploração dos mananciais do vale do Cariri, que anteriormente deviam abrigar *Antilophia bokermanni*. Um fenômeno político-religioso, desencadeado no início do século XX, propiciou um rápido crescimento econômico e demográfico da região, resultando na sobreexploração dos recursos naturais. As três cidades somam hoje mais de um milhão de habitantes, com aumento populacional sazonal de 50% devido às romarias. O tráfico de animais silvestres praticamente exterminou na região o pintassilgo-do-nordeste (*Carduelis yarrellii*) e a maracanã-do-buriti (*Primolius maracana*), enquanto a destruição das matas ciliares parece ser o motivo do desaparecimento de *Xiphocolaptes falcirostris*[3]. A caça tem afetado as populações da jacucaca (*Penelope jacucaca*) e do zabelê (*Crypturellus noctivagus*). Na época seca, a região torna-se suscetível a incêndios[3].

Referências

1. IPECE (2005); **2.** Collar et al. (1992); **3.** Weber A. de Girão e Silva (dados inéditos); **4.** Coelho (1978); **5.** Nascimento (1996); **6.** Nascimento et al. (2000); **7.** Teixeira et al. (1989); **8.** Teixeira et al. (1993); **9.** Snow (2004); **10.** Azevedo Jr. et al. (2000); **11.** Bret M. Whitney (verb.); Almeida & Teixeira (1993); Whitney & Pacheco (1994); Coelho & Silva (1998); BirdLife International (2000); Whitney et al. (2000); Pacheco & Parrini (2002).

Tabela 2. Espécies ameaçadas de extinção com ocorrência nas IBAs do Ceará

Espécies	Categ.*	Código IBA				Total**	
		CE01	CE02	CE03	CE/PE01	a	b
Penelope jacucaca	VU		X	X	X	3	14
Picumnus limae	VU	X	X	X		3	3
Xiphocolaptes falcirostris	VU	X		X		2	5
Antilophia bokermanni	CR				X	1	1
Hemitriccus mirandae	VU	X		X		2	8
Carduelis yarrellii	VU	X		X	X	3	17
Total de espécies		**4**	**2**	**5**	**3**		
Crypturellus noctivagus	NT				X	1	24
Primolius maracana	NT				X	1	25
Thalurania watertonii	NT				X	1	13
Picumnus fulvescens	NT				X	1	16
Gyalophylax hellmayri	NT	X			X	2	10
Herpsilochmus sellowi	NT	X			X	2	20
Hylopezus ochroleucus	NT	X			X	2	13
Total de espécies		**3**	**0**	**0**	**7**		

* Categorias de ameaça: CR – criticamente em perigo; EN – em perigo; VU – vulnerável; NT – quase ameaçada.
** Número de IBAs em que a espécie se encontra presente em: **a** – Ceará; **b** – Região como um todo.

Tabela 3. Espécies endêmicas por IBA no Estado de Ceará, agrupadas por Bioma

Espécies	nº EBA*	Código IBA				Total**	
		CE01	CE02	CE03	CE/PE01	a	b
Mata Atlântica							
Crypturellus noctivagus					X	1	24
Odontophorus capueira				X		1	38
Pyrrhura griseipectus				X		1	2
Thalurania watertonii					X	1	13
Xiphorhynchus fuscus			X	X		2	60
Automolus leucophthalmus					X	1	42
Sclerurus scansor		X	X	X	X	4	36
Conopophaga cearae				X		1	9
Hemitriccus mirandae	71	X		X		2	8
Tangara cyanocephala			X	X		2	41
Total de espécies		**2**	**3**	**7**	**4**		
Cerrado							
Phaethornis nattereri					X	1	2
Herpsilochmus longirostris					X	1	4
Total de espécies		**0**	**0**	**0**	**2**		
Caatinga							
Penelope jacucaca			X	X	X	3	14
Phaethornis gounellei					X	1	8
Picumnus fulvescens	70, 71				X	1	16
Picumnus limae		X	X	X		3	3
Picumnus pygmaeus		X			X	2	13
Xiphocolaptes falcirostris		X		X		2	3
Gyalophylax hellmayri	70	X			X	2	10
Megaxenops parnaguae		X			X	2	11
Pseudoseisura cristata					X	1	13
Sakesphorus cristatus					X	1	12
Herpsilochmus sellowi		X			X	2	20
Hylopezus ochroleucus		X			X	2	13
Antilophia bokermanni					X	1	1
Paroaria dominicana		X		X	X	3	30
Total de espécies		**8**	**2**	**4**	**12**		
Total geral de espécies		**10**	**5**	**11**	**18**		

* EBA: Endemic Bird Areas of the World (Stattersfield et al., 1998). Ver capítulo 4.

** Número de IBAs em que a espécie se encontra presente em: **a** – Ceará; **b** – Região como um todo

RIO GRANDE DO NORTE

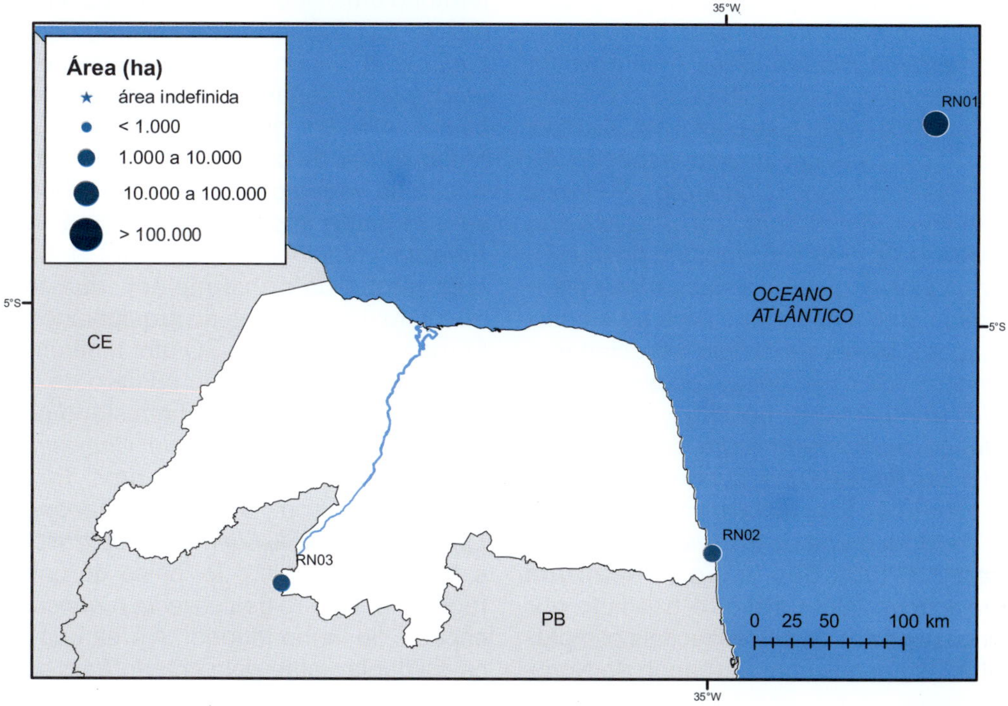

Tabela 1. Lista das IBAs no Estado do Rio Grande do Norte						
			Critérios*			
Código	Nome	Bioma	A1	A2	A3	A4
RN01	Atol das Rocas	C/M				X
RN02	Mata Estrela	ATL	X			
RN03	Estação Ecológica do Seridó	CAA	X	70		

* Ver capítulo 2 para explicação dos critérios.

Atol das Rocas — RN01

A4ii,iii — **3°50'S, 33°47'W**

Área: 36.249 ha
Grau de proteção: Total
Bioma: Zonas Costeira e Marinha

Altitude: nível do mar
Inventário ornitológico: Representativo PROBIO (142)

Descrição

Situado a 260 km do continente e a 145 km de Fernando de Noronha, o Atol das Rocas é a única estrutura recifal de seu tipo no Atlântico Sul ocidental. Crescendo sobre o topo de um monte submerso a 15-30 m de profundidade, é constituído por um anel de algas coralíneas e, subordinadamente, corais, gastrópodos vermetíneos e o foraminífero incrustante *Homotrema rubrum*. Esse anel envolve uma lagoa com duas ilhas baixas, Farol e Cemitério, cada qual com 3 ha[1]. As ilhas são recobertas por poucas espécies de plantas herbáceas (*Crinum* sp., *Portulaca oleracea*, *Sesuvium portulacastrum*, *Cyperus ligularis* e *Eragostris prolisera*). Há alguns coqueiros e casuarinas plantadas como aviso visual para as embarcações[2]. Marés de sizígia associadas a ventos podem resultar em ondas que varrem parcialmente as ilhas, causando grande mortalidade entre as aves[1,2]. O Atol das Rocas é uma conhecida área de reprodução de tartarugas marinhas (*Chelonia mydas* e *Eretmochelys imbricata*)[3] e tubarões-limão (*Negaprion breviceps*)[4]; além disso, é habitado por cinco espécies de peixes recifais compartilhados apenas com Fernando de Noronha[5]. A Reserva Biológia de Atol das Rocas, decretada em 1979, foi a primeira unidade de conservação marinha criada no Brasil[4].

Aves

O Atol das Rocas abriga a maior concentração de aves marinhas nidificando em território brasileiro. Cinco espécies reproduzem-se no atol: *Sterna fuscata*, *Anous stolidus*, *A. minutus*, *Sula dactylatra* e *S. leucogaster*. Todas nidificam no solo, exceto *A. minutus*, que faz seus ninhos sobre as ruínas de uma antiga construção[2]. A falta de vegetação arbórea ou arbustiva adequada impede a reprodução de *Fregata magnificens* (tesourão) e *Sula sula* (atobá-de-pé-vermelho), que freqüentam o atol vindas do arquipélago de Fernando de Noronha. O atol também é visitado por um pequeno número de migrantes provenientes do hemisfério norte, como *Pluvialis squatarola*, *Charadrius semipalmatus*, *Arenaria interpres*, *Tringa* spp., *Calidris* spp., *Numenius phaeopus*, *Limosa lapponica*, *Limnodromus griseus* e *Sterna albifrons*, e foi palco do único registro brasileiro de *Glareola pratincola*, espécie do Velho Mundo[2]. A área qualifica-se duplamente pelo critério A4ii, pois

Espécies congregantes: 2	
Anous stolidus	Até 18.700 indivíduos reprodutores (Schulz-Neto 1998, 2004a); maiores contagens no verão.
Sula dactylatra	Em torno de 5.100 indivíduos reprodutores (Antas 1991, Schulz-Neto 1998, 2004a).

Área protegida:

Nome	Categoria	Área
Reserva Biológica de Atol das Rocas	Proteção Integral	36.249 ha

abriga mais de 1% da população global de *Anous stolidus* (trinta-réis-escuro) e *Sula dactylatra* (atobá-mascarado). A população reprodutora de *Sterna fuscata* (trinta-réis-das-rocas), embora não atinja 1% da população global, é a maior no Atlântico Sul, com até 140.000 indivíduos. Por fim, a população de *Anous minutus* (trinta-réis-preto), com cerca de 1.750 aves[2], está próxima do limite de 1% da população mundial da espécie.

Ameaças

Antes da criação da reserva biológica, o atol era visitado por pescadores, que abatiam tartarugas e recolhiam ovos de aves para consumo, e também apanhavam aves para utilizar como iscas para a pesca[4]. Tais atividades ilegais são atualmente coibidas apenas pela presença regular de equipes de fiscalização. Há uma população abundante de camundongos (*Mus musculus*), que subsistem em parte graças às aves e podem ser um importante fator de mortalidade de ovos e ninhegos[2]. O crescimento da frota pesqueira oceânica dedicada à captura de tubarões, atuns e outros predadores oceânicos com os quais as aves geralmente se associam para pescar pode estar afetando estas últimas através da redução da disponibilidade de alimento. Aves sujas de petróleo são comumente registradas no atol. Finalmente, a elevação do nível do mar associada ao aquecimento global deverá tornar episódios de inundação e mortalidade em massa de ninhegos e ovos mais freqüentes.

Referências

1. Kikuchi (2002); **2.** Schulz-Neto (2004a); **3.** Bellini et al. (1996); **4.** Sales (1991); **5.** Floeter et al. (2001); Antas (1991); Sick (1997); Schulz-Neto (1998).

Mata Estrela — RN02

A1 — **6°22'S, 35°00'W**

Área: >2.000 ha
Município: Baía Formosa
Grau de proteção: Parcial

Bioma: Mata Atlântica
Altitude: próxima do nível do mar
Inventário ornitológico: Preliminar
PROBIO 113

Descrição

Mata Estrela está situada no extremo sul do Rio Grande do Norte. A região é caracterizada por cordões de dunas costeiras estabilizadas por restingas arbustivas bastante secas. Áreas brejosas ou mesmo lagoas podem se formar entre as dunas. Em algumas depressões estreitas, mais abrigadas do vento, a vegetação adquire caráter arbóreo, sendo comuns cajueiros (*Anacardium occidentale*). Em terrenos mais afastados do mar, as restingas gradativamente dão lugar a uma floresta com altura média de 10-12 m, que cresce sobre solos arenosos pobres em matéria orgânica. São conspícuos nessas matas exemplares de pau-brasil (*Caesalpina echinata*) e grandes figueiras (*Ficus gomeleira*)[1]. Há poucas epífitas e bromélias terrestres na floresta, mas são notáveis agrupamentos de *Cryptanthus* sp. Não existem cursos-d'água no interior da floresta. A maior parte da área corresponde a uma RPPN, a qual abrange restingas (82 ha), lagoas (70 ha) e florestas (1.888 ha)[1]. A Mata Estrela também é de interesse por abrigar uma população de guaribas (*Alouatta belzebul*)[2].

Aves

A avifauna inclui elementos das formações semidecíduas transicionais entre a caatinga e as florestas ombrófilas úmidas que dominavam o litoral de Pernambuco e Alagoas, a maioria com distribuição ampla em biomas como o Cerrado. Algumas espécies de florestas úmidas (*Myrmotherula* [*axillaris*] *luctuosa*, *Conopophaga melanops*, etc.) parecem ter na área o limite norte de sua distribuição. As restingas adjacentes à floresta apresentam espécies que regionalmente estão mais associadas à Caatinga, como *Thryothorus longirostris* e *Polioptila plumbea*. A única espécie ameaçada encontrada na área é *Herpsilochmus pectoralis* (chorozinho-de-papo-preto), que parece preferir as restingas mais altas, sendo incomum na floresta[1]. O congênere e quase ameaçado *H. sellowi* (chorozinho-da-caatinga) foi registrado ao lado de *H. pectoralis* em restingas situadas imediatamente ao norte e também deve ocorrer na área[3]. Há relatos recentes sobre a ocorrência de *Tangara fastuosa* (pintor-verdadeiro) nas florestas da região, mas poderia tratar-se de aves fugidas de cativeiro[4].

Ameaças

A mata é utilizada para coleta de lenha pela população do entorno, que recolhe apenas galhos e troncos caídos. Em 2002, houve um episódio de roubo de madeira, várias toras cortadas de pau-brasil tendo sido descobertas por agentes de fiscalização. Após isso, foram colocados vigias na reserva.

Referências

1. Olmos (2003); **2.** Fábio Olmos (in litt.); **3.** Whitney et al. (2000); **4.** Silveira et al. (2003b); Teixeira et al. (1993); Base de dados do *workshop* Avaliação e Ações Prioritárias para a Conservação dos Biomas Floresta Atlântica e Campos Sulinos.

Espécie ameaçada	
Herpsilochmus pectoralis	"Muito comum nas restingas arbóreas de Baía Formosa" (Teixeira et al. 1993).

Área protegida:

Nome	Categoria	Área
RPPN Mata Estrela	Particular	2.040 ha

Estação Ecológica do Seridó — RN03

A1, A2 — **6°37'S, 37°29'W**

Área: 1.128 ha
Município: Serra Negra do Norte
Grau de proteção: Total

Bioma: Caatinga
Altitude: 200 m
Inventário ornitológico: Representativo PROBIO (17)

Descrição

A Estação Ecológica do Seridó localiza-se no sudoeste do Estado do Rio Grande do Norte, a cerca de 260 km de Natal. A área foi parte de uma antiga fazenda de criação de gado, o que resultou em grandes alterações em sua vegetação. O relevo é levemente ondulado. A região é semi-árida, com precipitação anual média em torno de 500 mm, concentrada entre janeiro e abril. A vegetação é secundária, destacando-se em meio à paisagem do entorno, intensamente degradada[1]. São comuns espécies arbustivas e arbóreas baixas características da caatinga em regeneração, como marmeleiros (*Croton* spp.) e juremas (*Mimosa* spp.)[1].

Aves

Um total de 116 espécies de aves já foi registrado na área[1], incluindo metade das espécies de distribuição restrita que definem a EBA070 (Caatinga Nordestina). Apenas o Parque Nacional da Serra da Capivara (PI01) abriga tantas espécies endêmicas dessa EBA. A Estação Ecológica do Seridó é a única localidade de ocorrência conhecida de *Picumnus fulvescens* (pica-pau-anão-canela) no Rio Grande do Norte. Emas (*Rhea americana*) foram reintroduzidas na área[2], mas não há informações sobre se a iniciativa foi bem-sucedida.

Ameaças

O tamanho relativamente pequeno da reserva e o estado de degradação de seu entorno representam um problema para a viabilidade futura da área.

Referências
1. Nascimento (2000); **2.** Bañuelos-Irusta et al. (2000).

Espécies quase ameaçadas: 2	
Picumnus fulvescens	Algumas capturas recentes (Nascimento 2000); Bañuelos-Irusta et al. (2000).
Gyalophylax hellmayri	Nascimento (2000).

Espécies de distribuição restrita: 3 — **EBA070**

Área protegida:

Nome	Categoria	Área
Estação Ecológica do Seridó	Proteção Integral	1.128 ha

Tabela 2. Espécies ameaçadas de extinção com ocorrência nas IBAs do Rio Grande do Norte

Espécies	Categ.*	Código IBA			Total**	
		RN01	RN02	RN03	a	b
Herpsilochmus pectoralis	VU		X		1	6
Total de espécies		**0**	**1**	**0**		
Picumnus fulvescens	NT			X	1	16
Gyalophylax hellmayri	NT			X	1	10
Total de espécies		**0**	**0**	**2**		

* Categorias de ameaça: CR – criticamente em perigo; EN – em perigo; VU – vulnerável; NT – quase ameaçada.
** Número de IBAs em que a espécie se encontra presente em: **a** – Rio Grande do Norte; **b** – Região como um todo.

Tabela 3. Espécies endêmicas por IBA no Estado do Rio Grande do Norte, agrupadas por Bioma

Espécies	n° EBA*	Código IBA			Total**	
		RN01	RN02	RN03	a	b
Mata Atlântica						
Conopophaga cearae			X		1	9
Conopophaga melanops			X		1	39
Total de espécies		**0**	**2**	**0**		
Cerrado						
Compsothraupis loricata				X	1	15
Total de espécies		**0**	**0**	**1**		
Caatinga						
Caprimulgus hirundinaceus	70			X	1	5
Picumnus fulvescens	70, 71			X	1	16
Gyalophylax hellmayri	70			X	1	10
Pseudoseisura cristata				X	1	13
Herpsilochmus pectoralis			X		1	6
Paroaria dominicana				X	1	30
Total de espécies		**0**	**1**	**5**		
Total geral de espécies		**0**	**3**	**6**		

* EBA: Endemic Bird Areas of the World (Stattersfield et al., 1998). Ver capítulo 4.
** Número de IBAs em que a espécie se encontra presente em: **a** – Rio Grande do Norte; **b** – Região como um todo.

PARAÍBA

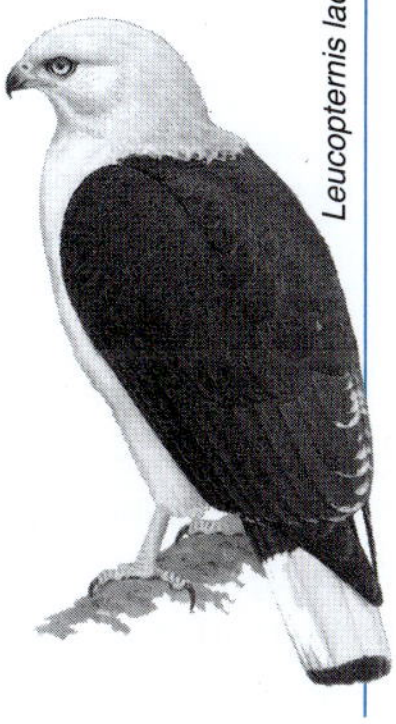

Leucopternis lacernulatus

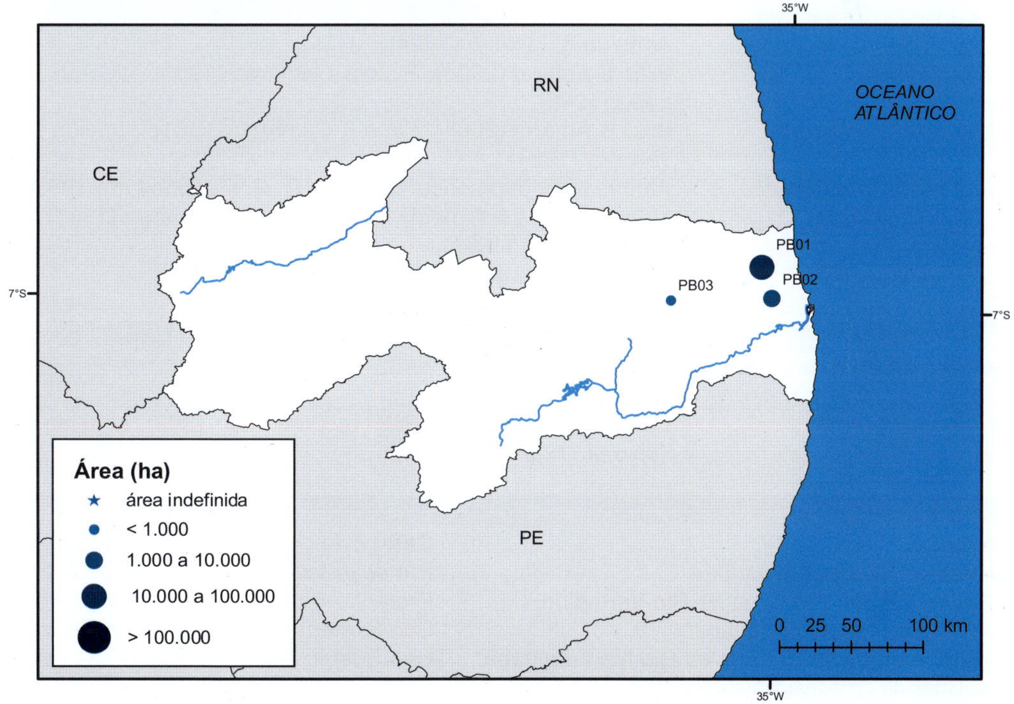

PARAÍBA

Tabela 1. Lista das IBAs no Estado da Paraíba

			Critérios*			
Código	Nome	Bioma	A1	A2	A3	A4
PB01	Mamanguape	ATL	X			
PB02	Usina Jacuípe	ATL	X			
PB03	Mata do Pau-Ferro	ATL	X			

* Ver capítulo 2 para explicação dos critérios.

Mamanguape — PB01

A1 — **6°45'S, 35°09'W**

Área: c.20.000 ha
Municípios: Mamanguape, Rio Tinto
Grau de proteção: Parcial

Bioma: Mata Atlântica
Altitude: 0-200 m
Inventário ornitológico: Não disponível
Key Area 029/PROBIO 113

Descrição

Formada por remanescentes de floresta de planície, manguezais, cerrados ("tabuleiros") e restingas ao longo dos rios Quandu e Mamanguape, essa área situa-se no litoral setentrional da Paraíba[1,2], a poucos quilômetros ao norte da Mata do Jacuípe (PB02) e a cerca de 35 km ao sul da Mata Estrela (RN02). O clima é quente e úmido, com chuvas abundantes devido à influência dos ventos alísios que sopram constantemente de sudeste. As matas da região são do tipo estacional semidecidual e, em sua maior parte, já sofreram corte seletivo ou são secundárias[2,3]. Os maiores remanescentes es-

Espécies ameaçadas: 5

Leucopternis lacernulatus	Almeida & Teixeira (1994).
Touit surdus	Braz & Amaral (2004), Pinto & Camargo (1961), Wege & Long (1995).
Myrmeciza ruficauda	Braz & Amaral (2004), Pinto & Camargo (1961), Almeida & Teixeira (1994).
Xipholena atropurpurea	Alguns indivíduos observados na R. B. Guaribas em 1993-1994 (Teixeira & Almeida 1997); Pinto & Camargo (1961), Wege & Long (1995).
Carduelis yarrellii	Pinto & Camargo (1961), Wege & Long (1995).

Espécies quase ameaçadas: 3

Crypturellus noctivagus	Almeida & Teixeira (1994).
Picumnus fulvescens	Braz & Amaral (2004).
Iodopleura pipra	Coletada na área em 1989 (Teixeira et al. 1993); Almeida & Teixeira (1994).

Áreas protegidas:

Nome	Categoria	Área
Reserva Biológica Guaribas	Proteção Integral	4.028 ha
Reserva Ecológica Mata do Rio Vermelho	Proteção Integral	1.500 ha
APA Barra do Mamanguape*	Uso Sustentável	14.640 ha
ARIE Manguezais da Foz do Rio Mamanguape*	Uso Sustentável	5.721 ha

*unidades de conservação sobrepostas.

tão na Reserva Biológica Guaribas, formada por três áreas disjuntas, que correspondem a fragmentos florestais com 3.016, 673 e 338 ha. Nos manguezais adjacentes ocorre o peixe-boi-marinho (*Trichechus manatus*), mamífero aquático ameaçado de extinção.

Aves

Poucas informações foram divulgadas sobre a avifauna atual de Mamanguape. Um levantamento realizado entre 1989 e 1994 apontou a ocorrência de 175 espécies na R. B. Guaribas[2], enquanto uma avaliação ecológica rápida dessa unidade de conservação, conduzida em 2002, resultou no registro de 140 espécies, incluindo as ameaçadas *Touit surdus* (apuim-de-cauda-amarela), *Myrmeciza ruficauda* (formigueiro-de-cauda-ruiva) e *Picumnus fulvescens* (pica-pau-anão-canela)[4]. Mamanguape parece ser o limite norte de distribuição de uma série de aves endêmicas da Mata Atlântica, entre as quais estão as ameaçadas *M. ruficauda* e *Xipholena atropurpurea* (anambé-de-asa-branca) e a quase ameaçada *Iodopleura pipra* (anambezinho).

Ameaças

A área é cortada pela rodovia BR-101 e sofre enorme pressão antrópica[1]. Um dos problemas da R. B. Guaribas é o fato de estar dividida em três fragmentos florestais isolados por plantios de cana-de-açúcar, estradas e construções[3].

Referências

1. Base de dados do *workshop* Avaliação e Ações Prioritárias para a Conservação dos Biomas Floresta Atlântica e Campos Sulinos; **2.** Almeida & Teixeira (1994); **3.** Atlas de conservação da natureza brasileira (2004); **4.** Braz & Amaral (2004); Pinto & Camargo (1961); Collar et al. (1992); Teixeira et al. (1993); Wege & Long (1995); Teixeira & Almeida (1997).

Usina Jacuípe — PB02

A1 | 6°56'S, 35°05'W

Área: c.4.000 ha
Municípios: Santa Rita, Sapé, Rio Tinto
Grau de proteção: Nenhum

Bioma: Mata Atlântica
Altitude: c.100 m
Inventário ornitológico: Não disponível
PROBIO 115

Descrição

A Mata de Jacuípe, com 3.052 ha, é o maior remanescente de floresta contínua da Paraíba[1]. Situa-se em terras da Usina São João, nos municípios de Santa Rita e Rio Tinto, a noroeste de João Pessoa. A área é isolada da Mata do Jacuipinho (672 ha) pela rodovia BR-101. A sudoeste de Jacuípe, no município de Sapé, está localizada a Mata da Pacatuba (271 ha), de propriedade da Usina Santa Helena[2]. Esses remanescentes florestais estão inseridos em uma matriz dominada por grandes canaviais. Todas as matas da região sofreram retirada seletiva de madeira, sendo consideradas secundárias. A floresta é classificada como estacional semidecídua, apresentando grande diversidade florística[1,3]. Espécies arbóreas comuns são *Apuleia leiocarpa*, *Pogonophora schomburgkiana*, *Coccoloba cordata*, *Tapirira guianensis*, *Pouteria* aff. *caimito*, *Tabebuia* aff. *avellanedae* e *Luehea paniculata*. Nas clareiras observam-se principalmente indivíduos de *Cecropia* sp. e *Didymopanax morototonii*, enquanto nas bordas são muito comuns *Plathymenia foliolosa*, *Casearia sylvestris* e *Trema mycrantha*[3].

Aves

Não há um levantamento específico da avifauna local, mas considerando a extensão de hábitat remanescente e os resultados de inventários realizados na Reserva Biológica Guaribas e em outras áreas da região de Mamanguape, é provável a ocorrência de *Leucopternis lacernulatus* (gavião-pombo-pequeno), *Touit surdus* (apuim-de-cauda-amarela), *Picumnus fulvescens* (pica-pau-anão-canela), *Xipholena atropurpurea* (anambé-de-asa-branca), *Myrmeciza ruficauda* (formigueiro-de-cauda-ruiva) e *Iodopleura pipra* (anambezinho)[4]. *Tangara fastuosa* (pintor-verdadeiro) conta com registros na Mata do Buraquinho, área urbana de João Pessoa, e pode ter seu limite norte de distribuição nas matas de Jacuípe[5].

Ameaças

Todos os remanescentes florestais da região sofrem com a ação de caçadores, sendo a Mata de Jacuípe especialmente visada. Além disso, ocorre retirada de lenha e de madeira para confeccionar varas e cabos de ferramentas. Incêndios que se alastram a partir dos canaviais adjacentes ou da BR-101 são uma ameaça constante. Por fim, a duplicação da BR-101 inevitavelmente resultará na perda de parte da área das Matas de Jacuípe e Jacuipinho e em seu maior isolamento[3].

Referências

1. Base de dados do *workshop* Avaliação e Ações Prioritárias para a Conservação dos Biomas Floresta Atlântica e Campos Sulinos; **2.** Oliveira & Oliveira (1993); **3.** OIKOS Pesquisa Aplicada (2001); **4.** IBAMA (1998); **5.** Silveira et al. (2003b); Fábio Olmos (verb.).

Mata do Pau-Ferro — PB03

A1 — 6°58'S, 35°41'W

Área: > 600 ha
Município: Areia
Grau de proteção: Parcial

Bioma: Mata Atlântica
Altitude: 400-600 m
Inventário ornitológico: Não disponível
PROBIO 114

Descrição

A Mata do Pau-Ferro é um brejo de altitude ("Brejo de Areia") situado na borda oriental úmida do Planalto da Borborema[1,2]. A área foi adquirida pelo governo da Paraíba em 1937 a fim de proteger mananciais de abastecimento, mas só foi declarada reserva ecológica em 1992. É considerada a mata de brejo mais representativa do Estado, apesar dos impactos sofridos[1]. Em comparação com outros brejos de altitude, a floresta ombrófila da área caracteriza-se pela grande riqueza de espécies arbóreas[1]. No interior da mata são freqüentes as trepadeiras, e nas partes mais elevadas é grande o número de epífitas, principalmente bromélias[3]. A área abrange a Reserva Ecológica Mata do Pau-Ferro, que protege o maior remanescente de floresta existente na região, e alguns pequenos fragmentos florestais em seu entorno.

Espécies ameaçadas: 2

Hemitriccus mirandae	Teixeira et al. (1993), BirdLife International (2000).
Tangara fastuosa	Vários indivíduos vistos na área em 2001 (Silveira et al. 2003b).

Área protegida:

Nome	Categoria	Área
Reserva Ecológica Mata do Pau-Ferro	Proteção Integral	607 ha

Aves

Há pouquíssimas informações sobre a avifauna da Mata do Pau-Ferro. *Hemitriccus mirandae* (maria-do-nordeste) foi registrado na área, provavelmente no início da década de 1980[4]. *Tangara fastuosa* (pintor-verdadeiro), por outro lado, foi observada em quatro ocasiões durante um levantamento de três dias de duração realizado em 2001; o maior grupo observado continha sete indivíduos[2]. A Mata do Pau-Ferro é a única área com registros recentes dessa espécie ameaçada na Paraíba[2].

Ameaças

A área sofreu fortes impactos antrópicos, especialmente antes de sua transformação em reserva ecológica. Vastas áreas de matas ciliares, especialmente nas várzeas, foram substituídas por culturas agrícolas, posteriormente abandonadas. Algumas dessas áreas encontram-se tomadas por gramíneas exóticas, que dificultam a regeneração da floresta[1].

Referências

1. Barbosa et al. (2004); **2.** Silveira et al. (2003b); **3.** http://www.pbtur.pb.gov.br/natural/pau-ferro.htm; **4.** Teixeira et al. (1993); BirdLife International (2000).

Tabela 2. Espécies ameaçadas de extinção com ocorrência nas IBAs da Paraíba

Espécies	Categ.*	Código IBA			Total**	
		PB01	PB02	PB03	a	b
Leucopternis lacernulatus	VU	X			1	34
Touit surdus	VU	X			1	35
Myrmeciza ruficauda	EN	X			1	17
Xipholena atropurpurea	EN	X			1	18
Hemitriccus mirandae	VU			X	1	8
Tangara fastuosa	VU			X	1	16
Carduelis yarrellii	VU	X			1	17
Total de espécies		**5**	**0**	**2**		
Crypturellus noctivagus	NT	X			1	24
Picumnus fulvescens	NT	X			1	16
Iodopleura pipra	NT	X			1	18
Total de espécies		**3**	**0**	**0**		

* Categorias de ameaça: CR – criticamente em perigo; EN – em perigo; VU – vulnerável; NT – quase ameaçada.
** Número de IBAs em que a espécie se encontra presente em: **a** – Paraíba; **b** – Região como um todo.

PARAÍBA

Tabela 3. Espécies endêmicas por IBA no Estado da Paraíba, agrupadas por Bioma

Espécies	nº EBA*	Código IBA			Total**	
		PB01	PB02	PB03	a	b
Mata Atlântica						
Crypturellus noctivagus		X			1	24
Leucopternis lacernulatus		X			1	34
Touit surdus		X			1	35
Myrmeciza ruficauda	71, 75	X			1	17
Iodopleura pipra	71, 75	X			1	18
Xipholena atropurpurea	71, 75	X			1	18
Hemitriccus mirandae	71			X	1	8
Ramphocelus bresilius		X			1	36
Tangara fastuosa	71			X	1	16
Total de espécies		**7**	**0**	**2**		
Caatinga						
Picumnus fulvescens	70, 71	X			1	16
Total de espécies		**1**	**0**	**0**		
Total geral de espécies		**8**	**0**	**2**		

* EBA: Endemic Bird Areas of the World (Stattersfield et al., 1998). Ver capítulo 4.

** Número de IBAs em que a espécie se encontra presente em: **a** – Paraíba; **b** – Região como um todo.

PERNAMBUCO

Philydor novaesi

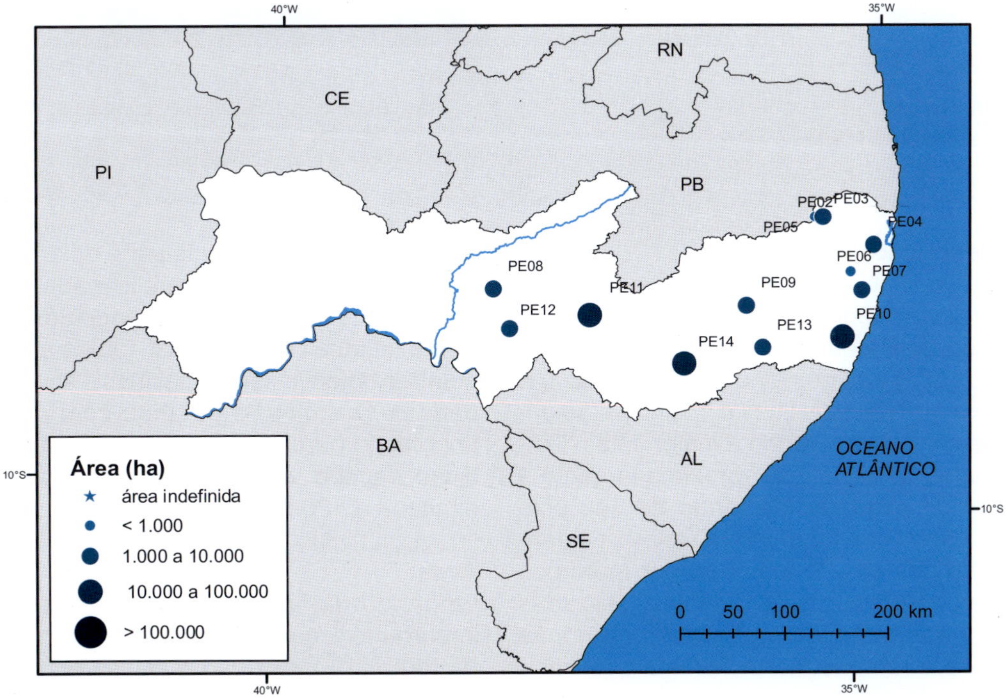

Tabela 1. Lista das IBAs no Estado de Pernambuco

			Critérios*			
Código	**Nome**	**Bioma**	**A1**	**A2**	**A3**	**A4**
PE01	Arquipélago de Fernando de Noronha	C/M	X	69	ATL	X
PE02	Mata do Estado	ATL	X	71		
PE03	Serra do Mascarenhas	ATL	X	71		
PE04	Igarassu	ATL	X			
PE05	Brejo de Taquaritinga	ATL	X			
PE06	Tapacurá	ATL	X			
PE07	Complexo Gurjaú	ATL	X	71		
PE08	Reserva Ecológica Maurício Dantas	CAA	X	70	CAA	
PE09	Brejo dos Cavalos	ATL, CAA	X	71		
PE10	Guadalupe	ATL	X		ATL	
PE11	Parque Nacional do Catimbau	CAA	X	70	CAA	
PE12	Serra Negra (Floresta)	CAA, ATL	X	70	CAA	
PE13	Serra do Urubu	ATL	X	71		
PE14	Garanhuns	ATL	X			
IBAs interestaduais descritas em seção referente a outro Estado						
AL/PE01	São José da Laje/Canhotinho	ATL	X			
AL/PE02	Reserva Biológica de Pedra Talhada	ATL	X	71		
CE/PE01	Chapada do Araripe	ATL, CAA, CER	X	70	CAA	

* Ver capítulo 2 para explicação dos critérios.

Arquipélago de Fernando de Noronha — PE01

A1, A2, A3, A4ii,iii — **3°51'S, 32°25'W**

Área: 1.800 ha
Grau de proteção: Total

Bioma: Zonas Costeira e Marinha
Altitude: 0-321 m
Inventário ornitológico: Representativo PROBIO (141)

Descrição

O Arquipélago de Fernando de Noronha está vinculado jurisdicionalmente ao Estado de Pernambuco e situa-se a cerca de 356 km da costa nordeste do Brasil. É formado por seis ilhas e 15 ilhotas de origem vulcânica, tendo a maior delas (Fernando de Noronha) aproximadamente 9 km de extensão ao longo de seu eixo maior e 3 km no menor. O relevo acidentado das ilhas é marcado por íngremes paredões e escarpas rochosas, utilizadas por várias espécies de aves marinhas para a reprodução. A floresta que originalmente recobria grande parte do arquipélago foi completamente eliminada durante o período em que Fernando de Noronha foi uma colônia penal, e toda a vegetação hoje existente nas ilhas é secundária[1,2]. O arquipélago conta com uma população humana permanente e, além disso, recebe visitação turística regular (limitada a 420 pessoas).

Aves

Fernando de Noronha representa uma importante área insular de permanência, reprodução, descanso e passagem de aves no Atlântico sul[3]. Duas espécies de aves terrestres, *Elaenia ridleyana* (cocuruta) e *Vireo gracilirostris* (juruviara-de-noronha, ou sebito), estão inteiramente confinadas ao arquipélago, definindo-o como uma área de endemismo de aves (EBA069)[4]. As ilhas também abrigam colônias de reprodução de 11 espécies de aves marinhas[5], destacando-se numericamente a população de *Anous minutus* (trinta-réis-preto), que excede em muito o limite correspondente a 1% de sua população biográfica (critério A4ii). Ao todo, cerca de 30.000 aves marinhas reproduzem-se em Fernando de Noronha anualmente[6], o que qualifica a área também sob o critério A4iii. A colônia de *Phaethon lepturus* (rabo-de-palha-de-bico-laranja) do arquipélago, com até 300 indivíduos, é a única conhecida no Brasil[6,7], embora essa espécie já tenha sido encontrada nidificando em Abrolhos[8].

Ameaças

Expansão urbana, desenvolvimento turístico desordenado, risco de incêndios e impactos de animais introduzidos (porcos domésticos, cabras, ratos, gatos e lagartos)[1,4,6,9]. A recente disseminação do pardal (*Passer domesticus*) no arquipélago requer monitoramento, pois essa espécie poderá representar uma ameaça às aves endêmicas das ilhas no futuro[10].

PERNAMBUCO

Referências

1. Oren (1982); **2.** BirdLife International (2000); **3.** Soto et al. (2000); **4.** Stattersfield et al. (1998); **5.** Vooren & Brusque (1999); **6.** Schulz-Neto (2004b); **7.** Antas (1991); **8.** Alves et al. (2000); **9.** Fundação BIO-RIO et al. (2002); **10.** Soto et al. (2001); Oren (1984); Schulz-Neto (1995).

Espécie ameaçada	
Elaenia ridleyana	Endêmica do arquipélago (BirdLife International 2000).

Espécie quase ameaçada	
Vireo gracilirostris	Endêmica do arquipélago (BirdLife International 2000).

Espécie congregante	
Anous minutus	10.630 ninhos contados no arquipélago em 1987 (Antas 1991).

Espécies de distribuição restrita: 2 **EBA069**

Espécies endêmicas: 2 **[ATL] (*Elaenia ridleyana, Vireo gracilirostris*)**

Áreas protegidas:

Nome	**Categoria**	**Área**
Parque Nacional Marinho de Fernando de Noronha	Proteção Integral	11.270 ha
APA Fernando de Noronha-Rocas-São Pedro e São Paulo	Uso Sustentável	93.000 ha

Mata do Estado PE02

A1, A2 **7°36'S, 35°30'W**

Área: 600 ha
Município: São Vicente Ferrer
Grau de proteção: Nenhum

Bioma: Mata Atlântica
Altitude: 515 m
Inventário ornitológico: Preliminar
PROBIO 118

Descrição

A Mata do Estado, também conhecida como Mata do Sirigi, compreende um conjunto de fragmentos florestais que somam cerca de 600 ha de matas bem preservadas no setor oeste da Serra do Mascarenhas, próximo à divisa com o Estado da Paraíba. A área guarda as nascentes do rio Sirigi, principal afluente da bacia hidrográfica do rio Goiana. A Mata do Estado é algumas vezes tratada como brejo de altitude (encrave de floresta úmida dentro do domínio da Caatinga)[1], embora represente uma mera extensão das florestas da Zona da Mata norte de Pernambuco e esteja situada em altitudes consideravelmente menores do que os autênticos brejos nordestinos. A vegetação é classificada como floresta ombrófila densa montana, estando sujeita a uma pluviosidade anual média de 1.200 mm[2].

Aves

Na Mata do Estado foram recentemente registradas várias das espécies de aves endêmicas e severamente ameaçadas da Mata Atlântica nordestina (EBA071), incluindo *Myrmotherula snowi* (choquinha-de-alagoas), conhecida de somente outras duas áreas[3,4]. Nessa área também têm sido vistos os maiores grupos de *Tangara fastuosa* (pintor-verdadeiro) em Pernambuco[5].

Ameaças

A Mata do Estado é manejada por uma associação de moradores, mas a caça furtiva praticada por pessoas de fora[5], a extração ilegal de madeira e os efeitos da fragmentação florestal representam ameaças significativas.

Referências
1. Pôrto et al. (2004); **2.** Silva et al. (2003); **3.** Roda (2002); **4.** Roda & Carlos (2004); **5.** Silveira et al. (2003b); Roda et al. (2003).

IBA sugerida por Sônia A. Roda

Espécies ameaçadas: 7	
Synallaxis infuscata	Roda (2002), Roda et al. (2003).
Myrmotherula snowi	Roda (2002).
Terenura sicki	Roda et al. (2003), Roda & Carlos (2004).
Myrmeciza ruficauda	Roda (2002).
Phylloscartes ceciliae	Roda et al. (2003), Roda & Carlos (2004).
Tangara fastuosa	Importante área para a espécie (Silveira et al. 2003b); Roda (2002).
Curaeus forbesi	Grupo de 12 indivíduos em área pantanosa adjacente à mata (Roda et al. 2003).

Espécies quase ameaçadas: 3	
Thalurania watertonii	Roda (2002).
Picumnus fulvescens	Roda et al. (2003).
Herpsilochmus sellowi	Roda & Carlos (2004).

Espécies de distribuição restrita: 8 EBA071

Serra do Mascarenhas **PE03**

A1, A2 — **7°36'S, 35°26'W**

Área: c.3.500 ha
Municípios: Timbaúba, Macaparana, Vicência, São Vicente Ferrer
Grau de proteção: Nenhum

Bioma: Mata Atlântica
Altitude: 200-600 m
Inventário ornitológico: Não disponível
Key Area 030/PROBIO 118

Descrição

Essa área engloba diversos remanescentes de floresta ombrófila montana situados na região nordeste de Pernambuco, o maior deles com cerca de 500 ha[1,2]. Compreende as matas do Engenho Água Azul (em Timbaúba), Engenho Independência e Jundiá (Vicência), Engenho Xixá (Macaparana), Engenho Ribeiro Seco e Engenho Triunfo (Mata da Macambira; São Vicente Ferrer), que estão conectadas entre si em graus diversos, formando um bloco florestal ainda razoavelmente contínuo ao longo da Serra do Mascarenhas[3]. Juntamente com a Mata do Estado (PE02), situada imediatamente a oeste, a área compõe a maior faixa de floresta úmida ainda existente em toda a Zona da Mata norte de Pernambuco[1].

Aves

A Serra do Mascarenhas ainda é pouco conhecida quanto à sua avifauna, mas apresenta remanescentes de hábitat com grande potencial para abrigar outras espécies ameaçadas registradas até agora somente na vizinha Mata do Estado, como *Myrmotherula snowi* (choquinha-de-alagoas) e *Phylloscartes ceciliae* (cara-pintada). Gaviões do gênero *Leptodon* observados na área foram relacionados à espécie *L. cayanensis*[4] (gavião-de-cabeça-cinza), embora haja pelo menos um registro atribuível a *L. forbesi* (gavião-de-pescoço-branco) em Água Azul[5].

Ameaças

Desmatamento para expansão da cultura de cana-de-açúcar[1]. A captura de *Tangara fastuosa* (pintor-verdadeiro) é comum na área[6].

Referências
1. Base de dados do *workshop* Avaliação e Ações Prioritárias para a Conservação dos Biomas Floresta Atlântica e Campos Sulinos; **2.** SECTMA (2002); **3.** Sônia A. Roda (in litt.); **4.** Roda et al. (2003); **5.** BirdLife International (2000); **6.** Silveira et al. (2003b); Collar et al. (1992); Teixeira et al. (1993); Wege & Long (1995); Roda (2002).

IBA sugerida por Sônia A. Roda

Espécies ameaçadas: 6	
Leptodon forbesi	BirdLife International (2000); a validade do táxon está sob avaliação (Silveira et al. 2003a).
Synallaxis infuscata	Registrada recentemente na área (Roda 2002, Roda et al. 2003).
Terenura sicki	Wege & Long (1995), Teixeira et al. (1993).
Myrmeciza ruficauda	Registros recentes no Engenho Água Azul (Roda 2002, Roda et al. 2003); BirdLife International (2000).
Tangara fastuosa	Recentemente no Engenho Água Azul; grupos de 10 ou mais indivíduos observados também na Mata da Macambira (Roda 2002, Silveira et al. 2003b).
Curaeus forbesi	Alguns indivíduos vistos no Engenho Água Azul (Roda 2002, Roda et al. 2003).
Espécies quase ameaçadas: 2	
Thalurania watertonii	Roda (2002).
Iodopleura pipra	Registrada em 1990 na Usina Cruangi (Eng. Água Azul), Timbaúba (Collar et al. 1992).
Espécies de distribuição restrita: 7	**EBA071**

Igarassu PE04

A1 7°49'S, 35°00'W

Área: 7.200 ha
Municípios: Igarassu, Abreu e Lima
Grau de proteção: Parcial

Bioma: Mata Atlântica
Altitude: 25-120 m
Inventário ornitológico: Preliminar
PROBIO 119

Descrição

Essa área de matas úmidas de baixada está localizada no litoral norte pernambucano, a noroeste da capital do Estado e a poucos quilômetros a sudoeste do canal de Santa Cruz. Predominam na região pequenas propriedades que ainda mantêm áreas residuais de floresta preservada, concentradas ao longo dos cursos de água e sobre os terrenos mais íngremes[1,2]. Na Usina São José, que tem aproximadamente 24.800 ha, ainda restam cerca de 7.200 ha de floresta distribuídos em numerosos fragmentos, a maioria dos quais com menos de 20 ha, mas alguns com até 300 ha[1]. O Refúgio Ecológico Charles Darwin, distante apenas 4 km da Usina São José, é uma pequena área privada de mata secundária, isolada em meio a monoculturas, sobretudo de capim-elefante[3].

Aves

Igarassu é uma das poucas localidades de Pernambuco com registros recentes de *Touit surdus* (apuim-de-cauda-amarela) e possivelmente a única área do Estado onde ainda persiste o macuco (*Tinamus solitarius*)[4]. Pela extensão de floresta ainda existente na Usina São José e propriedades vizinhas, supõe-se que essa área também abrigue populações importantes de *Myrmeciza ruficauda* (formigueiro-de-cauda-ruiva), *Iodopleura*

Espécies ameaçadas: 3	
Touit surdus	Aparentemente existe uma população numerosa na região (Telino Jr. et al. 2000).
Myrmeciza ruficauda	Raça *M. r. soror*; registros recentes em Igarassu (Farias et al. 2002).
Tangara fastuosa	Registros relativamente recentes (Farias 1996, Silveira et al. 2003b).

Espécies quase ameaçadas: 4	
Tinamus solitarius	Localidade-tipo da raça *T. s. pernambucensis*, recentemente invalidada (Amaral & Silveira 2004); ainda encontrado em alguns fragmentos da Usina São José (R. Siqueira *per* S. A. Roda).
Thalurania watertonii	Berla (1946).
Picumnus fulvescens	Registrado no R. E. Charles Darwin (R. M. L. Neves).
Iodopleura pipra	Registrado somente no R. E. Charles Darwin, mas presumivelmente com distribuição mais ampla na área; Neves & Telino Jr. (1997).

Áreas protegidas:

Nome	Categoria	Área
Refúgio Ecológico Charles Darwin	Privada	60 ha
Reserva Ecológica Mata da Usina São José	Privada	323 ha

pipra (anambezinho) e *Tangara fastuosa* (pintor-verdadeiro). Merece destaque o registro de *Picumnus fulvescens* (pica-pau-anão-canela) para o R. E. Charles Darwin[5], por sua proximidade da costa. *Curaeus forbesi* (anumará) e *Procnias nudicollis* (araponga) contam apenas com registros históricos para Igarassu[6], mas ainda podem estar presentes na área.

Ameaças

Conversão de florestas em monoculturas[7].

Referências

1. Silva et al. (2003); **2.** Sônia A. Roda (in litt.); **3.** Neves et al. (2000a); **4.** SECTMA (2002); **5.** Rachel M. Lyra Neves (in litt.); **6.** Berla (1946); **7.** Telino Jr. et al. (2000); Collar et al. (1992); Farias (1996); Neves & Telino Jr. (1997); Farias et al. (2002); Silveira et al. (2003b); Amaral & Silveira (2004).

Brejo de Taquaritinga — PE05

A1 — **7°54'S, 36°03'W**

Área: c.4.000 ha
Município: Taquaritinga do Norte
Grau de proteção: Nenhum
Bioma: Mata Atlântica
Altitude: 870-1.067 m
Inventário ornitológico: Preliminar
PROBIO 121

Descrição

Essa área está situada na Serra da Cachoeira, no nordeste de Pernambuco, e representa um brejo de altitude típico, isto é, um encrave de floresta úmida em meio ao Semi-Árido nordestino. Nas partes mais elevadas da serra, sujeitas à precipitação orográfica, existem florestas montanas úmidas, que gradualmente dão lugar a matas de transição e caatinga em altitudes inferiores[1]. O Brejo de Taquaritinga também é conhecido pelo curioso nome de Torre do Microondas.

Aves

A área foi pouco amostrada por ornitólogos, mas presumivelmente representa um importante refúgio para algumas aves endêmicas da Mata Atlântica nordestina (EBA071), a julgar pela considerável extensão de floresta remanescente. Vários pares de *Tangara fastuosa* (pintor-verdadeiro) foram observados construindo ninho na área em janeiro de 2000[2].

Ameaças

Boa parte da mata já foi cortada para a expansão da agricultura e pecuária. Por seu potencial turístico, a área também sofre pressão devido à especulação imobiliária, sobretudo visando à instalação de hotéis[1,3]. A caça e captura de pássaros (incluindo o pintor-verdadeiro) são praticadas pela população local[2].

Referências

1. Base de dados do *workshop* Avaliação e Ações Prioritárias para a Conservação dos Biomas Floresta Atlântica e Campos Sulinos; **2.** Silveira et al. (2003b); **3.** Sônia A. Roda (in litt.); SECTMA (2002); Roda (2002); Roda et al. (2003); Roda & Carlos (2004).

Espécies ameaçadas: 2	
Synallaxis infuscata	Roda et al. (2003), Roda & Carlos (2004).
Tangara fastuosa	Registrada apenas nas áreas mais elevadas (Silveira et al. 2003b).

PERNAMBUCO

Tapacurá — PE06

A1 — 8°03'S, 35°11'W

Área: > 776 ha
Municípios: São Lourenço da Mata, Paudalho, Chá de Alegria
Grau de proteção: Parcial

Bioma: Mata Atlântica
Altitude: < 100 m
Inventário ornitológico: Representativo
Key Area 031/PROBIO 119

Descrição

A Estação Ecológica do Tapacurá é administrada pela Universidade Federal Rural de Pernambuco e situa-se a apenas 35 km de Recife, em direção oeste. Juntamente com áreas particulares à sua volta, forma uma constelação de fragmentos florestais no entorno do lago de Tapacurá, originado a partir do represamento do rio de mesmo nome. As matas mais importantes são Camucim, do Toró, Tapacurá, Outeiro do Pedro e do Engenho Tapacurá, que apresentam tamanho e estado de conservação variados e podem ser conectadas entre si e à mata adjacente do Engenho Mamancona através de corredores florestais[1]. A estação ecológica protege cerca de 406 ha da floresta remanescente[2], estando o restante em mãos de particulares[1]. Embora a área seja relativamente próxima do litoral, a floresta é classificada como semidecídua, justificando a presença de algumas aves típicas das matas de brejo do interior.

Aves

Entre as cinco espécies de aves globalmente ameaçadas presentes na área estão *Picumnus fulvescens* (pica-pau-anão-canela) e *Hemitriccus mirandae* (maria-do-nordeste), ambas típicas dos brejos de altitude do interior e raras em áreas baixas mais próximas do litoral. *Xipholena atropurpurea* (anambé-de-asa-branca ou escarradeira) possui registro histórico para a área[3].

Ameaças

Efeitos da fragmentação florestal.

Referências
1. Base de dados do *workshop* Avaliação e Ações Prioritárias para a Conservação dos Biomas Floresta Atlântica e Campos Sulinos; **2.** www.conservation.org; **3.** Collar et al. (1992); Coelho (1987a); Azevedo Jr. (1990); Wege & Long (1995); Farias (1996); BirdLife International (2000); Farias et al. (2002); Roda (2002); Silveira et al. (2003b); Sônia A. Roda (in litt.).

Espécies ameaçadas: 4	
Myrmeciza ruficauda	Registrada pelo menos até meados da década de 1980 (Collar et al. 1992); Wege & Long (1995).
Hemitriccus mirandae	Coelho (1987a), Azevedo Jr. (1990), BirdLife International (2000).
Tangara fastuosa	Sem registros nos últimos anos (S. A. Roda; Silveira et al. 2003b); Farias (1996), BirdLife International (2000).
Carduelis yarrellii	Sem registros recentes na área (S. A. Roda); Wege & Long (1995).

Espécie quase ameaçada	
Picumnus fulvescens	BirdLife International (2000).

Área protegida:

Nome	Categoria	Área
Estação Ecológica do Tapacurá	Privada	776 ha

Complexo Gurjaú | PE07

A1, A2 — **8°12'S, 35°05'W**

Área: 1.077 ha
Municípios: Cabo de Santo Agostinho, Moreno, Jaboatão dos Guararapes
Grau de proteção: Parcial

Bioma: Mata Atlântica
Altitude: 17-102 m
Inventário ornitológico: Representativo
PROBIO 124

Descrição

O Complexo Gurjaú, também denominado Matas do Sistema Gurjaú[1], é formado por um conjunto de pequenos fragmentos florestais pertencentes à Companhia Pernambucana de Abastecimento de Água (COMPESA) e está localizado a cerca de 28 km ao sul da capital do Estado. Com uma área total de pouco mais de 1.000 ha, é o maior conjunto remanescente de Mata Atlântica na Região Metropolitana do Recife e integra a zona núcleo da Reserva da Biosfera da Mata Atlântica[1]. A Reserva Estadual de Gurjaú, que protege uma grande parcela da mata remanescente, possui três açudes que abastecem a Grande Recife: Sucupema, Gurjaú e São Salvador. A maior parte da reserva (c. 87%) está bem preservada, apresentando trechos de vegetação densa[2]. Espécies de árvores típicas da Zona da Mata Úmida de Pernambuco, como *Plathymenia foliolosa* (amarelo), *Parkia pendula* (visgueiro) e *Ballizia pedicellaris* (jaguarana), predominam em todos os remanescentes. A área engloba a R. E. de Gurjaú e alguns fragmentos adjacentes com potencial para serem interligados através da restauração florestal[3].

PERNAMBUCO

Aves

Levantamentos recentes indicam a presença de 220 espécies de aves na região[4,5]. O Complexo Gurjaú é uma das poucas áreas onde *Synallaxis infuscata* (tatac), espécie endêmica do Centro Pernambuco, ocorre nas baixadas próximas ao litoral. Nas partes alagadas da reserva ecológica, sobretudo em pastos abandonados, existe uma das mais significati-

Espécies ameaçadas: 6	
Touit surdus	Razoavelmente freqüente (Lyra-Neves et al. 2004).
Synallaxis infuscata	S. A. Roda.
Myrmeciza ruficauda	Pouco freqüente (Lyra-Neves et al. 2004).
Tangara fastuosa	Razoavelmente freqüente e residente na área (Lyra-Neves et al. 2004).
Curaeus forbesi	Lyra-Neves et al. (2004), S. A. Roda; Cabo de Santo Agostinho (Farias et al. 2002).
Carduelis yarrellii	Roda (2002).

Espécies quase ameaçadas: 3	
Thalurania watertonii	Lyra-Neves et al. (2004).
Picumnus fulvescens	Razoavelmente freqüente (Lyra-Neves et al. 2004).
Iodopleura pipra	S. A. Roda.

Espécies de distribuição restrita: 6 — **EBA071**

Área protegida:

Nome	Categoria	Área
Reserva Estadual de Gurjaú	Proteção Integral (COMPESA)	1.077 ha

vas populações de *Curaeus forbesi* (anumará) de toda a zona de terras baixas de Pernambuco. *Xipholena atropurpurea* (escarradeira), registrada na década de 1990[6], não tem sido encontrada em estudos recentes[2,4].

Ameaças

A área encontra-se cercada por plantações de cana-de-açúcar, o que a torna muito vulnerável a incêndios originados a partir das queimadas anuais dos canaviais. As comunidades locais comumente abrem clareiras ou utilizam as margens da floresta para o plantio de culturas temporárias, como feijão, milho, mandioca e banana[2]. A captura de aves e a retirada de madeira são práticas freqüentes na reserva em virtude da falta de fiscalização.

Referências

1. FIDEM (1987); **2.** CPRH – Agência Estadual de Meio Ambiente e Recursos Hídricos (www.cprh.gov.pe.br); **3.** Azevedo Jr. et al. (2004); **4.** Lyra-Neves et al. (2004); **5.** Roda (no prelo); **6.** Teixeira & Almeida (1997); Farias et al. (2002); Roda (2002); Sônia A. Roda (in litt.); Severino Mendes de Azevedo Jr., Rachel M. Lyra Neves e Wallace Rodrigues Telino Jr. (in litt.).

PERNAMBUCO

Reserva Ecológica Maurício Dantas — PE08

A1, A2, A3 — **8°18'S, 38°11'W**

Área: 1.485 ha
Municípios: Betânia, Floresta
Grau de proteção: Total
Bioma: Caatinga
Altitude: 550 m
Inventário ornitológico: Representativo

Descrição

A Reserva Ecológica Maurício Dantas está situada a 18 km da cidade de Betânia, no Sertão pernambucano, e protege uma área de caatinga relativamente íntegra e de grande beleza cênica.

Aves

Em um recente levantamento de campo, foram registradas 157 espécies de aves na área[1], incluindo sete dos cerca de 15 endemismos do bioma Caatinga que ocorrem em Pernambuco. *Curaeus forbesi* (anumará) foi listado para a reserva[1], mas o registro requer confirmação[2].

Ameaças

Aparentemente não existem ameaças diretas à área.

Referências

1. Farias et al. (2001); **2.** Sônia A. Roda (in litt.); Farias et al. (2002).

Espécies ameaçadas: 2

Penelope jacucaca	Farias et al. (2001).
Carduelis yarrellii	Farias et al. (2001).

Espécie quase ameaçada

Picumnus fulvescens	Farias et al. (2002).

Espécies de distribuição restrita: 2 — **EBA070**

Espécies endêmicas: 7 — **CAA**

Área protegida:

Nome	Categoria	Área
Reserva Ecológica Maurício Dantas	Particular (RPPN)	1.485 ha

Brejo dos Cavalos — PE09

A1, A2 — **8°22'S, 36°03'W**

Área: 5.200 ha
Municípios: Caruaru, São Caitano, Altinho
Grau de proteção: Parcial

Bioma: Mata Atlântica, Caatinga
Altitude: 800-1.000 m
Inventário ornitológico: Preliminar
Key Area 032/PROBIO 125 (22)

Descrição

Essa área de florestas serranas encerradas no domínio da Caatinga também é conhecida como Serra dos Cavalos ou Fazenda Caruaru (em parte) e situa-se a aproximadamente 132 km da cidade do Recife, no Agreste pernambucano. Está inserida sobre o maciço da Borborema, nas bacias dos rios Ipojuca, Capibaribe e Una[1]. A área apresenta muitos riachos intermitentes e três açudes principais, responsáveis pelo abastecimento da cidade de Caruaru e localidades vizinhas[1]. A fisionomia da floresta da região, classificada como "brejo de altitude", é marcada por árvores que atingem, em média, 20 a 25m de altura[2]. Alguns indivíduos emergentes podem atingir 40 m (*e.g.*, *Podocarpus sellowii* e *Eriotheca crenulaticalyx*)[2].

Aves

Apesar de não haver estudos recentes sobre a avifauna do Brejo dos Cavalos, há um acervo bastante representativo de exemplares coletados na região durante as décadas de 1970 e 1980[3]. Dessa área provém o primeiro registro de *Phylloscartes ceciliae* (cara-pintada) para Pernambuco[3]. Essa espécie endêmica das matas de altitude do Nordeste ocorre em somente outras cinco IBAs, duas delas em território pernambucano. Existe uma população bastante significativa de *Tangara fastuosa* (pintor-verdadeiro) na área[4].

Ameaças

Atualmente, a principal ameaça são os desmatamentos para o plantio de culturas temporárias (sobretudo chuchu, hor-

Espécies ameaçadas: 6

Synallaxis infuscata	Caruaru (Pacheco & Gonzaga 1995); Roda & Carlos (2004).
Myrmeciza ruficauda	Wege & Long (1995), BirdLife International (2000).
Hemitriccus mirandae	Roda (2002), Roda & Carlos (2004).
Phylloscartes ceciliae	Roda (2002), Roda et al. (2003), Roda & Carlos (2004).
Tangara fastuosa	Reduto importante (BirdLife International 2000).
Carduelis yarrellii	Caruaru e, ao menos historicamente, São Caitano (Collar et al. 1992, BirdLife International 2000).

Espécies quase ameaçadas: 3

Thalurania watertonii	Roda & Carlos (2004).
Picumnus fulvescens	Roda & Carlos (2004), Roda et al. (2003).
Herpsilochmus sellowi	Roda & Carlos (2004).

Espécies de distribuição restrita: 6 **EBA071**

Áreas protegidas:

Nome	Categoria	Área
Reserva Ecológica Brejo dos Cavalos	Privada (UFPE)	450 ha
Parque Natural Ecológico Vasconcelos Sobrinho	Municipal	354 ha

taliças e flores), praticado de forma desordenada em áreas de fundo de vale e várzeas do Parque Ecológico Vasconcelos Sobrinho[1]. A captura de aves para comercialização é bastante intensa na região, incidindo principalmente sobre *Tangara fastuosa*.

Referências

1. Gomes (2004); **2.** Sales et al. (1998); **3.** Roda (2002); **4.** A. Galileo Coelho (in litt.); Pacheco & Gonzaga (1995); Wege & Long (1995); BirdLife International (2000); Roda et al. (2003); Silveira et al. (2003b); Cabral et al. (2004); Locatelli & Machado (2004); Roda & Carlos (2004); Sônia A. Roda (in litt.).

Guadalupe — PE10

A1, A3 — **8°36'S, 35°14'W**

Área: c.15.000 ha
Municípios: São José da Coroa Grande, Tamandaré, Rio Formoso, Sirinhaém
Grau de proteção: Parcial

Bioma: Mata Atlântica
Altitude: 0-150 m
Inventário ornitológico: Preliminar
Key Area 034/PROBIO 127

Descrição

Essa área é constituída por fragmentos de floresta atlântica de baixada no litoral sul de Pernambuco, incluindo a Reserva Biológica de Saltinho e as matas da Usina Trapiche (100 ha), Usina Cucaú e Engenho Mamucaba (Mata do Pau Amarelo), vizinhas à reserva[1]. Esses fragmentos estão incluídos na Área de Proteção Ambiental de Guadalupe, que se estende até a costa e abrange cinco dos municípios mais promissores para o turismo no Estado, configurando o Centro Turístico de Guadalupe. As chuvas na região distribuem-se por aproximadamente 200 dias do ano, com precipitação média anual de 2.050 mm[2].

Aves

A área abrange toda a distribuição conhecida de *Glaucidium mooreorum* (caburé-de-pernambuco), corujinha descrita apenas em 2002 a partir de dois exemplares coletados em 1980 na R. B. de Saltinho[3].

Espécies ameaçadas: 4	
Synallaxis infuscata	Registrada na década de 1980 (Wege & Long 1995); Roda et al. (2003).
Myrmeciza ruficauda	Registros recentes (Roda et al. 2003); Wege & Long (1995).
Tangara fastuosa	Recentemente na Usina Trapiche (Silveira et al. 2003b); BirdLife International (2000), Roda (2002).
Carduelis yarrellii	Wege & Long (1995); ainda presente na área (S. A. Roda).

Espécie quase ameaçada	
Thalurania watertonii	Neves et al. (2000b), Roda (2002).

Espécies endêmicas: 15 [ATL] (*Glaucidium mooreorum*)

Áreas protegidas:

Nome	Categoria	Área
Reserva Biológica de Saltinho	Proteção Integral	564 ha
APA Estadual de Guadalupe	Uso Sustentável	44.255 ha*

*de área continental; apenas parte da APA está incluída na IBA.

A espécie foi registrada também na Usina Trapiche, em 2001[3]. A avifauna das matas remanescentes da APA de Guadalupe tem sido bastante estudada nos últimos anos. Inventários recentes apontaram a presença de 150 espécies na APA como um todo[4], 156 espécies em Saltinho[4], 163 na Usina Cucaú[5], 210 na Usina Trapiche[6] e 173 na Fazenda Morim[7], em São José da Coroa Grande.

Ameaças

A retirada de madeira das matas remanescentes e a captura de aves para comercialização são atividades ilegais comuns na região[4]. A R. B. de Saltinho é cortada em dois trechos por rodovias estaduais. Por fim, a severa fragmentação das florestas da região poderá comprometer a sobrevivência de *Glaucidium mooreorum*, espécie descrita já no limiar da extinção[3]. As unidades de conservação que protegem a Mata Atlântica nordestina são pequenas (78% são menores do que 5 km²) e isoladas[3].

Referências

1. Sônia A. Roda (in litt.); **2.** CPRH (1999); **3.** Silva et al. (2002); **4.** Neves et al. (2000b); **5.** S. A. Roda (dados inéditos); **6.** Roda (2004a); **7.** Roda (2004b); Wege & Long (1995); BirdLife International (2000); Farias et al. (2002); Roda (2002); Roda et al. (2003); Silveira et al. (2003b).

Parque Nacional do Catimbau — PE11

A1, A2, A3 — **8°30'S, 37°22'W**

Área: 62.555 ha
Municípios: Buíque, Tupanatinga, Ibimirim
Grau de proteção: Total

Bioma: Caatinga
Altitude: 600-1.000 m
Inventário ornitológico: Representativo PROBIO (23)

Descrição

O Parque Nacional do Catimbau, criado em 2002, situa-se na porção central de Pernambuco, em uma região conhecida como Chapada de São José. A área é representativa das chapadas sedimentares do sertão pernambucano, compreendendo morros, vales e tabuleiros, sobre os quais ocorrem quatro tipos principais de vegetação: caatinga arbustivo-arbórea, campos rupestres (entre 900 e 1.000 m), vegetação arbustiva perenifólia ("refú-

Espécie ameaçada

Carduelis yarrellii	Coelho (2002).

Espécies quase ameaçadas: 4

Picumnus fulvescens	Coelho (2002), S. M. de Azevedo Jr. *per* R. Neves.
Gyalophylax hellmayri	Coelho (2002), S. M. de Azevedo Jr. *per* R. Neves.
Herpsilochmus sellowi	Coelho (2002).
Hylopezus ochroleucus	Coelho (2002).

Espécies de distribuição restrita: 2 — **EBA070**

Espécies endêmicas: 9 — **CAA**

Área protegida:

Nome	Categoria	Área
Parque Nacional do Catimbau	Proteção Integral	62.555 ha

gios" vegetacionais com elementos da caatinga, floresta estacional, campo rupestre e cerrado) e vegetação florestal perenifólia (no sopé de algumas serras)[1,2]. O clima regional é tropical semi-árido, com temperatura média anual de 23°C e precipitação variando de 300 a 500 mm anuais[2]. Em Buíque, no entanto, que está a cerca de 800 m de altitude, a precipitação anual média eleva-se a 1.096 mm[1]. O Parque Nacional do Catimbau resguarda cerca de 25 sítios arqueológicos com pinturas rupestres e artefatos da ocupação pré-histórica, datados de pelo menos 6.000 anos atrás. Além das inscrições rupestres, existem também paredões de arenito e formações rochosas esculpidas pela ação erosiva do vento[3].

Aves

Um levantamento preliminar da avifauna do parque, ainda não publicado, apontou a ocorrência de 150 espécies de aves na área[4]. A maior parte são aves típicas da Caatinga, incluindo um conjunto significativo de espécies endêmicas desse bioma, com destaque para o tiranídeo *Stigmatura bahiae*, de ocorrência conhecida em apenas três IBAs.

Ameaças

A regulamentação fundiária do parque ainda não está completa. Há moradores vivendo no interior da unidade de conservação, em situação de extrema pobreza. Também ocorre corte de madeira e caça de subsistência.

Referências

1. Rodal et al. (1998); **2.** SNE (2002); **3.** www.ibama.gov.br; **4.** Coelho (2002); Severino Mendes de Azevedo Jr. *per* Rachel M. Lyra Neves (in litt.).

Serra Negra (Floresta) — PE12

A1, A2, A3 — **8°38'S, 38°02' W**

Área: c.6.000 ha
Municípios: Floresta, Inajá, Tacaratu
Grau de proteção: Parcial

Bioma: Caatinga, Mata Atlântica
Altitude: 800-1.050 m
Inventário ornitológico: Representativo
Key Area 033/PROBIO 126 (26)

Descrição

A Serra Negra é um pequeno platô ou tabuleiro isolado ("inselberg") que se eleva na divisa dos municípios de Inajá e Floresta, no Sertão pernambucano. Seu topo mede cerca de 800 m de largura por 3.000 m de comprimento[1]. A área é um brejo de altitude, ao redor do qual predomina a vegetação de caatinga. A floresta existente no topo da serra é densa e úmida devido à precipitação orográfica, com árvores que atingem até 35 m de altura; florestas de transição, de dossel mais baixo e relativamente aberto, recobrem as encostas adjacentes (especialmente a escarpa meridional da serra), onde a umidade é menor[1]. A R. B. de Serra Negra é a mais antiga unidade de conservação de sua categoria no Brasil, tendo sido criada em 1950[2].

Aves

Talvez devido ao seu isolamento em relação a outros brejos de altitude, a Serra Negra abriga poucos endemismos da Mata Atlântica nordestina, destacando-se, porém, a ocorrência de *Pyrrhura griseipectus* (tiriba-de-peito-cinza), psitacídeo extremamente ameaçado presentemente conhecido com segurança em apenas uma localidade adicional no Ceará. Por outro lado, a área é rica em espécies endêmicas do bioma Caatinga, que localmente se restringem às partes mais baixas da serra.

Ameaças

Apesar de ser uma unidade de conservação pública, a reserva encontra-se entregue à ação de caçadores e à depredação ambiental por falta de infra-estrutura e fiscalização ineficiente[3]. As ameaças mais comuns são caça, desmatamento para plantio de frutíferas, corte de árvores, deposição de lixo, extração de plantas ornamentais e entrada de gado doméstico[3,4,5]. A área também sofreu invasão por grupos indígenas[6].

Referências

1. Rodal & Nascimento (2002); **2.** www.ibama.gov.br; **3.** Jornal do Commercio (Recife, 22 novembro 1998); **4.** Sônia A. Roda (in litt.); **5.** Base de dados do *workshop* Avaliação e Ações Prioritárias para a Conservação dos Biomas Floresta Atlântica e Campos Sulinos; **6.** S. A. Roda (verb.); Sick (1979); Coelho (1987b); Teixeira et al. (1988); Teixeira (1992a,b); Whitney & Pacheco (1994); Wege & Long (1995); Whitney et al. (1995b); BirdLife International (2000); Farias et al. (2002); Roda (2002); Roda & Carlos (2004).

Espécies ameaçadas: 2		
Penelope jacucaca	Roda & Carlos (2004).	
Carduelis yarrellii	Wege & Long (1995).	
Espécies quase ameaçadas: 6		
Primolius maracana	Coelho (1987b), Teixeira et al. (1988), BirdLife International (2000).	
Baillonius bailloni	Sick (1979).	
Picumnus fulvescens	BirdLife International (2000), Farias et al. (2002), Roda (2002); Roda & Carlos (2004), sob *P. limae.*	
Gyalophylax hellmayri	Teixeira (1992a), Whitney & Pacheco (1994).	
Herpsilochmus sellowi	Roda & Carlos (2004).	
Hylopezus ochroleucus	Whitney et al. (1995b).	
Espécies de distribuição restrita: 2	**EBA070**	
Espécies endêmicas: 9	**CAA**	
Área protegida:		
Nome	**Categoria**	**Área**
Reserva Biológica de Serra Negra	Proteção Integral	1.100 ha

Serra do Urubu — PE13

A1, A2 — 8°43'S, 35°54'W

Área: > 1.000 ha
Municípios: Jaqueira, Lagoa dos Gatos, São Benedito do Sul
Grau de proteção: Parcial

Bioma: Mata Atlântica
Altitude: 500-750 m
Inventário ornitológico: Preliminar
PROBIO 129

Descrição

A área engloba remanescentes de floresta atlântica montana situados principalmente nos municípios de Jaqueira e Lagoa dos Gatos, Zona da Mata sul de Pernambuco. Esses remanescentes estão inseridos na superfície do Planalto da Borborema, em áreas do complexo das Serras do Urubu e Espelho[1]. Nessa região, o relevo é montanhoso e acidentado, com predomínio de granitos[1]. O clima é tropical quente e úmido, com uma estação seca entre outubro e fevereiro e uma estação chuvosa de março a setembro[1]. No município de Jaqueira, as áreas de mata encontram-se circundadas por plantações de cana-de-açúcar, bananais e pequenas lavouras temporárias[1]. No município de Lagoa dos Gatos predominam pastagens abandonadas. A área inclui a RPPN Frei Caneca e uma parcela de mata adjacente com 440 ha, a qual foi recentemente adquirida pela SAVE Brasil/BirdLife International e está sendo transformada em uma RPPN. Além dessas áreas, existem alguns outros fragmentos florestais próximos que podem ser considerados em uma estratégia de conservação a longo prazo.

Aves

A Serra do Urubu e Murici (AL02) são as únicas áreas onde ainda podem ser encontradas todas as quatro espécies confinadas às florestas montanas de Alagoas e Pernambuco (*Philydor novaesi*,

Espécies ameaçadas: 9	
Touit surdus	Barnett et al. (2005).
Synallaxis infuscata	Roda (2002), Roda et al. (2003).
Philydor novaesi	Até 4 indivíduos vistos recentemente na área (Barnett et al. 2005).
Myrmotherula snowi	Alguns poucos registros em 2003 (Barnett et al. 2005).
Terenura sicki	Observado em várias ocasiões em 2003 (Barnett et al. 2005).
Myrmeciza ruficauda	Roda (2002), Roda et al. (2003).
Hemitriccus mirandae	Barnett et al. (2005).
Phylloscartes ceciliae	Aparentemente presente em bom número (Barnett et al. 2005).
Tangara fastuosa	Bando com 12 indivíduos em 1999 (Silveira et al. 2003b).

Espécies quase ameaçadas: 3	
Leucopternis polionotus	S. A. Roda, J. M. Barnett e C. J. Carlos.
Thalurania watertonii	Roda (2002).
Iodopleura pipra	Barnett et al. (2005).

Espécies de distribuição restrita: 9 **EBA071**

Área protegida:

Nome	Categoria	Área
RPPN Frei Caneca	Particular	630 ha

Myrmotherula snowi, *Terenura sicki* e *Phylloscartes ceciliae*)[2,3]. Rumores sobre a presença de uma espécie nova de tiranídeo na área[2] não se confirmaram.

Ameaças

A RPPN Frei Caneca encontra-se bem preservada e conta com um funcionário responsável pela fiscalização da área. No trecho de mata mais próximo à Lagoa dos Gatos existe exploração de madeira para transformação em carvão, atividade que já causou sérios danos à floresta. Um fragmento de mata das proximidades (Mata do Cordeirinho) foi completamente devastado nos últimos anos apenas pela atividade dos carvoeiros. Em contrapartida, uma das ações de conservação que vêm sendo desenvolvidas na região é o reflorestamento de clareiras abertas para fabricação de carvão. A caça para subsistência representa uma ameaça adicional.

Referências

1. www.rppnfreicaneca.org; **2.** Neotropical News, *Cotinga* 20:13; **3.** Barnett et al. (2005); Roda (2002); Roda et al. (2003); Silveira et al. (2003b); Sônia A. Roda, Juan M. Barnett e Caio J. Carlos (www.rppnfreicaneca.org).

Garanhuns — PE14

A1 — **8°53'S, 36°33'W**

Área: c.15.000 ha
Municípios: Garanhuns, Caetés, Brejão
Grau de proteção: Nenhum
Bioma: Mata Atlântica
Altitude: 840 m
Inventário ornitológico: Não disponível
PROBIO 130

Descrição

Localizada no Agreste de Pernambuco, essa área de brejo dista aproximadamente 230 km do Recife e compreende dois conjuntos principais de remanescentes florestais, a oeste e sudoeste da cidade de Garanhuns[1]. A vegetação original na região é a floresta estacional semidecidual, que está sujeita a uma precipitação pluviométrica média de cerca de 1.000 mm anuais. Devido à altitude, o clima é mesotérmico, com temperatura média anual de 18°C. A principal atividade econômica da região é a criação de gado de leite e de corte. Nas áreas mais altas são cultivados café e frutas[2].

Aves

Essa área foi considerada insuficientemente conhecida no Atlas da Biodiversi-

Espécies ameaçadas: 2	
Hemitriccus mirandae	Teixeira et al. (1993), BirdLife International (2000).
Tangara fastuosa	Collar et al. (1992); sem registros conhecidos nos últimos 25 anos (Silveira et al. 2003b).

Espécies quase ameaçadas: 4	
Crypturellus noctivagus	Provavelmente só registros históricos (Roda & Carlos 2004); Roda (2002), Farias et al. (2002).
Picumnus fulvescens	Coletas antigas (Roda & Carlos 2004).
Herpsilochmus sellowi	Coleta antiga em Garanhuns (Pacheco & Parrini 2002).
Iodopleura pipra	Aparentemente registrado apenas em 1957 (Teixeira et al. 1993).

dade de Pernambuco[2]. Os registros de aves ameaçadas ou quase ameaçadas são todos relativamente antigos, desconhecendo-se a situação atual das espécies, mas a área ainda apresenta potencial para abrigar a maioria delas.

Ameaças

As áreas de floresta de Garanhuns foram bastante reduzidas para o desenvolvimento da pecuária e agricultura. Restam fragmentos, localizados principalmente em propriedades privadas e, portanto, desprotegidos[1].

Referências

1. Base de dados do *workshop* Avaliação e Ações Prioritárias para a Conservação dos Biomas Floresta Atlântica e Campos Sulinos; **2.** SECTMA (2002); Short & Parkes (1979); Collar et al. (1992); Teixeira et al. (1993); Teixeira & Almeida (1997); BirdLife International (2000); Farias et al. (2002); Pacheco & Parrini (2002); Roda (2002); Roda et al. (2003); Silveira et al. (2003b); Roda & Carlos (2004); Sônia A. Roda (in litt.).

Tabela 2. Espécies ameaçadas de extinção com ocorrência nas IBAs de Pernambuco

Espécies	Categ.*	Código IBA														Total**	
		PE01	PE02	PE03	PE04	PE05	PE06	PE07	PE08	PE09	PE10	PE11	PE12	PE13	PE14	a	b
Leptodon forbesi	CR			X												1	2
Penelope jacucaca	VU								X				X			2	14
Touit surdus	VU				X			X						X		3	35
Synallaxis infuscata	EN		X	X		X		X		X	X			X		7	11
Philydor novaesi	CR													X		1	2
Myrmotherula snowi	CR		X											X		2	3
Terenura sicki	EN		X	X										X		3	6
Myrmeciza ruficauda	EN		X	X	X		X	X		X	X			X		8	17
Hemitriccus mirandae	VU						X			X				X	X	4	8
Elaenia ridleyana	VU	X														1	1
Phylloscartes ceciliae	EN		X							X				X		3	6
Tangara fastuosa	VU		X	X	X	X	X	X		X	X			X	X	10	16
Curaeus forbesi	EN		X	X				X								3	8
Carduelis yarrellii	VU						X	X	X	X	X	X	X			7	17
Total de espécies		**1**	**7**	**6**	**3**	**2**	**4**	**6**	**2**	**6**	**4**	**1**	**2**	**9**	**2**		
Tinamus solitarius	NT				X											1	36
Crypturellus noctivagus	NT														X	1	24
Leucopternis polionotus	NT													X		1	29
Primolius maracana	NT												X			1	25
Thalurania watertonii	NT		X	X	X			X		X	X			X		7	13
Baillonius bailloni	NT												X			1	26
Picumnus fulvescens	NT		X		X		X	X	X	X		X	X		X	9	16
Gyalophylax hellmayri	NT											X	X			2	10
Herpsilochmus sellowi	NT		X							X		X	X		X	5	20
Hylopezus ochroleucus	NT											X	X			2	13
Iodopleura pipra	NT			X	X			X						X	X	5	18
Vireo gracilirostris	NT	X														1	1
Total de espécies		**1**	**3**	**2**	**4**	**0**	**1**	**3**	**1**	**3**	**1**	**4**	**6**	**3**	**4**		

* Categorias de ameaça: CR – criticamente em perigo; EN – em perigo; VU – vulnerável; NT – quase ameaçada.
** Número de IBAs em que a espécie se encontra presente em: **a** – Pernambuco (sem considerar IBAs interestaduais); **b** – Região como um todo.

Tabela 3. Espécies endêmicas por IBA no Estado de Pernambuco, agrupadas por Bioma

Espécies	nº EBA*	Código IBA														Total**	
		PE01	PE02	PE03	PE04	PE05	PE06	PE07	PE08	PE09	PE10	PE11	PE12	PE13	PE14	a	b
Mata Atlântica																	
Tinamus solitarius					X											1	36
Crypturellus noctivagus															X	1	24
Leptodon forbesi	71			X												1	2
Leucopternis polionotus														X		1	29
Ortalis araucuan					X			X				X				3	22
Odontophorus capueira					X									X		2	38
Pyrrhura griseipectus													X			1	2
Brotogeris tirica								X			X			X		3	38
Touit surdus					X			X						X		3	35
Glaucidium mooreorum											X					1	1
Phaethornis margarettae				X				X			X			X		4	9
Melanotrochilus fuscus			X	X				X						X		4	46
Thalurania watertonii			X	X	X			X		X	X			X		7	13
Aphantochroa cirrhochloris			X	X		X				X	X			X		6	29
Baryphthengus ruficapillus					X											1	28
Baillonius bailloni													X			1	26
Xiphorhynchus fuscus			X	X	X			X		X	X			X		7	60
Synallaxis infuscata	71		X	X		X		X		X	X			X		7	11
Philydor novaesi	71													X		1	2
Automolus leucophthalmus					X						X			X		3	42
Myrmotherula snowi	71		X											X		2	3
Drymophila squamata														X		1	31
Terenura sicki	71		X	X										X		3	6
Myrmeciza ruficauda	71, 75		X	X	X		X	X		X	X			X		8	17
Conopophaga cearae					X		X	X		X					X	5	9
Conopophaga melanops			X	X			X	X			X			X		6	39
Iodopleura pipra	71, 75			X	X			X						X	X	5	18
Hemitriccus mirandae	71						X			X				X	X	4	8
Elaenia ridleyana	69	X														1	1
Phylloscartes ceciliae	71		X							X				X		3	6
Knipolegus nigerrimus									X							1	32

Tabela 3. (continuação) Espécies endêmicas por IBA no Estado de Pernambuco, agrupadas por Bioma

Espécies	nº EBA*	Código IBA														Total**	
		PE01	PE02	PE03	PE04	PE05	**PE06**	**PE07**	**PE08**	PE09	PE10	**PE11**	**PE12**	PE13	PE14	a	b
Mata Atlântica																	
Saltator fuliginosus				X	X									X		3	36
Ramphocelus bresilius			X	X	X		X	X			X			X		7	36
Euphonia pectoralis											X			X		2	39
Tangara cyanomelas					X		X	X			X			X		5	10
Tangara fastuosa	71		X	X	X	X	X	X		X	X			X	X	10	16
Tangara cyanocephala			X	X		X		X		X	X			X	X	8	41
Vireo gracilirostris	69	X														1	1
Curaeus forbesi	71		X	X				X								3	8
Total de espécies		**2**	**14**	**16**	**15**	**4**	**7**	**17**	**1**	**10**	**15**	**1**	**2**	**26**	**6**		
Cerrado																	
Compsothraupis loricata									X				X			2	15
Total de espécies		**0**	**0**	**0**	**0**	**0**	**0**	**0**	**1**	**0**	**0**	**0**	**1**	**0**	**0**		
Caatinga																	
Penelope jacucaca									X				X			2	14
Caprimulgus hirundinaceus	70								X							1	5
Phaethornis gounellei									X			X	X			3	8
Picumnus fulvescens	70, 71		X		X		X	X	X	X		X	X		X	9	16
Gyalophylax hellmayri	70											X	X			2	10
Megaxenops parnaguae												X	X			2	11
Pseudoseisura cristata									X			X				2	13
Sakesphorus cristatus													X			1	12
Herpsilochmus sellowi			X							X		X	X		X	5	20
Hylopezus ochroleucus												X	X			2	13
Stigmatura bahiae									X			X				2	3
Paroaria dominicana			X	X		X	X	X	X		X	X	X		X	10	30
Total de espécies		**0**	**3**	**1**	**1**	**1**	**2**	**2**	**7**	**2**	**1**	**9**	**9**	**0**	**3**		
Total geral de espécies		**2**	**17**	**17**	**16**	**5**	**9**	**19**	**9**	**12**	**16**	**10**	**12**	**26**	**9**		

* EBA: Endemic Bird Areas of the World (Stattersfield et al., 1998). Ver capítulo 4.
** Número de IBAs em que a espécie se encontra presente em: **a** – Pernambuco (sem considerar IBAs interestaduais); **b** – Região como um todo.

ALAGOAS

OCEANO PACÍFICO
OCEANO ATLÂNTICO

Tangara fastuosa

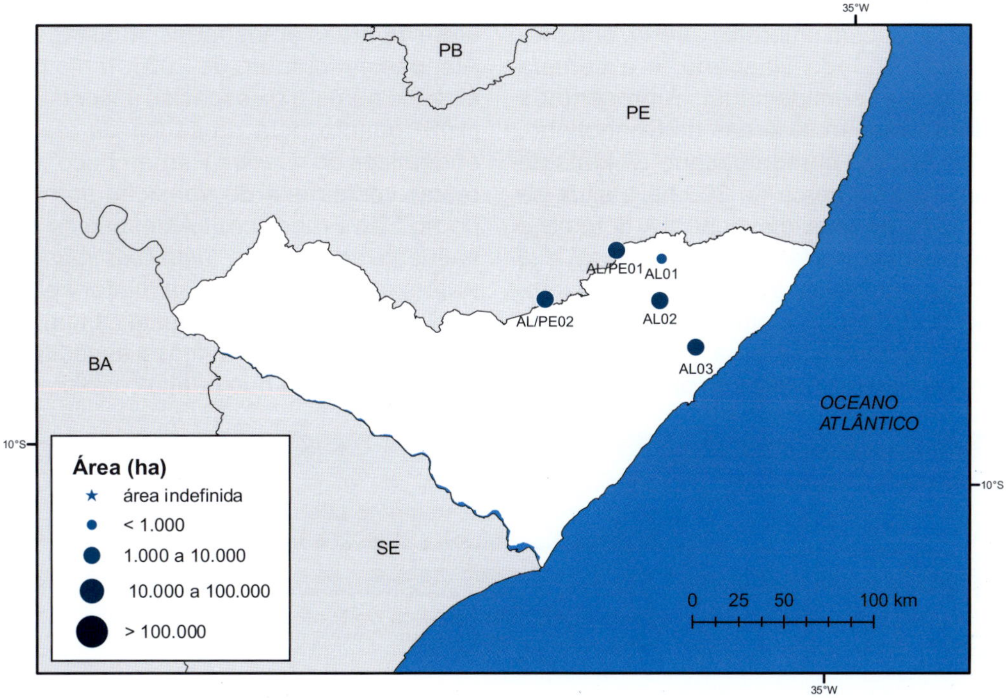
35°W
PB
PE
AL/PE01
AL01
AL/PE02
AL02
AL03
BA
SE
OCEANO ATLÂNTICO
10°S
Área (ha)
área indefinida
< 1.000
1.000 a 10.000
10.000 a 100.000
> 100.000
0 25 50 100 km

Tabela 1. Lista das IBAs no Estado de Alagoas

			Critérios*			
Código	**Nome**	**Bioma**	**A1**	**A2**	**A3**	**A4**
AL/PE01	São José da Laje/Canhotinho	ATL	X			
AL01	Engenho Coimbra (Usina Serra Grande)	ATL	X	71		
AL02	Murici	ATL	X	71	ATL	
AL/PE02	Reserva Biológica de Pedra Talhada	ATL	X	71		
AL03	Usina Cachoeira	ATL	X			

* Ver capítulo 2 para explicação dos critérios.

São José da Laje / Canhotinho — AL/PE01

A1 — **8°57'S, 36°06'W**

Área: c.4.000 ha
Municípios: São José da Laje (AL), Canhotinho (PE)
Grau de proteção: Nenhum

Bioma: Mata Atlântica
Altitude: 160 m
Inventário ornitológico: Preliminar

Descrição

Essa área está localizada na divisa de Alagoas com Pernambuco e compreende a Mata do Pinto, em São José da Laje, e os remanescentes florestais adjacentes no município de Canhotinho. A área está inserida em uma zona de contato entre a floresta ombrófila aberta, que predomina no lado alagoano, e a floresta estacional semidecidual, representada pelas matas mais secas de Canhotinho, já no Agreste pernambucano[1]. A Mata do Pinto possui cerca de 300 ha e situa-se no topo de uma elevação[2]. A floresta é relativamente alta (c.20 m de altura) e já sofreu corte seletivo no passado[2]. A exemplo do Engenho Coimbra (AL01), essa área pertence à Usina Serra Grande; ambas são relativamente próximas entre si, embora situem-se em altitudes diferentes[2].

Aves

A Mata do Pinto foi apontada como um dos dois fragmentos florestais mais importantes para a conservação de aves entre 15 áreas amostradas no Estado de Alagoas em outubro de 2001, tanto pelo elevado número de espécies encontradas (103) quanto pela presença de táxons endêmicos do "Centro Pernambuco" (florestas costeiras e de transição ao norte do rio São Francisco)[2]. As espécies globalmente ameaçadas *Synallaxis infuscata* (tatac) e *Tangara fastuosa* (pintor-verdadeiro) parecem especialmente comuns na área[2,3]. Não há informações específicas sobre a avifauna que habita os expressi-

Espécies ameaçadas: 2	
Synallaxis infuscata	Silveira et al. (2003a).
Tangara fastuosa	Cinco grupos recentemente observados em 5,4 h de observações (Silveira et al. 2003b).

Espécie quase ameaçada	
Picumnus fulvescens	Encontrada junto à Mata do Pinto (Roda et al. 2003); Silveira et al. (2003a).

vos remanescentes florestais de Canhotinho. Porém, dado o caráter mais seco da floresta e a proximidade com a Reserva Biológica de Pedra Talhada (AL/PE02), é esperada a ocorrência de espécies típicas das matas do interior encontradas nessa última área, como *Hemitriccus mirandae* (maria-do-nordeste).

Ameaças

Isolamento em relação a outros remanescentes florestais, afetando principalmente espécies terrícolas e de sub-bosque[2]. A retirada de lenha ou madeira e a caça clandestina ainda são ameaças comuns nas matas de Alagoas em geral[2].

Referências

1. IBGE (2004); **2.** Silveira et al. (2003a); **3.** Silveira et al. (2003b); SECTMA (2002); Roda & Carlos (2003); Roda et al. (2003); Sônia A. Roda (in litt.).

IBA sugerida por Sônia A. Roda

Engenho Coimbra (Usina Serra Grande) — AL01

A1, A2 — **8°59'S, 35°53'W**

Área: c.800 ha
Município: Ibateguara
Grau de proteção: Nenhum

Bioma: Mata Atlântica
Altitude: 590 m
Inventário ornitológico: Preliminar
PROBIO 129

Descrição

O Engenho Coimbra resguarda um dos maiores e mais importantes remanescentes de floresta montana preservada em Alagoas, especialmente em face da devastação continuada das matas de Murici (AL02)[1]. A floresta encontra-se em excelente estado de conservação e não mostra sinais de corte seletivo[1]. O dossel é formado por árvores de 20-25 m de altura, com emergentes que chegam aos 30 m[1]. Existem numerosas fontes de água na área[1]. Uma base de pesquisas da Universidade Federal de Pernambuco

Espécies ameaçadas: 10	
Leucopternis lacernulatus	Avistada em 2000 (Roda et al. 2003).
Touit surdus	Bandos de até 6 aves vistas em 2000 (Roda et al. 2003); Silveira et al. (2003a).
Synallaxis infuscata	Roda et al. (2003).
Terenura sicki	Silveira et al. (2003a), Roda et al. (2003).
Myrmeciza ruficauda	Raça *M. r. soror*, Silveira et al. (2003a), Roda et al. (2003).
Phylloscartes ceciliae	Silveira et al. (2003a), Roda et al. (2003).
Procnias nudicollis	Ouvida na área em 2000 (Roda & Carlos 2003).
Xipholena atropurpurea	Dois indivíduos observados em 2000 (Roda et al. 2003).
Tangara fastuosa	Registros recentes (Silveira et al. 2003b).
Curaeus forbesi	Em canaviais e pastagens próximos à mata (Roda et al. 2003).

Espécies quase ameaçadas: 2	
Thalurania watertonii	Silveira et al. (2003a).
Iodopleura pipra	C. Marantz *per* S. A. Roda.

Espécies de distribuição restrita: 8 **EBA071**

foi instalada no Engenho Coimbra em 2000[2].

Aves

Ocorrem na área a maioria das espécies endêmicas e ameaçadas registradas em Murici, situada cerca de 12 km ao sul, as exceções sendo *Myrmotherula snowi* (choquinha-de-alagoas), *Philydor novaesi* (limpa-folha-do-nordeste) e *Tinamus solitarius* (macuco)[1]. O Engenho Coimbra também é uma das poucas áreas em Alagoas onde *Myrmeciza ruficauda* (formigueiro-de-cauda-ruiva) ainda persiste em número significativo[1].

Ameaças

A longo prazo, os efeitos do isolamento da área em relação a outros fragmentos florestais[1].

Referências

1. Silveira et al. (2003a); **2.** Sonia A. Roda (in litt.); Roda & Carlos (2003); Roda et al. (2003).

IBA sugerida por Sônia A. Roda

ALAGOAS

Murici — AL02

A1, A2, A3

9°11'S, 35°53'W

Área: 7.000 ha
Municípios: Murici, Flexeiras, Branquinha, União dos Palmares
Grau de proteção: Parcial

Bioma: Mata Atlântica
Altitude: 585 m
Inventário ornitológico: Representativo
Key Area 035/PROBIO 134

Descrição

Murici está situada nos contrafortes orientais do Planalto da Borborema, a cerca de 40 km da costa, no nordeste de Alagoas[1,2]. Compreende florestas semiúmidas de altitudes intermediárias, mantidas pelos ventos carregados de umidade que sopram a partir do oceano Atlântico[2]. Entre as árvores mais comuns em Murici estão *Byrsonima sericea* (murici), *Eschweilera ovata* (embiriba), *Didymopanax morototoni* (sambacuim), *Parkia pendula* (visgueiro), *Tapirira guianensis* (cupiuba), *Himathanthus phagaedenicus* (banana-de-papagaio), *Bowdichia virgilioides* (sucupira) e *Cupania platycarpa* (cabotã)[3]. O hábitat remanescente é bastante limitado e fragmentado[4], estando atualmente concentrado em áreas de topografia acidentada[3]. Em 2000 restavam pouco mais de 7.000 ha de florestas distribuídas em quatro blocos principais, o maior deles incluindo as fazendas Pedra Branca (localidade-tipo de *Philydor novaesi*, *Myrmotherula snowi*, *Terenura sicki* e *Phylloscartes ceciliae*[5]) e Bananeiras[3]. A Estação Ecológica de Murici, criada em 2001, protege parte da floresta remanescente na área e tem cerca de 50% de sua superfície ainda coberta por floresta[6].

Aves

Murici foi palco da descoberta de quatro espécies de aves endêmicas das florestas montanas do Nordeste do Brasil, ao norte do rio São Francisco, todas descritas somente a partir de 1983[5]. As matas de Murici abrigam mais espécies restritas a essas florestas do que qualquer outra área já amostrada na Mata Atlântica nordestina. Até recentemente, Murici permaneceu a única área de ocorrência conhecida das espécies criticamente ameaçadas *M. snowi* (choquinha-de-alagoas) e *P. novaesi* (limpa-folha-do-nordeste). Embora ambas tenham sido subseqüentemente encontradas em outras localidades (apenas uma no caso de *P. novaesi*), Murici continua sendo a área-chave para a conservação dessas espécies. O monitoramento contínuo da avifauna ameaçada na área tem revelado a presença de *M. snowi* e *P. novaesi* somente no maciço florestal que inclui a Fazenda Bananeira, na parte norte da estação ecológica[6]. O macuco (*Tinamus solitarius*), espécie quase ameaçada e muito visada por caçadores, hoje parece subsistir em Alagoas somente nas matas de Murici[7].

Ameaças

Embora Murici seja há muito reconhecida como uma das áreas mais importantes para a conservação de aves ameaça-

Espécies ameaçadas: 14	
Leptodon forbesi	BirdLife International (2000); a validade do táxon encontra-se sob avaliação (Silveira et al. 2003a).
Touit surdus	Wege & Long (1995).
Synallaxis infuscata	Wege & Long (1995).
Philydor novaesi	Localidade-tipo; Wege & Long (1995), BirdLife International (2000).
Myrmotherula snowi	Localidade-tipo; Wege & Long (1995), BirdLife International (2000).
Terenura sicki	Localidade-tipo; Wege & Long (1995).
Myrmeciza ruficauda	Raça *M. r. soror*, a espécie é regular e reproduz-se na área, (Buzzetti & Barnett 2003); Wege & Long (1995).
Carpornis melanocephala	Wege & Long (1995).
Xipholena atropurpurea	Wege & Long (1995).
Procnias nudicollis	Almeida & Teixeira (1996); possivelmente extinta na área (J. F. Pacheco).
Phylloscartes ceciliae	Localidade-tipo; Wege & Long (1995).
Tangara fastuosa	Wege & Long (1995), Silveira et al. (2003b).
Carduelis yarrellii	Wege & Long (1995); presença na área pode ser produto de solturas; não registrado recentemente (W. A. de Girão e Silva).
Curaeus forbesi	Registrada em áreas abertas adjacentes à reserva (Collar et al. 1992), mas não detectado recentemente (W. A. de Girão e Silva).

Espécies quase ameaçadas: 6	
Tinamus solitarius	Subespécie *T. s. pernambucensis*, recentemente invalidada (Amaral & Silveira 2004); Collar et al. (1992).
Leucopternis polionotus	W. A. Girão e Silva.
Primolius maracana	Assinalada para a área, mas sem registros recentes (W. A. de Girão e Silva).
Thalurania watertonii	C. Marantz *per* S. A. Roda; Whitney & Bevier (2003).
Picumnus fulvescens	BirdLife International (2000).
Iodopleura pipra	Wege & Long (1995).

Espécies de distribuição restrita: 12	**EBA071**

Espécies endêmicas: 36	**[ATL]**

Área protegida:

Nome	**Categoria**	**Área**
Estação Ecológica de Murici	Proteção Integral	6.116 ha

ALAGOAS

das em toda a Região Neotropical, e apesar da recente criação da estação ecológica, as matas da região continuam sendo devastadas[7,8]. A área sofreu intenso impacto devido à substituição das florestas nativas por plantações de cana-de-açúcar e, mais recentemente, por pastagens[3]. Atualmente, os impactos mais importantes são os desmatamentos em pequena escala para a ampliação de áreas de cultivo ou pastos, o corte de florestas para produção de carvão vegetal, a extração ilegal de madeira, os incêndios que se alastram a partir das plantações vizinhas, a caça predatória e a captura de aves para o comércio de fauna silvestre[3,6,8,9]. A presença de acampamentos de agricultores sem-terra nas proximidades da mata representa um elemento de pressão adicional sobre os remanescentes florestais de Murici[3].

Referências
1. Teixeira & Gonzaga (1983); **2.** Whitney & Pacheco (1995); **3.** SNE (2000); **4.** BirdLife International (2000); **5.** Collar et al. (1992); **6.** Weber A. de Girão e Silva (in litt.); **7.** Silveira et al. (2003a); **8.** Silveira et al. (2003b); **9.** Wege & Long (1995); Calazans (1996); Almeida & Teixeira (1996); Goerck (2001); Buzzetti & Barnett (2003); Whitney & Bevier (2003); Amaral & Silveira (2004); José Fernando Pacheco (verb.); Sônia A. Roda (in litt.).

Reserva Biológica de Pedra Talhada — AL/PE02

A1, A2 — 9°12'S, 36°26'W

Área: c.5.000 ha
Municípios: Quebrangulo, Chã Preta (AL), Lagoa do Ouro, Correntes (PE)
Grau de proteção: Parcial

Bioma: Mata Atlântica
Altitude: 480-882 m
Inventário ornitológico: Representativo
Key Area 036/PROBIO 136

Descrição
A Reserva Biológica de Pedra Talhada está inserida em um dos maiores blocos remanescentes de floresta de altitude do Nordeste brasileiro. Localizada na fronteira entre os Estados de Alagoas e Pernambuco, ao norte da cidade de Quebrangulo, a área situa-se sobre um maciço montanhoso granítico conhecido como Serra das Guaribas[1]. Devido à altitude, o clima no topo da serra é consideravelmente mais ameno e úmido do que nas áreas mais baixas à sua volta, onde predomina a caatinga[1]. A floresta que recobre a serra apresenta composição mista, sendo formada por elementos da Mata Atlântica úmida e da floresta estacional semidecidual[1]. A área estende-se um pouco além dos limites da reserva biológica, cobrindo as porções desprotegidas do conjunto florestal da Serra das Guaribas (principalmente no município de Lagoa do Ouro) e também os fragmentos florestais situados próximo à unidade de conservação, como a Fazenda Riachão do Cravo e o Engenho Riachão[2].

Aves
Pedra Talhada abriga quase todas as espécies que definem a área de endemismo da Mata Atlântica nordestina (EBA071), faltando apenas os elementos de distribuição mais costeira ou exclusivos das matas de baixada, como *Crax mitu* (mutum-de-alagoas), *Philydor novaesi* (limpa-folha-do-nordeste) e *Myrmotherula snowi* (choquinha-de-alagoas).

Ameaças
A R. B. de Pedra Talhada ainda não dispõe de um plano de manejo e suas terras não foram completamente desapropria-

Espécies ameaçadas: 11	
Leucopternis lacernulatus	Wege & Long (1995).
Touit surdus	Wege & Long (1995).
Synallaxis infuscata	Comum (BirdLife International 2000); Wege & Long (1995).
Terenura sicki	Regularmente registrada na área (BirdLife International 2000).
Myrmeciza ruficauda	Raça *M. r. soror*, Wege & Long (1995).
Xipholena atropurpurea	Wege & Long (1995).
Phylloscartes ceciliae	Wege & Long (1995).
Hemitriccus mirandae	Incomum (BirdLife International 2000).
Tangara fastuosa	Wege & Long (1995), BirdLife International (2000).
Curaeus forbesi	Cerca de 150 aves presentes no início da década de 1980, com posterior declínio (BirdLife International 2004).
Carduelis yarrellii	Wege & Long (1995).

Espécies quase ameaçadas: 4	
Tinamus solitarius	Subespécie *T. s. pernambucensis*, recentemente invalidada (Amaral & Silveira 2004); Studer (1985).
Thalurania watertonii	Grantsau (1988).
Picumnus fulvescens	BirdLife International (2000).
Herpsilochmus sellowi	Studer (1985).

Espécies de distribuição restrita: 9 EBA071

Área protegida:		
Nome	**Categoria**	**Área**
Reserva Biológica de Pedra Talhada	Proteção Integral	3.757 ha

das. A devastação da floresta é maior no lado pernambucano, onde quase não há ações de fiscalização ambiental. A entrada de animais domésticos é outra ameaça à reserva. Os impactos na área são, em parte, contrabalançados pelas iniciativas bem-sucedidas de reflorestamento que vêm sendo postas em prática em toda a região nos últimos anos[3].

Referências

1. Studer (1985); **2.** Sônia A. Roda (in litt.); **3.** BirdLife International (2000); Grantsau (1988); Collar et al. (1992); Wege & Long (1995); Amaral & Silveira (2004); BirdLife International (2004).

Usina Cachoeira

AL03

A1 **9°24'S, 35°42'W**

Área: c.6.000 ha
Municípios: Maceió, Barra de Santo Antônio, Paripueira, Flexeiras
Grau de proteção: Nenhum

Bioma: Mata Atlântica
Altitude: 150 m
Inventário ornitológico: Preliminar
PROBIO 138

Descrição

Essa área inclui alguns fragmentos de floresta ombrófila situados no norte do município de Maceió e em partes adjacentes dos municípios vizinhos. A Mata Bamburral II é o maior remanescente florestal da região, com cerca de 500 ha[1]. Nessa área, a floresta estende-se ao longo de um vale estreito e profundo, sendo composta por grandes árvores emergentes dispostas em meio a outras espécies arbóreas típicas de matas secundárias[1].

ALAGOAS

Aves

Recentemente, 69 espécies de aves foram registradas na Mata Bamburral II em 2,1 h de observações, incluindo vários táxons endêmicos da Mata Atlântica do nordeste do Brasil, ao norte do rio São Francisco[1]. A área presumivelmente é um importante reduto para *Tangara fastuosa* (pintor-verdadeiro), considerando a extensão de hábitat disponível e a existência de vários registros recentes para a região[2].

Ameaças

Nenhuma ameaça é citada especificamente para a Mata Bamburral II, mas as florestas da região sofrem corte seletivo e tanto a caça quanto a captura de aves para o comércio de animais silvestres ainda são comuns em Alagoas[1].

Referências

1. Silveira et al. (2003a); **2.** Silveira et al. (2003b).

Espécies ameaçadas: 2	
Touit surdus	Silveira et al. (2003a).
Tangara fastuosa	Silveira et al. (2003a,b).

Espécie quase ameaçada	
Thalurania watertonii	Silveira et al. (2003a).

Tabela 2. Espécies ameaçadas de extinção com ocorrência nas IBAs de Alagoas

Espécies	Categ.*	Código IBA					Total**	
		AL/PE01	AL01	**AL02**	**AL/PE02**	AL03	a	b
Leptodon forbesi	CR			X			1	2
Leucopternis lacernulatus	VU		X		X		2	34
Touit surdus	VU		X	X	X	X	4	35
Synallaxis infuscata	EN	X	X	X	X		4	11
Philydor novaesi	CR			X			1	2
Myrmotherula snowi	CR			X			1	3
Terenura sicki	EN		X	X	X		3	6
Myrmeciza ruficauda	EN		X	X	X		3	17
Carpornis melanocephala	VU			X			1	18
Xipholena atropurpurea	EN		X	X	X		3	18
Procnias nudicollis	VU		X	X			2	39
Hemitriccus mirandae	VU				X		1	8
Phylloscartes ceciliae	EN		X	X	X		3	6
Tangara fastuosa	VU	X	X	X	X	X	5	16
Curaeus forbesi	EN		X	X	X		3	8
Carduelis yarrellii	VU			X	X		2	17
Total de espécies		2	10	14	11	2		
Tinamus solitarius	NT			X	X		2	36
Leucopternis polionotus	NT			X			1	29
Primolius maracana	NT			X			1	25
Thalurania watertonii	NT		X	X	X	X	4	13
Picumnus fulvescens	NT	X		X	X		3	16
Herpsilochmus sellowi	NT				X		1	20
Iodopleura pipra	NT		X	X			2	18
Total de espécies		1	2	6	4	1		

* Categorias de ameaça: CR – criticamente em perigo; EN – em perigo; VU – vulnerável; NT – quase ameaçada.
** Número de IBAs em que a espécie se encontra presente em: **a** – Alagoas; **b** – Região como um todo.

Tabela 3. Espécies endêmicas por IBA no Estado de Alagoas, agrupadas por Bioma

Espécies	nº EBA*	Código IBA					Total**	
		AL/PE01	AL01	AL02	AL/PE02	AL03	a	b
Mata Atlântica								
Tinamus solitarius				X	X		2	36
Leptodon forbesi	71			X			1	2
Leucopternis lacernulatus			X		X		2	34
Leucopternis polionotus				X			1	29
Ortalis araucuan			X	X	X	X	4	22
Odontophorus capueira			X	X	X		3	38
Brotogeris tirica			X	X			2	38
Touit surdus			X	X	X	X	4	35
Otus atricapilla				X			1	13
Phaethornis margarettae		X	X	X			3	9
Melanotrochilus fuscus			X	X	X		3	46
Thalurania watertonii			X	X	X	X	4	13
Aphantochroa cirrhochloris		X		X	X		3	29
Xiphorhynchus fuscus		X	X	X	X		4	60
Synallaxis infuscata	71	X	X	X	X		4	11
Philydor novaesi	71			X			1	2
Automolus leucophthalmus			X	X	X		3	42
Hypoedaleus guttatus				X			1	22
Myrmotherula snowi	71			X			1	3
Drymophila squamata				X			1	31
Terenura sicki	71		X	X	X		3	6
Myrmeciza ruficauda	71, 75		X	X	X		3	17
Conopophaga lineata				X			1	49
Conopophaga cearae					X	X	2	9
Conopophaga melanops			X	X	X	X	4	39
Carpornis melanocephala				X			1	18
Iodopleura pipra	71, 75		X	X			2	18
Xipholena atropurpurea	71, 75		X	X	X		3	18
Procnias nudicollis			X	X			2	39
Hemitriccus mirandae	71				X		1	8
Phylloscartes ceciliae	71		X	X	X		3	6
Saltator fuliginosus		X	X	X	X	X	5	36
Ramphocelus bresilius		X	X	X			3	36
Euphonia pectoralis			X	X			2	39
Tangara cyanomelas			X	X		X	3	10
Tangara brasiliensis				X			1	10
Tangara fastuosa	71	X	X	X	X	X	5	16
Tangara cyanocephala		X	X	X	X		4	41
Curaeus forbesi	71		X	X	X		3	8
Total de espécies		**8**	**25**	**36**	**22**	**8**		
Caatinga								
Picumnus fulvescens	70, 71	X		X	X		3	16
Herpsilochmus sellowi					X		1	20
Paroaria dominicana			X	X	X		3	30
Total de espécies		**1**	**1**	**2**	**3**	**0**		
Total geral de espécies		**9**	**26**	**38**	**25**	**8**		

* EBA: Endemic Bird Areas of the World (Stattersfield et al., 1998). Ver capítulo 4.

** Número de IBAs em que a espécie se encontra presente em: **a** – Alagoas; **b** – Região como um todo.

SERGIPE

OCEANO PACÍFICO
OCEANO ATLÂNTICO

Pyriglena atra

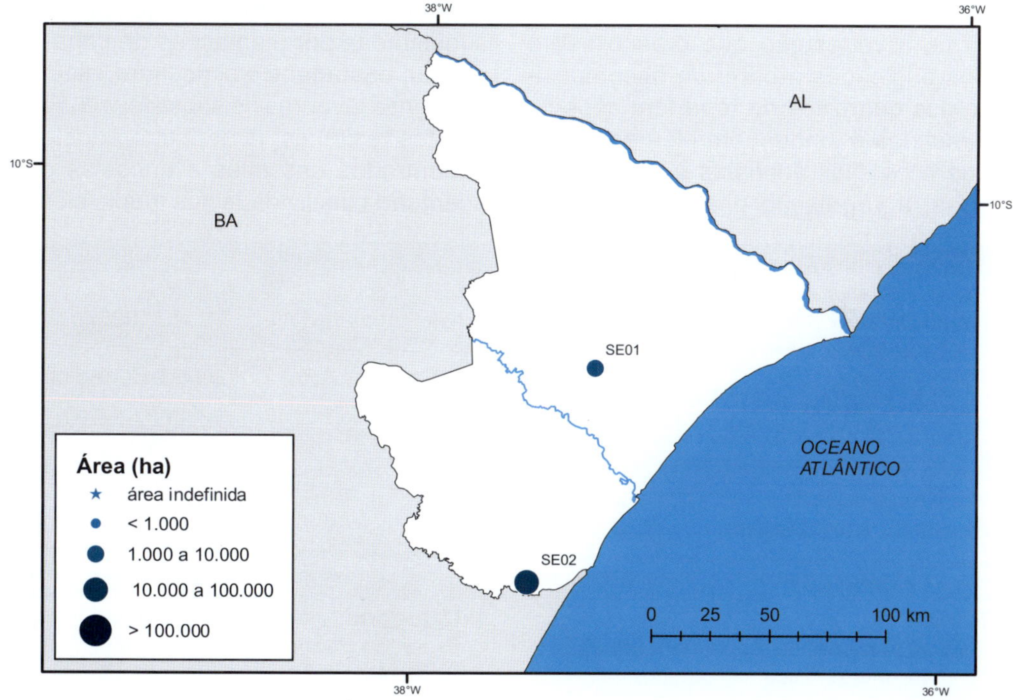
38°W
36°W
10°S
AL
BA
SE01
SE02
OCEANO ATLÂNTICO
Área (ha)
área indefinida
< 1.000
1.000 a 10.000
10.000 a 100.000
> 100.000
0 25 50 100 km

Tabela 1. Lista das IBAs no Estado de Sergipe

			Critérios*			
Código	**Nome**	**Bioma**	**A1**	**A2**	**A3**	**A4**
SE01	Serra de Itabaiana e Matas de Areia Branca	ATL, CAA, CER	X			
SE02	Mata do Crasto e Restingas de Itaporanga e Estância	ATL, CER	X			

* Ver capítulo 2 para explicação dos critérios.

Serra de Itabaiana e Matas de Areia Branca — SE01

A1 — **10°41'S, 37°21'W**

Área: 7.966 ha
Municípios: Itabaiana, Areia Branca, Itaporanga d'Ajuda, Laranjeiras, Campo do Brito
Grau de proteção: Total

Bioma: Mata Atlântica, Caatinga, Cerrado
Altitude: até 650 m
Inventário ornitológico: Não disponível
Key Area 38/PROBIO 202 (31)

SERGIPE

Descrição

A Serra de Itabaiana, na região central do Estado de Sergipe, é constituída por uma cadeia de pequenas montanhas, das quais também fazem parte as Serras Comprida e do Cajueiro. O relevo, clima e solo condicionam o mosaico florístico constituído de cerrados, elementos da caatinga e floresta atlântica. No sopé das serras, a vegetação que cresce sobre solos originados a partir da decomposição dos quartzitos do topo tem aspecto de restinga e jundu, com elementos xeromórficos. Nas encostas e no alto das serras, a vegetação predominante é o cerrado, no qual são encontrados representantes das famílias Ericaceae, Apocinaceae, Dileniaceae e Malpigiaceae. Ao longo de pequenos riachos e nas depressões existem formações florestais semidecíduas (matas secas), algumas em estádio adiantado de sucessão ecológica. Nas áreas mais baixas, as florestas originais, do tipo ombrófila densa, foram substituídas por plantações de cana-de-açúcar, pastagens e citricultura, além de pequenas lavouras de subsistência. Fragmentos residuais, já depauperados, são encontrados em vales e encostas com acentuada declividade nos municípios de

Espécies ameaçadas: 4

Penelope jacucaca	M. C. de Sousa.
Herpsilochmus pectoralis	Registrada na Serra de Itabaiana (Wege & Long 1995) e Matas de Areia Branca (M. C. de Sousa).
Pyriglena atra	Serra de Itabaiana e Matas de Areia Branca (M. C. de Sousa).
Carduelis yarrellii	M. C. de Sousa.

Espécies quase ameaçadas: 2

Thalurania watertonii	Pacheco & Whitney (1995), M. C. de Sousa.
Passerina caerulescens	M. C. de Sousa.

Áreas protegidas:

Nome	**Categoria**	**Área**
Parque Nacional da Serra de Itabaiana	Proteção Integral	7.966 ha
RPPN Fonte da Bica	Particular	13 ha

Areia Branca e Laranjeiras. *Parkia pendula*, *Ocotea* sp. e *Lecythis* sp. são algumas árvores que testemunham a diversidade florística dessas matas. A área foi transformada em parque nacional em junho de 2005.

Aves
Ainda não existe uma listagem completa das aves da região, mas sua avifauna combina endemismos do Cerrado, como *Passerina caerulescens* (campainha-azul), da Caatinga, como *Penelope jacucaca* (jacucaca) e *Herpsilochmus pectoralis* (chorozinho-de-papo-preto), e da Mata Atlântica, como *Thalurania watertonii* (beija-flor-de-costas-violeta). A área corresponde ao limite norte de distribuição de *Pyriglena atra* (papa-taoca-da-bahia), espécie Em Perigo presente em apenas seis IBAs.

Ameaças
Pressão antrópica em decorrência do crescimento e expansão de núcleos habitacionais próximos às matas, além de incêndios, retirada de madeira e caça ilegal.

Referências
Pacheco & Whitney (1995); Wege & Long (1995); Marcelo C. de Sousa (dados inéditos; Base de dados do *workshop* Avaliação e Ações Prioritárias para a Conservação dos Biomas Floresta Atlântica e Campos Sulinos).

Mata do Crasto e Restingas de Itaporanga e Estância — SE02

A1 — **11°30'S, 37°34'W**

Área: 10.000-50.000 ha
Municípios: Itaporanga D'Ajuda, Estância, Santa Luzia do Itanhy, Indiaroba
Grau de proteção: Nenhum

Bioma: Mata Atlântica, Cerrado
Altitude: próxima do nível do mar
Inventário ornitológico: Não disponível
PROBIO 203

Descrição
Essa área caracteriza-se por apresentar um significativo conjunto de ecossistemas justapostos, entre os quais se destacam os manguezais, restingas, dunas, lagoas e brejos litorâneos, cerrado e floresta atlântica[1,2]. Partindo do litoral em direção ao interior dos municípios de Itaporanga e Estância, diferentes tipos de solo são recobertos por vegetação paludícola, manguezais e matas de restingas. Ao longo dos tabuleiros sedimentares, devido a fatores edáficos, a vegetação predominante é o cerrado, que nessa região ocor-

Espécies ameaçadas: 5	
Penelope jacucaca	M. C. de Sousa.
Touit surdus	Crasto (M. C. de Sousa); Pacheco & Whitney (1995).
Herpsilochmus pectoralis	M. C. de Sousa.
Pyriglena atra	Crasto (M. C. de Sousa); Pacheco & Whitney (1995), BirdLife International (2000).
Xipholena atropurpurea	Crasto (M. C. de Sousa); Pacheco & Whitney (1995).

Espécie quase ameaçada	
Passerina caerulescens	Em cerrados no limite norte da área (Sousa et al. 2002).

Área protegida:

Nome	Categoria	Área
APA do Litoral Sul	Uso Sustentável	54.200 ha

re próximo ao litoral. No fundo de pequenos vales e nas encostas baixas, onde há acúmulo de depósitos aluvionais, ocorrem manchas de mata com *Sclerolobium* sp., *Bowdichia* sp., *Byrsonima* sp. e *Cecropia* sp. Mais ao sul estão os principais remanescentes florestais do Estado, entre os quais destacam-se as matas das fazendas Sabão e Escôncio, no município de Indiaroba, e a mata do Crasto, em Santa Luzia do Itanhy, além de vários outros pequenos fragmentos isolados, localizados no topo e nas encostas de pequenas elevações. O caráter semidecidual dos fragmentos florestais da região é conferido pelo regime de chuvas sazonal[3]. *Annona* sp., *Pouteria* sp., *Sclerolobium* sp. e *Leccythis* sp. são alguns elementos florísticos encontrados nos remanescentes do complexo florestal do Crasto.

Aves

Espécies ameaçadas ou quase ameaçadas estão presentes em praticamente todos os ecossistemas da área, caracterizando-a como uma importante zona de ecótono. *Penelope jacucaca* (jacucaca) e *Herpsilochmus pectoralis* (chorozinho-de-papo-preto) habitam as restingas, ao passo que *Touit surdus* (apuim-de-cauda-amarela), *Xipholena atropurpurea* (anambé-de-asa-branca) e *Pyriglena atra* (papa-taoca-da-bahia) ocorrem nas florestas semidecíduas[2,4].

Ameaças

Especulação imobiliária, construção de loteamentos para residências de veraneio, ampliação da malha rodoviária, turismo desordenado, mineração, expansão da agricultura e pecuária, assentamentos rurais, expansão de núcleos habitacionais, retirada de madeira e caça ilegal.

Referências

1. Sousa et al. (2002); **2.** Marcelo C. de Sousa (base de dados do *workshop* Avaliação e Ações Prioritárias para a Conservação dos Biomas Floresta Atlântica e Campos Sulinos); **3.** Siqueira & Ribeiro (2001); **4.** Pacheco & Whitney (1995); BirdLife International (2000).

Tabela 2. Espécies ameaçadas de extinção com ocorrência nas IBAs de Sergipe

Espécies	Categ.*	Código IBA		Total**	
		SE01	SE02	a	b
Penelope jacucaca	VU	X	X	2	14
Touit surdus	VU		X	1	35
Herpsilochmus pectoralis	VU	X	X	2	6
Pyriglena atra	EN	X	X	2	6
Xipholena atropurpurea	EN		X	1	18
Carduelis yarrellii	VU	X		1	17
Total de espécies		**4**	**5**		
Thalurania watertonii	NT	X		1	13
Passerina caerulescens	NT	X	X	2	7
Total de espécies		**2**	**1**		

* Categorias de ameaça: CR – criticamente em perigo; EN – em perigo; VU – vulnerável; NT – quase ameaçada.
** Número de IBAs em que a espécie se encontra presente em: **a** – Sergipe; **b** – Região como um todo.

Tabela 3. Espécies endêmicas por IBA no Estado de Sergipe, agrupadas por Bioma

Espécies	nº EBA*	Código IBA		Total**	
		SE01	SE02	a	b
Mata Atlântica					
Touit surdus			X	1	35
Thalurania watertonii		X		1	13
Pyriglena atra	75	X	X	2	6
Xipholena atropurpurea	71, 75		X	1	18
Total de espécies		**2**	**3**		
Cerrado					
Passerina caerulescens		X	X	2	7
Cypsnagra hirundinacea			X	1	8
Total de espécies		**1**	**2**		
Caatinga					
Penelope jacucaca		X	X	2	14
Herpsilochmus pectoralis		X	X	2	6
Total de espécies		**2**	**2**		
Total geral de espécies		**5**	**7**		

* EBA: Endemic Bird Areas of the World (Stattersfield et al., 1998). Ver capítulo 4.
** Número de IBAs em que a espécie se encontra presente em: **a** – Sergipe; **b** – Região como um todo.

BAHIA

OCEANO
PACÍFICO
OCEANO
ATLÂNTICO

Rhopornis ardesiacus

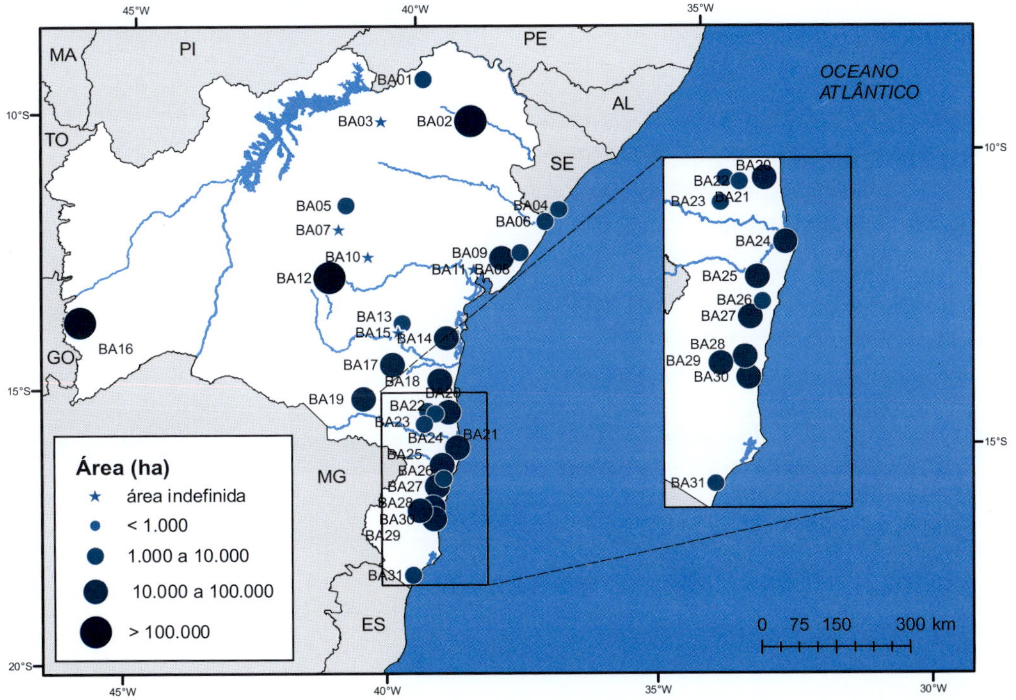
45°W
40°W
35°W
30°W
10°S
15°S
20°S
MA
PI
PE
AL
SE
TO
GO
MG
ES
OCEANO
ATLÂNTICO
BA01
BA02
BA03
BA04
BA05
BA06
BA07
BA08
BA09
BA10
BA11
BA12
BA13
BA14
BA15
BA16
BA17
BA18
BA19
BA20
BA21
BA22
BA23
BA24
BA25
BA26
BA27
BA28
BA29
BA30
BA31
Área (ha)
área indefinida
< 1.000
1.000 a 10.000
10.000 a 100.000
> 100.000
0 75 150 300 km

Tabela 1. Lista das IBAs no Estado da Bahia

			Critérios*			
Código	**Nome**	**Bioma**	**A1**	**A2**	**A3**	**A4**
BA01	Curaçá	CAA	X			
BA02	Raso da Catarina	CAA	X	70	CAA	
BA03	Sento Sé/Campo Formoso	CAA	X			
BA04	Mangue Seco	C/M				X
BA05	Parque Estadual do Morro do Chapéu	CAA, CER	X			
BA06	Matas de Conde e Baixios	ATL	X	75	ATL	
BA07	Serra de Bonito	ATL	X			
BA08	Itanagra	ATL	X			
BA09	Mata da Campina e Fragmentos Adjacentes	ATL	X			
BA10	Ibiquera/Ruy Barbosa	CAA, ATL	X			
BA11	Santo Amaro/Cachoeira	ATL	X			
BA12	Parque Nacional da Chapada Diamantina	CER, ATL, CAA	X	73	CER, CAA	
BA13	Jaguaquara	CAA	X	72		
BA14	Baixo-Sul	ATL	X	75	ATL	
BA15	Jequié	CAA	X	72		
BA16	Rio Arrojado	CER	X			
BA17	Boa Nova/Serra da Ouricana	ATL, CAA	X	72	ATL, CAA	
BA18	Ilhéus/Itabuna	ATL	X			
BA19	Vitória da Conquista	CAA, ATL	X		CAA	
BA20	Serra do Teimoso	ATL	X			
BA21	Una	ATL	X	75	ATL	
BA22	Serras das Lontras e do Javi	ATL	X	76	ATL	
BA23	Serra Bonita	ATL	X	75		
BA24	Foz dos Rios Pardo e Jequitinhonha	ATL	X		ATL	
BA25	Santa Cruz Cabrália/Belmonte	ATL	X			
BA26	Estação Veracruz	ATL	X			
BA27	Parque Nacional do Pau-Brasil/Trancoso	ATL	X			
BA28	Parque Nacional de Monte Pascoal	ATL	X			
BA29	Serra de Itamaraju	ATL	X			
BA30	Parque Nacional do Descobrimento	ATL	X			
BA31	Rio Mucuri	ATL	X			
IBAs interestaduais descritas em seção referente a outro Estado						
MG/BA01	Bandeira/Macarani	ATL	X			
MG/BA02	Alto Cariri	ATL	X			

* Ver capítulo 2 para explicação dos critérios.

Curaçá — BA01

A1 — 9°14'S, 39°50'W

Área: >5.000 ha
Municípios: Curaçá, Juazeiro, Abaré, Chorrocho
Grau de proteção: Nenhum

Bioma: Caatinga
Altitude: 300-370 m
Inventário ornitológico: Não disponível
PROBIO (32)

Descrição

Localizada a cerca de 450 km a noroeste de Salvador, essa área está inserida no domínio da Caatinga, em uma das regiões mais secas do Brasil, com pluviosidade média anual inferior a 500 mm. A vegetação predominante é a caatinga arbórea e arbustiva. Onde cursos d'água temporários permitem o desenvolvimento de uma vegetação de maior porte há trechos de um tipo peculiar de mata ripária ("vargem de riacho"), em que a caraibeira (*Tabebuia caraiba*) destaca-se como uma das árvores mais características, ao lado de *Inga* sp., *Erythrina velutina* e *Piptadenia* sp.[1,2].

Aves

Curaçá foi a última área de ocorrência de *Cyanopsitta spixii* (ararinha-azul) na natureza. Atualmente, essa espécie subsiste apenas em cativeiro, onde restam cerca de 60 aves[3]. O último exemplar em liberdade de que se tem notícia desapareceu em 2000[3,4]. Com a extinção de *C. spixii* na natureza, a área passa a ter importância como hábitat potencial para programas de reintrodução. Um levantamento preliminar da avifauna identificou 132 espécies na região de Curaçá[2]. Entre as espécies citadas estão as ameaçadas *Penelope jacucaca* (jacucaca), *Harpyhaliaetus coronatus* (águia-cinzenta) e *Xiphocolaptes falcirostris* (arapaçu-do-nordeste)[2], mas não são conhecidos detalhes sobre esses registros.

Ameaças

Curaçá foi alvo da ação intensa de caçadores interessados na captura de ararinhas-azuis, o que acabou levando à extinção da espécie na natureza. No início da década de 1990, foi iniciado um programa de conservação e educação ambiental na região, com amplo envolvimento da população local. Porém, após o desaparecimento da espécie, as ações de proteção e conservação do hábitat, em especial as matas de caraibeiras dos riachos Melancia e da Vargem, não tiveram continuidade. A criação de cabras soltas compromete a regeneração de várias espécies vegetais, já que os animais se alimentam das plântulas. A incidência dessa ameaça sobre espécies vegetais aproveitadas pela ararinha-azul para a reprodução ou como alimento pode dificultar futuros programas de reintrodução da espécie na área.

Referências

1. Juniper & Yamashita (1991); **2.** Freitas & Barros (2002); **3.** BirdLife International (2004); **4.** Yamashita (2002); Collar et al. (1992); Roos (2000).

Espécie ameaçada	
Penelope jacucaca	Roos (2000).

Espécies quase ameaçadas: 2	
Rhea americana	Freitas & Barros (2002), J. F. Pacheco.
Primolius maracana	*Status* desconhecido; Collar et al. (1992).

Raso da Catarina — BA02

A1, A2, A3 — 9°57'S, 38°59'W

Área: 390.000 ha
Municípios: Jeremoabo, Canudos, Rodelas, Paulo Afonso
Grau de proteção: Parcial

Bioma: Caatinga
Altitude: 280-800 m
Inventário ornitológico: Representativo
Key Areas 040, 041/PROBIO (29)

Descrição

A região do Raso da Catarina, no sertão do nordeste baiano, é conhecida como a pátria da arara-azul-de-lear (*Anodorhynchus leari*) por ter sido o palco da descoberta dessa espécie criticamente em perigo na natureza, o que aconteceu somente em 1978[1]. Antes disso, a arara-azul-de-lear era conhecida apenas por exemplares de origem indeterminada[1]. A caatinga arbustiva é a vegetação típica nas áreas de "raso", que são as regiões mais planas e elevadas, de solo arenoso. Nas grotas e em terrenos argilosos da calha do rio Vaza Barris, que drena a região, existem caatingas arbóreas e florestas semidecíduas, com árvores que podem ultrapassar 20 m de altura. Muito característicos da região são os cânions e desfiladeiros areníticos, com paredões rochosos de até 100 m de altura, que servem de dormitório e áreas de nidificação para as araras. O clima é semi-árido quente, com pluviosidade anual inferior a 500 mm, podendo ocorrer anos completamente secos.

Aves

O Raso da Catarina abriga a maior – e, por muito tempo, única – população conhecida de *A. leari*, um dos principais endemismos da Caatinga. A área ocupada pela população remanescente da es-

Espécies ameaçadas: 4	
Penelope jacucaca	Freqüente em Serra Branca (Lima et al. 2003a); Sick et al. (1987).
Anodorhynchus leari	Nascimento et al. (2001), Lima et al. (2003a).
Herpsilochmus pectoralis	Algumas foram capturadas em 2002-2003 (Lima et al. 2003a); Sick et al. (1987).
Carduelis yarrellii	Próximo a Jeremoabo (BirdLife International 2000).

Espécies quase ameaçadas: 5	
Rhea americana	Lima et al. (2003b).
Crypturellus noctivagus	Lima et al. (2003a).
Primolius maracana	Sick et al. (1987), Lima et al. (2003a).
Gyalophylax hellmayri	Teixeira (1992a), Whitney & Pacheco (1994), Lima et al. (2003a).
Herpsilochmus sellowi	Algumas foram capturadas em 2002-2003 (Lima et al. 2003a); Whitney et al. (2000).

Espécies de distribuição restrita: 2 — **EBA070**

Espécies endêmicas: 12 — **CAA**

Áreas protegidas:

Nome	Categoria	Área
Estação Ecológica Raso da Catarina	Proteção Integral	105.283 ha
Estação Biológica de Canudos	Privada (Fundação Biodiversitas)	160 ha

pécie é estimada em cerca de 3.900 km^2 e divide-se em dois núcleos principais, localizados em margens opostas do rio Vaza Barris: Serra Branca, em Jeremoabo, e Toca Velha, em Canudos[2,3]. Censos realizados em outubro de 2003 estimaram em cerca de 500 indivíduos o número de araras que ainda vivem na região do Raso da Catarina[4]. A Estação Biológica de Canudos protege as áreas de reprodução de *A. leari* em Toca Velha. A Estação Ecológica Raso da Catarina, situada ao norte do rio Vaza Barris, inclui um dormitório e alguns pontos de alimentação utilizados pela espécie na Serra Branca, mas a maior parte da área ocupada pelas araras nessa região encontra-se fora da unidade de conservação. O alimento principal da espécie são os cocos da palmeira licuri (*Syagrus coronata*)[2,5], que apresenta distribuição agregada. Cerca de 30 manchas de licuri são utilizadas como pontos de alimentação pelas araras. A região também abriga uma rica avifauna, representativa da Caatinga. Há registros de 201 espécies[6] e o Raso da Catarina divide com outras duas IBAs o posto de área com maior número de endemismos da Caatinga.

Ameaças

O problema ambiental mais grave na região é a captura ilegal de *A. leari*. Em 1992, foi criado pelo Ibama o Comitê para a Recuperação e Manejo da Arara-azul-de-lear, com o objetivo de coordenar e acompanhar os estudos e as ações para a conservação da espécie. Contudo, mesmo com a presença de fiscais e pesquisadores na área, o tráfico dessa ave continua ocorrendo. Em 2004, seis indivíduos foram apreendidos pela Polícia Federal na cidade de São Paulo e encaminhados ao zoológico local. Além da pressão de captura, também a destruição do hábitat representa um risco à sobrevivência das araras-azuis-de-lear a longo prazo. A criação extensiva de cabras prejudica a regeneração de diversas plantas nativas, especialmente o licuri, uma vez que esses animais se alimentam das plântulas.

Referências

1. Sick (1997); **2.** BirdLife International (2000, 2004); **3.** Nascimento et al. (2001); **4.** Pedro C. Lima (verb.); **5.** Brandt & Machado (1990); **6.** Lima et al. (2003a,b); Sick et al. (1987); Collar et al. (1992); Teixeira (1992a); Whitney & Pacheco (1994); Sugieda et al. (2000); Whitney et al. (2000); www.biodiversitas.org.br.

Sento Sé / Campo Formoso — BA03

A1 — **10°00'S, 40°34'W**

Área: ?
Municípios: Sento Sé, Campo Formoso
Grau de proteção: Nenhum

Bioma: Caatinga
Altitude: 350-550 m
Inventário ornitológico: Não disponível
PROBIO (38)

Descrição

Essa área está localizada a cerca de 200 km a oeste do Raso da Catarina (BA02) e não muito distante de Curaçá (BA01). Nessa região, matas ripárias de caraibeiras (*Tabebuia caraiba*) e palmares de licuri (*Syagrus coronata*) ocorrem lado a lado em meio às caatingas ao sul do rio Barra Grande[1,2].

Aves

A área abrange os palmares de licuri onde um pequeno número de *Anodorhynchus leari* (arara-azul-de-lear) se alimenta, assim como os paredões rochosos utilizados por essa espécie como dormitórios. Inicialmente, suspeitou-se que as aves descobertas em Sento Sé/Campo Formoso em 1995 formassem uma subpopula-

Espécie ameaçada	
Anodorhynchus leari	Um dormitório com 22 aves descoberto na área em 1995 (BirdLife International 2000); C. Yamashita, P. C. Lima.

Espécies quase ameaçadas: 2	
Augastes lumachella	C. Yamashita.
Knipolegus franciscanus	Lima (1999).

ção até então desconhecida, mas hoje esses indivíduos são relacionados à população de Toca Velha/Serra Branca[3]. Existem congregações de outras espécies de psitacídeos na área, inclusive da subespécie endêmica *Aratinga acuticaudata haemorrhous*, restrita a uma pequena área do Piauí e Bahia[2]. Em Sento Sé/Campo Formoso também ocorrem dois endemismos do Cerrado pouco representados em outras IBAs, que são *Augastes lumachella* (beija-flor-de-gravata-vermelha) e *Knipolegus franciscanus* (maria-preta-do-nordeste)[2,4].

Ameaças
Da mesma forma que no Raso da Catarina, a criação extensiva de cabras prejudica o recrutamento de licuris e outras espécies vegetais importantes para *A. leari*. A captura para o comércio ilegal de animais silvestres, porém, continua sendo a ameaça mais imediata sobre essa espécie.

Referências
1. Pedro C. Lima (verb.); **2.** Carlos Yamashita (verb.); **3.** BirdLife International (2000, 2004); **4.** Lima (1999); Lima et al. (2003a).

IBA sugerida por Carlos Yamashita e Pedro C. Lima

Mangue Seco — BA04

A4ii — **11°27'S, 37°21'W**

Área: c.1.000 ha
Município: Jandaíra
Grau de proteção: Nenhum

Bioma: Zonas Costeira e Marinha
Altitude: nível do mar
Inventário ornitológico: Preliminar
PROBIO (045)

Descrição
Mangue Seco é um pontal arenoso que se projeta em direção ao oceano a partir da margem sul do estuário do rio Real, no extremo norte do litoral baiano[1]. Durante a maré baixa, extensos lamaçais e bancos de areia formam-se a oeste do pontal, atraindo grande número de aves costeiras[1].

Aves
Mangue Seco é o primeiro local de concentração de *Sterna dougallii* (trinta-réis-róseo) descoberto na costa da América do Sul e reúne aves invernantes provenientes principalmente das colônias de reprodução do Caribe e Estados Unidos[1,2]. A agregação de *S. dougallii* em Mangue Seco é a maior que se conhece ao longo da costa sul-americana[1], mas outros importantes locais de concentração da espécie, descobertos mais recentemente, são Cacha Prego (ilha de Itaparica), Ponta do Curral (Morro de São Paulo, ao sul da baía de Todos os Santos), baía de Camamu (Ituberá) e Corumbal (Porto Seguro), todos na costa da Bahia[2]. Não há informações precisas sobre o número de indivíduos que freqüentam cada uma dessas áreas, embora elas possam ser

Espécies congregantes: 2	
Sterna dougallii	Hays et al. (1999), Lima et al. (2001a).
Sterna hirundo	Hays et al. (1999), Lima et al. (2001a).

Áreas protegidas:		
Nome	**Categoria**	**Área**
APA de Mangue Seco	Uso Sustentável	c.1.050 ha

utilizadas alternadamente pelas aves[3]. Em Mangue Seco, mais de 5.000 trinta-réis do gênero *Sterna*, em sua maioria *S. hirundo* (trinta-réis-boreal), foram contados em fevereiro de 1995[4] e estimou-se em 10.000 o número de *S. hirundo* e *S. dougallii* presentes em fevereiro de 1997[1]. Portanto, a área também reúne mais de 1% da população biogeográfica de *S. hirundo*. As grandes concentrações de *S. dougallii* e *S. hirundo* em Mangue Seco ocorrem de dezembro a março, período em que as aves utilizam o pontal arenoso como local de repouso, durante a maré alta[1]. Na área ocorrem pelo menos mais 18 espécies de aves migratórias limícolas ou costeiras que se reproduzem no hemisfério norte[2,3].

Ameaças

O desenvolvimento desordenado da área, estimulado pelo seu alto potencial turístico, poderá afetar os importantes locais de concentração de aves migratórias[1,5]. Há planos para a construção de uma estrada de interligação entre a Linha Verde (Bahia) e a rodovia SE-100 (Sergipe), atravessando manguezais e o estuário[5].

Referências

1. Hays et al. (1999); **2.** Lima et al. (2001a); **3.** Pedro C. Lima (in litt.); **4.** Nascimento (2001); **5.** Fundação BIO-RIO et al. (2002).

Parque Estadual do Morro do Chapéu — BA05

A1 — **11°32'S, 41°09'W**

Área: 6.000 ha
Municípios: Morro do Chapéu
Grau de proteção: Total

Bioma: Caatinga, Cerrado
Altitude: 850-1.000 m
Inventário ornitológico: Preliminar
Key Area 042/PROBIO (45)

Descrição

O Morro do Chapéu está situado sobre um apêndice destacado da Chapada Diamantina, que diverge do maciço principal a nordeste da Serra do Sincorá. A região possui uma mistura de solos arenosos e pedregosos e recebe uma quantidade de chuvas (cerca de 750 mm/ano) inferior à que cai na chapada adjacente[1]. A vegetação sobre as escarpas montanhosas compreende caatinga, matagais arbustivos e matas secas, que dão lugar a cerrados nas áreas de platô e a campos rupestres nos topos rochosos das partes mais elevadas do maciço[1].

Aves

No Morro do Chapéu ocorrem espécies de aves que não são encontradas em outros setores da Chapada Diamantina, como o ameaçado *Herpsilochmus pectoralis* (chorozinho-de-papo-preto), habitante de matas secas, e os quase ameaçados *Rhea americana* (ema) e *Gyalophylax hellmayri* (joão-xique-xique)[1], este último endêmico da Caatinga. Como reflexo da

Espécie ameaçada	
Herpsilochmus pectoralis	Parrini et al. (1999).

Espécies quase ameaçadas: 6	
Rhea americana	Parrini et al. (1999).
Aratinga auricapillus	Wege & Long (1995).
Augastes lumachella	Parrini et al. (1999).
Gyalophylax hellmayri	Parrini et al. (1999).
Herpsilochmus sellowi	Parrini et al. (1999), Whitney et al. (2000).
Polystictus superciliaris	Vasconcelos et al. (2003b).

Área protegida:

Nome	Categoria	Área
Parque Estadual do Morro do Chapéu	Proteção Integral	6.000 ha

diversidade de ambientes, a avifauna da área é composta por uma mistura de elementos de cerrado, caatinga e campos rupestres[1]. O quase ameaçado *Embernagra longicauda* (rabo-mole-da-serra), típico de ambientes rupestres de altitude, foi coletado no Morro do Chapéu em 1928[2] e ainda pode estar presente na área, haja vista os registros recentes na vizinha Serra do Sincorá[1].

Ameaças

Na prática, o Parque Estadual do Morro do Chapéu ainda não está implantado e sua situação fundiária não foi regularizada. O corte de lenha para produção de carvão está destruindo rapidamente as matas na parte sul do município de Morro do Chapéu[1]. A invasão pelo gado e as queimadas representam problemas adicionais.

Referências

1. Parrini et al. (1999); **2.** Mattos & Sick (1985); Wege & Long (1995); Whitney et al. (2000); Vasconcelos et al. (2003b).

Matas de Conde e Baixios — BA06

A1, A2, A3 — **11°41'S, 37°35'W**

Área: c.3.000 ha
Municípios: Conde, Jandaíra
Grau de proteção: Nenhum

Bioma: Mata Atlântica
Altitude: 40-120 m
Inventário ornitológico: Não disponível
PROBIO 204

Descrição

Situada sobre os tabuleiros costeiros do extremo norte do litoral baiano, essa área compreende um conjunto de remanescentes de mata semidecidual e ombrófila, cuja configuração atual resulta das atividades de monocultura (coco e laranja), silvicultura (pínus e eucalipto), pecuária e, em menor grau, agricultura de subsistência na região. Entre os remanescentes, destacam-se por seu tamanho a Reserva do Bú e a Mata do Bonito, que juntas somam cerca de 1.200 ha[1]. A primeira foi apontada na década de 1990 como o mais importante remanescente florestal do litoral norte da Bahia, segundo critérios botânicos. Há outros fragmentos florestais importantes a oeste e ao norte dessas áreas, mais distantes da costa, a maioria de matas semideciduais[2]. O clima da região é úmido a sub-úmido, com médias anuais de temperatura e pluviosidade em torno de 25°C e 1.400 mm, respectivamente.

Aves

Apesar do estado de fragmentação das florestas, a região ainda abriga populações importantes de *Pyriglena atra* (papa-taoca-da-bahia), pássaro ameaçado restrito à faixa costeira entre o rio Paraguaçu, no Recôncavo baiano, e Areia Branca, em Sergipe. Essa espécie, o cotingídeo *Xipholena atropurpurea* (anambé-de-asa-branca) e o periquito *Touit surdus* (apuim-de-cauda-amarela) estão entre as 79 espécies registradas na Reserva do Bu em um recente levantamento[3]. Não há outras informações divulgadas sobre as aves da região, mas visitas sistemáticas realizadas por pesquisadores da Associação Baiana para Conservação dos Recursos Naturais (ABCRN) a partir de junho de 2004 resultaram no mapeamento de cerca de oito novos pontos de ocorrência de *P. atra*, distribuídos a oeste de Conde, na região de Altamira e a oeste e norte de Jandaíra, próximo ao rio Real, representando os registros mais setentrionais da espécie em território baiano[2].

Ameaças

A supressão ou exploração seletiva das matas remanescentes, para implantação de atividades agropecuárias e venda ilegal de madeira, aumentam o grau de fragmentação florestal na região. A Reserva do Bu, em particular, vem sendo explorada ilegalmente nos últimos anos para retirada de madeira, a despeito da fiscalização por parte dos proprietários[2]. A caça ainda é uma atividade ilegal freqüente e em algumas áreas ocorre a captura de aves (como *Aratinga auricapillus*) para o comércio de fauna silvestre. O fogo utilizado no manejo e corte das plantações de pínus às vezes invade os fragmentos florestais. Por fim, a construção da Linha Verde (rodovia BA-99), que interliga os estados da Bahia e Sergipe, vem sendo o vetor de um novo ciclo de ocupação e exploração em todo o litoral norte baiano.

Referências

1. Pedro C. Lima (in litt.); **2.** Sidnei S. dos Santos (in litt.). **3.** Lima (2002); Marcelo C. de Sousa (Base de dados do *workshop* Avaliação e Ações Prioritárias para a Conservação dos Biomas Floresta Atlântica e Campos Sulinos).

IBA sugerida por Pedro C. Lima

Espécies ameaçadas: 3	
Touit surdus	Ocorrência regular (P. Lima).
Pyriglena atra	M. C. de Sousa.
Xipholena atropurpurea	M. C. de Sousa.

Espécie quase ameaçada	
Aratinga auricapillus	Ocorrência regular (P. Lima).

Espécies de distribuição restrita: 2	**[EBA075] (*Pyriglena atra*)**

Espécies endêmicas: 8	**[ATL] (*Pyriglena atra*)**

Área protegida:

Nome	**Categoria**	**Área**
APA do Litoral Norte da Bahia (em parte)	Uso Sustentável	?

Serra de Bonito	BA07
A1	11°58'S, 41°16'W

Área: ?
Municípios: Bonito, Utinga, Morro do Chapéu
Grau de proteção: Nenhum

Bioma: Mata Atlântica
Altitude: 600-1.060 m
Inventário ornitológico: Preliminar
PROBIO 143 (46)

Descrição

A Serra de Bonito está localizada entre o Parque Nacional da Chapada Diamantina (BA12) e o Parque Estadual do Morro do Chapéu (BA05), no centro da Bahia, e corresponde à vertente oriental de um apêndice montanhoso que se destaca a nordeste do maciço principal da Chapada Diamantina. A serra é mais úmida do que a área vizinha de Morro do Chapéu, pois recebe a umidade vinda da costa. A precipitação pluviométrica está em torno de 1.000 mm anuais[1]. Em conseqüência da maior umidade, florestas semi-úmidas de caráter montano recobrem as partes mais altas da serra, a partir de aproximadamente 700 m de altitude[1].

Aves

Em dois pontos da área, amostrados por pouco mais de 25 h entre 1990 e 1996, foram identificadas cerca de 90 espécies de aves[1]. As florestas semi-úmidas da porção setentrional da Chapada Diamantina, incluindo a Serra de Bonito, constituem o limite norte de distribuição de uma série de espécies endêmicas da Mata Atlântica, como *Hemitriccus diops* (olho-falso) e os ameaçados *Synallaxis cinerea* (joão-baiano) e *Phylloscartes beckeri* (borboletinha-baiana)[1], estes descritos apenas recentemente após inventários pioneiros nas florestas montanas do sudeste da Bahia. Uma terceira espécie ameaçada, *Carduelis yarrellii* (pintassilgo-do-nordeste), é típica da Caatinga e não foi observada em outras partes da Chapada Diamantina[1].

Ameaças

Corte de florestas para fabricação de carvão[1].

Referências

1. Parrini et al. (1999).

Espécies ameaçadas: 3	
Synallaxis cinerea	Parrini et al. (1999).
Phylloscartes beckeri	Parrini et al. (1999).
Carduelis yarrellii	Parrini et al. (1999).

Espécies quase ameaçadas: 3	
Crypturellus noctivagus	Encostas baixas (Parrini et al. 1999).
Formicivora iheringi	Registrada acima de 800 m de altitude (Parrini et al. 1999).
Drymophila ochropyga	Associado a brenhas de bambu (Parrini et al. 1999).

BAHIA

Itanagra — BA08

A1 — 12°15'W, 38°00'W

Área: 3.000-6.000 ha
Municípios: Itanagra, Entre Rios, Esplanada
Grau de proteção: Parcial

Bioma: Mata Atlântica
Altitude: 60-150 m
Inventário ornitológico: Não disponível
PROBIO 204, 205

Descrição

Na região de Itanagra, situada a meio caminho entre o Recôncavo baiano e a divisa com Sergipe, são encontrados os principais remanescentes de floresta ombrófila do litoral norte da Bahia. A RPPN Fazenda Lontra/Saudade, com 1.377 ha, é a maior área de floresta particular oficialmente protegida entre os rios Paraguaçu (BA) e São Francisco (SE). Nessa área já foram identificadas 183 espécies de plantas de 56 famílias, com maior representatividade de Myrtaceae, Fabaceae, Rubiaceae, Melastomataceae, Mimosaceae, Sapotaceae e Flacourtiaceae[1]. Há outros remanescentes florestais nas vizinhanças, com grande possibilidade de reconexão. As atividades econômicas predominantes na região são a criação extensiva de gado bovino, a silvicultura (pínus e eucalipto) e a agricultura de subsistência. O clima é mais úmido do que na área próxima de Conde e Baixios (BA06), com pluviosidade média anual de 1.800 mm. A região apresenta relevo ondulado e é drenada por uma complexa rede de aqüíferos.

Aves

Itanagra é uma das áreas mais importantes para a conservação de *Pyriglena atra* (papa-taoca-da-bahia). A RPPN Fazenda Lontra/Saudade é a maior unidade de conservação onde essa espécie ameaçada ocorre. Recentes inventários conduzidos por pesquisadores da Associação Baiana para Conservação dos Recursos Naturais (ABCRN) revelaram cerca de dez novos pontos de ocorrência de *P. atra* na região, todos descobertos a partir de janeiro de 2002[2]. Na RPPN Fazenda Lontra/Saudade ocorrem cerca de 190 espécies de aves, incluindo todas as espécies ameaçadas e quase ameaçadas listadas abaixo[2].

Ameaças

Há corte seletivo de madeira, caça e captura de aves (*Aratinga auricapillus* e *Amazona amazonica*) para o comércio ilegal de fauna silvestre na RPPN Fazenda Lontra/ Saudade, ainda que a área seja fiscalizada pelos proprietários. A supressão de florestas nativas para fins agropecuários e

Espécies ameaçadas: 4	
Touit surdus	S. S. dos Santos.
Pyriglena atra	Importante área para a espécie (S. S. dos Santos).
Procnias nudicollis	S. S. dos Santos.
Xipholena atropurpurea	S. S. dos Santos.

Espécies quase ameaçadas: 2	
Crypturellus noctivagus	S. S. dos Santos.
Aratinga auricapillus	S. S. dos Santos.

Área protegida:

Nome	Categoria	Área
RPPN Fazenda Lontra/Saudade	Particular (Copener Florestal)	1.377 ha

a atividade de agricultores sem-terra representam outras ameaças aos fragmentos florestais da região. O acesso a esses fragmentos é facilitado pela existência de uma extensa rede de vias secundárias, construídas para atender às necessidades de manejo e corte das plantações de eucalipto. Felizmente, existe um projeto de reconexão das matas remanescentes entre o rio Joanes/Ipitanga e a RPPN Fazenda Lontra/Saudade[3].

Referências
1. Jesus et al. (2000); **2.** Sidnei S. dos Santos; **3.** COFIC et al. (2005); Pedro C. Lima (in litt.).

IBA sugerida por Pedro C. Lima

Mata da Campina e Fragmentos Adjacentes — BA09

A1 — **12°22'W, 38°20'W**

Área: 10.000-15.000 ha
Municípios: Pojuca, Catu, São Sebastião do Passé, Mata de São João
Grau de proteção: Nenhum
Bioma: Mata Atlântica
Altitude: 80-150 m
Inventário ornitológico: Não disponível
PROBIO 205

Descrição
Essa área abrange um conjunto de fragmentos de floresta atlântica na região de Catu, ao norte do Recôncavo, com destaque para os remanescentes da Serra do Timbó, em especial a mata da Fazenda Campina, com cerca de 900 ha. Há outros fragmentos menores na região, com grande potencial para serem reconectados entre si. Das áreas com florestas remanescentes do litoral norte da Bahia, esta é a mais próxima de Salvador, distando cerca de 50 km da capital do Estado. A área também é muito próxima da região de Itanagra (BA08), que se situa a nordeste. Historicamente, a região foi ocupada para cultivo de cana-de-açúcar e pecuária extensiva; mais recentemente, iniciou-se a exploração de riquezas do subsolo (sobretudo petróleo) e de madeira para serrarias. Atualmente, predominam na paisagem as pastagens e as áreas destinadas à produção de culturas anuais (principalmente mandioca). A temperatura média anual está em torno de 25°C e a região recebe cerca de 1.600 mm de chuvas por ano.

Aves
A avifauna da área é muito similar àquela da região de Itanagra, incluindo as mesmas espécies ameaçadas. Já foram identificadas 201 espécies na mata da Faz. Campina, total que inclui também aves de ambientes não-florestais[1]. O papa-formigas ameaçado *Pyriglena atra* (papa-taoca-da-bahia), endêmico do nordeste brasileiro e presente em apenas seis IBAs, ocorre por toda a extensão da Serra do Timbó[1].

Espécies ameaçadas: 4	
Touit surdus	S. S. dos Santos.
Pyriglena atra	S. S. dos Santos.
Procnias nudicollis	S. S. dos Santos.
Xipholena atropurpurea	S. S. dos Santos.

Espécie quase ameaçada	
Aratinga auricapillus	S. S. dos Santos.

BAHIA

Ameaças

A supressão de vegetação nativa para ampliação das áreas de pecuária, a caça ilegal e o corte seletivo de madeira para abastecer serrarias e fornos são agressões freqüentes à maioria dos remanescentes florestais da região. O acesso aos fragmentos é facilitado pela extensa rede de vias secundárias criadas para a exploração do petróleo, que acabaram intensificando a fragmentação das florestas. O fogo é utilizado para ampliar as áreas de agricultura de subsistência. Outras ameaçadas incluem a expansão imobiliária e a atividade de agricultores sem-terra. Não existem unidades de conservação na área, mas há interesse na criação de RPPNs.

Referências

1. Sidnei S. dos Santos (dados inéditos e *per* Pedro C. Lima e Fábio Olmos).

IBA sugerida por Pedro C. Lima

Ibiquera / Ruy Barbosa — BA10

A1 — **12°26'S, 40°43'W**

Área: ?
Municípios: Ibiquera, Lajedinho, Ruy Barbosa
Grau de proteção: Nenhum

Bioma: Caatinga, Mata Atlântica
Altitude: 350-600 m
Inventário ornitológico: Não disponível
PROBIO (48)

Descrição

Essa área está localizada a cerca de 70 km a leste do Parque Nacional da Chapada Diamantina (BA12), na porção centro-oriental da Bahia. A região está inserida no domínio da floresta estacional decidual e há bons remanescentes dessa formação entre Ibiquera e Ruy Barbosa, inclusive ao longo da BR-242.

Aves

As poucas informações existentes sobre a área derivam da atividade fortuita de ornitólogos e observadores de aves que passaram pela região. As matas secas entre Ibiquera e Ruy Barbosa parecem constituir uma importante área de hábitat remanescente para *Herpsilochmus pectoralis* (chorozinho-de-papo-preto), endemismo da Caatinga restrito ao território brasileiro e presente em apenas seis IBAs.

Ameaças

Queimadas, retirada de madeira e caça de subsistência.

Referências

Wege & Long (1995); Bret M. Whitney (verb.).

IBA sugerida por Bret M. Whitney

Espécie ameaçada	
Herpsilochmus pectoralis	Wege & Long (1995), sob Chapada Diamantina; B. M. Whitney.

Santo Amaro / Cachoeira — BA11

A1 — 12°35'W, 38°49'W

Área: 2.000-6.000 ha
Municípios: Santo Amaro, Cachoeira, Saubara
Grau de proteção: Parcial

Bioma: Mata Atlântica
Altitude: 30-200 m
Inventário ornitológico: Não disponível
Key Area 043/PROBIO 206

Descrição

Essa área inclui os remanescentes florestais existentes ao longo das serras do Iguape e São Francisco, em Santo Amaro, Cachoeira e Saubara, municípios do Recôncavo baiano. A área está inserida em uma das regiões de ocupação humana mais antiga no Brasil e abriga os últimos fragmentos de floresta ombrófila densa das redondezas. Historicamente, as terras da região foram ocupadas com monoculturas de cana-de-açúcar (Santo Amaro) e plantações de fumo (Cachoeira). Posteriormente, foram implantadas monoculturas de bambu para produção de celulose e, mais recentemente, a pecuária extensiva de bovinos. A paisagem nos arredores das serras é hoje caracterizada por um mosaico de plantações de cana-de-açúcar, pastagens e pequenas áreas de agricultura de subsistência. Parte das matas da região já passou por corte seletivo e alguns trechos são formados por vegetação secundária. O clima é considerado úmido a sub-úmido, com médias anuais de temperatura e pluviosidade em torno de 24°C e 1.800 mm, respectivamente.

Aves

A região inclui a localidade-tipo de *Pyriglena atra* (Pitanga, 8 km a oeste de Santo Amaro[1]) e, até meados da década de 1990, foi a origem de todas as informações conhecidas sobre essa espécie ameaçada[1,2,3,4]. As matas de Saubara constituem o limite sul da distribuição de *P. atra*, visto que o rio Paraguaçu representa uma barreira natural que separa essa espécie da congênere *Pyriglena leucoptera*, encontrada na margem oposta do rio, nos fragmentos de São Roque do Paraguaçu. Embora alguns espécimes conservados em museus europeus sejam atribuídos a híbridos entre essas duas espécies[3], até o momento não há registros de simpatria na natureza. Ao longo das serras do Iguape e São Francisco, *P. atra* foi registrada em mais de seis pontos, que incluem as duas RPPNs existentes na região[5].

Ameaças

A caça é muito comum na região e ocorre corte seletivo de madeira para serrarias e desmatamentos para ampliação das áreas de pecuária extensiva. Há cinco

Espécies ameaçadas: 4

Touit surdus	P. Lima, S. S. dos Santos.
Mymotherula urosticta	P. Lima, BirdLife International (2004).
Pyriglena atra	Willis & Oniki (1982), Collar et al. (1992), Wege & Long (1995)
Xipholena atropurpurea	P. Lima, S. S. dos Santos.

Espécie quase ameaçada

Aratinga auricapillus	P. Lima, S. S. dos Santos.

Áreas protegidas:

Nome	Categoria	Área
RPPN Reserva da Peninha	Particular	350 ha
RPPN São Joaquim da Cabonha	Particular	257 ha

assentamentos rurais implantados na área e em todos tem havido supressão de florestas, pois não existe manejo adequado das reservas de mata nativa. O reconhecimento e a regularização de quilombolas na região podem levar a impactos semelhantes. As unidades de conservação existentes (duas RPPNs) cobrem apenas 607 ha e não são representativas dos ambientes naturais das serras do Iguape e São Francisco, as áreas mais importantes para a conservação da biodiversidade na região.

Referências

1. Collar et al. (1992); **2.** Sick & Teixeira (1979); **3.** Willis & Oniki (1982); **4.** Teixeira et al. (1989); **5.** Sidnei S. dos Santos (dados inéditos); Wege & Long (1995); BirdLife International (2004); Pedro C. Lima (in litt.).

Parque Nacional da Chapada Diamantina — BA12

A1, A2, A3 — **12°50'S, 41°24'W**

Área: 150.000-200.000 ha
Municípios: Lençóis, Andaraí, Itaeté, Ibicoara, Mucugê, Palmeiras, Iraquara
Grau de proteção: Parcial

Bioma: Cerrado, Mata Atlântica, Caatinga
Altitude: 400-1.695 m
Inventário ornitológico: Representativo
Key Area 044/PROBIO 144 (47)

Descrição

Situada a 300 km do litoral, essa extensa área engloba o Parque Nacional da Chapada Diamantina e algumas localidades imediatamente vizinhas. A Chapada Diamantina se eleva no centro da Bahia como um prolongamento da Cadeia do Espinhaço, sendo formada por uma série de maciços montanhosos dispostos em formato aproximado de um "Y". Suas vertentes orientais (p.ex., a Serra do Sincorá) constituem uma barreira ao avanço do ar úmido proveniente do oceano. Em conseqüência, a umidade não se distribui uniformemente pela região, o que, em combinação com a diversidade de solos, dá origem a um complexo mosaico de ambientes naturais[1]. A caatinga, as matas secas e outros tipos de vegetação xerofítica predominam nas áreas de solos arenosos que recebem menor precipitação pluviométrica, cobrindo as partes mais baixas da chapada (tipicamente até 700 m de altitude), nas encostas inferiores e na retaguarda da Serra do Sincorá. A caatinga também é a vegetação predominante nas baixadas a leste da Chapada Diamantina. Nas zonas mais elevadas, sobre os platôs e nos cumes rochosos das serras, a caatinga é substituída por cerrados, campinas com arbustos e campos rupestres (estes principalmente entre 900 e 1.200 m). Florestas semi-úmidas existem ao longo dos rios, nas grotas (falhas geológicas) e sobre as encostas orientais da chapada. No topo da Serra de Sincorá, entre 800 e 1.200 m, há florestas montanas com abundantes epífitas e brenhas de taquaras[1]. De maneira geral, a região encontra-se bem preservada, com grande parte da fauna e flora originais ainda presente.

Aves

Um listagem das aves da região, baseada em levantamentos realizados em diversas áreas da Chapada Diamantina, inclui 359 espécies, muitas das quais estritamente associadas aos biomas vizinhos (Caatinga, Cerrado e Mata Atlântica), que se misturam na chapada[1]. As florestas semi-úmidas da região constituem o limite norte de distribuição de várias aves endêmicas da Mata Atlântica, entre as quais destacam-se os ameaçados *Synallaxis cinerea* (joão-baiano) e *Phylloscartes beckeri* (borboletinha-baiana)[1], espécies apenas recentemente descritas que também têm na região seu ponto de ocorrência mais ocidental. O beija-flor *Augastes lumachella* é endêmico da Bahia[2] e ocorre apenas na Chapada Diamantina (serras do Rio de Contas, Sinco-

BAHIA

rá e Morro do Chapéu) e na região de Sento Sé/Campo Formoso (BA03), no norte do Estado. Por outro lado, a ocorrência da ameaçada *Neopelma aurifrons* (fruxu-baiano), citado para o P. N. da Chapada Diamantina[3], requer confirmação[1,4]. Em adição, um *Scytalopus* do grupo *speluncae*/*novacapitalis*, que não pode ser diretamente atribuído a nenhuma das formas conhecidas até o momento, ocorre na área e encontra-se sob estudo[1].

Ameaças

O P. N. da Chapada Diamantina tem apenas cerca de 50% de sua área regularizada. A exploração de matas nativas para transformação em carvão está destruindo rapidamente as florestas nos arredores de Lençóis e Ibicoara, inclusive em áreas onde ocorrem *Synallaxis cinerea* e *Phylloscartes beckeri*[1]. Caminhões carregados de madeira nativa ainda são uma visão comum na região[1].

Referências

1. Parrini et al. (1999); **2.** Sick (1997); **3.** BirdLife International (2000); Wege & Long (1995); Souza (1999); Carvalhaes (2001); Kirwan et al. (2001); BirdLife International (2004)

Espécies ameaçadas: 8	
Penelope jacucaca	Matas na base e encostas baixas da parte leste da chapada (Parrini et al. 1999).
Leucopternis lacernulatus	Parrini et al. (1999).
Harpyhaliaetus coronatus	Entre Palmeiras e Lençóis (Parrini et al. 1999, Souza 1999).
Pyrrhura cruentata	Andaraí (Wege & Long 1995); Carvalhaes (2001).
Amazona vinacea	Florestas da escarpa leste da Serra do Sincorá (Parrini et al. 1999).
Synallaxis cinerea	Registrada em diversas localidades da parte leste da chapada (Parrini et al. 1999).
Phylloscartes beckeri	Florestas montanas, acima de 800 m (Parrini et al. 1999).
Procnias nudicollis	Parrini et al. (1999).

Espécies quase ameaçadas: 15	
Crypturellus noctivagus	Parrini et al. (1999).
Primolius maracana	Parrini et al. (1999).
Aratinga auricapillus	Parrini et al. (1999).
Augastes lumachella	Campos rupestres (Parrini et al. 1999).
Geobates poecilopterus	Cerrados perto de Sumidouro, 1.000-1.100 m de altitude (Parrini et al. 1999).
Formicivora iheringi	Parrini et al. (1999).
Herpsilochmus sellowi	Parrini et al. (1999), sob *H. pileatus.*
Drymophila ochropyga	Florestas montanas (Parrini et al. 1999).
Hylopezus ochroleucus	Parrini et al. (1999).
Phibalura flavirostris	Parrini et al. (1999).
Polystictus superciliaris	Campos rupestres (Parrini et al. 1999).
Euscarthmus rufomarginatus	Cerrados perto de Sumidouro (Parrini et al. 1999).
Arremon franciscanus	No entorno imediato do parque (Kirwan et al. 2001); Parrini et al. (1999).
Embernagra longicauda	Campos rupestres (Parrini et al. 1999).
Neothraupis fasciata	Cerrados perto de Sumidouro (Parrini et al. 1999).

Espécies de distribuição restrita: 4	**EBA073**
Espécies endêmicas: 10	**CER**
Espécies endêmicas: 11	**CAA**

Área protegida:		
Nome	**Categoria**	**Área**
Parque Nacional da Chapada Diamantina	Proteção Integral	152.000 ha

Jaguaquara — BA13

A1, A2 — **13°36'S, 40°03'W**

Área: 5.000-10.000 ha
Município: Jaguaquara
Grau de proteção: Nenhum

Bioma: Caatinga
Altitude: 650 m
Inventário ornitológico: Não disponível
PROBIO 208

Descrição

Localizada na borda de uma região elevada conhecida como Serra Geral ou Planalto de Maracás, ao norte do rio de Contas, Jaguaquara é relativamente próxima de Jequié (BA15). A vegetação, tal como nessa última área, é composta principalmente por caatinga e matas secas, com trechos de mata-de-cipó nas zonas de maior altitude. O relevo é ondulado e existem poucos rios perenes.

Aves

Não existem listas publicadas da avifauna da área, e sua importância reside principalmente em abrigar populações pequenas e isoladas de *Rhopornis ardesiacus* (gravatazeiro), pássaro de distribuição restrita e endêmico das matas-de-cipó do centro-sul baiano e porção adjacente de Minas Gerais. As poucas informações existentes sobre a área apontam para uma avifauna típica da Caatinga, que inclui os dois endemismos desse bioma que definem a EBA072 (Matas Decíduas da Bahia): *R. ardesiacus* e *Formicivora iheringi* (formigueiro-do-nordeste).

Ameaças

O desmatamento e a descaracterização do hábitat são as principais ameaças à sobrevivência das espécies restritas às matas secas e caatingas na região de Jaguaquara. Os poucos fragmentos restantes estão sob ameaça constante de incêndios criminosos. Além disso, esses fragmentos já estão isolados daqueles de Jequié por lavouras e pastagens.

Referências

Bret M. Whitney (verb.); Whitney et al. (2000).

IBA sugerida por Bret M. Whitney

Espécie ameaçada	
Rhopornis ardesiacus	B. M. Whitney.

Espécies quase ameaçadas: 3	
Formicivora iheringi	B. M. Whitney.
Herpsilochmus sellowi	Whitney et al. (2000).
Hylopezus ochroleucus	B. M. Whitney.

Espécies de distribuição restrita: 2 — **EBA072**

BAHIA

Baixo-Sul — BA14

A1, A2, A3 — **13°50'S, 39°15'W**

Área: c.50.000 ha
Municípios: Ituberá, Igrapiúna, Nilo Peçanha, Taperoá
Grau de proteção: Nenhum

Bioma: Mata Atlântica
Altitude: 0-400 m
Inventário ornitológico: Preliminar
Key Area 046/PROBIO 210

Descrição

Apresentando relevo formado por colinas e morros graníticos relativamente baixos, essa área compreende uma extensa rede de remanescentes florestais que ocupa a metade leste dos municípios de Taperoá e Nilo Peçanha e a metade oeste dos municípios de Ituberá e Igrapiúna, a oeste da rodovia BA-650. A floresta ombrófila densa é a formação vegetal dominante, ocorrendo, localmente, o contato com os extensos manguezais (formações pioneiras) da baixada costeira adjacente. Parte da área pertence à Plantações Michelin da Bahia Ltda., empresa dedicada à exploração de látex em extensos seringais. Como parte da política ambiental dessa empresa, cerca de 1.450 ha de florestas nativas são protegidas em Igrapiúna e Ituberá. Parte da IBA encontra-se dentro dos limites da APA Estadual do Pratigi, criada em 1998 e recentemente ampliada.

Aves

Além de Una (BA21), essa é a única área para a qual são conhecidos registros recentes de *Scytalopus psychopompus* (macuquinho-baiano), táxon criticamente ameaçado cuja distribuição global restringe-se à faixa costeira da Bahia[1]. Levantamentos recentes em uma área da Plantações Michelin, em Igrapiúna, resultaram no encontro de quatro territórios da espécie, que está associada a ambientes brejosos com densa vegetação herbácea e arbustiva, pontualmente distribuídos no interior dos remanescentes florestais[1].

BAHIA

Espécies ameaçadas: 8

Crax blumenbachii	Registro visual e pena encontrada na área (P. C. Lima; Lima et al. 2001b).
Touit surdus	Jacaré (Wege & Long 1995); Lima et al. (2001b), sob *T. melanonotus*.
Thripophaga macroura	Jacaré (Wege & Long 1995); Lima et al. (2001b).
Myrmotherula urosticta	Aparentemente numerosa na área (Lima et al. 2001b).
Myrmeciza ruficauda	Lima et al. (2001b).
Scytalopus psychopompus	Lima et al. (2001b), Bornschein et al. (2005).
Procnias nudicollis	Lima et al. (2001b).
Xipholena atropurpurea	Teixeira & Almeida (1997), Lima et al. (2001b).

Espécie quase ameaçada

Aratinga auricapillus	Lima et al. (2001b).

Espécies de distribuição restrita: 6 — **[EBA075] (*Scytalopus psychopompus*)**

Espécies endêmicas: 26 — **[ATL] (*Scytalopus psychopompus*)**

Área protegida:

Nome	Categoria	Área
APA Estadual Pratigi	Uso Sustentável	85.686 ha

Todas as espécies ameaçadas listadas para a área foram recentemente detectadas nesses fragmentos, onde pesquisas de longo prazo sobre a avifauna local vêm sendo desenvolvidas[2]. O pica-pau *Celeus torquatus tinnunculus*, forma rara e endêmica do leste do Brasil, foi registrado na região[3].

Ameaças

A derrubada de florestas nativas em fazendas do entorno da propriedade da Plantações Michelin vem ocorrendo a um ritmo preocupante. A expansão das áreas urbanas dos municípios envolvidos representa uma ameaça potencial adicional aos remanescentes florestais da região.

Referências

1. Bornschein et al. (2005); **2.** Lima et al. (2001b); **3.** Teixeira et al. (1989); Teixeira & Carnevalli (1989); Collar et al. (1992); Wege & Long (1995); Teixeira & Almeida (1997); Souza (1999); BirdLife International (2000); Pedro C. Lima (verb.).

Jequié — BA15

A1, A2 — **13°46'S, 40°07'W**

Área: ?
Município: Jequié
Grau de proteção: Nenhum

Bioma: Caatinga
Altitude: 215 m
Inventário ornitológico: Não disponível
Key Area 048/PROBIO 209

Descrição

Jequié situa-se na borda setentrional do Planalto da Conquista, no vale do rio de Contas. A área é muito similar a Jaguaquara (BA13), situada imediatamente ao norte. O relevo é ondulado e a vegetação predominante é a caatinga, embora sejam encontrados razoáveis trechos de matas secas e mata-de-cipó, esta última nas porções de maior altitude. A região possui poucos rios perenes e as matas ciliares são muito reduzidas.

Aves

A avifauna da região de Jequié é pouco conhecida e não existem inventários publicados. Os estudos recentes concentraram-se na procura de novas localidades de ocorrência de *Rhopornis ardesiacus* (gravatazeiro), registrado em algumas matas-de-cipó a sudoeste e ao norte da cidade[2]. A avifauna da região é típica da Caatinga, com a presença de espécies endêmicas, como *Paroaria dominicana* (galo-da-campina)[1]. Não há registros de cracídeos, o que pode ser resultado de uma intensa pressão de caça[1].

Ameaças

Embora ainda existam alguns bons trechos de caatinga e de mata-de-cipó nos arredores de Jequié, boa parte da região encontra-se completamente descaracterizada pelo desmatamento. A retirada de lenha para consumo doméstico e construção de cercas ainda é intensa, e algu-

Espécie ameaçada	
Rhopornis ardesiacus	Wege & Long (1995).

Espécies quase ameaçadas: 2	
Formicivora iheringi	Wege & Long (1995).
Herpsilochmus sellowi	Whitney et al. (2000).

Espécies de distribuição restrita: 2 **EBA072**

mas matas em bom estado de conservação estão sendo destruídas também para dar lugar à criação de bovinos e caprinos.

Referências

1. Luís F. Silveira (dados inéditos); **2.** Collar et al. (1992); Wege & Long (1995); Whitney et al. (2000).

Rio Arrojado — BA16

A1 — 13°46'S, 45°57'W

Área: >100.000 ha
Município: Correntina
Grau de proteção: Nenhum
Bioma: Cerrado
Altitude: 600-900 m
Inventário ornitológico: Não disponível

Descrição

Essa área no sudoeste baiano compreende a Fazenda Jatobá, situada entre os rios Veredão e Arrojado[1], bem como os trechos desse último rio ocupados pelo pato-mergulhão (ver abaixo). A Faz. Jatobá possui uma área total de 100.000 ha, dos quais 36.000 ha correspondem a plantações de eucalipto e pínus[1]. A vegetação nativa predominante é o cerrado, com matas de galeria e extensas veredas de buritis ao longo dos rios principais e seus tributários[1,2].

Aves

O rio Arrojado é um dos quatro afluentes do rio São Francisco no sudoeste baiano para os quais foram recentemente relatados registros de *Mergus octosetaceus* (pato-mergulhão)[2], espécie próxima da extinção, com população mundial estimada em menos de 250 indivíduos[3]. Cerca de 34 indivíduos, em sua maioria isolados, teriam sido observados nessa região da Bahia, com média de 12 indivíduos por quilômetro de rio[2]. Na Faz. Jatobá, um levantamento da avifauna realizado no início da década de 1990 listou 158 espécies, a maioria característica do domínio dos cerrados[1].

Ameaças

O avanço das culturas da soja e do algodão, somado à ausência de áreas protegidas, é a principal ameaça aos ecossistemas naturais da região, levando inclusive à descaracterização dos ambientes ribeirinhos ocupados por *Mergus octosetaceus*[1,2]. Os projetos de aproveitamento hidrelétrico representam um sério risco adicional para essa espécie criticamente ameaçada[2], que requer rios com corredeiras de águas límpidas[3].

Referências

1. Antas et al. (1993); **2.** Pineschi & Yamashita (1999, 2000); **3.** BirdLife International (2004); Carlos Yamashita (verb.); Bianca L. Reinert (verb.).

Espécies ameaçadas: 3	
Mergus octosetaceus	Rio Arrojado (Pineschi & Yamashita 1999, 2000); C. Yamashita, B. L. Reinert.
Harpyhaliaetus coronatus	Antas et al. (1993).
Culicivora caudacuta	Antas et al. (1993).

Espécie quase ameaçada	
Charitospiza eucosma	Presente no período de seca (maio-setembro) (Antas et al. 1993).

Boa Nova / Serra da Ouricana — BA17

A1, A2, A3 — 14°21'S, 40°12'W

Área: c.15.000 ha
Município: Boa Nova
Grau de proteção: Nenhum

Bioma: Mata Atlântica, Caatinga
Altitude: 790-1.100 m
Inventário ornitológico: Representativo
Key Area 050, 051/PROBIO 211

Descrição

Boa Nova está situada no extremo nordeste do Planalto da Conquista, ao sul do rio de Contas, em uma região de relevo bastante irregular. A vegetação é extremamente variada. A leste/sudeste da cidade, resquícios do que outrora foi uma extensa floresta atlântica montana reco-

Espécies ameaçadas: 10	
Pyrrhura cruentata	Wege & Long (1995).
Touit surdus	Wege & Long (1995).
Synallaxis cinerea	Pacheco & Gonzaga (1995).
Thripophaga macroura	Wege & Long (1995).
Rhopornis ardesiacus	Willis & Oniki (1981b), Wege & Long (1995), Gonzaga et al. (1996).
Carpornis melanocephala	Wege & Long (1995).
Procnias nudicollis	Gonzaga et al. (1995).
Neopelma aurifrons	Registro histórico (Whitney et al. 1995a).
Phylloscartes beckeri	Gonzaga & Pacheco (1995).
Hemitriccus furcatus	Limite norte de distribuição; Wege & Long (1995); ainda presente em 2003 (Whitney & Bevier 2003).

Espécies quase ameaçadas: 17	
Leucopternis polionotus	Gonzaga et al. (1995).
Primolius maracana	Gonzaga et al. (1996).
Aratinga auricapillus	Wege & Long (1995).
Formicivora iheringi	Wege & Long (1995), Gonzaga et al. (1996).
Dysithamnus stictothorax	Gonzaga et al. (1995).
Drymophila ochropyga	Limite norte de distribuição; Gonzaga et al. (1995).
Herpsilochmus sellowi	Whitney et al. (2000).
Cercomacra brasiliana	Gonzaga et al. (1995).
Hylopezus ochroleucus	Silveira (2003).
Scytalopus indigoticus	Gonzaga et al. (1995).
Laniisoma elegans	Wege & Long (1995).
Phibalura flavirostris	Gonzaga et al. (1995).
Lipaugus lanioides	Wege & Long (1995); Souza (1999).
Iodopleura pipra	Wege & Long (1995).
Phyllomyias griseocapilla	Limite norte de distribuição; Gonzaga et al. (1995).
Phylloscartes oustaleti	Gonzaga et al. (1995).
Thraupis cyanoptera	Gonzaga et al. (1995).

Espécies de distribuição restrita: 2 — **EBA072**

Espécies endêmicas: 7 — **CAA**

Espécies endêmicas: 65 — **ATL**

brem a vertente oriental (voltada para o mar) de um contraforte do planalto conhecido como Serra da Ouricana. Alguns poucos quilômetros a oeste, na retaguarda dessa vertente, a floresta úmida dá lugar à caatinga e matas mais secas, incluindo a mata-de-cipó, uma formação vegetal rica em lianas e bromélias terrícolas de grande porte, do gênero *Aechmea*[1,2].

Aves
A região de Boa Nova é famosa por sua avifauna peculiar, que congrega elementos de formações vegetais tão distintas quanto a caatinga e a floresta atlântica montana, e por abrigar as maiores – e, por muito tempo, únicas – populações conhecidas de *Rhopornis ardesiacus* (gravatazeiro), representante de um gênero monotípico e endêmico da mata-de-cipó. Das matas úmidas da região foram descritas duas espécies novas em meados da década passada: *Synallaxis cinerea* (joão-baiano) e *Phylloscartes beckeri* (borboletinha-baiana)[3,4]. Ambas são consideradas ameaçadas e permanecem conhecidas de menos de dez áreas na Bahia e Minas Gerais. Além disso, dezenas de outras espécies de aves endêmicas da Mata Atlântica e Caatinga são encontradas na região, tornando-a representativa de ambos os biomas e também da EBA072 (Matas Decíduas da Bahia).

Ameaças
Boa Nova é uma das áreas mais negligenciadas no que se refere à conservação de aves no Brasil[1]. Apesar de sua enorme importância ornitológica, reconhecida há décadas, a região até agora não possui unidades de conservação. Desmatamentos ainda ocorrem em toda a área, tanto na porção de Mata Atlântica quanto nas matas-de-cipó. A extração de madeira para a construção civil e para consumo doméstico ainda é comum. A caça pode estar afetando algumas espécies, como jacus e aracuãs (Cracidae), e a extração de bromélias de solo das matas-de-cipó, para uso em paisagismo, tem impacto importante sobre o hábitat de *R. ardesiacus*.

Referências
1. Gonzaga et al. (1995); **2.** Silveira (2003); **3.** Gonzaga & Pacheco (1995); **4.** Pacheco & Gonzaga (1995); Willis & Oniki (1981b); Wege & Long (1995); Whitney et al. (1995a); Gonzaga et al. (1996); Souza (1999); Whitney et al. (2000); Whitney & Bevier (2003).

Ilhéus / Itabuna — BA18

A1 — **14°36'S, 39°20'W**

Área: 50.000-100.000 ha
Município: Itabuna, Ilhéus, Uruçuca, Itajuípe, Coaraci
Grau de proteção: Nenhum
Bioma: Mata Atlântica
Altitude: 0-60 m
Inventário ornitológico: Não disponível
Key Area 052/PROBIO 210

Descrição
Toda a região entre Itabuna e o rio de Contas ainda apresenta extensiva cobertura florestal, provavelmente formada em sua maior parte por cabrucas e matas secundárias. O clima dessa região de baixadas é quente e úmido, com pluviosidade média anual de 1.700 mm.

Aves
Não há levantamentos da avifauna da área, apenas observações isoladas. Pela

Espécie ameaçada	
Acrobatornis fonsecai	Pacheco et al. (1996a).

continuidade do hábitat, porém, a região deve constituir o principal reduto atual de *Acrobatornis fonsecai* (acrobata). Essa espécie ameaçada foi registrada em vários pontos entre Itabuna e o rio de Contas, principalmente ao longo da rodovia BR-101, e também a oeste, em direção a Coaraci. São conhecidas coletas antigas de *Merulaxis stresemanni* (entufado-baiano) e *Scytalopus psychopompus* (macuquinho-baiano) para Ilhéus. Essas espécies ainda podem estar presentes na região.

Ameaças

Ainda ocorrem desmatamentos por toda a região. Esta atividade se tornou mais comum após a crise do cacau. Nas áreas onde as cabrucas foram mantidas não existe regeneração da vegetação nativa, o que a longo prazo comprometerá a manutenção da cobertura florestal. Também é intensa a caça de subsistência, a captura ilegal de aves para criação em cativeiro e a retirada ilegal de palmito. Existem vários acampamentos de agricultores sem-terra ao longo da rodovia que liga Ilhéus a Itabuna.

Referências

Pacheco et al. (1996a).

Vitória da Conquista — BA19

A1, A3 — **14°59'S, 40°42'W**

Área: 10.000-50.000 ha
Municípios: Vitória da Conquista, Barra do Choça
Grau de proteção: Nenhum

Bioma: Caatinga, Mata Atlântica
Altitude: 720-930 m
Inventário ornitológico: Preliminar
PROBIO 213 (56)

BAHIA

Descrição

Essa área inclui diversos fragmentos de matas secas e de transição entre Vitória da Conquista e Barra do Choça, cidades do sudeste baiano situadas sobre o planalto que forma o divisor de águas entre o rio Pardo e o rio de Contas. Nesse planalto ocorrem a transição entre a floresta estacional com marcada influência atlântica e a caatinga, o que resulta em uma vegetação variada e de grande complexidade[1]. As matas secas da região são conhecidas regionalmente como “matas-de-cipó”, embora sejam bastante diferen-

Espécies ameaçadas: 2	
Synallaxis cinerea	Faz. Pau Brasil (Silveira 2003).
Myrmeciza ruficauda	Mais de 5 casais detectados na Faz. Pau Brasil em maio de 2003 (Silveira 2003).

Espécies quase ameaçadas: 6	
Crypturellus noctivagus	Silveira (2003).
Primolius maracana	Seis indivíduos observados na Faz. Pau Brasil em 2003 (Silveira 2003).
Aratinga auricapillus	Relativamente comum (Silveira 2003).
Formicivora iheringi	Comum na região (Silveira 2003).
Herpsilochmus sellowi	Poucos indivíduos observados em 2003, inclusive em áreas degradadas (Silveira 2003).
Hylopezus ochroleucus	Whitney et al. (1995b), Silveira (2003).

Espécies endêmicas: 7	**CAA**

tes das matas-de-cipó encontradas nos arredores de Boa Nova[1], a cerca de 80 km a nordeste.

Aves

Nas matas da região de Vitória da Conquista, aves endêmicas e ameaçadas da Mata Atlântica, como *Synallaxis cinerea* (joão-baiano) e *Myrmeciza ruficauda* (formigueiro-de-cauda-ruiva), ocorrem lado a lado com espécies típicas ou exclusivas da Caatinga, como *Aratinga cactorum* (periquito-da-caatinga) e *Picumnus pygmaeus* (pica-pau-anão-pintado), e das matas-de-cipó, como *Formicivora iheringi* (formigueiro-do-nordeste)[1]. Esta combinação singular de elementos de biomas tão distintos confere grande importância biogeográfica e ecológica à região, tanto mais que boa parte dos ambientes similares encontrados no nordeste de Minas Gerais (antes contíguos à macrorregião de Vitória da Conquista) já foram completamente destruídos[1]. Entretanto, o conhecimento sobre as aves dos arredores de Vitória da Conquista ainda é insuficiente. Os primeiros relatos sobre a avifauna da região remontam ao início do século XIX e foram feitos pelo Príncipe de Wied, que coletou ali espécies de aves até hoje pouco conhecidas, como *Nyctibius leucopterus* (urutau-de-asa-branca) e *Rhopornis ardesiacus* (gravatazeiro), este último associado às matas-de-cipó[1]. Em um levantamento recente, cerca de 170 espécies de aves foram registradas em três fragmentos florestais da região[1].

Ameaças

Grande parte da região já está degradada. O desmatamento ainda persiste como a principal ameaça[1]. Outras ameaças incluem a construção de loteamentos, o corte seletivo de madeira e a captura ilegal de aves.

Referências

1. Silveira (2003); Whitney et al. (1995b).

Serra do Teimoso — BA20

A1 — **15°09'S, 39°31'W**

Área: 1.000-5.000 ha
Município: Jussari
Grau de proteção: Parcial
Bioma: Mata Atlântica
Altitude: até 1.000 m
Inventário ornitológico: Não disponível

Descrição

Situada a poucos quilômetros a oeste das Serras das Lontras e do Javi (BA22), no sudeste da Bahia, essa área está inserida em uma zona de transição entre as florestas litorâneas úmidas e as matas mais secas do interior. Toda a região já foi intensamente desmatada, e a Serra do Teimoso destaca-se na paisagem regional como um dos últimos remanescentes florestais ainda bem preservados. A floresta que recobre a serra possui grande diversidade florística, incluindo uma enorme variedade de bromélias e orquídeas, além de palmeiras e samambaias. Algumas árvores de maior porte podem ultrapassar os 35 m de altura.

Aves

Os inventários ornitológicos na Serra do Teimoso iniciaram apenas em 1999 e os resultados obtidos ainda não foram publicados. Entretanto, cerca de 250 espécies de aves já foram registradas na RPPN Serra do Teimoso, entre as quais destacam-se aves de rapina como *Spizaetus tyrannus* (gavião-pega-macaco) e o ameaçado *Leucopternis lacernulatus* (gavião-

Espécies ameaçadas: 3	
Leucopternis lacernulatus	J. F. Pacheco, B. M. Whitney e L. F. Silveira.
Thripophaga macroura	J. F. Pacheco, B. M. Whitney e L. F. Silveira.
Dysithamnus plumbeus	J. F. Pacheco, B. M. Whitney e L. F. Silveira.

Espécies quase ameaçadas: 2	
Primolius maracana	Cordeiro (2002).
Aratinga auricapillus	Cordeiro (2002).

Área protegida:

Nome	Categoria	Área
Reserva Natural da Serra do Teimoso	Particular (RPPN)	200 ha

pombo-pequeno). Supõe-se que outras espécies ameaçadas ou quase ameaçadas, além das listadas acima, possam ocorrer na área. Há relatos recentes da presença de *Tinamus solitarius* (macuco), tinamídeo de grande porte muito visado por caçadores.

Ameaças

Quase não existem mais fragmentos florestais em bom estado de conservação na região de Jussari. A criação de uma RPPN garantiu a preservação do fragmento florestal da Serra do Teimoso e as ameaças atuais restringem-se à retirada clandestina de madeira e à caça furtiva.

Referências

Cordeiro (2002); José Fernando Pacheco, Bret M. Whitney e Luís F. Silveira (verb. e in litt.).

IBA sugerida por José F. Pacheco, Bret M. Whitney e Luís F. Silveira

Una — BA21

A1, A2, A3 — **15°09'S, 39°09'W**

Área: 12.000-15.000 ha
Município: Una
Grau de proteção: Parcial

Bioma: Mata Atlântica
Altitude: 0-100 m
Inventário ornitológico: Não disponível
Key Area 053/PROBIO 212

Descrição

Situada no sudeste baiano, pouco ao sul de Ilhéus, essa área compreende a Reserva Biológica de Una, a RPPN Ecoparque de Una e as florestas desprotegidas contíguas a essas reservas, incluindo áreas de cabruca. A paisagem local é caracterizada por um relevo ondulado, cuja altitude aumenta à medida que se avança para oeste. A floresta atlântica *stricto sensu* é a vegetação original característica, apresentando importantes variações estruturais relacionadas ao substrato onde se desenvolve. Uma floresta composta por árvores de diâmetro reduzido e estatura relativamente baixa, crescendo sobre solos arenosos, domina grande parte da R. B. de Una. Florestas altas e bem estruturadas desenvolvem-se, por exemplo, nos vales onde camadas de solo mais rico estão depositadas. Sobre solos lamacentos ou mesmo encharcados que acompanham córregos e pequenos rios no fundo de vales, são encontradas matas paludosas baixas que podem ser bastante fechadas ou, nos trechos mais saturados, consideravelmente abertas e repletas de herbáceas e plantas palustres. A presença de uma população significativa do primata ameaçado *Leontopithecus chrysomelas* (mico-leão-de-cara-dourada) foi um dos fatores que motivou a criação da R. B. de Una.

Aves

Em 1995, a área foi palco da redescoberta de *Merulaxis stresemanni* (entufado-baiano), previamente conhecido apenas dos dois espécimes-tipo obtidos na década de 1830 e em 1945, em duas localidades do litoral baiano[1]. Apenas muito recentemente essa espécie foi registrada em uma quarta localidade, em Minas Gerais. Em adição, alguns territórios de *Scytalopus psychopompus* (macuquinho-baiano) foram localizados na área entre 2001 e 2005[2,3]. Essa espécie ameaçada foi constatada em somente uma IBA adicional. Vários indivíduos de *Nyctibius leucopterus* (urutau-de-asa-branca) foram registrados na R. B. de Una a partir de 1999[4]. A população atlântica dessa espécie noturna permaneceu sem registros confirmados por mais de 150 anos, ainda que uma população amazônica – até então desconhecida – tenha sido descoberta na década de 1980[4]. Una é uma das três IBAs onde ocorre *Herpsilochmus pileatus* (chorozinho-de-boné), declarada ameaçada após uma recente revisão de sua situação taxonômica[5].

Ameaças

Desmatamentos ocorrem no entorno imediato das áreas protegidas. A pressão de caça sobre a fauna nativa é bastante alta na região. Por fim, a situação fundiária da R. B. de Una ainda não está totalmente regularizada.

Referências

1. Baudet (2001); **2.** Bornschein et al. (2005); **3.** Pedro Develey (dados inéditos); **4.** Whitney et al. (2003a); **5.** Whitney et al. (2000); Wege & Long (1995); Whitney & Pacheco (1995); BirdLife International (2000); Cordeiro (2000, 2001); Bret M. Whitney, José F. Pacheco e Luís F. Silveira (verb.); Gabriel Rodrigues (IESB) (verb.).

BAHIA

Espécies ameaçadas: 12	
Crax blumenbachii	Visto na área em 2002 (G. Rodrigues); Wege & Long (1995).
Pyrrhura cruentata	Cordeiro (2001).
Touit surdus	BirdLife International (2000).
Amazona rhodocorytha	Cordeiro (2001).
Glaucis dohrnii	Recentemente registrada (Guy M. Kirwan et al., Neotropical Notebook, *Cotinga* 20:109).
Myrmotherula urosticta	Whitney & Pacheco (1995).
Herpsilochmus pileatus	B. M. Whitney, J. F. Pacheco e L. F. Silveira.
Merulaxis stresemanni	Registrada em 1995 na Faz. Jueirana, contígua à R. B. de Una (Baudet 2001).
Scytalopus psychopompus	Um exemplar recentemente coletado na área (Bornschein et al. 2005).
Carpornis melanocephala	Ecoparque de Una (P. Develey), Cordeiro (2001).
Xipholena atropurpurea	Wege & Long (1995).
Sporophila falcirostris	Vagante (?), Wege & Long (1995).
Espécies quase ameaçadas: 2	
Tinamus solitarius	Baudet (2001).
Aratinga auricapillus	Cordeiro (2002).
Espécies de distribuição restrita: 7	**[EBA075] (*Merulaxis stresemanni, Scytalopus psychopompus*)**
Espécies endêmicas: 14	**[ATL] (*Merulaxis stresemanni, Scytalopus psychopompus*)**

Áreas protegidas:

Nome	**Categoria**	**Área**
Reserva Biológica de Una	Proteção Integral	11.400 ha
RPPN Ecoparque de Una	Particular	83 ha

Serras das Lontras e do Javi — BA22

A1, A2, A3 — 15°11'S, 39°23'W

Área: c.3.000 ha
Município: Arataca
Grau de proteção: Nenhum

Bioma: Mata Atlântica
Altitude: 400-1.000 m
Inventário ornitológico: Representativo

Descrição

A Serra das Lontras (localmente conhecida como Serra do Mangue) e a Serra do Javi fazem parte de um complexo montanhoso que se eleva próximo à costa sudeste da Bahia, a poucos quilômetros de Una (BA21). A região apresenta uma paisagem predominantemente florestal, formada por um mosaico de cabrucas, capoeiras e fragmentos de floresta, estes últimos concentrados nas partes mais altas das serras. A vegetação original é a Mata Atlântica úmida. Em altitudes maiores, o porte das árvores diminui e as briófitas tornam-se extremamente abundantes, devido ao alto índice de umidade[1]. A densidade do sub-bosque também varia de acordo com a cota altimétrica, sendo este relativamente aberto nas áreas mais baixas e mais denso no alto das montanhas, onde há grande quantidade de bambus[1]. Embora a avifauna da região tenha grande similaridade com aquela das montanhas do sudeste do país, pelo menos 25% das espécies de plantas encontradas nas serras das Lontras e do Javi são endêmicas do sudeste da Bahia e nordeste do Espírito

Espécies ameaçadas: 9	
Leucopternis lacernulatus	Develey & Silveira (2001).
Touit surdus	Develey & Silveira (2001).
Acrobatornis fonsecai	A área inclui a localidade-tipo da espécie (Pacheco et al. 1996a).
Synallaxis cinerea	J. F. Pacheco, Goerck (2001), Develey & Silveira (2001).
Myrmotherula urosticta	Comum (Develey & Silveira 2001).
Phylloscartes beckeri	J. F. Pacheco, Goerck (2001), Develey & Silveira (2001).
Carpornis melanocephala	Comum (Develey & Silveira 2001).
Procnias nudicollis	Rara (Develey & Silveira 2001).
Xipholena atropurpurea	Rara (Develey & Silveira 2001).

Espécies quase ameaçadas: 7	
Tinamus solitarius	Raro (Develey & Silveira 2001).
Leucopternis polionotus	Develey & Silveira (2001).
Dysithamnus stictothorax	Develey & Silveira (2001).
Drymophila ochropyga	Develey & Silveira (2001).
Lipaugus lanioides	Comum (Develey & Silveira 2001).
Phylloscartes oustaleti	Develey & Silveira (2001).
Phylloscartes sylviolus	Develey & Silveira (2001).

Espécies de distribuição restrita: 3 — **[EBA076] (*Synallaxis cinerea, Phylloscartes beckeri*)**

Espécies endêmicas: 61 — **[ATL] (*Acrobatornis fonsecai*)**

Santo. O índice pluviométrico anual varia de 1.200 a 1.800 mm e a temperatura nunca fica abaixo de 20°C. Diversos cursos-d'água se originam nas serras (rio Una, ribeirões Javi, Pratinha e Santo Antônio), as quais são uma importante fonte de recursos hídricos para as localidades circunvizinhas.

Aves

A avifauna das serras costeiras do sudeste da Bahia, incluindo a Serra da Ouricana, em Boa Nova (BA17), apresenta maior afinidade com aquela das montanhas do sudeste brasileiro do que com a das matas de baixada adjacentes do sul da Bahia[2]. Os endemismos atlânticos *Selenidera maculirostris* (araçari-poca), *Melanerpes flavifrons* (benedito-de-testa-amarela), *Myrmotherula gularis* (choquinha-de-garganta-pintada) e *Phylloscartes sylviolus* (maria-pequena), esta última próxima da condição de ameaçado, parecem ter nas serras das Lontras e do Javi seu limite setentrional de ocorrência, estando presentes também na vizinha Serra Bonita, em Camacã e Pau Brasil (BA23). Ao todo, ocorrem na área cerca de 223 espécies de aves[1], incluindo as ameaçadas *Synallaxis cinerea* (joão-baiano) e *Phylloscartes beckeri* (borboletinha-baiana), recentemente descritos da região de Boa Nova. *Acrobatornis fonsecai* (acrobata), representante de um gênero descrito somente em 1996[3], parece estar associado ao hábitat de cabruca (sistema de cultivo onde o cacau é plantado à sombra de árvores nativas); entretanto, ainda existe pouca informação sobre os requisitos ecológicos da espécie, sendo necessários mais estudos para verificar se essa associação de fato existe. Evidências recentes, incluindo o registro de vocalizações em agosto de 2003, sugerem a ocorrência de *Crax blumenbachii* (mutum-de-bico-vermelho) na Serra das Lontras[4].

Ameaças

O sudeste baiano foi o maior produtor de cacau do mundo no período entre 1930 e 1980. Entretanto, devido à praga da vassoura-de-bruxa (*Crinipellis perniciosa*), o sistema de cabruca entrou em colapso em 1980, afetado pela grande queda nos preços mundiais do cacau. Essa crise levou ao desemprego de milhares de trabalhadores rurais, que hoje dependem da agricultura (especialmente café e cultivos de subsistência) e da pecuária para sua sobrevivência. Ainda como conseqüência da crise, muitos proprietários venderam suas áreas de floresta para empresas madeireiras e converteram suas terras em pastagens ou plantações de café, processo que ainda continua ocorrendo na região[1]. Outras importantes ameaças à avifauna da área são a caça predatória, que certamente contribuiu para a redução das populações locais de tinamídeos e cracídeos, e a captura de aves para o comércio de animais silvestres, que afeta sobretudo psitacídeos e *Procnias nudicollis* (araponga)[1].

Referências

1. Develey & Silveira (2001); **2.** Gonzaga et al. (1995); **3.** Pacheco et al. (1996a); **4.** MMA (2004); José F. Pacheco (Base de dados do *workshop* Avaliação e Ações Prioritárias para a Conservação dos Biomas Floresta Atlântica e Campos Sulinos); Goerck (2001).

Serra Bonita — BA23

A1, A2	**15°23'S, 39°34'W**
Área: c.4.500 ha	**Bioma:** Mata Atlântica
Municípios: Camacã, Pau Brasil	**Altitude:** 100-900 m
Grau de proteção: Parcial	**Inventário ornitológico:** Preliminar
	PROBIO 214

Descrição

Essa área é parte de um conjunto de serras que se destacam na paisagem do sudeste baiano. Fazem parte do mesmo conjunto as serras das Lontras, do Javi e do Teimoso (BA20 e BA22). O maciço montanhoso localmente conhecido como Serra Bonita inclui um gradiente altitudinal significativo, ao longo do qual se desenvolve uma floresta úmida rica em epífitas. Acima dos 600 m, é freqüente a formação de neblina densa, o que confere à essa zona altitudinal caráter mais úmido do que nas zonas baixas. Uma parte significativa da IBA está incluída nas RPPNs Serra Bonita I, II, III e IV, onde matas bem preservadas cobrem todo o gradiente de altitude da serra.

Aves

A área abriga uma avifauna bastante rica. Estão presentes numerosas espécies típicas das florestas montanas do sudeste do Brasil, que na área ocorrem somente

Espécies ameaçadas: 9	
Synallaxis cinerea	Ribon et al. (2002).
Acrobatornis fonsecai	Pacheco et al. (s.d.).
Thripophaga macroura	Pacheco et al. (s.d.).
Dysithamnus plumbeus	Pacheco et al. (s.d.).
Myrmotherula minor	Pacheco et al. (s.d.).
Procnias nudicollis	Pacheco et al. (s.d.).
Xipholena atropurpurea	Pacheco et al. (s.d.).
Hemitriccus furcatus	Pacheco et al. (s.d.).
Phylloscartes beckeri	Pacheco et al. (s.d.).

Espécies quase ameaçadas: 9	
Leucopternis polionotus	Pacheco et al. (s.d.).
Aratinga auricapillus	Pacheco et al. (s.d.).
Baillonius bailloni	Pacheco et al. (s.d.).
Dysithamnus stictothorax	Pacheco et al. (s.d.).
Drymophila ochropyga	Pacheco et al. (s.d.).
Cercomacra brasiliana	Pacheco et al. (s.d.).
Phyllomyias griseocapilla	Pacheco et al. (s.d.).
Phylloscartes sylviolus	Pacheco et al. (s.d.).
Phibalura flavirostris	Pacheco et al. (s.d.).

Espécies de distribuição restrita: 11 [EBA075] (*Acrobatornis fonsecai, Cercomacra brasiliana*)

Áreas protegidas:

Nome	Categoria	Área
RPPN Serra Bonita	Particular	800 ha
RPPN Serra Bonita I	Particular	200 ha
RPPN Serra Bonita II	Particular	50 ha
RPPN Serra Bonita III	Particular	150 ha

acima de 600-700 m de altitude, como *Pyrrhura frontalis* (tiriba-de-testa-vermelha), *Anabazenops fuscus* (trepador-coleira), *Myrmotherula gularis* (choquinha-de-garganta-pintada) e *Chiroxiphia caudata* (dançador). No sopé da serra ocorrem aves características das matas de baixada, como *Pyrrhura leucotis* (tiriba-de-orelha-branca), *Thripophaga macroura* (rabo-amarelo) e *Dysithamnus plumbeus* (choquinha-chumbo), todas endêmicas do leste brasileiro.

Ameaças

Desmatamentos têm sido constatados em alguns pontos no sopé da serra, inclusive em propriedades contíguas às RPPNs locais.

Referências

Pacheco et al. (s.d.); Ribon et al. (2002).

IBA sugerida por Bret M. Whitney e José F. Pacheco.

Foz dos Rios Pardo e Jequitinhonha — BA24

A1, A3 — **15°46'S, 38°57'W**

Área: 50.000-70.000 ha
Municípios: Canavieiras, Belmonte
Grau de proteção: Nenhum

Bioma: Mata Atlântica
Altitude: nível do mar
Inventário ornitológico: Não disponível
PROBIO 212 (50)

Descrição

Essa área compreende as restingas existentes próximo à foz dos rios Pardo e Jequitinhonha. A área dista cerca de 60 km de Porto Seguro, em direção norte. Além das restingas, a região também possui remanescentes de floresta pluvial de baixada, manguezais e ambientes paludosos costeiros.

Aves

Embora não haja informações específicas sobre a avifauna da área, as extensas restingas junto à foz dos rios Pardo e Jequitinhonha estão localizadas no coração da distribuição geográfica de *Herpsilochmus pileatus* (chorozinho-de-boné) e presumivelmente abrigam uma população expressiva dessa espécie ameaçada, cujos limites taxonômicos e geográficos foram recentemente redefinidos[1]. É muito provável que também ocorra *Touit surdus* (apuim-de-cauda-amarela), psitacídeo característico de matas de restinga e registrado um pouco ao norte e a noroeste da área[2].

Ameaças

Poluição dos rios por esgoto doméstico e agrotóxicos e efeitos do desenvolvimento turístico mal planejado[3]. Os manguezais da região vêm sendo desmatados e aterrados com a expansão das áreas urbanas[3].

Referências

1. Whitney et al. (2000); **2.** Cordeiro (2002); **3.** Fundação BIO-RIO et al. (2002); Ricardo Parrini (verb.).

IBA sugerida por Bret M. Whitney e José F. Pacheco

Espécie ameaçada	
Herpsilochmus pileatus	Registrado próximo a Canavieiras (Whitney et al. 2000).
Espécies endêmicas: 1	**[ATL] (*Herpsilochmus pileatus*)**

Área protegida:

Nome	Categoria	Área
APA de Santo Antônio (estadual)	Uso Sustentável	?

BAHIA

Santa Cruz Cabrália / Belmonte — BA25

A1 — **16°06'S, 39°13'W**

Área: c.10.000-30.000 ha
Municípios: Santa Cruz Cabrália, Belmonte
Grau de proteção: Parcial

Bioma: Mata Atlântica
Altitude: 0-100 m
Inventário ornitológico: Não disponível
Key Area 054/PROBIO 216

Descrição
Essa área, em parte conhecida como Barrolândia, abrange as florestas litorâneas (matas de tabuleiro) fragmentadas entre Belmonte e Santa Cruz Cabrália, a leste do baixo curso do rio Jequitinhonha. A área situa-se entre a Estação Veracruz (BA26), ao sul, e as restingas da Foz dos Rios Pardo e Jequitinhonha (BA24), ao norte. A Reserva Gregório Bondar protege cerca de 300 ha de floresta de baixada com árvores de grande porte e está situada dentro da Estação Experimental de CEPLAC/MARA, mas está cercada por áreas extensivamente desmatadas[1]. Fragmentos florestais maiores, no entanto, são encontrados a leste dessa reserva e ao longo do rio Jequitinhonha.

Aves
Não há um levantamento atualizado da avifauna que habita a região. A ocorrência de *Glaucis dohrnii* (balança-rabo-canela), de presença confirmada em apenas seis IBAs, ainda requer comprovação[2]. Tal como as demais espécies mencionadas para a área, esse raro beija-flor é típico das matas de baixada da zona de tabuleiros costeiros entre o sul da Bahia e o norte do Rio de Janeiro (subcentro de endemismo Rio Doce).

Ameaças
Ainda ocorre intensa atividade madeireira na região, e a maior parte dos remanescentes florestais situa-se em terras particulares[1]. A expansão urbana desordenada também representa uma ameaça, assim como os assentamentos rurais estabelecidos na região[1].

Referências
1. Base de dados do *workshop* Avaliação e Ações Prioritárias para a Conservação dos Biomas Floresta Atlântica e Campos Sulinos; **2.** BirdLife International (2000); Wege & Long (1995); Whitney & Pacheco (1995).

Espécies ameaçadas: 5

Pyrrhura cruentata	Wege & Long (1995).
Touit surdus	Wege & Long (1995).
Myrmotherula urosticta	Whitney & Pacheco (1995).
Cotinga maculata	Wege & Long (1995).
Xipholena atropurpurea	Wege & Long (1995).

Área protegida:

Nome	Categoria	Área
Reserva Gregório Bondar	Privada (CEPLAC)	350 ha

Estação Veracruz — BA26

A1 — 16°20'S, 39°10'W

Área: 7.214 ha
Município: Santa Cruz Cabrália, Porto Seguro
Grau de proteção: Total

Bioma: Mata Atlântica
Altitude: 30-60 m
Inventário ornitológico: Não disponível
Key Area 055/PROBIO 216

Descrição

Essa área inclui duas reservas florestais contíguas no sul da Bahia, que juntas formam um bloco florestal com cerca de 6.600 ha[1], situado logo ao norte de Porto Seguro. A Estação Veracruz, antes reserva florestal da Floresta Rio Doce S.A.[2], foi criada em 1994 e reconhecida pelo IBAMA como RPPN em 1998. Quase 80% de sua área são cobertos por mata primária, classificada como floresta ombrófila densa de terras baixas[3]. Em trechos de solos arenosos hidromórficos desenvolve-se uma vegetação de porte mais baixo, conhecida como "mussununga". As florestas primárias situadas sobre os tabuleiros costeiros e nos vales que os entrecortam caracterizam-se por apresentar vários estratos (andares) e dossel com altura superior a 35 m[3]. Algumas árvores típicas dessas florestas são *Caesalpinia echinata* (pau-brasil), *Dalbergia nigra* (jacarandá-da-bahia), *Manilkara longifolia* (parajú), *M. brasiliensis* (massaranduba), *Arapatiella psilophylla* (arapati), *Bombax macrophyllum* (imbiruçu), *Virola bicuhyba* (bicuíba), *Parkia pendula* (juerana-vermelha), *Hymenaea rubriflora* (jatobá) e *Alchornea iricurana* (licurana)[3]. A outra reserva é a Estação Ecológica do Pau-Brasil, antiga Estação Experimental Pau-Brasil, pertencente à Comissão Executiva do Plano da Lavoura Cacaueira (CEPLAC). Essa área não deve ser confundida com o Parque Nacional do Pau-Brasil (BA27), situado poucos quilômetros ao sul. O cli-

BAHIA

Espécies ameaçadas: 10

Pyrrhura cruentata	População estimada em 317 indivíduos (Marsden et al. 2000); Collar et al. (1992).
Touit surdus	Wege & Long (1995).
Amazona rhodocorytha	População estimada em 238 indivíduos (Marsden et al. 2000); Collar et al. (1992).
Glaucis dohrnii	Collar et al. (1992), BirdLife International (2000).
Myrmotherula urosticta	Whitney & Pacheco (1995).
Carpornis melanocephala	Collar et al. (1992), BirdLife International (2000).
Procnias nudicollis	Almeida & Teixeira (1996).
Cotinga maculata	Importante reduto (Collar et al. 1992); BirdLife International 2000).
Xipholena atropurpurea	Teixeira & Almeida (1996, 1997), BirdLife International (2000), Collar et al. (1992).
Onychorhynchus swainsoni	Importante reduto (BirdLife International 2000).

Espécie quase ameaçada

Aratinga auricapillus	Cordeiro (2002).

Áreas protegidas:

Nome	Categoria	Área
RPPN Estação Veracruz	Particular (Veracel Celulose)	6.069 ha
Estação Ecológica do Pau-Brasil	Privada (CEPLAC)	1.145 ha

ma da região é chuvoso e quente, com temperatura média anual de 22,9°C[3]. Dados obtidos na E. E. do Pau-Brasil indicam um índice pluviométrico de 1.797 mm anuais, sendo julho, setembro e outubro os meses mais chuvosos (todos com precipitação superior a 200 mm)[3].

Aves

Por ser uma das áreas de mata de tabuleiro em melhor estado de conservação no sul da Bahia, a Estação Veracruz e florestas vizinhas protegem populações significativas da grande maioria das aves ameaçadas mais características dessa porção da Mata Atlântica, como os psitacídeos *Pyrrhura cruentata* (tiriba-grande ou fura-mato) e *Amazona rhodocorytha* (chauá) e os cotingídeos *Xipholena atropurpurea* (anambé-de-asa-branca) e *Cotinga maculata* (crejoá). As únicas espécies tidas como extintas na área são *Ara chloroptera* (arara-vermelha), *Neomorphus geoffroyi* (jacu-estalo), *Pipile jacutinga* (jacutinga) e *Crax blumenbachii* (mutum-de-bico-vermelho)[3]. Este último teria sido avistado na E. E. do Pau Brasil em 1998[4], enquanto diversas linhas de evidência indicam que também *Harpia harpyja* (gavião-real) está presente nas matas da região[3]. Um levantamento preliminar, ainda não publicado, acusou a ocorrência de 207 espécies de aves na Estação Veracruz[3].

Ameaças

Caça, extração de cipó, roubo de madeira e tráfego clandestino de veículos no interior da Estação Veracruz[3]. A intensa urbanização das cidades ao redor aumenta as pressões sobre a área, como, por exemplo, o roubo de madeira.

Referências

1. Marsden et al. (2000); **2.** Wege & Long (1995); **3.** Estação Veracruz – Plano de Manejo; **4.** MMA (2004); Collar et al. (1992); Almeida & Teixeira (1996); Teixeira & Almeida (1996, 1997); BirdLife International (2000, 2004); Marsden et al. (2000); Cordeiro (2002).

Parque Nacional do Pau-Brasil / Trancoso — BA27

A1 — 16°29'S, 39°17'W

Área: 20.000-30.000 ha
Município: Porto Seguro
Grau de proteção: Parcial

Bioma: Mata Atlântica
Altitude: 0-132 m
Inventário ornitológico: Não disponível
PROBIO 216

Descrição

Essa área, em parte conhecida como Bralanda, situa-se imediatamente a sudoeste de Porto Seguro, no litoral sul baiano, e inclui o Parque Nacional do Pau Brasil e os remanescentes florestais adjacentes que se estendem até Trancoso, totalizando mais de 22.000 ha de florestas relativamente contínuas[1]. A região possui relevo predominantemente plano, recortado por boqueirões de média profundidade. Junto à costa há restingas, mas mais para o interior a vegetação característica é a floresta ombrófila densa (matas de tabuleiro). No interior do P. N. do Pau-Brasil ocorrem mais de 200 espécies de árvores, muitas delas endêmicas ou ameaçadas de extinção. São encontrados na área exemplares de braúna (*Melanoxylon brauna*), paraju (*Manilkara longifolia*), maçaranduba (*M. brasiliensis*), bicuíba (*Virola bicuhyba*), juerana (*Parkia pendula*) e arapati (*Arapatiella psilophylla*), além de uma população significativa de pau-brasil (*Caesalpinia echinata*).

Aves

Não há um levantamento abrangente das aves que habitam o P. N. do Pau Brasil e os remanescentes florestais associados.

Espécies ameaçadas: 5	
Pyrrhura cruentata	Cordeiro (2002).
Touit surdus	Cordeiro (2002).
Amazona rhodocorytha	Cordeiro (2002).
Glaucis dohrnii	Y. Oniki *per* F. Olmos; ver também BirdLife International (2000).
Herpsilochmus pileatus	Trancoso (Whitney et al. 2000).

Áreas protegidas:

Nome	Categoria	Área
Parque Nacional do Pau-Brasil	Proteção Integral	11.538 ha
APA Caraíva/Trancoso (em parte)	Uso Sustentável	31.900 ha

No entanto, presume-se que ocorra ali a maioria das espécies endêmicas e ameaçadas encontradas em outras áreas protegidas do sul da Bahia, como *Cotinga maculata* (crejoá) e *Myrmotherula urosticta* (choquinha-de-rabo-cintado). Há relatos recentes da presença de *Crax blumenbachii* (mutum-de-bico-vermelho) no parque nacional. *Herpsilochmus pileatus* (chorozinho-de-boné), endêmico da Bahia e registrado até agora em apenas três IBAs, ocorre nas restingas dos arredores de Trancoso. A possibilidade de ligação do P. N. do Pau-Brasil com os parques nacionais de Monte Pascoal e do Descobrimento, ao sul, confere importância crítica a essas áreas como potenciais zonas-núcleo de um extenso corredor florestal capaz de suportar populações viáveis das espécies endêmicas das matas de tabuleiros costeiros entre o sul da Bahia e o norte do Rio de Janeiro (subcentro de endemismo Rio Doce).

BAHIA

Ameaças

A criação do P. N. do Pau-Brasil é relativamente recente (1999), e a unidade de conservação ainda não dispõe de plano de manejo. A área é suscetível aos efeitos do crescimento explosivo e desordenado da cidade de Porto Seguro, inserida em uma região de intenso desenvolvimento turístico (Costa do Descobrimento). Por fim, ainda existem problemas relacionados à caça e extração ilegal de madeira na área.

Referências

1. MMA (2004); BirdLife International (2000); Whitney et al. (2000); Cordeiro (2002); Yoshika Oniki *per* Fábio Olmos (verb.).

Parque Nacional de Monte Pascoal — BA28

A1

16°52'S, 39°20'W

Área: 22.500 ha
Município: Porto Seguro
Grau de proteção: Total

Bioma: Mata Atlântica
Altitude: 0-536 m
Inventário ornitológico: Não disponível
Key Area 056/PROBIO 219

Descrição

O Parque Nacional de Monte Pascoal está inserido no Corredor Central da Mata Atlântica, que abrange as florestas remanescentes do sul da Bahia e norte do Espírito Santo. Essas florestas, de caráter higrófilo, guardam muitas semelhanças com a floresta amazônica de terra firme e são genericamente denominadas matas de tabuleiro por recobrirem planaltos costeiros de topo aplainado e baixa altitude, formados por depósitos de sedimentos terciários. Além dos tabuleiros, o relevo do P. N. de Monte Pascoal compreende também depósitos praiais, extensas planícies costeiras e colinas de rocha cristalina, incluindo o monte que dá nome ao parque, que é o ponto culminante da área. A floresta atlântica ocupa a maior parte do parque, mas também existem trechos significativos de restinga, manguezais e capoeiras. O clima é tropical úmido, com temperaturas médias anuais entre 21°C e 24°C e índice pluviométrico variando de 1.500 a 1.750 mm anuais.

Aves

O P. N. de Monte Pascoal é um importante refúgio para várias espécies de aves ameaçadas do sul da Bahia. Não há registros recentes para algumas delas, como *Pipile jacutinga* (jacutinga) e *Crax blumenbachii* (mutum-de-bico-vermelho), que podem estar localmente extintas. O ameaçado *Herpsilochmus pileatus* (chorozinho-de-boné), restrito às matas de restinga do sudeste baiano, provavelmente ocorre no parque, visto que seus limites estendem-se até a costa e incluem áreas de hábitat potencialmente favorável.

Ameaças

A cobertura florestal no sul da Bahia foi reduzida de 85% em 1945 para 6% em 1990[1]. O P. N. de Monte Pascoal, assim como outras áreas florestadas da região, tem sido alvo da especulação imobiliária devido à rápida expansão do turismo em toda a Costa do Descobrimento. Além disso, existem assentamentos rurais ao redor da unidade de conservação, agravando a situação social e ambiental na região. Parte da área do parque é compartilhada com uma reserva indígena de 8.600 ha, território tradicional dos índios pataxós. A dependência da população indígena local em relação aos recursos naturais representa uma ameaça à fauna e flora da área. Há informações sobre caça (aparentemente em diminuição) e corte seletivo de madeira dentro do parque, atividades praticadas sobretudo pela comunidade indígena local, que soma cerca de 5.000 índios[2].

Referências
1. Mendonça et al. (1994); **2.** MMA (2004); Wege & Long (1995); Whitney & Pacheco (1995); BirdLife International (2000); Cordeiro (2002).

BAHIA

Espécies ameaçadas: 13	
Leucopternis lacernulatus	Wege & Long (1995).
Crax blumenbachii	Sem registros recentes confirmados (MMA 2004); Wege & Long (1995).
Pipile jacutinga	Último registro conhecido em 1977 (Wege & Long 1995).
Pyrrhura cruentata	Baixo número (Wege & Long 1995).
Touit surdus	Wege & Long (1995).
Amazona rhodocorytha	Wege & Long (1995).
Amazona vinacea	BirdLife International (2000).
Glaucis dohrnii	Wege & Long (1995).
Myrmotherula urosticta	Whitney & Pacheco (1995).
Carpornis melanocephala	Wege & Long (1995).
Cotinga maculata	Wege & Long (1995).
Xipholena atropurpurea	Wege & Long (1995).
Onychorhynchus swainsoni	BirdLife International (2000).

Espécie quase ameaçada	
Aratinga auricapillus	Wege & Long (1995).

Área protegida:		
Nome	**Categoria**	**Área**
Parque Nacional de Monte Pascoal	Proteção Integral	22.500 ha

Serra de Itamaraju | BA29

A1 | 16°56'S, 39°34'W

Área: c.10.000 ha
Município: Itamaraju
Grau de proteção: Nenhum

Bioma: Mata Atlântica
Altitude: 200-700 m
Inventário ornitológico: Não disponível
PROBIO 219

Descrição
Essa área está localizada no sul da Bahia, próximo aos parques nacionais de Monte Pascoal e do Descobrimento, e abrange os remanescentes florestais existentes a norte e noroeste de Itamaraju, sobretudo aqueles a oeste da rodovia BR-101. A vegetação original da região é a floresta ombrófila densa, estando alguns trechos já bastante alterados. O clima local é quente e úmido, com índices pluviométricos anuais variando entre 1.300 e 1.500 mm.

Aves
Há pouquíssimas informações sobre a avifauna de Itamaraju. Merece destaque o registro de *Glaucis dohrnii* (balança-rabo-canela), beija-flor endêmico das matas de tabuleiro do sul da Bahia e norte do Espírito Santo e conhecido de apenas seis IBAs. Os psitacídeos *Amazona rhodocorytha* (chauá) e *Aratinga auricapillus* (jandaia-de-testa-vermelha) foram registrados na parte sul do município[1] e ocorrem nos parques nacionais vizinhos de Monte Pascoal e do Descobrimento, provavelmente estando presentes também na Serra de Itamaraju.

Ameaças
Uma das maiores ameaças é a expansão das monoculturas de eucalipto para produção de celulose e papel. A retirada de madeiras de lei do interior das florestas representa uma ameaça adicional.

Referências
1. Cordeiro (2002); BirdLife International (2000); Base de dados do *workshop* Avaliação e Ações Prioritárias para a Conservação dos Biomas Floresta Atlântica e Campos Sulinos.

Espécie ameaçada	
Glaucis dohrnii	Um registro em 1993; "Serra de Itamaruja" (BirdLife International 2000).

Parque Nacional do Descobrimento | BA30

A1 | 17°04'S, 39°18'W

Área: 25.000-30.000 ha
Município: Prado
Grau de proteção: Parcial

Bioma: Mata Atlântica
Altitude: 0-100 m
Inventário ornitológico: Não disponível
PROBIO 219

Descrição
Juntamente com os parques nacionais de Monte Pascoal (BA28) e do Pau-Brasil (BA27), essa área protegida forma um dos maiores conjuntos de remanescentes florestais na Região Nordeste, integrando o Corredor Central da Mata Atlântica[1]. O parque situa-se a poucos quilômetros ao sul do P. N. de Monte Pascoal, com o qual apresenta certa conexão através das matas desprotegidas sobre os contrafortes orientais da Serra de Itama-

raju (BA29). A vegetação predominante é a floresta ombrófila densa, havendo também trechos de restinga arbustiva. As florestas da área apresentam dossel com 25 a 30 m de altura e sofreram corte seletivo antes da criação do parque nacional, em 1999. As famílias botânicas mais bem representadas nessas florestas são Myrtaceae, Marantaceae, Cyperaceae e Arecaceae. O parque abriga numerosas espécies de plantas ameaçadas de extinção, como o jacarandá-da-bahia (*Dalbergia nigra*) e a braúna (*Melanoxylon brauna*), e é uma das últimas reservas de arruda (*Swartzia euxilophora*). O clima local é tropical úmido, com índices pluviométricos entre 1.100 e 2.000 mm anuais.

Aves

O P. N. do Descobrimento ainda é muito pouco conhecido do ponto de vista ornitológico, mas presumivelmente abriga várias espécies ameaçadas da Mata Atlântica, em especial as associadas às matas de tabuleiro do leste do Brasil. A área representa um dos últimos redutos de *Crax blumenbachii* (mutum-de-bico-vermelho), havendo registros recentes e regulares de grupos com 3 a 5 indivíduos[2]. O parque também é uma das áreas com maior riqueza de psitacídeos no sul da Bahia[3].

Ameaças

Apesar de ser uma unidade de conservação de proteção integral, ainda ocorre no P. N. do Descobrimento a retirada de madeira nativa para a fabricação de carvão e para utilização em artesanato. Ao redor do parque existem assentamentos de reforma agrária do INCRA, que constituem uma ameaça em virtude da falta de fiscalização ambiental efetiva. O parque também foi recentemente invadido por grupos indígenas[2,4]. Incêndios que se alastram a partir das propriedades do entorno podem atingir as florestas da unidade de conservação, como ocorreu em janeiro de 2004[2]. A região da Costa do Descobrimento como um todo sofre com as pressões do turismo em massa e a conseqüente urbanização desordenada.

Referências
1. www.conservation.org.br/onde/mata_atlantica; **2.** MMA (2004); **3.** Cordeiro (2002); **4.** www.ambientebrasil.com.br.

Espécies ameaçadas: 4	
Crax blumenbachii	População mínima tentativamente estimada em 35-40 indivíduos (MMA 2004).
Pyrrhura cruentata	Cordeiro (2002).
Touit surdus	Cordeiro (2002).
Amazona rhodocorytha	Cordeiro (2002).

Espécie quase ameaçada	
Aratinga auricapillus	Cordeiro (2002).

Área protegida:

Nome	**Categoria**	**Área**
Parque Nacional do Descobrimento	Proteção Integral	21.129 ha

Rio Mucuri

BA31

A1 **18°05'S, 39°37'W**

Área: 5.000-10.000 ha
Municípios: Mucuri
Grau de proteção: Nenhum

Bioma: Mata Atlântica
Altitude: 0-100 m
Inventário ornitológico: Preliminar
PROBIO 222

Descrição

Essa área compreende as matas fragmentadas ao longo do rio Mucuri, no extremo sul da Bahia, quase na divisa com o Espírito Santo. A região possui clima úmido, com temperaturas ao redor de 24°C e um período de chuvas mais abundantes entre março e maio. A floresta atlântica de planície cobria originalmente a maior parte da região, intercalada com trechos da formação vegetal conhecida como mussununga. Nas matas nativas ao longo do rio Mucuri ainda existem algumas madeiras de lei, como jacarandá (*Dalbergia nigra*), jequitibá (*Cariniana* sp.), peroba (*Aspidosperma cylindrocarpon*), sucupira (*Sweetia fruticosa*) e ipê (*Tabebuia* sp.).

Aves

Quase nada é conhecido sobre a avifauna das matas ao longo do rio Mucuri. No entanto, a área é estrategicamente importante para viabilizar futuros programas de reflorestamento que tenham por objetivo reconectar as florestas remanescentes do sul da Bahia e norte do Espírito Santo, tendo em vista o extensivo desmatamento dessa região. O rio Mucuri parece ser a única localidade de onde são conhecidos registros recentes de *Myrmeciza ruficauda* (formigueiro-de-cauda-ruiva) no sul da Bahia e uma das poucas áreas de ocorrência da raça nominal dessa espécie ameaçada na atualidade[1].

Ameaças

Desmatamentos, corte seletivo de madeira e fogo proveniente dos pastos adjacentes. A inexistência de unidades de conservação torna a área mais vulnerável a estes impactos.

Referências

1. BirdLife International (2000, 2004); Paulo de Tarso Z. Antas (Base de dados do *workshop* Avaliação e Ações Prioritárias para a Conservação dos Biomas Floresta Atlântica e Campos Sulinos); Maria Martha Argel-de-Oliveira (in litt.).

Espécies ameaçadas: 3	
Touit surdus	Alegadamente a maior população conhecida (P. T. Z. Antas).
Amazona rhodocorytha	M. M. Argel-de-Oliveira.
Myrmeciza ruficauda	Registrada a partir de 1997 (BirdLife International 2000).

Tabela 2. Espécies ameaçadas de extinção com ocorrência nas IBAs da Bahia

Espécies	Categ.*	Código IBA																													Total**	
		BA01	**BA02**	BA03	BA04	BA05	BA06	BA07	BA08	BA09	BA10	BA11	**BA12**	BA13	BA14	BA15	BA16	**BA17**	BA18	BA19	BA20	BA21	**BA22**	BA23	BA24	BA25	BA26	BA27	BA28	BA29	BA30	BA31	a	b
Mergus octosetaceus	CR																X																1	2
Leucopternis lacernulatus	VU												X								X		X						X				4	34
Harpyhaliaetus coronatus	EN												X				X																2	13
Penelope jacucaca	VU	X	X										X																				3	14
Pipile jacutinga	EN																												X				1	19
Crax blumenbachii	EN														X							X						?	X		X		4	6
Anodorhynchus leari	CR		X	X																													2	2
Pyrrhura cruentata	VU												X					X				X				X	X	X	X		X		8	16
Touit surdus	VU						X		X	X		?			X			X				X	X			X	X	X	X		X	X	13	35
Amazona rhodocorytha	EN																					X					X	X	X		X	X	6	18
Amazona vinacea	VU												X																X				2	24
Glaucis dohrnii	EN																					X					X	X	X	X			5	6
Synallaxis cinerea	VU							X					X					X		X			X	X									6	8
Acrobatornis fonsecai	VU																		X				X	X									3	4
Thripophaga macroura	VU														X			X			X			X									4	8
Dysithamnus plumbeus	VU																				X			X									2	10
Myrmotherula minor	VU																							X									1	13
Myrmotherula urosticta	VU											X			X							X	X			X	X		X				7	11
Herpsilochmus pileatus	VU																					X			X			X					3	3
Herpsilochmus pectoralis	VU		X			X					X																						3	6
Pyriglena atra	EN						X		X	X		X																					4	6
Rhopornis ardesiacus	EN													X		X		X															3	4
Myrmeciza ruficauda	EN														X					X												X	3	17
Merulaxis stresemanni	CR																					X											1	2
Scytalopus psychopompus	CR														X							X											2	2
Carpornis melanocephala	VU																	X				X	X				X		X				5	18
Cotinga maculata	EN																									X	X		X				3	5
Xipholena atropurpurea	EN						X		X	X		X			X							X	X	X		X	X		X				11	18
Procnias nudicollis	VU								X	X			X		X			X					X	X			X						8	39

Tabela 2. (continuação) Espécies ameaçadas de extinção com ocorrência nas IBAs da Bahia

Espécies	Categ.*	Código IBA																															Total**	
		BA01	**BA02**	BA03	BA04	BA05	BA06	BA07	BA08	BA09	BA10	BA11	**BA12**	BA13	BA14	BA15	BA16	**BA17**	BA18	BA19	BA20	BA21	**BA22**	BA23	BA24	BA25	BA26	BA27	BA28	BA29	BA30	BA31	a	b
Neopelma aurifrons	VU																	X															1	8
Hemitriccus furcatus	VU																	X						X									2	7
Culicivora caudacuta	VU																X																1	6
Phylloscartes beckeri	EN							X					X					X					X	X									5	5
Onychorhynchus swainsoni	VU																										X		X				2	11
Sporophila falcirostris	VU																					X											1	10
Carduelis yarrellii	VU		X					X																									2	17
Total de espécies		**1**	**4**	**1**	**0**	**1**	**3**	**3**	**4**	**4**	**1**	**3**	**8**	**1**	**8**	**1**	**3**	**10**	**1**	**2**	**3**	**12**	**9**	**9**	**1**	**5**	**10**	**5**	**13**	**1**	**4**	**3**		
Rhea americana	NT	X	X			X																											3	13
Tinamus solitarius	NT																	?				X	X										2	36
Crypturellus noctivagus	NT		X					X	X				X							X													5	24
Leucopternis polionotus	NT																	X					X	X									3	29
Harpia harpyja	NT																										?						0	4
Primolius maracana	NT	X	X										X					X		X	X												6	25
Aratinga auricapillus	NT					X	X		X	X		X	X		X			X		X	X	X		X			X		X		X		15	24
Augastes lumachella	NT			X		X							X																				3	3
Baillonius bailloni	NT																							X									1	26
Geobates poecilopterus	NT												X																				1	3
Gyalophylax hellmayri	NT		X			X																											2	10
Dysithamnus stictothorax	NT																	X					X	X									3	27
Herpsilochmus sellowi	NT		X			X							X	X		X		X		X													7	20
Formicivora iheringi	NT							X					X	X		X		X		X													6	7
Drymophila ochropyga	NT							X					X					X					X	X									5	30
Cercomacra brasiliana	NT																	X						X									2	3
Hylopezus ochroleucus	NT												X	X				X		X													4	13
Scytalopus indigoticus	NT																	X															1	22
Laniisoma elegans	NT																	X															1	20
Phibalura flavirostris	NT												X					X						X									3	22

Tabela 2. (continuação) Espécies ameaçadas de extinção com ocorrência nas IBAs da Bahia

Espécies	Categ.*	Código IBA																															Total**	
		BA01	**BA02**	BA03	BA04	BA05	BA06	BA07	BA08	BA09	BA10	BA11	**BA12**	BA13	BA14	BA15	BA16	**BA17**	BA18	BA19	BA20	BA21	**BA22**	BA23	BA24	BA25	BA26	BA27	BA28	BA29	BA30	BA31	a	b
Iodopleura pipra	NT																	X															1	18
Lipaugus lanioides	NT																	X					X										2	29
Phyllomyias griseocapilla	NT																	X						X									2	19
Polystictus superciliaris	NT					X							X																				2	11
Euscarthmus rufomarginatus	NT												X																				1	3
Phylloscartes oustaleti	NT																	X					X										2	20
Phylloscartes sylviolus	NT																						X	X									2	10
Knipolegus franciscanus	NT			X																													1	3
Arremon franciscanus	NT												X																				1	4
Charitospiza eucosma	NT																X																1	6
Embernagra longicauda	NT												X																				1	8
Neothraupis fasciata	NT												X																				1	7
Thraupis cyanoptera	NT																	X															1	23
Total de espécies		**2**	**5**	**2**	**0**	**6**	**1**	**3**	**2**	**1**	**0**	**1**	**15**	**3**	**1**	**2**	**1**	**17**	**0**	**6**	**2**	**2**	**7**	**9**	**0**	**0**	**1**	**0**	**1**	**0**	**1**	**0**		

* Categorias de ameaça: CR – criticamente em perigo; EN – em perigo; VU – vulnerável; NT – quase ameaçada.
** Número de IBAs em que a espécie se encontra presente em: **a** – Bahia (sem considerar IBAs interestaduais); **b** – Região como um todo.

Tabela 3. Espécies endêmicas por IBA no Estado da Bahia, agrupadas por Bioma

Espécies	nº EBA*	Código IBA																															Total**	
		BA01	**BA02**	BA03	BA04	BA05	BA06	BA07	BA08	BA09	BA10	BA11	**BA12**	BA13	BA14	BA15	BA16	**BA17**	BA18	BA19	BA20	BA21	**BA22**	BA23	BA24	BA25	BA26	BA27	BA28	BA29	BA30	BA31	a	b
Mata Atlântica																																		
Tinamus solitarius																		?				X	X										2	36
Crypturellus noctivagus			X					X	X				X							X													5	24
Leucopternis lacernulatus													X								X		X						X				4	34
Leucopternis polionotus																		X					X	X									3	29
Ortalis araucuan			X				X		X				X		X									X									6	22
Pipile jacutinga																													X				1	19
Crax blumenbachii	75														X							X					?		X		X		4	6
Odontophorus capueira															X								X	X									3	38
Aramides saracura																								X									1	41
Pyrrhura cruentata													X					X				X				X	X	X	X		X		8	16
Pyrrhura frontalis								X					X					X					X	X									5	49
Pyrrhura leucotis																								X									1	4
Brotogeris tirica													X		X			X					X	X								X	6	38
Touit surdus							X		X	X		?			X			X				X	X			X	X	X	X		X	X	13	35
Pionopsitta pileata																		X					X										2	34
Amazona rhodocorytha																						X					X	X	X		X	X	6	18
Amazona vinacea													X																X				2	24
Otus atricapilla																							X										1	13
Pulsatrix koeniswaldiana	75																			X			X										2	34
Glaucidium minutissimum									X						X			X					X	X									5	18
Phaethornis eurynome																		X					X	X									3	32
Phaethornis squalidus																								X									1	16
Phaethornis margarettae															X																		1	9
Glaucis dohrnii	75																					X					X	X	X	X			5	6
Melanotrochilus fuscus								X					X					X					X	X									5	46

Tabela 3. (continuação) Espécies endêmicas por IBA no Estado da Bahia, agrupadas por Bioma

Espécies	nº EBA*	Código IBA																															Total**	
		BA01	**BA02**	BA03	BA04	BA05	BA06	BA07	BA08	BA09	BA10	BA11	**BA12**	BA13	BA14	BA15	BA16	**BA17**	BA18	BA19	BA20	BA21	**BA22**	BA23	BA24	BA25	BA26	BA27	BA28	BA29	BA30	BA31	a	b
Mata Atlântica																																		
Thalurania glaucopis							?	X	X				X		X			X					X	X									7	44
Aphantochroa cirrhochloris													X		X			X					X	X									5	29
Clytolaema rubricauda																		X					X										2	27
Trogon surrucura								X					X					X					X	X									5	47
Notharchus swainsoni																								X									1	15
Malacoptila striata															X			X					X	X									4	29
Baillonius bailloni																								X									1	26
Selenidera maculirostris																							X	X									2	30
Ramphastos dicolorus																		X															1	30
Melanerpes flavifrons																							X	X									2	27
Campephilus robustus																				X													1	28
Dendrocincla turdina							X		X						X			X					X	X								X	7	35
Lepidocolaptes squamatus/falcinellus								X					X					X		X			X										5	48
Xiphorhynchus fuscus								X	X				X					X					X	X								X	7	60
Campylorhamphus falcularius								X					X					X		X													4	29
Synallaxis cinerea	76							X					X					X		X			X	X									6	8
Acrobatornis fonsecai	75																		X				X	X									3	3
Cranioleuca pallida																		X		X				X									3	22
Thripophaga macroura	75														X			X			X			X									4	8
Cichlocolaptes leucophrus	75																	X					X	X									3	26
Philydor lichtensteini																		X					X	X									3	25
Philydor atricapillus															X								X	X									3	31
Anabazenops fuscus																		X					X	X									3	23
Automolus leucophthalmus							X		X						X								X	X									5	42
Sclerurus scansor																				X													1	36

Tabela 3. (continuação) Espécies endêmicas por IBA no Estado da Bahia, agrupadas por Bioma

Espécies	nº EBA*	Código IBA																															Total**	
		BA01	**BA02**	BA03	BA04	BA05	BA06	BA07	BA08	BA09	BA10	BA11	**BA12**	BA13	BA14	BA15	BA16	**BA17**	BA18	BA19	BA20	BA21	**BA22**	BA23	BA24	BA25	BA26	BA27	BA28	BA29	BA30	BA31	a	b
Mata Atlântica																																		
Hypoedaleus guttatus																		X					X	X									3	22
Mackenziaena severa																		X					X	X									3	30
Thamnophilus ambiguus																							X									X	2	13
Dysithamnus stictothorax	75																	X					X	X									3	27
Dysithamnus plumbeus	75																				X			X									2	10
Myrmotherula gularis	75																						X	X									2	26
Myrmotherula minor	75																							X									1	13
Myrmotherula urosticta	75											X			X							X	X			X	X		X				7	11
Herpsilochmus pileatus																						X			X			X					3	3
Drymophila ferruginea																		X					X	X									3	29
Drymophila ochropyga	76							X					X					X					X	X									5	30
Drymophila squamata							X		X						X			X					X	X									6	31
Terenura maculata															X								X	X									3	27
Cercomacra brasiliana	75																	X						X									2	3
Pyriglena leucoptera								X					X		X			X		X			X	X									7	45
Pyriglena atra	75						X		X	X		X																					4	6
Myrmeciza ruficauda	71, 75														X					X												X	3	17
Myrmeciza loricata	75							X					X					X															3	15
Chamaeza meruloides	75																	X					X	X									3	19
Conopophaga lineata								X			X		X					X		X			X										6	49
Conopophaga melanops							X		X						X							X											4	39
Merulaxis stresemanni	75																					X											1	2
Scytalopus speluncae																		X					X										2	25
Scytalopus psychopompus	75														X							X											2	2
Scytalopus indigoticus																		X															1	22

Tabela 3. (continuação) Espécies endêmicas por IBA no Estado da Bahia, agrupadas por Bioma

Espécies	nº EBA*	Código IBA																															Total**	
		BA01	**BA02**	BA03	BA04	BA05	BA06	BA07	BA08	BA09	BA10	BA11	**BA12**	BA13	BA14	BA15	BA16	**BA17**	BA18	BA19	BA20	BA21	**BA22**	BA23	BA24	BA25	BA26	BA27	BA28	BA29	BA30	BA31	a	b
Mata Atlântica																																		
Laniisoma elegans																		X															1	20
Carpornis melanocephala																		X				X	X				X		X				5	18
Iodopleura pipra	71, 75																	X															1	18
Lipaugus lanioides																		X					X										2	29
Cotinga maculata	75																									X	X		X				3	5
Xipholena atropurpurea	71, 75						X		X	X		X			X							X	X	X		X	X		X				11	18
Pyroderus scutatus													X					X															2	29
Procnias nudicollis									X	X			X		X			X					X	X			X						8	39
Schiffornis virescens								X					X					X															3	38
Chiroxiphia caudata																		X					X	X									3	42
Ilicura militaris																		X						X									2	28
Neopelma aurifrons																		X															1	8
Hemitriccus diops								X					X					X					X	X									5	23
Hemitriccus nidipendulus								X	X				X					X		X													5	21
Hemitriccus furcatus	75																	X						X									2	7
Todirostrum poliocephalum																		X					X	X									3	33
Phyllomyias griseocapilla	76																	X						X									2	19
Phylloscartes oustaleti	75																	X					X										2	20
Phylloscartes beckeri	76							X					X					X					X	X									5	5
Phylloscartes sylviolus																							X	X									2	10
Myiornis auricularis									X				X																			X	3	33
Onychorhynchus swainsoni																											X		X				2	11
Knipolegus nigerrimus			X			X							X																				3	32
Muscipipra vetula																		X															1	25
Attila rufus																		X		X			X	X									4	35

Tabela 3. (continuação) Espécies endêmicas por IBA no Estado da Bahia, agrupadas por Bioma

Espécies	nº EBA*	Código IBA																															Total**	
		BA01	**BA02**	BA03	BA04	BA05	BA06	BA07	BA08	BA09	BA10	BA11	**BA12**	BA13	BA14	BA15	BA16	**BA17**	BA18	BA19	BA20	BA21	**BA22**	BA23	BA24	BA25	BA26	BA27	BA28	BA29	BA30	BA31	a	b
Mata Atlântica																																		
Sporophila falcirostris	75																					X											1	10
Saltator fuliginosus																		X					X										2	36
Hemithraupis ruficapilla																		X		X				X									3	36
Ramphocelus bresilius							X		X				X		X			X					X									X	7	36
Thraupis cyanoptera	75																	X															1	23
Thraupis ornata																		X					X	X									3	32
Euphonia pectoralis																		X					X	X									3	39
Tangara brasiliensis									X						X																		2	10
Tangara seledon															X								X	X								X	4	31
Tangara cyanocephala																		X					X	X									3	41
Tangara cyanoventris	75							X					X					X															3	16
Total de espécies		**0**	**3**	**0**	**0**	**1**	**9**	**18**	**17**	**4**	**1**	**3**	**29**	**0**	**26**	**0**	**0**	**65**	**1**	**14**	**3**	**14**	**61**	**59**	**1**	**5**	**10**	**5**	**13**	**1**	**4**	**10**		
Cerrado																																		
Augastes lumachella	73			X		X							X																				3	3
Geobates poecilopterus													X																				1	3
Melanopareia torquata													X																				1	6
Scytalopus sp.	73												X																				1	4
Culicivora caudacuta																	X																1	6
Polystictus superciliaris	73, 76					X							X																				2	11
Knipolegus franciscanus	74			X																													1	3
Arremon franciscanus													X																				1	4
Embernagra longicauda	73												X																				1	8
Charitospiza eucosma																	X																1	6
Neothraupis fasciata													X																				1	7

Tabela 3. (continuação) Espécies endêmicas por IBA no Estado da Bahia, agrupadas por Bioma

Espécies	nº EBA*	Código IBA																															Total**	
		BA01	**BA02**	BA03	BA04	BA05	BA06	BA07	BA08	BA09	BA10	BA11	**BA12**	BA13	BA14	BA15	BA16	**BA17**	BA18	BA19	BA20	BA21	**BA22**	BA23	BA24	BA25	BA26	BA27	BA28	BA29	BA30	BA31	a	b
Cerrado																																		
Cypsnagra hirundinacea													X																				1	8
Compsothraupis loricata			X			X							X							X													4	15
Total de espécies		**0**	**1**	**2**	**0**	**3**	**0**	**0**	**0**	**0**	**0**	**0**	**10**	**0**	**0**	**0**	**2**	**0**	**0**	**1**	**0**	**0**	**0**	**0**	**0**	**0**	**0**	**0**	**0**	**0**	**0**	**0**		
Caatinga																																		
Penelope jacucaca		X	X										X																				3	14
Anodorhynchus leari	70		X	X																													2	2
Caprimulgus hirundinaceus	70												X																				1	5
Phaethornis gounellei			X										X																				2	8
Picumnus pygmaeus			X					X					X					X		X				X									6	13
Gyalophylax hellmayri	70		X			X																											2	10
Megaxenops parnaguae			X			X							X																				3	11
Pseudoseisura cristata			X										X							X													3	13
Sakesphorus cristatus			X			X							X					X		X													5	12
Herpsilochmus pectoralis			X			X					X																						3	6
Herpsilochmus sellowi			X			X							X	X		X		X		X													7	20
Formicivora iheringi	72							X					X	X		X		X		X													6	7
Rhopornis ardesiacus	72													X		X		X															3	4
Hylopezus ochroleucus													X	X				X		X													4	13
Stigmatura bahiae			X																														1	3
Paroaria dominicana			X										X			X		X		X													5	30
Total de espécies		**1**	**12**	**1**	**0**	**5**	**0**	**2**	**0**	**0**	**1**	**0**	**11**	**4**	**0**	**4**	**0**	**7**	**0**	**7**	**0**	**0**	**0**	**1**	**0**	**0**	**0**	**0**	**0**	**0**	**0**	**0**		
Total geral de espécies		**1**	**16**	**3**	**0**	**9**	**9**	**20**	**17**	**4**	**2**	**3**	**50**	**4**	**26**	**4**	**2**	**72**	**1**	**22**	**3**	**14**	**61**	**60**	**1**	**5**	**10**	**5**	**13**	**1**	**4**	**10**		

* EBA: Endemic Bird Areas of the World (Stattersfield et al., 1998). Ver capítulo 4.

** Número de IBAs em que a espécie se encontra presente em: **a** – Bahia (sem considerar IBAs interestaduais); **b** – Região como um todo.

MINAS GERAIS

Merulaxis stresemanni

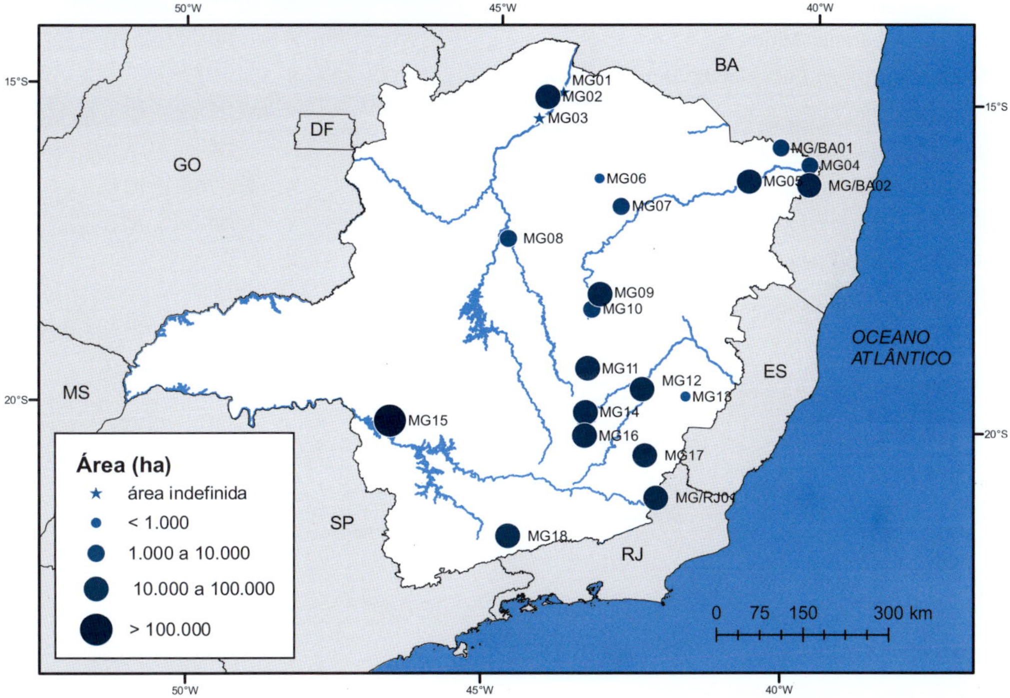

Tabela 1. Lista das IBAs no Estado de Minas Gerais

			Critérios*			
Código	**Nome**	**Bioma**	**A1**	**A2**	**A3**	**A4**
MG01	Mocambinho	CAA	X	70	CAA	
MG02	Vale do Peruaçu	CAA	X	74	CER, CAA	
MG03	Januária	CER, CAA	X	74		
MG/BA01	Bandeira/Macarani	ATL	X			
MG04	Fazenda Santana	ATL	X	72		
MG05	Reserva Biológica da Mata Escura	ATL	X			
MG/BA02	Alto Cariri	ATL	X			
MG06	Chapada do Catuni	CER	X			
MG07	Botumirim	CER	X	72, 73		
MG08	Baixo Rio das Velhas	CAA, CER	X	74		
MG09	Parque Estadual do Rio Preto	CER	X			
MG10	Parque Estadual do Pico do Itambé e Serra do Gavião	CER	X	73		
MG11	Serra do Cipó	CER, ATL	X	73	CER	
MG12	Parque Estadual do Rio Doce	ATL	X			
MG13	Caratinga	ATL	X			
MG14	Serra do Caraça	CER, ATL	X	73		
MG15	Serra da Canastra	CER	X		CER	X
MG16	Ouro Preto/Mariana	ATL, CER	X	73		
MG17	Parque Estadual da Serra do Brigadeiro	ATL	X		ATL	
MG/RJ01	Laranjal/Miracema	ATL	X	75		
MG18	Parque Estadual da Serra do Papagaio	ATL	X			
IBAs interestaduais descritas em seção referente a outro Estado						
ES/MG01	Parque Nacional do Caparaó	ATL	X	76		
RJ/MG01	Parque Nacional de Itatiaia	ATL	X	75, 76	ATL	
SP/MG01	Serra da Mantiqueira	ATL	X	76	ATL	
SP/MG02	São Francisco Xavier/Monte Verde	ATL	X			

* Ver capítulo 2 para explicação dos critérios.

MINAS GERAIS

Mocambinho **MG01**

A1, A2, A3 **15°04'S, 44°00'W**

Área: 20.000 ha	**Bioma:** Caatinga
Município: Jaíba	**Altitude:** 450 m
Grau de proteção: Parcial	**Inventário ornitológico:** Preliminar
	Key Area 063/PROBIO (55)

Descrição

Mocambinho situa-se na margem direita do médio rio São Francisco, no norte de Minas Gerais. A vegetação consiste principalmente de fragmentos de mata decídua secundária, caatinga arbórea densa ("Mata do Jaíba") e caatinga arbustiva ao longo das margens do rio São Francisco[1,2]. O Parque Estadual Lagoa do Cajueiro, criado em 1998 mas ainda não implementando, aparentemente contém hábitats importantes para as espécies citadas abaixo.

Aves

A avifauna local é representativa da Caatinga e algumas espécies exclusivas desse bioma têm na região do médio rio São Francisco seu limite sul de distribuição, como *Penelope jacucaca* (jacucaca), *Picumnus pygmaeus* (pica-pau-anão-pintado), *Gyalophylax hellmayri* (joão-chique-chique) e *Hylopezus ochroleucus* (torom-do-nordeste)[1]. A presença de uma população significativa de *Nyctiprogne vielliardi* (bacurau-do-são-francisco) qualifica a área sob o critério A2, uma vez que essa espécie de distribuição restrita não ocorre em outras áreas representativas da EBA070. Mocambinho parece ser, de fato, uma das áreas mais importantes para *N. vielliardi* na atualidade. Até 150-200 indivíduos podem ser vistos ao mesmo tempo em trechos restritos da margem do rio São Francisco, e a reprodução da espécie foi recentemente confirmada na área[3].

Ameaças

A implantação do projeto de irrigação do

MINAS GERAIS

Espécie ameaçada	
Penelope jacucaca	Kirwan et al. (2001).

Espécies quase ameaçadas: 7	
Crypturellus noctivagus	Raça *C. n. zabele* (Kirwan et al. 2001).
Primolius maracana	Kirwan et al. (2001).
Nyctiprogne vielliardi	Comum na área (Whitney et al. 2003b); Kirwan et al. (2001).
Gyalophylax hellmayri	Kirwan et al. (2001).
Herpsilochmus sellowi	Whitney et al. (2000).
Hylopezus ochroleucus	Kirwan et al. (2001).
Arremon franciscanus	Localidade-tipo da espécie (Raposo 1997).

Espécies de distribuição restrita: 2 **[EBA070] (*Nyctiprogne vielliardi*)**

Espécies endêmicas: 10 **CAA**

Área protegida:

Nome	**Categoria**	**Área**
Parque Estadual Lagoa do Cajueiro	Proteção Integral	20.500 ha

Jaíba, um dos maiores da América Latina, resultou na supressão de extensas áreas de hábitats naturais a partir do final da década de 1990[4]. Em conseqüência, as matas de maior porte persistem hoje na região apenas como manchas isoladas em meio a uma paisagem predominantemente agrícola[1]. A degradação adicional do hábitat e a caça ilegal são ameaças que ainda se mantêm[1].

Referências
1. Kirwan et al. (2001); **2.** Raposo (1997); **3.** Whitney et al. (2003b); **4.** Ribon & Simon (1997); Wege & Long (1995); Ribon (2000); Whitney et al. (2000).

Vale do Peruaçu — MG02

A1, A2, A3 — **15°09'S, 44°15'W**

Área: c.60.000 ha
Municípios: Itacarambi, Januária, São João das Missões
Grau de proteção: Parcial

Bioma: Caatinga
Altitude: 455 m
Inventário ornitológico: Preliminar
Key Area 063/PROBIO 150 (55)

Descrição

Essa extensa área de matas secas ao longo do baixo curso do rio Peruaçu, no norte de Minas Gerais, abrange o Parque Nacional Cavernas do Peruaçu e algumas localidades adjacentes onde há registros de espécies ameaçadas, como a Fazenda Nossa Senhora Aparecida, antes parte da Fazenda Olhos d'Água[1]. O rio Peruaçu, afluente da margem esquerda do rio São Francisco, nasce no interior do parque nacional, onde percorre áreas alagáveis e um cânion cujas paredes se elevam a mais de 100 m de altura. O hábitat principal é a floresta tropical decídua (matas secas da depressão do rio São Fran-

Espécies ameaçadas: 2	
Xiphocolaptes falcirostris	Andrade et al. (1986), Wege & Long (1995), Kirwan et al. (2001).
Phylloscartes roquettei	Ocorrência confirmada recentemente (Fitzpatrick 2004).

Espécies quase ameaçadas: 6	
Crypturellus noctivagus	Raça *C. n. zabele*; Andrade et al. (1994).
Aratinga auricapillus	Wege & Long (1995), Kirwan et al. (2001).
Herpsilochmus sellowi	Andrade et al. (1994), Kirwan et al. (2001).
Hylopezus ochroleucus	Andrade et al. (1994).
Knipolegus franciscanus	Silva & Oren (1992).
Arremon franciscanus	Recentemente registrada no P. N. Cavernas do Peruaçu (CBRO 2000a, Kirwan et al. 2001).

Espécies de distribuição restrita: 2	**EBA074**

Espécies endêmicas: 7	**CAA**
Espécies endêmicas: 7	**[CER] (*Xiphocolaptes [f.] franciscanus, Knipolegus franciscanus*)**

Áreas protegidas:

Nome	Categoria	Área
Parque Nacional Cavernas do Peruaçu	Proteção Integral	56.800 ha
APA Cavernas do Peruaçu	Uso Sustentável	143.866 ha

MINAS GERAIS

cisco), que atinge até 25 m de altura e está associada a solos calcáreos férteis[1]. Árvores características dessa formação incluem *Astronium urundeuva*, *Piptadenia macrocarpa* e *Cedrela fissilis*[1]. Existem ainda cerrados, matas ciliares perenifólias e manchas esparsas da formação de caatinga arbórea conhecida como "Mata do Jaíba".

Aves

A área é de importância crítica para a conservação das florestas decíduas da região do médio rio São Francisco e atualmente parece ser o principal reduto da raça local endêmica do arapaçu-do-nordeste (*Xiphocolaptes falcirostris franciscanus*)[1]. A avifauna do Vale do Peruaçu é algo distinta da encontrada em Mocambinho, no lado oposto do rio São Francisco, sobretudo pela presença de endemismos associados às matas secas do domínio do Cerrado, como o já mencionado *X. f. franciscanus* (restrito à margem esquerda do São Francisco[2]), *Hylocryptus rectirostris* (fura-barreira) e *Basileuterus leucophrys* (pula-pula-de-sobrancelha). O P. N. Cavernas do Peruaçu é uma das principais unidades de conservação de proteção integral no âmbito da EBA074 (Florestas Decíduas de Minas Gerais e Goiás)[1], servindo de refúgio para as duas espécies que definem essa área de endemismo (*Knipolegus franciscanus*, maria-preta-do-nordeste, e *Phylloscartes roquettei*, cara-dourada)[1,3]. A ocorrência de *Nyctiprogne vielliardi* (bacurau-do-são-francisco) é igualmente provável, visto que o P. N. Cavernas do Peruaçu estende-se até a margem do rio São Francisco no norte do município de Januária, onde a espécie não parece ter sido procurada até agora, apesar de ocorrer na margem oposta do rio, em Mocambinho[4]. Similarmente, o quase ameaçado *Gyalophylax hellmayri* (joão-chique-chique) foi recentemente observado entre Itacarambi e Manga, possivelmente ocorrendo no parque nacional e em seu entorno imediato[1]. Porém, algumas outras espécies ameaçadas ou quase ameaçadas mencionadas para a região possuem ocorrência improvável em termos distribucionais e seus registros requerem confirmação. É o caso de *Amazona vinacea* (papagaio-de-peito-roxo)[5,6] e *A. xanthops* (papagaio-galego)[7,8], e também *Penelope ochrogaster* (jacu-de-barriga-castanha) e *Ramphodon naevius* (beija-flor-rajado)[6,8].

Ameaças

Extensas áreas da região já foram desmatadas para a criação de gado. Mesmo no interior do P. N. Cavernas do Peruaçu os remanescentes de floresta decídua estão agora bastante isolados, sendo necessário interligá-los por corredores[1]. A destruição adicional da vegetação nativa para o aumento de áreas agrícolas, produção de carvão, extração de lenha e mineração de calcário representa a principal ameaça às aves endêmicas e ameaçadas da região[9].

Referências

1. Kirwan et al. (2001); **2.** Ribon (2000); **3.** Fitzpatrick (2004); **4.** Whitney et al. (2003); **5.** Collar et al. (1992); **6.** Andrade et al. (1994); **7.** Andrade (1991); **8.** Machado et al. (1998); **9.** BirdLife International (2000); Andrade et al. (1986); Silva & Oren (1992); Wege & Long (1995); CBRO (2000a); Raposo et al. (2002).

Januária **MG03**

A1, A2 **15°29'S, 44°22'W**

Área: ?
Municípios: Januária, Pedras de Maria da Cruz
Grau de proteção: Nenhum

Bioma: Cerrado, Caatinga
Altitude: 450-600 m
Inventário ornitológico: Preliminar
Key Area 064

Descrição

Januária está situada às margens do rio São Francisco, cerca de 30 km ao sul dos limites do Parque Nacional Cavernas do Peruaçu (MG02), no norte de Minas Gerais. Nos arredores da cidade, florestas tropicais decíduas e semidecíduas (matas secas) com até 20-25 m de altura crescem em áreas de solos calcáreos sobre as escarpas e na depressão do vale do São Francisco, em ambos os lados do rio[1]. No topo das escarpas e em algumas áreas de solo arenoso da margem leste do rio existem cerrados, mas grande parte da planície ao longo do São Francisco é coberta por caatingas alteradas[1].

Aves

Januária é uma das duas áreas onde há registros confirmados de ambas as espécies de distribuição restrita que definem a EBA074 (Florestas Decíduas de Minas Gerais e Goiás), *Knipolegus franciscanus* (maria-preta-do-nordeste) e *Phylloscartes roquettei* (cara-dourada). Porém, desconhece-se a situação atual dessas espécies e de seu hábitat na região. No final da década de 1970, *P. roquettei* ainda era encontrado em ambos os lados do rio São Francisco, nas proximidades de Brejo do Amparo (a noroeste de Januária) e ao longo da estrada para Montes Claros[1], mas buscas mais recentes pela espécie malograram[2,3]. O quase ameaçado *Nyctiprogne vielliardi* (bacurau-do-são-francisco), por outro lado, tem sido observado junto ao rio São Francisco[4], e aves que podem ter sido *Curaeus forbesi* (anumará) foram avistadas em plantações de cana-de-açúcar acima de Brejo do Amparo em 1977[1]. Já *Penelope ochrogaster* (jacu-de-barriga-castanha) e *Amazona vinacea* (papagaio-de-peito-roxo), citados para a região[5,6,7], não possuem ocorrência confirmada no norte de Minas Gerais.

Ameaças

A floresta tropical decídua está entre os hábitats mais ameaçados e desprotegidos do Brasil. Em meados da década de 1980, fornos de carvão estavam em plena atividade em Brejo do Amparo, onde as florestas também estavam sendo derrubadas para a formação de pastagens e áreas de agricultura[3].

Referências

1. Willis & Oniki (1991); **2.** Raposo et al. (2002); **3.** BirdLife International (2004); **4.** Whitney et al. (2003b); **5.** Collar et al. (1992); **6.** Wege & Long (1995); **7.** Machado et al. (1998); Andrade et al. (1986); Silva & Oren (1992); Whitney et al. (1995b).

Espécies ameaçadas: 2	
Xiphocolaptes falcirostris	Localidade-tipo da subespécie *X. f. franciscanus*; Andrade et al. (1986), Wege & Long (1995).
Phylloscartes roquettei	Localidade-tipo da espécie; Willis & Oniki (1991).

Espécies quase ameaçadas: 4	
Crypturellus noctivagus	Raça *C. n. zabele*; Willis & Oniki (1991).
Nyctiprogne vielliardi	Comum (Whitney et al. 2003b).
Hylopezus ochroleucus	Whitney et al. (1995b).
Knipolegus franciscanus	Silva & Oren (1992), Willis & Oniki (1991).

Espécies de distribuição restrita: 2 **EBA074**

Bandeira / Macarani | MG/BA01

A1 — **15°48'S, 40°31'W**

Área: 3.000-4.000 ha
Municípios: Bandeira (MG), Macarani (BA)
Grau de proteção: Nenhum

Bioma: Mata Atlântica
Altitude: 750-850 m
Inventário ornitológico: Não disponível
PROBIO 217

Descrição
Esse remanescente florestal relativamente extenso está situado na região do médio rio Jequitinhonha, na divisa entre Minas Gerais e Bahia, a cerca de 50 km ao norte de Almenara. A vegetação é classificada como floresta ombrófila densa, sendo mais desenvolvida no fundo dos vales. De forma geral, a mata ainda se encontra bem preservada na área, apesar da atividade constante de madeireiros em toda a região.

Aves
Em um levantamento recente, ainda não publicado, 252 espécies de aves foram identificadas na área[1]. Entre as várias espécies ameaçadas encontradas, destaca-se *Merulaxis stresemanni* (entufado-baiano), pássaro que permaneceu conhecido de apenas dois exemplares antigos até ser redescoberto em 1995 próximo à Reserva Biológica de Una[2], na Bahia, onde, porém, não foi mais encontrado. Atualmente, Bandeira/Macarani e Una (BA21) são as duas únicas áreas de ocorrência conhecida dessa espécie criticamente ameaçada.

Ameaças
Os desmatamentos e o corte seletivo de árvores ainda são freqüentes na região, sendo praticados tanto por moradores locais quanto por pessoas que vêm de outras regiões da Bahia em busca de madeira. A caça representa uma ameaça adicional à fauna.

Referências
1. Rômulo Ribon (in litt.); **2.** Baudet (2001).

IBA sugerida por Rômulo Ribon

MINAS GERAIS

Espécies ameaçadas: 10	
Pyrrhura cruentata	R. Ribon.
Jacamaralcyon tridactyla	R. Ribon.
Synallaxis cinerea	R. Ribon.
Acrobatornis fonsecai	R. Ribon.
Tripophaga macroura	R. Ribon.
Disythamnus plumbeus	R. Ribon.
Myrmotherula urosticta	R. Ribon.
Merulaxis stresemanni	R. Ribon.
Carpornis melanocephala	R. Ribon.
Cotinga maculata	R. Ribon.

Espécies quase ameaçadas: 3	
Aratinga auricapillus	R. Ribon.
Iodopleura pipra	Única área de ocorrência recente em Minas Gerais; R. Ribon.
Lipaugus lanioides	R. Ribon.

Fazenda Santana — MG04

A1, A2 — 16°03'S, 40°02'W

Área: c.5.000 ha
Município: Salto da Divisa
Grau de proteção: Nenhum

Bioma: Mata Atlântica
Altitude: 100 m
Inventário ornitológico: Não disponível
PROBIO 217

Descrição

Essa área de topografia plana é formada por um conjunto de fragmentos de floresta decídua localizados na margem esquerda do médio rio Jequitinhonha, junto à divisa de Minas Gerais com Bahia[1]. A vegetação é similar às matas-de-cipó do sudeste baiano, sendo classificada como floresta estacional decidual de terras baixas[1]. O sub-bosque é rico em bromélias terrestres do gênero *Ananas*, que atingem até 2 m de altura e formam densas manchas em meio a arbustos espinhentos, lianas e touceiras de bambu[1,2]. O estrato superior é composto por árvores de até 30 m de altura, sendo notável a presença de grandes cactáceas isoladas e da epífita barba-de-velho (*Tillandsia usneoides*)[1,2]. O principal fragmento florestal na área tem cerca de 1.100 ha e abrange parte das fazendas Santana, Ondina e Jaboti, provavelmente constituindo hoje o maior remanescente de floresta decidual de terras baixas entre os rios Pardo e Jequitinhonha[1].

Aves

A Fazenda Santana é a única área de ocorrência conhecida de *Rhopornis ardesiacus* (gravatazeiro) em Minas Gerais e uma das poucas onde essa espécie típica da mata-de-cipó ocorre. Novas populações de outras espécies ameaçadas também foram recentemente descobertas na área, incluindo algumas típicas de florestas de baixada, como *Amazona rhodocorytha* (chauá), *Myrmeciza ruficauda* (formigueiro-de-cauda-ruiva) e *Neopelma aurifrons* (fruxu-baiano)[1,3,4]. De resto, a avifauna local difere pouco da encontrada nas matas decíduas de Boa Nova, na Bahia (BA17), estanto ausentes espécies de zonas mais secas, como *Sakesphorus cristatus* (choca-do-nordeste), endêmico da Caatinga, e *Formicivora iheringi* (formigueiro-do-nordeste)[1]. Um inventário ainda inédito, realizado entre 1999 e 2003, apontou a presença de 175 espécies na área[2]. Merece destaque a observação de uma águia de grande porte (*Harpia* ou *Morphnus*), em 1999[3].

Espécies ameaçadas: 5	
Pyrrhura cruentata	Ribon & Maldonado-Coelho (2001).
Amazona rhodocorytha	Ribon & Maldonado-Coelho (2001).
Rhopornis ardesiacus	Ribon & Maldonado-Coelho (2001).
Myrmeciza ruficauda	Única área de ocorrência em Minas Gerais (Marini et al. 2002).
Neopelma aurifrons	Ribon & Maldonado-Coelho (2001).

Espécies quase ameaçadas: 3	
Crypturellus noctivagus	Raça *C. n. zabele* (Ribon & Maldonado-Coelho 2001).
Primolius maracana	Ribon & Maldonado-Coelho (2001).
Aratinga auricapillus	Ribon & Maldonado-Coelho (2001).

Espécies de distribuição restrita: 1 — **EBA072**

Ameaças

A despeito dos numerosos apelos pela proteção de *R. ardesiacus* e de seu hábitat único, nenhuma unidade de conservação protege as matas-de-cipó da Bahia e as florestas deciduais de terras baixas dos vales dos rios Pardo e Jequitinhonha[1,3]. Os fragmentos florestais da Fazenda Santana estão isolados por pastagens de capim-colonião (*Panicum maximum*) e sofrem corte seletivo[1,2].

Referências

1. Ribon & Maldonado-Coelho (2001); **2.** Ribon et al. (2003); **3.** Ribon & Goerck (2003); **4.** Marini et al. (2002); Lopes et al. (2002).

Reserva Biológica da Mata Escura — MG05

A1 — 16°21'S, 41°00'W

Área: 51.046 ha
Município: Jequitinhonha, Almenara
Grau de proteção: Total

Bioma: Mata Atlântica
Altitude: até 1.000 m
Inventário ornitológico: Não disponível
PROBIO 218

Descrição

A recém-criada Reserva Biológica da Mata Escura está situada em uma zona de contato entre os biomas Mata Atlântica, Cerrado e Caatinga, abrangendo uma extensa área de hábitats naturais ainda bem preservados na margem esquerda do médio rio Jequitinhonha, ao norte da cidade de Jequitinhonha[1].

Aves

A R. B. da Mata Escura provavelmente é uma das áreas mais bem preservadas que ainda mantêm gradientes naturais entre a floresta atlântica, o cerrado e a caatinga[1]. Não há informações publicadas sobre as aves da região, mas a combinação de três biomas tão distintos ocorrendo a distâncias de apenas 100 m um do outro[1] potencialmente favorece a existência de uma avifauna variada e de composição única. A Mata Escura é uma das três áreas de ocorrência conhecida de *Synallaxis cinerea* (joão-baiano) em Minas Gerais. Em adição, um *Phylloscartes* recentemente encontrado na reserva é, com toda a probabilidade, *P. beckeri*[1] (borboletinha-baiano), espécie ameaçada descrita somente em 1995 e conhecida de apenas outras cinco áreas na Bahia.

Ameaças

O processo malconduzido de criação da reserva gerou grande descontentamento na comunidade local. Os limites estabelecidos para a unidade de conservação

Espécie ameaçada	
Synallaxis cinerea	Lopes et al. (2002).

Espécies quase ameaçadas: 4	
Leucopternis polionotus	Ribon & Goerck (2003).
Aratinga auricapillus	Ribon & Goerck (2003).
Herpsilochmus sellowi	Marcos Maldonado-Coelho *in* Ribon & Goerck (2003).
Lipaugus lanioides	Ribon & Goerck (2003).

Área protegida:

Nome	Categoria	Área
Reserva Biológica da Mata Escura	Proteção Integral	51.046 ha

MINAS GERAIS

incluem muitas áreas produtivas utilizadas como pastagens e para a agricultura. Como resultado, há tentativas de rever esses limites e foi criado o Movimento dos Atingidos pela R. B. da Mata Escura. Além disso, há suspeitas de que proprietários descontentes estejam ateando fogo à floresta. Outro risco advém da existência de assentamentos rurais na vizinhança imediata da reserva[1,2].

Referências

1. Ribon & Goerck (2003); **2.** Rômulo Ribon (in litt.); Lopes et al. (2002).

Alto Cariri — MG/BA02

A1 — **16°22'S, 40°02'W**

Área: c.22.000 ha
Municípios: Salto da Divisa, Santa Maria do Salto (MG), Guaratinga (BA)
Grau de proteção: Nenhum
Bioma: Mata Atlântica
Altitude: 700 m
Inventário ornitológico: Não disponível
PROBIO 217

Descrição

Essa extensa área de floresta ombrófila densa na divisa de Minas Gerais com Bahia está situada em uma região montanhosa ao sul do médio rio Jequitinhonha[1]. Parte do maciço florestal (cerca de 600 ha) vem sendo explorada sob regime de manejo sustentado desde 1999[1,2], mas a vegetação é predominantemente primária[2]. O Alto Cariri foi declarado uma ASPE (Área Sob Proteção Especial) pelo Ibama devido ao seu grande potencial para a conservação da biodiversidade no âmbito da Mata Atlântica, sendo uma área prioritária para inventários científicos e para a criação de uma unidade de conservação.

Aves

Não há informações publicadas sobre a avifauna do Alto Cariri, mas os resultados de um levantamento preliminar indicaram que a área possui grande importância como refúgio para aves endêmicas, raras e ameaçadas de extinção da Mata Atlântica[1,2]. Há relatos sobre a ocorrência histórica de *Crax blumenbachii* (mutum-de-bico-vermelho) e *Pipile jacutinga* (jacutinga) na região[3]. O Alto Cariri é uma das duas áreas de Minas Gerais onde a ocorrência de *Carpornis melanocephala* (sabiá-pimenta) foi constatada até o momento.

Ameaças

Exploração ilegal de madeira[2].

Referências

1. Abreu & Ribon (2002); **2.** Ribon & Goerck (2003); **3.** Rômulo Ribon (in litt.).

IBA sugerida por Rômulo Ribon

Espécies ameaçadas: 2	
Amazona rhodocorytha	Abreu & Ribon (2002).
Carpornis melanocephala	Abreu & Ribon (2002).

Espécies quase ameaçadas: 3	
Tinamus solitarius	Abreu & Ribon (2002).
Lipaugus lanioides	Abreu & Ribon (2002).
Orchesticus abeillei	Abreu & Ribon (2002).

Chapada do Catuni — MG06

A1 — **16°24'S, 43°23'W**

Área: > 500 ha
Municípios: Francisco Sá, Grão Mogol
Grau de proteção: Nenhum

Bioma: Cerrado
Altitude: 700-1.050 m
Inventário ornitológico: Não disponível

Descrição

Situada cerca de 60 km a nordeste de Montes Claros, no centro-norte de Minas Gerais, a Chapada (ou Chapadão) do Catuni pertence ao setor da Cadeia do Espinhaço localizado ao norte do rio Jequitinhonha. A área abrange os cerrados abertos do topo da chapada e também as caatingas arbóreas existentes em sua vertente oeste, a partir de 700 m de altitude[1,2].

Aves

Na Chapada do Catuni ocorrem várias espécies endêmicas do Cerrado que presentemente são alvo de atenção conservacionista e pelo menos duas das sete espécies de distribuição restrita que definem a EBA073 (Serras e Chapadas do Brasil Central). Mas um inventário completo da avifauna local ainda não está disponível. Os registros de *Euscarthmus rufomarginatus* (maria-corruíra) para a área aparentemente são os únicos confirmados em Minas Gerais[1]. A recente descoberta de *Arremon franciscanus* (tico-tico-do-são-francisco) em uma área de caatinga da Fazenda Imburana, a cerca de 1 km do topo da chapada, estendeu em 110 km para o sul a distribuição geográfica até então conhecida dessa espécie quase ameaçada[3].

Ameaças

A Chapada do Catuni está sob constante pressão antrópica, destacando-se como ameaças à área as queimadas periódicas para a formação de pastagens, a expansão dos florestamentos de eucalipto e pínus e a mineração de quartzito[1].

Referências
1. D'Angelo Neto & Queiroz (2001); **2.** Marcelo Ferreira de Vasconcelos (verb.); **3.** D'Angelo Neto & Vasconcelos (2003).

Espécie ameaçada	
Poospiza cinerea	D'Angelo Neto & Queiroz (2001).

Espécies quase ameaçadas: 6	
Polystictus superciliaris	D'Angelo Neto & Queiroz (2001).
Euscarthmus rufomarginatus	Restrito às áreas melhor preservadas do topo da chapada (D'Angelo Neto & Queiroz 2001).
Arremon franciscanus	D'Angelo Neto & Queiroz (2001), D'Angelo Neto & Vasconcelos (2003).
Embernagra longicauda	D'Angelo Neto & Queiroz (2001).
Passerina caerulescens	D'Angelo Neto & Queiroz (2001).
Charitospiza eucosma	D'Angelo Neto & Queiroz (2001).

Botumirim — MG07

A1, A2 — **16°49'S, 43°01'W**

Área: 2.000-5.000 ha
Município: Botumirim
Grau de proteção: Nenhum

Bioma: Cerrado
Altitude: 790-1.400 m
Inventário ornitológico: Não disponível

Descrição

Botumirim localiza-se a 90 km de Montes Claros, ao norte do rio Jequitinhonha, no centro-norte de Minas Gerais. Junto à cidade ergue-se uma chapada pertencente à Cadeia do Espinhaço, cujo topo é conhecido como Campina do Bananal. A vegetação sobre o platô é de campo rupestre típico, onde são abundantes plantas das famílias Bromeliaceae, Cactaceae, Clusiaceae, Ericaceae, Eriocaulaceae, Melastomataceae, Orchidacea, Poaceae, Velloziaceae e Verbenaceae[1]. A Campina do Bananal é relativamente próxima à Chapada do Catuni (MG06), mas não existe continuidade acima dos 1.000 m de altitude entre os vários maciços montanhosos que formam a Cadeia do Espinhaço nessa região. No sopé da chapada e em suas encostas, no vale do Jequitinhonha, existem matas semidecíduas fragmentadas. Um dos remanescentes mais representativos, com 200 ha, é a Mata do Lobo, que se encontra em uma altitude de 790 m e dista cerca de 8 km da Campina do Bananal[2]. Árvores comuns na Mata do Lobo incluem *Sclerolobium rugosum*, *Hortia arborea*, *Emmotum nitens*, *Anadenanthera* sp., *Cariniana estrellensis*, *Machaerium* sp. e *Vantanea* sp.; o sub-bosque é composto principalmente por *Miconia* sp., *Siparuna guianensis* e algumas gramíneas[2].

Aves

A área é representativa de duas EBAs, combinando endemismos dos campos rupestres do Cerrado e das matas decíduas da Bahia. A ocorrência de uma população isolada de *Asthenes luizae* (lenheiro-da-serra-do-cipó), a primeira descoberta ao norte do rio Jequitinhonha, foi recentemente documentada na Campina do Bananal[1]. Essa população difere morfologicamente daquela que habita a porção meridional da Cadeia do Espinhaço[1]. *Formicivora iheringi* (formigueiro-do-nordeste) é relativamente abundante na Mata do Lobo[2] e ocorre também em outras matas e capoeiras da região[3].

Espécie ameaçada	
Asthenes luizae	3 indivíduos vistos em uma área de 450 m² na Campina do Bananal (Vasconcelos et al. 2002).

Espécies quase ameaçadas: 3	
Augastes scutatus	M. F. de Vasconcelos.
Formicivora iheringi	Ocorre até c.900 m de altitude (M. F. de Vasconcelos); D'Angelo Neto et al. (2001).
Embernagra longicauda	Vasconcelos et al. (2003b).

Espécies de distribuição restrita: 1 — **EBA072**

Espécies de distribuição restrita: 3 — **EBA073**

Ameaças

As matas secas habitadas por *F. iheringi* vêm sendo degradadas em conseqüência da recente introdução do cultivo de café na região e, em menor grau, pelo fogo e corte seletivo de madeira[2], ao passo que os campos rupestres da Campina do Bananal ainda encontram-se bem preservados[3].

Referências

1. Vasconcelos et al. (2002); **2.** D'Angelo Neto et al. (2001); **3.** Marcelo Ferreira de Vasconcelos (verb. e in litt.); Vasconcelos et al. (2003b).

Baixo Rio das Velhas — MG08

A1, A2 — **17°23'S, 44°48'W**

Área: < 5.000 ha
Municípios: Pirapora, Várzea da Palma
Grau de proteção: Nenhum
Bioma: Caatinga, Cerrado
Altitude: 470 m
Inventário ornitológico: Preliminar

Descrição

Essa área é próxima a Pirapora e compreende os fragmentos de floresta decídua e as matas ripárias associadas ao baixo curso do rio das Velhas, entre a sua foz no rio São Francisco e Várzea da Palma. Embora ricas florestas tenham sido descritas para o baixo rio das Velhas no passado, a região apresenta hoje uma paisagem formada predominantemente por áreas agrícolas e caatingas arbustivas, estando os remanescentes florestais bastante degradados e restritos às margens de cursos-d'água[1,2].

Aves

O Baixo Rio das Velhas é uma das duas únicas áreas onde *Phylloscartes roquettei* (cara-dourada) tem sido encontrado nos últimos anos. Na região, essa espécie criticamente ameaçada ocupa principalmente estreitas faixas de mata de galeria remanescente que margeiam o rio das Velhas e alguns de seus tributários, como o córrego dos Ovos[2]. O quase ameaçado *Nyctiprogne vielliardi* (bacurau-do-são-francisco) tem sido encontrado nesses mesmos ambientes[3] e ocorre também ao longo das estradas de terra que percorrem a área[4]. Ambas são espécies de distribuição restrita pouco representadas em outras IBAs. É provável que o registro de *Curaeus forbesi* (anumará) para a região tenha se dado nas proximidades[2,5].

Ameaças

Destruição e degradação adicional das matas secas.

Referências

1. Kirwan et al. (2001); **2.** Raposo et al. (2002); **3.** Whitney et al. (2003b); **4.** www.arthurgrosset.com/sitenotes/northeastbrazil; **5.** BirdLife International (2000).

Espécies ameaçadas: 2	
Phylloscartes roquettei	Observado em alguns pontos da área. (Raposo et al. 2002); BirdLife International (2000), Kirwan et al. (2001).
Curaeus forbesi	Registrado em 1998 próximo a Pirapora (BirdLife International 2000).

Espécies quase ameaçadas: 2	
Nyctiprogne vielliardi	Kirwan et al. (2001), Whitney et al. (2003b).
Phylloscartes eximius	Kirwan et al. (2001).

Espécies de distribuição restrita: 1 EBA074

MINAS GERAIS

Parque Estadual do Rio Preto — MG09

A1 — 18°12'S, 43°18'W

Área: > 10.755 ha
Municípios: São Gonçalo do Rio Preto
Grau de proteção: Parcial

Bioma: Cerrado
Altitude: 730-1.830 m
Inventário ornitológico: Não disponível

Descrição

O Parque Estadual do Rio Preto faz parte da Cadeia do Espinhaço e situa-se a apenas 20 km ao norte do P. E. do Pico do Itambé (MG10), na porção superior da bacia do rio Jequitinhonha. O hábitat consiste basicamente de campos rupestres e campos cerrados. Existem campos naturais bem preservados em áreas particulares situadas imediatamente ao sul e a sudeste do parque, onde ocorrem aves ameaçadas de extinção[1].

Aves

A avifauna do parque começou a ser inventariada há muito pouco tempo[1]. Os resultados preliminares desse inventário, ainda inéditos, incluem a descoberta de uma nova população de *Asthenes luizae* (lenheiro-da-serra-do-cipó) e o registro de *Coryphaspiza melanotis* (tico-tico-de-máscara-negra), conhecido em Minas Gerais em apenas uma IBA adicional.

Ameaças

Os campos naturais, um dos principais ambientes para aves ameaçadas na região, estão apenas parcialmente protegidos pela unidade de conservação e sofrem intensa pressão de pastejo, que se soma aos impactos da erosão decorrente de atividades de mineração e abertura de estradas[1].

Referências

1. Marcos Ricardo Bornschein (verb.).

IBA sugerida por Marcos R. Bornschein

MINAS GERAIS

Espécies ameaçadas: 3	
Asthenes luizae	M. R. Bornschein.
Coryphaspiza melanotis	Presente no parque e em seu entorno (M. R. Bornschein).
Poospiza cinerea	Ocupa as áreas mais baixas do parque (M. R. Bornschein).

Espécie quase ameaçada	
Aratinga auricapillus	Ocupa as áreas mais baixas do parque (M. R. Bornschein).

Área protegida:

Nome	Categoria	Área
Parque Estadual do Rio Preto	Proteção Integral	10.755 ha

Parque Estadual do Pico do Itambé e Serra do Gavião — MG10

A1, A2 — **18°26'S, 43°25'W**

Área: 5.000-10.000 ha
Municípios: Santo Antônio do Itambé, Serro Azul de Minas, Serro
Grau de proteção: Parcial

Bioma: Cerrado
Altitude: 1.000-2.044 m
Inventário ornitológico: Não disponível

Descrição
O Parque Estadual do Pico do Itambé localiza-se próximo a Diamantina, na região central de Minas Gerais, em um dos setores mais elevados da Cadeia do Espinhaço. A Serra do Gavião é contígua ao parque e consiste em um platô rochoso que se eleva a 1.000-1.200 m de altitude[1,2,3]. A área é formada quase que exclusivamente por campos rupestres, onde são abundantes plantas rupícolas dos gêneros *Aechmaea, Barbacenia, Croton, Euphorbia, Laelia, Mandevilla, Paepalanthus, Vellozia, Vernonia* e *Vriesea*, além de várias outras das famílias Apocynaceae, Asteraceae, Cactaceae, Eriocaulaceae, Lamiaceae e Verbenaceae[2]. Na base do maciço onde se localiza o Pico do Itambé há matas semidecíduas.

Aves
O P. E. do Pico do Itambé é uma das três unidades de conservação com ocorrência conhecida de *Asthenes luizae* (lenheiro-da-serra-do-cipó), furnarídeo endêmico da porção mineira da Cadeia do Espinhaço. A área também abriga outras aves endêmicas dos topos de montanha do sudeste do Brasil, como as espécies quase ameaçadas listadas abaixo[2].

Ameaças
O parque carece de infra-estrutura básica e o controle e fiscalização da área são precários[2].

Referências
1. Marcelo Ferreira de Vasconcelos (verb.); **2.** Vasconcelos (2002a); **3.** Cordeiro et al. (1998).

MINAS GERAIS

Espécie ameaçada	
Asthenes luizae	Um indivíduo visto na Serra do Gavião, Capivari, em 1998 (Cordeiro et al. 1998) e vários detectados no P. E. do Pico do Itambé, em 2000 (Vasconcelos 2002a).

Espécies quase ameaçadas: 3	
Augastes scutatus	Cordeiro et al. (1998), Vasconcelos (2002a).
Polystictus superciliaris	Cordeiro et al. (1998), Vasconcelos (2002a).
Embernagra longicauda	Vasconcelos (2002a).

Espécies de distribuição restrita: 4 — **EBA073**

Área protegida:

Nome	Categoria	Área
Parque Estadual do Pico do Itambé	Proteção Integral	4.700 ha

Serra do Cipó — MG11

A1, A2, A3 — **19°22'S, 43°27'W**

Área: 50.000-100.000 ha
Municípios: Jaboticatubas, Santana do Riacho, Morro do Pilar, Conceição do Mato Dentro, Itambé do Mato Dentro
Grau de proteção: Parcial

Bioma: Cerrado, Mata Atlântica
Altitude: 800-1.687 m
Inventário ornitológico: Representativo
Key Area 066/PROBIO 225

Descrição

Essa área inclui o Parque Nacional da Serra do Cipó e localidades vizinhas situadas acima da cota de 1.000 m, entre elas Ribeirão do Campo (em Conceição do Mato Dentro) e Alto da Boa Vista (Santana do Riacho). Tal como outras áreas da porção meridional da Cadeia do Espinhaço (p.ex., a Serra do Caraça, MG14), a Serra do Cipó situa-se na faixa de transição entre os domínios do Cerrado e da Mata Atlântica, suportando uma grande variedade de hábitats[1]. A floresta atlântica é a formação predominante na vertente leste da serra, entre 800 e 1.000 m de altitude, ao passo que a vertente oposta, nessa mesma faixa altitudinal, é recoberta por cerrados[1]. Entre 1.000 e 1.300 m, em ambas as vertentes, predomina a vegetação típica de campo rupestre, corta-

Espécies ameaçadas: 4

Nothura minor	Registrada na década de 1970 (Willis & Oniki 1991, BirdLife International 2000) e dada como vista na área em 2001 por observadores de aves (D. Scott); necessita de uma reavaliação de seu *status*.
Harpyhaliaetus coronatus	Itambé do Mato Dentro (Ribeiro 1997, Machado et al. 1998, Andrade & Andrade 1998).
Asthenes luizae	Cordeiro et al. (1998), Vielliard (1990), Wege & Long (1995), Andrade et al. (1998).
Poospiza cinerea	Wege & Long (1995), Machado et al. (1998), Melo Jr. (1996).

Espécies quase ameaçadas: 7

Augastes scutatus	Willis & Oniki (1991), Cordeiro et al. (1998), Melo Jr. et al. (2001).
Drymophila ochropyga	Melo Jr. et al. (2001).
Polystictus superciliaris	Willis & Oniki (1991), Vasconcelos (1999a), Melo Jr. et al. (2001).
Charitospiza eucosma	Melo Jr. et al. (2001).
Passerina caerulescens	Melo Jr. et al. (2001).
Embernagra longicauda	Willis & Oniki (1991), Cordeiro et al. (1998), Melo Jr. et al. (2001).
Neothraupis fasciata	Melo Jr. et al. (2001).

Espécies de distribuição restrita: 5 — **EBA073**

Espécies endêmicas: 17 — **CER**

Áreas protegidas:

Nome	Categoria	Área
Parque Nacional da Serra do Cipó	Proteção Integral	33.800 ha
APA do Morro da Pedreira	Uso Sustentável	66.200 ha

MINAS GERAIS

da por estreitas matas ripárias[1]. Acima dessa faixa altitudinal, onde estão ausentes os afloramentos rochosos que caracterizam os campos rupestres, um amplo campo aberto e úmido abre-se sobre o platô da serra; áreas brejosas, trechos limitados de campo rupestre, estreitas matas ripárias e pequenas manchas naturais de floresta completam a paisagem nesse setor[1]. Os campos rupestres da região, em particular, concentram um elevado número de plantas endêmicas da Cadeia do Espinhaço, várias delas inteiramente restritas à Serra do Cipó[2]. Na base da serra são encontrados pequenos lagos, áreas palustres e ambientes antrópicos (plantações e pastagens)[1]. A temperatura média anual varia de 17 a 18,5°C e a precipitação pluviométrica oscila entre 1.450 e 1.850 mm ao ano[1].

Aves

A Serra do Cipó tem sido alvo da atenção de ornitólogos e observadores de aves há mais de uma década e foi palco da descoberta, em 1985, de uma das aves endêmicas mais notáveis da Cadeia do Espinhaço, *Asthenes luizae* (lenheiro-da-serra-do-cipó). Esse furnarídeo permaneceu por vários anos conhecido apenas de Alto da Boa Vista (localidade-tipo), situada imediatamente a noroeste do parque nacional[3,4,5], mas foi posteriormente registrado dentro da unidade de conservação e em Ribeirão do Campo, bem como em outros setores da Cadeia do Espinhaço[5,6,7]. Um inventário ornitológico recente detectou a presença de 273 espécies na Serra do Cipó[1]. Essa área, juntamente com a Serra do Caraça, concentra o maior número de espécies representativas da EBA073 (Serras e Chapadas do Brasil Central) entre todas as IBAs identificadas. A Serra do Cipó também abriga o segundo maior conjunto de espécies endêmicas do Cerrado entre as IBAs na região da Mata Atlântica, ficando atrás apenas da Serra da Canastra (MG15). Duas aves ameaçadas mencionadas para a região, *Leucopternis lacernulatus* (gavião-pombo-pequeno) e *Lipaugus lanioides* (tropeiro-da-serra), não foram registradas durante levantamentos recentes na área, podendo estar localmente extintas[8]. A espécie do gênero *Scytalopus* presente na Serra do Cipó, equivocadamente relacionada a *S. novacapitalis* em algumas fontes[4,9], aparentemente representa um táxon ainda não descrito[10], que ocorre também em outras localidades da Cadeia do Espinhaço, como a Serra do Caraça e a Serra da Piedade[1].

Ameaças

A presença de gado, as queimadas ilegais e a mineração afetam diretamente a integridade dos ecossistemas do parque e de seu entorno. O desenvolvimento do turismo ecológico sem um planejamento prévio, facilitado pelo incremento das condições de acesso, é apontado como outra importante causa de impactos ambientais na região[1]. As florestas da vertente leste da serra já foram bastante reduzidas[1], fato que pode ter sido responsável pela aparente extinção local de *L. lacernulatus* e *L. lanioides*.

Referências

1. Melo Jr. et al. (2001); **2.** Giulietti & Pirani (1988); **3.** Vielliard (1990); **4.** Collar et al. (1992); **5.** Cordeiro et al. (1998); **6.** Andrade et al. (1998); **7.** Vasconcelos et al. (2002); **8.** Marcelo Ferreira de Vasconcelos (verb.); **9.** Willis & Oniki (1991); **10.** BirdLife International (2000); Wege & Long (1995); Melo Jr. (1996); Ribeiro (1997); Andrade & Andrade (1998); Machado et al. (1998); Vasconcelos (1999a); Derek Scott (BirdQuest Trip Report, www.birdquest.co.uk/frameset.cfm?tripReports=0).

Parque Estadual do Rio Doce — MG12

A1 — 19°39'S, 42°33'W

Área: 36.000 ha
Municípios: Marliéria, Timóteo
Grau de proteção: Total

Bioma: Mata Atlântica
Altitude: 230-515 m
Inventário ornitológico: Preliminar
Key Area 068/PROBIO 228

Descrição

Localizado na confluência do rios Doce e Piracicaba, a cerca de 150 km a leste de Belo Horizonte, o Parque Estadual do Rio Doce constitui o maior remanescente contínuo de floresta atlântica em Minas Gerais e um dos maiores em todo o leste brasileiro[1,2]. O hábitat principal é a floresta semidecídua alta[2,3], mas cerca de um terço da área do parque já foi atingida por incêndios e apresenta hoje vegetação secundária[4]. Mais de 40 lagoas naturais de vários tamanhos e estádios sucessionais distribuem-se através da área, formando um complexo sistema lacustre.

Aves

A riqueza da avifauna no setor mineiro da bacia do rio Doce foi estimada em 397 espécies, das quais 299 ocorrem no parque[5]. As únicas espécies com ocorrência potencial ou confirmada nessa unidade de conservação e consideradas extintas na região são *Harpia harpyja* (gavião-real) e *Accipiter poliogaster* (tauató-pintado)[5]. Porém, há relativamente poucas informações divulgadas sobre a área e desconhece-se a situação atual da maioria de suas aves ameaçadas, embora o hábitat seja suficiente para suportar populações significativas mesmo das espécies mais

Espécies ameaçadas: 10	
Leucopternis lacernulatus	Wege & Long (1995).
Crax blumenbachii	*Status* atual desconhecido (BirdLife International 2004).
Pipile jacutinga	*Status* atual desconhecido; Wege & Long (1995).
Pyrrhura cruentata	Wege & Long (1995).
Amazona rhodocorytha	Wege & Long (1995).
Amazona vinacea	Vasconcelos (1998), registro recente; Melo Jr. (1996), Machado et al. (1998).
Jacamaralcyon tridactyla	Wege & Long (1995); proximidades do parque (Melo Jr. 1996).
Dysithamnus plumbeus	Wege & Long (1995), Machado & Fonseca (2000).
Neopelma aurifrons	Coletada na foz do rio Piracicaba em 1940 (Pinto 1944) e observado recentemente (Vasconcelos et al. 2004).
Curaeus forbesi	Willis & Oniki (1991), Collar et al. (1992), Wege & Long (1995).

Espécies quase ameaçadas: 7	
Tinamus solitarius	Willis & Oniki (1991).
Crypturellus noctivagus	Machado et al. (1998).
Primolius maracana	Willis & Oniki (1991), Pacheco et al. (1994).
Aratinga auricapillus	Wege & Long (1995).
Triclaria malachitacea	Base de dados do *workshop* PROBIO.
Lipaugus lanioides	Wege & Long (1995).
Oryzoborus maximiliani	Ùnica área de ocorrência recente em Minas Gerais (Base de dados do *workshop* PROBIO).

Área protegida:

Nome	Categoria	Área
Parque Estadual do Rio Doce	Proteção Integral	35.973 ha

exigentes. O P. E. do Rio Doce é a única localidade onde *Curaeus forbesi* (anumará) tem sido registrado regularmente na parte sul de sua distribuição geográfica[1]. Na área, essa espécie ameaçada está restrita principalmente a um pequeno setor entre a entrada do parque e a lagoa Carioca[6]. Já as menções à ocorrência de *Cotinga maculata* (crejoá)[1,7] são equivocadas, pois o registro histórico em que estão baseadas, para o baixo rio Suaçuí Grande[8,9], deu-se a mais de 100 km de distância do P. E. do Rio Doce.

Ameaças

Os incêndios florestais, a extração de madeira e a coleta de palmito são as principais ameaças ao parque. A introdução de peixes exóticos tem causado graves impactos sobre a biota aquática nativa.

Referências

1. Wege & Long (1995); **2.** Base de dados do *workshop* Avaliação e Ações Prioritárias para a Conservação dos Biomas Floresta Atlântica e Campos Sulinos; **3.** Willis & Oniki (1991); **4.** Barbosa & Moreno (s.d.); **5.** Machado & Fonseca (2000); **6.** BirdLife International (2000); **7.** Machado et al. (1998); **8.** Pinto (1944); **9.** Collar et al. (1992); Pacheco et al. (1994); Whitney et al. (1995a); Melo Jr. (1996); Vasconcelos (1998); BirdLife International (2004); Vasconcelos et al. (2004).

Caratinga — MG13

A1 — **19°44'S, 41°50'W**

Área: 957 ha
Municípios: Caratinga, Ipanema
Grau de proteção: Total

Bioma: Mata Atlântica
Altitude: 340-680 m
Inventário ornitológico: Não disponível
Key Area 067/PROBIO 229

Descrição

Essa área florestal isolada no leste de Minas Gerais engloba a ex-Estação Biológica de Caratinga e partes adjacentes da Fazenda Montes Claros, recentemente transformadas em uma RPPN. De topografia montanhosa, a reserva está encravada na vertente ocidental do Complexo da Mantiqueira e situa-se às margens do rio Manhuaçu, afluente do rio Doce[1]. A

Espécies ameaçadas: 4	
Pyrrhura cruentata	Wege & Long (1995).
Amazona vinacea	Wege & Long (1995), Machado et al. (1998).
Jacamaralcyon tridactyla	Aparentemente sem registros recentes (Collar et al. 1992, Machado et al. 1995).
Dysithamnus plumbeus	Wege & Long (1995), Machado & Fonseca (2000).

Espécies quase ameaçadas: 6	
Tinamus solitarius	Machado et al. (1998).
Crypturellus noctivagus	Machado et al. (1998).
Aratinga auricapillus	Wege & Long (1995).
Baillonius bailloni	Machado et al. (1998).
Laniisoma elegans	Wege & Long (1995).
Lipaugus lanioides	Collar et al. (1992).

Área protegida:

Nome	Categoria	Área
RPPN Feliciano Miguel Abdala	Particular	957 ha

floresta é classificada como tropical semidecídua[1], sendo em grande parte secundária[2]. Em razão do relevo acidentado, matas altas e úmidas formam-se no fundo dos vales, enquanto nas cristas de morros e divisores de águas existem matas mais ralas e secas[1]. A precipitação anual média na reserva gira em torno de 1.250 mm, havendo uma estação seca de maio a setembro[1,3].

Aves

Em Caratinga já foram registradas 204 espécies de aves, mas entre elas há relativamente poucos endemismos da Mata Atlântica[3]. A área abriga uma população aparentemente numerosa de *Dysithamnus plumbeus* (choquinha-chumbo), a julgar pelos resultados de um recente estudo realizado na reserva[3].

Ameaças

Embora a área seja bem protegida, o seu isolamento poderá comprometer a sobrevivência a longo prazo de espécies particularmente sensíveis a esse fator, como *Tinamus solitarius* (macuco) e *Crypturellus noctivagus* (jaó-do-litoral).

Referências

1. Barbosa & Moreno (s.d.); **2.** Wege & Long (1995); **3.** Machado & Fonseca (2000); Collar et al. (1992); Machado et al. (1995); Melo Jr. (1996); Machado et al. (1998); Marcelo Ferreira de Vasconcelos (in litt.).

Serra do Caraça — MG14

A1, A2 — 20°03'S, 43°27'W

Área: > 10.000 ha
Municípios: Catas Altas, Santa Bárbara
Grau de proteção: Parcial

Bioma: Cerrado, Mata Atlântica
Altitude: 750-2.070 m
Inventário ornitológico: Representativo
Key Area 071/PROBIO 232

Descrição

A Serra do Caraça é um dos conjuntos montanhosos mais bem conhecidos da porção sul da Cadeia do Espinhaço, distando cerca de 120 km de Belo Horizonte[1]. Destacando-se na paisagem regional, esse maciço encerra um significativo gradiente altitudinal, ao longo do qual diferentes formações florísticas se sucedem. Extensos trechos de floresta atlântica montana, em sua maior parte secundária, cobrem os setores menos elevados das encostas, além dos espigões mais baixos e vales adjacentes. Matas nebulares (floresta alto-montana), repletas de bromeliáceas e outras epífitas, alcançam localmente altitudes de até 2.000 m, medrando ao longo de estreitos grotões que sulcam as montanhas. Nas encostas e platôs pedregosos dominam os campos rupestres, que são substituídos por campos de altitude ou que se mesclam com estes nos topos das montanhas, especialmente nos picos do Sol e do Inficionado[2,3]. Além da RPPN Santuário Caraça (antigo Parque Natural do Caraça), pertencente a uma congregação religiosa, a área inclui as porções desprotegidas do maciço e estende-se por espigões florestados adjacentes até próximo de Brumal (Santa Bárbara), no sopé da serra[3].

Aves

Inventários ornitológicos recentes apontaram a presença de 286 espécies de aves na área[2,4,5]. Em comparação com setores da Cadeia do Espinhaço localizados mais ao norte, como a Serra do Cipó, a Serra do Caraça diferencia-se por abrigar um número maior de espécies endêmicas da Mata Atlântica, ao passo que é mais pobre em endemismos do Cerra-

Espécie ameaçada	
Harpyhaliaetus coronatus	L. F. Silveira.

Espécies quase ameaçadas: 11	
Leucopternis polionotus	Machado et al. (1998), Vasconcelos & Melo Jr. (2001).
Primolius maracana	Recentemente registrada na área (Vasconcelos et al. 2003a).
Augastes scutatus	Melo Jr. et al. (1998), Vasconcelos (1999a), Vasconcelos & Melo Jr. (2001).
Piculus aurulentus	Vasconcelos & Melo Jr. (2001).
Drymophila ochropyga	Melo Jr. et al. (1998).
Scytalopus indigoticus	Vasconcelos & Melo Jr. (2001).
Phibalura flavirostris	Carnevalli (1980), Vasconcelos & Melo Jr. (2001).
Laniisoma elegans	Wege & Long (1995), Melo Jr. et al. (1998), Vasconcelos & Melo Jr. (2001).
Lipaugus lanioides	Wege & Long (1995), Melo Jr. et al. (1998), Vasconcelos & Melo Jr. (2001).
Polystictus superciliaris	Melo Jr. et al. (1998), Vasconcelos (1999a), Vasconcelos & Melo Jr. (2001).
Embernagra longicauda	Melo Jr. et al. (1998).

Espécies de distribuição restrita: 5 **EBA073**

Área protegida:		
Nome	**Categoria**	**Área**
Santuário Caraça	Particular (RPPN)	10.188 ha

do, representados na área principalmente por espécies que definem a EBA073 (Serras e Chapadas do Brasil Central)[2,6]. Três espécies quase ameaçadas e/ou de distribuição restrita registradas em relativamente poucas IBAs, *Augastes scutatus* (beija-flor-de-gravata-verde), *Oreophylax moreirae* (garrincha-chorona) e *Formicivora serrana* (formigueiro-serrano), estão presentes em número significativo na Serra do Caraça, assim como *Scytalopus* sp. (tapaculo), táxon endêmico da Cadeia do Espinhaço e conhecido de somente quatro IBAs[1,2,3]. A presença de *Primolius maracana* (maracanã-do-buriti), recentemente verificada na área, parece ser produto de uma expansão de distribuição, presumivelmente decorrente dos desmatamentos ocorridos na região no passado[5]. *Poospiza cinerea* (capacetinho-do-oco-do-pau) e o quase ameaçado *Passerina caerulescens* (campainha-azul), registrados na Serra do Caraça na década de 1970[7], não foram reencontrados durante levantamentos mais recentes e podem ter desaparecido, embora ocorram em localidades relativamente próximas[2]. A situação de *Sporophila frontalis* (pixoxó) é similar. A ocorrência dessa espécie ameaçada nas matas da região é assumida com base em relatos, mas a falta de registros há pelo menos 25 anos indica que deve estar localmente extinta[8].

Ameaças

A mineração é a ameaça mais crítica aos ambientes preservados da região e tem ocasionado profundas alterações em alguns pontos desprotegidos da Serra do Caraça e em seu entorno imediato[2,3]. Queimadas provocadas nos campos rupestres e de altitude representam uma ameaça adicional importante, pois eliminam a cobertura vegetal nativa e abrem caminho para a invasão de plantas estranhas a esses ambientes peculiares[2]. Aves apreendidas pela polícia ambiental de Minas Gerais são freqüentemente libertadas na RPPN Santuário Caraça, expondo a avifauna autóctone ao risco de hibridação com espécies ou populações originárias de outras regiões[2].

Referências

1. Melo Jr. et al. (1998); **2.** Vasconcelos & Melo Jr. (2001); **3.** Marcelo Ferreira de Vasconcelos (verb.); **4.** Vasconcelos (2001a); **5.** Vasconcelos et al. (2003a); **6.** Melo Jr. et al. (2001); **7.** Carnevalli (1980); **8.** Vasconcelos (2002b); Whitney et al. (1995a); Machado et al. (1998); Vasconcelos (1999a); Luis Fábio Silveira (in litt.).

Serra da Canastra — MG15

A1, A3, A4i — **20°17'S, 46°38'W**

Área: c.200.000 ha
Municípios: São Roque de Minas, Delfinópolis, São João Batista do Glória, Vargem Bonita, Capitólio, Sacramento
Grau de proteção: Parcial
Bioma: Cerrado
Altitude: 900-1.496 m
Inventário ornitológico: Representativo
Key Area 072

Descrição

O Parque Nacional da Serra da Canastra está assentado sobre um grande chapadão rochoso situado no divisor de águas das bacias dos rios Paraná e São Francisco, no sudoeste de Minas Gerais. A vegetação do parque consiste de várias formações de cerrado, predominando os campos limpos e os campos sujos, com pequenas porções de campo rupestre e cerrado *stricto sensu*[1,2,3]. O relevo ondulado do platô é cortado por cursos de água encaixados em vales profundos, ao longo dos quais existem florestas ripárias caracterizadas pela presença de várias espécies vegetais da Mata Atlântica[1,2]. A Serra da Canastra apresenta uma rede de drenagem bastante extensa e um dos mais importantes rios brasileiros, o São Francisco, nasce no interior do parque nacional. O clima regional apresenta notória sazonalidade, havendo uma estação chuvosa entre setembro e fevereiro e outra seca entre março e agosto[1].

Aves

A Serra da Canastra é a área-chave para *Mergus octosetaceus* (pato-mergulhão) no sudeste brasileiro. Essa espécie criticamente ameaçada ocorre tanto no interior quanto no entorno do parque nacional[2,4]. A sua população mínima na região foi recentemente estimada em 80 indivíduos[5], mas apenas quatro pares têm sido observados no trecho do rio São Francisco que corre dentro dos limites do parque[6]. A avifauna da Serra da Canastra é composta por pelo menos 290 espécies[1,7] e inclui o maior conjunto de espécies endêmicas do Cerrado encontrado nas IBAs do leste e sudeste do Brasil. Além disso, a Canastra é uma das áreas mais importantes para a conservação de aves ameaçadas que habitam os campos e cerrados do Brasil central, hábitats que estão desaparecendo a um ritmo alarmante, e aparentemente também serve como paradouro para algumas espécies de caboclinhos do gênero *Sporophila* durante suas migrações anuais[1].

Ameaças

A sobrevivência de *M. octosetaceus* depende da efetiva conservação de áreas naturais no interior e no entorno do parque nacional[6]. A degradação do hábitat causada pela mineração de diamantes, principalmente através do aumento na turbidez das águas, representa uma ameaça significativa à espécie[6]. Embora essa atividade tenha sido proibida em 1996, seus efeitos persistem até hoje[2,6]. Outras ameaças ao pato-mergulhão incluem as alterações hidrológicas, o endocruzamento, a caça, a coleta de ovos, os incêndios florestais, a poluição, o efeito de pesticidas, a perturbação pela presença humana e a construção de hotéis[2,6]. Um programa de conservação da espécie foi recentemente iniciado na Serra da Canastra[8].

Referências

1. Silveira (1998); **2.** Silveira & Bartmann (2001); **3.** Wege & Long (1995); **4.** BirdLife International (2004); **5.** Lamas (2003); **6.** Bruno & Bartmann (2003); **7.** *Cotinga* 12:87 (Neotropical Notebook); **8.** *TWSG* 14:11 (News Roundup); Silveira & Silveira (1998); BirdLife International (2000); Andrade & Marini (2001).

Espécies ameaçadas: 8	
Nothura minor	Silveira (1998), BirdLife International (2000).
Taoniscus nanus	Silveira (1998), Silveira & Silveira (1998).
Mergus octosetaceus	Wege & Long (1995), Silveira (1998), Silveira & Bartmann (2001)
Harpyhaliaetus coronatus	Silveira (1998); população provavelmente pequena (BirdLife International 2000).
Alectrurus tricolor	Migrante comum (Silveira 1998).
Culicivora caudacuta	Residente razoavelmente comum (Silveira 1998).
Anthus nattereri	Rara (Silveira 1998).
Coryphaspiza melanotis	Incomum (Silveira 1998).

Espécies quase ameaçadas: 12	
Rhea americana	Silveira (1998).
Primolius maracana	Rara (Silveira 1998).
Aratinga auricapillus	Comum (Silveira 1998).
Eleothreptus anomalus	Rara (Silveira 1998).
Geobates poecilopterus	Rara (Silveira 1998).
Scytalopus novacapitalis	Muito comum (Silveira 1998).
Polystictus superciliaris	Incomum (Silveira 1998).
Phylloscartes eximius	Silveira (1998).
Sporophila melanogaster	Paradouro migratório (Silveira 1998).
Sporophila hypochroma	Silveira (1998).
Passerina caerulescens	Rara (Silveira 1998).
Neothraupis fasciata	Silveira (1998).

Espécie congregante:	
Mergus octosetaceus	A área abriga mais de 1% da população global estimada.

Espécies endêmicas: 18	**CER**

Áreas protegidas:

Nome	**Categoria**	**Área**
Parque Nacional da Serra da Canastra	Proteção Integral	71.525 ha
RPPN Fazenda do Lobo	Particular	74 ha

Ouro Preto / Mariana — MG16

A1, A2 — **20°25'S, 43°27'W**

Área: 50.000-100.000 ha
Municípios: Ouro Preto, Mariana
Grau de proteção: Parcial

Bioma: Mata Atlântica, Cerrado
Altitude: 700-1.845 m
Inventário ornitológico: Não disponível
PROBIO 232

Descrição

Essa área engloba um expressivo conjunto de extensos remanescentes florestais, em grande parte ainda contíguos, que revestem as serras à volta das cidades de Mariana e Ouro Preto, no limite sul da Cadeia do Espinhaço. As matas da região, de caráter semidecidual, compreendem formações montanas e ciliares, sendo localmente substituídas por campos limpos ou sujos[1,2]. Em setores de maior altitude, como na área do Pico do Itacolomi, existem campos rupestres típicos[2,3,4].

Aves

Mais de 190 espécies de aves já foram registradas no Parque Estadual do Itacolomi[5], uma das duas unidades de conservação existentes na área. A julgar pela extensão de hábitats preservados, as serras de Ouro Preto e Mariana apresentam grande potencial para abrigar populações significativas de várias espécies de interesse, como os quase ameaçados *Phibalura flavirostris* (tesourinha-do-mato) e *Lipaugus lanioides* (tropeiro-da-serra). Quatro das sete espécies de distribuição restrita que definem a EBA073 (Serras e Chapadas do Brasil Central) são mencionadas para a área[2], sendo duas delas, *Augastes scutatus* (beija-flor-de-gravata-verde) e *Scytalopus* sp. (tapaculo), conhecidas em menos de seis IBAs.

Ameaças

A mineração em escala industrial é uma atividade comum em diversos setores da região, sendo uma ameaça importante aos ambientes preservados da área[6].

Referências

1. Pedralli et al. (2000); **2.** Vasconcelos et al. (1999); **3.** Vasconcelos (2001b); **4.** Vasconcelos (2001c); **5.** Ozório et al. (1994); **6.** Marcelo Ferreira de Vasconcelos (verb.); Andrade et al. (1991); Collar et al. (1992); Andrade (1998); Andrade & Andrade (1998); Machado et al. (1998); Vasconcelos et al. (2003b).

Espécie ameaçada	
Harpyhaliaetus coronatus	Observado em 1997 na E. E. do Tripuí (Andrade & Andrade 1998).

Espécies quase ameaçadas: 7	
Augastes scutatus	Andrade (1998).
Drymophila ochropyga	Andrade (1998).
Phibalura flavirostris	Machado et al. (1998), Andrade (1998).
Lipaugus lanioides	Collar et al. (1992), Andrade (1998), Machado et al. (1998).
Polystictus superciliaris	Andrade (1998), Vasconcelos et al. (2003b).
Embernagra longicauda	Andrade (1998), Vasconcelos et al. (2003b).
Amaurospiza moesta	Andrade et al. (1991) *in* Machado et al. (1998).

Espécies de distribuição restrita: 4 — EBA073

Áreas protegidas:

Nome	Categoria	Área
Parque Estadual do Itacolomi	Proteção Integral	7.542 ha
Estação Ecológica do Tripuí	Proteção Integral	337 ha

Parque Estadual da Serra do Brigadeiro — MG17

A1, A3 — 20°41'S, 42°27'W

Área: 13.210 ha
Municípios: Araponga, Fervedouro, Miradouro, Ervália, Muriaé, Sericita, Pedra Bonita
Grau de proteção: Total

Bioma: Mata Atlântica
Altitude: 1.000-1.980 m
Inventário ornitológico: Representativo PROBIO 242

Descrição

A Serra do Brigadeiro, também conhecida como Serra da Grama, Serra da Ventania ou Serra da Araponga, está inserida no Complexo da Mantiqueira e localiza-se na região leste de Minas Gerais[1]. A serra forma parte do divisor de águas entre as bacias dos rios Paraíba do Sul, a leste, e Doce, a oeste, sendo uma das regiões mais elevadas da Zona da Mata mineira[1]. O Parque Estadual da Serra do Brigadeiro abrange a maior parte da área e tem cerca de 70% de sua superfície cobertos por floresta estacional semidecidual e outros 25% por campos de altitude[1]. O restante é formado por ambientes antrópicos. Em sua maior parte, as florestas do parque já sofreram corte seletivo e há uma acentuada influência humana sobre a vegetação das áreas limítrofes, onde prevalecem pastagens e lavouras[1]. O clima regional é classificado como mesotérmico, com temperatura média anual de 18°C, chegando a 0°C no inver-

Espécies ameaçadas: 5	
Amazona vinacea	Pouco numeroso (Simon et al. 1999).
Jacamaralcyon tridactyla	Collar et al. (1992), Melo Jr. (1996).
Procnias nudicollis	Rara na área (Simon et al. 1999).
Sporophila frontalis	Simon et al. (1999).
Poospiza cinerea	Simon et al. (1999), BirdLife International (2000).

Espécies quase ameaçadas: 12	
Primolius maracana	Simon et al. (1999).
Strix hylophila	Simon et al. (1999).
Baillonius bailloni	Simon et al. (1999).
Piculus aurulentus	Simon et al. (1999).
Drymophila genei	Machado et al. (1998), mas não mencionado por Simon et al. (1999).
Drymophila ochropyga	Simon et al. (1999).
Psilorhamphus guttatus	Simon et al. (1999).
Scytalopus indigoticus	Simon et al. (1999).
Phibalura flavirostris	Simon et al. (1999).
Carpornis cucullata	Simon et al. (1999).
Lipaugus lanioides	Simon et al. (1999).
Phylloscartes eximius	Simon et al. (1999).

Espécies endêmicas: 76 **ATL**

Área protegida:

Nome	Categoria	Área
Parque Estadual da Serra do Brigadeiro	Proteção Integral	13.210 ha

MINAS GERAIS

no; a precipitação é de cerca de 1.300 mm anuais, ocorrendo chuvas mais intensas de novembro a março[2].

Aves

A Serra do Brigadeiro representa um dos mais importantes remanescentes de floresta atlântica na Zona da Mata mineira. Em cerca de 300 horas de levantamento de campo distribuídas ao longo de quase 10 anos de pesquisas, foram identificadas 276 espécies de aves na área, com destaque para a ocorrência de 19 espécies de beija-flores, oito das quais endêmicas da Mata Atlântica[1]. Um representante do gênero *Leucopternis* foi observado no parque, sendo um acréscimo à lista de espécies sob risco de extinção presentes na área[1].

Ameaças

O parque carece de um plano de exploração turística que permita a conciliação do turismo com a preservação de seus ecossistemas[2].

Referências

1. Simon et al. (1999); **2.** Rolim & Ribeiro (2001); Collar et al. (1992); Matos & Simon (1994); Melo Jr. (1996); Machado et al. (1998); BirdLife International (2000).

Laranjal / Miracema — MG/RJ01

A1, A2 — **21°20'S, 42°14'W**

Área: c.10.000 ha
Municípios: Palma, Barão de Monte Alto, Muriaé, Laranjal (MG), Miracema, Laje do Muriaé (RJ)
Grau de proteção: Nenhum
Bioma: Mata Atlântica
Altitude: 400-860 m
Inventário ornitológico: Não disponível
PROBIO 247

Descrição

Essa área de matas semidecíduas na divisa do Rio de Janeiro com Minas Gerais, a noroeste de Miracema, forma o divisor de águas entre os rios Pomba e Muriaé, ambos afluentes do curso inferior do rio Paraíba do Sul. A área inclui as serras conhecidas como de Santo Antônio e Boqueirão, no lado fluminense, e Josefa, dos Patrícios e Pedra Branca, no lado mineiro.

Aves

Aves ameaçadas de florestas úmidas ou serranas ocorrem ao lado de espécies típicas de matas semi-secas nas serras da região. *Jacamaralcyon tridactyla* (cuitelão) tem sido registrada em diversos pontos ao longo do vale do rio Paraíba do Sul no Rio de Janeiro[1,2], inclusive em áreas degradadas, e está presente também nas abas das serras entre Miracema e Laranjal[3]. Por ser uma espécie de distribuição restrita pouco representada em outras IBAs, sua presença qualifica a área segundo o critério A2.

Ameaças

Nenhuma ameaça específica é conhecida.

Referências

1. Collar et al. (1992); **2.** Wege & Long (1995); **3.** José Fernando Pacheco (verb.).

IBA sugerida por José F. Pacheco e Marcelo F. de Vasconcelos

Espécies ameaçadas: 3	
Amazona vinacea	J. F. Pacheco.
Jacamaralcyon tridactyla	Presente, p. ex., em Conde, Miracema (J. F. Pacheco); Wege & Long (1995).
Dysithamnus plumbeus	J. F. Pacheco.

Espécies de distribuição restrita: 2 **[EBA075] (*Jacamaralcyon tridactyla*)**

MINAS GERAIS

Parque Estadual da Serra do Papagaio | MG18

A1 — **22°02'S, 44°38'W**

Área: 22.917 ha
Municípios: Aiuruoca, Alagoa, Baependi, Itamonte, Pouso Alto
Grau de proteção: Total

Bioma: Mata Atlântica
Altitude: 1.000-2.357 m
Inventário ornitológico: Preliminar
PROBIO 404

Descrição

Situada imediatamente ao norte do Parque Nacional de Itatiaia e integrando o complexo da Serra da Mantiqueira, essa área montanhosa ao sul de Minas Gerais engloba as serras do Garrafão e do Papagaio e o Vale do Matutu[1,2,3]. Florestas montanas, distribuídas entre 1.000 e 1.900 m de altitude, representam a principal formação vegetal nativa. Essas florestas são mais extensas e encontram-se em melhor estado de conservação acima dos 1.600 m, onde já apresentam caráter alto-montano[3]. A área também inclui trechos de mata com araucária (*Araucaria angustifolia*) e campos de altitude, estes ocupando terrenos acima de 1.800 m[2,3]. Nos setores situados em altitudes inferiores a 1.600 m são comuns ambientes de origem antrópica, como capoeiras, matas secundárias e pastagens[3].

Aves

Cerca de 170 espécies de aves já foram registradas na área[2,3]. Embora os inventários ornitológicos realizados até agora sejam preliminares, os resultados disponíveis sugerem que a composição da avifauna local é bastante similar àquela das matas de altitude do P. N. de Itatiaia, destacando-se a presença de elementos montanos comuns a ambas as áreas, como *Leptasthenura setaria* (grimpeiro), *Drymophila genei* (choquinha-da-serra), *Piprites pileata* (caneleirinho-de-chapéu-preto) e *Poospiza thoracica* (peito-pinhão), espécies representativas da EBA076 (Floresta Atlântica Montana)[2,3].

Ameaças

O gado está presente em áreas do parque que foram convertidas em pastagens, em altitudes de até 1.750 m; há, também, sinais de corte seletivo de árvores e coleta ilegal de plantas ornamentais[3].

Referências

1. http://www.semad.mg.gov.br; **2.** Andrade et al. (1997); **3.** Vasconcelos (1999b); Collar et al. (1992); Melo Jr. (1996); Marcelo Ferreira de Vasconcelos (in litt.).

Espécies ameaçadas: 3	
Leucopternis lacernulatus	Andrade et al. (1997).
Amazona vinacea	Baependi (Melo Jr. 1996); Andrade et al. (1997).
Piprites pileata	Limite norte de distribuição; Vasconcelos (1999b), Collar et al. (1992).

Espécies quase ameaçadas: 3	
Leptasthenura setaria	Limite norte de distribuição; Andrade et al. (1997).
Drymophila genei	Andrade et al. (1997).
Polystictus superciliaris	Vasconcelos (1999b).

Área protegida:

Nome	Categoria	Área
Parque Estadual da Serra do Papagaio	Proteção Integral	22.917 ha

MINAS GERAIS

Tabela 2. Espécies ameaçadas de extinção com ocorrência nas IBAs de Minas Gerais

Espécies	Categ.*	Código IBA																					Total**	
		MG01	MG02	MG03	MG/BA01	MG04	MG05	MG/BA02	MG06	MG07	MG08	MG09	MG10	**MG11**	MG12	MG13	**MG14**	**MG15**	MG16	**MG17**	MG/RJ01	MG18	a	b
Nothura minor	VU													X				X					2	3
Taoniscus nanus	VU																	X					1	1
Mergus octosetaceus	CR																	X					1	2
Leucopternis lacernulatus	VU														X							X	2	34
Harpyhaliaetus coronatus	EN													X			X	X	X				4	13
Penelope jacucaca	VU	X																					1	14
Pipile jacutinga	EN														X								1	19
Crax blumenbachii	EN														X								1	6
Pyrrhura cruentata	VU				X	X									X	X							4	16
Amazona rhodocorytha	EN					X		X							X								3	18
Amazona vinacea	VU														X	X				X	X	X	5	24
Jacamaralcyon tridactyla	VU				X										X	X				X	X		5	5
Xiphocolaptes falcirostris	VU		X	X																			2	5
Synallaxis cinerea	VU				X		X																2	8
Acrobatornis fonsecai	VU				X																		1	4
Asthenes luizae	VU									X		X	X	X									4	4
Thripophaga macroura	VU				X																		1	8
Dysithamnus plumbeus	VU				X										X	X					X		4	10
Myrmotherula urosticta	VU				X																		1	11
Rhopornis ardesiacus	EN					X																	1	4
Myrmeciza ruficauda	EN					X																	1	17
Merulaxis stresemanni	CR				X																		1	2
Carpornis melanocephala	VU				X			X															2	18
Cotinga maculata	EN				X																		1	5
Procnias nudicollis	VU																			X			1	39
Neopelma aurifrons	VU					X									X								2	8
Piprites pileata	VU																					X	1	8

Tabela 2. (continuação) Espécies ameaçadas de extinção com ocorrência nas IBAs de Minas Gerais

Espécies	Categ.*	Código IBA																					Total**	
		MG01	MG02	MG03	MG/BA01	MG04	MG05	MG/BA02	MG06	MG07	MG08	MG09	MG10	**MG11**	MG12	MG13	**MG14**	**MG15**	MG16	**MG17**	MG/RJ01	MG18	a	b
Culicivora caudacuta	VU																	X					1	6
Phylloscartes roquettei	CR		X	X							X												3	3
Alectrurus tricolor	VU																	X					1	4
Anthus nattereri	VU																	X					1	10
Coryphaspiza melanotis	VU											X						X					2	3
Poospiza cinerea	VU								X			X		X			?			X			4	4
Sporophila frontalis	VU																			X			1	21
Curaeus forbesi	EN										X				X								2	8
Total de espécies		1	2	2	10	5	1	2	1	1	2	3	1	4	10	4	1	8	1	5	3	3		
Rhea americana	NT																	X					1	13
Tinamus solitarius	NT							X							X	X							3	36
Crypturellus noctivagus	NT	X	X	X		X									X	X							6	24
Leucopternis polionotus	NT						X										X						2	29
Primolius maracana	NT	X				X									X		X	X		X			6	25
Aratinga auricapillus	NT		X		X	X	X					X			X	X		X					8	24
Triclaria malachitacea	NT														X								1	22
Strix hylophila	NT																			X			1	18
Nyctiprogne vielliardi	NT	X		X							X												3	3
Eleothreptus anomalus	NT																	X					1	7
Augastes scutatus	NT									X			X	X			X		X				5	5
Baillonius bailloni	NT															X				X			2	26
Piculus aurulentus	NT																X			X			2	34
Geobates poecilopterus	NT																	X					1	3
Leptasthenura setaria	NT																					X	1	15
Gyalophylax hellmayri	NT	X																					1	10
Herpsilochmus sellowi	NT	X	X				X																3	20

Tabela 2. (continuação) Espécies ameaçadas de extinção com ocorrência nas IBAs de Minas Gerais

Espécies	Categ.*	Código IBA																					Total**	
		MG01	MG02	MG03	MG/BA01	MG04	MG05	MG/BA02	MG06	MG07	MG08	MG09	MG10	**MG11**	MG12	MG13	**MG14**	**MG15**	MG16	**MG17**	MG/RJ01	MG18	a	b
Formicivora iheringi	NT									X													1	7
Drymophila genei	NT																			X		X	2	10
Drymophila ochropyga	NT													X			X		X	X			4	30
Hylopezus ochroleucus	NT	X	X	X																			3	13
Psilorhamphus guttatus	NT																			X			1	17
Scytalopus novacapitalis	NT																	X					1	1
Scytalopus indigoticus	NT																X			X			2	22
Laniisoma elegans	NT															X	X						2	20
Phibalura flavirostris	NT																X		X	X			3	22
Carpornis cucullata	NT																			X			1	23
Iodopleura pipra	NT				X																		1	18
Lipaugus lanioides	NT				X		X	X							X	X	X		X	X			8	29
Polystictus superciliaris	NT								X				X	X			X	X	X			X	7	11
Euscarthmus rufomarginatus	NT								X														1	3
Phylloscartes eximius	NT										X							X		X			3	12
Knipolegus franciscanus	NT		X	X							?												2	3
Arremon franciscanus	NT	X	X						X														3	4
Charitospiza eucosma	NT								X					X									2	6
Embernagra longicauda	NT								X	X			X	X			X		X				6	8
Sporophila hypochroma	NT																	X					1	1
Sporophila melanogaster	NT																	X					1	9
Oryzoborus maximiliani	NT														X								1	1
Amaurospiza moesta	NT																		X				1	9
Passerina caerulescens	NT								X					X			?	X					3	7
Orchesticus abeillei	NT							X															1	16
Neothraupis fasciata	NT													X				X					2	7
Total de espécies		**7**	**6**	**4**	**3**	**3**	**4**	**3**	**6**	**3**	**2**	**1**	**3**	**7**	**7**	**6**	**11**	**12**	**7**	**12**	**0**	**3**		

* Categorias de ameaça: CR – criticamente em perigo; EN – em perigo; VU – vulnerável; NT – quase ameaçada.

** Número de IBAs em que a espécie se encontra presente em: **a** – Minas Gerais (sem considerar IBAs interestaduais); **b** – Região como um todo.

Tabela 3. Espécies endêmicas por IBA no Estado de Minas Gerais, agrupadas por Bioma

Espécies	nº EBA*	Código IBA																				Total**	
		MG01	MG02	MG03	MG/BA01	MG04	MG05	MG/BA02	MG06	MG07	MG08	MG09	MG10	**MG11**	MG12	MG13	**MG14**	**MG15**	MG16	**MG17**	MG/RJ01	MG18	a	b
Mata Atlântica																								
Tinamus solitarius								X							X	X							3	36
Crypturellus noctivagus		X	X	X		X									X	X							6	24
Leucopternis lacernulatus														?	X					?		X	2	34
Leucopternis polionotus							X										X						2	29
Pipile jacutinga															X								1	19
Crax blumenbachii	75														X								1	6
Odontophorus capueira								X							X		X						3	38
Aramides saracura														X	X		X			X		X	5	41
Pyrrhura cruentata					X	X									X	X							4	16
Pyrrhura frontalis								X						X			X	X		X			5	49
Pyrrhura leucotis															X								1	4
Brotogeris tirica														X									1	38
Pionopsitta pileata								X												X			2	34
Amazona rhodocorytha						X		X							X								3	18
Amazona vinacea															X	X				X	X	X	5	24
Triclaria malachitacea	75														X								1	22
Strix hylophila																				X			1	18
Pulsatrix koeniswaldiana	75																X			X			2	34
Glaucidium minutissimum								X							X								2	18
Macropsalis forcipata																				X			1	17
Phaethornis eurynome																	X			X			2	32
Phaethornis squalidus																	X			X			2	16
Phaethornis idaliae	75														X								1	7
Melanotrochilus fuscus																	X		X	X			3	46
Stephanoxis lalandi																				X			1	23
Thalurania glaucopis																X	X	X		X			4	44

Tabela 3. (continuação) Espécies endêmicas por IBA no Estado de Minas Gerais, agrupadas por Bioma

Espécies	nº EBA*	Código IBA																					Total**	
		MG01	MG02	MG03	MG/BA01	MG04	MG05	MG/BA02	MG06	MG07	MG08	MG09	MG10	**MG11**	MG12	MG13	**MG14**	**MG15**	MG16	**MG17**	MG/RJ01	MG18	a	b
Mata Atlântica																								
Leucochloris albicollis														X			X			X			3	35
Aphantochroa cirrhochloris																				X			1	29
Clytolaema rubricauda																	X		X	X			3	27
Trogon surrucura			X								X			X			X	X	X	X			7	47
Baryphthengus ruficapillus														X	X			X		X			4	28
Jacamaralcyon tridactyla	75				X										X	X				X	X		5	5
Malacoptila striata														X	X	X	X						4	29
Baillonius bailloni																X				X			2	26
Ramphastos dicolorus																	X	X		X			3	30
Melanerpes flavifrons															X					X			2	27
Veniliornis maculifrons	75														X				?	X			2	18
Piculus aurulentus																	X			X			2	34
Campephilus robustus						X		X							X		X	X		X			6	28
Dendrocincla turdina																X							1	35
Lepidocolaptes squamatus/falcinellus			X								X				X		X	X		X		X	7	48
Xiphorhynchus fuscus														X	X	X	X			X			5	60
Campylorhamphus falcularius																	X			X			2	29
Leptasthenura setaria	76																					X	1	15
Oreophylax moreirae	76																X						1	5
Synallaxis ruficapilla														X			X	X		X			4	37
Synallaxis cinerea	76				X		X																2	8
Acrobatornis fonsecai	75				X																		1	4
Cranioleuca pallida																	X			X			2	22
Tripophaga macroura	75				X																		1	8
Phacellodomus erythrophthalmus	75																X						1	5
Phacellodomus ferrugineigula																	X						1	9

Tabela 3. (continuação) Espécies endêmicas por IBA no Estado de Minas Gerais, agrupadas por Bioma

Espécies	nº EBA*	Código IBA																					Total**	
		MG01	MG02	MG03	MG/BA01	MG04	MG05	MG/BA02	MG06	MG07	MG08	MG09	MG10	**MG11**	MG12	MG13	**MG14**	**MG15**	MG16	**MG17**	MG/RJ01	MG18	a	b
Mata Atlântica																								
Philydor lichtensteini															X								1	25
Philydor atricapillus																				X			1	31
Anabazenops fuscus																				X			1	23
Automolus leucophthalmus														X	X	X	X	X		X			6	42
Sclerurus scansor																	X			X			2	36
Heliobletus contaminatus																						X	1	28
Mackenziaena severa													X	X			X			X			4	30
Mackenziaena leachii																	X		X	X			3	28
Thamnophilus ambiguus															X	X							2	13
Dysithamnus plumbeus	75				X										X	X					X		4	10
Myrmotherula urosticta	75				X																		1	11
Formicivora serrana	75													X			X						2	7
Drymophila ferruginea								X									X		X	X			4	29
Drymophila rubricollis	75																X						1	9
Drymophila genei	76																			X		X	2	10
Drymophila ochropyga	76													X			X		X	X			4	30
Drymophila malura																	X	X	X				3	22
Drymophila squamata						X									X	X							3	31
Terenura maculata															X								1	27
Pyriglena leucoptera						X								X			X	X	X	X			6	45
Myrmeciza ruficauda	71, 75					X																	1	17
Myrmeciza loricata	75																X			X			2	15
Chamaeza meruloides	75																X			X			2	19
Hylopezus nattereri																	X						1	15
Conopophaga lineata			X								X						X	X		X			5	49
Conopophaga melanops															X	X							2	39

MINAS GERAIS

Tabela 3. (continuação) Espécies endêmicas por IBA no Estado de Minas Gerais, agrupadas por Bioma

Espécies	nº EBA*	Código IBA																					Total**	
		MG01	MG02	MG03	MG/BA01	MG04	MG05	MG/BA02	MG06	MG07	MG08	MG09	MG10	**MG11**	MG12	MG13	**MG14**	**MG15**	MG16	**MG17**	MG/RJ01	MG18	a	b
Mata Atlântica																								
Psilorhamphus guttatus	75																			X			1	17
Merulaxis stresemanni	75				X																		1	2
Scytalopus speluncae																				X			1	25
Scytalopus indigoticus																	X			X			2	22
Laniisoma elegans																X	X						2	20
Carpornis cucullata	75																			X			1	23
Carpornis melanocephala					X			X															2	18
Iodopleura pipra	71, 75				X																		1	18
Lipaugus lanioides					X		X	X						?	X	X	X		X	X			8	29
Cotinga maculata	75				X																		1	5
Pyroderus scutatus								X						X	X		X	X	X	X			7	29
Procnias nudicollis																				X			1	39
Schiffornis virescens																	X	X		X		X	4	38
Chiroxiphia caudata														X			X			X		X	4	42
Ilicura militaris														X			X	X		X			4	28
Neopelma chrysolophum	73, 76																X					X	2	10
Neopelma aurifrons						X									X								2	8
Piprites pileata	76																					X	1	8
Mionectes rufiventris																	X	X		X			3	34
Hemitriccus diops								X									X			X			3	23
Hemitriccus nidipendulus													X	X			X			X			4	21
Todirostrum poliocephalum														X	X		X	X	X	X			6	33
Phyllomyias virescens																				X			1	14
Phylloscartes eximius											X							X		X			3	12
Myiornis auricularis															X					X			2	33
Knipolegus nigerrimus										X				X			X	X	X	X		X	7	32

Tabela 3. (continuação) Espécies endêmicas por IBA no Estado de Minas Gerais, agrupadas por Bioma

Espécies	nº EBA*	Código IBA																					Total**	
		MG01	MG02	MG03	MG/BA01	MG04	MG05	MG/BA02	MG06	MG07	MG08	MG09	MG10	**MG11**	MG12	MG13	**MG14**	**MG15**	MG16	**MG17**	MG/RJ01	MG18	a	b
Mata Atlântica																								
Muscipipra vetula														X			X		X	X			4	25
Attila rufus															X					X			2	35
Turdus subalaris																	X	X					2	19
Arremon semitorquatus																			X	X			2	14
Haplospiza unicolor																	X	X	X	X			4	32
Poospiza thoracica	76																					X	1	13
Sporophila frontalis	75																			X			1	21
Sporophila ardesiaca	75																			X			1	5
Sporophila melanogaster	76																	X					1	9
Amaurospiza moesta																			X				1	9
Saltator fuliginosus																				X			1	36
Orchesticus abeillei								X															1	16
Pyrrhocoma ruficeps																				X			1	16
Hemithraupis ruficapilla														X			X	X		X			4	36
Tachyphonus coronatus																	X	X		X			3	41
Ramphocelus bresilius																				X			1	36
Thraupis ornata																	X		X	X			3	32
Euphonia pectoralis															X								1	39
Tangara seledon															X								1	31
Tangara cyanocephala																				X			1	41
Tangara desmaresti	76																X		X	X		X	4	28
Tangara cyanoventris	75																X	X	X	X			4	16
Basileuterus leucoblepharus																	X	X				X	3	34
Hylophilus poicilotis																				X			1	23
Curaeus forbesi	71										X				X								2	8
Total de espécies		**1**	**4**	**1**	**12**	**8**	**3**	**13**	**0**	**1**	**5**	**0**	**2**	**22**	**38**	**17**	**60**	**26**	**19**	**76**	**3**	**15**		

Tabela 3. (continuação) Espécies endêmicas por IBA no Estado de Minas Gerais, agrupadas por Bioma

Espécies	nº EBA*	Código IBA																					Total**	
		MG01	MG02	MG03	MG/BA01	MG04	MG05	MG/BA02	MG06	MG07	MG08	MG09	MG10	**MG11**	MG12	MG13	**MG14**	**MG15**	MG16	**MG17**	MG/RJ01	MG18	a	b
Cerrado																								
Nothura minor														X				X					2	3
Taoniscus nanus																		X					1	1
Augastes scutatus	73									X			X	X			X		X				5	5
Xiphocolaptes franciscanus			X	X																			2	2
Geobates poecilopterus																		X					1	3
Asthenes luizae	73									X		X	X	X									4	4
Philydor dimidiatum																		X					1	2
Hylocryptus rectirostris			X								X			X									3	4
Herpsilochmus longirostris																		X					1	4
Melanopareia torquata														X				X					2	6
Scytalopus novacapitalis																		X					1	1
Scytalopus sp.	73													X			X		X				3	4
Culicivora caudacuta																		X					1	6
Polystictus superciliaris	73, 76								X				X	X			X	X	X			X	7	11
Phylloscartes roquettei	74		X	X							X												3	3
Knipolegus franciscanus	74		X	X							?												2	3
Alectrurus tricolor																		X					1	4
Gubernetes yetapa														X			X	X					3	6
Antilophia galeata														X				X					2	6
Arremon franciscanus		X	X						X														3	4
Poospiza cinerea									X			X		X			?			X			4	4
Embernagra longicauda	73								X	X			X	X			X		X				6	8
Sporophila hypochroma																		X					1	1
Charitospiza eucosma									X					X									2	6
Passerina caerulescens									X					X			?	X					3	7
Neothraupis fasciata														X				X					2	7
Cypsnagra hirundinacea														X				X					2	8

Tabela 3. (continuação) Espécies endêmicas por IBA no Estado de Minas Gerais, agrupadas por Bioma

Espécies	nº EBA*	Código IBA																					Total**	
		MG01	MG02	MG03	MG/BA01	MG04	MG05	MG/BA02	MG06	MG07	MG08	MG09	MG10	**MG11**	MG12	MG13	**MG14**	**MG15**	MG16	**MG17**	MG/RJ01	MG18	a	b
Cerrado																								
Compsothraupis loricata		X	X	X							X												4	15
Basileuterus hypoleucus				X										X			X	?	X				4	5
Basileuterus leucophrys			X															X					2	4
Cyanocorax cristatellus				X										X			X	X					4	8
Total de espécies		**2**	**7**	**6**	**0**	**0**	**0**	**0**	**6**	**3**	**3**	**2**	**4**	**17**	**0**	**0**	**7**	**18**	**5**	**1**	**0**	**1**		
Caatinga																								
Penelope jacucaca		X																					1	14
Nyctiprogne vielliardi	70	X		X							X												3	3
Picumnus pygmaeus		X	X																				2	13
Gyalophylax hellmayri	70	X																					1	10
Megaxenops parnaguae		X	X																				2	11
Pseudoseisura cristata		X	X	X							X												4	13
Sakesphorus cristatus		X	X								X												3	12
Herpsilochmus sellowi		X	X				X																3	20
Formicivora iheringi	72									X													1	7
Rhopornis ardesiacus	72					X																	1	4
Hylopezus ochroleucus		X	X	X																			3	13
Paroaria dominicana		X	X	X							X												4	30
Total de espécies		**10**	**7**	**4**	**0**	**1**	**1**	**0**	**0**	**1**	**4**	**0**	**0**	**0**	**0**	**0**	**0**	**0**	**0**	**0**	**0**	**0**		
Total geral de espécies		**13**	**18**	**11**	**12**	**9**	**4**	**13**	**6**	**5**	**12**	**2**	**6**	**39**	**38**	**17**	**67**	**46**	**24**	**77**	**3**	**16**		

* EBA: Endemic Bird Areas of the World (Stattersfield et al., 1998). Ver capítulo 4.

** Número de IBAs em que a espécie se encontra presente em: **a** – Minas Gerais (sem considerar IBAs interestaduais); **b** – Região como um todo.

ESPÍRITO SANTO

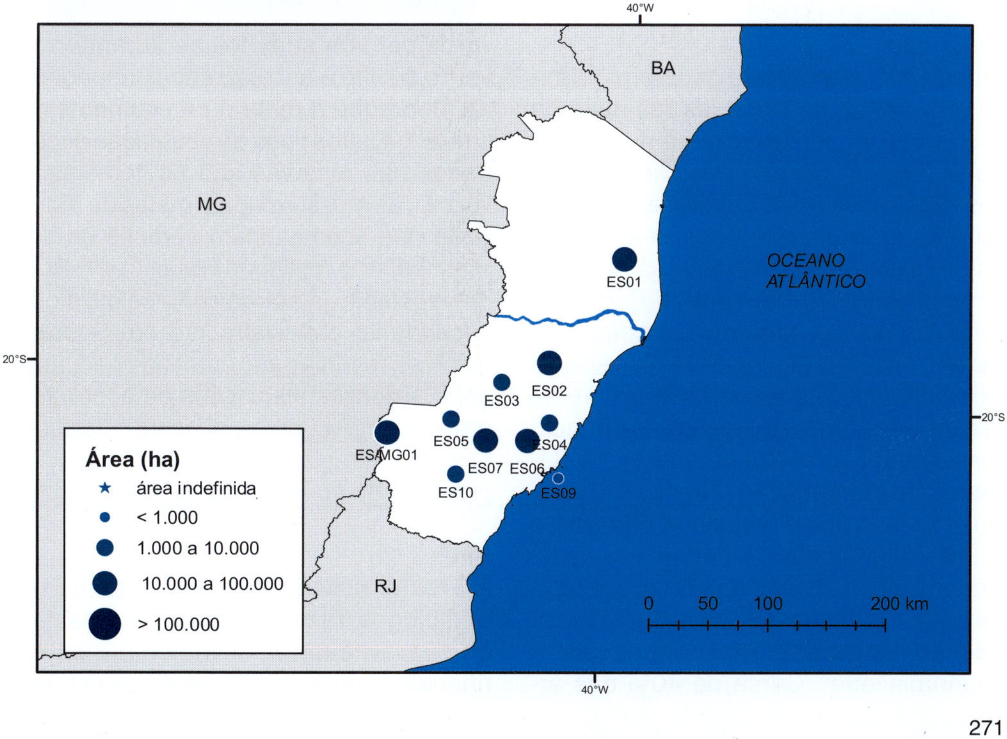

Tabela 1. Lista das IBAs no Estado do Espírito Santo

			Critérios*			
Código	**Nome**	**Bioma**	**A1**	**A2**	**A3**	**A4**
ES01	Sooretama/Linhares	ATL	X	75	ATL	
ES02	Santa Teresa	ATL	X	75	ATL	
ES03	Itarana	ATL	X			
ES04	Reserva Biológica de Duas Bocas	ATL	X			
ES05	Fazenda Pindobas IV e Arredores	ATL	X	75	ATL	
ES/MG01	Parque Nacional do Caparaó	ATL	X	76		
ES06	Encostas da Região de Domingos Martins	ATL	X	75		
ES07	Complexo Pedra Azul/Forno Grande	ATL	X	75	ATL	
ES08	Trindade e Martim Vaz	C/M	X		ATL	X
ES09	Ilhas do Litoral Sul do Espírito Santo	C/M				X
ES10	Cafundó e Bananal do Norte	ATL	X			

* Ver capítulo 2 para explicação dos critérios.

Sooretama / Linhares — ES01

A1, A2, A3 — **19°01'S, 40°00'W**

Área: 46.000 ha
Municípios: Sooretama, Linhares
Grau de proteção: Total

Bioma: Mata Atlântica
Altitude: 28-65 m
Inventário ornitológico: Representativo
Key Areas 076, 077/PROBIO 224

Descrição

Situadas no centro-leste do Espírito Santo, ao norte do rio Doce, as reservas de Sooretama e Linhares formam juntas a maior área de floresta natural contínua existente em território capixaba e figuram entre os mais importantes remanescentes de mata de baixada da zona de tabuleiros costeiros entre o sul da Bahia e o norte do Rio de Janeiro (subcentro de endemismo Rio Doce)[1,2,3]. A vegetação predominante nas reservas é a floresta alta de terra firme ("hiléia baiana"), cujo dossel atinge até 40 m de altura[3]. Em Linhares, essa formação florestal é caracterizada pela alta diversidade florística e grande quantidade de lianas lenhosas, predominando árvores das famílias Leguminosae, Myrtaceae, Sapotaceae, Bignoniaceae, Lauraceae, Hippocrateaceae e Euphorbiaceae[3]. Cerca de 40% das árvores perdem suas folhas durante o inverno devido à estação seca prolongada, de modo que a mata é parcialmente decídua[3,4]. Outros tipos de vegetação encontrados nas reservas são as florestas de várzea, as mussunungas (matas de menor porte que acompanham cordões de solo arenoso) e as restingas arbustivas[3,5]. Parte da vegetação já sofreu corte seletivo ou é secundária, especialmente em Sooretama[4,5]. As reservas são cercadas por pastagens, extensas plantações de eucalipto e áreas de cultivo, principalmente cafezais[1,5]. O clima da região é quente e úmido, com precipitação anual média de 1.400 mm[3].

Aves

A área é visitada com regularidade por ornitólogos e observadores de aves, tendo sua avifauna relativamente bem conhecida. Cerca de 286 espécies já foram registradas em Sooretama[6] e 369 em Linhares[7]. As únicas aves consideradas extintas na região são *Pipile jacutinga* (jacutinga) e *Ara chloropterus* (arara-vermelha-grande)[8]. O número de espécies ameaçadas presentes nas reservas é o mais alto entre todas as IBAs identificadas na região da Mata Atlântica, só sendo igualado pela área Guaraqueçaba/Jacupiranga/Cananéia (PR/SP01), cuja superfície, entretanto, é dez vezes maior. A área resguarda a maior e mais bem protegida população de *Crax blumenbachii* (mutum-de-bico-vermelho) existente em liberda-

Espécies ameaçadas: 16	
Leucopternis lacernulatus	Wege & Long (1995).
Crax blumenbachii	Principal reduto na atualidade (BirdLife International 2004).
Pyrrhura cruentata	População de 19.000 indivíduos estimada para a área (Marsden et al. 2000).
Touit surdus	Wege & Long (1995).
Amazona rhodocorytha	População de 5.990 indivíduos estimada para a área (Marsden et al. 2000); Wege & Long (1995).
Glaucis dohrnii	Linhares (Wege & Long 1995).
Thripophaga macroura	Sooretama (Wege & Long 1995).
Dysithamnus plumbeus	Localmente comum (BirdLife International 2000); Wege & Long (1995).
Myrmotherula urosticta	Whitney & Pacheco (1995), BirdLife International (2000).
Myrmeciza ruficauda	Sooretama (Wege & Long 1995).
Carpornis melanocephala	Wege & Long (1995).
Cotinga maculata	Wege & Long (1995).
Xipholena atropurpurea	Wege & Long (1995).
Procnias nudicollis	Scott & Brooke (1985), Parker & Goerck (1997), Whiffin et al. (1999).
Neopelma aurifrons	Sooretama (BirdLife International 2000).
Sporophila frontalis	Raro (Parker & Goerck 1997).

Espécies quase ameaçadas: 7	
Tinamus solitarius	Scott & Brooke (1985), Parker & Goerck (1997), Whiffin et al. (1999).
Crypturellus noctivagus	Scott & Brooke (1985), Parker & Goerck (1997).
Morphnus guianensis	Parker & Goerck (1997).
Harpia harpyja	Reproduz-se na área (Galetti et al. 1997b, Pacheco et al. 2003a).
Primolius maracana	Parker & Goerck (1997), Marsden et al. (2000), Whiffin et al. (1999), Simão et al. (1997).
Triclaria malachitacea	Um único registro recente, em Sooretama (Marsden et al. 2000).
Lipaugus lanioides	Sooretama (Parker & Goerck 1997).

Espécies de distribuição restrita: 15 EBA075

Espécies endêmicas: 66 ATL

Áreas protegidas:

Nome	Categoria	Área
Reserva Biológica de Sooretama	Proteção Integral	27.943 ha
Reserva Natural da Vale do Rio Doce	Privada (Cia. Vale do Rio Doce)	c.22.000 ha

de, estimada em c.160 aves[9], assim como a maior população conhecida do periquito *Pyrrhura cruentata* (tiriba-grande)[5]. Atualmente, Sooretama e Linhares também apresentam importância crítica para a conservação de *Cotinga maculata* (crejoá)[9]. O conjunto de espécies endêmicas da Mata Atlântica que habita as reservas é representativo do subcentro Rio Doce e qualifica a área pelo critério A3.

Ameaças

Há um risco constante de incêndios florestais, que atingem as reservas a partir das propriedades vizinhas. No final da década de 1990, um grande incêndio destruiu 20% da floresta em Sooretama[5]. Outras ameaças incluem a extração ilegal de madeira, a caça[10] e a captura de psitacídeos para o comércio ilegal de fauna silvestre[5].

Referências

1. Base de dados do *workshop* Avaliação e Ações Prioritárias para a Conservação dos Biomas Floresta Atlântica e Campos Sulinos; **2.** Wege & Long (1995); **3.** Peixoto & Gentry (1990); **4.** Stotz (1993); **5.** Marsden et al. (2000); **6.** Parker & Goerck (1997); **7.** Paz & Venturini (2003); **8.** Gonzaga & Pacheco (1992); **9.** BirdLife International (2004); **10.** Chiarello (2000); Scott & Brooke (1985); Whitney & Pacheco (1995); Whitney et al. (1995a); Galetti & Stotz (1996); Galetti et al. (1997b); Simão et al. (1997); Whiffin et al. (1999); BirdLife International (2000); Pacheco et al. (2003a); Ana Cristina Venturini e Pedro Rogerio de Paz (in litt.).

Santa Teresa — ES02

A1, A2, A3 — **19°50'S, 40°32'W**

Área: c.14.000 ha
Municípios: Santa Teresa, Santa Leopoldina
Grau de proteção: Parcial
Bioma: Mata Atlântica
Altitude: 380-950 m
Inventário ornitológico: Representativo
Key Area 078/PROBIO 230

Descrição

Essa área abrange as florestas serranas de Santa Teresa, no centro-sul do Espírito Santo. Cerca de 22,5% do território desse município ainda encontram-se recobertos por matas nativas[1], destacando-se os remanescentes protegidos pela Reserva Biológica Augusto Ruschi (antes R. B. de Nova Lombardia) e pela Estação Biológica de Santa Lúcia, que são interconectados por florestas preservadas em propriedades particulares[2]. Junto aos limites da área existem alguns outros fragmentos florestais privados, especialmente nos arredores do Sítio Rincão do Serafim e no Vale do Canaã[2]. O relevo montanhoso da região é marcado por encostas de média a forte declividade, intercaladas por pequenas várzeas intermontanas[1]. O clima é classificado como tropical superúmido, sendo novembro o mês mais chuvoso e julho o menos úmido[1]. A precipitação pluviométrica é consideravelmente maior em Santa Lúcia (média de 1.868 mm/ano) e Nova Lombardia (1.566 mm/ano) do que em Santa Teresa (1.360 mm/ano), devido à maior proximidade em relação à borda do planalto[1,2]. Florestas montanas úmidas, de altíssima diversidade florística e ricas em epífitas e palmiteiros (*Euterpe edulis*), constituem a vegetação predominante nas áreas preservadas[1,2,3]. Em zonas elevadas, especialmente da vertente voltada para a costa, forma-se um tipo de mata nebular, sujeita a freqüentes chuviscos[2]. Formações herbáceo-arbustivas ocorrem sobre afloramentos rochosos e cumes de montanhas[3].

Aves

As reservas de Augusto Ruschi e Santa Lúcia abrigam cada uma mais de 250 espécies de aves[2,3]. Uma recente análise crítica da avifauna dos arredores de Santa Te-

Espécies ameaçadas: 12	
Leucopternis lacernulatus	Aparentemente vagante nas áreas elevadas (Willis & Oniki 2002); Collar et al. (1992), Wege & Long (1995). Os registros para Augusto Ruschi foram recentemente considerados incertos (Willis & Oniki 2002; mas ver Collar et al. 1992 e Wege & Long 1995).
Claravis godefrida	Observada em 1986 em Nova Lombardia (Collar et al. 1992); pode estar extinta na região (Willis & Oniki 2002), mas uma ocorrência ocasional é possível.
Touit melanonotus	Simon (2000).
Touit surdus	BirdLife International (2000).
Amazona rhodocorytha	Wege & Long (1995), Willis & Oniki (2002).
Dysithamnus plumbeus	Registrada muito próxima da R. B. Augusto Ruschi (Willis & Oniki 2002); BirdLife International (2000).
Myrmotherula minor	Whitney & Pacheco (1995), BirdLife International (2000).
Procnias nudicollis	Parker & Goerck (1997).
Neopelma aurifrons	BirdLife International (2000), Whitney et al. (1995a).
Platyrinchus leucoryphus	R. B. Augusto Ruschi (Wege & Long 1995, Parker & Goerck 1997).
Sporophila frontalis	Wege & Long (1995), Willis & Oniki (2002).
Nemosia rourei	Registrada uma vez em Augusto Ruschi (Scott 1997).

Espécies quase ameaçadas: 21	
Tinamus solitarius	Parker & Goerck (1997).
Leucopternis polionotus	Simon (2000), Willis & Oniki (2002).
Triclaria malachitacea	Wege & Long (1995).
Ramphodon naevius	Parker & Goerck (1997).
Baillonius bailloni	Simon (2000).
Piculus aurulentus	Simon (2000).
Anabacerthia amaurotis	Simon (2000).
Dysithamnus stictothorax	Parker & Goerck (1997).
Drymophila ochropyga	Simon (2000), Willis & Oniki (2002).
Scytalopus indigoticus	Registrada recentemente em Augusto Ruschi (Willis & Oniki 2002); Simon (2000).
Laniisoma elegans	Wege & Long (1995), Simon (2000).
Phibalura flavirostris	Simon (2000), Willis & Oniki (2002).
Carpornis cucullata	Parker & Goerck (1997).
Iodopleura pipra	Bauer (1999); próximo à R. B. Augusto Ruschi (Willis & Oniki 2002).
Lipaugus lanioides	Wege & Long (1995), Simon (2000).
Phyllomyias griseocapilla	Parker & Goerck (1997).
Phylloscartes oustaleti	Parker & Goerck (1997).
Phylloscartes sylviolus	Próxima à R. B. Augusto Ruschi (Willis & Oniki 2002).
Orchesticus abeillei	Aparentemente casual na área (Isler & Isler 1987); pode estar localmente extinta (Willis & Oniki 2002).
Thraupis cyanoptera	Parker & Goerck (1997).
Dacnis nigripes	Parker & Goerck (1997).

Espécies de distribuição restrita: 24	EBA075

Espécies endêmicas: 104	ATL

Áreas protegidas:

Nome	Categoria	Área
Reserva Biológica Augusto Ruschi	Proteção Integral	3.572 ha
Estação Biológica de Santa Lúcia	Privada (Museu de Biologia Prof. Mello Leitão)	440 ha
APA Estadual do Pico de Goiapaba-Açu (em parte)	Uso Sustentável	3.740 ha

resa, considerando registros de campo, espécimes de museus e dados da literatura, resultou na listagem de 405 espécies para as áreas montanhosas e de baixada da região[2]. Destas, *Harpia harpyja* (gavião-real), *Pipile jacutinga* (jacutinga), *Orthogonys chloricterus* (catirumbava), *Orchesticus abeillei* (sanhaço-pardo) e *Sporophila falcirostris* (cigarra-verdadeira) parecem estar regionalmente extintas, enquanto dezenas de outras espécies já desapareceram das baixadas da região[2,3]. Mesmo assim, Santa Teresa continua sendo um importante refúgio para várias aves ameaçadas, notadamente *Touit surdus* (apuim-de-cauda-amarela), *Lipaugus lanioides* (tropeiro-da-serra) e *Neopelma aurifrons* (fruxu-baiano)[2,4]. Um possível registro de *Nemosia rourei* (saíra-apunhalada) para a R. B. Augusto Ruschi, em 1995[5] é agora assumido como certo[2,6]; as únicas populações conhecidas dessa espécie habitam duas áreas privadas no Espírito Santo: a Fazenda Pindobas IV (ES04)[4,6] e a mata dos Caetés, nas proximidades do Parque Estadual da Pedra Azul (ES06)[7]. Juntamente com a Serra da Bocaina/Paraty/Angra dos Reis (RJ/SP01), Santa Teresa é a área que abriga o maior número de espécies de distribuição restrita da EBA075 (Floresta Atlântica de Planície), incluindo *Sporophila 'ardesiaca'* (papa-arroz-de-barriga-branca), considerado híbrido por alguns autores[2,8] e presente em apenas quatro outras IBAs.

Ameaças

Em Santa Lúcia, há risco de incêndios, caça e insuficiência de guarda-parques; a poluição do rio Timbuí, que atravessa a reserva, representa uma ameaça adicional[1]. Na R. B. Augusto Ruschi, a caça e a predação por cães domésticos afetam espécies cinegéticas e terrícolas, como *Tinamus solitarius* (macuco)[2].

Referências

1. Mendes & Padovan (2000); **2.** Willis & Oniki (2002); **3.** Simon (2000); **4.** BirdLife International (2000); **5.** Scott (1997); **6.** Bauer et al. (2000); **7.** Ana Cristina Venturini e Pedro Rogerio de Paz (in litt.); **8.** Parker et al. (1996); Isler & Isler (1987); Collar et al. (1992); Willis (1992); Wege & Long (1995); Whitney & Pacheco (1995); Whitney et al. (1995a); Parker & Goerck (1997); Bauer (1999).

Itarana — ES03

A1 — **20°00'S, 40°54'W**

Área: c.5.000 ha
Município: Itarana
Grau de proteção: Nenhum

Bioma: Mata Atlântica
Altitude: 400-1.100 m
Inventário ornitológico: Representativo
Key Area 079

Descrição

Itarana está localizada na região centro-serrana do Espírito Santo, a 30 km de Santa Teresa. Embora essa parte do território capixaba tenha sido extensivamente desmatada no passado, ainda restam diversos e expressivos fragmentos florestais nas porções sul e central do município, destacando-se aqueles existentes nas localidades de Alto Jatibocas, Barra Encoberta, Santa Joana e Limoeiro, que pertencem a diferentes proprietários[1]. Esses fragmentos variam em tamanho de 100 até pelo menos 600 ha e ainda mantêm certa continuidade entre si[1]. A vegetação original na região é a floresta ombrófila densa de elevações intermediárias e o clima é subtropical úmido[1].

Espécies ameaçadas: 2	
Leucopternis lacernulatus	Um registro (Venturini et al. 2000/2001).
Amazona rhodocorytha	Regular entre 400-1.100 m (Venturini et al. 2000/2001).

Espécies quase ameaçadas: 9	
Primolius maracana	Regular (Venturini et al. 2000/2001).
Baillonius bailloni	Venturini et al. (2000/2001).
Piculus aurulentus	Venturini et al. (2000/2001).
Dysithamnus stictothorax	Venturini et al. (2000/2001).
Cercomacra brasiliana	Venturini et al. (2000/2001).
Psilorhamphus guttatus	Venturini et al. (2000/2001).
Scytalopus indigoticus	Venturini et al. (2000/2001).
Carpornis cucullata	Venturini et al. (2000/2001).
Lipaugus lanioides	Regular (Venturini et al. 2000/2001).

Aves
A avifauna dos remanescentes florestais de Itarana é composta por pelo menos 198 espécies, entre as quais destacam-se as endêmicas *Cercomacra brasiliana* (chororó-cinzento) e *Sporophila ardesiaca* (papa-arroz-de-barriga-branca)[1], pouco representadas em outras IBAs. *Nemosia rourei* (saíra-apunhalada) foi observada em Jatibocas (distrito de Itarana) no início da década de 1940[2], em um local hoje desmatado[3]. Apesar de remota, a possibilidade dessa espécie criticamente ameaçada ainda ocorrer nas matas remanescentes da região não pode ser descartada[4].

Ameaças
Muitos dos fragmentos florestais em Itarana sofrem constante pressão antrópica e não há unidades de conservação na região[1], embora as áreas contíguas de Barra Encoberta e Alto Jatibocas já tenham sido indicadas especificamente para esse fim[4].

Referências
1. Venturini et al. (2000/2001); **2.** Sick (1997); **3.** Sick & Teixeira (1979); **4.** Ana Cristina Venturini e Pedro Rogerio de Paz (in litt.); BirdLife International (2004); Sick (1962); Schubart et al. (1965); Wege & Long (1995); Whitney & Pacheco (1995).

Reserva Biológica de Duas Bocas — ES04

A1 — **20°17'S, 40°30'W**

Área: c.4.100 ha
Município: Cariacica
Grau de proteção: Parcial

Bioma: Mata Atlântica
Altitude: 200-780 m
Inventário ornitológico: Preliminar
Key Area 080/PROBIO 230

Descrição
Essa área de florestas úmidas situa-se próximo à cidade de Cariacica e a cerca de 20 km a oeste de Vitória[1]. Seus limites abrangem a reserva biológica e os remanescentes florestais situados nas propriedades particulares vizinhas. A vegetação dominante é a floresta atlântica de encosta, com grande diversidade de epífitas e palmeiras[2]. Parte da mata em Duas Bocas é secundária, tendo aproximadamente 50 anos de regeneração[3]. A temperatura média na região é de 20,3°C, e a precipitação gira em torno de 1.264 mm anu-

Espécies ameaçadas: 6	
Leucopternis lacernulatus	A. C. Venturini e P. R. de Paz.
Dysithamnus plumbeus	BirdLife International (2000).
Carpornis melanocephala	Wege & Long (1995), A. C. Venturini e P. R. de Paz.
Procnias nudicollis	A. C. Venturini e P. R. de Paz.
Neopelma aurifrons	A. C. Venturini e P. R. de Paz.
Platyrinchus leucoryphus	A. C. Venturini e P. R. de Paz.

Espécies quase ameaçadas: 6	
Tinamus solitarius	A. C. Venturini e P. R. de Paz.
Triclaria malachitacea	Wege & Long (1995).
Ramphodon naevius	A. C. Venturini e P. R. de Paz.
Piculus aurulentus	A. C. Venturini e P. R. de Paz.
Dysithamnus stictothorax	A. C. Venturini e P. R. de Paz.
Lipaugus lanioides	Wege & Long (1995), A. C. Venturini e P. R. de Paz.

Área protegida:

Nome	Categoria	Área
Reserva Biológica Estadual de Duas Bocas	Proteção Integral	2.910 ha

ais, havendo uma estação chuvosa no verão e outra subseca no inverno[2].

Aves

Praticamente não há informações publicadas sobre a avifauna da reserva[4]. Observações realizadas na área[5], entretanto, têm revelado ou confirmado a presença de várias espécies ameaçadas e quase ameaçadas, incluindo *Carpornis melanocephala* (sabiá-pimenta), cujos registros recentes no Espírito Santo parecem restringir-se àqueles para Duas Bocas e reservas de Sooretama e Linhares (ES01). A faixa de altitude intermediária em que se situa a reserva favorece a coexistência de espécies típicas das baixadas, como *Ramphodon naevius* (beija-flor-rajado), *Thamnophilus ambiguus* (choca-de-sooretama) e *C. melanocephala*, com outras de distribuição mais montana, como *Triclaria malachitacea* (sabiá-cica), *Lipaugus lanioides* (tropeiro-da-serra) e *Tangara cyanoventris* (saíra-douradinha).

Ameaças

A área situa-se em uma região muito degradada pelo cultivo extensivo de café e eucalipto[6].

Referências

1. Wege & Long (1995); **2.** Lima & Soares (2003); **3.** Azevedo & Soares (2000); **4.** Pacheco & Bauer (2000); **5.** Ana Cristina Venturini e Pedro Rogerio de Paz (in litt.); **6.** Base de dados do *workshop* Avaliação e Ações Prioritárias para a Conservação dos Biomas Floresta Atlântica e Campos Sulinos; BirdLife International (2000).

Fazenda Pindobas IV e Arredores — ES05

A1, A2, A3 — **20°18'S, 41°17'W**

Área: > 4.000 ha
Municípios: Conceição do Castelo, Muniz Freire, Brejetuba
Grau de proteção: Nenhum

Bioma: Mata Atlântica
Altitude: 1.050-1.160 m
Inventário ornitológico: Representativo
PROBIO 233

Descrição

A Fazenda Pindobas IV é uma propriedade particular situada na região serrana do sul do Espírito Santo, a cerca de 50 km a leste-nordeste do Parque Nacional do Caparaó (ES/MG01). A área da fazenda foi recentemente ampliada de 3.167 ha para cerca de 4.000 ha[1], dos quais mais de 1.000 ha são de florestas nativas distribuídas em numerosos fragmentos intercalados por plantações de pinheiros exóticos[2,3]. Uma das maiores e mais importantes áreas de floresta nativa da fazenda corresponde ao complexo Pingadeira, que é contínuo com matas existentes em propriedades vizinhas[3]. Pindobas IV situa-se em uma região de transição entre as florestas ombrófila densa e ombrófila aberta, esta última caracterizada regionalmente pela presença da palmeira indaiá-açu, ou inajá (*Attalea* sp.)[2].

Aves

Na Fazenda Pindobas IV foi definitiva-

Espécies ameaçadas: 6	
Leucopternis lacernulatus	A. C. Venturini e P. R. de Paz.
Touit melanonotus	Bauer (1999).
Touit surdus	A. C. Venturini e P. R. de Paz.
Procnias nudicollis	A. C. Venturini e P. R. de Paz.
Myrmotherula minor	Bauer (1999), B. M. Whitney.
Nemosia rourei	Registrada em pequeno número desde 1998 e aparentemente residente na área (Bauer et al. 2000, BirdLife International 2000).

Espécies quase ameaçadas: 15	
Primolius maracana	A. C. Venturini e P. R. de Paz.
Baillonius bailloni	Bauer (1999).
Piculus aurulentus	Bauer (1999).
Anabacerthia amaurotis	Bauer (1999).
Dysithamnus stictothorax	A. C. Venturini e P. R. de Paz.
Drymophila ochropyga	Bauer (1999), Gonzaga & Castiglioni (2001).
Psilorhamphus guttatus	Bauer (1999).
Scytalopus indigoticus	Bauer (1999).
Carpornis cucullata	Bauer (1999), Gonzaga & Castiglioni (2001).
Lipaugus lanioides	Comum (BirdLife International 2000); Gonzaga & Castiglioni (2001).
Phyllomyias griseocapilla	Bauer (1999).
Phylloscartes eximius	Pacheco & Bauer (1998).
Phylloscartes oustaleti	Bauer (1999).
Orchesticus abeillei	Bauer et al. (2000).
Thraupis cyanoptera	Bauer et al. (2000).

Espécies de distribuição restrita: 16 — **EBA075**

Espécies endêmicas: 80 — **ATL**

mente redescoberto, em 1998, o raro traupídeo *Nemosia rourei* (saíra-apunhalada), desaparecido desde 1941[3]. A área abriga uma das duas únicas populações conhecidas dessa espécie criticamente ameaçada, que até sua redescoberta havia sido encontrada somente na localidade-tipo e em outros dois locais no centro-sul do Espírito Santo[3].

Ameaças

O pequeno tamanho populacional e a distribuição extremamente restrita de *Nemosia rourei* tornam essa espécie particularmente vulnerável[4]. As florestas nativas da Fazenda Pindobas IV vêm sendo protegidas pelos proprietários e existe a intenção de criar uma RPPN na área[3,4]. A situação do hábitat de *N. rourei* nas propriedades vizinhas, por outro lado, é desconhecida.

Referências

1. Ana Cristina Venturini e Pedro Rogerio de Paz (in litt.); **2.** Bauer (1999); **3.** Bauer et al. (2000); **4.** BirdLife International (2000); Pacheco & Bauer (1998); Gonzaga & Castiglioni (2001); Venturini et al. (2002); Bret M. Whitney (verb.).

Parque Nacional do Caparaó — ES/MG01

A1, A2 — 20°26'S, 41°47'W

Área: 31.853 ha
Municípios: Iúna, Ibitirama, Divino de São Lourenço, Dores do Rio Preto (ES), Caparaó, Alto Caparaó, Alto Jequitiba, Espera Feliz (MG)
Grau de proteção: Total

Bioma: Mata Atlântica
Altitude: 1.000-2.890 m
Inventário ornitológico: Preliminar

PROBIO 235

Descrição

A Serra do Caparaó, na divisa entre Minas Gerais e Espírito Santo, representa a extensão mais setentrional do Complexo da Mantiqueira. É o maciço montanhoso onde se registram as maiores elevações do leste brasileiro. Grande parte da serra está inserida no Parque Nacional do Caparaó, com quase 32.000 ha, dos quais cerca de um quinto situa-se em território mineiro e o restante em território capixaba. O parque inclui o Pico da Bandeira, o terceiro ponto mais alto do Brasil, com 2.890 m. O clima local é classificado como tropical de altitude, com média anual de temperatura entre 19 e 22°C. Predomina na região a floresta ombrófila densa montana e altimontana[1,2]. A partir de 2.000 m de altitude, acima do limite de ocorrência das florestas, surgem campos de altitude, que no Caparaó compreendem ambientes brejosos, brenhas do bambu *Chusquea pinnifolia*, áreas de vegetação rupestre sobre afloramentos rochosos ("páramos brasileiros") e formações herbáceo-arbustivas, com predomínio de melastomatáceas, ciperáceas e ericáceas[1,2].

Aves

A área abriga uma avifauna ainda pouco conhecida, mas possui extensas porções de florestas montanas e campos de altitude bem preservados. O Caparaó é o limite norte de distribuição de várias espécies endêmicas da Mata Atlântica e setentrionalmente montícolas, como *Macropsalis forcipata* (bacurau-tesoura-gigante), *Oreophylax moreirae* (garrincha-chorona), *Mackenziena leachii* (borralhara-assobiadora), *Drymophila genei* (choquinha-da-serra), *Phylloscartes difficilis* (estalinho), *Saltator maxillosus* (bico-grosso) e *Poospiza thoracica* (peito-pinhão)[3]. Pelo menos 49 espécies de aves habitam os campos de altitude da serra, algu-

ESPÍRITO SANTO

Espécies ameaçadas: 2	
Amazona vinacea	C. Bauer; Melo Jr. (1996), Bauer (1999), Collar et al. (1992).
Procnias nudicollis	Bauer (1999).

Espécies quase ameaçadas: 19	
Primolius maracana	C. Bauer.
Aratinga auricapillus	R. Parrini (*in* Bauer 1999).
Piculus aurulentus	Bauer (1999).
Anabacerthia amaurotis	Bauer (1999).
Dysithamnus stictothorax	Bauer (1999).
Drymophila genei	Numerosa na área (Pacheco & Bauer 1998).
Drymophila ochropyga	Bauer (1999).
Psilorhamphus guttatus	Bauer (1999).
Merulaxis ater	Bauer (1999).
Laniisoma elegans	Bauer (1999).
Phibalura flavirostris	Coletada na década de 1920 (Chapman 1930 *in* Mitchell 1957) e presumivelmente ainda presente.
Carpornis cucullata	Bauer (1999).
Lipaugus lanioides	C. Bauer.
Phyllomyias griseocapilla	Bauer (1999).
Phylloscartes paulista	Registro histórico (Collar et al. 1992, Bauer 1999).
Phylloscartes difficilis	Conhecida através de coletas antigas (Pacheco & Bauer 1998).
Embernagra longicauda	Vasconcelos (2003).
Orchesticus abeillei	Bauer (1999).
Thraupis cyanoptera	Bauer (1999).

Espécies de distribuição restrita: 8 **EBA076**

Área protegida:		
Nome	**Categoria**	**Área**
Parque Nacional do Caparaó	Proteção Integral	31.853 ha

mas com distribuição global restrita, como *O. moreirae*, *D. genei* e *Tangara desmaresti* (saíra-lagarta)[2]. A avifauna florestal, por outro lado, foi relativamente pouco amostrada, podendo incluir mais espécies ameaçadas do que as registradas até agora.

Ameaças

As queimadas freqüentes afetam principalmente as espécies que vivem na interface entre as florestas altimontanas e os campos de altitude[2]. Outras ameaças significativas são os desmatamentos, a presença de animais domésticos (mulas e cavalos), a disseminação de plantas exóticas (favorecida pelos incêndios) e o impacto do turismo não-organizado[2].

Referências

1. Bauer (1999); **2.** Vasconcelos (2003); **3.** Pacheco & Bauer (1998); Mitchell (1957); Collar et al. (1992); Melo Jr. (1996); Cláudia Bauer (base de dados do *workshop* Avaliação e Ações Prioritárias para a Conservação dos Biomas Floresta Atlântica e Campos Sulinos).

Encostas da Região de Domingos Martins — ES06

A1, A2 — **20°26'S, 40°40'W**

Área: c.24.000 ha
Municípios: Domingos Martins, Marechal Floriano, Alfredo Chaves, Guarapari, Viana
Grau de proteção: Nenhum

Bioma: Mata Atlântica
Altitude: 250-750 m
Inventário ornitológico: Preliminar
PROBIO 237

Descrição

Essa região de florestas úmidas fragmentadas inicia próximo à cidade de Domingos Martins e estende-se para o sul até os confins entre os municípios de Guarapari e Alfredo Chaves, na porção meridional do Estado[1]. O relevo é marcado pelos patamares escalonados da região da Mantiqueira Setentrional, que ocupa todo o sudoeste capixaba[2]. A área é relativamente próxima à Reserva Biológica de Duas Bocas (ES03) e inclui a Serra do Batatal, na divisa de Guarapari com Alfredo Chaves, e as matas existentes nas localidades de Bom Jesus e Sítio Cachoeira Alta (em Domingos Martins), Peixe Verde (Viana), Deserto (Guarapari) e Aparecida (Alfredo Chaves), entre outras[1,2].

Aves

Tal como na Reserva Biológica de Duas Bocas (ES03), a avifauna da região combina endemismos atlânticos típicos das matas de baixa altitude, como *Amazona rhodocorytha* (chauá) e *Ramphodon naevius* (beija-flor-rajado), com outros de distribuição mais montana, como as saíras *Tangara desmaresti* e *T. cyanoventris*. *Tinamus solitarius* (macuco), espécie quase ameaçada, foi registrado um pouco ao norte dos limites da área[2] e ainda pode estar presente nas encostas ao sul de Domingos Martins.

Ameaças

Nenhuma ameaça tem sido especificamente relacionada à área, mas os efeitos da fragmentação excessiva do hábitat e a caça podem levar ao desaparecimento das espécies mais sensíveis a esses fatores.

Referências

1. Cláudia Bauer (Base de dados do *workshop* Avaliação e Ações Prioritárias para a Conservação dos Biomas Floresta Atlântica e Campos Sulinos); **2.** Bauer (1999); Ana Cristina Venturini e Pedro Rogerio de Paz (in litt.).

ESPÍRITO SANTO

Espécies ameaçadas: 2

Touit surdus	A. C. Venturini e P. R. de Paz.
Amazona rhodocorytha	C. Bauer.

Espécies quase ameaçadas: 8

Ramphodon naevius	Bauer (1999).
Baillonius bailloni	Bauer (1999).
Piculus aurulentus	Bauer (1999).
Dysithamnus stictothorax	Bauer (1999).
Carpornis cucullata	A. C. Venturini e P. R. de Paz.
Lipaugus lanioides	C. Bauer.
Phylloscartes oustaleti	A. C. Venturini e P. R. de Paz.
Thraupis cyanoptera	Bauer (1999).

Espécies de distribuição restrita: 12 EBA075

Complexo Pedra Azul / Forno Grande — ES07

A1, A2, A3 — **20°27'S, 41°00'W**

Área: c.10.000 ha
Municípios: Domingos Martins, Vargem Alta, Castelo, Alfredo Chaves
Grau de proteção: Parcial

Bioma: Mata Atlântica
Altitude: 900-2.000 m
Inventário ornitológico: Preliminar
PROBIO 236

Descrição

O Parque Estadual da Pedra Azul situa-se aproximadamente a meio caminho entre a Fazenda Pindobas IV (ES04) e as encostas da região de Domingos Martins (ES05). Juntamente com o Parque Estadual de Forno Grande (a sudoeste) e os importantes remanescentes de floresta primária existentes nas propriedades vizinhas, compõe uma das maiores manchas florestais razoavelmente contínuas em todo o sul do Espírito Santo[1,2,3]. Fora das áreas oficialmente protegidas, destacam-se por sua extensão a mata

Espécies ameaçadas: 6

Leucopternis lacernulatus	Mata dos Caetés (A. C. Venturini e P. R. de Paz).
Touit melanonotus	Bauer (1999).
Touit surdus	A. C. Venturini e P. R. de Paz, J. F. Pacheco.
Amazona vinacea	C. Bauer e J. F. Pacheco.
Procnias nudicollis	Bauer et al. (1997).
Nemosia rourei	Mata dos Caetés (A. C. Venturini e P. R. de Paz).

Espécies quase ameaçadas: 17

Strix hylophila	Bauer (1999).
Baillonius bailloni	Bauer (1999).
Piculus aurulentus	Bauer (1999).
Anabacerthia amaurotis	Bauer (1999).
Dysithamnus stictothorax	A. C. Venturini e P. R. de Paz.
Drymophila genei	Pacheco & Bauer (1998).
Drymophila ochropyga	Bauer (1999).
Psilorhamphus guttatus	Bauer (1999).
Scytalopus indigoticus	Bauer (1999).
Laniisoma elegans	Bauer et al. (1997).
Phibalura flavirostris	Bauer et al. (1997).
Carpornis cucullata	Bauer et al. (1997).
Lipaugus lanioides	Bauer et al. (1997), A. C. Venturini e P. R. de Paz.
Phyllomyias griseocapilla	Bauer (1999).
Phylloscartes oustaleti	Bauer (1999).
Orchesticus abeillei	Bauer (1999).
Thraupis cyanoptera	Bauer (1999).

Espécies de distribuição restrita: 15 EBA075

Espécies endêmicas: 79 ATL

Área protegida:

Nome	Categoria	Área
Parque Estadual da Pedra Azul	Proteção Integral	1.240 ha
Parque Estadual de Forno Grande	Proteção Integral	730 ha

ESPÍRITO SANTO

dos Bellon, de aproximadamente 500 ha, e a mata dos Caetés, na Fazenda Monte Verde, que se estende dos 900 aos 1.200 m de altitude e forma um grande bloco florestal entre os Parques Estaduais da Pedra Azul e Forno Grande, com pelo menos 2.000 ha[2,4]. As principais formações vegetais encontradas na área são a floresta ombrófila densa montana e alto-montana (mata de neblina) e os campos de altitude[2,5]. A mata varia entre 5 e 20 m de altura, sendo rica em epífitas, musgos e líquens[5]. Os campos de altitude estão presentes no topo da Pedra Azul (1.822 m), da Pedra das Flores (1.909 m) e de outras formações rochosas de granito e gnaisse dispersas pela região. Nesses ambientes singulares, é característica a presença de *Baccharis* sp., *Sinningia magnifica* e *Tibouchina* sp., além de brenhas do bambu *Chusquea*[5].

Aves

Em um breve levantamento realizado no P. E. da Pedra Azul e arredores em outubro de 1996 foram identificadas 204 espécies[3], que incluem endemismos tipicamente montícolas do sudeste do Brasil, como *Scytalopus speluncae* (tapaculo-preto) e *Drymophila genei* (choquinha-da-serra)[2,5,6], além de vários cotingídeos sensíveis à fragmentação e perturbação do hábitat, cuja presença reflete a qualidade das florestas da região[3]. O mais notável achado na área, contudo, é o de uma nova população de *Nemosia rourei* (saíra-apunhalada), recentemente descoberta na mata dos Caetés[4]. Essa espécie criticamente ameaçada, que até pouco tempo atrás se acreditava estar extinta, tem sido encontrada com regularidade apenas na presente área e na Fazenda Pindobas IV (ES04), 35 km a noroeste.

Ameaças

A preservação das florestas primárias do entorno do P. E. da Pedra Azul foi especialmente recomendada devido a sua importância para a manutenção da avifauna regional dependente do hábitat florestal[3]. Presentemente, as matas mais extensas e melhor conservadas da região encontram-se desprotegidas e sob domínio privado[4].

Referências

1. Cláudia Bauer e José Fernando Pacheco (Base de dados do *workshop* Avaliação e Ações Prioritárias para a Conservação dos Biomas Floresta Atlântica e Campos Sulinos); **2.** Bauer (1999); **3.** Bauer et al. (1997); **4.** Ana Cristina Venturini e Pedro Rogerio de Paz (in litt.); **5.** Vasconcelos & Pontes Jr. (não publicado); **6.** Pacheco & Bauer (1998); J. F. Pacheco (in litt.).

Trindade e Martim Vaz — ES08

A1, A3, A4ii — **20°30'S, 29°18'W**

Área: 1.500 ha
Grau de proteção: Nenhum
Bioma: Zonas Costeira e Marinha
Altitude: 0-620 m
Inventário ornitológico: Representativo PROBIO (152)

Descrição

As ilhas oceânicas da Trindade e Martim Vaz representam os pontos mais orientais do território brasileiro. Trindade acha-se a pouco mais de 1.000 km de distância da costa do Espírito Santo, aproximadamente na latitude geográfica de Vitória. Possui área de 13,5 km^2 e relevo irregular e fortemente escarpado[1]. A vegetação da ilha é hoje essencialmente rasteira ou arbustiva, composta por ervas, gramíneas e ciperáceas, mas consta que 85% de sua superfície encontravam-se recobertos por densas florestas até o início do século XVIII[1,2,3]. Em algumas partes elevadas da ilha (p.ex., na vertente oeste do Pico do Desejado) ainda existem formações subarbóreas dominadas por *Myrsine floribunda* e matas da samambaia endêmica *Cyathea copelandii*, que atinge até 6 m de altura[1,2,3]. Martim Vaz, situada a cerca de 47 km a leste de Trindade, é composta por três pequenas ilhas e vários rochedos[4]. A ilha maior tem 800 m de comprimento e 500 m de largura. Trindade e Martim Vaz não contam com população humana residente, mas há uma base avançada da Marinha instalada na primeira, responsável pela vigilância permanente das ilhas[1,4].

Aves

A avifauna autóctone das ilhas é composta exclusivamente por espécies marinhas[5], oito das quais pelo menos nidificantes[4]. Trindade e Martim Vaz são os únicos sítios de reprodução confirmados de *Pterodroma arminjoniana* (grazina-de-trindade)[6], considerada endêmica dessa porção do Atlântico Sul. Ao lado de *Sterna fuscata* (trinta-réis-das-rocas) e *Anous stolidus* (trinta-réis-escuro), é a espécie mais numerosa nas ilhas[2,5,7,8]. Sua população foi estimada em 2.000-5.000 indivíduos em meados da década de 1990[6] e em 6.500 aves na virada do século[7]. A colônia local de *Gygis alba* (grazina) é, possivelemente, a segunda maior do Atlântico Sul[7]. *Fregata minor* (tesourão-grande) e *F. ariel* (tesourão-pequeno) têm em Trindade e Martim Vaz seus únicos locais de reprodução no oceano Atlântico, ocorrendo como as subespécies endêmicas *F. m. nicolli* e *F. a. trinitatis*[4]. Ambas parecem ter sofrido um severo declínio, ainda não adequadamente avaliado, e podem estar em risco[2,8]. *Pterodroma hasitata*, espécie Em Perigo, foi observada em alto-mar nas vizinhanças do arquipélago no final da década de 1980, mas não são conhecidos maiores detalhes sobre esse registro[10]. Especula-se, inclusive, que esse petrel possa nidificar nas ilhas[4], mas é mais provável que ocorra apenas acidentalmente[7]. Como espécies introduzidas, são encontradas em Trindade a galinha-d'angola, o pombo-doméstico, o canário-da-terra (*Sicalis flaveola*) e o bico-de-lacre (*Estrilda astrild*)[11].

Ameaças

As queimadas, o corte indiscriminado de árvores e a introdução de animais domésticos (caprinos, ovinos e suínos) praticamente eliminaram a cobertura florestal original da ilha da Trindade, levando a forte erosão em toda a sua superfície, com perda significativa de solo e esgotamento de mananciais hídricos[1,3,11]. Atualmente, a ilha é alvo de um plano de recuperação ambiental que visa reconstituir a vegetação original em pontos onde o solo ainda se mostra favorável[3]. Os mamíferos domésticos introduzidos na ilha já foram, em sua maior parte, erradicados[6]. *Pterodroma arminjoniana*, a única espé-

Espécie ameaçada	
Pterodroma arminjoniana	Ainda numerosa nas ilhas (Sick 1997, BirdLife International 2000).
Espécies congregantes: 2	
Pterodroma arminjoniana	As ilhas abrigam toda a população reprodutiva conhecida da espécie.
Gygis alba	População de 800 aves (Fonseca Neto 2004).
Espécies endêmicas: 1	**[ATL] (*Pterodroma arminjoniana*)**

ESPÍRITO SANTO

cie globalmente ameaçada com nidificação confirmada nas ilhas, possui uma área de reprodução muito pequena, o que a torna particularmente vulnerável[6].

Referências
1. Almeida (2000); **2.** Goerck (1992); **3.** Flora e vegetação da ilha da Trindade, recuperação e manejo – Plano Piloto (http://acd.ufrj.br/~mndb/trimanpo.html); **4.** Vooren & Brusque (1999); **5.** Novaes (1952); **6.** BirdLife International (2000); **7.** Fonseca Neto (2004); **8.** Antas (1991); **9.** Luigi & Nacinovic (1997); **10.** CBRO (2000); **11.** Sick (1997); Moreira et al. (1995); Fundação BIO-RIO et al. (2002).

Ilhas do Litoral Sul do Espírito Santo — ES09

A4ii — **20°42'S, 40°24'W**

Área: < 100 ha
Municípios: Vila Velha, Guarapari, Itapemirim, Marataízes
Grau de proteção: Nenhum
Bioma: Zonas Costeira e Marinha
Altitude: 0-15 m
Inventário ornitológico: Representativo

Descrição

Essa área inclui várias pequenas ilhas rochosas dispersas ao longo de uma extensão de aproximadamente 100 km da costa meridional do Espírito Santo, entre Vila Velha e Marataízes. As Ilhas Itatiaia formam um arquipélago composto por sete ilhas, situadas a cerca de 1 km do litoral de Vila Velha[1]. A ilha Escalvada dista 8 km da praia de Setiba, em Guarapari[1]. A ilha Branca, ou dos Ovos, é a mais meridional de todas e está localizada a 1,4 km da foz do rio Itapemirim, no município de Marataízes[1]. As ilhas são relativamente distantes umas das outras, mas seu uso alternado pelas aves (ver abaixo) justifica sua conservação conjunta.

Aves

As ilhas abrigam as maiores colônias reprodutivas de *Sterna sandvicensis* conhecidas no Brasil e no Atlântico Sul[1], correspondendo a mais de 1% da população global da espécie e a mais de um quarto da população estimada para a subespécie *S. s. eurygnatha* (trinta-réis-de-bico-amarelo). A localização das colônias está sujeita a certa variação a cada temporada reprodutiva, sendo as Ilhas Itatiaia e a Ilha Escalvada utilizadas com maior regularidade[1]. Em determinados anos, pode haver reprodução simultânea em duas ou até três ilhas[1,2]. A colônia reprodutiva de *Sterna hirundinacea* (trinta-réis-de-bico-vermelho) das ilhas, com 980 adultos contados em 1994[3], reúne perto de 1% da população global da espécie e marginalmente qualifica a área duplamente pelo critério A4ii. A reprodução de *Puffinus lherminieri* (pardela-de-asa-larga) foi recentemente constatada no arquipélago das ilhas Itatiaia[4], sendo esta uma das duas áreas de nidificação da espécie conhecidas no Brasil.

Ameaças

O alastramento de espécies invasoras de plantas e animais comprometiam o ambiente de reprodução das aves[1]. O capim-colonião (*Panicum* sp.), em particular, ameaçava ocupar completamente as ilhas[1]. Através da atuação de uma asso-

Espécie congregante	
Sterna sandvicensis	De 10.000 a 13.000 indivíduos nidificam nas ilhas anualmente (Nascimento et al. 1992, Efe & Musso 1994, Efe et al. 2000, 2001, Efe 2004).

ciação local, no entanto, esses impactos foram recentemente neutralizados[5]. A coleta de ovos por pescadores, principal ameaça às colônias de trinta-réis há alguns anos, foi interrompida graças a campanhas bem-sucedidas de educação ambiental e mediante o rígido controle do desembarque de pessoas nas ilhas durante o período de atividade reprodutiva das colônias (maio a setembro)[1,5].

Referências

1. Efe et al. (2000); **2.** Musso et al. (1997); **3.** Efe & Musso (1996); **4.** Efe & Musso (2001); **5.** Efe (2004); Nascimento et al. (1992); Efe & Musso (1994); Efe et al. (2001).

Cafundó e Bananal do Norte — ES10

A1 — **20°43'S, 41°13'W**

Área: 2.000-3.000 ha
Município: Cachoeiro do Itapemirim
Grau de proteção: Parcial
Bioma: Mata Atlântica
Altitude: 55-200 m
Inventário ornitológico: Representativo
PROBIO 239

Descrição

A RPPN Fazenda Cafundó, nas fazendas Cafundó e Boa Esperança, e a antiga Área de Preservação Ambiental da Fazenda Bananal do Norte são fragmentos quase interligados de floresta semidecidual de baixada situados no vale do rio Itapemirim, na porção meridional do Estado[1,2]. Essas áreas estão entre os últimos remanescentes dessa formação vegetal no Espírito Santo e constituem hoje verdadeiras ilhas verdes em meio à paisagem extensivamente desmatada do sul capixaba[1,2].

Aves

Em face da destruição quase total das matas de baixa altitude em todo o sul do Espírito Santo e norte do Rio de Janeiro, a área adquire particular importância como refúgio para espécies restritas a esse ambiente, como as ameaçadas *Thripophaga macroura* (rabo-amarelo) e *Neopelma aurifrons* (fruxu-baiano) e o bei-

Espécies ameaçadas: 5

Pyrrhura cruentata	Bauer (1999).
Amazona rhodocorytha	População significativa (J. F. Pacheco).
Thripophaga macroura	A. C. Venturini e P. R. de Paz.
Dysithamnus plumbeus	Bauer (1999).
Neopelma aurifrons	Bauer (1999).

Espécies quase ameaçadas: 4

Tinamus solitarius	Bauer (1999).
Crypturellus noctivagus	A. C. Venturini e P. R. de Paz.
Primolius maracana	Originalis Natura (1998, s.d.).
Hemitriccus orbitatus	Bauer (1999).

Áreas protegidas:

Nome	Categoria	Área
RPPN Fazenda Cafundó	Particular	517 ha
Floresta Nacional de Pacotuba	Uso Sustentável	450 ha

ja-flor endêmico *Phaethornis idaliae* (rabo-branco-mirim). Um levantamento completo da avifauna de Cafundó e Bananal do Norte, ainda inédito, apontou a presença de 247 espécies[2].

Ameaças

A longo prazo, o isolamento das matas da região poderá comprometer a sobrevivência de algumas espécies ameaçadas. A desapropriação da Fazenda Cafundó para fins de reforma agrária foi decretada em 1997, mas o decreto foi subseqüentemente revogado diante da transformação de parte da área em RPPN.

Referências

1. Bauer (1999); **2.** Ana Cristina Venturini e Pedro Rogerio de Paz (in litt.); Originalis Natura (1998, s.d.); José Fernando Pacheco (verb.).

Tabela 2. Espécies ameaçadas de extinção com ocorrência nas IBAs do Espírito Santo

Espécies	Categ.*	Código IBA											Total**	
		ES01	ES02	ES03	ES04	ES05	ES/MG01	ES06	ES07	ES08	ES09	ES10	a	b
Pterodroma arminjoniana	VU									X			1	1
Leucopternis lacernulatus	VU	X	X	X	X	X			X				6	34
Crax blumenbachii	EN	X											1	6
Claravis godefrida	CR		X										1	9
Pyrrhura cruentata	VU	X										X	2	16
Touit melanonotus	EN		X			X			X				3	15
Touit surdus	VU	X	X			X		X	X				5	35
Amazona rhodocorytha	EN	X	X	X				X				X	5	18
Amazona vinacea	VU						X		X				2	24
Glaucis dohrnii	EN	X											1	6
Thripophaga macroura	VU	X										X	2	8
Dysithamnus plumbeus	VU	X	X		X							X	4	10
Myrmotherula minor	VU		X			X							2	13
Myrmotherula urosticta	VU	X											1	11
Myrmeciza ruficauda	EN	X											1	17
Carpornis melanocephala	VU	X			X								2	18
Cotinga maculata	EN	X											1	5
Xipholena atropurpurea	EN	X											1	18
Procnias nudicollis	VU	X	X		X	X	X		X				6	39
Neopelma aurifrons	VU	X	X		X							X	4	8
Platyrinchus leucoryphus	VU		X		X								2	14
Sporophila frontalis	VU	X	X										2	21
Nemosia rourei	CR		X			X			X				3	3
Total de espécies		**16**	**12**	**2**	**6**	**6**	**2**	**2**	**6**	**1**	**0**	**5**		
Tinamus solitarius	NT	X	X		X							X	4	36
Crypturellus noctivagus	NT	X										X	2	24

Tabela 2. (continuação) Espécies ameaçadas de extinção com ocorrência nas IBAs do Espírito Santo

Espécies	Categ.*	Código IBA											Total**	
		ES01	ES02	ES03	ES04	ES05	ES/MG01	ES06	ES07	ES08	ES09	ES10	a	b
Leucopternis polionotus	NT		X										1	29
Morphnus guianensis	NT	X											1	3
Harpia harpyja	NT	X											1	4
Primolius maracana	NT	X		X		X	X					X	5	25
Aratinga auricapillus	NT						X						1	24
Triclaria malachitacea	NT	X	X		X								3	22
Strix hylophila	NT								X				1	18
Ramphodon naevius	NT		X		X			X					3	18
Baillonius bailloni	NT		X	X		X		X	X				5	26
Piculus aurulentus	NT		X	X	X	X	X	X	X				7	34
Anabacerthia amaurotis	NT		X			X	X		X				4	20
Dysithamnus stictothorax	NT		X	X	X	X	X	X	X				7	27
Drymophila genei	NT						X		X				2	10
Drymophila ochropyga	NT		X			X	X		X				4	30
Cercomacra brasiliana	NT			X									1	3
Psilorhamphus guttatus	NT			X		X	X		X				4	17
Merulaxis ater	NT						X						1	12
Scytalopus indigoticus	NT		X	X		X			X				4	22
Laniisoma elegans	NT		X				X		X				3	20
Phibalura flavirostris	NT		X				X		X				3	22
Carpornis cucullata	NT		X	X		X	X	X	X				6	23
Iodopleura pipra	NT		X										1	18
Lipaugus lanioides	NT	X	X	X	X	X	X	X	X				8	29
Hemitriccus orbitatus	NT											X	1	18
Phyllomyias griseocapilla	NT		X			X	X		X				4	19
Phylloscartes eximius	NT					X							1	12
Phylloscartes paulista	NT						X						1	15

Tabela 2. (continuação) Espécies ameaçadas de extinção com ocorrência nas IBAs do Espírito Santo

Espécies	Categ.*	Código IBA											Total**	
		ES01	ES02	ES03	ES04	ES05	ES/MG01	ES06	ES07	ES08	ES09	ES10	a	b
Phylloscartes oustaleti	NT		X			X		X	X				4	20
Phylloscartes difficilis	NT						X						1	13
Phylloscartes sylviolus	NT		X										1	10
Embernagra longicauda	NT						X						1	8
Orchesticus abeillei	NT		X			X	X		X				4	16
Thraupis cyanoptera	NT		X			X	X	X	X				5	23
Dacnis nigripes	NT		X										1	16
Total de espécies		7	21	9	6	15	19	8	17	0	0	4		

* Categorias de ameaça: CR – criticamente em perigo; EN – em perigo; VU – vulnerável; NT – quase ameaçada.
** Número de IBAs em que a espécie se encontra presente em: **a** – Espírito Santo; **b** – Região como um todo.

Tabela 3. Espécies endêmicas por IBA no Estado do Espírito Santo, agrupadas por Bioma

Espécies	nº EBA*	Código IBA											Total**	
		ES01	ES02	ES03	ES04	ES05	ES/MG01	ES06	ES07	ES08	ES09	ES10	a	b
Mata Atlântica														
Tinamus solitarius		X	X		X							X	4	36
Crypturellus noctivagus		X										X	2	24
Pterodroma arminjoniana										X			1	1
Leucopternis lacernulatus		X	X	X	X	X			X				6	34
Leucopternis polionotus			X										1	29
Ortalis araucuan		X		X									2	22
Crax blumenbachii	75	X											1	6
Odontophorus capueira		X	X		X	X							4	38
Aramides saracura		X	X	X					X			X	5	41
Claravis godefrida			X										1	9
Pyrrhura cruentata		X										X	2	16
Pyrrhura frontalis			X	X	X	X		X	X				6	49
Pyrrhura leucotis		X											1	4
Brotogeris tirica		X		X		X			X			X	5	38
Touit melanonotus	75		X			X			X				3	15
Touit surdus		X	X			X		X	X				5	35
Pionopsitta pileata			X			X	X		X				4	34
Amazona rhodocorytha		X	X	X				X				X	5	18
Amazona vinacea							X		X				2	24
Triclaria malachitacea	75	X	X		X								3	22
Otus atricapilla		X	X										2	13
Strix hylophila									X				1	18
Pulsatrix koeniswaldiana	75	X	X	X	X	X		X	X			X	8	34
Glaucidium minutissimum		X	X		X								3	18
Macropsalis forcipata			X			X			X				3	17
Phaethornis eurynome			X			X			X				3	32

Tabela 3. (continuação) Espécies endêmicas por IBA no Estado do Espírito Santo, agrupadas por Bioma

Espécies	nº EBA*	Código IBA											Total**	
		ES01	ES02	ES03	ES04	ES05	ES/MG01	ES06	ES07	ES08	ES09	ES10	a	b
Mata Atlântica														
Phaethornis squalidus			X	X		X		X	X				5	16
Phaethornis margarettae			X										1	9
Phaethornis idaliae	75	X	X									X	3	7
Ramphodon naevius	75		X		X			X					3	18
Glaucis dohrnii	75	X											1	6
Melanotrochilus fuscus		X	X	X	X	X		X	X				7	46
Stephanoxis lalandi						X	X						2	23
Thalurania glaucopis		X	X	X	X	X		X	X				7	44
Leucochloris albicollis			X			X	X	X	X				5	35
Aphantochroa cirrhochloris		X	X					X					3	29
Clytolaema rubricauda			X			X	X		X				4	27
Trogon surrucura		X	X	X	X	X		X	X				7	47
Baryphthengus ruficapillus		X											1	28
Notharchus swainsoni		X	X										2	15
Malacoptila striata		X	X	X	X			X				X	6	29
Baillonius bailloni			X	X		X		X	X				5	26
Selenidera maculirostris		X	X	X	X	X		X	X				7	30
Ramphastos dicolorus						X	X		X				3	30
Melanerpes flavifrons		X		X								X	3	27
Veniliornis maculifrons	75	X	X	X	X	X		X	X			X	8	18
Piculus aurulentus			X	X	X	X	X	X	X				7	34
Campephilus robustus		X	X	X									3	28
Dendrocincla turdina		X	X	X	X	X		X	X				7	35
Lepidocolaptes squamatus/falcinellus		X	X	X	X	X		X	X			X	8	48
Xiphorhynchus fuscus		X	X	X	X	X		X	X			X	8	60
Campylorhamphus falcularius		X	X	X	X	X	X	X	X				8	29

Tabela 3. (continuação) Espécies endêmicas por IBA no Estado do Espírito Santo, agrupadas por Bioma

Espécies	nº EBA*	Código IBA											Total**	
		ES01	ES02	ES03	ES04	ES05	ES/MG01	ES06	ES07	ES08	ES09	ES10	a	b
Mata Atlântica														
Oreophylax moreirae	76						X						1	5
Synallaxis ruficapilla			X	X	X	X		X	X				6	37
Cranioleuca pallida			X	X		X			X				4	22
Thripophaga macroura	75	X										X	2	8
Phacellodomus ferrugineigula						X			X				2	9
Cichlocolaptes leucophrus	75	X	X			X		X	X				5	26
Anabacerthia amaurotis	75		X			X	X		X				4	20
Philydor lichtensteini			X			X			X				3	25
Philydor atricapillus		X	X		X			X					4	31
Anabazenops fuscus			X	X		X		X	X				5	23
Automolus leucophthalmus		X	X	X	X			X				X	6	42
Sclerurus scansor			X			X	X		X				4	36
Hypoedaleus guttatus			X		X								2	22
Mackenziaena severa			X	X		X	X		X				5	30
Mackenziaena leachii							X						1	28
Thamnophilus ambiguus		X			X							X	3	13
Dysithamnus stictothorax	75		X	X	X	X	X	X	X				7	27
Dysithamnus plumbeus	75	X	X		X							X	4	10
Myrmotherula gularis	75		X		X		X		X				4	26
Myrmotherula minor	75		X			X							2	13
Myrmotherula urosticta	75	X											1	11
Formicivora serrana	75		X	X		X		X					4	7
Drymophila ferruginea			X	X		X		X	X				5	29
Drymophila genei	76						X		X				2	10
Drymophila ochropyga	76		X			X	X		X				4	30
Drymophila squamata		X	X					X					3	31

Tabela 3. (continuação) Espécies endêmicas por IBA no Estado do Espírito Santo, agrupadas por Bioma

Espécies	nº EBA*	Código IBA											Total**	
		ES01	ES02	ES03	ES04	ES05	ES/MG01	ES06	ES07	ES08	ES09	ES10	a	b
Mata Atlântica														
Terenura maculata		X	X		X	X			X				5	27
Cercomacra brasiliana	75			X									1	3
Pyriglena leucoptera		X	X	X	X	X		X	X				7	45
Myrmeciza ruficauda	71, 75	X											1	17
Myrmeciza loricata	75		X	X	X	X		X	X				6	15
Chamaeza meruloides	75		X	X		X			X				4	19
Conopophaga lineata			X	X		X	X		X				5	49
Conopophaga melanops		X	X		X	X						X	5	39
Psilorhamphus guttatus	75			X		X	X		X				4	17
Merulaxis ater	75						X						1	12
Scytalopus speluncae						X	X		X				3	25
Scytalopus indigoticus			X	X		X			X				4	22
Laniisoma elegans			X				X		X				3	20
Carpornis cucullata	75		X	X		X	X	X	X				6	23
Carpornis melanocephala		X			X								2	18
Iodopleura pipra	71, 75		X										1	18
Lipaugus lanioides		X	X	X	X	X	X	X	X				8	29
Cotinga maculata	75	X											1	5
Xipholena atropurpurea	71, 75	X											1	18
Pyroderus scutatus		X	X										2	29
Procnias nudicollis		X	X		X	X	X		X				6	39
Schiffornis virescens			X	X	X	X		X	X				6	38
Chiroxiphia caudata			X	X	X	X		X	X				6	42
Ilicura militaris			X	X		X		X	X				5	28
Neopelma aurifrons		X	X		X							X	4	8
Mionectes rufiventris			X	X	X	X	X		X				6	34

Tabela 3. (continuação) Espécies endêmicas por IBA no Estado do Espírito Santo, agrupadas por Bioma

Espécies	nº EBA*	Código IBA											Total**	
		ES01	ES02	ES03	ES04	ES05	ES/MG01	ES06	ES07	ES08	ES09	ES10	a	b
Mata Atlântica														
Hemitriccus diops			X	X		X			X				4	23
Hemitriccus orbitatus												X	1	18
Hemitriccus nidipendulus			X					X	X				3	21
Todirostrum poliocephalum		X	X	X		X			X			X	6	33
Phyllomyias virescens						X	X		X				3	14
Phyllomyias griseocapilla	76		X			X	X		X				4	19
Phylloscartes eximius						X							1	12
Phylloscartes paulista							X						1	15
Phylloscartes oustaleti	75		X			X		X	X				4	20
Phylloscartes difficilis	76						X						1	13
Phylloscartes sylviolus			X										1	10
Myiornis auricularis		X	X	X	X	X		X	X			X	8	33
Platyrinchus leucoryphus			X		X								2	14
Knipolegus nigerrimus			X			X	X	X	X				5	32
Muscipipra vetula			X			X	X		X				4	25
Attila rufus		X	X		X	X		X	X				6	35
Arremon semitorquatus			X	X		X	X	X	X				6	14
Haplospiza unicolor			X			X	X		X				4	32
Poospiza thoracica	76						X						1	13
Sporophila frontalis	75	X	X										2	21
Sporophila ardesiaca	75	X	X	X				X					4	5
Saltator fuliginosus		X	X	X				X					4	36
Saltator maxillosus							X						1	15
Orchesticus abeillei			X			X	X		X				4	16
Hemithraupis ruficapilla		X	X	X	X	X		X	X			X	8	36
Nemosia rourei	75		X			X			X				3	3

Tabela 3. (continuação) Espécies endêmicas por IBA no Estado do Espírito Santo, agrupadas por Bioma

Espécies	nº EBA*	Código IBA											Total**	
		ES01	ES02	ES03	ES04	ES05	ES/MG01	ES06	ES07	ES08	ES09	ES10	a	b
Mata Atlântica														
Orthogonys chloricterus	76		?			X	X						2	17
Tachyphonus coronatus		X	X	X		X		X	X			X	7	41
Ramphocelus bresilius		X	X										2	36
Thraupis cyanoptera	75		X			X	X	X	X				5	23
Thraupis ornata		X	X	X	X	X		X	X				7	32
Euphonia pectoralis		X	X	X	X	X		X	X				7	39
Tangara cyanomelas		X											1	10
Tangara brasiliensis		X			X								2	10
Tangara seledon		X	X	X	X							X	5	31
Tangara cyanocephala			X		X	X		X					4	41
Tangara desmaresti	76			X		X	X	X	X				5	28
Tangara cyanoventris	75		X	X	X	X		X	X				6	16
Dacnis nigripes	75		X										1	16
Hylophilus poicilotis			X			X	X		X				4	23
Total de espécies		**66**	**104**	**56**	**48**	**80**	**41**	**52**	**79**	**1**	**0**	**25**		
Cerrado														
Embernagra longicauda	73						X						1	8
Total de espécies		**0**	**0**	**0**	**0**	**0**	**1**	**0**	**0**	**0**	**0**	**0**		
Total geral de espécies		**66**	**104**	**56**	**48**	**80**	**42**	**52**	**79**	**1**	**0**	**25**		

* EBA: Endemic Bird Areas of the World (Stattersfield et al., 1998). Ver capítulo 4.

** Número de IBAs em que a espécie se encontra presente em: **a** – Espírito Santo; **b** – Região como um todo.

RIO DE JANEIRO

Biatas nigropectus

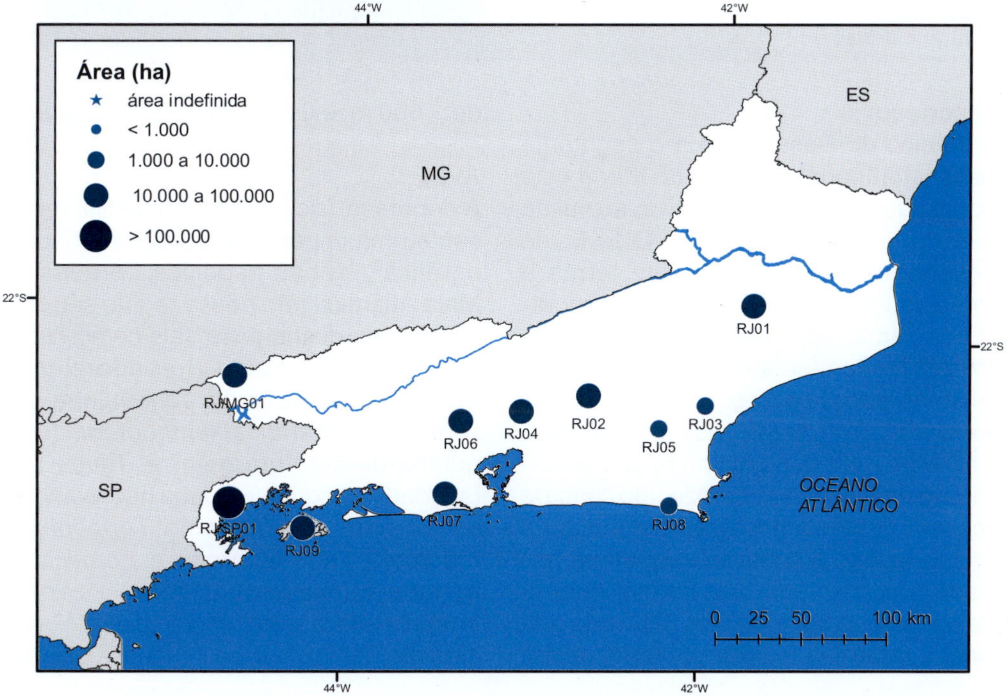

Tabela 1. Lista das IBAs no Estado do Rio de Janeiro

Código	Nome	Bioma	Critérios* A1	A2	A3	A4
RJ01	Parque Estadual do Desengano e Entorno	ATL	X	75		
RJ/MG01	Parque Nacional de Itatiaia	ATL	X	75, 76	ATL	
RJ02	Região Serrana do Rio de Janeiro	ATL	X		(ATL)	
RJ03	Reserva Biológica União	ATL	X			
RJ04	Serra dos Órgãos	ATL	X	75, 76	ATL	
RJ05	Reserva Biológica de Poço das Antas	ATL	X			
RJ06	Serra do Tinguá	ATL	X	75, 76	ATL	
RJ07	Maciços da Tijuca e Pedra Branca	ATL	X	75	ATL	
RJ08	Restinga de Maçambaba e Ilha de Cabo Frio	ATL	X	75	ATL	
RJ09	Ilha Grande	ATL	X			
RJ/SP01	Serra da Bocaina/Paraty/Angra dos Reis	ATL	X	75, 76	ATL	
IBA interestadual descrita na seção referente a outro Estado						
MG/RJ01	Laranjal/Miracema	ATL	X	75		

* Ver capítulo 2 para explicação dos critérios.

Parque Estadual do Desengano e Entorno — RJ01

A1, A2 — **21°52'S, 41°48'W**

Área: > 22.500 ha
Municípios: Santa Maria Madalena, Campos dos Goytacazes, São Fidelis
Grau de proteção: Parcial

Bioma: Mata Atlântica
Altitude: 40-1.750 m
Inventário ornitológico: Preliminar
Key Area 084/PROBIO 402

Descrição

O maciço do Desengano é o segmento mais setentrional da Serra do Mar e está localizado no norte fluminense, ao sul do vale do rio Paraíba do Sul. O P. E. do Desengano abrange somente terras a partir de 200 m de altitude, mas importantes remanescentes florestais à sua volta estendem-se até cotas altimétricas mínimas de 40 m (*e.g.*, em São Julião, no rio Mocotó)[1]. Nas áreas montanhosas, o relevo é marcado por linhas de cumeada angulosas, elevações do tipo "pão de açúcar", pontões, escarpas e patamares escalonados[2]. A cobertura vegetal é formada principalmente pela floresta ombrófila densa submontana (até 500 m de altitude) e montana (c.500-1.500 m); acima de 1.600 m, existem campos de altitude[2].

Aves

A depressão do rio Paraíba do Sul representa uma importante fronteira ornitogeográfica[3]. Várias espécies de aves da Mata Atlântica têm nessa região seu limite norte de distribuição, tais como *Heliobletus contaminatus* (trepadorzinho), *Myrmotherula unicolor* (choquinha-cinzenta), *Dysithamnus xanthopterus* (choquinha-de-asa-ferrugem) e *Tijuca atra* (saudade), enquanto outras não avançam em direção ao sul, como *Thripophaga macroura* (rabo-amarelo) e *Formicivora serrana* (formigueiro-da-serra), localmente representada pela raça *interposita*[4,5,6]. Atualmente, também o cotingídeo *Xipholena*

RIO DE JANEIRO

Espécies ameaçadas: 15	
Leucopternis lacernulatus	Wege & Long (1995).
Pyrrhura cruentata	Observada no entorno do parque (Wege & Long 1995).
Touit melanonotus	Observada no entorno do parque (Wege & Long 1995).
Touit surdus	Wege & Long (1995), Pacheco et al. (1996b).
Amazona rhodocorytha	Observada no entorno do parque (Wege & Long 1995).
Thripophaga macroura	Presente até 800 m de altitude, aparentemente em pequeno número (Collar et al. 1992, BirdLife International 2000).
Biatas nigropectus	Wege & Long (1995).
Myrmotherula urosticta	Whitney & Pacheco (1995), Pacheco et al. (1992b).
Carpornis melanocephala	Collar et al. (1992), Pacheco et al. (1992b).
Xipholena atropurpurea	Wege & Long (1995), Pacheco et al. (1992b).
Hemitriccus furcatus	Wege & Long (1995), Pacheco et al. (1992b).
Platyrinchus leucoryphus	Wege & Long (1995).
Sporophila falcirostris	Wege & Long (1995).
Sporophila frontalis	Wege & Long (1995).
Tangara peruviana	Wege & Long (1995).

Espécies quase ameaçadas: 13	
Leucopternis polionotus	Pacheco et al. (1996b).
Triclaria malachitacea	Wege & Long (1995).
Ramphodon naevius	Pacheco et al. (1996b).
Myrmotherula unicolor	Whitney & Pacheco (1995).
Dysithamnus stictothorax	Pacheco et al. (1996b).
Scytalopus indigoticus	Pacheco et al. (1996b).
Laniisoma elegans	Wege & Long (1995).
Tijuca atra	Pacheco et al. (1992b).
Iodopleura pipra	Wege & Long (1995).
Phylloscartes paulista	Wege & Long (1995).
Phylloscartes eximius	Pacheco et al. (1992b).
Hemitriccus orbitatus	Pacheco et al. (1996b).
Dacnis nigripes	Wege & Long (1995).

Espécies de distribuição restrita: 21 EBA075

Área protegida:		
Nome	**Categoria**	**Área**
Parque Estadual do Desengano	Proteção Integral	22.500 ha

atropurpurea (anambé-de-asa-branca), endêmico do Brasil, tem seu limite meridional de distribuição na região do Desengano. A área possui uma avifauna extremamente rica, que inclui um grande número de espécies ameaçadas. Um levantamento realizado no P. E. do Desengano e imediações no final da década de 1980 apontou a presença de 405 espécies[5]. A avifauna das zonas de encosta do parque (200-800 m) combina elementos próprios da baixada e das montanhas[7], mas boa parte dos registros ornitológicos de maior interesse provém de remanescentes de floresta de planície situados fora dos limites da unidade de conservação[8].

Ameaças

No que concerne à conservação de aves na Mata Atlântica, a consolidação do P. E. do Desengano foi considerada a maior prioridade de ação no Estado do Rio de Janeiro, tendo em vista os problemas fundiários e de fiscalização que afetam cronicamente essa importante área de preservação[1,9]. As terras baixas que cercam o parque têm sido sistematicamente desmatadas[1,10]. Nos últimos anos, porém, o avanço das pastagens sobre as áreas de floresta tem diminuído significativamente como resultado da implementação de um programa regional de desenvolvimento sustentado; além disso, campanhas têm estimulado a criação de RPPNs na região[11].

Referências
1. Pacheco et al. (1992a); **2.** Fundação Instituto Estadual de Florestas (www.ief.rj.gov.br); **3.** Silva & Straube (1996); **4.** Bauer (1999); **5.** Pacheco et al. (1992b); **6.** Gonzaga & Pacheco (1990); **7.** Pacheco et al. (1996b); **8.** Wege & Long (1995); **9.** Pacheco & Bauer (2000); **10.** BirdLife International (2000); **11.** www.pronatura.org.br; Collar et al. (1992); Pacheco et al. (1996c); Whitney & Pacheco (1995).

Parque Nacional de Itatiaia — RJ/MG01

A1, A2, A3

22°22'S, 44°39'W

Área: 30.000 ha
Municípios: Itatiaia, Resende (RJ), Itamonte, Bocaina de Minas (MG)
Grau de proteção: Total

Bioma: Mata Atlântica
Altitude: 650-2.791 m
Inventário ornitológico: Representativo
Key Area 086/PROBIO 404

Descrição

Esse antigo parque nacional está localizado sobre a Serra da Mantiqueira, no extremo oeste do Rio de Janeiro e em áreas adjacentes de Minas Gerais. O relevo é montanhoso, com encostas íngremes e elevações rochosas abruptas, sendo o Pico das Agulhas Negras (2.791 m) o ponto culminante de toda a região. O clima e a vegetação local variam bastante conforme a altitude, originando uma evidente zonação ecológica. As encostas inferiores da vertente sul da serra, até altitudes de 1.100 m, são revestidas por florestas montanas[1]. Devido ao histórico de ocupação da área, essas florestas são, em sua maior parte, secundárias[2]. De 1.100 a 2.000 m (ou de 1.500 a 2.200 m no norte e até 2.700 m no oeste do parque) existem florestas alto-montanas, ou matas nebulares, que gradativamente diminuem de porte e dão lugar aos campos de altitude, a partir de 1.600-2.400 m[1,2]. Em alguns setores elevados do parque, principalmente no norte e no extremo oeste, ocorrem indivíduos esparsos ou agrupamentos de *Araucaria angustifolia* (araucária ou pinheiro-do-paraná)[1], mas essa conífera foi intensamente explorada no passado[3] e hoje é mais abundante em algumas áreas do entorno, como Visconde de Mauá[4]. O clima regional é mesotérmico, com verões brandos; as geadas são comuns nas partes mais altas da serra durante o inverno e podem ocorrer breves nevadas[5].

Aves

Mais de 250 espécies de aves vivem na área[6]. O parque abriga o maior conjunto de espécies de distribuição restrita da floresta atlântica montana (EBA076) entre todas as IBAs já identificadas e se qualifica duplamente sob o critério A2. Também a proporção de espécies endêmicas da Mata Atlântica na avifauna local – acima de 40% – é extremamente alta. A complexa estrutura da vegetação, que inclui diversas espécies de taquaras, proporciona os hábitats essencias para vários especialistas de bambu, como *Claravis godefrida* (pararu-espelho), *Biatas nigropectus* (papo-branco), *Sporophila frontalis* (pixoxó), *S. falcirostris* (cigarra-verdadeira) e *Amaurospiza moesta* (negrinho-do-mato)[6]. A jacutinga (*Pipile*

Espécies ameaçadas: 8	
Claravis godefrida	Wege & Long (1995).
Touit melanonotus	Wege & Long (1995), Machado et al. (1998).
Biatas nigropectus	Wege & Long (1995).
Piprites pileata	Wege & Long (1995).
Onychorhynchus swainsoni	Importante reduto (BirdLife International 2000).
Hemitriccus furcatus	Wege & Long (1995).
Sporophila falcirostris	Wege & Long (1995).
Sporophila frontalis	Regular na área (BirdLife International 2000); Willis & Oniki (1983).

Espécies quase ameaçadas: 28	
Tinamus solitarius	Pinto (1954), Parker & Goerck (1997).
Leucopternis polionotus	Parker & Goerck (1997).
Harpia harpyja	Observado no parque e imediações em 1984 e 2000 (Marigo 2002, Pacheco et al. 2003a).
Primolius maracana	Parker & Goerck (1997).
Strix hylophila	Parker & Goerck (1997).
Baillonius bailloni	Parker & Goerck (1997).
Piculus aurulentus	Parker & Goerck (1997).
Anabacerthia amaurotis	Parker & Goerck (1997).
Leptasthenura setaria	Sick (1997), Pacheco & Parrini (2000).
Dysithamnus stictothorax	Parker & Goerck (1997).
Drymophila genei	Parker & Goerck (1997).
Drymophila ochropyga	Parker & Goerck (1997).
Merulaxis ater	Parker & Goerck (1997).
Scytalopus indigoticus	Pinto (1954), Parker & Goerck (1997).
Laniisoma elegans	Wege & Long (1995).
Lipaugus lanioides	Wege & Long (1995).
Iodopleura pipra	Wege & Long (1995).
Phibalura flavirostris	Até oito indivíduos vistos em uma única árvore frutífera (Parker & Goerck 1997).
Tijuca atra	Parker & Goerck (1997).
Contopus cooperi	Observado em 1986 e 1992 (Willis et al. 1993, Pacheco & Parrini 1998).
Phyllomyias griseocapilla	Parker & Goerck (1997).
Polystictus superciliaris	Vasconcelos et al. (2003b).
Phylloscartes difficilis	Parker & Goerck (1997).
Phylloscartes eximius	Pinto (1954), Parker & Goerck (1997).
Amaurospiza moesta	Parker & Goerck (1997).
Orchesticus abeillei	Parker & Goerck (1997).
Thraupis cyanoptera	Pinto (1954); Visconde de Mauá (Bauer & Pacheco 2000).
Dacnis nigripes	Wege & Long (1995).

Espécies de distribuição restrita: 18 **EBA075**

Espécies de distribuição restrita: 16 **EBA076**

Espécies endêmicas: 116 **ATL**

Áreas protegidas:

Nome	**Categoria**	**Área**
Parque Nacional de Itatiaia	Proteção Integral	30.000 ha
APA da Serra da Mantiqueira (em parte)	Uso Sustentável	422.873 ha
APA da Serrinha [do Alambari] (em parte)	Uso Sustentável (Municipal)	4.500 ha

jacutinga) ocorria na região até pelo menos 1978[7], mas é agora dada como extinta em todo o Estado do Rio de Janeiro[8]. A quase ameaçada *Cercomacra brasiliana* (chororó-cinzento) foi registrada em Serrinha[9], nos contrafortes orientais do maciço do Itatiaia, mas deve haver pouco hábitat adequado para essa espécie típica de matas semidecíduas no interior do parque. *Touit surdus* (apuim-de-cauda-amarela) é mencionada para a mesma localidade[7,10], aparentemente com base em uma única fonte; entretanto, não há outros registros desse psitacídeo ameaçado em todo o maciço da Mantiqueira, e sua presença requer confirmação. Por outro lado, a ocorrência de *Harpyhaliaetus coronatus* (águia-cinzenta), observada em 1988 a menos de 5 km dos limites do parque[11], é mais provável.

Ameaças

Incêndios que se alastram a partir de propriedades vizinhas ou originam-se da atividade de turistas causam sérios danos aos ecossistemas do parque e são uma ameaça constante[1]. Outro problema crônico é a falta de regularização fundiária. Em 2000, ainda restavam 20.000 dos 30.000 ha do parque por serem desapropriados[12]. Em conseqüência disso, a área sul (antigo Núcleo Colonial de Itatiaia) está agora quase totalmente ocupada por propriedades particulares, sítios de veraneio e hotéis[1]. O parque é atravessado por muitas estradas e trilhas, dificultando o controle sobre a entrada e o trânsito de pessoas[1]. Outras ameaças incluem os efeitos da poluição atmosférica causada por Volta Redonda, a instalação desordenada de hotéis e pousadas, a presença de animais domésticos e a extração predatória de palmito e madeiras[12]. No entorno da unidade de conservação, os crimes ambientais mais freqüentes são o corte de vegetação em áreas de preservação permanente, a abertura de estradas, a extração clandestina de palmito e as queimadas não-autorizadas de pastagens[5].

Referências

1. dos Santos (2000); **2.** www.jbrj.gov.br/pesquisa/pma/itatiaia.htm; **3.** www.lsi.usp.br/econet/snuc/ucrj/pni/pni.htm; **4.** Bauer & Pacheco (2000); **5.** Santos & Zikan (2000); **6.** Parker & Goerck (1997); **7.** Wege & Long (1995); **8.** Alves et al. (2000a); **9.** Pacheco & Fonseca (1992); **10.** Collar et al. (1992); **11.** Pacheco et al. (2003a); **12.** Crespo & Carneiro (2000); Pinto (1954); Willis & Oniki (1983); Pineschi (1990); Sick (1997); Machado et al. (1998); Pacheco & Parrini (1998, 2000); BirdLife International (2000); Marigo (2002); Vasconcelos et al. (2003b).

Região Serrana do Rio de Janeiro — RJ02

A1, (A3) — **22°23'S, 42°41'W**

Área: c.55.000 ha
Municípios: Teresópolis, Nova Friburgo, Cachoeiras de Macacu, Silva Jardim, Guapimirim
Grau de proteção: Parcial
Bioma: Mata Atlântica
Altitude: 35-2.310 m
Inventário ornitológico: Não disponível
PROBIO 402

Descrição

Essa área abrange a porção central do corredor florestal da Serra do Mar no Rio de Janeiro, estendendo-se desde os limites do Parque Nacional da Serra dos Órgãos, em Guapimirim e Teresópolis, até as serras de Macaé de Cima, Rio Bonito, São João, Santana e da Botija, nos municípios de Nova Friburgo, Cachoeiras de Macacu e Silva Jardim. Sua superfície corresponde, em grande parte, às áreas combinadas da Estação Ecológica do Paraíso e do recentemente criado Parque Estadual dos Três Picos, maior unidade de conservação de proteção integral no Rio de Janeiro[1]. Este último sobrepõe-se parcialmente à Reserva Ecológica de Macaé de Cima (municipal) e à Reserva Ecológica de Guapi-Açu, área de preservação privada mantida pela organização anglo-brasileira *Brazilian Rainforest Trust*[2,3]. A paisagem da região é dominada por um extraordinário conjunto montanhoso, que inclui o ponto culminante de toda a Serra do Mar, o Pico Maior de Friburgo, com 2.310 m. A vegetação é muito variada devido às grandes diferenças de altitude. Predominam a floresta ombrófila densa montana e as matas de neblina, mas há pequenos trechos de formações campestres naturais (campos de altitude) nos picos das serras, acima de 1.500 m[1,2]. Localmente, existem matas de baixa altitude ainda preservadas, como em Guapi-Açu e nos vales dos rios Paraíso, Anil e Caboclo, próximo à E. E. do Paraíso[2,3].

Aves

A área seguramente abriga populações expressivas de várias espécies ameaçadas e também um grande número de endemismos da Mata Atlântica, em virtude de sua cobertura florestal ainda vasta e contínua, que se estende por um amplo gradiente altitudinal. A notável diversidade de aves encontrada em setores adjacentes da Serra do Mar (p.ex., no P. N. da Serra dos Órgãos) constitui outro claro indicativo da grande riqueza da avifauna local. No entanto, a única localidade da região que conta com um inventário ornitológico relativamente recente divulgado na literatura é a Serra da Sibéria[4], em Nova Friburgo, situada alguns quilômetros a nordeste da área[5]. As espécies ameaçadas *Biatas nigropectus* (papo-branco) e *Sporophila frontalis* (pixoxó) foram observadas em Teresópolis, não longe dos limites do P. E. dos Três Picos, e presumivelmente ocorrem também em seu interior, enquanto *Piprites pileata* (caneleirinho-de-chapéu-preto) foi coletada em Nova Friburgo no final do século XIX mas ainda pode estar presente nas florestas altimontanas da região[6]. *Calyptura cristata* (tietê-de-coroa), recentemente redescoberta nas imediações do P. N. da Serra dos Órgãos, deve ser procurada na área, visto que a distribuição histórica dessa espécie diminuta e inconspícua estendia-se até Nova Friburgo[6]. Em adição, foi recentemente sugerido que Macaé de Cima poderia ser a verdadeira lo-

Espécie ameaçada	
Neopelma aurifrons	Anil (Whitney et al. 1995a).

Espécies quase ameaçadas: 3	
Laniisoma elegans	Rio Bonito, em 1985 e 1990 (Collar et al. 1992).
Iodopleura pipra	Macaé de Cima, em 1986 (Collar et al. 1992).
Dacnis nigripes	Uma ave avistada em Macaé de Cima em 1985 (Collar et al. 1992).

Áreas protegidas:

Nome	Categoria	Área
Parque Estadual dos Três Picos	Proteção Integral	46.350 ha
Estação Ecológica Estadual do Paraíso	Proteção Integral	4.920 ha
Reserva Ecológica de Macaé de Cima	Municipal	7.200 ha
Reserva Ecológica de Guapi-Açu	Privada	7.385 ha
RPPN Fattoria Grigea	Particular	25 ha
APA Região Serrana de Petrópolis (em parte)	Uso Sustentável	59.049 ha
APA Floresta do Jacarandá	Uso Sustentável	2.700 ha
APA da Bacia do Rio dos Frades	Uso Sustentável	7.500 ha
APA de Macaé de Cima	Uso Sustentável	35.037 ha

calidade de origem do exemplar-tipo de *Nemosia rourei* (saíra-apunhalada)[7,8], outra espécie redescoberta há pouco tempo e cuja ocorrência nas matas da região é considerada possível[8]. A R. E. de Guapi-Açu, localizada na parte central do corredor florestal entre Teresópolis e Nova Friburgo, é a única área onde alegadamente *Myrmotherula fluminensis* (choquinha-fluminense) tem sido observada, mas os registros conhecidos permanecem não-documentados e têm sido postos em dúvida, assim como a validade do próprio táxon[9,10]. Por fim, a área inclui a única localidade com registros atuais de *Neopelma aurifrons* (fruxu-baiano) no Rio de Janeiro (Anil)[11].

Ameaças

Junto aos limites leste e oeste da área, a principal ameaça parece ser a crescente ocupação humana de zonas primitivas; em Macaé de Cima, a lenha extraída das matas nativas é utilizada para abastecer os fornos de olarias e padarias da região, e ocorre coleta predatória de palmito, bromélias, orquídeas e xaxim[2].

Referências

1. Fundação Instituto Estadual de Florestas (www.ief.rj.gov.br); **2.** Lima & Guedes-Bruni (1997); **3.** www.worldlandtrust.org; **4.** Scott & Brooke (1985); **5.** Vanzolini (1992); **6.** Collar et al. (1992); **7.** Pacheco (1999); **8.** Bauer et al. (2000); **9.** BirdLife International (2000); **10.** Zimmer & Isler (2003); **11.** Whitney et al. (1995a).

Reserva Biológica União — RJ03

A1 — **22°24'S, 42°02'W**

Área: 3.126 ha
Municípios: Casimiro de Abreu, Rio das Ostras
Grau de proteção: Total

Bioma: Mata Atlântica
Altitude: 10-350 m
Inventário ornitológico: Preliminar
Key Area 087/PROBIO 403

Descrição

A Reserva Biológica União foi criada em 1998 para resguardar um dos maiores – e também um dos últimos – fragmentos representantivos de floresta ombrófila de baixada que restam no Rio de Janeiro[1]. Dos 3.216 ha da reserva, aproximadamente 2.400 ha são cobertos por florestas. A área, anteriormente denominada Fazenda União, foi por muito tempo mantida pela Rede Ferroviária Federal como reserva de madeira para a fabricação de dormentes[2,3]. Está localizada próximo à rodovia BR-101, a cerca de 25 km a nordeste de Poço das Antas (RJ05).

Aves

Apesar de algumas espécies terem sofrido um marcante declínio nos últimos anos, três delas podendo já estar localmente extintas (ver quadro), a reserva ainda mantém sua importância como refúgio para aves ameaçadas ou endêmicas encontradas apenas em matas de baixa altitude (*e.g.*, *Amazona rhodocorytha*, *Phaethornis idaliae*, *Myrmotherula urosticta* e *Tangara mexicana*)[4] e como hábitat de invernagem para migrantes altitudinais (*e.g.*, *Laniisoma elegans*)[5]. A R. B. União é a única área onde *Myrmotherula unicolor* (choquinha-cinzenta), *M. minor* (choquinha-pequena) e *M. urosticta* (choquinha-de-rabo-cintado), três espécies do gênero sujeitas a algum grau de ameaça no sudeste brasileiro, ocorrem lado a lado[2].

Ameaças

Os incêndios florestais (o último ocorreu no início de 2003) e a fiscalização deficiente são os problemas mais sérios. Além disso, a área aparentemente vem se tornando menos úmida nos últimos anos[6],

Espécies ameaçadas: 8	
Leucopternis lacernulatus	Não registrada nos últimos 10 anos (Pacheco et al. 2003b); Collar et al. (1992).
Pyrrhura cruentata	Wege & Long (1995); declínio acentuado nos últimos anos (J. F. Pacheco).
Touit surdus	Sem registros recentes (J. F. Pacheco); Wege & Long (1995), Pacheco et al. (1996b).
Amazona rhodocorytha	Importante população no Rio de Janeiro (J. F. Pacheco); Wege & Long (1995).
Myrmotherula minor	Whitney & Pacheco (1995).
Myrmotherula urosticta	Whitney & Pacheco (1995); declínio acentuado nos últimos anos (J. F. Pacheco).
Procnias nudicollis	Pacheco et al. (2003b).
Carpornis melanocephala	Collar et al. (1992); talvez extinto na área (J. F. Pacheco).

Espécies quase ameaçadas: 4	
Myrmotherula unicolor	Whitney & Pacheco (1995).
Laniisoma elegans	Wege & Long (1995).
Hemitriccus orbitatus	Pacheco et al. (2003b).
Dacnis nigripes	Wege & Long (1995).

Área protegida:

Nome	Categoria	Área
Reserva Biológica União	Proteção Integral	3.126 ha

presumivelmente em conseqüência de seu isolamento.

Referências

1. Base de dados do *workshop* Avaliação e Ações Prioritárias para a Conservação dos Biomas Floresta Atlântica e Campos Sulinos; **2.** Whitney & Pacheco (1995); **3.** Wege & Long (1995); **4.** Pacheco et al. (2003b); **5.** José Fernando Pacheco (verb.); **6.** J. F. Pacheco (in litt.); Collar et al. (1992); Pacheco et al. (1996b).

Serra dos Órgãos — RJ04

A1, A2, A3 — **22°29'S, 43°03'W**

Área: c.16.000 ha
Municípios: Petrópolis, Teresópolis, Guapimirim, Magé
Grau de proteção: Parcial
Bioma: Mata Atlântica
Altitude: 190-2.263 m
Inventário ornitológico: Representativo
Key Area 088/PROBIO 402

Descrição

O maciço da Serra dos Órgãos, famoso por seus pináculos rochosos de formas inusitadas, está situado a apenas 50 km da cidade do Rio de Janeiro, no centro do Estado. Juntamente com a Serra do Tinguá (RJ06), a oeste, e as florestas entre Teresópolis e Nova Friburgo (RJ02), a leste, forma um bloco florestal praticamente contínuo ao longo da Serra do Mar fluminense, que somente é interrompido ou estreitado pelas áreas urbanas de Petrópolis, Teresópolis e Guapimirim. O Parque Nacional da Serra dos Órgãos abrange principalmente terras acima de 900 m de altitude[1,2], mas a área estende-se além dos limites dessa unidade de conservação, incluindo remanescentes desprotegidos de floresta baixo-montana no sopé da serra. Em alguns pontos, es-

Espécies ameaçadas: 8	
Leucopternis lacernulatus	Wege & Long (1995); aparentemente não incomum em altitudes menores (Mallet-Rodrigues & Noronha 2003).
Claravis godefrida	Scott & Brooke (1985), Wege & Long (1995).
Touit melanonotus	Wege & Long (1995).
Biatas nigropectus	Wege & Long (1995).
Tijuca condita	Área-chave para a espécie; Scott & Brooke (1985), Wege & Long (1995).
Procnias nudicollis	Snow (1982); raro no sopé da serra (Mallet-Rodrigues & Noronha 2003).
Calyptura cristata	Única área com registros atuais (Sick 1997, BirdLife International 2000).
Sporophila frontalis	Ocorrência regular (BirdLife International 2000); Raposo et al. (1994b), Wege & Long (1995).

Espécies quase ameaçadas: 20	
Leucopternis polionotus	Scott & Brooke (1985), Noronha et al. (1996).
Ramphodon naevius	Scott & Brooke (1985).
Baillonius bailloni	Scott & Brooke (1985).
Piculus aurulentus	Scott & Brooke (1985).
Anabacerthia amaurotis	Scott & Brooke (1985).
Myrmotherula unicolor	Scott & Brooke (1985); comum no sopé da Serra dos Órgãos (Mallet-Rodrigues & Noronha 2003).
Dysithamnus stictothorax	Scott & Brooke (1985).
Drymophila genei	Scott & Brooke (1985).
Drymophila ochropyga	Scott & Brooke (1985).
Tijuca atra	Scott & Brooke (1985).
Laniisoma elegans	Noronha et al. (1996), Raposo et al. (1994b), Mallet-Rodrigues & Noronha (2003).
Carpornis cucullata	Scott & Brooke (1985).
Iodopleura pipra	Wege & Long (1995); regular no sopé da serra (Mallet-Rodrigues & Noronha 2003).
Phibalura flavirostris	Scott & Brooke (1985), Raposo et al. (1994b).
Hemitriccus orbitatus	Comum no sopé da serra (Mallet-Rodrigues & Noronha 2003); Scott & Brooke (1985).
Phylloscartes difficilis	Scott & Brooke (1985).
Phyllomyias griseocapilla	Scott & Brooke (1985).
Thraupis cyanoptera	Scott & Brooke (1985).
Orchesticus abeillei	Scott & Brooke (1985).
Dacnis nigripes	Wege & Long (1995).

Espécies de distribuição restrita: 19 **EBA075**

Espécies de distribuição restrita: 11 **EBA076**

Espécies endêmicas: 104 **ATL**

Áreas protegidas:

Nome	Categoria	Área
Parque Nacional da Serra dos Órgãos	Proteção Integral	10.527 ha
APA Região Serrana de Petrópolis (em parte)	Uso Sustentável	59.049 ha
RPPN El Nagual	Particular	17 ha
RPPN Maria Francisca Guimarães	Particular	20 ha

ses remanescentes prolongam-se de forma ininterrupta até c.190 m de altitude[2]. Mais abaixo, a floresta já se encontra quase inteiramente fragmentada, ao passo que nas baixadas adjacentes existem apenas manchas esparsas de mata secundária[2]. A Serra dos Órgãos, entretanto, ainda apresenta grandes extensões de floresta primária, sobretudo a partir dos 400 m de altitude[1]. Acima de 1.830 m, as florestas de encosta dão lugar a matas nebulares e brenhas de bambus (até 2.100 m), e após a campos de altitude com charcos turfosos, nos cumes das montanhas[1].

Aves

Há registro de 372 espécies de aves na Serra dos Órgãos[2]. Algumas estão aparentemente extintas na região, como *Pipile jacutinga* (jacutinga), *Pyroderus scutatus* (pavó) e *Lipaugus lanioides* (tropeiro-da-serra)[2,3,4], mas a área ainda abriga mais de uma centena de endemismos da Mata Atlântica e pelo menos trinta espécies de distribuição restrita das EBAs 075 e 076. A notável redescoberta de *Calyptura cristata* (tietê-de-coroa) em uma encosta da Serra dos Órgãos em 1996, mais de cem anos após o último registro confirmado, deu-se em um condomínio particular situado próximo a um trecho da estrada Rio–Teresópolis conhecido como "curva do Garrafão", pouco abaixo dos limites do parque nacional[5]. Lamentavelmente, essa espécie criticamente ameaçada não foi mais vista desde então, a despeito das buscas movidas por ornitólogos e observadores de aves. Há evidências de prováveis migrações altitudinais na Serra dos Órgãos[2], o que confere importância extra às florestas de planície e encostas baixas da região como hábitats de invernagem de aves que se deslocam sazonalmente ao longo do gradiente de altitude, como *Dacnis nigripes* (saí-de-pernas-pretas)[6]. *Myrmotherula fluminensis* (choquinha-fluminense), espécie considerada criticamente ameaçada mas de validade questionável, foi descrita a partir de um macho coletado em Magé, em um fragmento de floresta de baixada situado muito próximo à base da Serra dos Órgãos[7]. A busca por populações remanescentes dessa espécie enigmática nas encostas inferiores da serra pode ajudar a elucidar o seu *status* taxonômico e de conservação. Por fim, a presença de *Harpia harpyja* (gavião-real) na área deve ser confirmada. Um exemplar foi observado nas imediações do P. N. da Serra dos Órgãos em 1980[8], mas esse registro aparentemente deu-se em circunstâncias que não permitiam a identificação segura da espécie[9].

Ameaças

A área confronta-se com núcleos urbanos de alta densidade populacional. A expansão descontrolada das áreas de ocupação humana através da favelização no entorno das grandes cidades e do aumento de condomínios residenciais e parques industriais é a principal ameaça às encostas florestadas da Serra dos Órgãos[8,10]. As mantidas nebulares, hábitat de *Tijuca condita* (saudade-da-asa-cinza), são particularmente vulneráveis a incêndios causados por campistas que visitam as partes altas da serra em períodos secos[11]. Tendo em vista que as matas de baixada desempenham um importante papel ao hospedarem migrantes altitudinais durante o inverno, a excessiva fragmentação dessas florestas é uma ameaça significativa às espécies que realizam deslocamentos altitudinais na região[2]. No sopé da Serra dos Órgãos, a destruição do hábitat vem sendo intensificada pela construção de sítios de lazer e vilas, pelo cultivo de banana e pela extração ilegal de madeira[2]. A captura para o comércio ilegal também afeta algumas espécies em particular[2].

Referências

1. Scott & Brooke (1985); **2.** Mallet-Rodrigues & Noronha (2003); **3.** Wege & Long (1995); **4.** Collar et al. (1992); **5.** Pacheco & Fonseca (2000); **6.** Gonzaga (1983); **7.** Gonzaga (1988); **8.** Raposo et al. (1994a); **9.** Pacheco et al. (2003a); **10.** Raposo et al. (1994b); **11.** BirdLife International (2000); Snow (1982); Noronha et al. (1996); Sick (1997); Ferreira et al. (2000).

Reserva Biológica de Poço das Antas — RJ05

A1 — 22°32'S, 42°17'W

Área: 5.000 ha
Municípios: Silva Jardim
Grau de proteção: Total

Bioma: Mata Atlântica
Altitude: 20-300 m
Inventário ornitológico: Representativo
Key Area 089/PROBIO 403

Descrição

A Reserva Biológica de Poço das Antas foi criada em 1974 principalmente para assegurar a sobrevivência do mico-leão-dourado (*Leontopithecus rosalia*), sendo uma das últimas manchas de floresta de baixada em território fluminense. Localizada na planície costeira interna do Rio de Janeiro, a cerca de 100 km da capital do Estado, essa área de relevo plano a suavemente ondulado é um mosaico de capoeiras, capoeirões e matas secundárias em diferentes estádios de maturação[1,2,3]. Florestas melhor estruturadas existem somente sobre as encostas dos morrotes mamelonares que caracterizam os setores mais elevados da reserva[2,3,4]. Boa parte das matas remanescentes em Poço das Antas situa-se sobre terrenos alagadiços, mas a construção da represa de Juturnaíba, há cerca de 20 anos atrás, eliminou extensas áreas pantanosas no interior e no entorno da unidade de conservação[2,3].

Aves

Segundo uma recente reavaliação da avifauna de Poço das Antas[5], várias espécies aparentemente desapareceram da reserva nas últimas duas décadas, entre elas os endêmicos *Odontophorus capueira*, *Ramphodon naevius*, *Automolus leucophthalmus*, *Pyriglena leucoptera*, *Myrmotherula minor*, *Phylloscartes paulista* (os dois últimos ameaçados), *Tangara seledon* e *Haplospiza unicolor*. Apesar da forte interferência antrópica, porém, as florestas de Poço das Antas ainda mantêm-se importantes como refúgio para espécies próprias de florestas de baixada e como hábitat de inverno de aves que realizam migrações sazonais. Invernam na área, aparentemente procedentes da Serra do Mar adjacente, *Pyrrhura frontalis* (tiriba-de-testa-vermelha), *Procnias nudicollis* (araponga), *Laniisoma elegans* (chibante), *Tachyphonus coronatus* (tiê-preto) e *Hemithraupis ruficapilla* (saíra-ferrugem), além de outras espécies não-endêmicas;

Espécies ameaçadas: 4

Leucopternis lacernulatus	Wege & Long (1995); provavelmente apenas vagante na área.
Procnias nudicollis	Scott & Brooke (1985); migrante altitudinal, presente durante o inverno (Pacheco et al. 2003b).
Sporophila frontalis	Wege & Long (1995); provavelmente apenas vagante na área.
Tangara peruviana	Visitante de inverno (Pacheco et al. 2003b).

Espécies quase ameaçadas: 3

Myrmotherula unicolor	Scott & Brooke (1985).
Laniisoma elegans	Migrante altitudinal, presente durante o inverno (Pacheco et al. 2003b).
Hemitriccus orbitatus	Scott & Brooke (1985).

Áreas protegidas:

Nome	Categoria	Área
Reserva Biológica de Poço das Antas	Proteção Integral	5.500 ha
APA da Bacia do Rio São João / Mico-leão-dourado	Uso Sustentável	150.700 ha

já *Tangara peruviana* (saíra-sapucaia), outro visitante de inverno, deve ser proveniente do sul[5].

Ameaças

Poço das Antas é cronicamente ameaçada por incêndios que se alastram a partir das fazendas vizinhas[4]. Consta que a contrução da barragem de Juturnaíba ocasionou a drenagem de uma vasta área de matas inundáveis a jusante, onde hoje ocorrem os grandes incêndios que assolam a reserva[6].

Referências

1. Wege & Long (1995); **2.** www.jbrj.gov.br/pesquisa/pma/rebio.htm; **3.** Scott & Brooke (1985); **4.** Whitney & Pacheco (1995); **5.** Pacheco et al. (2003b); **6.** www2.ibama.gov.br/unidades/biolog/reuc/39.htm

Serra do Tinguá — RJ06

A1, A2, A3 — 22°33'S, 43°23'W

Área: 28.000 ha
Municípios: Nova Iguaçu, Duque de Caxias, Petrópolis, Miguel Pereira
Grau de proteção: Total
Bioma: Mata Atlântica
Altitude: 40-c.1.600 m
Inventário ornitológico: Representativo
Key Area 090/PROBIO 402

Descrição

A Serra do Tinguá é adjacente à Serra dos Órgãos (RJ04), da qual é separada principalmente pela zona urbana de Petrópolis. Há, entretanto, alguma conexão florestal entre ambas através das matas existentes no norte do município de Magé e em áreas adjacentes de Petrópolis e Duque de Caxias. A Serra do Tinguá resguarda atualmente alguns dos melhores e mais extensos remanescentes de floresta primária de elevações intermediárias em todo o Estado do Rio de Janeiro, a maior parte concentrada acima de 500 m de altitude[1]. Entre 40 e 750 m, predominam matas alteradas ou secundárias, entremeadas com áreas já desmatadas[1]. A vegetação varia ao longo do gradiente de altitude, sendo classificada como floresta ombrófila densa submontana (50–500 m), montana (acima de 500 m) e altomontana, ou mata de neblina (1.270–1.600 m)[2]. Acima do limite das florestas existem campos de altitude[2]. As duas unidades de conservação de proteção integral existentes na Serra do Tinguá são praticamente contíguas e protegem quase toda a floresta que resta na região, exceto alguns remanescentes de floresta de baixa altitude na transição para a baixada litorânea.

Aves

À exemplo da vizinha Serra dos Órgãos (RJ04), a área se qualifica duplamente pelo critério A2, abrigando um componente significativo do conjunto de espécies de distribuição restrita que define as EBAs 075 (Floresta Atlântica de Planície) e 076 (Floresta Atlântica Montana). O cotingídeo ameaçado *Tijuca condita* (saudade-de-asa-cinza), cuja área de distribuição conhecida soma menos de 1.000 km^2, ocorre somente nas serras do Tinguá e dos Órgãos, onde restringe-se à mata altomontana[1,3], formação arbórea baixa que reveste as encostas superiores e o topo das montanhas, freqüentemente envoltos em densos nevoeiros. Existe um registro antigo de *Touit surdus* (apuim-de-cauda-amarela) para a baixada adjacente à Reserva Biológica do Tinguá[4], sendo possível que esse psitacídeo ainda ocorra na área.

Ameaças

A Serra do Tinguá está semi-isolada em meio a uma matriz urbana, o que pode

Espécies ameaçadas: 9	
Leucopternis lacernulatus	Mendonça-Lima & Pacheco (2003).
Harpyhaliaetus coronatus	*Status* desconhecido, provavelmente não residente; Wege & Long (1995).
Touit melanonotus	Registrada em Xerém, muito próximo da R. B. do Tinguá (Collar et al. 1992).
Myrmotherula minor	Ocorre até 500 m de altitude (Scott & Brooke 1985); Wege & Long (1995).
Procnias nudicollis	Scott & Brooke (1985).
Tijuca condita	Ocorre acima de 1.320 m de altitude (Scott & Brooke 1985); Wege & Long (1995).
Sporophila frontalis	Collar et al. (1992); J. F. Pacheco.
Sporophila falcirostris	Collar et al. (1992).
Dendroica cerulea	Observada na área em 1980 (Scott & Brooke 1985).

Espécies quase ameaçadas: 21	
Tinamus solitarius	Scott & Brooke (1985).
Leucopternis polionotus	Scott & Brooke (1985).
Triclaria malachitacea	Wege & Long (1995).
Ramphodon naevius	Scott & Brooke (1985).
Baillonius bailloni	Scott & Brooke (1985).
Piculus aurulentus	Scott & Brooke (1985).
Anabacerthia amaurotis	Scott & Brooke (1985).
Myrmotherula unicolor	Wege & Long (1995).
Dysithamnus stictothorax	Scott & Brooke (1985).
Drymophila genei	Scott & Brooke (1985).
Drymophila ochropyga	Scott & Brooke (1985).
Laniisoma elegans	Wege & Long (1995).
Phibalura flavirostris	Scott & Brooke (1985).
Tijuca atra	Scott & Brooke (1985).
Carpornis cucullata	Scott & Brooke (1985).
Hemitriccus orbitatus	Scott & Brooke (1985).
Phylloscartes oustaleti	Scott & Brooke (1985).
Phylloscartes difficilis	Scott & Brooke (1985).
Orchesticus abeillei	Scott & Brooke (1985).
Thraupis cyanoptera	Scott & Brooke (1985).
Dacnis nigripes	Wege & Long (1995).

Espécies de distribuição restrita: 19 EBA075

Espécies de distribuição restrita: 10 EBA076

Espécies endêmicas: 97 ATL

Áreas protegidas:

Nome	Categoria	Área
Reserva Biológica do Tinguá	Proteção Integral	26.000 ha
Reserva Biológica de Araras	Proteção Integral	2.068 ha
APA Região Serrana de Petrópolis (em parte)	Uso Sustentável	59.049 ha

comprometer a sobrevivência futura de espécies que requerem grandes áreas de vida[5]. As principais ameaças à área são a ação de caçadores, palmiteiros, grileiros e madeireiros, as queimadas e a deposição de lixo doméstico, hospitalar e industrial[1,5,6].

Referências

1. Scott & Brooke (1985); **2.** http://www.jbrj.gov.br/pesquisa/projetos especiais/tingua; **3.** BirdLife International (2000); **4.** Collar et al. (1992); **5.** Mendonça-Lima & Pacheco (2003); **6.** www.socioambiental.org/website/noticias; Willis et al. (1993); Wege & Long (1995); José Fernando Pacheco (verb.).

Maciços da Tijuca e Pedra Branca — RJ07

A1, A2, A3 — 22°56'S, 43°27'W

Área: 15.700 ha
Município: Rio de Janeiro
Grau de proteção: Total

Bioma: Mata Atlântica
Altitude: 80-1.024 m
Inventário ornitológico: Preliminar
Key Area 092/PROBIO 407

Descrição

Os conjuntos orográficos da Tijuca e da Pedra Branca formam um bloco isolado da Serra do Mar a oeste da baía da Guanabara. Ambos são revestidos por florestas úmidas de encosta, existindo certa conexão entre os dois maciços florestais[1], embora as unidades de conservação que os protegem não sejam contíguas. O Parque Nacional da Tijuca, considerado por muitos a maior floresta tropical urbana do mundo, está encravado no coração da metrópole do Rio de Janeiro e situa-se em uma área que já foi praticamente toda desmatada e ocupada por plantações de café, chá e cana-de-açúcar[2]. As florestas hoje existentes, em avançado estádio de regeneração, são o resultado de um programa de reflorestamento iniciado em 1862. O Parque Estadual da Pedra Branca, por sua vez, está localizado na porção central do município, limitando-se com vários bairros da zona oeste da capital e da baixada de Jacarepaguá[3]. O parque compreende áreas de encosta acima da cota de 100 m de altitude e inclui o pico da Pedra Branca, ponto culminante do município, com 1.024 m. A exemplo do P. N. da Tijuca, essa área também foi em grande parte ocupada por plantações no passado, sendo formada hoje principalmente por florestas secundárias[3].

Aves

Embora não especialmente rico em espécies de aves, o P. N. da Tijuca abriga praticamente todas as espécies ameaçadas ou quase ameaçadas listadas abaixo e sua avifauna é representativa da área de endemismo Mata Atlântica de Planície (EBA075). O P. E. da Pedra Branca, por outro lado, ainda é muito pouco conhecido, mas potencialmente possui uma avifauna tão ou mais diversificada que a encontrada no vizinho P. N. da Tijuca e presumivelmente comporta populações maiores das espécies ameaçadas. Essa área é às vezes confundida com a localidade de Pedra Branca, que fica no município de Paraty, litoral sul do Estado.

Ameaças

Os parques são áreas de alto risco de incêndios florestais, causados principalmente por balões. O P. N. da Tijuca, cercado por áreas urbanas, está permanentemente sob a ameaça de ser invadido pelas favelas vizinhas. A situação é similar no P. E. da Pedra Branca, onde caçadores circulam livremente e plantações de banana, pastos, favelas e condomínios de

Espécies ameaçadas: 6	
Leucopternis lacernulatus	Wege & Long (1995).
Touit melanonotus	Collar et al. (1992), BirdLife International (2000).
Procnias nudicollis	Parker & Goerck (1997).
Platyrinchus leucoryphus	Wege & Long (1995).
Sporophila frontalis	Irregular na área (J. F. Pacheco); Wege & Long (1995), BirdLife International (2000).
Tangara peruviana	Wege & Long (1995).

Espécies quase ameaçadas: 10	
Ramphodon naevius	Parker & Goerck (1997).
Baillonius bailloni	Parker & Goerck (1997).
Myrmotherula unicolor	Whitney & Pacheco (1995).
Dysithamnus stictothorax	Parker & Goerck (1997).
Drymophila ochropyga	Sick (1997).
Laniisoma elegans	Wege & Long (1995), Parker & Goerck (1997).
Hemitriccus orbitatus	Parker & Goerck (1997).
Phylloscartes sylviolus	Pacheco (1988a).
Thraupis cyanoptera	Pacheco (1988a).
Dacnis nigripes	Wege & Long (1995).

Espécies de distribuição restrita: 12	EBA075

Espécies endêmicas: 68	ATL

Áreas protegidas:

Nome	Categoria	Área
Parque Nacional da Tijuca	Proteção Integral	3.200 ha
Parque Estadual da Pedra Branca	Proteção Integral	12.500 ha

luxo avançam sobre a área do parque, devido à falta de fiscalização[4]. Felizmente, o P. E. da Pedra Branca tornou-se alvo de um projeto de recuperação e revitalização que prevê sua gestão compartilhada pelo Estado, empresas privadas e entidades conservacionistas.

Referências

1. José Fernando Pacheco (verb.); **2.** Parker & Goerck (1997); **3.** Fundação Instituto Estadual de Florestas (www.ief.rj.gov.br); **4.** Folha de S. Paulo (www1.folha.uol.com.br/folha/cotidiano/ult95u95631.shtml); Sick (1985, 1997); Pacheco (1988a); Collar et al. (1992); Wege & Long (1995); Whitney & Pacheco (1995); BirdLife International (2000); Gagliardi & Pacheco (2003).

Restinga de Maçambaba e Ilha de Cabo Frio — RJ08

A1, A2, A3

Área: c.9.000 ha
Municípios: Arraial do Cabo, Araruama, Saquarema
Grau de proteção: Parcial

22°56'S, 42°12'W

Bioma: Mata Atlântica
Altitude: nível do mar
Inventário ornitológico: Preliminar
Key Areas 091, 093/PROBIO 406 (73)

Descrição

Essa área consiste em uma estreita faixa de restingas litorâneas com mais de 40 km de extensão, que se estende desde a Estação Ecológica de Jacarepiá, em Saquarema, até a ilha de Cabo Frio, em Arraial do Cabo, no médio litoral fluminense. A longa restinga de Maçambaba, na porção central dessa faixa, separa a lagoa de Araruama do oceano, configurando um dos últimos sistemas lagunares bem preservados no Estado do Rio de Janeiro. A ilha de Cabo Frio, com 5,6 km^2, situa-se na extremidade leste da área e dista apenas 400 m da costa[1].

Aves

A área compreende praticamente toda a extensão de ocorrência de *Formicivora littoralis* (formigueiro-do-litoral)[2], papa-formiga endêmico das restingas do complexo da lagoa de Araruama[3]. A espécie é encontrada em altas densidades nos hábitats favoráveis e tem sido considerada abundante na ilha de Cabo Frio[4], onde aparentemente existe uma população viável[3]. O acesso à ilha é restrito pela Marinha brasileira[1,2], o que tem garantido a preservação da área[3,4].

Ameaças

A restinga de Maçambaba está sujeita a alta pressão antrópica por especulação imobiliária, desenvolvimento turístico e ocupação irregular[2,4,5].

Referências

1. Coelho et al. (1991); **2.** Gonzaga & Pacheco (1990); **3.** José Fernando Pacheco (base de dados do *workshop* Avaliação e Ações Prioritárias para a Conservação dos Biomas Floresta Atlântica e Campos Sulinos); **4.** BirdLife International (2000); **5.** Fundação BIO-RIO et al. (2002); Wege & Long (1995).

Espécies ameaçadas: 2

Formicivora littoralis	Gonzaga & Pacheco (1990), BirdLife International (2000).
Tangara peruviana	Registrada durante o inverno (Wege & Long 1995).

Espécies de distribuição restrita: 2 [EBA075] (*Formicivora littoralis*)

Espécies endêmicas: 6 [ATL] (*Formicivora littoralis*)

Áreas protegidas:

Nome	Categoria	Área
Reserva Ecológica de Jacarepiá	Proteção Integral	1.267 ha
Reserva Ecológica de Maçambaba	Proteção Integral	1.680 ha
APA Estadual de Maçambaba	Uso Sustentável	7.630 ha

Ilha Grande | RJ09

A1 | **23°09'S, 44°14'W**

Área: c.19.000 ha
Município: Angra dos Reis
Grau de proteção: Parcial

Bioma: Mata Atlântica
Altitude: 0-1.030 m
Inventário ornitológico: Preliminar
PROBIO 410

Descrição

A Ilha Grande é a maior das ilhas da baía que leva o seu nome, na região de Angra dos Reis, litoral sul do Rio de Janeiro. A ilha possui quase metade de sua superfície protegida por unidades de conservação de proteção integral e é separada do continente por um canal de aproximadamente 3 km de largura. Densas florestas em diferentes fases de regeneração cobrem a maior parte de sua extensão[1], mas remanescentes da mata original ainda pouco alterados são encontrados apenas em algumas áreas de difícil acesso na porção central da ilha[1,2]. Localmente, existem também manguezais e restingas. A precipitação anual é de aproximadamente 2.200 mm e a temperatura média está em torno de 23°C[1]. Há uma base de pesquisas da Universidade do Estado do Rio de Janeiro na ilha[2].

Aves

Em virtude do seu tamanho e extensiva cobertura florestal, a Ilha Grande presumivelmente é um importante reduto para espécies da Mata Atlântica que dependem de florestas de baixa altitude, como *Leucopternis lacernulatus* (gavião-pombo-pequeno) e *Myrmotherula unicolor* (choquinha-cinzenta).

Ameaças

A área sofre alta pressão pelo turismo[2].

Referências

1. Alves et al. (2000b); **2.** Alves (2001); Coelho et al. (1991); Collar et al. (1992); Almeida et al. (2000); Antonini et al. (2000); BirdLife International (2000); Buzzetti (2000); Maria Alice dos Santos Alves (base de dados do *workshop* Avaliação e Ações Prioritárias para a Conservação dos Biomas Floresta Atlântica e Campos Sulinos).

Espécies ameaçadas: 4

Leucopternis lacernulatus	Coelho et al. (1991), Alves (2001).
Amazona rhodocorytha	Comum (BirdLife International 2000); Collar et al. (1992).
Procnias nudicollis	Coelho et al. (1991), Buzzetti (2000).
Tangara peruviana	M. A. dos S. Alves.

Espécies quase ameaçadas: 4

Tinamus solitarius	Buzzetti (2000).
Myrmotherula unicolor	Buzzetti (2000).
Lipaugus lanioides	Buzzetti (2000).
Thraupis cyanoptera	Buzzetti (2000).

Áreas protegidas:

Nome	Categoria	Área
Parque Estadual de Ilha Grande	Proteção Integral	5.594 ha
Reserva Biológica de Praia do Sul	Proteção Integral	3.600 ha
APA de Tamoios	Uso Sustentável	21.400 ha

Serra da Bocaina / Paraty / Angra dos Reis — RJ/SP01

A1, A2, A3 — **23°09'S, 44°46'W**

Área: c.150.000 ha
Municípios: Paraty, Angra dos Reis (RJ), Cunha, Areias, São José do Barreiro, Bananal (SP)
Grau de proteção: Parcial

Bioma: Mata Atlântica
Altitude: 0-2.200 m
Inventário ornitológico: Representativo
Key Areas 094, 095, 100/PROBIO 409

Descrição

Essa extensa área compreende a planície costeira em torno da baía da Ilha Grande, no litoral sul-fluminense, bem como os maciços montanhosos circunvizinhos ao longo da divisa entre o Rio de Janeiro e São Paulo, que fazem parte das serras do Mar e da Bocaina. Em razão do amplo gradiente altitudinal que abrange, a área possui grande variação de clima e relevo, incluindo desde praias arenosas e florestas litorâneas de baixada, sujeitas a um clima tropical superúmido, até matas com araucária e campos de altitude nas partes mais altas da Serra da Bocaina, onde chega a nevar no inverno. Os limites da área abrangem as baixadas ainda florestadas de Paraty e Angra dos Reis (para leste até além dos vales dos rios Florestão e Ariró), o Parque Nacional da Serra da Bocaina, exceto a sua porção paulista que se sobrepõe ao Parque Estadual da Serra do Mar, em Ubatuba, e os altiplanos desprotegidos da Serra da Bocaina, no sul dos municípios de Bananal e São José do Barreiro. Os principais hábitats são manguezais, restingas, floresta ombrófila densa aluvial, submontana, montana e alto-montana, e campos de altitude acima dos 1.800 m[1,2].

Aves

A avifauna da área figura entre as mais representativas e diversificadas da Mata Atlântica. Cerca de 57% das espécies endêmicas desse bioma ocorrem na região, o mais alto percentual encontrado entre as IBAs já identificadas. A área também suporta o maior conjunto de espécies da EBA075 (Floresta Atlântica de Planície) – equiparando-se a Santa Teresa (ES02) – e um dos maiores da EBA076 (Floresta Atlântica Montana), qualificando-se duplamente pelo critério A2. Uma das aves endêmicas, *Formicivora erythronotos* (formigueiro-de-cabeça-negra), é exclusiva da área e está inteiramente restrita à estreita faixa costeira ao redor da baía da Ilha Grande, aproximadamente entre o vale do rio Taquari (Paraty), no P. N. da Serra da Bocaina, e o rio Ariró, em Angra dos Reis, com as maiores densidades ocorrendo nessa última localidade e em Mambucaba[3,4,5]. A notável diversidade da avifauna (há registros de mais de 420 espécies[6]) deve-se em parte à existência de um gradiente altitudinal completo na área, onde estão presentes desde aves típicas das baixadas quentes, como *F. erythronotos*, *Tangara peruviana* (saíra-sapucaia) e as subespécies endêmicas *Amazilia fimbriata tephrocephala* (beija-flor-de-garganta-verde) e *Hylophilus t. thoracicus* (vite-vite), até espécies de distribuição estritamente alto-montana, como *Drymophila genei* (choquinha-da-serra), *Piprites pileata* (caneleirinho-de-chapéu-preto) e *Tijuca atra* (saudade)[1]. O amplo gradiente de altitude também oferece oportunidade à ocorrência de casos de substituição altitudinal envolvendo várias espécies congenéricas, como acontece com o gênero *Drymophila*, com cinco representantes na área[1], todos endêmicos da Mata Atlântica. No limite sul da área, o maciço do Cairuçu projeta-se em direção ao mar na divisa Rio de Janeiro/São Paulo e atinge até 1.000 m de altitude, potencialmente atuando como barreira geográfica à dispersão de espécies que se distribuem ao longo da planície costeira mas não ocorrem ao sul de Paraty, como *Veniliornis maculifrons*, *Thamnophilus palliatus*, *F. erythronotos*, *H. thoracicus* e *Saltator maximus*[1]. Tal descontinuidade na avifauna justifica a separação da área em relação às florestas adjacentes em Caraguatatuba e Picinguaba (SP02), apesar da continuidade de hábitat que existe ao longo das serras litorâneas. A menção de *Touit melanonotus* (apuim-de-costas-pretas) para a localidade de Pedra Branca, Paraty[2], resulta de uma interpretação errônea do registro existente para o parque estadual homônimo, situado no município do Rio de Janeiro[7], e deve ser desconsiderada.

Ameaças

A contínua perda de hábitat ocasionada pelo crescimento da infraestrutura turística e das residências de veraneio na planície costeira é a principal ameaça às aves típicas das baixadas litorâneas, especialmente *F. erythronotos*[1,4]. O problema é agravado pela inexistência de unidades de conservação que contemplem áreas de planície ao nível do mar[1]. No restante da área, as ameaças são a descaracterização da vegetação nativa, os desmatamentos para o plantio de banana, a exploração ilegal de palmito e a caça predatória[1].

Referências

1. Buzzetti (2000); **2.** Wege & Long (1995); **3.** Pacheco (1988b); **4.** BirdLife International (2004); **5.** Mendonça & Gonzaga (2000); **6.** Pacheco et al. (1997); **7.** Collar et al. (1992); Berla (1944); Galetti et al. (1997a); Sick (1997); Buzzetti (1998); Vasconcelos et al. (2003b).

Espécies ameaçadas: 13	
Leucopternis lacernulatus	Buzzetti (2000).
Harpyhaliaetus coronatus	Registrada no P. N. da Bocaina no final da década de 1980 (Wege & Long 1995).
Pipile jacutinga	Wege & Long (1995); considerada rara ou extinta na área (Galetti et al. 1997a), mas ainda ocorre em áreas adjacentes de São Paulo.
Touit surdus	Pedra Branca (Pacheco et al. 1997).
Amazona rhodocorytha	Wege & Long (1995).
Myrmotherula minor	BirdLife International (2000), Buzzetti (2000).
Formicivora erythronotos	Única área de ocorrência (BirdLife International 2000, Buzzetti 2000).
Procnias nudicollis	Buzzetti (2000).
Piprites pileata	Sick (1997), BirdLife International (2000).
Onychorhynchus swainsoni	BirdLife International (2000), Buzzetti (2000).
Platyrinchus leucoryphus	Angra dos Reis somente (Wege & Long 1995).
Hemitriccus furcatus	Ocorre até c.500-700 m (Buzzetti 2000).
Tangara peruviana	Somente em Angra dos Reis (rio Florestão); Wege & Long (1995), Pacheco et al. (1997).

Espécies quase ameaçadas: 29	
Tinamus solitarius	Buzzetti (2000).
Triclaria malachitacea	Buzzetti (2000).
Ramphodon naevius	Buzzetti (2000).
Baillonius bailloni	Buzzetti (2000).
Piculus aurulentus	Buzzetti (2000).
Anabacerthia amaurotis	Buzzetti (2000).
Myrmotherula unicolor	BirdLife International (2000), Buzzetti (2000).
Dysithamnus stictothorax	Buzzetti (2000).

Drymophila genei	Buzzetti (2000).
Drymophila ochropyga	Buzzetti (2000).
Psilorhamphus guttatus	Buzzetti (2000), Pacheco et al. (1997).
Merulaxis ater	Buzzetti (2000).
Laniisoma elegans	BirdLife International (2000), Buzzetti (2000).
Lipaugus lanioides	Laranjeiras, Paraty (Pacheco et al. 1997).
Iodopleura pipra	Historicamente em Pedra Branca (Berla 1944) e recentemente em Mambucaba, Angra dos Reis (Wege & Long 1995, Mendonça & Gonzaga 2000).
Tijuca atra	Buzzetti (2000).
Carpornis cucullata	Buzzetti (2000).
Phibalura flavirostris	Angra dos Reis, coleta antiga (Pacheco et al. 1997).
Phyllomyias griseocapilla	Buzzetti (2000), Pacheco et al. (1997).
Polystictus superciliaris	Vasconcelos et al. (2003b).
Phylloscartes paulista	Buzzetti (1998, 2000).
Phylloscartes oustaleti	Buzzetti (2000).
Phylloscartes difficilis	Buzzetti (2000).
Phylloscartes sylviolus	São Roque, Paraty (Pacheco et al. 1997).
Contopus cooperi	Observada em 1990 (Pacheco et al. 1997).
Hemitriccus orbitatus	Buzzetti (2000).
Orchesticus abeillei	Buzzetti (2000).
Thraupis cyanoptera	Buzzetti (2000).
Dacnis nigripes	Registrada em Angra dos Reis (Wege & Long 1995).

Espécies de distribuição restrita: 24 **EBA075**

Espécies de distribuição restrita: 14 **EBA076**

Espécies endêmicas: 123 **ATL**

Áreas protegidas:

Nome	**Categoria**	**Área**
Parque Nacional da Serra da Bocaina	Proteção Integral	110.000 ha
Reserva Ecológica de Juatinga	Proteção Integral	8.000 ha
Estação Ecológica de Bananal	Proteção Integral	884 ha
APA de Cairuçu	Uso Sustentável	32.688 ha

Tabela 2. Espécies ameaçadas de extinção com ocorrência nas IBAs do Rio de Janeiro

Espécies	Categ.*	Código IBA											Total**	
		RJ01	RJ/MG01	RJ02	RJ03	RJ04	RJ05	RJ06	RJ07	RJ08	RJ09	RJ/SP01	a	b
Leucopternis lacernulatus	VU	X			X	X	X	X	X		X	X	8	34
Harpyhaliaetus coronatus	EN		?					X				X	2	13
Pipile jacutinga	EN											X	1	19
Claravis godefrida	CR		X			X							2	9
Pyrrhura cruentata	VU	X			X								2	16
Touit melanonotus	EN	X	X			X		X	X				5	15
Touit surdus	VU	X			X							X	3	35
Amazona rhodocorytha	EN	X			X						X	X	4	18
Thripophaga macroura	VU	X											1	8
Biatas nigropectus	VU	X	X			X							3	12
Myrmotherula minor	VU				X			X				X	3	13
Myrmotherula urosticta	VU	X			X								2	11
Formicivora littoralis	CR									X			1	1
Formicivora erythronotos	EN											X	1	1
Tijuca condita	VU					X		X					2	2
Carpornis melanocephala	VU	X			X								2	18
Calyptura cristata	CR					X							1	1
Xipholena atropurpurea	EN	X											1	18
Procnias nudicollis	VU				X	X	X	X	X		X	X	7	39
Neopelma aurifrons	VU			X									1	8
Piprites pileata	VU		X									X	2	8
Hemitriccus furcatus	VU	X	X									X	3	7
Platyrinchus leucoryphus	VU	X							X			X	3	14
Onychorhynchus swainsoni	VU		X									X	2	11
Sporophila frontalis	VU	X	X			X	X	X	X				6	21
Sporophila falcirostris	VU	X	X					X					3	10
Tangara peruviana	VU	X					X		X	X	X	X	6	16

Tabela 2. (continuação) Espécies ameaçadas de extinção com ocorrência nas IBAs do Rio de Janeiro

Espécies	Categ.*	Código IBA											Total**	
		RJ01	RJ/MG01	RJ02	RJ03	RJ04	RJ05	RJ06	RJ07	RJ08	RJ09	RJ/SP01	a	b
Dendroica cerulea	VU							X					1	2
Total de espécies		**15**	**8**	**1**	**8**	**8**	**4**	**9**	**6**	**2**	**4**	**13**		
Tinamus solitarius	NT		X					X			X	X	4	36
Leucopternis polionotus	NT	X	X			X		X					4	29
Harpia harpyja	NT		X										1	4
Primolius maracana	NT		X										1	25
Triclaria malachitacea	NT	X						X				X	3	22
Strix hylophila	NT		X										1	18
Ramphodon naevius	NT	X				X		X	X			X	5	18
Baillonius bailloni	NT		X			X		X	X			X	5	26
Piculus aurulentus	NT		X			X		X				X	4	34
Leptasthenura setaria	NT		X										1	15
Anabacerthia amaurotis	NT		X			X		X				X	4	20
Dysithamnus stictothorax	NT	X	X			X		X	X			X	6	27
Myrmotherula unicolor	NT	X			X	X	X	X	X		X	X	8	23
Drymophila genei	NT		X			X		X				X	4	10
Drymophila ochropyga	NT		X			X		X	X			X	5	30
Psilorhamphus guttatus	NT											X	1	17
Merulaxis ater	NT		X									X	2	12
Scytalopus indigoticus	NT	X	X										2	22
Laniisoma elegans	NT	X	X	X	X	X	X	X	X			X	9	20
Phibalura flavirostris	NT		X			X		X				X	4	22
Tijuca atra	NT	X	X			X		X				X	5	6
Carpornis cucullata	NT					X		X				X	3	23
Iodopleura pipra	NT	X	X	X		X						X	5	18
Lipaugus lanioides	NT		X								X	X	3	29

Tabela 2. (continuação) Espécies ameaçadas de extinção com ocorrência nas IBAs do Rio de Janeiro

Espécies	Categ.*	Código IBA											Total**	
		RJ01	RJ/MG01	RJ02	RJ03	RJ04	RJ05	RJ06	RJ07	RJ08	RJ09	RJ/SP01	a	b
Hemitriccus orbitatus	NT	X			X	X	X	X	X			X	7	18
Phyllomyias griseocapilla	NT		X			X						X	3	19
Polystictus superciliaris	NT		X									X	2	11
Phylloscartes eximius	NT	X	X										2	12
Phylloscartes paulista	NT	X										X	2	15
Phylloscartes oustaleti	NT							X				X	2	20
Phylloscartes difficilis	NT		X			X		X				X	4	13
Phylloscartes sylviolus	NT								X			X	2	10
Contopus cooperi	NT		X									X	2	5
Amaurospiza moesta	NT		X										1	9
Orchesticus abeillei	NT		X			X		X				X	4	16
Thraupis cyanoptera	NT		X			X		X	X		X	X	6	23
Dacnis nigripes	NT	X	X	X	X	X		X	X			X	8	16
Total de espécies		**13**	**28**	**3**	**4**	**20**	**3**	**21**	**10**	**0**	**4**	**29**		

* Categorias de ameaça: CR – criticamente em perigo; EN – em perigo; VU – vulnerável; NT – quase ameaçada.
** Número de IBAs em que a espécie se encontra presente em: **a** – Rio de Janeiro (sem considerar IBAs enterestaduais); **b** – Região como um todo.

Tabela 3. Espécies endêmicas por IBA no Estado do Rio de Janeiro, agrupadas por Bioma

Espécies	nº EBA*	Código IBA											Total**	
		RJ01	RJ/MG01	RJ02	RJ03	RJ04	RJ05	RJ06	RJ07	RJ08	RJ09	RJ/SP01	a	b
Mata Atlântica														
Tinamus solitarius			X					X			X	X	4	36
Leucopternis lacernulatus		X			X	X	X	X	X		X	X	8	34
Leucopternis polionotus		X	X			X		X					4	29
Pipile jacutinga												X	1	19
Odontophorus capueira			X			X		X	X		X	X	6	38
Aramides saracura			X		X	X	X	X	X			X	7	41
Claravis godefrida			X			X							2	9
Pyrrhura cruentata		X			X								2	16
Pyrrhura frontalis			X		X	X	X	X	X		X	X	8	49
Pyrrhura leucotis								X					1	4
Brotogeris tirica			X		X	X		X	X		X	X	7	38
Touit melanonotus	75	X	X			X		X	X				5	15
Touit surdus		X			X							X	3	35
Pionopsitta pileata		X	X			X		?				X	4	34
Amazona rhodocorytha		X			X						X	X	4	18
Triclaria malachitacea	75	X						X				X	3	22
Otus atricapilla			X			X		X			X		4	13
Strix hylophila			X										1	18
Pulsatrix koeniswaldiana	75	X	X		X	X	X	X	X			X	8	34
Glaucidium minutissimum		X										X	2	18
Macropsalis forcipata			X									X	2	17
Phaethornis eurynome			X	X		X		X			X	X	6	32
Phaethornis squalidus			X			X		X	X				4	16
Phaethornis idaliae	75	X			X		X						3	7
Ramphodon naevius	75	X				X		X	X			X	5	18
Melanotrochilus fuscus			X	X	X	X	X	X	X		X	X	9	46

Tabela 3. (continuação) Espécies endêmicas por IBA no Estado do Rio de Janeiro, agrupadas por Bioma

Espécies	nº EBA*	Código IBA											Total**	
		RJ01	RJ/MG01	RJ02	RJ03	RJ04	RJ05	RJ06	RJ07	RJ08	RJ09	RJ/SP01	a	b
Mata Atlântica														
Stephanoxis lalandi			X	X		X		X	X			X	6	23
Thalurania glaucopis			X		X	X	X	X	X		X	X	8	44
Leucochloris albicollis			X	X		X		X	X			X	6	35
Aphantochroa cirrhochloris		X						X				X	3	29
Clytolaema rubricauda			X	X		X		X				X	5	27
Trogon surrucura			X		X	X		X				X	5	47
Baryphthengus ruficapillus		X	X		X	X	X	X	X		X	X	9	28
Notharchus swainsoni			X									X	2	15
Malacoptila striata			X			X	X	X	X			X	6	29
Baillonius bailloni			X			X		X	X			X	5	26
Selenidera maculirostris		X	X			X		X			X	X	6	30
Ramphastos dicolorus			X					X				X	3	30
Melanerpes flavifrons		X	X		X	X		X	X			X	7	27
Veniliornis spilogaster			X								X	X	3	37
Veniliornis maculifrons	75	X			X	X	X	X	X		X	X	8	18
Piculus aurulentus			X			X		X				X	4	34
Campephilus robustus		X	X		X							X	4	28
Dendrocincla turdina			X		X	X	X	X	X		X	X	8	35
Lepidocolaptes squamatus/falcinellus			X			X		X	X			X	5	48
Xiphorhynchus fuscus		X	X		X	X	X	X	X		X	X	9	60
Campylorhamphus falcularius		X	X			X		X					4	29
Leptasthenura setaria	76		X										1	15
Oreophylax moreirae	76		X			X							2	5
Synallaxis ruficapilla			X			X		X				X	4	37
Cranioleuca pallida			X			X						X	3	22
Thripophaga macroura	75	X											1	8

Tabela 3. (continuação) Espécies endêmicas por IBA no Estado do Rio de Janeiro, agrupadas por Bioma

Espécies	nº EBA*	Código IBA											Total**	
		RJ01	RJ/MG01	RJ02	RJ03	RJ04	RJ05	RJ06	RJ07	RJ08	RJ09	RJ/SP01	a	b
Mata Atlântica														
Phacellodomus erythrophthalmus	75		?					X				X	2	5
Phacellodomus ferrugineigula			?										0	9
Cichlocolaptes leucophrus	75	X	X			X		X				X	5	26
Anabacerthia amaurotis	75		X			X		X				X	4	20
Philydor lichtensteini			X			X		X	X		X	X	6	25
Philydor atricapillus		X	X		X	X		X	X		X	X	8	31
Anabazenops fuscus			X			X		X	X			X	5	23
Automolus leucophthalmus		X	X			X		X	X			X	6	42
Sclerurus scansor			X			X		X	X		X	X	6	36
Heliobletus contaminatus		X	X			X		X				X	5	28
Hypoedaleus guttatus		X				X		X				X	4	22
Mackenziaena severa			X			X		X	X			X	5	30
Mackenziaena leachii			X			X						X	3	28
Thamnophilus ambiguus					X	X	X	X	X	X			6	13
Biatas nigropectus	75	X	X			X							3	12
Dysithamnus stictothorax	75	X	X			X		X	X			X	6	27
Dysithamnus xanthopterus	76	X	X			X		X				X	5	12
Myrmotherula gularis	75	X	X			X		X	X		X	X	7	26
Myrmotherula fluminensis	75			?									0	0
Myrmotherula minor	75				X			X				X	3	13
Myrmotherula unicolor	75	X			X	X	X	X	X		X	X	8	23
Myrmotherula urosticta	75	X			X								2	11
Formicivora littoralis	75									X			1	1
Formicivora serrana	75	X											1	7
Formicivora erythronotos	75											X	1	1
Drymophila ferruginea			X			X		X	X		X	X	6	29

Tabela 3. (continuação) Espécies endêmicas por IBA no Estado do Rio de Janeiro, agrupadas por Bioma

Espécies	nº EBA*	Código IBA											Total**	
		RJ01	RJ/MG01	RJ02	RJ03	RJ04	RJ05	RJ06	RJ07	RJ08	RJ09	RJ/SP01	a	b
Mata Atlântica														
Drymophila rubricollis	75		X			X						X	3	9
Drymophila genei	76		X			X		X				X	4	10
Drymophila ochropyga	76		X			X		X	X			X	5	30
Drymophila malura			X			X							2	22
Drymophila squamata		X			X	X	X	X	X	X	X	X	9	31
Terenura maculata		X	X			X		X	X		X	X	7	27
Cercomacra brasiliana	75		?										0	3
Pyriglena leucoptera		X	X			X		X	X		X	X	7	45
Myrmeciza loricata	75		X			X		X	X				4	15
Myrmeciza squamosa	75											X	1	14
Chamaeza meruloides	75		X			X						X	3	19
Chamaeza ruficauda	76		X			X		X				X	4	14
Hylopezus nattereri			X									X	2	15
Conopophaga lineata			X			X		X	X			X	5	49
Conopophaga melanops					X	X	X	X	X		X	X	7	39
Psilorhamphus guttatus	75											X	1	17
Merulaxis ater	75		X									X	2	12
Scytalopus speluncae			X			X		X				X	4	25
Scytalopus indigoticus		X	X										2	22
Laniisoma elegans		X	X	X	X	X	X	X	X			X	9	20
Tijuca atra	76	X	X			X		X				X	5	6
Tijuca condita	76					X		X					2	2
Carpornis cucullata	75					X		X				X	3	23
Carpornis melanocephala		X			X								2	18
Iodopleura pipra	71, 75	X	X	X		X						X	5	18
Calyptura cristata	75					X							1	1

Tabela 3. (continuação) Espécies endêmicas por IBA no Estado do Rio de Janeiro, agrupadas por Bioma

Espécies	nº EBA*	Código IBA											Total**	
		RJ01	RJ/MG01	RJ02	RJ03	RJ04	RJ05	RJ06	RJ07	RJ08	RJ09	RJ/SP01	a	b
Mata Atlântica														
Lipaugus lanioides			X			?					X	X	3	29
Xipholena atropurpurea	71, 75	X											1	18
Pyroderus scutatus			X								X	X	3	29
Procnias nudicollis					X	X	X	X	X		X	X	7	39
Schiffornis virescens			X			X		X	X		X	X	6	38
Chiroxiphia caudata		X	X		X	X	X	X	X		X	X	9	42
Ilicura militaris			X			X		X	X			X	5	28
Neopelma chrysolophum	73, 76	X	X	X								X	4	10
Neopelma aurifrons				X									1	8
Piprites pileata	76		X									X	2	8
Mionectes rufiventris			X		X	X		X	X		X	X	7	34
Hemitriccus diops			X			X			X			X	4	23
Hemitriccus obsoletus	76		X									X	2	12
Hemitriccus orbitatus		X			X	X	X	X	X			X	7	18
Hemitriccus nidipendulus			X							X		X	3	21
Hemitriccus furcatus	75	X	X									X	3	7
Todirostrum poliocephalum			X		X	X	X	X	X			X	7	33
Phyllomyias virescens			X					X				X	3	14
Phyllomyias griseocapilla	76		X			X						X	3	19
Phylloscartes eximius		X	X										2	12
Phylloscartes paulista		X										X	2	15
Phylloscartes oustaleti	75							X				X	2	20
Phylloscartes difficilis	76		X			X		X				X	4	13
Phylloscartes sylviolus									X			X	2	10
Myiornis auricularis			X		X	X	X		X			X	6	33
Platyrinchus leucoryphus		X							X			X	3	14

Tabela 3. (continuação) Espécies endêmicas por IBA no Estado do Rio de Janeiro, agrupadas por Bioma

Espécies	nº EBA*	Código IBA											Total**	
		RJ01	RJ/MG01	RJ02	RJ03	RJ04	RJ05	RJ06	RJ07	RJ08	RJ09	RJ/SP01	a	b
Mata Atlântica														
Onychorhynchus swainsoni			X									X	2	11
Knipolegus nigerrimus			X			X		X	X		X	X	6	32
Muscipipra vetula			X										1	25
Attila rufus		X	X		X	X	X	X	X		X	X	9	35
Turdus subalaris			X										1	19
Arremon semitorquatus			X			X						X	3	14
Haplospiza unicolor		X	X		X	X		X	X			X	7	32
Poospiza thoracica	76		X			X		X				X	4	13
Sporophila frontalis	75	X	X			X	X	X	X				6	21
Sporophila falcirostris	75	X	X					X					3	10
Amaurospiza moesta			X										1	9
Saltator fuliginosus		X	X			X		X	X			X	6	36
Saltator maxillosus			X			X						X	3	15
Orchesticus abeillei			X			X		X				X	4	16
Pyrrhocoma ruficeps			X										1	16
Hemithraupis ruficapilla		X	X		X	X	X	X	X		X	X	9	36
Orthogonys chloricterus	76		X					X	X			X	4	17
Tachyphonus coronatus			X		X	X	X	X	X		X	X	8	41
Ramphocelus bresilius					X	X	X	X		X	X	X	7	36
Thraupis cyanoptera	75		X			X		X	X		X	X	6	23
Thraupis ornata		X	X		X	X		X	X			X	7	32
Euphonia pectoralis		X	X		X	X		X	X			X	7	39
Tangara cyanomelas									X				1	10
Tangara brasiliensis		X			X	X	X	X					5	10
Tangara seledon			X		X	X		X	X			X	6	31
Tangara cyanocephala		X				X		X	X		X	X	6	41

Tabela 3. (continuação) Espécies endêmicas por IBA no Estado do Rio de Janeiro, agrupadas por Bioma

Espécies	nº EBA*	Código IBA											Total**	
		RJ01	RJ/MG01	RJ02	RJ03	RJ04	RJ05	RJ06	RJ07	RJ08	RJ09	RJ/SP01	a	b
Mata Atlântica														
Tangara desmaresti	76		X			X		X	X			X	5	28
Tangara cyanoventris	75		X										1	16
Tangara peruviana	75	X					X		X	X	X	X	6	16
Dacnis nigripes	75	X	X	X	X	X		X	X			X	8	16
Basileuterus leucoblepharus			X			X						X	3	34
Hylophilus poicilotis			X			X						X	3	23
Total de espécies		**61**	**116**	**10**	**43**	**104**	**29**	**97**	**68**	**6**	**40**	**123**		
Cerrado														
Polystictus superciliaris	73, 76		X									X	2	11
Total de espécies		**0**	**1**	**0**	**0**	**0**	**0**	**0**	**0**	**0**	**0**	**1**		
Total geral de espécies		**61**	**117**	**10**	**43**	**104**	**29**	**97**	**68**	**6**	**40**	**124**		

* EBA: Endemic Bird Areas of the World (Stattersfield et al., 1998). Ver capítulo 4.

** Número de IBAs em que a espécie se encontra presente em: **a** – Rio de Janeiro (sem considerar IBAs interestaduais); **b** – Região como um todo.

SÃO PAULO

Pipile jacutinga

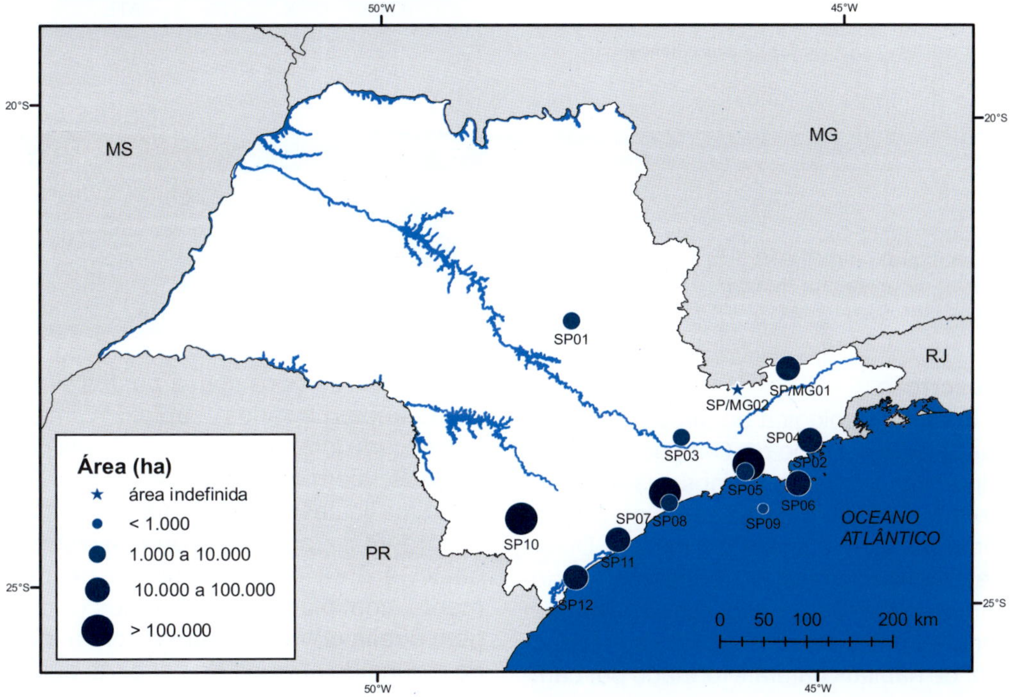

Tabela 1. Lista das IBAs no Estado de São Paulo

			Critérios*			
Código	**Nome**	**Bioma**	**A1**	**A2**	**A3**	**A4**
SP01	Itirapina	CER	X		CER	
SP/MG01	Serra da Mantiqueira	ATL	X	76	ATL	
SP/MG02	São Francisco Xavier/Monte Verde	ATL	X			
SP02	Parque Estadual da Serra do Mar (entre Caraguatatuba e Picinguaba)	ATL	X	75	ATL	
SP03	Serra da Cantareira	ATL	X		ATL	
SP04	Parque Estadual da Serra do Mar (entre Santos e São Sebastião)	ATL	X	75, 76	ATL	
SP05	Bertioga	ATL	X			
SP06	Parque Estadual de Ilhabela	ATL	X		ATL	
SP07	Parque Estadual da Serra do Mar (entre Pedro de Toledo e Cubatão)	ATL	X			
SP08	Itanhaém/Mongaguá	ATL	X			
SP09	Arquipélago dos Alcatrazes	C/M				X
SP10	Maciço Florestal de Paranapiacaba	ATL	X	75	ATL	
SP11	Estação Ecológica de Juréia-Itatins	ATL	X	75	ATL	
SP12	Ilhas Comprida e Cananéia	ATL	X			X
IBAs interestaduais descritas em seção referente a outro Estado						
RJ/SP01	Serra da Bocaina/Paraty/Angra dos Reis	ATL	X	75, 76	ATL	
PR/SP01	Guaraqueçaba/Jacupiranga/Cananéia	ATL	X	75	ATL	

* Ver capítulo 2 para explicação dos critérios.

Itirapina — SP01

A1, A3 22°14'S, 47°53'W

Área: > 2.300 ha
Municípios: Itirapina, Brotas
Grau de proteção: Parcial

Bioma: Cerrado
Altitude: 700-830 m
Inventário ornitológico: Representativo
Key Area 096

Descrição

A Estação Ecológica de Itirapina está situada sobre o topo da Chapada de Itirapina, um tabuleiro arenoso isolado no centro do Estado de São Paulo[1], a aproximadamente 200 km da capital. Diversas fitofisionomias pertencentes ao domínio do Cerrado configuram a paisagem local e compõem um mosaico ou "espectro" de hábitats naturais formado por campos limpos, campos com arbustos esparsos (campos cerrados), capinzais úmidos que secam durante o inverno e áreas pantanosas, além de matas de galeria[1]. Ao norte, os limites da área estendem-se até a margem da represa de Broa; a leste e a oeste, a área confronta-se, respectivamente, com plantações de pínus (à margem direita do rio Itaqueri) e com a mata de galeria do córrego do Lobo. Ao sul, os remanescentes de campos cerrados e capinzais úmidos avançam por propriedades particulares além dos limites da E. E. de Itirapina, até pouco ao sul da rodovia Itirapina–Brotas[1]. A Estação Experimental de Itirapina, com 3.212 ha, é contígua à estação ecológica mas inclui principalmente plantios de eucalipto e pinheiros exóticos. O clima da região é mesotérmico, com uma estação seca definida entre abril e novembro.

Aves

O amplo espectro ecológico formado por hábitats instáveis que formam gradações é o principal fator responsável pela presença de uma grande variedade de aves em Itirapina[1]. Um estudo de longo prazo apontou a ocorrência de 231 espécies na área, das quais 163 foram consideradas regulares[1]. Itirapina é um dos últimos refúgios no Estado de São Paulo para aves características dos campos naturais do domínio do Cerrado, sobretudo *Polystictus pectoralis* (papa-moscas-canela), *Alectrurus tricolor* (galito) e *Culicivora caudacuta* (papa-moscas-do-campo), que permanecem comuns na área. Por outro lado, alterações ambientais ocorridas na área e em seu entorno ao longo das últimas duas décadas levaram ao declínio ou fizeram desaparecer diversas outras espécies. Sumiram principalmente aves que dependem de hábitats específicos ou transitórios, como *Nothura minor* (codorna-mineira), *Geobates poecilopterus* (andarilho) e *Charitospiza eucosma* (mineirinho), a primeira pela conversão de campos cerrados em granjas de avicultura ou eucaliptais e os dois últimos aparentemente pela falta de campos recém-queimados ou moderadamente pastoreados na paisa-

Espécies ameaçadas: 8	
Nothura minor	Não registrada desde 1990 (Willis 2004).
Laterallus xenopterus	Uma ave foi encontrada morta na área em 1994 (Oniki & Willis 1996); *status* desconhecido.
Alectrurus tricolor	Willis (2004), Parker & Willis (1997).
Culicivora caudacuta	Willis (2004), Parker & Willis (1997).
Anthus nattereri	Último registro na área em 1988 mas presente na região até 2000 (Willis 2004).
Sporophila palustris	Ocorre em migração; não registrada nos últimos anos (Willis & Oniki 1993, Willis 2004).
Sporophila cinnamomea	Ocorre em migração; não registrada nos últimos anos (Willis & Oniki 1993, Willis 2004).
Coryphaspiza melanotis	Não registrada após 1999 (Willis 2004); Willis (1995).

Espécies quase ameaçadas: 7	
Rhea americana	Granzinolli et al. (2001), Willis (2004).
Geobates poecilopterus	Não registrada após 1987 (Willis 2004).
Polystictus pectoralis	Willis (2004), Parker & Willis (1997).
Sporophila melanogaster	Paradouro migratório (Willis & Oniki 1993, Willis 2004).
Sporophila ruficollis	Migrante rara; Willis & Oniki (1993), Willis (2004).
Charitospiza eucosma	Não registrada após 1988 (Willis 2004); Willis (1995).
Neothraupis fasciata	Willis (2004).

Espécies endêmicas: 13	**CER**

Área protegida:		
Nome	**Categoria**	**Área**
Estação Ecológica de Itirapina	Proteção Integral	2.300 ha

gem regional[1]. Também desapareceram localmente ou tendem a desaparecer *Rhea americana* (ema), *Anthus nattereri* (caminheiro-grande) e *Coryphaspiza melanotis* (tico-tico-de-máscara-negra)[1]. Entre as IBAs da região da Mata Atlântica, Itirapina ocupa a terceira posição em número de espécies endêmicas do Cerrado, embora três dos 13 endemismos desse bioma citados para a área não sejam registrados há 15 anos ou mais e provavelmente já desapareceram[1]. Seis espécies migratórias de caboclinhos do gênero *Sporophila*, incluindo os ameaçados ou quase ameaçados *S. palustris*, *S. cinnamomea* e *S. melanogaster*, passam por Itirapina em direção ao sul durante a primavera, formando concentrações consideráveis em determinados anos[1,2]. Ao que tudo indica, a área é um importante paradouro de alimentação ou descanso ao longo da rota de migração dessas espécies[2,3]. Infelizmente, também esses caboclinhos tornaram-se incomuns nos últimos anos[1].

Ameaças

Itirapina é um dos últimos testemunhos de campos naturais em São Paulo. Em 1992, as fisionomias campestres representavam apenas 2% da área de cerrados no Estado. Além disso, ao longo das últimas duas décadas e meia, mais de 95% da superfície coberta por campos e campos cerrados em São Paulo foi destruída, principalmente para dar lugar a pastagens e plantações. Na E. E. de Itirapina, amplas áreas de campo foram convertidas em plantações de eucalipto e pínus ou transformadas em granjas e áreas agrícolas[1]. Atualmente, plantas exóticas invasoras, especialmente *Brachiaria* e *Melinis minutiflora*, grassam ao longo das estradas e aceiros, invadindo também terras recém-aradas[1]. As plantações de pínus no interior da área e nas redondezas são a fonte para a invasão dos campos naturais por essa espécie exótica. Por causa do controle rigoroso de incêndios, a vegetação campestre vem se tornando progressivamente mais alta e densa desde 1995, e algumas áreas tendem ao cerradão, o que elimina o hábitat das aves de campos baixos. A caça, a captura de aves por passarinheiros e a colisão com linhas de transmissão representam outras ameaças à avifauna de Itirapina[1]. Nas áreas privadas do entorno da estação ecológica, os campos e capinzais úmidos estão sendo convertidos em plantações de arroz, soja, milho ou laranja, causando erosão e perda adicional de hábitats importantes para as aves ameaçadas. A mineração de areia já causou sérios danos ambientais e poderá resultar em mais destruição no futuro. Além disso, a região parece estar se tornando mais seca com o passar dos anos, o que pode fazer parte de um ciclo natural ou ser conseqüência de mudanças climáticas globais relacionadas ao efeito estufa[1].

Referências

1. Willis (2004); **2.** Willis & Oniki (1993); **3.** Bencke et al. (2003); Willis (1995); Oniki & Willis (1996); Parker & Willis (1997); BirdLife International (2000); Granzinolli et al. (2001).

Serra da Mantiqueira — SP/MG01

A1, A2, A3 — **22°40'S, 45°29'W**

Área: c.95.000 ha
Municípios: Pindamonhangaba e Campos do Jordão a Queluz (SP), e Piranguçu a Passa Quatro (MG)
Grau de proteção: Parcial

Bioma: Mata Atlântica
Altitude: 800-2.400 m
Inventário ornitológico: Preliminar
Key Area 097/PROBIO 404

Descrição

Essa área abrange uma grande extensão da Serra da Mantiqueira ao longo da divisa entre São Paulo e Minas Gerais, estendendo-se de Campos do Jordão até Queluz (SP) e Passa Quatro (MG), na divisa com o Rio de Janeiro. A área praticamente interliga a região de São Francisco Xavier/Monte Verde (SP/MG02) ao Parque Nacional de Itatiaia (RJ/MG01) através das encostas e cumes da Serra da Mantiqueira. Seus limites são formados pelos parques estaduais justapostos de Campos do Jordão e Mananciais de Campos do Jordão e pela porção da APA da Serra da Mantiqueira que se estende ao longo da divisa São Paulo–Minas Gerais. A Serra da Mantiqueira ainda possui extensas áreas de floresta, concentrando as maiores manchas de mata com araucária (*Araucaria angustifolia*) do Estado de São Paulo. Desde o Vale do Paraíba até o alto das montanhas existe um gradiente altitudinal bem definido, com flo-

Espécies ameaçadas: 2

Amazona vinacea	Cerca de 20 pares no P. E. de Campos do Jordão (Snyder et al. 2000); Willis & Oniki (1981a), Wege & Long (1995).
Piprites pileata	Willis & Oniki (1981a), Wege & Long (1995).

Espécies quase ameaçadas: 9

Strix hylophila	Willis & Oniki (1981a).
Piculus aurulentus	Willis & Oniki (1981a).
Anabacerthia amaurotis	Willis & Oniki (1981a).
Leptasthenura setaria	Willis & Oniki (1981a).
Drymophila genei	Willis & Oniki (1981a).
Phibalura flavirostris	Willis & Oniki (1981a).
Tijuca atra	Willis & Oniki (1981a).
Phylloscartes difficilis	Willis & Oniki (1981a).
Phyllomyias griseocapilla	Willis & Oniki (1981a).

Espécies de distribuição restrita: 13 — EBA076

Espécies endêmicas: 68 — ATL

Áreas protegidas:

Nome	Categoria	Área
Parque Estadual de Campos do Jordão	Proteção Integral	8.386 ha
Parque Estadual Mananciais de Campos do Jordão	Proteção Integral	c.23.000 ha
Floresta Nacional de Passa Quatro	Uso Sustentável	345 ha
APA Serra da Mantiqueira (em parte)	Uso Sustentável	422.873 ha
APA Federal Mananciais do Vale do Paraíba (em parte)	Uso Sustentável	367.000 ha
APA Estadual Campos do Jordão	Uso Sustentável	28.800 ha
APA Estadual Sapucaí-Mirim (em parte)	Uso Sustentável	39.800 ha

restas latifoliadas nas encostas da serra, matas com araucárias e *Podocarpus lamberti* nos vales de altitudes intermediárias e florestas alto-montanas ricas em bromélias entre 1.700-2.000 m[1]. Sobre os espigões da serra há campos de altitude[1]. Nas zonas mais elevadas, a temperatura média anual é de apenas 13°C, ocorrendo temperaturas abaixo de zero no inverno.

Aves

A avifauna da área é representativa da floresta atlântica montana (EBA076). Apesar de não haver um inventário completo das aves da região, a Serra da Mantiqueira é a terceira IBA em número de espécies endêmicas dessa EBA, ficando atrás apenas do P. N. de Itatiaia e da Serra da Bocaina/Paraty/Angra dos Reis (RJ/SP01). Entre os endemismos de distribuição restrita presentes na área estão *Oreophylax moreirae* (garrincha-chorona), *Tijuca atra* (saudade) e *Piprites pileata* (caneleirinho-de-chapéu-preto), que ocorrem em um número relativamente reduzido de IBAs (cinco a oito).

Ameaças

Anualmente, a Serra da Mantiqueira recebe um grande número de turistas, atraídos pelo clima e pela paisagem de montanha da região. Em conseqüência, existe intensa especulação imobiliária no entorno dos principais pólos turísticos, sobretudo visando à construção de casas de veraneio, o que leva a desmatamentos e alterações na paisagem. Fora das unidades de conservação de proteção integral, a paisagem natural já se encontra bastante fragmentada devido à ocupação por propriedades rurais e loteamentos de alto padrão. Em algumas áreas, a coleta em grande escala dos pinhões da araucária pode afetar a taxa de recrutamento da espécie.

Referências

1. Willis & Oniki (1981a); Wege & Long (1995); Snyder et al. (2000).

São Francisco Xavier / Monte Verde — SP/MG02

A1 — **22°54'S, 46°02'W**

Área: ?
Municípios: São José dos Campos, Joanópolis (SP), Camanducaia, Sapucaí-Mirim (MG)
Grau de proteção: Nenhum

Bioma: Mata Atlântica
Altitude: 1.200-2.080 m
Inventário ornitológico: Preliminar
Key Area 099/PROBIO 404

Descrição

São Francisco Xavier, em São José dos Campos, e Monte Verde, em Camanducaia, são distritos turísticos situados sobre o maciço da Mantiqueira, junto à divisa entre São Paulo e Minas Gerais. São Francisco Xavier localiza-se na vertente atlântica do maciço, voltada para o vale do rio Paraíba do Sul, ao passo que Monte Verde situa-se na vertente oposta, em território mineiro. As cristas montanhosas que se elevam acima dessas localidades, incluindo as serras de Poncianos e do Selado, apresentam extensos remanescentes florestais que permanecem bem preservados. Predomina a floresta ombrófila densa montana, mas há também matas de neblina e trechos restritos de floresta com araucária (*Araucaria angustifolia*), além de campos de altitude. A área é muito próxima à anterior (SP/MG01) e fica a cerca de 35 km de Campos do Jordão, em direção sudoeste. Merece destaque a presença do primata ameaçado *Brachyteles*

Espécies ameaçadas: 3	
Touit melanonotus	F. Olmos; Wege & Long (1995), sob *T. surdus*.
Amazona vinacea	Wege & Long (1995).
Biatas nigropectus	Registrada recentemente em S. F. Xavier (F. Olmos e P. Martuscelli).

Espécies quase ameaçadas: 8	
Triclaria malachitacea	F. Olmos e P. Martuscelli.
Strix hylophila	F. Olmos e P. Martuscelli.
Leptasthenura setaria	F. Olmos e P. Martuscelli.
Drymophila ochropyga	F. Olmos e P. Martuscelli.
Scytalopus indigoticus	F. Olmos e P. Martuscelli.
Phylloscartes oustaleti	F. Olmos e P. Martuscelli.
Phylloscartes difficilis	F. Olmos e P. Martuscelli.
Orchesticus abeillei	F. Olmos e P. Martuscelli.

Áreas protegidas:

Nome	Categoria	Área
APA Mananciais do Vale do Paraíba do Sul (em parte)	Uso Sustentável	367.000 ha
APA Estadual de São Francisco Xavier	Uso Sustentável	?

arachnoides (muriqui), o que confere importância extra à preservação das matas de São Francisco Xavier/Monte Verde.

Aves

A avifauna da área é similar à encontrada mais a leste ao longo da Serra da Mantiqueira e inclui diversas espécies genuinamente montanas da Mata Atlântica, como *Strix hylophila* (coruja-listrada), *Leptasthenura setaria* (grimpeiro), *Phylloscartes difficilis* (estalinho) e *Poospiza thoracica* (peito-pinhão). Particularmente relevante é o registro recente de *Biatas nigropectus* (papo-branco), pela raridade dessa espécie ameaçada associada a taquarais. Os registros de *Touit surdus* para a Serra de Poncianos[1] devem referir-se mais seguramente a *T. melanonotus* (apuim-de-costas-pretas)[2], a única espécie do gênero com ocorrência confirmada na Serra da Mantiqueira.

Ameaças

Há uma crescente demanda turística sobre a região. O crescimento das cidades e a ocupação não planejada poderão representar uma ameaça no futuro, levando ao aumento da fragmentação das florestas, como já aconteceu em outros setores da Serra da Mantiqueira.

Referências

1. Wege & Long (1995); **2.** Fábio Olmos (in litt.); Gridi-Papp et al. (2004); F. Olmos e Paulo Martuscelli (in litt.).

Parque Estadual da Serra do Mar (entre Caraguatatuba e Picinguaba) SP02

A1, A2, A3 **23°24'S, 45°12'W**

Área: c.85.000 ha
Municípios: Caraguatatuba, Natividade, São Luís do Paraitinga, Cunha, Ubatuba
Grau de proteção: Parcial

Bioma: Mata Atlântica
Altitude: 0-1.300 m
Inventário ornitológico: Representativo
Key Areas 102, 103, 105/PROBIO 409

Descrição

Essa área engloba a porção mais oriental do Parque Estadual da Serra do Mar (núcleos Picinguaba, Indaiá, Cunha, Santa Virgínia, Natividade da Serra e Caraguatatuba) e alguns remanescentes contíguos de floresta de baixada, estendendo-se aproximadamente da rodovia SP-99, que liga Paraibuna a Caraguatatuba, até a divisa com o Rio de Janeiro. Nesse trecho da Serra do Mar, as maiores extensões de floresta estão situadas sobre encostas de acentuada declividade, uma vez que do vale do rio Paraíba do Sul até o alto da serra quase já não restam mais florestas nativas e as áreas de planície litorânea sofreram grande pressão pela especulação imobiliária. Alguns trechos de mata de baixada ainda bem preservada são encontrados em Picinguaba, onde os limites do P. E. da Serra do Mar alcançam a orla marítima, e nos arredores de Ubatuba (p. ex., na Fazenda Capricórnio e na base do Pico do Corcovado). A vegetação predominante é a floresta tropical pluvial costeira, cujas características variam ao longo do gradiente altitudinal. As matas mais desenvolvidas e exuberantes estão no sopé da serra e na planície litorânea adjacente, enquanto em altitudes intermediárias e no alto da serra existem matas de menor porte e floristicamente menos diversas. As famílias mais bem representadas nas florestas pré-montanas e de terras baixas são Myrtaceae, Rubiaceae, Fabaceae, Euphorbiaceae e Lauraceae[1]. Já na meia encosta predominam plantas das famílias Bombacaceae e Sapotaceae[2]. As matas de altitude (acima de 950 m) possuem dossel baixo, raramente ultrapassando 10 m de altura. As famílias mais representativas nessas matas são Nyctaginaceae, Myrtaceae e Melastomataceae[2]. Em Picinguaba, há também praias, dunas, ambientes estuarinos, trechos restritos de mangue e vegetação típica de restinga[1]. Dados coletados na Estação Experimental de Ubatuba indicam uma precipitação anual média de 2.100 mm, com uma estação superúmida entre outubro e abril e uma estação menos chuvosa de maio a setembro[3].

Aves

Ubatuba é bastante visitada por observadores de aves, existindo muitas informações isoladas sobre a avifauna da região. Há, porém, poucos levantamentos ornitológicos publicados para esse trecho da Serra do Mar. Para as matas nos arredores do Pico do Corcovado (0-1.150 m), a sudoeste de Ubatuba, foram listadas 254 espécies, cerca de 40% das quais endêmicas da Mata Atlântica[2]. Entre as IBAs já identificadas, a área ocupa o segundo lugar em número de espécies de distribuição restrita da Mata Atlântica de baixada (EBA075), posição que divide com o Maciço Florestal de Paranapiacaba (SP10) e as florestas da região de Guaraqueçaba/Jacupiranga/Cananéia (PR/SP01). Boa parte dos registros de espécies ameaçadas conhecidos para a região provém justamente de áreas com matas de baixa altitude (< 100 m), que em sua maior parte estão fora dos limites do P. E. da Serra do Mar. Dentre as espécies de distribuição restrita, sobressaem-se *Phacellodomus e. erythrophthalmus* (joão-

Espécies ameaçadas: 13	
Leucopternis lacernulatus	Escasso (Goerck 1999).
Pipile jacutinga	Registros recentes (Galetti et al. 1997a, Pinheiro et al. 2001).
Claravis godefrida	Goerck (1999), Naka et al. (2000).
Touit melanonotus	Goerck (1999).
Biatas nigropectus	Registrada em 1991 (Goerck 1999).
Myrmotherula minor	Goerck (1999), Whitney & Pacheco (1995).
Procnias nudicollis	Goerck (1999); localmente comum (G. A. Bencke).
Hemitriccus furcatus	Goerck (1999).
Onychorhynchus swainsoni	Estação Experimental de Ubatuba (BirdLife International 2000).
Platyrinchus leucoryphus	Goerck (1999).
Sporophila frontalis	Incomum; matas de baixada (Goerck 1999).
Sporophila falcirostris	Incomum; matas de baixada (Goerck 1999).
Tangara peruviana	Caraguatatuba (Wege & Long 1995) e Picinguaba (G. A. Bencke).

Espécies quase ameaçadas: 25	
Tinamus solitarius	Goerck (1999).
Leucopternis polionotus	Goerck (1999).
Triclaria malachitacea	Goerck (1999).
Ramphodon naevius	Comum nas matas de baixada (Goerck 1999).
Baillonius bailloni	Goerck (1999).
Piculus aurulentus	Goerck (1999).
Myrmotherula unicolor	Goerck (1999).
Dysithamnus stictothorax	Goerck (1999).
Drymophila ochropyga	Na base da escarpa e em matas de altitude (Goerck 1999; G. A. Bencke).
Drymophila genei	Goerck (1999).
Psilorhamphus guttatus	Matas de baixada (Goerck 1999).
Merulaxis ater	Goerck (1999).
Scytalopus indigoticus	Ocorre nas matas de restinga alagadas em Picinguaba (G. A. Bencke).
Carpornis cucullata	Comum em altitudes intermediárias e nas matas de altitude (Goerck 1999).
Laniisoma elegans	Goerck (1999).
Lipaugus lanioides	Historicamente (Wege & Long 1995).
Iodopleura pipra	Goerck (1999).
Contopus cooperi	Observada nas imediações do P. E. da Serra do Mar (Willis et al. 1993).
Phylloscartes paulista	Goerck (1999).
Phyllomyias griseocapilla	Goerck (1999).
Phylloscartes eximius	Registro requer confirmação (Goerck 1999).
Phylloscartes sylviolus	Goerck (1999).
Phylloscartes oustaleti	Goerck (1999).
Hemitriccus orbitatus	Goerck (1999), Willis & Oniki (1981a).
Dacnis nigripes	Faz. Capricórnio (Wege & Long 1995).

Espécies de distribuição restrita: 23 **EBA075**

Espécies endêmicas: 109 **ATL**

Áreas protegidas:

Nome	**Categoria**	**Área**
Parque Estadual da Serra do Mar (em parte)	Proteção Integral	315.390 ha
Parque Nacional da Serra da Bocaina (em parte)	Proteção Integral	110.000 ha

botina-da-mata) e *Hemitriccus furcatus* (papa-moscas-estrela), que ocorrem em número relativamente reduzido de IBAs. Essa última espécie é ainda razoavelmente comum nas matas de Picinguaba.

Ameaças

A crescente especulação imobiliária tem levado a desmatamentos para construção de grandes condomínios nas áreas de planície e encostas baixas, sobretudo próximo ao mar. Em alguns trechos do litoral norte paulista vem ocorrendo um processo de favelização das encostas inferiores da Serra do Mar, com o conseqüente avanço das áreas de ocupação humana sobre as florestas. O fato de apenas uma pequena parcela dos remanescentes de floresta de baixada estarem incluídos no P. E. da Serra do Mar é preocupante, uma vez que tanto a riqueza como a abundância de espécies ameaçadas e endêmicas são proporcionalmente maiores nessas matas do que nas encostas adjacentes[2]. Por causa disso, já existe a sugestão de estender o limite do P. E. da Serra do Mar de modo a incorporar as florestas no sopé do Pico do Corcovado, abaixo dos 100 m de altitude[2].

Referências

1. Morellato et al. (2000); **2.** Goerck (1999); **3.** Bencke & Morellato (2002); Willis & Oniki (1981a); Willis et al. (1993); Wege & Long (1995); Galetti et al. (1997a); BirdLife International (2000); Naka et al. (2000); Pinheiro et al. (2001); Glayson A. Bencke (dados inéditos).

Serra da Cantareira — SP03

A1, A3 — **23°25'S, 46°38'W**

Área: > 8.000 ha
Municípios: São Paulo, Guarulhos, Mairiporã
Grau de proteção: Parcial
Bioma: Mata Atlântica
Altitude: 800-1.200 m
Inventário ornitológico: Representativo
PROBIO 411

Descrição

Situada em plena Região Metropolitana de São Paulo, a apenas 10 km da Praça da Sé, a Cantareira é uma das maiores florestas tropicais urbanas do mundo. A vegetação é classificada com floresta pluvial montana. Árvores dos gêneros *Vochysia*, *Cariniana*, *Ocotea* e *Nectandra* estão entre as mais características do dossel, que possui altura média de 14 m[1,2]. Alguns trechos da mata são dominados por touceiras de taquaras, pertencentes aos gêneros *Guadua* e *Merostachys*. Há também um bosque plantado de araucárias (*Araucaria angustifolia*), com cerca de 78 ha. A temperatura média na região é de 21,3°C nos meses mais quentes e 14,7°C nos meses mais frios. A pluviosidade anual está em torno de 1.570 mm, havendo um período chuvoso bem marcado entre outubro e março. A Serra da Cantareira, que pertence ao maciço da Mantiqueira, é um bom exemplo de como a vegetação natural pode se regenerar. No final do século XIX, a área era ocupada por chácaras produtoras de café e chá. Após a desapropriação pelo Estado, essas áreas se recuperaram, dando lugar à mata nativa. A Cantareira foi decretada reserva florestal em 1896 e, em 1963, passou à categoria de parque estadual. Atualmente, a área é dominada por matas secundárias e está isolada dos remanescentes de floresta primária mais próximos. Além de sua importância para a conservação da fauna e flora da Mata Atlântica, a Serra da Cantareira é um dos principais mananciais que abastecem a cidade de São Paulo.

Aves

Apesar das matas da Serra da Cantareira serem em grande parte secundárias, a avifauna da área é bastante diversifica-

Espécies ameaçadas: 4	
Leucopternis lacernulatus	Graham (1991).
Claravis godefrida	Aparentemente sem registros recentes; Graham (1991).
Amazona vinacea	C. Yamashita (Figueiredo & Lo 2000).
Procnias nudicollis	Graham (1991).

Espécies quase ameaçadas: 9	
Tinamus solitarius	Graham (1991).
Baillonius bailloni	Ainda relativamente comum (Develey & Endrigo 2004); Graham (1991).
Piculus aurulentus	Graham (1991).
Anabacerthia amaurotis	Graham (1991).
Dysithamnus stictothorax	Graham (1991).
Phibalura flavirostris	Nidifica na área durante a primavera e verão (Develey & Endrigo 2004); Figueiredo & Lo (2000).
Phylloscartes eximius	Razoavelmente freqüente (Develey & Endrigo 2004); Graham (1991).
Hemitriccus orbitatus	Develey & Endrigo (2004), Graham (1991).
Orchesticus abeillei	Develey & Endrigo (2004), Graham (1991).

Espécies endêmicas: 65	ATL

Áreas protegidas:

Nome	Categoria	Área
Parque Estadual Alberto Löfgren	Proteção Integral	174 ha
Parque Estadual da Serra da Cantareira	Proteção Integral	7.900 ha

da, incluindo espécies sensíveis à perturbação humana, como *Baillonius bailloni* (araçari-banana), *Procnias nudicollis* (araponga) e *Tinamus solitarius* (macuco). Este último ainda permanece razoavelmente comum, refletindo a baixa pressão de caça a que está sujeito localmente[2]. Merece destaque, também, o registro de *Claravis godefrida* (pararu-espelho), pomba rara associada a taquarais, ainda presente no município de São Paulo na primeira metade da década de 1990[3]. Um levantamento realizado no Parque Estadual da Serra da Cantareira listou 215 espécies de aves, mais da metade das quais foram consideradas estritamente florestais[1]. Adicionando-se a esse total as espécies registradas em outras ocasiões por ornitólogos e observadores de aves, a riqueza da avifauna da Cantareira chega a 250 espécies[3].

Ameaças

Existe grande pressão de ocupação humana nas bordas do P. E. da Serra da Cantareira, ameaça que advém de sua proximidade em relação às áreas urbanizadas da Região Metropolitana de São Paulo. Algumas favelas vêm crescendo rapidamente e avançam sobre os limites do parque, enquanto loteamentos de alto padrão causam desmatamentos em seu entorno. O traçado projetado para o trecho norte do anel viário da cidade de São Paulo (Rodoanel) atravessa a Serra da Cantareira. Atualmente, alternativas vêm sendo discutidas para minimizar os impactos ambientais desse empreendimento; porém, ainda não há um consenso quanto à melhor maneira de conciliar a construção da rodovia e a questão ambiental.

Referências
1. Graham (1991); **2.** Develey (2004b); **3.** Figueiredo & Lo (2000); Develey & Endrigo (2004).

Parque Estadual da Serra do Mar (entre Santos e São Sebastião) — SP04

A1, A2, A3 — **23°40'S, 45°53'W**

Área: c.110.000 ha
Municípios: Santos a São Sebastião
Grau de proteção: Total

Bioma: Mata Atlântica
Altitude: 100-1.200 m
Inventário ornitológico: Representativo
Key Area 106/PROBIO 415

Descrição

Abrangendo matas úmidas situadas sobre as encostas e no alto da escarpa atlântica, essa área corresponde em grande parte à porção central do Parque Estadual da Serra do Mar (Núcleo São Sebastião e vizinhanças), estendendo-se de Santos a São Sebastião e Caraguatatuba. Outras duas reservas pequenas situadas na transição entre a escarpa e o planalto são praticamente contíguas ao parque estadual e fazem parte do mesmo maciço florestal: a Estação Biológica de Boracéia, em Salesópolis, que pertence ao Museu de Zoologia da Universidade de São Paulo, e a Reserva Biológica do Alto da Serra de Paranapiacaba, localizada em frente ao vale do rio Moji, em Santo André. De um modo geral, as matas da região encontram-se em bom estado de conservação, existindo um grande bloco florestal ainda razoavelmente contínuo entre Salesópolis e São Sebastião. Há, contudo, muitos trechos de matas degradadas com taquarais, florestas secundárias e capoeiras[1,2]. No alto da serra existem pequenas campinas naturais em meio à floresta[2]. As matas da planície de Bertioga não estão incluídas no P. E. da Serra do Mar e compõem outra IBA (SP05).

Aves

A região abriga uma avifauna representativa tanto das baixadas quanto das zonas montanhosas do domínio da Mata Atlântica (EBAs 075 e 076), qualificando-se duplamente sob o critério A2. O número de espécies endêmicas desse bioma também é elevado na área. Desconhece-se a situação atual de algumas das aves ameaçadas de extinção listadas abaixo, como *Leucopternis lacernulatus* (gavião-pombo-pequeno), *Claravis godefrida* (pararu-espelho), *Touit surdus* (apuim-de-cauda-amarela) e *Myrmotherula minor* (choquinha-pequena), mas a existência de grandes extensões de hábitat propício faz supor que ainda estejam presentes. *Dendroica cerulea*, parulídeo migratório ameaçado de extinção que se reproduz na América do Norte e inverna principalmente no sopé dos Andes da Venezuela, Colômbia e Peru, pode ser mais freqüente nas matas montanas da região do que se supõe, diversos indivíduos tendo sido avistados em Boracéia em 1991[3]. A menção de *Hemitriccus furcatus* (papa-moscas-estrela) para essa mesma localidade[4,5], porém, parece produto de um equívoco. De outubro a dezembro de 1988, um total de 188 espécies de aves foi registrado entre 550 e 1.200 m de altitude ao longo de uma estrada de terra que corta o parque estadual e liga Salesópolis à enseada de Caraguatatuba, acima da Serra de Juquerique-rê[1]. Na E. B. de Boracéia ocorrem pelo menos 221 espécies[6]. Essa reserva foi bastante visitada por ornitólogos, mas apenas uma lista preliminar de sua avifauna foi publicada até o momento[2].

Ameaças

As florestas sobre as encostas voltadas para a Baixada Santista foram bastante atingidas pelos poluentes atmosféricos emanados do pólo industrial de Cubatão, mas agora encontram-se em recuperação. Outros problemas são a extração ilegal de palmito e a caça.

Referências

1. Höfling & Lencioni (1992); 2. Willis & Oniki (1981a); 3. Robbins et al. (1992); 4. Wege & Long (1995); 5. BirdLife International (2000); 6. Douglas Stotz (in litt.); Camargo (1976); Collar et al. (1992); Willis et al. (1993); Whitney & Pacheco (1995); Galetti et al. (1997a); BirdLife International (2000); CBRO (2000b).

Espécies ameaçadas: 8	
Leucopternis lacernulatus	Boracéia (Collar et al. 1992).
Pipile jacutinga	Boracéia (Collar et al. 1992); Salesópolis (Höfling & Lencioni 1992); Galetti et al. (1997a).
Claravis godefrida	Um par em Boracéia, em 1987 (Wege & Long 1995).
Touit surdus	Boracéia (Collar et al. 1992).
Myrmotherula minor	Boracéia (Whitney & Pacheco 1995).
Procnias nudicollis	Höfling & Lencioni (1992).
Onychorhynchus swainsoni	Poucos registros (Willis & Oniki 1981a, Höfling & Lencioni 1992).
Dendroica cerulea	Boracéia (Willis et al. 1993, Robbins et al. 1992, CBRO 2000b).

Espécies quase ameaçadas: 21	
Tinamus solitarius	Höfling & Lencioni (1992).
Leucopternis polionotus	Boracéia (Willis & Oniki 1981a).
Triclaria malachitacea	Boracéia (Camargo 1976); Collar et al. (1992), Höfling & Lencioni (1992).
Ramphodon naevius	Höfling & Lencioni (1992).
Baillonius bailloni	Höfling & Lencioni (1992).
Piculus aurulentus	Höfling & Lencioni (1992).
Anabacerthia amaurotis	Höfling & Lencioni (1992), Willis & Oniki (1981a).
Myrmotherula unicolor	Boracéia e, historicamente, São Sebastião (Whitney & Pacheco 1995).
Drymophila ochropyga	Höfling & Lencioni (1992).
Psilorhamphus guttatus	Höfling & Lencioni (1992).
Merulaxis ater	Höfling & Lencioni (1992).
Laniisoma elegans	Höfling & Lencioni (1992).
Carpornis cucullata	Höfling & Lencioni (1992).
Contopus cooperi	Registrada algumas vezes na E. B. de Boracéia (Willis et al. 1993).
Hemitriccus orbitatus	Höfling & Lencioni (1992).
Phyllomyias griseocapilla	Willis & Oniki (1981a).
Phylloscartes paulista	Boracéia (Collar et al. 1992).
Phylloscartes oustaleti	Höfling & Lencioni (1992).
Phylloscartes difficilis	Höfling & Lencioni (1992).
Thraupis cyanoptera	Höfling & Lencioni (1992).
Euphonia chalybea	Höfling & Lencioni (1992).

Espécies de distribuição restrita: 16 **EBA075**

Espécies de distribuição restrita: 8 **EBA076**

Espécies endêmicas: 95 **ATL**

Áreas protegidas:

Nome	**Categoria**	**Área**
Parque Estadual da Serra do Mar (em parte)	Proteção Integral	315.390 ha
Reserva Biológica [do Alto] da Serra de Paranapiacaba	Proteção Integral	336 ha
Estação Biológica de Boracéia	Privada (MZUSP)	805 ha

Bertioga | SP05

A1 23°45'S, 45°55'W

Área: c.6.000 ha
Município: Bertioga
Grau de proteção: Nenhum

Bioma: Mata Atlântica
Altitude: 0-50 m
Inventário ornitológico: Não disponível
Key Area 106/PROBIO 415

Descrição

Essa área inclui as matas de baixada de Bertioga que estão fora do Parque Estadual da Serra do Mar e, portanto, desprotegidas. Os melhores trechos de floresta estão localizados entre a rodovia Rio–Santos (BR-101) e as encostas da Serra do Mar, onde existem grandes extensões florestadas. Quanto maior a distância em relação à rodovia, melhor o estado de conservação da vegetação, estando alguns trechos do sopé da serra ainda cobertos por floresta primária. Próximo à costa, por outro lado, a região já se encontra intensamente ocupada por grandes loteamentos.

Aves

As matas da região de Bertioga presumivelmente representam um importante reduto para espécies ameaçadas e endêmicas da Mata Atlântica restritas às baixadas, como *Carpornis melanocephala* (sabiá-pimenta) e *Tangara peruviana* (saíra-sapucaia), sobretudo considerando que áreas florestadas de planície, em geral, estão pouco representadas em unidades de conservação. Porém, tal como em várias outras áreas de Mata Atlântica no litoral paulista, não estão disponíveis informações atualizadas sobre a avifauna da região. Os poucos dados existentes resultam de observações ocasionais e isoladas, sendo esperado que mais espécies ameaçadas venham a ser registradas na região à medida que sua avifauna for melhor estudada.

Ameaças

A principal ameaça à área é a especulação imobiliária. Na maior parte, as terras estão em poder de empresas que têm interesse em construir grandes condomínios na região. Atualmente, diversos empreendimentos imobiliários desse tipo estão sendo projetados para a área, com o apoio de lideranças políticas locais. Os estudos de impacto ambiental em geral chamam a atenção para a presença de espécies ameaçadas de extinção, o que até certo ponto restringe a implantação desses empreendimentos. Mesmo assim, a área de ocupação humana na região vem aumentando, seja de forma legal ou ilegal, levando a significativos desmatamentos.

Referências

Wege & Long (1995); Whitney & Pacheco (1995); Pedro Develey (dados inéditos).

Espécies ameaçadas: 7	
Leucopternis lacernulatus	Wege & Long (1995).
Touit surdus	Wege & Long (1995).
Myrmotherula minor	Varjão do Guaratuba; sem registros recentes (Whitney & Pacheco 1995).
Carpornis melanocephala	Wege & Long (1995).
Hemitriccus furcatus	Limite sul de distribuição; Wege & Long (1995).
Sporophila frontalis	Registrada como migrante (Wege & Long 1995).
Tangara peruviana	Wege & Long (1995).

Espécies quase ameaçadas: 2	
Triclaria malachitacea	P. Develey.
Myrmotherula unicolor	Varjão do Guaratuba (Whitney & Pacheco 1995).

Parque Estadual de Ilhabela — SP06

A1, A3 — **23°51'S, 45°19'W**

Área: 27.025 ha
Município: Ilhabela
Grau de proteção: Total

Bioma: Mata Atlântica
Altitude: 0-1.379 m
Inventário ornitológico: Representativo
Key Area 107/PROBIO 414

Descrição

Ilhabela, também chamada de ilha de São Sebastião, é uma das maiores ilhas do litoral brasileiro, com 336 km^2. Dista apenas 1,7 km do litoral do município de São Sebastião, em seu ponto mais próximo do continente. A ilha apresenta relevo bastante acidentado, tendo poucas áreas planas. O ponto culminante da ilha (pico de São Sebastião) é mais alto do que as encostas adjacentes da Serra do Mar, no continente. O clima é tropical úmido, com temperatura média de 22°C e pluviosidade anual em torno de 1.350 mm. Mais de 80% da ilha estão incluídos no Parque Estadual de Ilhabela, que se estende desde o nível do mar (na baía de Castelhanos) até o topo dos morros. As áreas mais bem preservadas encontram-se acima da cota de 500 m, onde predominam florestas primárias e secundárias tardias, com dossel variando entre 15 e 20 m de altura. Nessas matas, é abundante o taquaraçu (*Guadua sp*). Nas partes mais baixas, são comuns espécies vegetais características de matas degradadas, como o guapuruvu (*Schizolobium parahyba*) e *Croton* spp. (Euphorbiaceae).

Espécies ameaçadas: 5	
Pipile jacutinga	Densidade média (Galetti et al. 1997a).
Touit surdus	Somente no verão (Wege & Long 1995).
Procnias nudicollis	Rara (Olmos 1996).
Sporophila frontalis	Migratória (Wege & Long 1995).
Tangara peruviana	Rara migrante ou vagante (Olmos 1996).

Espécies quase ameaçadas: 12	
Tinamus solitarius	Olmos (1996).
Leucopternis polionotus	Olmos (1996).
Ramphodon naevius	Olmos (1996).
Anabacerthia amaurotis	Olmos (1996).
Drymophila ochropyga	Olmos (1996).
Merulaxis ater	Olmos (1996).
Laniisoma elegans	Registrado em 1901, talvez ainda presente (Wege & Long 1995).
Lipaugus lanioides	Registrada recentemente; rara (Olmos 1996).
Carpornis cucullata	Ocorre até o nível do mar (Olmos 1996).
Phibalura flavirostris	Registros anteriores a 1966 (Olmos 1996).
Phylloscartes oustaleti	Olmos (1996).
Thraupis cyanoptera	Olmos (1996).

Espécies endêmicas: 66 — **ATL**

Área protegida:

Nome	Categoria	Área
Parque Estadual de Ilhabela	Proteção Integral	27.025 ha

Em comparação com as matas do continente, a vegetação de Ilhabela é algo mais seca, havendo menor quantidade de epífitas. O palmito (*Euterpe edulis*), abundante no continente, não ocorre na ilha. As áreas de maior ocupação humana estão na face voltada para o continente, onde também está a sede do município. Atualmente, a população da ilha é de 14.000 habitantes, mas esse número aumenta consideravelmente durante a temporada de veraneio.

Aves

A avifauna de Ilhabela é bem conhecida, contando-se 209 espécies já identificadas na área[1]. Estão ausentes, porém, várias espécies que ocorrem nas matas adjacentes do continente, faltando principalmente aves com limitada capacidade de dispersão, como furnarídeos e formicarídeos de solo e sub-bosque, ou sensíveis a alterações no hábitat, como alguns frugívoros de dossel[1]. Ainda assim, a avifauna local é representativa da Mata Atlântica. Apesar de não ocorrerem jacus (*Penelope* spp.) na ilha, uma população de *Pipile jacutinga* (jacutinga) ainda reproduzia-se em Ilhabela em meados da década passada[1,2]. *Myrmotherula minor* (choquinha-pequena), por outro lado, provavelmente extinguiu-se localmente[1].

Ameaças

A tendência ao aumento da ocupação humana nas áreas de baixada da face norte da ilha poderá levar a uma situação de conflito com o parque estadual adjacente, caso esse crescimento não se dê de maneira ordenada.

Referências

1. Olmos (1996); **2.** Galetti et al. (1997a); Olmos (1994); Wege & Long (1995).

Parque Estadual da Serra do Mar (entre Pedro de Toledo e Cubatão) SP07

A1 — 24°00'S, 46°48'W

Área: c.140.000 ha
Municípios: de Pedro de Toledo a Cubatão
Grau de proteção: Total

Bioma: Mata Atlântica
Altitude: 100-900 m
Inventário ornitológico: Não disponível
PROBIO 415

Descrição

Essa área compreende toda a porção sul da Serra do Mar no Estado de São Paulo, correspondendo aos núcleos Serra do Mar, Queirós (ou Pilões), São Vicente, Cubatão, Itanhaém, Curucutu, Itariru e Pedro de Toledo do Parque Estadual da Serra do Mar. Ao longo desse trecho da serra, ainda existe uma faixa relativamente contínua de florestas baixo-montanas, submontanas e alto-montanas, concentradas nas áreas de maior declividade. Mais próximo às cidades de São Paulo e São Bernardo do Campo, a maior parte da mata é secundária devido à retirada seletiva de madeira e ao corte para fabricação de carvão. Atualmente, essas atividades não mais ocorrem e a vegetação vem se recuperando. Nas áreas de relevo mais plano do alto da serra, como no Núcleo Curucutu, as condições climáticas são mais severas e ocorre freqüentemente a formação de neblina, levando ao desenvolvimento de uma vegetação característica (mata nebular), com árvores menores e grande variedade de líquens, briófitas, orquídeas e bromélias. Localmente também ocorrem campos naturais. A região é rica em recursos hídricos, abastecendo de água cidades populosas como Cubatão e Santos. Duas importantes rodovias (Imigrantes e Anchieta) cor-

Espécies ameaçadas: 3	
Pipile jacutinga	Uma ave abatida em Mongaguá em 1995 (Galetti et al. 1997a).
Biatas nigropectus	Núcleo Curucutu (Figueiredo & Lo 2000).
Myrmotherula minor	Pedro de Toledo, historicamente (Whitney & Pacheco 1995).

Espécies quase ameaçadas: 2	
Triclaria malachitacea	Núcleo Curucutu (Figueiredo & Lo 2000).
Myrmotherula unicolor	Registro anterior a 1970, para Pedro de Toledo (Whitney & Pacheco 1995).

Área protegida:

Nome	Categoria	Área
Parque Estadual da Serra do Mar (em parte)	Proteção Integral	315.390 ha

tam a área, ligando a cidade de São Paulo à Baixada Santista.

Aves

Apesar de parte da área estar situada entre a Região Metropolitana de São Paulo e a Baixada Santista, o trecho da Serra do Mar entre Pedro de Toledo e Cubatão é, ao que tudo indica, o setor do P. E. da Serra do Mar menos conhecido ornitologicamente. Não existem listas de aves publicadas para a área, e as poucas informações disponíveis derivam de atividades fortuitas de coleta ou observação na região. No entanto, a grande extensão dos remanescentes florestais protegidos, especialmente nos municípios de Pedro de Toledo e Itanhaém, faz supor que a área seja importante para a conservação de espécies endêmicas e/ou ameaçadas da Mata Atlântica. Os recentes registros de *Triclaria malachitacea* (sabiá-cica) e *Biatas nigropectus* (papo-branco) no Núcleo Curucutu[1] são evidências disso. A existência de um gradiente altitudinal que compreende desde as matas submontanas no sopé das encostas até os campos e matas nebulares no topo da escarpa atlântica é outro fator que deve contribuir para a presença de uma avifauna rica e variada nesse trecho da Serra do Mar paulista.

Ameaças

Apesar de estarem inseridos em uma unidade de conservação de proteção integral, alguns trechos da área encontram-se bastante degradados e sofrem as conseqüências de uma ocupação humana intensa. Este é o caso do Núcleo Cubatão, onde moradias, favelas e bairros ocupam toda a extensão da serra até a cota de 600 m. A poluição proveniente do pólo petroquímico de Cubatão também causou sérios danos à floresta. Atualmente, os índices de poluição são menores e a vegetação vem se recuperando lentamente. Nas áreas mais preservadas de Itanhaém e Pedro de Toledo ocorre a extração ilegal do palmito (*Euterpe edulis*) e a caça.

Referências

1. Figueiredo & Lo (2000); Whitney & Pacheco (1995); Galetti et al. (1997a).

Itanhaém / Mongaguá — SP08

A1 — **24°06'S, 46°45'W**

Área: c. 8.000 ha
Municípios: Itanhaém, Mongaguá
Grau de proteção: Nenhum

Bioma: Mata Atlântica
Altitude: 10 m
Inventário ornitológico: Não disponível
PROBIO 415

Descrição

A área de Itanhaém/Mongaguá, no litoral médio de São Paulo, engloba a extensa planície arenosa localizada entre a rodovia Padre Manuel da Nóbrega (SP-55) e as encostas baixas adjacentes não protegidas pelo Parque Estadual da Serra do Mar. Essa parte da planície litorânea paulista ainda apresenta remanescentes significativos de floresta de restinga, cujo dossel atinge até 20 m de altura nos trechos menos alterados[1]. Algumas árvores e arvoretas típicas na região são *Ocotea* sp. (Lauraceae), *Syagrus romanzoffiana* (Arecaceae), *Eugenia* sp., *Psidium* sp. (Myrtaceae) e *Rapanea* sp. (Myrsinaceae). Devido à drenagem deficiente e ao alto índice pluviométrico (1.960 mm anuais, em média), grande parte das restingas permanecem alagadas durante longos períodos.

Aves

As matas de Itanhaém/Mongaguá representam o limite norte de distribuição de algumas espécies de aves ameaçadas ou quase ameaçadas no litoral paulista, como *Crypturellus noctivagus* (jaó-do-litoral) e *Cyanocorax caeruleus* (gralha-azul), que não ocorrem na porção norte da planície costeira de São Paulo. As restingas da região também abrigam a população mais setentrional de *Amazona brasiliensis* (papagaio-de-cara-roxa), psitacídeo ameaçado, atualmente restrito à estreita faixa costeira entre Mongaguá e o litoral sul do Paraná[2,3]. Em um levantamento realizado em Itanhaém entre 1987 e 1995, totalizando 320 h de observações, foram identificadas 225 espécies de aves, mas os resultados deste inventário não estão inteiramente disponíveis.

Ameaças

Embora seja contígua ao P. E. da Serra do Mar, a área é distinta em termos de ameaças (principalmente especulação imobiliária e captura de papagaios). A crescente ocupação humana que decorre da construção de loteamentos e da ampliação das áreas de agricultura de subsistência é facilitada pela topografia plana, facilidade de acesso rodoviário e proximidade em relação a grandes centros urbanos[1].

Referências

1. Buzzetti (1996); **2.** Martuscelli (1995); **3.** BirdLife International (2004); Argel-de-Oliveira (1999); Isler & Whitney (2002); Pedro Develey (verb.).

Espécies ameaçadas: 4	
Leucopternis lacernulatus	Buzzetti (1996).
Amazona brasiliensis	Pelo menos 80 indivíduos em Itanhaém em meados da década de 1990 (Buzzetti 1996).
Carpornis melanocephala	Buzzetti (1996).
Tangara peruviana	D. R. C. Buzzetti *in* Argel-de-Oliveira (1999).

Espécies quase ameaçadas: 3	
Crypturellus noctivagus	Buzzetti (1996).
Triclaria malachitacea	Buzzetti (1996).
Myrmotherula unicolor	Isler & Whitney (2002), P. Develey.

Arquipélago dos Alcatrazes

SP09

A4ii — **24°08'S, 45°42'W**

Área: 200 ha
Municípios: São Sebastião
Grau de proteção: Parcial

Bioma: Zona Costeira e Marinha
Altitude: 0-316 m
Inventário ornitológico: Preliminar
PROBIO 417(156)

Descrição

Situado a 33 km da costa do litoral médio de São Paulo, o arquipélago dos Alcatrazes é formado pela ilha principal (Alcatrazes), com cerca de 170 ha, pelas ilhas do Oratório, da Sapata (ou dos Amigos), do Paredão (ou da Tartaruga), do Porto (ou do Farol) e Rasa, e por mais uma ilhota, cinco lajes e dois parcéis[1,2]. A vegetação primitiva na ilha principal é classificada como Mata Atlântica, ainda que seja bem menos diversa e exuberante do que no continente. Entre as espécies arbóreas mais comuns em Alcatrazes estão a maria-mole (*Guapira opposita*) e a palmeira *Syagrus romanzoffiana* (gerivá)[1,2]. Em decorrência dos desmatamentos e queimadas, boa parte das áreas originalmente florestadas da ilha foi transformada em ambientes abertos, onde hoje alastram-se o capim-gordura (*Melinis minutiflora*) e outras plantas exóticas[1]. Há várias espécies de plantas e animais endêmicas do arquipélago, incluindo um anfíbio e uma espécie recentemente descrita de jararaca[2].

Aves

Alcatrazes abriga o maior ninhal de aves marinhas da Região Sudeste e um dos maiores do Brasil, totalizando pouco mais de 10.000 indivíduos reprodutivamente ativos de cinco espécies diferentes[2]. As colônias de *Sula leucogaster* (atobá-pardo) e *Fregata magnificens* (tesourão) contêm mais de 1% das populações mundiais dessas espécies. A primeira reproduz-se em todas as ilhas do arquipélago e na ilhota da Caranha, enquanto a segunda nidifica apenas em Alcatrazes. O arquipélago também abriga uma das poucas colônias de reprodução de *Sterna maxima* (trinta-réis-real) conhecidas no Brasil, com pouco mais de 60 pares[2].

Ameaças

A maior ameaça ao arquipélago advém dos exercícios de tiro da Marinha brasileira, que usa os rochedos da ilha principal como alvo. Além do impacto direto, esses disparos causam incêndios que podem se alastrar rapidamente, sobretudo pelas áreas abertas, retardando ou impedindo a regeneração florestal[1]. Os exercícios militares haviam sido suspensos em março de 2005, mas um recente acordo entre os ministérios da Defesa e do Meio Ambiente pôs fim ao embargo do Ibama e a Marinha voltou a utilizar o arquipélago como alvo.

Referências

1. www.alcatrazes.org.br; **2.** Campos et al. (2004); Martuscelli et al. (2000); Campos et al. (2002).

Espécies congregantes: 2

Sula leucogaster	1.500 pares reprodutivos (Martuscelli et al. 2000, Campos et al. 2004).
Fregata magnificens	3.000 pares reprodutivos (Martuscelli et al. 2000, Campos et al. 2004).

Área protegida:

Nome	Categoria	Área
Estação Ecológica Tupinambás	Proteção Integral	28 ha

Maciço Florestal de Paranapiacaba — SP10

A1, A2, A3 — **24°18'S, 48°24'W**

Área: 140.000 ha
Municípios: Sete Barras, Eldorado, Capão Bonito, Iporanga, São Miguel Arcanjo, Apiaí, Tapiraí, Pilar do Sul, Juquiá
Grau de proteção: Parcial

Bioma: Mata Atlântica
Altitude: 20-1.095 m
Inventário ornitológico: Representativo

Key Areas 108, 109 110/PROBIO 419

Descrição

O maciço florestal da Serra de Paranapiacaba, no sudeste de São Paulo, consiste de quatro unidades de conservação de proteção integral e alguns remanescentes florestais contíguos situados em terras particulares, que juntos formam uma das maiores e mais bem conservadas faixas contínuas de Mata Atlântica preservada, com aproximadamente 140.000 ha[1]. A área estende-se desde o Parque Estadual Turístico do Alto Ribeira (PETAR), quase na divisa com o Paraná, até a Serra de Juquiá, no sul do município de Pilar do Sul e oeste do município de Tapiraí, incluindo as matas de baixada de Eldorado e os remanescentes florestais no sul do município de Capão Bonito. Nessa área estão preservadas desde florestas de planície costeira, como as existentes nos arredores das bases do Quilombo e Saibadela do Parque Estadual Intervales, no vale do rio Ribeira de Iguape, até florestas montanas sobre o divisor de águas entre as bacias hidrográficas dos rios Ribeira e Paranapanema[1,2]. A maior parte do maciço é formada por florestas primárias ou secundárias tardias de grande diversidade florística. No fundo dos vales, onde os solos são profundos, as matas são mais desenvolvidas e podem atingir até 35-40 m de altura[2]. As famílias botânicas com maior número de representantes nas matas primárias em Saibadela são Lauraceae, Myrtaceae, Sapotaceae, Euphorbiaceae, Arecaceae, Rubiaceae e Leguminosae[1,2]. Nas encostas as matas são algo mais baixas, tendo entre 18 e 30 m de altura, e comportam grandes brenhas de taquaras, principalmente em clareiras e ao longo das trilhas[1]. No alto das montanhas ocorre a chamada mata nebular, assim chamada por permanecer a maior parte do tempo envolta em neblina. Tal como em outras partes da Serra do Mar, a pluviosidade na Serra de Para-

Espécies ameaçadas: 14

Pipile jacutinga	Wege & Long (1995), Galetti et al. (1997a).
Touit surdus	Wege & Long (1995).
Touit melanonotus	Aleixo & Galetti (1997).
Amazona vinacea	Principalmente em Eldorado (Galetti 1997); Wege & Long (1995).
Dryocopus galeatus	Wege & Long (1995), Willis (1989).
Myrmotherula minor	Aleixo & Galetti (1997).
Biatas nigropectus	Taquarais em matas de altitude (Willis 1989); Wege & Long (1995).
Carpornis melanocephala	Comum em Saibadela (Aleixo & Galetti 1997); Wege & Long (1995).
Procnias nudicollis	Provavelmente migrante altitudinal (Aleixo & Galetti 1997).
Onychorhynchus swainsoni	BirdLife International (2000).
Platyrinchus leucoryphus	Florestas primárias sem corte seletivo (Aleixo 1999).
Sporophila frontalis	Wege & Long (1995).
Sporophila falcirostris	F. Olmos (in litt.).
Tangara peruviana	Poucos registros (Aleixo & Galetti 1997).

Espécies quase ameaçadas: 29	
Tinamus solitarius	Aleixo & Galetti (1997).
Crypturellus noctivagus	Comum nas áreas de baixada (Aleixo & Galetti 1997).
Leucopternis polionotus	Aleixo & Galetti (1997).
Morphnus guianensis	Um registro em 1995 (Galetti et al. 1997b).
Triclaria malachitacea	Comum nas baixadas (Aleixo & Galetti 1997); Wege & Long (1995).
Strix hylophila	Aleixo & Galetti (1997).
Ramphodon naevius	Muito comum em Saibadela (Aleixo & Galetti 1997).
Baillonius bailloni	Principalmente entre 400-600 m (Aleixo & Galetti 1997).
Piculus aurulentus	Aleixo & Galetti (1997).
Anabacerthia amaurotis	Aleixo & Galetti (1997).
Myrmotherula unicolor	Aleixo & Galetti (1997).
Drymophila ochropyga	Pacheco & Fonseca (2002).
Dysithamnus stictothorax	Aleixo & Galetti (1997).
Psilorhamphus guttatus	Aleixo & Galetti (1997).
Merulaxis ater	Aleixo & Galetti (1997).
Scytalopus indigoticus	Aleixo & Galetti (1997).
Phibalura flavirostris	Provavelmente migrante altitudinal (Aleixo & Galetti 1997).
Lipaugus lanioides	Principalmente nas áreas mais elevadas (Aleixo & Galetti 1997); Wege & Long (1995).
Carpornis cucullata	Aleixo & Galetti (1997).
Contopus cooperi	Observada em Intervales (Willis et al. 1993).
Hemitriccus orbitatus	Florestas primárias sem corte seletivo (Aleixo 1999).
Phylloscartes paulista	Áreas baixas (Aleixo & Galetti 1997); Wege & Long (1995).
Phylloscartes sylviolus	Aleixo & Galetti (1997).
Phylloscartes oustaleti	Aleixo & Galetti (1997).
Phyllomyias griseocapilla	Aleixo & Galetti (1997).
Orchesticus abeillei	Aleixo & Galetti (1997), Willis (1989).
Thraupis cyanoptera	Aleixo & Galetti (1997).
Dacnis nigripes	Wege & Long (1995).
Cyanocorax caeruleus	Rara (Aleixo & Galetti 1997).

Espécies de distribuição restrita: 23 EBA075

Espécies endêmicas: 121 ATL

Áreas protegidas:

Nome	Categoria	Área
Parque Estadual Turístico do Alto Ribeira	Proteção Integral	35.712 ha
Parque Estadual Intervales	Proteção Integral	49.888 ha
Parque Estadual Carlos Botelho	Proteção Integral	37.644 ha
Estação Ecológica de Xitué	Proteção Integral	3.095 ha
APA Serra do Mar	Uso Sustentável	?

napiacaba é alta. Em Saibadela, a precipitação anual ultrapassa os 4.000 mm. O regime de chuvas exibe certa sazonalidade, havendo um período superúmido de janeiro a março (média de 1.000 mm) e outro menos chuvoso entre junho e agosto (cerca de 300 mm). Nas áreas mais elevadas do P. E. Intervales, porém, a precipitação é consideravelmente menor (1.600-1.800 mm)[2,3]. A temperatura média na planície está em torno de 24°C, mas geadas e temperaturas abaixo de zero grau ocorrem nas zonas mais elevadas (p.ex., ao redor da base do Carmo)[2]. Toda a região é bem conhecida devido ao grande número de cavernas calcáreas, constituindo uma das principais províncias espeleológicas do Brasil.

Aves

O maciço florestal de Paranapiacaba é uma das mais importantes reservas de Mata Atlântica da Região Sudeste, em razão da grande extensão, da continuidade e do estado de conservação das matas. Embora não haja um inventário completo das aves de todo o maciço, a riqueza da avifauna local deve estar próxima de 400 espécies. Somente no P. E. Intervales, foram detectadas 338 espécies nas matas serranas e de encosta[4] e 234 espécies nas florestas de planície[2]. No P. E. Carlos Botelho, 200 espécies foram observadas em 18 h de observações em janeiro de 1990[5]. A Serra de Paranapiacaba é uma das áreas com maior número de endemismos da Mata Atlântica, só sendo superada pela área da Serra da Bocaina/Paraty/Angra dos Reis (RJ/SP01). Em adição, o número de espécies de distribuição restrita faz dessa IBA uma das áreas mais representativas da EBA075 (Floresta Atlântica de Planície). A área é de crítica importância para a conservação de *Pipile jacutinga* (jacutinga), abrigando uma população estimada em pouco mais de 2.000 a 3.520 indivíduos[6,7]. O tinamídeo quase ameaçado *Crypturellus n. noctivagus* (jaó-do-litoral) também parece ter nas matas costeiras do sul de São Paulo, juntamente com as do leste do Paraná, seu principal reduto na atualidade[2]. Outras espécies que têm no maciço florestal de Paranapiacaba importantes populações em nível global incluem *Triclaria malachitacea* (sabiá-cica), *Dryocopus galeatus* (pica-pau-de-cara-amarela), *Biatas nigropectus* (papo-branco) e *Lipaugus lanioides* (tropeiro-da-serra)[2,8]. Em São Paulo, *D. galeatus* conta com registros recentes apenas no maciço de Paranapiacaba e na Ilha do Cardoso[9]. A observação de um *Morphnus guianensis* (uiraçu-falso) na parte serrana do P. E. Intervales representa um dos poucos registros recentes dessa ave de rapina rara em toda a região da Mata Atlântica, onde é conhecida de apenas três IBAs.

Ameaças

A extração ilegal e predatória do palmito (*Euterpe edulis*) afeta aves e mamíferos que consomem os seus frutos. Um estudo mostrou redução na abundância de *Carpornis melanocephala* (sabiá-pimenta) e *Ramphastos vitellinus* (tucano-de-bico-preto) em parcelas de floresta onde houve extração dessa palmeira[10]. A caça ocorre mesmo dentro das áreas oficialmente protegidas da região e representa um sério risco à população de *Pipile jacutinga*. Outras ameaças são a mineração de calcário para a fabricação de cimento e a construção de usinas hidrelétricas no rio Ribeira de Iguape. Há planos de se instalar um complexo industrial para produção de cimento a menos de 5 km dos limites do P. E. de Intervales. A recente onda de invasões em áreas protegidas de São Paulo e Paraná por grupos indígenas também causa preocupação[11]. Por volta do final de 1999, um pequeno grupo de índios Guarani Mbyá provenientes da Ilha do Cardoso invadiu a área do núcleo Quilombo do P. E. Intervales. Em novembro de 2002 já havia 117 índios no parque, contando-se 37 novas edificações associadas[12]. Os índios praticam diversas atividades que conflitam com os objetivos da unidade de conservação, como a agricultura de coivara, as queimadas, a caça e o extrativismo, resultando em danos ao ambiente e levando ao empobrecimento da fauna e flora local[11,12].

Referências
1. Mateos et al. (2002); **2.** Aleixo & Galetti (1997); **3.** Rodrigues (1995); **4.** Vielliard & Silva (2001); **5.** Pacheco & Fonseca (2002); **6.** Galetti et al. (1997a); **7.** Sánchez-Alonso et al. (2002); **8.** BirdLife International (2000); **9.** Wege & Long (1995); **10.** Galetti & Aleixo (1998); **11.** Olmos (2005); **12.** Olmos et al. (2004); Willis & Oniki (1981a); Willis (1989); Willis & Schuchmann (1993); Willis et al. (1993); Galetti (1997); Galetti et al. (1997b); Aleixo (1999); Machado (1999); Pisciotta (2002); Pedrocchi et al. (2002); Fábio Olmos (in litt.).

Estação Ecológica de Juréia-Itatins

SP11

A1, A2, A3

24°30'S, 47°19'W

Área: > 80.000 ha
Municípios: Iguape, Peruíbe, Itariri, Miracatu
Grau de proteção: Parcial

Bioma: Mata Atlântica
Altitude: 0-1.300 m
Inventário ornitológico: Representativo
Key Areas 111,112, 113/PROBIO 419 (87)

Descrição

Situada no litoral sul paulista, a pouco mais de 100 km da capital, a Estação Ecológica de Juréia-Itatins protege um dos maiores blocos de Mata Atlântica contínua ainda bem conservada no Estado de São Paulo. Uma das características mais marcantes da paisagem local é a existência de um gradiente altitudinal totalmente preservado, que começa nas praias, onde há vegetação típica de dunas, e estende-se até as matas baixas e vegetação arbustiva sobre os topos dos morros, a mais de 1.000 m de altitude, passando por matas de restinga, mangues e florestas altas. A vegetação sobre as encostas, serras e morros isolados corresponde às florestas baixo-montana, montana e alto-montana, com pequenos trechos de campos de altitude nos cumes. Nas planícies, existem matas de restinga e manguezais, estes restritos às margens dos rios Una, Verde e Guaraú. Uma floresta exuberante e extremamente diversa em número de espécies e formas de vida desenvolve-se nas áreas de menor altitude, abaixo da cota de 300 m. Nessa áreas, a estratificação da vegetação é clara, originando três andares bem definidos. A altura das copas varia de 20 a 30 m, mas algumas árvores emergentes, como o jequitibá (*Cariniana estrellensis*), a copaíba (*Copaifera trapezifolia*) e o jatobá (*Hymenaea courbaril*), atingem até 40 m. Outras árvores comuns no dossel são o guapuruvu (*Schizolobium parahyba*), bocuva (*Virola bicuhyba*), várias figueiras (*Ficus* spp.), embiruçu (*Eriotheca penthaphila*), rameira (*Didimopanax culvus*) e canela (*Cryptocarya moschata*). Sobre estas árvores crescem numerosas epífitas das famílias Orquidaceae e Bromeliaceae, além de diversos tipos de lianas. O palmito (*Euterpe edulis*) é encontrado desde as restingas até as florestas no alto da serras, sendo a palmeira mais abundante em alguns trechos. Fora dos limites da estação ecológica existem outras áreas de vegetação nativa bem preservada, como o extenso trecho de mata de restinga ao longo da praia da Juréia, que se estende até a foz do rio Ribeira de Iguape, ao sul. O clima da região é classificado como tropical chuvoso. A precipitação anual ultrapassa 3.000 mm em anos muito úmidos, estando normalmente entre 2.400 e 2.900 mm na maior parte da área.

Aves

A avifauna da E. E. de Juréia-Itatins é bem conhecida e soma 314 espécies[1]. Além do excelente estado de conservação das florestas, também a grande diversidade de hábitats contribui para a presença de um elevado número de espécies. Algumas aves ameaçadas de extinção, como

Espécies ameaçadas: 12

Leucopternis lacernulatus	Comum (Develey 2004a); Wege & Long (1995).
Pipile jacutinga	Develey (2004a); Wege & Long (1995).
Touit melanonotus	Rara (Develey 2004a); Wege & Long (1995).
Amazona brasiliensis	Wege & Long (1995).
Myrmotherula minor	Incomum (Develey 2004a).
Biatas nigropectus	Rara (Develey 2004a); BirdLife International (2000).
Carpornis melanocephala	Comum (Develey 2004a); Wege & Long (1995).
Procnias nudicollis	Comum (Develey 2004a).
Phylloscartes kronei	Willis & Oniki (1992); raro (Develey 2004a).
Sporophila frontalis	Wege & Long (1995).
Sporophila falcirostris	Wege & Long (1995).
Tangara peruviana	Incomum (Develey 2004a); Wege & Long (1995).

Espécies quase ameaçadas: 24

Tinamus solitarius	Muito comum (Develey 2004a).
Crypturellus noctivagus	Comum (Develey 2004a).
Leucopternis polionotus	Rara (Develey 2004a).
Triclaria malachitacea	Comum (Develey 2004a); Wege & Long (1995).
Ramphodon naevius	Muito comum (Develey 2004a).
Baillonius bailloni	Comum (Develey 2004a).
Piculus aurulentus	Rara (Develey 2004a).
Anabacerthia amaurotis	Incomum (Develey 2004a).
Myrmotherula unicolor	Muito comum (Develey 2004a).
Drymophila ochropyga	Incomum (Develey 2004a).
Dysithamnus stictothorax	Comum (Develey 2004a).
Merulaxis ater	Comum (Develey 2004a).
Scytalopus indigoticus	Comum (Develey 2004a).
Laniisoma elegans	Anciães & Marini (2000)
Iodopleura pipra	Registrada na década de 1960, em Iguape (Wege & Long 1995).
Lipaugus lanioides	Comum (Develey 2004a).
Carpornis cucullata	Muito comum (Develey 2004a).
Hemitriccus orbitatus	Comum (Develey 2004a).
Phylloscartes paulista	Comum (Develey 2004a); BirdLife International (2000).
Phylloscartes sylviolus	Incomum (Develey 2004a).
Phylloscartes oustaleti	Incomum (Develey 2004a).
Phyllomyias griseocapilla	Rara (Develey 2004a).
Thraupis cyanoptera	Comum (Develey 2004a).
Cyanocorax caeruleus	Muito comum (Develey 2004a).

Espécies de distribuição restrita: 22 EBA075

Espécies endêmicas: 106 ATL

Áreas protegidas:

Nome	Categoria	Área
Estação Ecológica de Juréia-Itatins	Proteção Integral	79.270 ha
APA Cananéia-Iguape-Peruíbe (em parte)	Uso Sustentável	234.000 ha

Leucopternis lacernulatus (gavião-pombo-pequeno) e *Carpornis melanocephala* (sabiá-pimenta), ainda permanecem comuns e são facilmente observadas nas matas de restinga ao pé da Serra da Juréia[1]. Espécies muito perseguidas por caçadores em vários setores da Serra do Mar, como *Tinamus solitarius* (macuco) e *Pipile jacutinga* (jacutinga), são encontradas com freqüência na estação ecológica, principalmente na Serra dos Itatins, onde estão os trechos mais isolados e melhor preservados de floresta. A área abriga um grande número de endemismos da Mata Atlântica e está entre as seis IBAs com maior número de espécies representativas da EBA075 (Floresta Atlântica de Planície).

Ameaças

As principais ameaças são a caça predatória, o corte ilegal de palmito e a derrubada de florestas por moradores locais, para abertura de roças (cerca de 310 famílias residem na E. E. de Juréia-Itatins)[2]. As matas de restinga que se estendem do limite sul da estação ecológica ao rio Ribeira de Iguape – importantes, por exemplo, para *Phylloscartes kronei* (maria-da-restinga) – não estão protegidas, o que as torna vulneráveis a desmatamentos e outras formas de degradação. Já existe a idéia, por parte do órgão administrador da unidade de conservação (Instituto Florestal), de incluir essa área na estação ecológica. O turismo e a ocupação não planejada, provenientes de Peruíbe, exercem forte pressão sobre o limite nordeste da área, próximo ao rio Guaraú. A E. E. de Juréia-Itatins apresenta sobreposição parcial com a Terra Indígena de Itariri, na vertente nordeste da Serra dos Itatins, situação que resulta da desarticulação entre os órgãos públicos quando da demarcação das áreas[2]. Além disso, em 2000, índios Guarani oriundos da Aldeia Bananal (Peruíbe) foram autorizados a ocupar o Núcleo Itinguçú da E. E. de Juréia-Itatins por ordem do Ministério Público Federal, criando um precedente que dá margem a novas invasões e põe em risco inclusive outras unidades de conservação[2]. Os índios desse assentamento e de outras áreas indígenas da região utilizam a estação ecológica como área de caça e extração de palmito[2]. Por fim, está em tramitação na Assembléia Legislativa de São Paulo um projeto de lei para a desafetação de certas áreas da estação ecológica, transformando-as em reservas de uso sustentável para que possam ser ocupadas por populações tradicionais.

Referências

1. Develey (2004a); **2.** Olmos et al. (2004); Wege & Long (1995); Develey (1997); Anciães & Marini (2000); BirdLife International (2000); Develey & Peres (2000); Marques & Duleba (2004).

Ilhas Comprida e Cananéia — SP12

A1, A4ii — 24°54'S, 47°47'W

Área: c.24.000 ha
Municípios: Cananéia, Ilha Comprida
Grau de proteção: Nenhum

Bioma: Mata Atlântica
Altitude: 0-50 m
Inventário ornitológico: Preliminar
Key Area 115/PROBIO 419 (86)

Descrição

Essa área, localizada no litoral sul de São Paulo, compreende a Ilha Comprida, a Ilha de Cananéia e as matas de planície em frente à ilha do Cardoso, que não estão incluídas nas unidades de conservação de proteção integral existentes na região. A Ilha Comprida é uma longa e estreita faixa arenosa com cerca de 65 km de extensão e 3 km de largura, situada em frente aos municípios de Iguape e Cananéia. Vários ambientes se sucedem a partir da costa oceânica em direção ao interior da ilha, formando um complexo mosaico de hábitats composto por praias costeiras, dunas, restingas arbustivas, brejos, matas de restinga e manguezais[1]. A porção norte da ilha, onde está situada a cidade de Ilha Comprida, é a mais habitada e desenvolvida, abrigando uma população fixa de 8 mil habitantes. A Ilha de Cananéia é menor, tendo cerca de 27

Espécies ameaçadas: 10	
Leucopternis lacernulatus	Wege & Long (1995).
Pipile jacutinga	Galetti et al. (1997a).
Touit melanonotus	Residente de verão (?) (Wege & Long 1995).
Amazona brasiliensis	Wege & Long (1995), Martuscelli (1995).
Carpornis melanocephala	BirdLife International (2000).
Procnias nudicollis	Avanzo & Sanfilippo (2000).
Phylloscartes kronei	A área inclui a localidade-tipo da espécie (Willis & Oniki 1992).
Sporophila frontalis	*Status* desconhecido (Wege & Long 1995).
Sporophila falcirostris	Em florestas brejosas, no verão (Wege & Long 1995).
Tangara peruviana	Residente (Wege & Long 1995).

Espécies quase ameaçadas: 9	
Tinamus solitarius	Avanzo & Sanfilippo (2000).
Leucopternis polionotus	Avanzo & Sanfilippo (2000).
Ramphodon naevius	Avanzo & Sanfilippo (2000).
Phylloscartes paulista	Avanzo & Sanfilippo (2000).
Phylloscartes oustaleti	Avanzo & Sanfilippo (2000).
Euphonia chalybea	Avanzo & Sanfilippo (2000).
Thraupis cyanoptera	Avanzo & Sanfilippo (2000).
Dacnis nigripes	Wege & Long (1995).
Cyanocorax caeruleus	Avanzo & Sanfilippo (2000).

Espécie congregante	
Sterna sandvicensis	Até 3.000 indivíduos, com maior abundância no alto verão (Barbieri et al. 2002).

Áreas protegidas:

Nome	Categoria	Área
APA de Ilha Comprida	Uso Sustentável	19.375 ha
APA de Cananéia-Iguape-Peruíbe (em parte)	Uso Sustentável	234.000 ha

km de extensão em seu eixo maior. A porção continental da área, em adição aos manguezais e matas de restinga, compreende também florestas de planície litorânea, cujo dossel atinge até 20-25 m de altura. Em toda a região existem grandes áreas de florestas permanentemente alagadas dominadas por *Tabebuia cassinoides* (caixetais) e matas sazonalmente inundadas de *Calophyllum brasiliense* (guanandizais)[2]. O clima é quente e úmido, sem estação seca definida. As chuvas não se distribuem de forma regular ao longo do ano. Na Ilha Comprida, a precipitação pluviométrica é de 1.500 a 1.800 mm na estação chuvosa (outubro a março) e de 500 mm no restante do ano[1].

Aves

Em um inventário de um ano de duração foram encontradas 224 espécies de aves na Ilha Comprida, total que inclui espécies marinhas e também vários migrantes do hemisfério norte, que encontram abrigo e alimento nas praias da ilha[1]. A região abriga o grosso da população paulista de *Amazona brasiliensis* (papagaio-de-cara-roxa), estimada em cerca de 1.550 indivíduos no início da década de 1990[2]. Esse psitacídeo ameaçado depende do complexo de hábitats formado pelos manguezais, caixetais, guanandizais e outros tipos de florestas litorâneas da região, os quais utiliza diferentemente para a reprodução, alimentação e como dormitório[2,3]. O tiranídeo ameaçado *Phylloscartes kronei* (maria-da-restinga) foi descrito em 1992 com base em exemplares coletados nas restingas da Ilha Comprida[4]. Essa ilha, juntamente com a Ilha de Cananéia, forma um dos principais redutos da espécie. As praias da Ilha Comprida, principalmente em seus extremos sul e norte – que estão sob influência dos canais de Cananéia e Icapara –, são uma importante área de alimentação e descanso pós-reprodutivo para a população de *Sterna sandvicensis eurygnatha* (trinta-réis-de-bando) que se reproduz nas ilhas do sudeste brasileiro[5], concentrando sazonalmente entre 10 e 30% da população extra-caribenha dessa subespécie.

Ameaças

Não existem unidades de conservação de proteção integral na área e as duas APAs existentes não garantem a conservação dos ambientes importantes para as aves. A especulação imobiliária e a ocupação desordenada são os maiores problemas na Ilha Comprida, levando a desmatamentos devido à abertura de estradas e implantação de condomínios de casas de veraneio. A pressão de ocupação cresceu muito após a inauguração da ponte que liga a ilha ao continente, em 2001. Também ocorre exploração comercial – apesar de ilegal – da caixeta (*Tabebuia cassinoides*) e do palmito (*Euterpe edulis*). A caça e a captura para o tráfico clandestino de animais silvestres representam as principais ameaças para a população local de *Amazona brasiliensis*. Em 1991-1992, 356 filhotes dessa espécie foram retirados de seus ninhos em Iguape, Cananéia e Ilha Comprida[2].

Referências

1. Avanzo & Sanfilippo (2000); **2.** Martuscelli (1995); **3.** BirdLife International (2000); **4.** Willis & Oniki (1992); **5.** Barbieri et al. (2002); Wege & Long (1995); Galetti et al. (1997a).

Tabela 2. Espécies ameaçadas de extinção com ocorrência nas IBAs de São Paulo

Espécies	Categ.*	Código IBA														Total**	
		SP01	SP/MG01	SP/MG02	**SP02**	**SP03**	**SP04**	SP05	**SP06**	SP07	SP08	SP09	**SP10**	**SP11**	SP12	a	b
Nothura minor	VU	X														1	3
Leucopternis lacernulatus	VU				X	X	X	X			X			X	X	7	34
Pipile jacutinga	EN				X		X		X	X			X	X	X	7	19
Laterallus xenopterus	VU	X														1	1
Claravis godefrida	CR				X	X	X									3	9
Touit melanonotus	EN			X	X								X	X	X	5	15
Touit surdus	VU						X	X	X				X			4	35
Amazona brasiliensis	VU										X			X	X	3	6
Amazona vinacea	VU		X	X		X							X			4	24
Dryocopus galeatus	VU												X			1	6
Biatas nigropectus	VU			X	X					X			X	X		5	12
Myrmotherula minor	VU				X		X	X		X			X	X		6	13
Carpornis melanocephala	VU							X			X		X	X	X	5	18
Procnias nudicollis	VU				X	X	X		X				X	X	X	7	39
Piprites pileata	VU		X													1	8
Hemitriccus furcatus	VU				X			X								2	7
Culicivora caudacuta	VU	X														1	6
Phylloscartes kronei	VU													X	X	2	9
Platyrinchus leucoryphus	VU				X								X			2	14
Onychorhynchus swainsoni	VU				X		X						X			3	11
Alectrurus tricolor	VU	X														1	4
Anthus nattereri	VU	X														1	10
Coryphaspiza melanotis	VU	X														1	3
Sporophila frontalis	VU				X			X	X				X	X	X	6	21
Sporophila falcirostris	VU				X								X	X	X	4	10
Sporophila palustris	EN	X														1	5
Sporophila cinnamomea	VU	X														1	5

Tabela 2. (continuação) Espécies ameaçadas de extinção com ocorrência nas IBAs de São Paulo

Espécies	Categ.*	Código IBA														Total**	
		SP01	SP/MG01	SP/MG02	**SP02**	**SP03**	**SP04**	SP05	**SP06**	SP07	SP08	SP09	**SP10**	**SP11**	SP12	a	b
Tangara peruviana	VU				X			X	X		X		X	X	X	7	16
Dendroica cerulea	VU						X									1	2
Total de espécies		**8**	**2**	**3**	**13**	**4**	**8**	**7**	**5**	**3**	**4**	**0**	**14**	**12**	**10**		
Rhea americana	NT	X														1	13
Tinamus solitarius	NT				X	X	X		X				X	X	X	7	36
Crypturellus noctivagus	NT										X		X	X		3	24
Leucopternis polionotus	NT				X		X		X				X	X	X	6	29
Morphnus guianensis	NT												X			1	3
Triclaria malachitacea	NT			X	X		X	X		X	X		X	X		8	22
Strix hylophila	NT		X	X									X			3	18
Ramphodon naevius	NT				X		X		X				X	X	X	6	18
Baillonius bailloni	NT				X	X	X						X	X		5	26
Piculus aurulentus	NT		X		X	X	X						X	X		6	34
Geobates poecilopterus	NT	X														1	3
Leptasthenura setaria	NT		X	X												2	15
Anabacerthia amaurotis	NT		X			X	X		X				X	X		6	20
Dysithamnus stictothorax	NT				X	X							X	X		4	27
Myrmotherula unicolor	NT				X		X	X		X	X		X	X		7	23
Drymophila genei	NT		X		X											2	10
Drymophila ochropyga	NT			X	X		X		X				X	X		6	30
Psilorhamphus guttatus	NT				X		X						X			3	17
Merulaxis ater	NT				X		X		X				X	X		5	12
Scytalopus indigoticus	NT			X	X								X	X		4	22
Laniisoma elegans	NT				X		X		X					X		4	20
Phibalura flavirostris	NT		X			X			X				X			4	22
Tijuca atra	NT		X													1	6

Tabela 2. (continuação) Espécies ameaçadas de extinção com ocorrência nas IBAs de São Paulo

Espécies	Categ.*	Código IBA														Total**	
		SP01	SP/MG01	SP/MG02	**SP02**	**SP03**	**SP04**	SP05	**SP06**	SP07	SP08	SP09	**SP10**	**SP11**	SP12	a	b
Carpornis cucullata	NT				X		X		X				X	X		5	23
Iodopleura pipra	NT				X									X		2	18
Lipaugus lanioides	NT				X				X				X	X		4	29
Hemitriccus orbitatus	NT				X	X	X						X	X		5	18
Phyllomyias griseocapilla	NT		X		X		X						X	X		5	19
Polystictus pectoralis	NT	X														1	2
Phylloscartes eximius	NT				X	X										2	12
Phylloscartes paulista	NT				X		X						X	X	X	5	15
Phylloscartes oustaleti	NT			X	X		X		X				X	X	X	7	20
Phylloscartes difficilis	NT		X	X			X									3	13
Phylloscartes sylviolus	NT				X								X	X		3	10
Contopus cooperi	NT				X		X						X			3	5
Charitospiza eucosma	NT	X														1	6
Sporophila ruficollis	NT	X														1	1
Sporophila melanogaster	NT	X														1	9
Orchesticus abeillei	NT			X		X							X			3	16
Neothraupis fasciata	NT	X														1	7
Thraupis cyanoptera	NT						X		X				X	X	X	5	23
Euphonia chalybea	NT						X								X	2	12
Dacnis nigripes	NT				X								X		X	3	16
Cyanocorax caeruleus	NT												X	X	X	3	17
Total de espécies		**7**	**9**	**8**	**25**	**9**	**21**	**2**	**12**	**2**	**3**	**0**	**29**	**24**	**9**		

* Categorias de ameaça: CR – criticamente em perigo; EN – em perigo; VU – vulnerável; NT – quase ameaçada.

** Número de IBAs em que a espécie se encontra presente em: **a** – São Paulo (sem considerar IBAs interestaduais); **b** – Região como um todo.

Tabela 3. Espécies endêmicas por IBA no Estado de São Paulo, agrupadas por Bioma

Espécies	nº EBA*	Código IBA														Total**	
		SP01	SP/MG01	SP/MG02	**SP02**	**SP03**	**SP04**	SP05	**SP06**	SP07	SP08	SP09	**SP10**	**SP11**	SP12	a	b
Mata Atlântica																	
Tinamus solitarius					X	X	X		X				X	X	X	7	36
Crypturellus noctivagus											X		X	X		3	24
Leucopternis lacernulatus					X	X	X	X			X			X	X	7	34
Leucopternis polionotus					X		X		X				X	X	X	6	29
Pipile jacutinga					X		X		X	X			X	X	X	7	19
Odontophorus capueira			X		X	X	X		X				X	X		7	38
Aramides saracura			X	X	X	X	X						X		X	7	41
Claravis godefrida					X	X	X									3	9
Pyrrhura frontalis			X		X	X	X		X				X	X	X	8	49
Brotogeris tirica					X	X	X		X				X	X	X	7	38
Touit melanonotus	75			X	X								X	X	X	5	15
Touit surdus							X	X	X				X			4	35
Pionopsitta pileata			X	X	X		X		X				X	X		7	34
Amazona brasiliensis	75										X			X	X	3	6
Amazona vinacea			X	X		X							X			4	24
Triclaria malachitacea	75			X	X		X	X		X	X		X	X		8	22
Otus atricapilla					X								X	X		3	13
Strix hylophila			X	X									X			3	18
Pulsatrix koeniswaldiana	75				X	X			X				X	X		5	34
Glaucidium minutissimum					X								X	X		3	18
Macropsalis forcipata						X					X		X			3	17
Phaethornis eurynome			X	X	X	X	X		X				X	X	X	9	32
Phaethornis squalidus														X		1	16
Ramphodon naevius	75				X		X		X				X	X	X	6	18
Melanotrochilus fuscus				X	X	X	X		X				X	X	X	8	46
Stephanoxis lalandi			X	X			X									3	23

Tabela 3. (continuação) Espécies endêmicas por IBA no Estado de São Paulo, agrupadas por Bioma

Espécies	nº EBA*	Código IBA														Total**	
		SP01	SP/MG01	SP/MG02	**SP02**	**SP03**	**SP04**	SP05	**SP06**	SP07	SP08	SP09	**SP10**	**SP11**	SP12	a	b
Mata Atlântica																	
Thalurania glaucopis				X	X	X	X		X				X	X	X	8	44
Leucochloris albicollis			X	X	X	X	X						X	X		7	35
Aphantochroa cirrhochloris						X							X	X	X	4	29
Clytolaema rubricauda			X	X	X	X	X		X				X	X		8	27
Trogon surrucura			X	X	X	X	X		X				X	X		8	47
Baryphthengus ruficapillus			X	X	X				X				X	X		6	28
Notharchus swainsoni											X			X		2	15
Malacoptila striata					X	X							X	X		4	29
Baillonius bailloni					X	X	X						X	X		5	26
Selenidera maculirostris					X	X	X		X				X	X		6	30
Ramphastos dicolorus			X	X	X	X	X		X				X	X		8	30
Picumnus temminckii						X			X				X			3	12
Melanerpes flavifrons					X	X			X				X	X		5	27
Veniliornis spilogaster			X	X	X	X	X		X				X	X	X	9	37
Piculus aurulentus			X		X	X	X						X	X		6	34
Dryocopus galeatus													X			1	6
Campephilus robustus									X				X	X		3	28
Dendrocincla turdina					X		X		X				X	X		5	35
Lepidocolaptes squamatus/falcinellus			X	X	X	X	X						X	X		7	48
Xiphorhynchus fuscus			X	X	X	X	X		X				X	X		8	60
Campylorhamphus falcularius			X		X		X						X	X		5	29
Leptasthenura setaria	76		X	X												2	15
Oreophylax moreirae	76		X													1	5
Synallaxis ruficapilla			X	X	X	X	X		X				X	X	X	9	37
Cranioleuca pallida			X	X		X	X						X		X	6	22
Cranioleuca obsoleta									X							1	18

Tabela 3. (continuação) Espécies endêmicas por IBA no Estado de São Paulo, agrupadas por Bioma

Espécies	nº EBA*	Código IBA														Total**	
		SP01	SP/MG01	SP/MG02	SP02	SP03	SP04	SP05	SP06	SP07	SP08	SP09	SP10	SP11	SP12	a	b
Mata Atlântica																	
Phacellodomus erythrophthalmus	75				X		X									2	5
Cichlocolaptes leucophrus	75		X		X		X						X	X		5	26
Anabacerthia amaurotis	75		X			X	X		X				X	X		6	20
Philydor lichtensteini				X	X				X				X	X		5	25
Philydor atricapillus			X	X	X	X	X		X				X	X		8	31
Anabazenops fuscus			X		X	X	X						X	X		6	23
Automolus leucophthalmus			X		X	X	X						X	X		6	42
Sclerurus scansor				X	X	X	X		X				X	X		7	36
Heliobletus contaminatus			X	X	X	X	X						X	X		7	28
Hypoedaleus guttatus					X	X	X						X	X		5	22
Mackenziaena severa					X		X		X				X	X		5	30
Mackenziaena leachii			X	X	X					X			X	X		6	28
Biatas nigropectus	75			X	X					X			X	X		5	12
Dysithamnus stictothorax	75				X	X							X	X		4	27
Dysithamnus xanthopterus	76		X	X	X		X						X	X		6	12
Myrmotherula gularis	75		X	X	X	X	X		X				X	X		8	26
Myrmotherula minor	75				X		X	X	?	X			X	X		6	13
Myrmotherula unicolor	75				X		X	X		X	X		X	X		7	23
Drymophila ferruginea			X	X	X	X	X		X				X	X		8	29
Drymophila rubricollis	75		X										X			2	9
Drymophila genei	76		X		X											2	10
Drymophila ochropyga	76			X	X		X		X				X	X		6	30
Drymophila malura			X	X			X						X	X		5	22
Drymophila squamata					X								X	X		3	31
Terenura maculata				X	X		X		X				X	X		6	27
Pyriglena leucoptera			X	X	X	X	X		X				X	X	X	9	45

Tabela 3. (continuação) Espécies endêmicas por IBA no Estado de São Paulo, agrupadas por Bioma

Espécies	nº EBA*	Código IBA														Total**	
		SP01	SP/MG01	SP/MG02	SP02	SP03	SP04	SP05	SP06	SP07	SP08	SP09	SP10	SP11	SP12	a	b
Mata Atlântica																	
Myrmeciza squamosa	75		?	X	X	X	X		X				X	X		7	14
Chamaeza meruloides	75		X		X	X	X						X			5	19
Chamaeza ruficauda	76		X	X			X									3	14
Hylopezus nattereri			X	X	X		X						X			5	15
Conopophaga lineata			X	X	X	X	X		X				X	X	X	9	49
Conopophaga melanops			X		X		X		X				X	X		6	39
Psilorhamphus guttatus	75				X		X						X			3	17
Merulaxis ater	75				X		X		X				X	X		5	12
Scytalopus speluncae			X		X		X		X				X	X		6	25
Scytalopus indigoticus				X	X								X	X		4	22
Laniisoma elegans					X		X		X					X		4	20
Tijuca atra	76		X													1	6
Carpornis cucullata	75				X		X		X				X	X		5	23
Carpornis melanocephala								X			X		X	X	X	5	18
Iodopleura pipra	71, 75				X									X		2	18
Lipaugus lanioides					X				X				X	X		4	29
Pyroderus scutatus			X		X	X							X	X		5	29
Procnias nudicollis					X	X	X		X				X	X	X	7	39
Schiffornis virescens			X	X	X	X	X		X				X	X	X	9	38
Chiroxiphia caudata			X	X	X	X	X		X				X	X	X	9	42
Ilicura militaris			X		X	X	X						X	X	X	7	28
Neopelma chrysolophum	73, 76		X		X		X		X							4	10
Piprites pileata	76		X													1	8
Mionectes rufiventris			X	X	X	X	X		X				X	X	X	9	34
Hemitriccus diops			X		X		X						X			4	23
Hemitriccus obsoletus	76		X										X			2	12

Tabela 3. (continuação) Espécies endêmicas por IBA no Estado de São Paulo, agrupadas por Bioma

Espécies	nº EBA*	Código IBA														Total**	
		SP01	SP/MG01	SP/MG02	SP02	SP03	SP04	SP05	SP06	SP07	SP08	SP09	SP10	SP11	SP12	a	b
Mata Atlântica																	
Hemitriccus orbitatus					X	X	X						X	X		5	18
Hemitriccus nidipendulus					X	X	X									3	21
Hemitriccus furcatus	75				X			X								2	7
Todirostrum poliocephalum			X		X	X	X		X				X	X		7	33
Phyllomyias virescens			X										?			1	14
Phyllomyias griseocapilla	76		X		X		X						X	X		5	19
Phylloscartes eximius					X	X										2	12
Phylloscartes paulista					X		X						X	X	X	5	15
Phylloscartes oustaleti	75			X	X		X		X				X	X	X	7	20
Phylloscartes difficilis	76		X	X			X									3	13
Phylloscartes kronei	75													X	X	2	9
Phylloscartes sylviolus					X								X	X		3	10
Myiornis auricularis					X	X	X						X	X		5	33
Platyrinchus leucoryphus					X								X			2	14
Onychorhynchus swainsoni					X		X						X			3	11
Knipolegus nigerrimus			X	X	X		X		X					X		6	32
Muscipipra vetula			X	X	X		X			X			X			6	25
Attila rufus			X	X	X	X	X		X				X	X		8	35
Turdus subalaris			X										X		X	3	19
Arremon semitorquatus						X	X						X			3	14
Haplospiza unicolor			X	X	X	X			X				X	X	X	8	32
Poospiza thoracica	76		X	X												2	13
Sporophila frontalis	75				X			X	X				X	X	X	6	21
Sporophila falcirostris	75				X								X	X	X	4	10
Sporophila melanogaster	76	X														1	9
Saltator fuliginosus					X		X		X				X	X		5	36

Tabela 3. (continuação) Espécies endêmicas por IBA no Estado de São Paulo, agrupadas por Bioma

Espécies	nº EBA*	Código IBA														Total**	
		SP01	SP/MG01	SP/MG02	SP02	SP03	SP04	SP05	SP06	SP07	SP08	SP09	SP10	SP11	SP12	a	b
Mata Atlântica																	
Saltator maxillosus			X	X												2	15
Orchesticus abeillei				X		X							X			3	16
Pyrrhocoma ruficeps			X	X									X			3	16
Hemithraupis ruficapilla					X	X			X				X	X		5	36
Orthogonys chloricterus	76				X		X		X				X	X		5	17
Tachyphonus coronatus				X	X	X	X		X				X	X	X	8	41
Ramphocelus bresilius					X		X		X				X	X	X	6	36
Thraupis cyanoptera	75						X		X				X	X	X	5	23
Thraupis ornata			X	X	X		X		X				X	X		7	32
Euphonia chalybea							X								X	2	12
Euphonia pectoralis				X	X	X	X		X				X	X	X	8	39
Tangara seledon				X	X	X	X		X				X	X		7	31
Tangara cyanocephala				X	X		X		X				X	X	X	7	41
Tangara desmaresti	76		X	X	X	X	X						X	X	X	8	28
Tangara cyanoventris	75			X			X									2	16
Tangara peruviana	75				X			X	X		X		X	X	X	7	16
Dacnis nigripes	75				X								X		X	3	16
Basileuterus leucoblepharus			X	X		X	X						X			5	34
Hylophilus poicilotis			X	X		X	X						X	X		6	23
Cyanocorax caeruleus													X	X	X	3	17
Total de espécies		**1**	**68**	**61**	**109**	**65**	**95**	**9**	**66**	**7**	**9**	**0**	**121**	**106**	**42**		
Cerrado																	
Nothura minor		X														1	3
Geobates poecilopterus		X														1	3
Melanopareia torquata		X														1	6
Culicivora caudacuta		X														1	6

Tabela 3. (continuação) Espécies endêmicas por IBA no Estado de São Paulo, agrupadas por Bioma

Espécies	nº EBA*	Código IBA														Total**	
		SP01	SP/MG01	SP/MG02	**SP02**	**SP03**	**SP04**	SP05	**SP06**	SP07	SP08	SP09	**SP10**	**SP11**	SP12	a	b
Cerrado																	
Alecturus tricolor		X														1	4
Gubernetes yetapa		X														1	6
Antilophia galeata		X														1	6
Charitospiza eucosma		X														1	6
Neothraupis fasciata		X														1	7
Cypsnagra hirundinacea		X														1	8
Basileuterus hypoleucus		X														1	5
Basileuterus leucophrys		X														1	4
Cyanocorax cristatellus		X														1	8
Total de espécies		**13**	**0**	**0**	**0**	**0**	**0**	**0**	**0**	**0**	**0**	**0**	**0**	**0**	**0**		
Pampas																	
Sporophila cinnamomea	77	X														1	5
Sporophila palustris	77	X														1	5
Total de espécies		**2**	**0**	**0**	**0**	**0**	**0**	**0**	**0**	**0**	**0**	**0**	**0**	**0**	**0**		
Total geral de espécies		**16**	**68**	**60**	**109**	**65**	**95**	**9**	**66**	**7**	**9**	**0**	**121**	**106**	**42**		

* EBA: Endemic Bird Areas of the World (Stattersfield et al., 1998). Ver capítulo 4.

** Número de IBAs em que a espécie se encontra presente em: **a** – São Paulo (sem considerar IBAs interestaduais); **b** – Região como um todo.

PARANÁ

OCEANO
PACÍFICO
OCEANO
ATLÂNTICO

Amazona viancea

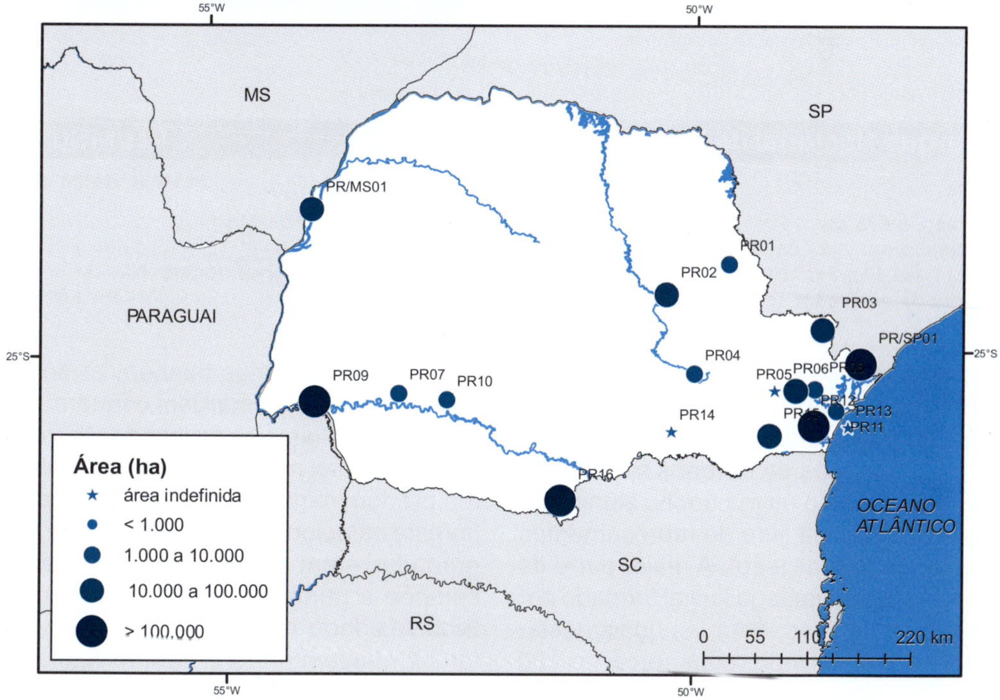
55°W
50°W
25°S
MS
SP
PARAGUAI
SC
RS
PR/MS01
PR01
PR02
PR03
PR/SP01
PR04
PR05
PR06
PR09
PR07
PR10
PR12
PR13
PR11
PR14
PR16
OCEANO
ATLÂNTICO
Área (ha)
área indefinida
< 1.000
1.000 a 10.000
10.000 a 100.000
> 100.000
0 55 110 220 km

Tabela 1. Lista das IBAs no Estado do Paraná

			Critérios*			
Código	**Nome**	**Bioma**	**A1**	**A2**	**A3**	**A4**
PR/MS01	Parque Nacional de Ilha Grande	ATL	X			
PR01	Jaguariaíva	CER, ATL	X			
PR02	Cânion do Guartelá	CER, ATL	X			
PR03	Parque Estadual das Lauráceas e Entorno	ATL	X			
PR/SP01	Guaraqueçaba/Jacupiranga/Cananéia	ATL	X	75	ATL	
PR04	Campos Gerais do Paraná	ATL, CER	X		ATL	
PR05	Várzeas da Região Metropolitana de Curitiba	ATL	X			
PR06	Serra do Marumbi	ATL	X	75, 76	ATL	
PR07	Parque Estadual do Rio Guarani	ATL	X			
PR08	Baixo Curso do Rio Nhundiaquara	ATL	X			
PR09	Parque Nacional do Iguaçu	ATL	X		ATL	
PR10	Corredor do Iguaçu	ATL	X			
PR11	Rio Guaraguaçu	ATL	X			
PR12	APA de Guaratuba	ATL	X	75	ATL	
PR13	Ilhas dos Currais	C/M				X
PR14	Várzeas do Curso Médio-Superior do Rio Iguaçu	ATL	X			
PR15	Várzeas em Tijucas do Sul	ATL	X			
PR16	General Carneiro	ATL	X			
IBA interestadual descrita na seção referente a outro Estado						
SC/PR01	Campos de Água Doce e Palmas	ATL	X			

* Ver capítulo 2 para explicação dos critérios.

Parque Nacional de Ilha Grande — PR/MS01

A1 — **23°40'S, 54°00'W**

Área: 78.875 ha
Municípios: Vila Alta, Altônia, Icaraíma, São Jorge do Patrocínio (PR), Eldorado, Mundo Novo, Naviraí, Itaquiraí (MS)
Grau de proteção: Total

Bioma: Mata Atlântica
Altitude: 300 m
Inventário ornitológico: Não disponível
PROBIO 319

Descrição

Abrangendo parte do noroeste do Paraná e do sudeste de Mato Grosso do Sul, essa ampla área de terrenos sedimentares representa o último trecho significativo do rio Paraná livre de represamentos em território brasileiro[1]. A maior parte da área é um arquipélago fluvial formado por centenas de ilhas, entre as quais destaca-se a ilha Grande, com cerca de 120 km de extensão, mas também estão incluídas várzeas da margem esquerda do rio Paraná[2]. Planícies de inundação, pântanos e lagoas marginais são os ambientes predominantes, havendo trechos de floresta estacional – em grande parte degradados – em alguns setores[2,3]. A área compõe a parte central do Corredor da Biodivesidade do Rio Paraná, do qual também fazem parte o Parque Nacional

Espécies ameaçadas: 3	
Xolmis dominicanus	Provavelmente vagante na região (Straube et al. 1996).
Alectrurus tricolor	Um único registro (Straube et al. 1996).
Sporophila cinnamomea	B. L. Reinert; Straube et al. (2004).

Áreas protegidas:

Nome	Categoria	Área
Parque Nacional de Ilha Grande	Proteção Integral	78.875 ha
APA Ilhas e Várzeas do Rio Paraná (em parte)	Uso Sustentável	1.063.059 ha

do Iguaçu (PR09) e a região do Pontal do Paranapanema[2]. O P. N. de Ilha Grande está inteiramente inserido em uma Área de Proteção Ambiental federal com pouco mais de um milhão de hectares, a qual se estende desde o reservatório de Itaipu até a foz dos rios Paranapanema e Ivinhema.

Aves

Um grande número de aves aquáticas freqüenta as extensas áreas úmidas do parque e seus arredores[3]. Caboclinhos do gênero *Sporophila*, como *S. cinnamomea* (caboclinho-de-chapéu-cinzento) e *S. hypoxantha* (caboclinho-de-barriga-vermelha), contam com registros isolados na área[4,5], mas podem ter ali um importante paradouro durante suas migrações entre os sítios reprodutivos ao sul e as áreas de invernagem ao norte[4]. Registros da primeira espécie no Refúgio Biológico de Mbaracaju (praticamente contíguo ao extremo sul do parque) e em outras áreas adjacentes do Paraguai[6,7,8] reforçam a hipótese de uma presença regular desse caboclinho ameaçado na região. A igualmente ameaçada *Sporophila palustris* (caboclinho-de-papo-branco) foi recentemente registrada na várzea do rio Paraná, a nordeste do P. N. de Ilha Grande, e tem ocorrência esperada na área[9].

Ameaças

A caça e as queimadas são práticas ilegais comuns na área[3]. Apenas cerca de 60% da área do parque estão com situação fundiária regularizada[1].

Referências

1. www2.ibama.gov.br/unidades/parques/reuc/106.htm; **2.** www.maternatura.org.br/qfazemos/projetos/proj_pnig.htm; **3.** Marcos R. Bornschein (verb.); **4.** Bencke et al. (2003); **5.** Straube et al. (1996); **6.** Pérez & Colmán (1995); **7.** Lowen et al. (1997); **8.** Hayes (1995); **9.** Straube et al. (2004); Bianca L. Reinert (Base de dados do *workshop* Avaliação e Ações Prioritárias para a Conservação dos Biomas Floresta Atlântica e Campos Sulinos).

Jaguariaíva — PR01

A1 — **24°12'S, 49°39'W**

Área: 5.000 ha
Municípios: Sengés, Jaguariaíva
Grau de proteção: Parcial
Bioma: Cerrado, Mata Atlântica
Altitude: 900 m
Inventário ornitológico: Representativo

Descrição

Essa área está situada no nordeste do Paraná, perto da divisa com São Paulo. Compreende remanescentos de campo, cerrado e matas com araucária dispersos nas cabeceiras do rio das Cinzas (incluindo o Parque Estadual do Cerrado), bem como áreas intermediárias já convertidas para uso agrícola[1,2]. Os cerrados da região representam uma das ocorrências mais meridionais desse ecossistema, muito embora o clima local não apresente uma estação seca definida, condição típica no domínio do Cerrado[2].

Aves

A avifauna de Jaguariaíva inclui tanto elementos característicos do Cerrado (*e.g.*, *Cypsnagra hirundinacea*, *Neothraupis fasciata* e *Cyanocorax cristatellus*) como da Mata Atlântica (*e.g.*, *Pionopsitta pileata*, *Ramphastos dicolorus* e *Clibanornis dendrocolaptoides*)[1,3]. Os campos naturais da região aparentemente servem como paradouro migratório para pequenos pássaros granívoros que se reproduzem no sul do Brasil e, em parte, também em países vizinhos, e que invernam no centro da América do Sul, notadamente *Sporophila cinnamomea* (caboclinho-de-chapéu-cinzento), *S. palustris* (caboclinho-de-papo-branco) e *S. melanogaster* (caboclinho-de-barriga-preta)[4,5,6].

Ameaças

Os campos e cerrados de Jaguariaíva têm sido descaracterizados pela exploração agropecuária, principalmente através do uso de práticas de manejo nocivas como as queimadas freqüentes e descontroladas. A extração de essências vegetais nativas também contribui para a degradação da vegetação[1]. Como possível resultado de alterações ambientais, extinções locais de algumas espécies de aves já foram constatadas na região[1].

Referências

1. Scherer-Neto et al. (1996); **2.** Straube (1998); **3.** Urben-Filho et al. (2000); **4.** Carrano & Ribas (2000); **5.** Bencke et al. (2003); **6.** Straube et al. (2004); Base de dados do *workshop* Avaliação e Ações Prioritárias para a Conservação dos Biomas Floresta Atlântica e Campos Sulinos; Eduardo Carrano (verb.).

Espécies ameaçadas: 5	
Culicivora caudacuta	E. Carrano.
Xolmis dominicanus	Scherer-Neto et al. (1996).
Anthus nattereri	E. Carrano.
Sporophila palustris	E. Carrano, Straube et al. (2004).
Sporophila cinnamomea	Carrano & Ribas (2000), Straube et al. (2004).

Espécies quase ameaçadas: 9	
Rhea americana	Presente até a década de 1970; sem registros recentes (Scherer-Neto et al. 1996).
Strix hylophila	Carrano & Ribas (2000).
Picumnus nebulosus	Scherer-Neto et al. (1996).
Eleothreptus anomalus	E. Carrano.
Piculus aurulentus	Scherer-Neto et al. (1996).
Leptasthenura setaria	Scherer-Neto et al. (1996).
Clibanornis dendrocolaptoides	Scherer-Neto et al. (1996).
Sporophila melanogaster	Provavelmente um importante paradouro migratório da espécie (Carrano & Ribas 2000).
Neothraupis fasciata	Scherer-Neto et al. (1996), Straube et al. (2004).

Área protegida:		
Nome	**Categoria**	**Área**
Parque Estadual do Cerrado	Proteção Integral	420 ha

Cânion do Guartelá — PR02

A1 — **24°30'S, 50°18'W**

Área: 20.000-30.000 ha
Municípios: Tibagi, Castro
Grau de proteção: Parcial

Bioma: Cerrado, Mata Atlântica
Altitude: 700-1.280 m
Inventário ornitológico: Não disponível

Descrição

Parte dessa área, que inclui um trecho do extenso e profundo cânion do Guartelá, é protegida pelo Parque Estadual do Guartelá, situado no segundo planalto paranaense, à margem direita do rio Tibagi. A área engloba uma considerável extensão de campos nativos, em meio aos quais há numerosos capões dispersos de mata com araucária, brejos e lagoas naturais. Matas de caráter mais tropical aparecem encravadas em vales e grotões do rio Iapó e seus tributários, enquanto áreas descontínuas de cerrado estão presentes tanto dentro quanto fora dos limites do parque.

Aves

Ocorrem na área espécies campestres ameaçadas, como *Harpyhaliaetus coronatus* (águia-cinzenta), aparentemente visitante regular de inverno, *Xolmis dominicanus* (noivinha-de-rabo-preto) e *Anthus nattereri* (caminheiro-grande)[1]. Em virtude da extensão dos campos da região, as duas últimas espécies podem ter populações localmente numerosas[1]. Um inventário preliminar, ainda não divulgado, resultou no registro de 227 espécies de aves na área[1].

Ameaças

A região é particularmente visada para a construção de hidrelétricas, já que os cur-

Espécies ameaçadas: 3	
Harpyhaliaetus coronatus	Até 6 indivíduos regularmente observados durante o inverno desde 1999 (M. R. Bornschein e B. L. Reinert).
Xolmis dominicanus	Moderadamente comum (M. R. Bornschein e B. L. Reinert).
Anthus nattereri	Dois registros em 2002 (M. R. Bornschein e B. L. Reinert).

Espécies quase ameaçadas: 10	
Eleothreptus anomalus	Comum (M. R. Bornschein e B. L. Reinert).
Piculus aurulentus	Incomum (M. R. Bornschein e B. L. Reinert).
Leptasthenura setaria	Moderadamente comum (M. R. Bornschein e B. L. Reinert).
Clibanornis dendrocolaptoides	Incomum (M. R. Bornschein e B. L. Reinert).
Scytalopus indigoticus	Incomum (M. R. Bornschein e B. L. Reinert).
Phibalura flavirostris	Um registro em 1999 (M. R. Bornschein e B. L. Reinert).
Polystictus pectoralis	Provavelmente uma migrante de inverno rara (M. R. Bornschein e B. L. Reinert).
Sporophila melanogaster	Straube et al. (2004).
Euphonia chalybea	Moderadamente comum (M. R. Bornschein e B. L. Reinert).
Cyanocorax caeruleus	Incomum (M. R. Bornschein e B. L. Reinert).

Áreas protegidas:

Nome	Categoria	Área
Parque Estadual do Guartelá	Proteção Integral	799 ha
RPPN Itáytyba	Particular	1.090 ha
RPPN Fazenda Mocambo	Particular	2.772 ha

sos de água dos setores médio e superior da bacia do rio Tibagi correm por vales relativamente profundos. A construção da Usina Hidrelétrica de Telêmaco Borba, se concretizada, resultará no alagamento de parte do baixo curso do rio Iapó. A conversão dos campos nativos em áreas de monoculturas cíclicas (como a soja) ou de silvicultura tem-se tornado comum na região e já foi responsável pela descaracterização de vastas áreas campestres[1]. Outras ameaças incluem a drenagem dos brejos, o sobrepastoreio dos campos por gado bovino, as queimadas, o extrativismo de madeira, a invasão de vegetais exóticos, o uso excessivo de defensivos agrícolas e a caça[1].

Referências

1. Marcos R. Bornschein e Bianca L. Reinert (in litt.).

IBA sugerida por Bianca L. Reinert e Marcos R. Bornschein

Parque Estadual das Lauráceas e Entorno — PR03

A1 — **24°49'S, 48°40'W**

Área: c.40.000 ha
Municípios: Adrianópolis, Tunas do Paraná
Grau de proteção: Parcial

Bioma: Mata Atlântica
Altitude: 100-1.226 m
Inventário ornitológico: Não disponível
Key Area 118/PROBIO 419

Descrição

Situada no trecho médio-superior da bacia do rio Ribeira de Iguape, essa extensa área florestada abrange o Parque Estadual das Lauráceas e propriedades adjacentes, como a Fazenda Primavera (pertencente à Berneck Aglomerados S/A), sendo praticamente contígua à área Guaraqueçaba/Jacupiranga/Cananéia (PR/SP01). O relevo é montanhoso e a vegetação inclui a floresta atlântica *stricto sensu* e a mata com araucária, que se destacam pelo bom estado de conservação[1].

Espécies ameaçadas: 5	
Pipile jacutinga	Faz. Primavera (Urben-Filho & Abe 2001).
Amazona vinacea	Bandos com mais de 100 aves em meados da década de 1990 (Wege & Long 1995); também presente na vizinha Faz. Primavera (Urben-Filho & Abe 2001).
Piprites pileata	Registrada no P. E. das Lauráceas (Straube et al. 2004).
Onychorhynchus swainsoni	Coletado próximo ao P. E. das Lauráceas (Straube et al. 2004).
Sporophila frontalis	Straube et al. (2004).

Espécies quase ameaçadas: 6	
Tinamus solitarius	Faz. Primavera (Urben-Filho & Abe 2001).
Triclaria malachitacea	Faz. Primavera (Urben-Filho & Abe 2001).
Dysithamnus stictothorax	Faz. Primavera (Urben-Filho & Abe 2001).
Drymophila ochropyga	Faz. Primavera (Urben-Filho & Abe 2001).
Psilorhamphus guttatus	Straube et al. (2004).
Lipaugus lanioides	Faz. Primavera (Urben-Filho & Abe 2001).

Área protegida:

Nome	Categoria	Área
Parque Estadual das Lauráceas	Proteção Integral	27.524 ha

Aves

Um inventário preliminar, ainda não divulgado na íntegra, apontou a presença de 230 espécies de aves na área[1]. Entre as poucas espécies cuja ocorrência foi divulgada estão vários endemismos da Mata Atlântica. Tendo em vista o tamanho e o grau de conservação de suas florestas, o Parque Estadual das Laurá- ceas e propriedades vizinhas presumivelmente abrigam uma parcela significativa da avifauna montana registrada na área vizinha de Guaraqueçaba/Jacupiranga/Cananéia.

Ameaças

O P. E. das Lauráceas possui infra-estrutura deficiente, limites precariamente demarcados e fiscalização ineficiente[2], estando, portanto, vulnerável a atividades ilegais como desmatamento e caça.

Referências

1. Urben-Filho & Abe (2001); **2.** www.ambientebrasil.com.br; Wege & Long (1995); Straube et al. (2004).

Guaraqueçaba / Jacupiranga / Cananéia — PR/SP01

A1, A2, A3 — **25°08'S, 48°15'W**

Área: 500.000 ha
Municípios: Iporanga, Jacupiranga, Cajati, Eldorado, Cananéia, Barra do Turvo (SP), Guaraqueçaba, Antonina, Paranaguá (PR)
Grau de proteção: Parcial
Bioma: Mata Atlântica
Altitude: 0-1.500 m
Inventário ornitológico: Preliminar
Key Areas 114, 116, 120, 123, 124/PROBIO 419, 421 (89)

Descrição

Essa extensa área compreende um dos maiores maciços florestais do leste brasileiro, que inclui grande parte dos terrenos continuamente florestados da metade norte do litoral do Paraná e do sudeste de São Paulo, desde as baixadas até o alto das montanhas. Seus limites são formados, fundamentalmente, pela justaposição dos perímetros da APA de Guaraqueçaba, no Paraná, e dos parques estaduais de Jacupiranga e da Ilha do Cardoso, em São Paulo, mas também estão incluídos remanescentes contíguos a essas unidades de conservação, que se estendem ao norte até o rio Ribeira de Iguape. A área abrange ambientes de influência fluviomarinha (manguezais e lodaçais às margens da baía de Guaraqueçaba) e, principalmente, matas úmidas, as quais se apresentam mais extensas e em melhor estado de conservação sobre as encostas (até o alto das serras) do que nas baixadas, muito embora nessas últimas a cobertura florestal possa ser considerada bastante significativa se comparada à de outras áreas do sudeste do Brasil.

Aves

Os inventários ornitológicos disponíveis, embora preliminares ou referentes a setores específicos da área, indicam a ocorrência de mais de 100 espécies endêmicas da Mata Atlântica, sendo 23 delas representativas da EBA075 (Floresta Atlântica de Planície), valor muito próximo do máximo encontrado entre as IBAs identificadas até agora (24). A população paranaense de *Amazona brasiliensis* (papagaio-de-cara-roxa), estimada em 4.500 aves, tem sua maior fração concentrada no setor leste da área[1]. A julgar pela extensão de hábitat disponível, o maciço florestal de Guaraqueçaba/Jacupiranga/Cananéia presumivelmente abriga números significativos de *Pipile jacutinga* (jacutinga), espécie que se extinguiu em vários setores do leste brasileiro, e de *Phylloscartes kronei* (maria-da-restinga), pássaro de distribuição restrita presente

PARANÁ

em um total de nove IBAs. O trecho paranaense da área representa o limite sul da distribuição de *Carpornis melanocephala* (sabiá-pimenta) e o limite norte da distribuição de *Stymphalornis acutirostris* (bicudinho-do-brejo)[2], ambas espécies globalmente ameaçadas.

Ameaças

O desenvolvimento dos setores industrial e portuário na região de Antonina e Paranaguá pode gerar degradação ambiental local, sobretudo nos ambientes de influência fluviomarinha, como brejos e manguezais. Vazamentos de derivados de petróleo nas águas da baía representam uma ameaça constante para os ecossistemas estuarinos. Em 2004, um vazamento de óleo atingiu uma grande superfície da baía de Paranaguá, gerando impactos visíveis sobre aves aquáticas, conforme amplamente divulgado na mídia. Há pequenos focos de desmatamento na área, especialmente nos arredores de Paranaguá, em decorrência da expansão urbana desordenada. A caça é praticada comumente em toda a região.

Referências

1. Straube et al. (2004); **2.** Marcos R. Bornschein (verb.); Willis & Oniki (1981a); Moraes (1991); Willis & Oniki (1992); Bornschein et al. (1993); Straube & Scherer-Neto (1995); Wege & Long (1995); Whitney & Pacheco (1995); Galetti et al. (1997b); Moraes & Krul (1997); Snyder et al. (2000); Martuscelli et al. (s.d.); Bianca L. Reinert e Marcos R. Bornschein (dados inéditos); M. R. Bornschein, Mauro Pichorim e Giovanni N. Maurício (dados inéditos).

Espécies ameaçadas: 17	
Leucopternis lacernulatus	Wege & Long (1995), Straube et al. (2004).
Pipile jacutinga	Wege & Long (1995), Straube et al. (2004).
Touit melanonotus	Ilha do Cardoso (Wege & Long 1995).
Touit surdus	Jacupiranga (Wege & Long 1995).
Amazona brasiliensis	Principal reduto da espécie (Wege & Long 1995).
Amazona vinacea	180 indivíduos em Jacupiranga (Snyder et al. 2000); Wege & Long (1995).
Dryocopus galeatus	Ilha do Cardoso (Wege & Long 1995).
Biatas nigropectus	M. R. Bornschein, M. Pichorim e G. N. Maurício.
Stymphalornis acutirostris	B. L. Reinert e M. R. Bornschein.
Carpornis melanocephala	Wege & Long (1995).
Procnias nudicollis	Willis & Oniki (1981a).
Phylloscartes kronei	Superagüi (BirdLife International 2000); Willis & Oniki (1992).
Onychorhynchus swainsoni	Straube et al. (2004).
Platyrinchus leucoryphus	Wege & Long (1995).
Sporophila frontalis	Wege & Long (1995), Straube et al. (2004).
Sporophila falcirostris	Wege & Long (1995), Straube et al. (2004).
Tangara peruviana	Ilha do Cardoso (Wege & Long 1995); ilha do Mel (Moraes & Krul 1997).

Espécies quase ameaçadas: 27	
Tinamus solitarius	Willis & Oniki (1981a), Straube et al. (2004).
Crypturellus noctivagus	Straube et al. (2004).
Leucopternis polionotus	Willis & Oniki (1981a).
Morphnus guianensis	Galetti et al. (1997b).
Harpia harpyja	Varadouro, Cananéia (Galetti et al. 1997b).
Triclaria malachitacea	Wege & Long (1995), Straube & Scherer-Neto (1995).
Strix hylophila	Martuscelli et al. (s.d.).
Ramphodon naevius	Martuscelli et al. (s.d.).
Anabacerthia amaurotis	Willis & Oniki (1981a).
Myrmotherula unicolor	Whitney & Pacheco (1995).
Dysithamnus stictothorax	Martuscelli et al. (s.d.).
Drymophila ochropyga	Antonina, PR, na borda da IBA (Bornschein et al. 1993).
Merulaxis ater	Martuscelli et al. (s.d.).
Psilorhamphus guttatus	Straube et al. (2004).
Scytalopus indigoticus	Martuscelli et al. (s.d.).
Phibalura flavirostris	Martuscelli et al. (s.d.).
Carpornis cucullata	Willis & Oniki (1981a)
Lipaugus lanioides	Jacupiranga (Wege & Long 1995).
Laniisoma elegans	População pequena mas estável (BirdLife International 2000); Wege & Long (1995).
Phyllomyias griseocapilla	Martuscelli et al. (s.d.).
Phylloscartes paulista	Jacupiranga (Wege & Long 1995).
Phylloscartes oustaleti	Willis & Oniki (1981a).
Orchesticus abeillei	Willis & Oniki (1981a).
Thraupis cyanoptera	Willis & Oniki (1981a).
Euphonia chalybea	Martuscelli et al. (s.d.).
Dacnis nigripes	Wege & Long (1995), Scherer-Neto & Straube (1995).
Cyanocorax caeruleus	Martuscelli et al. (s.d.).

Espécies de distribuição restrita: 23 **EBA075**

Espécies endêmicas: 108 **ATL**

Áreas protegidas:

Nome	Categoria	Área
Parque Nacional do Superagüi	Proteção Integral	33.988 ha
Parque Estadual de Jacupiranga	Proteção Integral	150.000 ha
Parque Estadual da Ilha do Cardoso	Proteção Integral	22.500 ha
Parque Estadual da Ilha do Mel	Proteção Integral	338 ha
Estação Ecológica dos Chauás	Proteção Integral	2.700 ha
Estação Ecológica da Ilha do Mel	Proteção Integral	2.240 ha
Estação Ecológica de Guaraqueçaba	Proteção Integral	4.835 ha
Reserva Natural da Serra do Itaqui	Privada (SPVS)	6.800 ha
Reserva Natural do Rio Cachoeira	Privada (SPVS)	?
Reserva Natural Salto Morato	Particular (Fundação O Boticário)	2.340 ha
Reserva Ecológica Sebuí	Particular (RPPN)	400 ha
APA Guaraqueçaba	Uso Sustentável	283.014 ha
APA Estadual Cananéia/Iguape/Peruíbe	Uso Sustentável	234.000 ha
APA Estadual de Guaraqueçaba	Uso Sustentável	191.595 ha

Campos Gerais do Paraná — PR04

A1, A3 — **25°15'S, 50°00'W**

Área: > 6.000 ha
Municípios: Palmeira, Campo Largo, Ponta Grossa
Grau de proteção: Parcial

Bioma: Mata Atlântica, Cerrado
Altitude: 900-1.100 m
Inventário ornitológico: Representativo
Key Area 121/PROBIO 502

Descrição

O Parque Estadual de Vila Velha e a Fazenda Santa Rita, que são praticamente contíguas, compõem a porção principal dessa área, a qual se estende para o sul até a reserva particular Papagaios Velhos. A área compreende campos abertos, brejos de pequena extensão, capões naturais de mata com araucária dispersos nos campos e matas com araucária mais extensas, destacando-se uma mancha com cerca de 800 ha dentro do perímetro da Faz. Santa Rita[1]. Apesar de estar situada sobre o planalto, onde a mata com araucária é a formação florestal característica, essa área recebe influência das matas litorâneas por incluir cabeceiras da alta bacia do rio Ribeira de Iguape, através das quais a floresta atlântica penetra até a borda do planalto.

Aves

A avifauna das florestas da região possui uma composição mista muito peculiar, incluindo tanto elementos típicos da floresta atlântica costeira, como *Cichlocolaptes leucophrus* (trepador-sobrancelha), *Hemitriccus nidipendulus* (tachuri-campainha) e *Phylloscartes oustaleti* (papa-moscas-de-olheiras), quanto elementos característicos ou exclusivos das matas com araucária, como *Leptasthenura setaria* (grimpeiro), *L. striolata* (grimpeirinho) e *Clibanornis dendrocolaptoides* (cisqueiro)[1]. Várias espécies associadas a ambientes abertos (campos e brejos) foram registradas na área, notadamente as ameaçadas *Xolmis dominicanus* (noivinha-de-rabo-preto), *Culicivora caudacuta* (papa-moscas-do-campo), *Alectrurus tricolor* (galito) e *Anthus nattereri* (caminheiro-grande)[1]. Dados recentes indicam que o P. E. de Vila Velha pode abrigar a maior população conhecida de *Eleothreptus anomalus* (curiango-do-banhado), espécie quase ameaçada que no Brasil possui registros para um pequeno número de localidades[2,3]. O caboclinho migratório *Sporophila melanogaster* aparenta ter nos campos da região um importante paradouro no período de sua migração[1].

Ameaças

Muitas áreas de campo nativo da região foram recentemente convertidas em lavouras, inclusive na Faz. Santa Rita[4].

Referências

1. Anjos & Graf (1993); **2.** Buzzetti et al. (2001); **3.** Straube et al. (2004); **4.** Marcos R. Bornschein (verb.); Scherer Neto et al. (1994); Wege & Long (1995); Anjos et al. (1997); Anjos & Bóçon (1999); Anjos (2001a, b); Carrano et al. (2001); Fernando C. Straube, Pedro Scherer-Neto, Bianca L. Reinert (Base de dados do *workshop* Avaliação e Ações Prioritárias para a Conservação dos Biomas Floresta Atlântica e Campos Sulinos).

Espécies ameaçadas: 9

Harpyhaliaetus coronatus	Registros recentes na RPPN Papagaios Velhos e P. E. de Vila Velha (Carrano et al. 2001).
Amazona vinacea	Nidificante na área (Wege & Long 1995, Anjos & Bóçon 1999).
Biatas nigropectus	Anjos & Bóçon (1999)
Piprites pileata	Faz. Santa Rita (Anjos & Graf 1993).
Procnias nudicollis	Anjos & Graf (1993).
Xolmis dominicanus	Anjos & Graf (1993).
Culicivora caudacuta	Eventual na área (Anjos & Graf 1993).
Alectrurus tricolor	Anjos & Graf (1993).
Anthus nattereri	Anjos & Graf (1993).

Espécies quase ameaçadas: 17

Tinamus solitarius	Anjos & Graf (1993).
Strix hylophila	Anjos & Graf (1993).
Eleothreptus anomalus	Buzzetti et al. (2001).
Baillonius bailloni	Anjos & Graf (1993).
Picumnus nebulosus	Anjos & Graf (1993).
Piculus aurulentus	Anjos & Graf (1993).
Leptasthenura setaria	Anjos & Graf (1993).
Clibanornis dendrocolaptoides	Bem distribuída na região (Anjos & Bóçon 1999).
Anabacerthia amaurotis	Anjos & Graf (1993).
Psilorhamphus guttatus	Anjos & Graf (1993).
Scytalopus indigoticus	Anjos & Graf (1993).
Phylloscartes eximius	Anjos & Graf (1993).
Phylloscartes oustaleti	Anjos & Graf (1993).
Sporophila melanogaster	Ocorre em migração (Anjos & Graf 1993).
Amaurospiza moesta	Anjos & Graf (1993).
Euphonia chalybea	Anjos & Graf (1993).
Cyanocorax caeruleus	Anjos & Graf (1993).

Espécies endêmicas: 73 ATL

Áreas protegidas:

Nome	Categoria	Área
Parque Estadual de Vila Velha	Proteção Integral	3.803 ha
Reserva Papagaios Velhos	Particular (RPPN)	153 ha

Várzeas da Região Metropolitana de Curitiba — PR05

A1 — **25°24'S, 49°09'W**

Área: ?
Municípios: São José dos Pinhais
Grau de proteção: Nenhum

Bioma: Mata Atlântica
Altitude: 850-950 m
Inventário ornitológico: Não disponível
Key Area 122/PROBIO 504

Descrição

Curitiba e cidades vizinhas estão situadas sobre terrenos suavemente ondulados do primeiro planalto paranaense, imediatamente à retaguarda da Serra do Mar. As microbacias hidrográficas responsáveis pela drenagem da região são contribuintes do alto curso do rio Iguaçu, estando em parte envolvidas pela Região Metropolitana de Curitiba. As áreas de maior interesse para a conservação de aves incluem as várzeas dos rios Miringuava e Miringuava-Mirim, bem como trechos dos rios Pequeno e Purgatório, entre outros de menor extensão[1,2]. Formações herbáceas bastante densas, com predomínio de ciperáceas e gramíneas, caracterizam fisionomicamente os trechos de várzea mais preservados, podendo haver matas ciliares estreitas associadas aos cursos de água[1,2].

Aves

O rinocriptídeo *Scytalopus iraiensis* (macuquinho-da-várzea) foi descrito em 1998 a partir de espécimes obtidos na Região Metropolitana de Curitiba[1]. As densas formações herbáceas que constituem o hábitat da espécie atualmente ocorrem sob a forma de manchas isoladas ao longo das várzeas. Como resultado, a distribuição local desse pequeno pássaro ameaçado é agora descontínua, muito embora sua presença tenha sido constatada em vários pontos da área.

Ameaças

A localidade-tipo de *S. iraiensis* (trecho de várzea à margem direita do rio Iraí) foi submersa para formação de um reservatório; outros empreendimentos desse tipo, cujo objetivo seria o de aumentar a disponibilidade de água para o abastecimento público das cidades próximas, estão projetados para outros rios da região, notadamente o Miringuava e o Pequeno[1]. A expansão urbana sobre as várzeas da Região Metropolitana de Curitiba, juntamente com a exploração mineral do subsolo, tem contribuído decididamente para a descaracterização e redução do hábitat de *S. iraiensis*[1].

Referências
1. Bornschein et al. (1998); **2.** Bornschein et al. (2001).

Espécies ameaçadas: 2	
Scytalopus iraiensis	Diversas localidades de registro (Bornschein et al. 1998, Bornschein et al. 2001).
Culicivora caudacuta	Bornschein et al. (1998)

Espécie quase ameaçada	
Eleothreptus anomalus	Bornschein et al. (1998)

Área protegida:

Nome	Categoria	Área
APA Estadual do Rio Pequeno	Uso Sustentável	?

PARANÁ

Serra do Marumbi — PR06

A1, A2, A3 — **25°24'S, 48°56'W**

Área: 66.000 ha
Municípios: Antonina, Campina Grande do Sul, Morretes, Quatro Barras, Piraquara, São José dos Pinhais
Grau de proteção: Parcial

Bioma: Mata Atlântica
Altitude: 200-1.539 m
Inventário ornitológico: Representativo
PROBIO 419, 424

Descrição

Esse extenso maciço florestal corresponde, essencialmente, à Área Especial de Interesse Turístico do Marumbi, acrescida dos remanescentes florestais contíguos que se estendem até a localidade vizinha de Porto de Cima. A cobertura vegetal predominante é a floresta ombrófila densa, com variações na estrutura e composição florística relacionadas ao expressivo gradiente altitudinal. De forma mais localizada, também estão presentes trechos de floresta com araucária, além de campos planálticos e de altitude. No interior da área encontram-se as cabeceiras de parte dos mananciais que abastecem a Região Metropolitana de Curitiba.

Aves

Um inventário ornitológico recente listou 314 espécies de aves para a área[1], a qual ocupa a terceira posição em número de espécies endêmicas da Mata Atlântica entre as IBAs já identificadas (117), embora tenha menos da metade da superfície das duas áreas com maior número de endemismos (Serra da Bocaina/Paraty/Angra dos Reis e Maciço Florestal de Paranapiacaba, com 123 e 121 espécies endêmicas, respectivamente). Além disso, um total de 35 espécies que presentemente são alvo de atenção conservacionista ocorrem na área. A avifauna da Serra do Marumbi inclui elementos das matas com araucária (*e.g.*, *Leptasthenura setaria* e *Clibanornis dendrocolaptoides*), da floresta atlântica montana (*e.g.*, *Dysithamnus xanthopterus*, *Phylloscartes difficilis* e *Poospiza thoracica*) e da floresta atlântica de terras baixas (*e.g.*, *Myrmotherula unicolor* e *Drymophila squamata*)[1].

Ameaças

A extração ilegal de espécies vegetais, como o palmiteiro (*Euterpe edulis*) e algumas variedades de orquídeas e bromélias – muitas das quais são comercializadas ao longo da rodovia que liga Curitiba ao litoral –, vem sendo praticada na área. A caça ilegal também constitui uma ameaça a certas espécies.

Referências

1. Straube (2003); Straube & Scherer-Neto (1995); Reinert et al. (1996); Barnett et al. (2004); Straube et al. (2004); Bianca L. Reinert (verb.).

Espécies ameaçadas: 7

Pipile jacutinga	P. E. da Graciosa (Straube et al. 2004).
Touit melanonotus	Barnett et al. (2004).
Procnias nudicollis	Straube (2003).
Onychorhynchus swainsoni	Straube (2003).
Platyrinchus leucoryphus	Straube (2003).
Xolmis dominicanus	Ocorre marginalmente na área (Straube 2003).
Sporophila frontalis	Straube (2003).

Espécies quase ameaçadas: 28

Tinamus solitarius	Straube (2003).
Leucopternis polionotus	Straube (2003).
Triclaria malachitacea	Straube & Scherer-Neto (1995).
Strix hylophila	Straube (2003).
Ramphodon naevius	Straube (2003).
Baillonius bailloni	Straube (2003).
Picumnus nebulosus	Straube (2003).
Piculus aurulentus	Straube (2003).
Leptasthenura setaria	Straube (2003).
Clibanornis dendrocolaptoides	Mananciais da Serra (Reinert et al. 1996; B. L. Reinert).
Anabacerthia amaurotis	Straube (2003).
Myrmotherula unicolor	Straube (2003).
Dysithamnus stictothorax	Straube (2003).
Drymophila ochropyga	Straube (2003).
Merulaxis ater	Straube (2003).
Psilorhamphus guttatus	Straube (2003).
Scytalopus indigoticus	Straube (2003).
Carpornis cucullata	Straube (2003).
Phyllomyias griseocapilla	Straube (2003).
Phylloscartes paulista	Straube (2003).
Phylloscartes oustaleti	Straube (2003).
Phylloscartes difficilis	Straube (2003).
Hemitriccus orbitatus	Straube (2003).
Amaurospiza moesta	Straube (2003).
Orchesticus abeillei	Straube (2003).
Thraupis cyanoptera	Straube (2003).
Euphonia chalybea	Straube (2003).
Cyanocorax caeruleus	Straube (2003).

Espécies de distribuição restrita: 18 EBA075

Espécies de distribuição restrita: 10 EBA076

Espécies endêmicas: 117 ATL

Áreas protegidas:

Nome	Categoria	Área
Parque Estadual Pico do Marumbi	Proteção Integral	2.342 ha
Parque Estadual da Graciosa	Proteção Integral	1.189 ha
Parque Estadual Roberto Ribas Lange	Proteção Integral	2.699 ha
Parque Estadual do Pau Oco	Proteção Integral	905 ha
Área Especial de Interesse Turístico do Marumbi	Uso Sustentável	66.733 ha

Parque Estadual do Rio Guarani — PR07

A1 — **25°26'S, 53°07'W**

Área: 2.235 ha
Municípios: Três Barras do Paraná, Quedas do Iguaçu
Grau de proteção: Total

Bioma: Mata Atlântica
Altitude: 400-500 m
Inventário ornitológico: Não disponível
PROBIO 324

Descrição

O Parque Estadual do Rio Guarani, criado como medida compensatória pela construção de uma usina hidrelétrica no rio Iguaçu, situa-se entre a cidade de Três Barras do Paraná e o rio Guarani, a cerca de 70 km a leste do Parque Nacional do Iguaçu (PR09). Compreende um remanescente de floresta primária alterada com aproximadamente 2.200 ha, à margem direita do rio Guarani[1]. A floresta estacional semidecidual é a formação vegetal característica, embora a área esteja inserida no domínio da floresta ombrófila mista (mata com araucária)[2]. O parque é circundado por propriedades rurais, sendo que na margem oposta do rio Guarani existem numerosos remanescentes de mata nativa em meio a áreas de reflorestamento com essências florestais exóticas[1,2].

Aves

A área abriga uma população significativa de *Biatas nigropectus* (papo-branco)[3], espécie rara ao longo de sua distribuição geográfica. A avifauna local inclui elementos típicos das florestas semidecíduas do interior do bioma Mata Atlântica, como *Caprimulgus sericocaudatus* (bacurau-rabo-de-seda) e *Polioptila lactea* (balança-rabo-leitoso), assim como espécies características das matas com araucária, como *Clibanornis dendrocolaptoides* (cisqueiro) e, possivelmente, *Amazona vinacea* (papagaio-de-peito-roxo), cuja presença na área é indicada apenas por relatos[1,3].

Ameaças

A falta de infra-estrutura e fiscalização facilitam a prática de atividades ilegais como a caça dentro do parque.

Referências

1. Pichorim et al. (2000); **2.** Castella & Britez (2004); **3.** Mauro Pichorim (*per* Bianca L. Reinert, in litt.); Bóçon et al. (1994).

Espécies ameaçadas: 2	
Dryocopus galeatus	Pichorim et al. (2000).
Biatas nigropectus	População aparentemente viável (M. Pichorim).

Espécies quase ameaçadas: 6	
Tinamus solitarius	Pichorim et al. (2000).
Leucopternis polionotus	Pichorim et al. (2000).
Clibanornis dendrocolaptoides	Pichorim et al. (2000), Bóçon et al. (1994).
Psilorhamphus guttatus	Pichorim et al. (2000).
Polioptila lactea	Pichorim et al. (2000).
Amaurospiza moesta	Pichorim et al. (2000).

Área protegida:

Nome	Categoria	Área
Parque Estadual do Rio Guarani	Proteção Integral	2.235 ha

Baixo Curso do Rio Nhundiaquara — PR08

A1 — **25°28'S, 48°44'W**

Área: 1.200-1.500 ha
Município: Antonina
Grau de proteção: Nenhum

Bioma: Mata Atlântica
Altitude: 0-3 m
Inventário ornitológico: Não disponível
PROBIO 419 (89)

Descrição

Essa área compreende a planície aluvial do baixo curso do rio Nhundiaquara (antigamente denominado rio Cubatão), o qual nasce ao pé do pico Marumbi e deságua na baía de Paranaguá, no litoral norte do Paraná. Banhados sob influência fluviomarinha e manguezais são os ambientes predominantes, exceto junto à foz do rio, onde ocorrem apenas manguezais, que são contíguos àqueles da orla da baía de Paranaguá. Os banhados, ainda em razoável estado de conservação, são dominados por *Typha dominguensis* (taboa) e *Schoenoplectus californicus* (piri ou junco).

Aves

A população local de *Stymphalornis acutirostris* (bicudinho-do-brejo) é numericamente expressiva, embora pareça estar isolada de outras populações conhecidas da espécie[1]. A área ocupada pelo hábitat específico de *S. acutirostris* (banhados com taboais e juncais) no baixo curso do rio Nhundiaquara foi calculada em 547 ha[1].

Ameaças

A introdução de gramíneas exóticas (como *Brachiaria* sp.) para a formação de pastos no entorno da área é uma ameaça à vegetação dos banhados aos quais *S. acutirostris* está associado. Um oleoduto da Petrobras que atravessa a região vem provocando derramamentos de óleo no rio Nhundiaquara e representa um risco permanente.

Referências

1. Bianca L. Reinert e Marcos R. Bornschein (verb.).

IBA sugerida por Bianca L. Reinert e Marcos R. Bornschein

Espécies ameaçadas: 2

Stymphalornis acutirostris	B. L. Reinert e M. R. Bornschein.
Phylloscartes kronei	M. R. Bornschein.

Área protegida:

Nome	Categoria	Área
RPPN Sítio do Bananal	Particular	29 ha

Parque Nacional do Iguaçu — PR09

A1, A3 — **25°30'S, 54°00'W**

Área: 185.000 ha
Municípios: Céu Azul, Matelândia, Santa Tereza do Oeste, Serranópolis de Iguaçu, São Miguel do Iguaçu, Foz do Iguaçu
Grau de proteção: Total

Bioma: Mata Atlântica
Altitude: 200-600 m
Inventário ornitológico: Representativo

Key Area 126/PROBIO 323

Descrição

Localizado no extremo oeste do Paraná, o Parque Nacional do Iguaçu resguarda o maior remanescente contínuo de Mata Atlântica inteiramente contido em uma unidade de conservação de proteção integral. Nos limites do parque com a Argentina, próximo à cidade de Foz do Iguaçu, estão as mundialmente famosas cataratas do trecho final do rio Iguaçu, que anualmente atraem milhares de turistas à região. O clima local é úmido, sem estação seca definida. A vegetação predominante no parque, embora luxuriante, carece do caráter sempre-verde típico das florestas litorâneas e é classificada como floresta estacional semidecidual, sendo rica em epífitas, lianas e bambus[1,2]. Nos setores mais elevados da parte norte do parque existem trechos razoavelmente extensos de mata com araucária. A cobertura florestal da área é contígua à do

Espécies ameaçadas: 6

Pipile jacutinga	Wege & Long (1995).
Claravis godefrida	Wege & Long (1995).
Dryocopus galeatus	Wege & Long (1995).
Biatas nigropectus	Wege & Long (1995), Parker & Goerck (1997).
Procnias nudicollis	Parker & Goerck (1997), J. Mähler Jr. *in* Koch & Bóçon (1994).
Platyrinchus leucoryphus	Wege & Long (1995).

Espécies quase ameaçadas: 14

Tinamus solitarius	Parker & Goerck (1997), J. Mähler Jr. *in* Koch & Bóçon (1994).
Leucopternis polionotus	Parker & Goerck (1997).
Strix hylophila	J. Mähler Jr. *in* Koch & Bóçon (1994).
Baillonius bailloni	Parker & Goerck (1997), J. Mähler Jr. *in* Koch & Bóçon (1994).
Piculus aurulentus	J. Mähler Jr. *in* Koch & Bóçon (1994).
Clibanornis dendrocolaptoides	J. Mähler Jr. *in* Koch & Bóçon (1994).
Dysithamnus stictothorax	J. Mähler Jr. *in* Koch & Bóçon (1994).
Psilorhamphus guttatus	Parker & Goerck (1997).
Phibalura flavirostris	J. Mähler Jr. *in* Koch & Bóçon (1994).
Phylloscartes paulista	Wege & Long (1995).
Phylloscartes eximius	Parker & Goerck (1997), J. Mähler Jr. *in* Koch & Bóçon (1994).
Phylloscartes sylviolus	Parker & Goerck (1997), J. Mähler Jr. *in* Koch & Bóçon (1994).
Polioptila lactea	Parker & Goerck (1997), J. Mähler Jr. *in* Koch & Bóçon (1994).
Euphonia chalybea	Parker & Goerck (1997), J. Mähler Jr. *in* Koch & Bóçon (1994).

Espécies endêmicas: 73 ATL

Área protegida:

Nome	Categoria	Área
Parque Nacional do Iguaçu	Proteção Integral	185.262 ha

vizinho Parque Nacional Iguazú, na Argentina.

Aves

A julgar pela extensão do maciço florestal existente ao longo do baixo curso do rio Iguaçu, que inclui o parque brasileiro e áreas florestadas adjacentes em território argentino, várias das espécies ameaçadas listadas abaixo podem ter nessa região um de seus principais redutos populacionais em nível mundial. De fato, o grande número de registros de *Dryocopus galeatus* (pica-pau-de-cara-canela), tanto no P. N. do Iguaçu quanto no vizinho parque argentino, sugere que esse maciço possa abrigar a maior população da espécie na atualidade[1]. Seis espécies ameaçadas até agora não encontradas no P. N. do Iguaçu são mencionadas para a porção argentina do maciço florestal[3], melhor explorada ornitologicamente, algumas das quais com ocorrência bastante provável no lado brasileiro. *Tigrisoma fasciatum fasciatum* (socó-boi-escuro), garça rara com poucos registros recentes, foi mencionada para o parque[4].

Ameaças

A caça ilegal e o movimento intenso de veículos ao longo das auto-estradas que margeiam o parque foram identificados como fontes de impacto sobre a fauna silvestre[5]. O palmiteiro (*Euterpe edulis*) é ilegalmente explorado dentro dos limites da unidade de conservação, mais intensamente em seu setor sudeste, nas proximidades de Capanema. A Estrada do Colono, via que corta o parque, foi por longo tempo utilizada e ilegalmente mantida em atividade pelas comunidades do entorno, mas recentemente teve seu leito destruído em vários pontos, por iniciativa governamental, visando sua desativação definitiva.

Referências

1. Collar et al. (1992); **2.** Parker & Goerck (1997); **3.** Saibene et al. (1996); **4.** Straube et al. (2004). **5.** www2.ibama.gov.br/unidades/parques/reuc/17.htm; Koch & Bóçon (1994); Wege & Long (1995); Straube & Urben-Filho (2004).

Corredor do Iguaçu — PR10

A1 — **25°30'S, 52°37'W**

Área: > 5.151 ha
Municípios: Rio Bonito do Iguaçu, Nova Laranjeiras, Quedas do Iguaçu
Grau de proteção: Parcial

Bioma: Mata Atlântica
Altitude: 500-600 m
Inventário ornitológico: Não disponível
PROBIO 325

Descrição

Essa área é formada por um bloco florestal remanescente na margem norte do rio Iguaçu, junto à divisa dos municípios de Rio Bonito do Iguaçu, Nova Laranjeiras e Quedas do Iguaçu, no centro-oeste do Paraná. A RPPN Corredor do Iguaçu I, pertencente à Araupel S/A, é uma das maiores RPPNs da região da Mata Atlântica e abrange a maior parte do remanescente que compõe a área. Está situada junto ao reservatório de Salto Caxias, cuja formação foi responsável pela inundação de florestas contíguas antes existentes ao longo do rio Iguaçu. Há outros remanescentes florestais relativamente extensos na porção média da bacia do rio Iguaçu, aos quais o Corredor do Iguaçu poderia ser reconectado, destacando-se um bloco no norte do município de Espigão Alto do Iguaçu e o Parque Estadual do Rio Guarani (PR07), que se situam a cerca de 15 km ao norte e 30 km a oeste, respectivamente. A área está inserida numa

Espécie ameaçada	
Pipile jacutinga	Belin et al. (2003).

Espécies quase ameaçadas: 3	
Tinamus solitarius	Belin et al. (2003).
Baillonius bailloni	Belin et al. (2003).
Amaurospiza moesta	Belin et al. (2003).

Área protegida:

Nome	Categoria	Área
Reserva Particular Corredor do Iguaçu I	Particular (RPPN) (Araupel S. A.)	5.151 ha

faixa de transição entre a floresta estacional semidecidual e a floresta ombrófila mista (mata com araucária)[1,2].

Aves

Um levantamento ornitológico recentemente conduzido na RPPN Corredor do Iguaçu resultou no registro de 168 espécies de aves. Contudo, apenas uma pequena parte de seus resultados estão disponíveis[1], presumindo-se que uma parcela significativa das espécies ameaçadas presentes no Parque Nacional do Iguaçu (PR09) e P. E. do Rio Guarani também ocorram na área. Além do P. N. do Iguaçu, essa é a única área do interior do Paraná onde *Pipile jacutinga* (jacutinga) tem sido registrada em anos recentes.

Ameaças

A taxa de desmatamento no entorno da área parece ser alta. Uma área expressiva de floresta nativa foi recentemente desmatada no município de Rio Bonito do Iguaçu por grupos de trabalhadores do Movimento dos Sem Terra, que obtiveram a posse de setores antes pertencentes à empresa Araupel S/A[2].

Referências

1. Belin et al. (2003); **2.** Castella & Britez (2004).

Rio Guaraguaçu — PR11

A1 — **25°35'S, 48°30'W**

Área: c.5.000 ha
Município: Paranaguá, Pontal do Paraná
Grau de proteção: Parcial
Bioma: Mata Atlântica
Altitude: 0-8 m
Inventário ornitológico: Não disponível
PROBIO 424 (92)

Descrição

Situada na planície costeira paranaense, logo ao sul da baía de Paranaguá, essa área compreende a Estação Ecológica de Guaraguaçu e matas contíguas que se estendem além dos limites dessa unidade de conservação para sul e sudeste. Matas primárias de baixada cobrem a maior parte da área. Ao longo do baixo curso do rio Guaraguaçu existem banhados de pequena extensão, os quais são pouco representados dentro dos limites da estação ecológica.

Aves

Uma pequena população de *Stymphalornis acutirostris* (bicudinho-do-brejo), pássaro descrito em 1995 e presente em apenas cinco IBAs, ocupa os banhados em grande parte desprotegidos do baixo curso do rio Guaraguaçu[1]. É bastante provável que ocorra também *Tangara peruviana*

Espécies ameaçadas: 5	
Amazona brasiliensis	Utiliza a área (M. R. Bornschein).
Stymphalornis acutirostris	População pequena e isolada (B. L. Reinert).
Platyrinchus leucoryphus	M. R. Bornschein.
Phylloscartes kronei	Comum em toda a área (M. R. Bornschein).
Sporophila frontalis	Straube et al. (2004).

Espécies quase ameaçadas: 2	
Myrmotherula unicolor	Comum em toda a área (M. R. Bornschein).
Scytalopus indigoticus	M. R. Bornschein.

Área protegida:

Nome	Categoria	Área
Estação Ecológica de Guaraguaçu	Proteção Integral	c.2.400 ha

(saíra-sapucaia), espécie típica de matas de restinga que conta com registros recentes na localidade vizinha de Pontal do Sul[2].

Ameaças

Focos de desmatamento têm sido detectados na área, resultado da expansão urbana, da instalação de sítios de lazer e da ampliação de pastagens. Outras ameaças incluem a abertura de estradas e os vazamentos de produtos químicos na baía de Paranaguá[1,3].

Referências

1. Bianca L. Reinert e Marcos R. Bornschein (verb.). **2.** Moraes & Krul (1997); **3.** Fundação BIO-RIO et al. (2002).

IBA sugerida por Bianca L. Reinert

APA de Guaratuba — PR12

A1, A2, A3 — **25°44'S, 48°44'W**

Área: 130.000 ha
Municípios: Guaratuba, Matinhos, Paranaguá, Morretes, S. José dos Pinhais, Tijucas do Sul
Grau de proteção: Parcial

Bioma: Mata Atlântica
Altitude: 0-1.502 m
Inventário ornitológico: Representativo
PROBIO 424 (92)

Descrição

Essa área abrange uma vasta porção do litoral sul do Paraná e engloba um conjunto de serras costeiras – incluindo as serras da Prata, da Igreja, do Engenho, do Cubatão, Guaraparim, Grande, Araraquara e Canavieiras – e as terras baixas situadas entre o sopé dessas elevações e a baía de Guaratuba, bem como trechos de planície que se estendem ao longo da margem meridional da baía. A noroeste, a área confronta com a Serra do Marumbi (PR06), dali estendendo-se ao sul até o rio Cubatão, que a delimita a sudoeste. A área corresponde a uma extensa parte da APA Estadual de Guaratuba e envolve ainda três unidades de conservação de proteção integral existentes na região. Devido às grandes variações de altitude, estão representadas diferentes formações da floresta ombrófila densa, como florestas de terras baixas, submontanas, montanas e alto-montanas. Nas baixadas, em terrenos inundáveis, outros tipos de vegetação são encontrados, em geral associados aos setores mais interiores da baía de Guaratuba e aos trechos inferiores dos rios que nela

Espécies ameaçadas: 13	
Leucopternis lacernulatus	Straube (1990).
Pipile jacutinga	Straube (1990), Straube et al. (2004).
Claravis godefrida	Straube (1990).
Amazona brasiliensis	B. L. Reinert, Straube (1990).
Stymphalornis acutirostris	A área inclui a localidade-tipo da espécie (Bornschein et al. 1995, BirdLife International 2000).
Procnias nudicollis	Straube (1990).
Phylloscartes kronei	B. L. Reinert.
Hemitriccus kaempferi	B. L. Reinert.
Platyrinchus leucoryphus	B. L. Reinert.
Onychorhynchus swainsoni	Straube (1990), BirdLife International (2000).
Sporophila frontalis	Straube et al. (2004).
Sporophila falcirostris	Straube et al. (2004).
Tangara peruviana	Isfer (2000).

Espécies quase ameaçadas: 23	
Tinamus solitarius	Straube (1990).
Crypturellus noctivagus	Straube (1990, 1991).
Leucopternis polionotus	Straube (1990).
Triclaria malachitacea	Straube & Scherer-Neto (1995).
Strix hylophila	Straube (1990).
Ramphodon naevius	Straube (1990).
Baillonius bailloni	Straube (1990).
Piculus aurulentus	Straube (1990).
Myrmotherula unicolor	Straube (1990).
Drymophila ochropyga	Serra da Prata (Bornschein et al. 1993).
Dysithamnus stictothorax	Straube (1990).
Psilorhamphus guttatus	Straube (1990).
Scytalopus indigoticus	Straube (1990).
Carpornis cucullata	Straube (1990).
Lipaugus lanioides	Straube et al. (2004).
Phyllomyias griseocapilla	Straube (1990).
Phylloscartes paulista	Straube (1990).
Phylloscartes oustaleti	Straube (1990).
Orchesticus abeillei	Straube (1990).
Thraupis cyanoptera	Straube (1990).
Euphonia chalybea	Straube (1990).
Dacnis nigripes	Straube et al. (2004).
Cyanocorax caeruleus	Straube (1990).

Espécies de distribuição restrita: 18 EBA075

Espécies endêmicas: 110 ATL

Áreas protegidas:

Nome	Categoria	Área
Parque Nacional Saint-Hilaire/Lange	Proteção Integral	25.000 ha*
Parque Estadual do Rio da Onça	Proteção Integral	118 ha
Parque Estadual do Boguaçu	Proteção Integral	6.661 ha
APA Estadual de Guaratuba	Uso Sustentável	199.586 ha

*Existe uma proposta de adequação dos limites do parque, ampliando-o para 35.888 ha.

deságuam. Esses ambientes incluem os manguezais, os caxetais (áreas dominadas pela caxeta, *Tabebuia cassinoides*), os guanandizais (formações de guanandi, *Calophyllum brasiliense*), os ariticunzais (formações de ariticum-do-brejo, *Annona glabra*) e os brejos, estes formados principalmente por grupamentos de piri (*Schoenoplectus californicus*), cebolama (*Crinum salsum*), capim-pernambuco (*Panicum* sp.) e capim-serra (*Cladium mariscus*)[1]. O clima local sofre variação conforme a altitude, estando as temperaturas médias em torno de 21°C na baixada e 11°C nas partes mais altas[2]. Os rios da região têm importância fundamental para o abastecimento dos centros urbanos próximos.

Aves

A área abriga a maior população conhecida de *Stymphalornis acutirostris* (bicudinho-do-brejo), que se distribui ao longo da orla da porção interna da baía de Guaratuba e nos trechos médio e inferior dos rios que para ela confluem, a leste até Boguaçu[1,3]. Das matas de baixada ao longo do rio São João e no entorno da lagoa do Parado provêm os registros mais setentrionais de *Hemitriccus kaempferi* (maria-catarinense)[1,3], espécie criticamente ameaçada com presença confirmada em apenas outras duas IBAs, ambas em Santa Catarina. O raro socó *Tigrisoma fasciatum fasciatum* (socó-boi-escuro) foi observado nas cabeceiras do rio Cubatãozinho, a oeste da Serra da Prata[4,5]. O registro de *Jacamaralcyon tridactyla* (cuitelão) para a região[6,7], por outro lado, não foi confirmado na mais recente revisão sobre a distribuição geográfica da espécie no Paraná[5]. A considerável heterogeneidade ambiental é responsável pela existência de uma combinação bastante singular de espécies na área, que inclui aves características de ambientes palustres (*e.g.*, *Phleocryptes melanops* e *Tachuris rubrigastra*), de matas de baixada (como o ameaçado *Amazona brasiliensis* e *Chloroceryle inda*) e de altitude (*Scytalopus speluncae* e *Poospiza thoracica*, entre outros)[1].

Ameaças

A caça, a especulação imobiliária e a contaminação das águas da baía de Guaratuba pelo despejo de efluentes domésticos e pelo aporte de resíduos de agrotóxicos são alguns dos problemas ambientais listados para a região[8]. Potenciais vetores de expansão urbana em direção às encostas do recentemente criado Parque Nacional Saint-Hilaire/Lange foram identificados nos fundos dos principais balneários e ao longo das rodovias da região de Matinhos e Guaratuba[2]. A exploração ilegal do palmito (*Euterpe edulis*) e a expansão das plantações de banana e arroz representam impactos pontualmente importantes; um remanescente de mata de planície onde *H. kaempferi* era comum foi eliminado recentemente para dar lugar a um bananal[1]. Nos últimos anos, a retirada de areia do leito dos rios e a contaminação biológica decorrente da invasão de capins exóticos (*e.g.*, *Urochloa arrecta*) têm contribuído significativamente para a descaracterização de ambientes exclusivos das baixadas. A lagoa do Parado e entorno, importante área de ocorrência de *S. acutirostris* e *H. kaempferi*, ficaram fora dos limites do P. N. Saint-Hilaire/Lange; uma proposta de ampliação dos limites dessa unidade de conservação, visando à incorporação de áreas como a lagoa do Parado e os manguezais entre os rios União e dos Meros, foi recentemente elaborada[2].

Referências

1. Marcos R. Bornschein e Bianca L. Reinert (in litt. e verb.); **2.** Siedlecki et al. (2003); **3.** Bianca L. Reinert (Base de dados do *workshop* Avaliação e Ações Prioritárias para a Conservação dos Biomas Floresta Atlântica e Campos Sulinos); **4.** Straube (1991); **5.** Straube et al. (2004); **6.** Collar et al. (1992); **7.** BirdLife International (2000); **8.** Fundação BIO-RIO et al. (2002); Straube (1990); Bornschein et al. (1993); Bornschein et al. (1995); Straube & Scherer-Neto (1995); Bornschein & Reinert (1997); Isfer (2000).

Ilhas dos Currais — PR13

A4ii 25°44'S, 48°22'W

Área: < 100 ha
Grau de proteção: Nenhum
Bioma: Zonas Costeira e Marinha

Altitude: nível do mar
Inventário ornitológico: Não disponível
PROBIO (90)

Descrição
As Ihas dos Currais formam um pequeno arquipélago ao largo do litoral sul do Paraná, a pouco mais de 10 km de distância da costa. O arquipélago é composto por três ilhas, duas delas de pequenas dimensões e constituídas por maciços rochosos. A ilha principal é consideravelmente maior do que as demais (5,7 ha) e abriga a maior parte da fauna e da flora locais. A vegetação limita-se a formações herbáceas e arbustivas.

Aves
No auge do período reprodutivo, congrega-se nas ilhas mais de 1% da população mundial de *Fregata magnificens* (tesourão) e pouco menos de 1% daquela de *Sula leucogaster* (atobá). Também foi constatada no arquipélago a nidificação de outras quatro espécies de aves coloniais: *Larus dominicanus* (gaivotão), *Sterna hirundinacea* (trinta-réis-de-bico-vermelho), *Ardea alba* (garça-branca-grande) e *Nycticorax nycticorax* (savacu).

Ameaças
Por serem ilhas oceânicas pequenas e relativamente próximas à costa, as Ilhas dos Currais mostram-se particularmente vulneráveis a atividades humanas e invasões por espécies exóticas. Embora o arquipélago esteja desprotegido, encontra-se em tramitação um processo que propõe a sua transformação em uma unidade de conservação.

Referências
Krul (1997); Fundação BIO-RIO et al. (2002).

Espécie congregante	
Fregata magnificens	2.640 ninhos ativos (Krul 1997).

Várzeas do Curso Médio-Superior do Rio Iguaçu — PR14

A1 25°48'S, 50°14'W

Área: ?
Municípios: São João do Triunfo, Lapa
Grau de proteção: Nenhum

Bioma: Mata Atlântica
Altitude: 750 m
Inventário ornitológico: Não disponível
PROBIO 505

Descrição
Essa área está situada a cerca de 100 km a sudoeste de Curitiba e inclui as várzeas de ambas as margens do rio Iguaçu, entre a foz do rio Água Branca e a margem esquerda do baixo curso do rio da Vargem. Uma densa vegetação herbácea, característica das várzeas da alta

Espécie ameaçada	
Scytalopus iraiensis	Bornschein et al. (2001).

bacia do rio Iguaçu, ocorre de forma dispersa através da região, representando remanescentes de um ambiente que outrora provavelmente cobria superfícies bem maiores.

Aves

São conhecidos registros recentes de *Scytalopus iraiensis* (macuquinho-da-várzea) em três pontos da área[1], todos compreendidos em um segmento de aproximadamente 6 km da planície de inundação do rio Iguaçu.

Ameaças

Localmente, a expansão da agricultura pode levar à descaracterização ou mesmo à eliminação dos ambientes ocupados por *S. iraiensis*.

Referências

1. Bornschein et al. (2001).

Várzeas em Tijucas do Sul — PR15

A1 — 25°50'S, 49°12'W

Área: c.20.000 ha
Municípios: Tijucas do Sul
Grau de proteção: Nenhum

Bioma: Mata Atlântica
Altitude: 800-900 m
Inventário ornitológico: Não disponível
PROBIO 422

Descrição

Situada a cerca de 30 km ao sul da Região Metropolitana de Curitiba, essa área está inserida na porção superior da bacia do rio da Várzea, afluente da margem esquerda do rio Iguaçu. Abrange as várzeas dos rios de Una (baixo e médio cursos), Abaixo (proximidades da foz) e do próprio rio da Várzea, em seu trecho compreendido entre a foz dos rios do Colono e da Contenda. As várzeas da região apresentam densa vegetação herbácea, em que são dominantes plantas das famílias Poaceae e Cyperaceae.

Aves

Scytalopus iraiensis (macuquinho-da-várzea), conhecida por enquanto apenas no Paraná e Rio Grande do Sul, foi registrado em pelo menos sete trechos de várzea em Tijucas do Sul, distribuídos ao longo das planícies de inundação dos rios mencionados acima[1]. A existência de hábitat adequado entre alguns dos pontos de registro conhecidos sugere que a espécie possa ter uma distribuição mais ampla na área.

Ameaças

Queimadas, drenagem de várzeas, instalação de pequenas barragens para a formação de lagos destinados à piscicultura[2].

Referências

1. Bornschein et al. (2001); **2.** Marcos R. Bornschein (verb.).

Espécie ameaçada	
Scytalopus iraiensis	Bornschein et al. (2001).

General Carneiro PR16

A1 **26°28'S, 51°25'W**

Área: 100.000-150.000 ha
Municípios: General Carneiro, Bituruna
Grau de proteção: Nenhum

Bioma: Mata Atlântica
Altitude: 1.000-1.200 m
Inventário ornitológico: Não disponível
Key Area 127/PROBIO 507

Descrição

A região de General Carneiro, no extremo sul do Paraná, apresenta relevo ondulado a montanhoso, rico em vales e grotões profundos. A paisagem regional é marcada por uma rede praticamente contínua de remanescentes de floresta ombrófila mista (mata com araucária), que cobre o município de General Carneiro e o setor sudeste do município vizinho de Bituruna. Esses remanescentes compõem um dos maiores núcleos de mata com araucária – se não o maior – existentes na atualidade, o qual se estende por uma vasta área da porção média da bacia do rio Iguaçu. Entretanto, apesar de cerca de 50% da superfície da área estarem cobertos por florestas, a maior parte dessa cobertura florestal é formada por vegetação secundária e alterada, restando apenas uma pequena parcela de matas em bom estado de conservação[1]. Pastagens e plantações de árvores exóticas (especialmente pínus) intercalam-se aos remanescentes de mata nativa. Várzeas brejosas estreitas mas relativamente extensas ocorrem, por exemplo, em meio às matas das fazendas São Pedro e Santa Cândida, ambas de propriedade das Indústrias Pedro N. Pizzatto. Contudo, a maior parte dos terrenos originalmente brejosos encontra-se submersa devido à construção de pequenas barragens.

Aves

Um estudo realizado em propriedades das Indústrias Pedro N. Pizzatto, situadas na parte central da área, estimou a presença de 250 a 300 indivíduos de *Amazona vinacea* (papagaio-de-peito-roxo)[2]. Isto sugere que a região como um todo, com sua cobertura florestal ainda extensiva, possa representar um importante reduto para esse psitacídeo ameaçado. Uma pequena população de *Scytalopus iraiensis* (macuquinho-da-várzea) foi recentemente encontrada na área[3]. Em edição, há notícias sobre a ocorrência recente de *Harpia harpyja* em General Carneiro[4].

Ameaças

A exploração das florestas nativas da re-

Espécies ameaçadas: 2	
Amazona vinacea	Seger & Bóçon (1993), Wege & Long (1995).
Scytalopus iraiensis	M. R. Bornschein, G. N. Maurício e B. L. Reinert.

Espécies quase ameaçadas: 8	
Leucopternis polionotus	Seger & Bóçon (1994).
Picumnus nebulosus	Luçolli (1991).
Piculus aurulentus	Luçolli (1991).
Leptasthenura setaria	G. N. Maurício e M. R. Bornschein.
Clibanornis dendrocolaptoides	Residente (Arruda & Luçolli 1991); Straube & Bornschein (1992).
Phibalura flavirostris	Arruda & Luçolli (1991), Straube et al. (2004).
Amaurospiza moesta	Luçolli (1991).
Cyanocorax caeruleus	G. N. Maurício e M. R. Bornschein.

gião é intensa, tanto em termos de extração de madeira quanto de xaxim, erva-mate e pinhão[1]. Os brejos naturais estão fragmentados pelo represamento de extensos segmentos de várzeas, o que se traduz no confinamento da população local de *S. iraiensis* a trechos restritos de hábitat remanescente; ademais, o seccionamento dos brejo pela construção de estradas de serviço provoca a inundação e a conseqüente descaracterização do hábitat da espécie[3].

Referências

1. Castella & Britez (2004); **2.** Seger & Bóçon (1993); **3.** Marcos R. Bornschein, Giovanni N. Maurício e Bianca L. Reinert (dados inéditos); **4.** www.ambientebrasil.com.br (25.01.2005); Luçolli (1991); Arruda & Luçolli (1991); Straube & Bornschein (1992); Seger & Bóçon (1994); Wege & Long (1995); Straube et al. (2004).

Tabela 2. Espécies ameaçadas de extinção com ocorrência nas IBAs do Paraná

Espécies	Categ.*	Código IBA																		Total**	
		PR/MS01	**PR01**	PR02	PR03	PR/SP01	**PR04**	PR05	**PR06**	PR07	PR08	**PR09**	PR10	PR11	**PR12**	PR13	PR14	PR15	PR16	a	b
Leucopternis lacernulatus	VU					X									X					2	34
Harpyhaliaetus coronatus	EN			X			X													2	13
Pipile jacutinga	EN				X	X			X			X	X		X					6	19
Claravis godefrida	CR											X			X					2	9
Touit melanonotus	EN					X			X											2	15
Touit surdus	VU					X														1	35
Amazona brasiliensis	VU					X								X	X					3	6
Amazona vinacea	VU				X	X	X					X							X	5	24
Dryocopus galeatus	VU					X				X		X								3	6
Biatas nigropectus	VU					X	X			X		X								4	12
Stymphalornis acutirostris	EN					X					X			X	X					4	5
Scytalopus iraiensis	EN							X									X	X	X	4	7
Carpornis melanocephala	VU					X														1	18
Procnias nudicollis	VU					X	X		X			X			X					5	39
Piprites pileata	VU				X		X													2	8
Hemitriccus kaempferi	CR														X					1	3
Culicivora caudacuta	VU		X				X	X												3	6
Phylloscartes kronei	VU					X					X			X	X					4	9
Platyrinchus leucoryphus	VU					X			X			X		X	X					5	14
Onychorhynchus swainsoni	VU				X	X			X						X					4	11
Xolmis dominicanus	VU	X	X	X			X		X											5	17
Alectrurus tricolor	VU	X					X													2	4
Anthus nattereri	VU		X	X			X													3	10
Sporophila frontalis	VU				X	X			X					X	X					5	21
Sporophila falcirostris	VU					X									X					2	10
Sporophila palustris	EN		X																	1	5
Sporophila cinnamomea	VU	X	X																	2	5

Tabela 2. (continuação) Espécies ameaçadas de extinção com ocorrência nas IBAs do Paraná

Espécies	Categ.*	Código IBA																		Total**	
		PR/MS01	**PR01**	PR02	PR03	PR/SP01	**PR04**	PR05	**PR06**	PR07	PR08	**PR09**	PR10	PR11	**PR12**	PR13	PR14	PR15	PR16	a	b
Tangara peruviana	VU					X									X					2	16
Total de espécies		**3**	**5**	**3**	**5**	**17**	**9**	**2**	**7**	**2**	**2**	**7**	**1**	**5**	**13**	**0**	**1**	**1**	**2**		
Rhea americana	NT		X																	1	13
Tinamus solitarius	NT				X	X	X		X	X		X	X		X					8	36
Crypturellus noctivagus	NT					X									X					2	24
Leucopternis polionotus	NT					X			X	X		X			X				X	6	29
Morphnus guianensis	NT					X														1	3
Harpia harpyja	NT					X														1	4
Triclaria malachitacea	NT				X	X			X						X					4	22
Strix hylophila	NT		X			X	X		X			X			X					6	18
Eleothreptus anomalus	NT		X	X			X	X												4	7
Ramphodon naevius	NT					X			X						X					3	18
Baillonius bailloni	NT						X		X			X	X		X					5	26
Picumnus nebulosus	NT		X				X		X										X	4	12
Piculus aurulentus	NT		X	X			X		X			X			X				X	7	34
Leptasthenura setaria	NT		X	X			X		X										X	5	15
Clibanornis dendrocolaptoides	NT		X	X			X		X	X		X							X	7	11
Anabacerthia amaurotis	NT					X	X		X											3	20
Dysithamnus stictothorax	NT				X	X			X			X			X					5	27
Myrmotherula unicolor	NT					X			X					X	X					4	23
Drymophila ochropyga	NT				X	X			X						X					4	30
Psilorhamphus guttatus	NT				X	X	X		X	X		X			X					7	17
Merulaxis ater	NT					X			X											2	12
Scytalopus indigoticus	NT			X		X	X		X					X	X					6	22
Laniisoma elegans	NT					X														1	20
Phibalura flavirostris	NT			X		X						X							X	4	22

Tabela 2. (continuação) Espécies ameaçadas de extinção com ocorrência nas IBAs do Paraná

Espécies	Categ.*	Código IBA																		Total**	
		PR/MS01	**PR01**	PR02	PR03	PR/SP01	**PR04**	PR05	**PR06**	PR07	PR08	**PR09**	PR10	PR11	**PR12**	PR13	PR14	PR15	PR16	a	b
Carpornis cucullata	NT					X			X						X					3	23
Lipaugus lanioides	NT				X	X									X					3	29
Hemitriccus orbitatus	NT								X											1	18
Phyllomyias griseocapilla	NT					X			X						X					3	19
Polystictus pectoralis	NT			X																1	2
Phylloscartes eximius	NT						X					X								2	12
Phylloscartes paulista	NT					X			X			X			X					4	15
Phylloscartes oustaleti	NT					X	X		X						X					4	20
Phylloscartes difficilis	NT								X											1	13
Phylloscartes sylviolus	NT											X								1	10
Polioptila lactea	NT									X		X								2	3
Sporophila melanogaster	NT		X	X			X													3	9
Amaurospiza moesta	NT						X		X	X			X						X	5	9
Orchesticus abeillei	NT					X			X						X					3	16
Neothraupis fasciata	NT		X																	1	7
Thraupis cyanoptera	NT					X			X						X					3	23
Euphonia chalybea	NT			X		X	X		X			X			X					6	12
Dacnis nigripes	NT					X									X					2	16
Cyanocorax caeruleus	NT			X		X	X		X						X				X	6	17
Total de espécies		0	9	10	6	27	17	1	28	6	0	14	3	2	23	0	0	0	8		

* Categorias de ameaça: CR – criticamente em perigo; EN – em perigo; VU – vulnerável; NT – quase ameaçada.
** Número de IBAs em que a espécie se encontra presente em: **a** – Paraná (sem considerar IBAs interestaduais); **b** – Região como um todo.

Tabela 3. Espécies endêmicas por IBA no Estado do Paraná, agrupadas por Bioma

Espécies	nº EBA*	Código IBA																		Total**	
		PR/MS01	**PR01**	PR02	PR03	PR/SP01	**PR04**	PR05	**PR06**	PR07	PR08	**PR09**	PR10	PR11	**PR12**	PR13	PR14	PR15	PR16	a	b
Mata Atlântica																					
Tinamus solitarius					X	X	X		X	X		X	X		X					8	36
Crypturellus noctivagus						X									X					2	24
Leucopternis lacernulatus						X									X					2	34
Leucopternis polionotus						X			X	X		X			X				X	6	29
Ortalis araucuan						X									X					2	22
Pipile jacutinga					X	X			X			X	X		X					6	19
Odontophorus capueira						X	X		X			X			X					5	38
Aramides saracura			X			X	X		X			X			X					6	41
Claravis godefrida												X			X					2	9
Pyrrhura frontalis		X	X			X	X		X			X			X				X	8	49
Brotogeris tirica						X	X		X						X					4	38
Touit melanonotus	75					X			X											2	15
Touit surdus						X														1	35
Pionopsitta pileata			X			X	X		X			X	X		X				X	8	34
Amazona brasiliensis	75					X								X	X					3	6
Amazona vinacea					X	X	X			?		X							X	5	24
Triclaria malachitacea	75				X	X			X						X					4	22
Otus atricapilla			X									X								2	13
Otus sanctaecatarinae									X											1	7
Strix hylophila			X			X	X		X			X			X					6	18
Pulsatrix koeniswaldiana	75		X			X	X		X			X								5	34
Glaucidium minutissimum					X							X								2	18
Macropsalis forcipata						X	X		X				X		X				X	6	17
Phaethornis eurynome			X			X			X			X			X					5	32
Phaethornis squalidus									X											1	16
Ramphodon naevius	75					X			X						X					3	18

Tabela 3. (continuação) Espécies endêmicas por IBA no Estado do Paraná, agrupadas por Bioma

Espécies	nº EBA*	Código IBA																		Total**	
		PR/MS01	**PR01**	PR02	PR03	PR/SP01	**PR04**	PR05	**PR06**	PR07	PR08	**PR09**	PR10	PR11	**PR12**	PR13	PR14	PR15	PR16	a	b
Mata Atlântica																					
Melanotrochilus fuscus			X			X			X						X					4	46
Stephanoxis lalandi			X				X		X			X			X					5	23
Thalurania glaucopis						X	X		X			X			X					5	44
Leucochloris albicollis			X			X	X		X						X				X	6	35
Aphantochroa cirrhochloris						X			X						X					3	29
Clytolaema rubricauda						X			X						X					3	27
Trogon surrucura		X	X			X	X		X			X			X					7	47
Baryphthengus ruficapillus						X				X		X			X					4	28
Notharchus swainsoni		X				X			X	X		X								5	15
Malacoptila striata						X			X						X					3	29
Baillonius bailloni							X		X			X	X		X					5	26
Selenidera maculirostris						X			X			X			X					4	30
Ramphastos dicolorus			X			X	X		X			X			X					6	30
Picumnus temminckii						X	X		X			X			X					5	12
Melanerpes flavifrons		X				X	X		X			X			X					6	27
Veniliornis spilogaster		X	X			X	X		X			X			X				X	8	37
Piculus aurulentus			X	X			X		X			X			X				X	7	34
Dryocopus galeatus						X				X		X								3	6
Campephilus robustus			X			X	X		X	X		X	X		X				X	9	28
Dendrocincla turdina						X	X		X			X			X					5	35
Lepidocolaptes squamatus/falcinellus			X			X	X		X			X			X					6	48
Xiphorhynchus fuscus						X	X		X			X			X					5	60
Campylorhamphus falcularius							X		X			X							X	4	29
Leptasthenura striolata	76						X													1	7
Leptasthenura setaria	76		X	X			X		X										X	5	15
Synallaxis ruficapilla			X			X	X		X	X		X			X				X	8	37

Tabela 3. (continuação) Espécies endêmicas por IBA no Estado do Paraná, agrupadas por Bioma

Espécies	nº EBA*	Código IBA																		Total**	
		PR/MS01	**PR01**	PR02	PR03	PR/SP01	**PR04**	PR05	**PR06**	PR07	PR08	**PR09**	PR10	PR11	**PR12**	PR13	PR14	PR15	PR16	a	b
Mata Atlântica																					
Cranioleuca pallida						X	X		X						X					4	22
Cranioleuca obsoleta			X				X		X			X			X				X	6	18
Clibanornis dendrocolaptoides	75		X	X			X		X	X		X							X	7	11
Cichlocolaptes leucophrus	75					X	X		X						X					4	26
Anabacerthia amaurotis	75					X	X		X											3	20
Philydor lichtensteini						X			X			X			X					4	25
Philydor atricapillus						X	?		X			X			X					4	31
Anabazenops fuscus									X						X					2	23
Automolus leucophthalmus			X			X			X			X			X					5	42
Sclerurus scansor			X			X	X		X			X			X					6	36
Heliobletus contaminatus			X			X	X		X			X			X					6	28
Hypoedaleus guttatus						X			X			X								3	22
Mackenziaena severa						X	X		X			X			X					5	30
Mackenziaena leachii			X				X		X			X			X				X	6	28
Biatas nigropectus	75					X	X			X		X								4	12
Dysithamnus stictothorax	75				X	X			X			X			X					5	27
Dysithamnus xanthopterus	76								X											1	12
Myrmotherula gularis	75					X			X						X					3	26
Myrmotherula unicolor	75					X			X					X	X					4	23
Stymphalornis acutirostris						X					X			X	X					4	5
Drymophila ferruginea									X						X					2	29
Drymophila rubricollis	75						?		X			X								2	9
Drymophila ochropyga	76				X	X			X						X					4	30
Drymophila malura			X				X		X			X			X				X	6	22
Drymophila squamata						X			X						X					3	31
Terenura maculata						X			X			X			X					4	27

Tabela 3. (continuação) Espécies endêmicas por IBA no Estado do Paraná, agrupadas por Bioma

Espécies	nº EBA*	Código IBA																		Total**	
		PR/MS01	**PR01**	PR02	PR03	PR/SP01	**PR04**	PR05	**PR06**	PR07	PR08	**PR09**	PR10	PR11	**PR12**	PR13	PR14	PR15	PR16	a	b
Mata Atlântica																					
Pyriglena leucoptera			X			X	X		X			X			X					6	45
Myrmeciza squamosa	75					X			X						X					3	14
Chamaeza meruloides	75				X	X														2	19
Chamaeza ruficauda	76						X		X						X				X	4	14
Hylopezus nattereri							X		X						X					3	15
Conopophaga lineata			X			X	X		X			X			X				X	7	49
Conopophaga melanops									X						X					2	39
Psilorhamphus guttatus	75				X	X	X		X	X		X			X					7	17
Merulaxis ater	75					X			X											2	12
Scytalopus iraiensis								X									X	X	X	4	7
Scytalopus speluncae							X		X						X				X	4	25
Scytalopus sp. nov.												?								0	6
Scytalopus indigoticus				X		X	X		X					X	X					6	22
Laniisoma elegans						X														1	20
Carpornis cucullata	75					X			X						X					3	23
Carpornis melanocephala						X														1	18
Lipaugus lanioides					X	X									X					3	29
Pyroderus scutatus					X	X			X	X		X	X		X					7	29
Procnias nudicollis						X	X		X			X			X					5	39
Schiffornis virescens						X	X		X			X			X					5	38
Chiroxiphia caudata			X			X	X		X			X			X					6	42
Ilicura militaris						X			X						X					3	28
Piprites pileata	76				X		X													2	8
Mionectes rufiventris						X	X		X			X			X					5	34
Hemitriccus diops						X				X		X								3	23
Hemitriccus obsoletus	76						X		X										X	3	12

Tabela 3. (continuação) Espécies endêmicas por IBA no Estado do Paraná, agrupadas por Bioma

Espécies	nº EBA*	Código IBA																		Total**	
		PR/MS01	**PR01**	PR02	PR03	PR/SP01	**PR04**	PR05	**PR06**	PR07	PR08	**PR09**	PR10	PR11	**PR12**	PR13	PR14	PR15	PR16	a	b
Mata Atlântica																					
Hemitriccus orbitatus									X											1	18
Hemitriccus nidipendulus					X	X	X													3	21
Hemitriccus kaempferi	75														X					1	3
Todirostrum poliocephalum						X			X						X					3	33
Phyllomyias virescens									X			X								2	14
Phyllomyias griseocapilla	76					X			X						X					3	19
Phylloscartes eximius							X					X								2	12
Phylloscartes paulista						X			X			X			X					4	15
Phylloscartes oustaleti	75					X	X		X						X					4	20
Phylloscartes difficilis	76								X											1	13
Phylloscartes kronei	75					X					X			X	X					4	9
Phylloscartes sylviolus												X								1	10
Myiornis auricularis			X			X	X		X			X			X					6	33
Platyrinchus leucoryphus						X			X			X		X	X					5	14
Onychorhynchus swainsoni					X	X			X						X					4	11
Knipolegus nigerrimus							X		X											2	32
Muscipipra vetula			X			X	X		X						X					5	25
Attila rufus						X			X						X					3	35
Turdus subalaris			X				X		X			X								4	19
Polioptila lactea										X		X								2	3
Haplospiza unicolor						X	X		X						X				X	5	32
Poospiza thoracica	76								X						X				X	3	13
Sporophila frontalis	75				X	X			X					X	X					5	21
Sporophila falcirostris	75					X									X					2	10
Sporophila melanogaster	76		X	X			X													3	9
Amaurospiza moesta							X		X	X			X						X	5	9

Tabela 3. (continuação) Espécies endêmicas por IBA no Estado do Paraná, agrupadas por Bioma

Espécies	nº EBA*	Código IBA																		Total**	
		PR/MS01	**PR01**	PR02	PR03	PR/SP01	**PR04**	PR05	**PR06**	PR07	PR08	**PR09**	PR10	PR11	**PR12**	PR13	PR14	PR15	PR16	a	b
Mata Atlântica																					
Saltator fuliginosus						X	X		X	X		X			X					6	36
Saltator maxillosus						?	X		X						X				X	4	15
Orchesticus abeillei						X			X						X					3	16
Pyrrhocoma ruficeps		X	X				X		X	X		X							X	7	16
Hemithraupis ruficapilla						X	X		X						X					4	36
Orthogonys chloricterus	76					X			X						X					3	17
Tachyphonus coronatus		X	X			X	X		X			X			X				X	8	41
Ramphocelus bresilius						X									X					2	36
Thraupis cyanoptera	75					X			X						X					3	23
Thraupis ornata						X			X						X					3	32
Euphonia chalybea				X		X	X		X			X			X					6	12
Euphonia pectoralis						X	X		X			X			X					5	39
Tangara seledon						X			X			X			X					4	31
Tangara cyanocephala						X			X						X					3	41
Tangara desmaresti	76					X	X		X						X					4	28
Tangara peruviana	75					X									X					2	18
Dacnis nigripes	75					X									X					2	16
Basileuterus leucoblepharus			X				X		X			X			X				X	6	34
Hylophilus poicilotis						X	X		X			X			X					5	23
Cyanocorax caeruleus				X		X	X		X						X				X	6	17
Total de espécies		**7**	**35**	**7**	**15**	**108**	**73**	**1**	**117**	**16**	**2**	**73**	**8**	**7**	**110**	**0**	**1**	**1**	**29**		
Cerrado																					
Philydor dimidiatum		X																		1	2
Hylocryptus rectirostris		X																		1	4
Herpsilochmus longirostris		X																		1	4
Culicivora caudacuta			X				X	X												3	6

Tabela 3. (continuação) Espécies endêmicas por IBA no Estado do Paraná, agrupadas por Bioma

Espécies	nº EBA*	Código IBA																		Total**	
		PR/MS01	**PR01**	PR02	PR03	PR/SP01	**PR04**	PR05	**PR06**	PR07	PR08	**PR09**	PR10	PR11	**PR12**	PR13	PR14	PR15	PR16	a	b
Cerrado																					
Alectrurus tricolor		X					X													2	4
Gubernetes yetapa		X	X																	2	6
Antilophia galeata		X																		1	6
Neothraupis fasciata			X																	1	7
Cypsnagra hirundinacea			X																	1	8
Basileuterus leucophrys		X																		1	4
Cyanocorax cristatellus			X																	1	8
Total de espécies		**7**	**5**	**0**	**0**	**0**	**2**	**1**	**0**	**0**	**0**	**0**	**0**	**0**	**0**	**0**	**0**	**0**	**0**		
Pampas																					
Sporophila cinnamomea	77	X	X																	2	5
Sporophila palustris	77		X																	1	5
Total de espécies		**1**	**2**	**0**	**0**	**0**	**0**	**0**	**0**	**0**	**0**	**0**	**0**	**0**	**0**	**0**	**0**	**0**	**0**		
Total geral de espécies		**15**	**42**	**7**	**15**	**108**	**75**	**2**	**117**	**16**	**2**	**73**	**8**	**7**	**110**	**0**	**1**	**1**	**29**		

* EBA: Endemic Bird Areas of the World (Stattersfield et al., 1998). Ver capítulo 4.

** Número de IBAs em que a espécie se encontra presente em: **a** – Paraná (sem considerar IBAs interestaduais); **b** – Região como um todo.

SANTA CATARINA

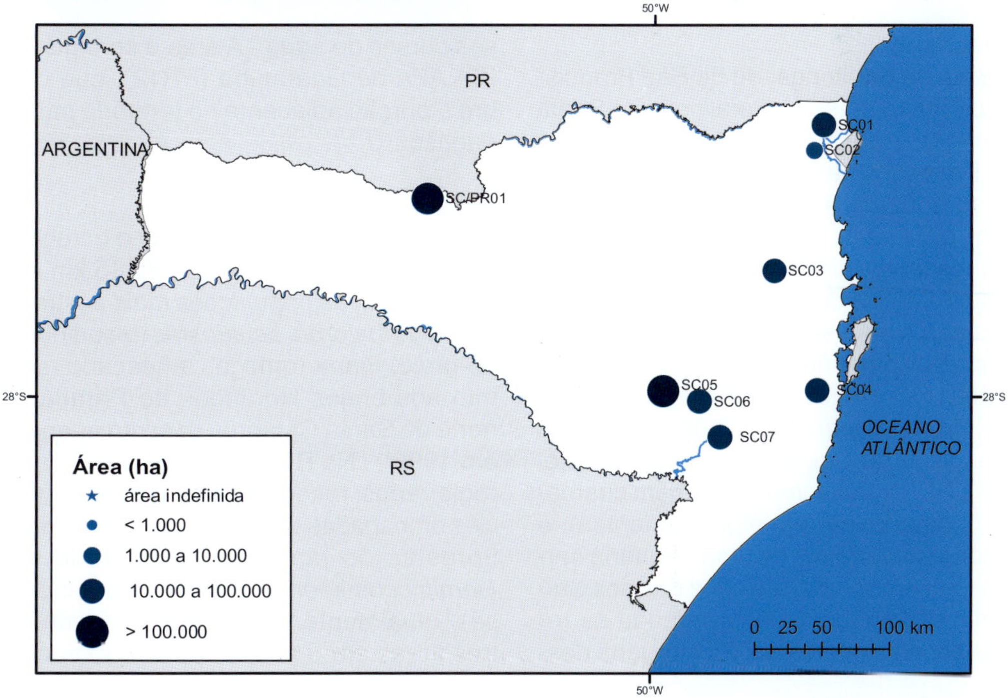

Tabela 1. Lista das IBAs no Estado de Santa Catarina

			Critérios*			
Código	**Nome**	**Bioma**	**A1**	**A2**	**A3**	**A4**
SC01	Baía da Babitonga	ATL	X			
SC02	Salto do Piraí	ATL	X			
SC/PR01	Campos de Água Doce e Palmas	ATL	X			
SC03	Região de Blumenau	ATL	X		ATL	
SC04	Parque Estadual da Serra do Tabuleiro	ATL	X		ATL	
SC05	Painel/Urupema	ATL	X			
SC06	Urubici	ATL	X			
SC07	Parque Nacional de São Joaquim	ATL	X			
IBAs interestaduais descritas na seção referente a outro Estado.						
RS/SC01	Campos do Planalto das Araucárias	ATL	X	76		
RS/SC02	Região dos Aparados da Serra	ATL	X	76	ATL	

* Ver capítulo 2 para explicação dos critérios.

Baía da Babitonga — SC01

A1 — **26°08'S, 48°46'W**

Área: 30.000 ha
Municípios: Guaruva, Itapoá, São Francisco do Sul
Grau de proteção: Parcial

Bioma: Mata Atlântica
Altitude: 0-500 m
Inventário ornitológico: Não disponível
PROBIO 424 (95)

Descrição

A Baía da Babitonga, ou de São Francisco do Sul, situa-se no litoral norte de Santa Catarina. Ao longo do trecho inferior do rio Palmital e na extensa planície costeira ao norte da baía, em direção à divisa com o Paraná, existem importantes remanescentes ainda bem preservados de Mata Atlântica de baixada, vegetação de restinga e ambientes alagados sob influência fluviomarinha (brejos e mangues). A área inclui o fundo da Baía da Babitonga, nos municípios de Guaruva e São Francisco do Sul, e estende-se a leste, até a RPPN Volta Velha (também chamada "Ponta Velha" em algumas fontes), e a nordeste, através de uma pequena serra litorânea isolada, até a foz dos rios Saí-Mirim e Saí-Guaçu, incorporando os remanescentes florestais às margens desses cursos de água[1]. A área é contígua à IBA APA de Guaratuba (PR12), que cobre a porção adjacente do território paranaense.

Aves

O fundo da Baía da Babitonga e o trecho final do rio Itapocu, a cerca de 45 km ao sul, abrigam as populações mais austrais de *Stymphalornis acutirostris* (bicudinho-do-brejo), papa-formigas ameaçado restrito aos brejos litorâneos do Paraná e norte de Santa Catarina, descrito apenas em 1995[1,2]. Na RPPN Volta Velha, foram registradas recentemente várias espécies ameaçadas típicas ou exclusivas das florestas de planície, destacando-se *Hemitriccus kaempferi* (maria-catarinense), atualmente conhecido em apenas três áreas em Santa Catarina e extremo

Espécies ameaçadas: 5	
Dryocopus galeatus	Naka et al. (2000), B. Reinert.
Stymphalornis acutirostris	B. Reinert, Bornschein & Reinert (1997).
Hemitriccus kaempferi	RPPN Volta Velha (Barnett et al. 2000).
Phylloscartes kronei	B. Reinert.
Tangara peruviana	RPPN Volta Velha (Naka et al. 2000).

Espécies quase ameaçadas: 3	
Crypturellus noctivagus	RPPN Volta Velha (Naka et al. 2000).
Myrmotherula unicolor	RPPN Volta Velha (Naka et al. 2000).
Hemitriccus orbitatus	RPPN Volta Velha (Naka et al. 2000).

Áreas protegidas:

Nome	Categoria	Área
RPPN Volta Velha	Particular	1.500 ha
RPPN Fazenda Palmital	Particular	591 ha

sul do Paraná[3,4]. Esta também é a única área com registros recentes de *Dryocopus galeatus* (pica-pau-de-cara-canela) em território catarinense.

Ameaças

Expansão urbana, loteamentos com objetivos turísticos, despejo de efluentes industriais e domésticos, derrames de petróleo e atividades portuárias[5].

Referências

1. Bianca L. Reinert (Base de dados do *workshop* Avaliação e Ações Prioritárias para a Conservação dos Biomas Floresta Atlântica e Campos Sulinos); **2.** Bornschein et al. (1995); **3.** Barnett et al. (2000); **4.** Naka et al. (2000); **5.** Fundação BIO-RIO et al. (2002); Bornschein & Reinert (1997).

Salto do Piraí — SC02

A1 — **26°18'S, 48°50'W**

Área: 5.000-10.000 ha
Municípios: Joinville, Schroeder
Grau de proteção: Parcial

Bioma: Mata Atlântica
Altitude: c.100-800 m
Inventário ornitológico: Não disponível
Key Area 128/PROBIO 424

Descrição

Essa área inclui a Estação Ecológica do Bracinho e remanescentes de floresta de baixada existentes em vales e planícies adjacentes, a oeste da cidade de Joinville. Criada com o objetivo de manter o potencial hídrico dos rios que alimentam as pequenas hidrelétricas locais, a E. E. do Bracinho é administrada pela CELESC (Centrais Elétricas de Santa Catarina)[1]. Essa área de preservação possui relevo montanhoso e resguarda considerável extensão de florestas montanas e submontanas em excelente estado de conservação[2]. As matas de baixada que restam no fundo do vale adjacente do rio Piraí, por outro lado, são em sua maior parte secundárias ou perturbadas e situam-se fora dos limites da estação ecológica[2].

Aves

Hemitriccus kaempferi (maria-catarinense), descrito com base em material coletado na área em 1929, foi observado regularmente nas matas do fundo do vale do rio Piraí ao longo da década de 1990[1,2]. Os registros recentes dessa espécie criticamente ameaçada, que incluem a observação de um par em atividade reprodutiva, ocorreram a poucas centenas de metros da E. E. do Bracinho, onde sua presença não foi constatada até agora[1].

Ameaças

As matas de fundo de vale, ambiente ao qual *H. kaempferi* parece estar confinado, ainda recebem o impacto de atividades humanas: trechos de mata secundária do vale do rio Piraí têm sido eliminados para dar lugar a residências, pastagens e plantações de banana[1].

Referências

1. Collar et al. (1992); **2.** Barnett et al. (2000); Rosário (1996); Naka et al. (2000); Naka et al. (2001).

Espécies ameaçadas: 4	
Leucopternis lacernulatus	Collar et al. (1992), Barnett et al. (2000)
Myrmotherula minor	Limite sul da distribuição atual; Barnett et al. (2000), Naka et al. (2000).
Platyrinchus leucoryphus	Um registro (Collar et al. 1992).
Hemitriccus kaempferi	Collar et al. (1992), Barnett et al. (2000).

Espécies quase ameaçadas: 12	
Tinamus solitarius	Rosário (1996).
Triclaria malachitacea	Rosário (1996).
Myrmotherula unicolor	Barnett et al. (2000), Naka et al. (2000).
Dysithamnus stictothorax	Registrada em 1928 (Rosário 1996) mas presumivelmente ainda presente na região.
Merulaxis ater	Naka et al. (2000).
Phyllomyias griseocapilla	Naka et al. (2000).
Phylloscartes paulista	Collar et al. (1992), Naka et al. (2000).
Phylloscartes eximius	Naka et al. (2000).
Phylloscartes oustaleti	Naka et al. (2000).
Phylloscartes sylviolus	Naka et al. (2001).
Hemitriccus orbitatus	Naka et al. (2000).
Orchesticus abeillei	Rosário (1996).

Área protegida:

Nome	Categoria	Área
Estação Ecológica do Bracinho	Privada (CELESC)	4.606 ha

SANTA CATARINA

Campos de Água Doce e Palmas	SC/PR01
A1	**26°38'S, 51°38'W**
Área: 110.000 ha **Municípios:** Água Doce (SC), Palmas (PR) **Grau de proteção:** Nenhum	**Bioma:** Mata Atlântica **Altitude:** 1.100-1.400 m **Inventário ornitológico:** Não disponível PROBIO 507

Descrição

A região de Água Doce e Palmas, na divisa entre Santa Catarina e Paraná, abrange uma ampla área do setor mais elevado do planalto que forma o divisor de águas das bacias dos rios Iguaçu e Uruguai. Compreende principalmente campos planálticos, mas áreas brejosas e capões de mata com araucária estão disseminados por toda a região[1]. Fisionomicamente, a área é muito similar aos Campos de Cima da Serra (RS03) e aos Campos do Planalto das Araucárias (RS/SC01), situados mais ao sul. A zona ocupada pelos campos é cercada em quase todas as direções por áreas de relevo dissecado originalmente cobertas por matas com araucária contínuas, como por exemplo a região de General Carneiro (PR16).

Aves

Espécies ameaçadas de áreas abertas, como *Xolmis dominicanus* (noivinha-de-rabo-preto) e *Anthus nattereri* (caminheiro-grande), presumivelmente contam com populações significativas na região. A primeira foi registrada em diversos setores da área, enquanto a segunda mostra-se numerosa durante o período reprodutivo nas cabeceiras do rio Chapecó, próximo a Herciliópolis, município de Água Doce[1,2,3]. A quase ameaçada *Sporophila melanogaster* (caboclinho-de-barriga-preta), cujas áreas de reprodução conhecidas restringem-se aos altiplanos do sudeste de Santa Catarina e nordeste do Rio Grande do Sul, poderia estar presente nos campos de Água Doce também como espécie reprodutora.

Ameaças

Até muito recentemente, a região de Água Doce e Palmas era uma das áreas de campos planálticos menos alteradas do sul do Brasil. A partir do final da década de 1990, entretanto, amplas áreas começaram a ser convertidas para uso agrícola (culturas anuais e florestamento com pínus), processo que atualmente prossegue a um ritmo alarmante[1].

Referências
1. Marcos R. Bornschein e Giovanni N. Maurício (dados inéditos); **2.** M. R. Bornschein e Bianca L. Reinert (verb.); **3.** Rosário (1996).

Espécies ameaçadas: 3	
Harpyhaliaetus coronatus	Rosário (1996), M. R. Bornschein.
Xolmis dominicanus	M. R. Bornschein e B. L. Reinert.
Anthus nattereri	População significativa (G. N. Maurício e M. R. Bornschein).

Espécies quase ameaçadas: 5	
Eleothreptus anomalus	M. R. Bornschein e G. N. Maurício.
Leptasthenura setaria	M. R. Bornschein e G. N. Maurício.
Clibanornis dendrocolaptoides	Ocorrência marginal na área (M. R. Bornschein e B. L. Reinert).
Sporophila melanogaster	Água Doce (Rosário 1996).
Cyanocorax caeruleus	M. R. Bornschein e G. N. Maurício.

Região de Blumenau — SC03

A1, A3 — 27°06'S, 49°07'W

Área: 57.000 ha
Municípios: Ascurra, Blumenau, Botuverá, Indaial, Gaspar, Guabiruba, Presidente Nereu, Apiúna, Vidal Ramos
Grau de proteção: Total
Bioma: Mata Atlântica
Altitude: 200-1.050 m
Inventário ornitológico: Preliminar
PROBIO 424, 426

Descrição
Essa área corresponde ao grande maciço de Mata Atlântica existente ao sul da cidade de Blumenau, onde recentemente foi criado o Parque Nacional da Serra do Itajaí. A região apresenta relevo montanhoso, revestido com florestas montanas e submontanas úmidas ainda bem preservadas. O Parque das Nascentes, antes denominado Parque Ecológico Artex, foi englobado pela nova unidade de conservação federal.

Aves
Existem listas de aves para áreas protegidas do setor nordeste do maciço (*e.g.*,

Espécies ameaçadas: 3

Leucopternis lacernulatus	P. M. São Francisco de Assis (Carrano et al. 2001).
Procnias nudicollis	Zimmermann (1993, 1995a).
Sporophila frontalis	Sul de Blumenau; Zimmermann (1992), Rosário (1996).

Espécies quase ameaçadas: 18

Tinamus solitarius	Zimmermann (1995a).
Leucopternis polionotus	Zimmermann (1992, 1993).
Strix hylophila	Rosário (1996).
Ramphodon naevius	Zimmermann (1993).
Baillonius bailloni	Zimmermann (1992), Rosário (1996).
Piculus aurulentus	Zimmermann (1995a).
Anabacerthia amaurotis	Zimmermann et al. (2003).
Dysithamnus stictothorax	Zimmermann (1995a).
Drymophila ochropyga	Botuverá (Rosário 1996).
Scytalopus indigoticus	Zimmermann (1995a).
Lipaugus lanioides	Collar et al. (1992), Rosário (1996), Zimmermann et al. (2003)
Carpornis cucullata	Zimmermann (1993, 1995a).
Hemitriccus orbitatus	Zimmermann et al. (2003).
Phylloscartes paulista	Parques Spitzkopf e Artex (Zimmermann 1992, 1993, 1995a).
Phylloscartes difficilis	Zimmermann (1993, 1995a), Zimmermann et al. (2003).
Thraupis cyanoptera	Zimmermann et al. (2003).
Euphonia chalybea	Coleta antiga (Rosário 1996); presumivelmente ainda presente na região.
Dacnis nigripes	Zona urbana de Blumenau (Zimmermann 1995b).

Espécies endêmicas: 85 ATL

Áreas protegidas:

Nome	Categoria	Área
Parque Nacional da Serra do Itajaí	Proteção Integral	57.374 ha
Parque Ecológico Spitzkopf	Privada	500 ha
Fazenda Faxinal	Privada	2.208 ha
Reserva Burgerkopf	Particular (RPPN)	82 ha

Parque das Nascentes e Parque Ecológico Spitzkopf), que juntas somam cerca de 220 espécies[1]. Entretanto, o número de espécies presentes na região deve ser maior, considerando as dimensões do maciço florestal. Ainda podem ocorrer na área espécies ameaçadas que contam apenas com registros históricos para Blumenau, como *Pipile jacutinga* (jacutinga), *Claravis godefrida* (pararu-espelho), *Triclaria malachitacea* (sabiá-cica) e *Biatas nigropectus* (papo-branco)[2,3].

Ameaças

O P. N. da Serra do Itajaí começou a ser implantado apenas recentemente, após terem sido derrubadas as liminares judiciais que suspendiam o decreto de sua criação; acredita-se que os limitados recursos financeiros possam prolongar o processo de sua implementação[4]. A expansão urbana, especialmente no entorno da cidade de Blumenau, representa uma ameaça potencial aos remanescentes desprotegidos do maciço.

Referências

1. Zimmermann et al. (2003); **2.** Collar et al. (1992); **3.** Rosário (1996); **4.** www.jornaldaciencia.org.br/Detalhe.jsp?id=27989; Zimmermann (1992, 1993, 1994, 1995a,b); Carrano et al. (2001).

Parque Estadual da Serra do Tabuleiro — SC04

A1, A3 — **27°53'S, 48°47'W**

Área: 87.405 ha
Municípios: Águas Mornas, Santo Amaro da Imperatriz, Palhoça, Paulo Lopes, São Bonifácio, Florianópolis, São Martinho, Garopaba
Grau de proteção: Total
Bioma: Mata Atlântica
Altitude: 0-1.268 m
Inventário ornitológico: Representativo
PROBIO 426

Descrição

O Parque Estadual da Serra do Tabuleiro destaca-se como um dos maiores blocos remanescentes de floresta atlântica contínua no Estado de Santa Catarina. Situado próximo à costa, a sudoeste da ilha de Santa Catarina, o parque abrange um gradiente altitudinal amplo e diversificado, que inclui desde vegetação de restinga, banhados litorâneos e matas de baixada (na Restinga do Maciambu) até florestas alto-montanas, matas com araucária e campos de altitude (1.000-1.200 m de elevação), nas encostas e no topo de serras graníticas dissecadas[1]. Embora as matas de encosta estejam em bom estado de conservação, as matas com araucária encontram-se bastante alteradas pela exploração madeireira, atividade que persistiu na região até recentemente[1]. A área abrange apenas a parte continental do P. E. da Serra do Tabuleiro, no qual estão incluídas também algumas ilhas costeiras.

Aves

A avifauna da área inclui tanto elementos de matas de restinga e terras baixas, como *Myrmotherula unicolor* (choquinha-cinzenta) e *Phylloscartes kronei* (maria-da-restinga), quanto espécies montícolas, como *Piprites pileata* (caneleirinho-de-chapéu-preto) e *Phylloscartes difficilis* (estalinho)[1,2,3]. Vários endemismos da Mata Atlântica têm na Serra do Tabuleiro o seu limite meridional de ocorrência, entre eles *Glaucidium minutissimum* (caburé-miudinho), *Malacoptila striata* (barbudo-rajado), *Ilicura militaris* (tangarazinho) e *Tangara desmaresti* (saíra-lagarta)[1]. Dados recentes indicam que a área abriga uma população significativa de *Pipile jacutinga* (jacutinga), a única conhecida em Santa Catarina na atualidade.

Ameaças

Consta que madeireiras ainda atuam dentro dos limites do parque[1]. A pressão de caça na área alcança níveis alarmantes e representa uma séria ameaça a uma das espécies que mais tem declinado ao longo da Mata Atlântica: cerca de 100 jacutingas teriam sido abatidas em 2001, estimando-se que outras tantas tiveram o mesmo destino em 2002[4].

Referências

1. Albuquerque & Brüggemann (1996); **2.** BirdLife International (2000). **3.** Bencke et al. (2000); **4.** Tormin-Borges et al. (2002); Albuquerque (1995); Naka et al. (2000).

Espécies ameaçadas: 6	
Pipile jacutinga	Residente (Albuquerque & Brüggemann 1996).
Amazona vinacea	Albuquerque & Brüggemann (1996).
Procnias nudicollis	Albuquerque & Brüggemann (1996).
Piprites pileata	Albuquerque & Brüggemann (1996).
Platyrinchus leucoryphus	Albuquerque & Brüggemann (1996).
Phylloscartes kronei	Bencke et al. (2000), Naka et al. (2000).
Espécies quase ameaçadas: 14	
Tinamus solitarius	Albuquerque & Brüggemann (1996).
Leucopternis polionotus	Albuquerque & Brüggemann (1996).
Harpia harpyja	Albuquerque (1995).
Triclaria malachitacea	Albuquerque & Brüggemann (1996).
Piculus aurulentus	Albuquerque & Brüggemann (1996).
Anabacerthia amaurotis	Albuquerque & Brüggemann (1996).
Scytalopus indigoticus	Albuquerque & Brüggemann (1996).
Myrmotherula unicolor	BirdLife International (2000).
Carpornis cucullata	Albuquerque & Brüggemann (1996).
Phylloscartes difficilis	Albuquerque & Brüggemann (1996).
Hemitriccus orbitatus	Albuquerque & Brüggemann (1996).
Thraupis cyanoptera	Albuquerque & Brüggemann (1996).
Dacnis nigripes	BirdLife International (2000), Albuquerque & Brüggemann (1996).
Cyanocorax caeruleus	Albuquerque & Brüggemann (1996).
Espécies endêmicas: 80	**ATL**

Área protegida:		
Nome	**Categoria**	**Área**
Parque Estadual da Serra do Tabuleiro	Proteção Integral	87.405 ha

Painel / Urupema	SC05
A1	**27°54'S, 49°55'W**
Área: 135.000 ha **Municípios:** Painel, Urupema, Lages **Grau de proteção:** Nenhum	**Bioma:** Mata Atlântica **Altitude:** 900-1.300 m **Inventário ornitológico:** Não disponível PROBIO 510, 513

Descrição

A região de Painel e Urupema localiza-se a oeste-noroeste do Parque Nacional de São Joaquim (SC07) e logo ao norte dos campos do município de Lajes (RS/SC01). A área está situada no topo do Planalto Meridional, apresentando relevo com superfície plana a ondulada. O clima é temperado. A pluviosidade está em torno de 1.500 mm ao ano, e a temperatura média anual é de 15,6°C. A vegetação se caracteriza pela presença de capões de matas com araucária (*Araucaria angustifolia*) dispersos em meio aos campos naturais.

Aves

A região constitui atualmente a principal área de invernagem de *Amazona pretrei* (charão), papagaio migratório que tem seus principais territórios de reprodução no Rio Grande do Sul. Entre abril e julho, na época da maturação dos pinhões das araucárias, virtualmente toda a população mundial dessa espécie ameaçada concentra-se no Planalto catarinense em um único grande dormitório de inverno, cuja localização oscila através de uma área que abrange parte dos municípios de Painel, Urupema, São Joaquim e Lages[1]. Supõe-se que essa região seja vital para o desenvolvimento do ciclo anual da espécie, já que os papagaios obteriam ali grande parte da reserva energética necessária para a reprodução, que ocorre nos meses subseqüentes[1]. Não existem outras informações divulgadas sobre a avifauna da área, mas estão presentes tanto espécies características das florestas com araucária, como *Leptasthenura setaria* (grimpeiro), quanto espécies de campos naturais, como *Xolmis dominicanus* (noivinha-de-rabo-preto).

Ameaças

Os grandes bandos de charão passaram a invernar no sudeste catarinense apenas a partir do início da década de 1990, supostamente porque as áreas utilizadas anteriormente, no nordeste gaúcho, não mais apresentam reservas de araucárias em quantidade suficiente[1]. A exploração da araucária ainda representa uma ameaça às matas de Painel/Urupema, principalmente considerando que não existem unidades de conservação na região. A invasão de espécies de gramíneas exóticas e o sobrepastoreio ameaçam as áreas de campo nativo.

Referências

1. Martinez & Prestes (2002); Marcos R. Bornschein, Giovanni N. Maurício e Bianca L. Reinert (dados inéditos).

Espécies ameaçadas: 3	
Amazona pretrei	Até 19.500 indivíduos concentram-se na região durante o inverno (Martinez & Prestes 2002).
Amazona vinacea	Martinez & Prestes (2002).
Xolmis dominicanus	M. R. Bornschein, G. N. Maurício e B. L. Reinert.

Espécie quase ameaçada	
Leptasthenura setaria	M. R. Bornschein, G. N. Maurício.

Urubici — SC06

A1 — **27°58'S, 49°39'W**

Área: 20.000-30.000 ha
Municípios: Urubici, Bom Retiro
Grau de proteção: Nenhum

Bioma: Mata Atlântica
Altitude: 900-1.827 m
Inventário ornitológico: Não disponível
PROBIO 426, 514

Descrição

Nos arredores de Urubici, a pouco mais de 100 km de Florianópolis, existem dois grandes conjuntos de remanescentes florestais situados em lados opostos do alto curso do rio Canoas, que apresentam alguma conexão entre si apenas junto às cabeceiras desse rio. A área limita-se ao sul com o Parque Nacional de São Joaquim (SC07) e áreas abertas adjacentes, ao norte com o rio João Paulo, a oeste com os confins do município de Rio Rufino e a leste com a escarpa do Planalto basáltico. Estão incluídas nessa área principalmente florestas montanas (com ou sem a araucária, *Araucaria angustifolia*), havendo campos naturais no alto das serras.

Aves

Embora seja contígua com o P. N. de São Joaquim, a área é mais florestada, abrigando uma avifauna algo distinta. Espécies importantes de Urubici não foram registradas até agora no parque nacional vizinho, como *Claravis godefrida* (pararu-espelho) e *Phylloscartes paulista* (não-pode-parar); ambas têm na região o limite sul de sua distribuição conhecida. Urubici é uma das nove IBAs da Mata Atlântica brasileira – e a única em Santa Catarina – com registros recentes de *C. godefrida*, espécie criticamente ameaçada intimamente associada a taquarais[1]. A julgar pelo tamanho dos remanescentes florestais e o grau de conexão com maciços florestais próximos (p.ex., a escarpa adjacente do Planalto basáltico), presume-se que a área possa abrigar populações importantes dessa e das outras espécies listadas abaixo.

Ameaças

A exploração ilegal da araucária ocorre na região de São Joaquim ainda hoje.

Referências

1. Naka et al. (2000).

Espécie ameaçada	
Claravis godefrida	Alguns indivíduos recentemente avistados (Naka et al. 2000).

Espécies quase ameaçadas: 5	
Picumnus nebulosus	Naka et al. (2000).
Clibanornis dendrocolaptoides	Razoavelmente comum e regular nos arredores de Urubici (Naka et al. 2000).
Drymophila ochropyga	Naka et al. (2000).
Merulaxis ater	Naka et al. (2000).
Phylloscartes paulista	Naka et al. (2000).

Parque Nacional de São Joaquim — SC07

A1 — 28°12'S, 49°30'W

Área: 49.300 ha
Municípios: Urubici, Bom Jardim da Serra, Grão Pará, Orleans
Grau de proteção: Total

Bioma: Mata Atlântica
Altitude: 350-1.822 m
Inventário ornitológico: Preliminar
Key Area 131/PROBIO 426, 514

Descrição

Tal como a área de Urubici (SC06), o Parque Nacional de São Joaquim abrange os setores mais elevados do planalto basáltico sul-brasileiro, no sudeste catarinense. Conseqüentemente, ali são registradas as mais baixas temperaturas do Brasil. O parque compreende importantes remanescentes de floresta com araucária, destacando-se por sua extensão aqueles do setor norte, que apresentam ligação com as matas de Urubici. A metade leste do parque é marcada por um relevo profundamente dissecado (escarpa do Planalto), abrangendo um gradiente altitudinal de 1.500 m. Esse declive acentuado é responsável pela presença das formações submontana, montana e alto-montana (mata nebular) da floresta atlântica. Campos de altitude existem acima dos 1.600 m[1]. Em meio aos campos do setor sudoeste do parque, que se intercalam com manchas de mata com araucária, ocorrem banhados de extensões variáveis[1].

Aves

A avifauna do P. N. de São Joaquim ainda é pouco conhecida. Contudo, as extensas áreas florestadas das partes norte e leste do parque, contíguas com maciços florestais ao norte e ao sul, presumivelmente abrigam várias das espécies registradas, por exemplo, na Região dos Aparados da Serra (RS/SC02) e em Urubici (SC06). A área potencialmente é um reduto importante para *Amazona vinacea* (papagaio-de-peito-roxo), psitacídeo vulnerável que no sul do Brasil está associado às matas com araucária.

Ameaças

A caça e as queimadas nos campos nativos são ameaças identificadas no parque, que tem apenas 10% de sua área regularizada[2].

Referências

1. Giovanni N. Maurício e Marcos R. Bornschein (dados inéditos); **2.** http://www2.ibama.gov.br/unidades/parques/reuc/61.htm; Wege & Long (1995); Radtke & Weber (1993); BirdLife International (2000); Naka et al. (2000).

Espécies ameaçadas: 2

Amazona vinacea	Wege & Long (1995).
Xolmis dominicanus	BirdLife International (2000).

Espécies quase ameaçadas: 6

Leucopternis polionotus	Radtke & Weber (1993).
Strix hylophila	G. N. Maurício.
Picumnus nebulosus	Naka et al. (2000).
Leptasthenura setaria	G. N. Maurício.
Phylloscartes difficilis	G. N. Maurício.
Cyanocorax caeruleus	G. N. Maurício.

Área protegida:

Nome	Categoria	Área
Parque Nacional de São Joaquim	Proteção Integral	49.300 ha

SANTA CATARINA

Tabela 2. Espécies ameaçadas de extinção com ocorrência nas IBAs de Santa Catarina

Espécies	Categ.*	Código IBA								Total**	
		SC01	SC02	SC/PR01	SC03	**SC04**	SC05	SC06	SC07	a	b
Leucopternis lacernulatus	VU		X		X					2	34
Harpyhaliaetus coronatus	EN			X						1	13
Pipile jacutinga	EN					X				1	19
Claravis godefrida	CR							X		1	9
Amazona pretrei	VU						X			1	5
Amazona vinacea	VU					X	X		X	3	24
Dryocopus galeatus	VU	X								1	6
Myrmotherula minor	VU		X							1	13
Stymphalornis acutirostris	EN	X								1	5
Procnias nudicollis	VU				X	X				2	39
Piprites pileata	VU					X				1	8
Hemitriccus kaempferi	CR	X	X							2	3
Phylloscartes kronei	VU	X				X				2	9
Platyrinchus leucoryphus	VU		X			X				2	14
Xolmis dominicanus	VU			X			X		X	3	17
Anthus nattereri	VU			X						1	10
Sporophila frontalis	VU				X					1	21
Tangara peruviana	VU	X								1	16
Total de espécies		**5**	**4**	**3**	**3**	**6**	**3**	**1**	**2**		
Tinamus solitarius	NT		X		X	X				3	36
Crypturellus noctivagus	NT	X								1	24
Leucopternis polionotus	NT				X	X			X	3	29
Harpia harpyja	NT					X				1	4
Triclaria malachitacea	NT		X			X				2	22
Strix hylophila	NT				X				X	2	18
Eleothreptus anomalus	NT			X						1	7

Tabela 2. (continuação) Espécies ameaçadas de extinção com ocorrência nas IBAs de Santa Catarina

Espécies	Categ.*	Código IBA								Total**	
		SC01	SC02	SC/PR01	SC03	**SC04**	SC05	SC06	SC07	a	b
Ramphodon naevius	NT				X					1	18
Baillonius bailloni	NT				X					1	26
Picumnus nebulosus	NT							X	X	2	12
Piculus aurulentus	NT				X	X				2	34
Leptasthenura setaria	NT			X			X		X	3	15
Clibanornis dendrocolaptoides	NT			X				X		2	11
Anabacerthia amaurotis	NT				X	X				2	20
Dysithamnus stictothorax	NT		X		X					2	27
Myrmotherula unicolor	NT	X	X			X				3	23
Drymophila ochropyga	NT				X			X		2	30
Merulaxis ater	NT		X					X		2	12
Scytalopus indigoticus	NT				X	X				2	22
Carpornis cucullata	NT				X	X				2	23
Lipaugus lanioides	NT				X					1	29
Hemitriccus orbitatus	NT	X	X		X	X				4	18
Phyllomyias griseocapilla	NT		X							1	19
Phylloscartes eximius	NT		X							1	12
Phylloscartes paulista	NT		X		X			X		3	15
Phylloscartes oustaleti	NT		X							1	20
Phylloscartes difficilis	NT				X	X			X	3	13
Phylloscartes sylviolus	NT		X							1	10
Sporophila melanogaster	NT			X						1	9
Orchesticus abeillei	NT		X							1	16
Thraupis cyanoptera	NT				X	X				2	23
Euphonia chalybea	NT				X					1	12
Dacnis nigripes	NT				X	X				2	16
Cyanocorax caeruleus	NT			X		X			X	3	17
Total de espécies		**3**	**12**	**5**	**18**	**14**	**1**	**5**	**6**		

* Categorias de ameaça: CR – criticamente em perigo; EN – em perigo; VU – vulnerável; NT – quase ameaçada.
Número de IBAs em que a espécie se encontra presente em: **a – Santa Catarina (sem considerar IBAs interestaduais); **b** – Região como um todo.

Tabela 3. Espécies endêmicas por IBA no Estado de Santa Catarina, agrupadas por Bioma

Espécies	nº EBA*	Código IBA								Total**	
		SC01	SC02	SC/PR01	SC03	**SC04**	SC05	SC06	SC07	a	b
Mata Atlântica											
Tinamus solitarius			X		X	X				3	36
Crypturellus noctivagus		X								1	24
Leucopternis lacernulatus			X		X					2	34
Leucopternis polionotus					X	X			X	3	29
Ortalis araucuan					X	X				2	22
Pipile jacutinga						X				1	19
Odontophorus capueira					X	X				2	38
Aramides saracura				X	X	X	X		X	5	41
Claravis godefrida								X		1	9
Pyrrhura frontalis					X	X			X	3	49
Brotogeris tirica					X	X				2	38
Pionopsitta pileata					X	X			X	3	34
Amazona pretrei	76						X			1	5
Amazona vinacea						X	X		X	3	24
Triclaria malachitacea	75		X			X				2	22
Strix hylophila					X				X	2	18
Pulsatrix koeniswaldiana	75				X	X				2	34
Glaucidium minutissimum						X				1	18
Phaethornis eurynome					X	X				2	32
Phaethornis squalidus			X		X					2	16
Ramphodon naevius	75				X					1	18
Melanotrochilus fuscus					X	X				2	46
Stephanoxis lalandi						X				1	23
Thalurania glaucopis					X	X				2	44
Leucochloris albicollis					X					1	35
Aphantochroa cirrhochloris					X					1	29

Tabela 3. (continuação) Espécies endêmicas por IBA no Estado de Santa Catarina, agrupadas por Bioma

Espécies	nº EBA*	Código IBA								Total**	
		SC01	SC02	SC/PR01	SC03	SC04	SC05	SC06	SC07	a	b
Mata Atlântica											
Clytolaema rubricauda			X		X					2	27
Trogon surrucura				X	X	X				3	47
Baryphthengus ruficapillus					X	X				2	28
Notharchus swainsoni					X	X				2	15
Malacoptila striata					X	X				2	29
Baillonius bailloni					X					1	26
Selenidera maculirostris		X	X		X	X				4	30
Ramphastos dicolorus				X	X	X				3	30
Picumnus temminckii					X	X				2	12
Melanerpes flavifrons					X					1	27
Veniliornis spilogaster				X	X	X	X		X	5	37
Piculus aurulentus					X	X				2	34
Dryocopus galeatus		X								1	6
Dendrocincla turdina					X					1	35
Lepidocolaptes squamatus/falcinellus				X	X				X	3	48
Xiphorhynchus fuscus			X		X	X				3	60
Cinclodes pabsti	76						X		X	2	5
Leptasthenura striolata	76			X			X		X	3	7
Leptasthenura setaria	76			X			X		X	3	15
Synallaxis ruficapilla					X	X				2	37
Cranioleuca obsoleta				X			X		X	3	18
Clibanornis dendrocolaptoides	75			X				X		2	11
Cichlocolaptes leucophrus	75	X	X		X					3	26
Anabacerthia amaurotis	75				X	X				2	20
Philydor lichtensteini					X	X				2	25
Philydor atricapillus					X	X				2	31

Tabela 3. (continuação) Espécies endêmicas por IBA no Estado de Santa Catarina, agrupadas por Bioma

Espécies	nº EBA*	Código IBA								Total**	
		SC01	SC02	SC/PR01	SC03	**SC04**	SC05	SC06	SC07	a	b
Mata Atlântica											
Anabazenops fuscus					X					1	23
Automolus leucophthalmus						X				1	42
Sclerurus scansor			X		X	X				3	36
Heliobletus contaminatus				X		X			X	3	28
Hypoedaleus guttatus					X	X				2	22
Mackenziaena severa					X	X				2	30
Mackenziaena leachii				X		X			X	3	28
Dysithamnus stictothorax	75		X		X					2	27
Myrmotherula gularis	75				X	X				2	26
Myrmotherula minor	75		X							1	13
Myrmotherula unicolor	75	X	X			X				3	23
Stymphalornis acutirostris		X								1	5
Drymophila ferruginea					X					1	29
Drymophila ochropyga	76				X			X		2	30
Drymophila malura					X	X			X	3	22
Drymophila squamata		X	X							2	31
Terenura maculata			X							1	27
Pyriglena leucoptera					X					1	45
Myrmeciza squamosa	75				X	X				2	14
Chamaeza ruficauda	76								X	1	14
Hylopezus nattereri						X			X	2	15
Conopophaga lineata					X	X			X	3	49
Conopophaga melanops					X	X				2	39
Merulaxis ater	75		X					X		2	12
Scytalopus speluncae					X	X			X	3	25
Scytalopus pachecoi									X	1	6

Tabela 3. (continuação) Espécies endêmicas por IBA no Estado de Santa Catarina, agrupadas por Bioma

Espécies	nº EBA*	Código IBA								Total**	
		SC01	SC02	SC/PR01	SC03	**SC04**	SC05	SC06	SC07	a	b
Mata Atlântica											
Scytalopus indigoticus					X	X				2	22
Carpornis cucullata	75				X	X				2	23
Lipaugus lanioides					X					1	29
Pyroderus scutatus						X				1	29
Procnias nudicollis					X	X				2	39
Schiffornis virescens					X	X				2	38
Chiroxiphia caudata					X	X				2	42
Ilicura militaris					X	X				2	28
Piprites pileata	76					X				1	8
Mionectes rufiventris					X	X				2	34
Hemitriccus obsoletus	76				X	X				2	12
Hemitriccus orbitatus		X	X		X	X				4	18
Hemitriccus kaempferi	75	X	X							2	3
Todirostrum poliocephalum					X					1	33
Phyllomyias griseocapilla	76		X							1	19
Phylloscartes eximius			X							1	12
Phylloscartes paulista			X		X			X		3	15
Phylloscartes oustaleti	75		X							1	20
Phylloscartes difficilis	76				X	X			X	3	13
Phylloscartes kronei	75	X				X				2	9
Phylloscartes sylviolus			X							1	10
Myiornis auricularis					X	X				2	33
Platyrinchus leucoryphus			X			X				2	14
Knipolegus nigerrimus									X	1	32
Muscipipra vetula					X	X			X	3	25
Attila rufus					X	X				2	35

Tabela 3. (continuação) Espécies endêmicas por IBA no Estado de Santa Catarina, agrupadas por Bioma

Espécies	nº EBA*	Código IBA								Total**	
		SC01	SC02	SC/PR01	SC03	**SC04**	SC05	SC06	SC07	a	b
Mata Atlântica											
Turdus subalaris					X	X				2	19
Haplospiza unicolor					X	X				2	32
Poospiza thoracica	76								X	1	13
Sporophila frontalis	75				X					1	21
Sporophila melanogaster	76			X						1	9
Saltator fuliginosus					X	X				2	36
Saltator maxillosus						X			X	2	15
Orchesticus abeillei			X							1	16
Pyrrhocoma ruficeps						X				1	16
Hemithraupis ruficapilla					X	X				2	36
Orthogonys chloricterus	76				X	X				2	17
Tachyphonus coronatus					X	X				2	41
Thraupis cyanoptera	75				X	X				2	23
Thraupis ornata					X	X				2	32
Euphonia chalybea					X					1	12
Euphonia pectoralis					X	X				2	39
Tangara seledon					X	X				2	31
Tangara cyanocephala					X	X				2	41
Tangara desmaresti	76				X	X				2	28
Tangara peruviana	75	X								1	16
Dacnis nigripes	75				X	X				2	16
Basileuterus leucoblepharus				X	X	X			X	4	34
Hylophilus poicilotis					X	X				2	23
Cyanocorax caeruleus				X		X			X	3	17
Total de espécies		**11**	**24**	**14**	**85**	**80**	**8**	**5**	**27**		
Total geral de espécies		**11**	**24**	**14**	**85**	**80**	**8**	**5**	**27**		

* EBA: Endemic Bird Areas of the World (Stattersfield et al., 1998). Vide capítulo 4.
** Número de IBAs em que a espécie se encontra presente em: **a** – Santa Catarina (sem considerar IBAs interestaduais); **b** – Região como um todo.

RIO GRANDE DO SUL

Sporophila palustris

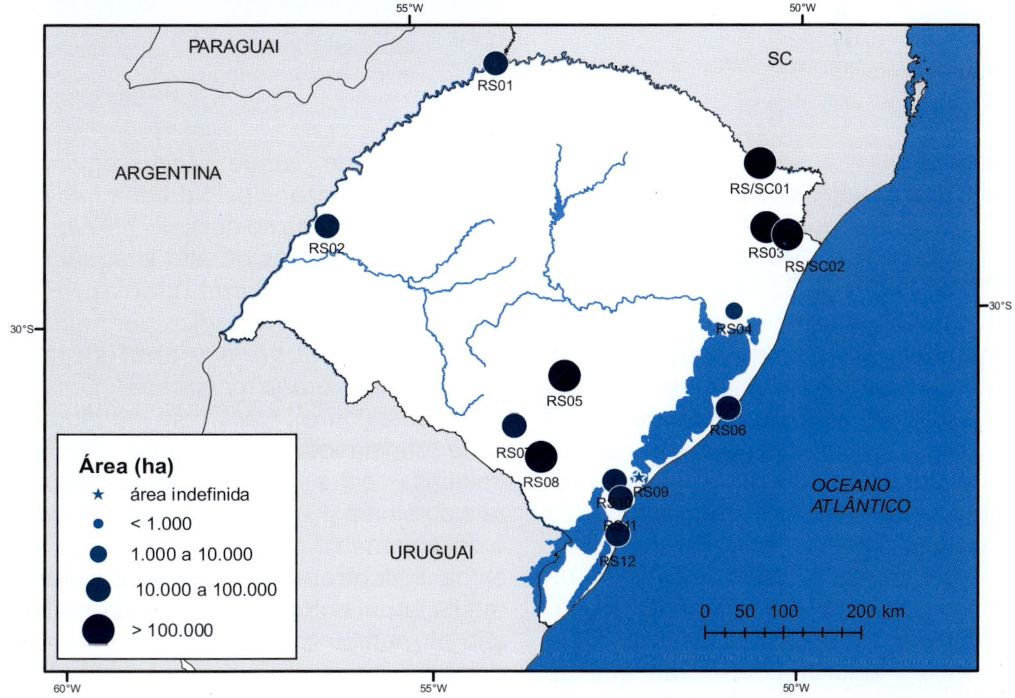

Tabela 1. Lista das IBAs no Estado do Rio Grande do Sul

			Critérios*			
Código	**Nome**	**Bioma**	**A1**	**A2**	**A3**	**A4**
RS01	Parque Estadual do Turvo	ATL	X		ATL	
RS/SC01	Campos do Planalto das Araucárias	ATL	X	76		
RS02	Banhado São Donato	PAM	X	77	PAM	
RS03	Campos de Cima da Serra	ATL	X			
RS/SC02	Região dos Aparados da Serra	ATL	X	76	ATL	
RS04	Banhado dos Pachecos	ATL, PAM	X			
RS05	Médio Rio Camaquã	PAM	X	76		
RS06	Parque Nacional da Lagoa do Peixe	C/M	X		PAM	X
RS07	Campos da Região de Bagé	PAM	X			
RS08	Região de Pinheiro Machado	PAM	X			
RS09	Estuário da Laguna dos Patos	C/M	X		PAM	X
RS10	Várzea do Canal São Gonçalo	PAM	X		PAM	X
RS11	Banhado do Maçarico e Cordões Litorâneos Adjacentes	PAM	X		ATL, PAM	
RS12	Banhado do Taim	PAM			PAM	X

* Ver capítulo 2 para explicação dos critérios.

Parque Estadual do Turvo — RS01

A1, A3 — **27°12'S, 53°55'W**

Área: 17.491 ha
Município: Derrubadas
Grau de proteção: Total

Bioma: Mata Atlântica
Altitude: 100-400 m
Inventário ornitológico: Representativo
PROBIO 326

Descrição

Essa área protegida no curso superior do rio Uruguai está localizada junto à divisa do Rio Grande do Sul com a Argentina e o estado vizinho de Santa Catarina. O parque é contíguo às extensas florestas do centro-leste da província argentina de Misiones, com as quais forma um único bloco florestal de mais de 300.000 ha. O terreno é acidentado, formado basicamente por uma seqüência de longos espigões que se projetam em direção ao rio Uruguai e intercalam-se com vales estreitos e profundos. A floresta estacional da bacia do rio Paraná, também denominada floresta subtropical pluvial ou Mata Atlântica interior, recobre praticamente toda a área do parque, sendo regionalmente caracterizada pelo predomínio de espécies decíduas no dossel[1,2,3]. Árvores típicas das florestas do alto Uruguai incluem *Apuleia leiocarpa* (grápia), *Parapiptadenia rigida* (angico-vermelho), *Peltophorum dubium* (canafístula), *Cabralea canjerana* (canjerana), *Cordia trichotoma* (louro), *Nectandra megapotamica* (canela-louro) e *Jacaratia spinosa* (jacaratiá), entre outras[1,2,3]. Densos taquarais dominam o sub-bosque, dificultando o deslocamento pelo interior da mata. O clima é subtropical, com temperatura média anual entre 18 e 20°C e precipitação pluviométrica superior a 1.800 mm ao ano.

Espécies ameaçadas: 2	
Pipile jacutinga	Registros recentes; a população do parque é reduzida (Bencke et al. 2003).
Dryocopus galeatus	Registros recentes; poucos indivíduos vistos no parque (Mähler Jr. 1996, Bencke et al. 2003).

Espécies quase ameaçadas: 10	
Tinamus solitarius	Razoavelmente comum (Bencke et al. 2003); Albuquerque (1981), Belton (1994).
Strix hylophila	Albuquerque (1981); G. A. Bencke e G. N. Maurício.
Baillonius bailloni	Pouco comum (Albuquerque 1981, Bencke et al. 2003).
Piculus aurulentus	G. A. Bencke, G. N. Maurício; Albuquerque (1981).
Clibanornis dendrocolaptoides	Três registros em meados da década de 1990 (Mähler Jr. 1996, Bencke et al. 2003).
Phibalura flavirostris	Ocasional (Albuquerque 1981, Pacheco & Fonseca 2002).
Phylloscartes eximius	Incomum (Bencke et al. 2003).
Polioptila lactea	Razoavelmente comum (Bencke et al. 2003).
Amaurospiza moesta	Incomum (G. A. Bencke, G. N. Maurício).
Euphonia chalybea	Incomum (G. A. Bencke, G. N. Maurício; Pacheco & Fonseca 2002).

Espécies endêmicas: 67	ATL

Área protegida:		
Nome	**Categoria**	**Área**
Parque Estadual do Turvo	Proteção Integral	17.491 ha

Aves

A avifauna do parque se mantém relativamente íntegra graças à continuidade das florestas no lado argentino do rio Uruguai. Ao todo, 284 espécies já foram registradas na área[4], das quais mais de um quinto são endêmicas da Mata Atlântica. Atualmente, o parque é a única área no Rio Grande do Sul onde ainda persiste *Dryocopus galeatus* (pica-pau-de-cara-canela), restrito à porção meridional da Mata Atlântica, e uma das poucas onde *Pipile jacutinga* (jacutinga) ainda pode ser encontrada[5]. *Polioptila lactea* (balança-rabo-leitoso), presente em apenas outras duas IBAs na Mata Atlântica brasileira, ocorre em números substanciais[5]. Há relatos sobre a ocorrência de *Harpia harpyja* (gavião-real) e *Procnias nudicollis* (araponga) no parque[5].

Ameaças

O risco de insularização que decorre da intensa exploração madeireira e da crescente ocupação humana no território argentino adjacente é a principal ameaça a longo prazo. No lado brasileiro do rio Uruguai, o parque está inteiramente cercado por áreas agrícolas e as oportunidades de reconexão com outros fragmentos florestais são limitadas. O antigo projeto de construção da usina hidrelétrica binacional de Roncador permanece uma ameaça latente à área, especialmente em face do recente reavivamento dos planos de aproveitamento hidrelétrico integral do curso médio e superior do rio Uruguai, ao longo da divisa entre o Rio Grande do Sul e Santa Catarina. A caça ilegal ainda é comum no parque, que sofre de limitação crônica no número de guarda-parques.

Referências

1. Klein (1972); **2.** Irgang (1980); **3.** Reitz et al. (1988); **4.** Glayson A. Bencke, Giovanni N. Maurício e Jan K. F. Mähler Jr. (dados inéditos); **5.** Bencke et al. (2003); Albuquerque (1981, 1983); Belton (1994); Mähler Jr. (1996); Pacheco & Fonseca (2002).

Campos do Planalto das Araucárias — RS/SC01

A1, A2 — **28°23'S, 50°32'W**

Área: 850.000 ha
Municípios: Lages, São Joaquim, Capão Alto (SC), Vacaria, Bom Jesus, São José dos Ausentes, Muitos Capões, Esmeralda, Campestre da Serra (RS)
Grau de proteção: Parcial

Bioma: Mata Atlântica
Altitude: 900-1.450 m
Inventário ornitológico: Preliminar

Key Areas 133, 135/PROBIO 510, 513

Descrição

Essa extensa área é constituída por dois núcleos de campos de altitude do Planalto das Araucárias. O núcleo meridional, em território gaúcho, compreende a Coxilha de Bom Jesus (porção mais elevada do divisor de águas entre as bacias do rio Pelotas-Uruguai e do sistema lagunar Patos-Mirim) e os terrenos contíguos até a calha do rio Pelotas, estendendo-se desde Vacaria até a borda leste do Planalto. O núcleo setentrional corresponde a terrenos majoritariamente abertos drenados pelas cabeceiras dos rios Pelotas, Canoas e seus tributários, em território catarinense, a leste da BR-116. Os dois núcleos conectam-se apenas marginalmente através de uma estreita faixa de campo paralela à borda do Planalto, sendo separados em sua maior parte pelo vale florestado do rio Pelotas. Além dos campos, a área inclui florestas com arau-

Espécies ameaçadas: 6	
Harpyhaliaetus coronatus	Ocorre esparsamente na região (Bencke et al. 2003).
Amazona pretrei	Importante área de invernagem da espécie (Varty et al. 1994).
Amazona vinacea	Ocorre nos capões e matas ripárias da região (Belton 1994, Bencke et al. 2003).
Xolmis dominicanus	Principal reduto no Brasil, juntamente com os Campos de Cima da Serra (RS03) (Collar et al. 1992, Belton 1994, Bencke et al. 2003).
Anthus nattereri	Uma das maiores populações conhecidas atualmente no Brasil (G. N. Maurício; Bencke et al. 2003).
Xanthopsar flavus	Belton (1994), Bencke et al. (2003).

Espécies quase ameaçadas: 10	
Rhea americana	Atualmente incomum na região (G. A. Bencke, G. N. Maurício); Belton (1994).
Leucopternis polionotus	Ocorrência marginal (G. A. Bencke, G. N. Maurício).
Strix hylophila	G. A. Bencke e G. N. Maurício.
Picumnus nebulosus	Belton (1994).
Piculus aurulentus	G. N. Maurício.
Leptasthenura setaria	Abundante (Belton 1994, Rosário 1996).
Clibanornis dendrocolaptoides	Ocorre nos capões de mata da porção oeste da área (Belton 1994).
Limnoctites rectirostris	Comum em pequenos banhados de *Eryngium* (Belton 1994, Rosário 1996, Bencke et al. 2003).
Sporophila melanogaster	Amplamente distribuído (Belton 1994, Rosário 1996, Bencke et al. 2003).
Cyanocorax caeruleus	Comum (Belton 1994, Rosário 1996).

Espécies de distribuição restrita: 6 — **[EBA076] (*Amazona pretrei, Cinclodes pabsti, Sporophila melanogaster*)**

cária sob a forma de capões dispersos na paisagem ou associados às drenagens. Banhados de tamanhos variáveis são ambientes comuns em meio aos campos.

Aves

Os Campos do Planalto das Araucárias, juntamente com os Campos de Cima da Serra (RS03), têm importância chave para a conservação de *Xolmis dominicanus* (noivinha-de-rabo-preto), *Anthus nattereri* (caminheiro-grande) e *Xanthopsar flavus* (veste-amarela) no contexto global. A primeira e a última estão amplamente distribuídas na região, ocorrendo onde campos e banhados naturais estão associados[1,2]. *Anthus nattereri* foi recentemente registrada em vários pontos ao longo da Coxilha de Bom Jesus, sendo especialmente numeroso na localidade de Passo do Capão, Vacaria[1], mas conta com um único registro (década de 1990) para o núcleo catarinense da IBA[2]. Uma grande parcela da distribuição global de *Cinclodes pabsti* (pedreiro ou teresinha), se não a maior, está contida nessa área, que pode ser considerada de importância fundamental para a conservação a longo prazo desse endemismo dos altiplanos do sul do Brasil. Durante o inverno, ocorrem concentrações expressivas de *Amazona pretrei* (charão), que também tem importantes sítios de reprodução na região[1,3].

Ameaças

O avanço das monoculturas de soja, pínus e batata sobre os campos nativos, tradicionalmente utilizados para a pecuária extensiva, está suprimindo a cada ano consideráveis porções do hábitat das espécies campestres e palustres[1]. A drenagem de banhados tem-se tornado uma prática cada vez mais comum na região, fato que, em conjunto com a eliminação dos campos, presumivelmente resultará em taxas mais acentuadas de declínio populacional de espécies ameaçadas como *Xolmis dominicanus* e *Xanthopsar flavus*, bem como das quase ameaçadas *Limnoctites rectirostris* (junqueiro-de-bico-reto) e *Sporophila melanogaster* (caboclinho-de-barriga-preta)[1]. Anualmente, os campos nativos são queimados, especialmente pelos pecuaristas. A degradação dos capões naturais de mata pelo gado tem sido verificada na região[3].

Referências

1. Bencke et al. (2003); **2.** Rosário (1996); **3.** Varty et al. (1994); Collar et al. (1992); Belton (1994); Giovanni N. Maurício e Glayson A. Bencke (dados inéditos).

Banhado São Donato — RS02

A1, A2, A3 — 29°01'S, 56°10'W

Área: 17.500 ha
Municípios: Itaqui, Maçambará
Grau de proteção: Parcial
Bioma: Pampa
Altitude: 80 m
Inventário ornitológico: Representativo
PROBIO 601

Descrição

O Banhado São Donato situa-se junto ao baixo curso do rio Butuí (afluente do rio Uruguai), na região da Campanha Gaúcha, a cerca de 40 km de São Borja. As zonas pantanosas ocupam aproximadamente 6.800 ha, hoje repartidos em banhados naturais, lavouras de arroz e pastagens alagadas[1]. Cerca de três quintos dessa superfície correspondem à área atual da Reserva Biológica do São Donato[1,2]. Extensos campos nativos, utilizados para a pecuária, recobrem as colinas baixas ("coxilhas") que delimitam o banhado. A área inclui ainda um bloco florestal com cerca de 2.000 ha, que protege as

Espécies ameaçadas: 3	
Sporophila zelichi	Um par observado em novembro de 2002, provavelmente em trânsito (Bencke 2004).
Sporophila palustris	População aparentemente significativa (Bencke et al. 2003); Belton (1994).
Sporophila cinnamomea	Alguns indivíduos recentemente observados na primavera (Bencke 2004).

Espécie quase ameaçada	
Rhea americana	Alguns indivíduos usam a área (G. A. Bencke).

Espécies de distribuição restrita: 3	EBA077

Espécies endêmicas: 4	PAM

Área protegida:		
Nome	**Categoria**	**Área**
Reserva Biológica do São Donato	Proteção Integral	4.392 ha

cabeceiras dos principais formadores do sistema[1]. O ambiente de banhado é formado por um mosaico de comunidades vegetais herbáceas altas e densas, com predomínio da ciperácea *Scirpus giganteus*, a qual ocorre associada ou entremeada a várias outras plantas palustres, sobretudo *Cyperus giganteus* (Cyperaceae), *Thalia geniculata* (Marantaceae), *Panicum grumosum* e *P. prionitis* (Poaceae)[1,2]. Também estão presentes macrófitas flutuantes e submersas nos locais onde a profundidade da lâmina-d'água é maior[1]. A área é atravessada pela rodovia BR-472.

Aves

O Banhado São Donato é a única área no Brasil onde foram registradas as três espécies de caboclinhos do gênero *Sporophila* que definem a EBA077 (Campos da Mesopotâmia Argentina), todas ameaçadas de extinção. *Sporophila cinnamomea* (caboclinho-de-chapéu-cinzento) e a criticamente ameaçada *S. zelichi* (caboclinho-de-colar) parecem ocorrer apenas de passagem durante suas migrações anuais, mas *S. palustris* (caboclinho-de-papo-branco) está presente em número razoável durante o período reprodutivo e provavelmente nidifica localmente[2,3]. *Xanthopsar flavus* (veste-amarela) foi coletada na área na década de 1970, mas parece estar extinta agora[3]. As áreas mais densas do Banhado São Donato servem à reprodução de diversas aves aquáticas, sobretudo *Ciconia maguari* (maguari ou joão-grande) e *Rostrhamus sociabilis* (gavião-caramujeiro), enquanto os campos alagados junto ao trecho inferior do banhado são freqüentados por números expressivos de anatídeos. Um bando invernante de *Sarkidiornis melanotos* (pato-de-crista) com cerca de 500 indivíduos foi observado nessa parte do banhado em julho de 2002[3].

Ameaças

O Banhado São Donato já teve mais de 70% de sua área convertida em lavouras de arroz desde 1975, quando foi declarado uma reserva biológica, atualmente restando apenas cerca de 1.700 ha de banhados em condição próxima da original[1,3]. As tentativas de drenagem e aproveitamento da área para a agricultura continuam ainda hoje, favorecidas pelas severas estiagens dos últimos anos, quando extensas áreas normalmente alagadas secaram completamente. O gado, presente em grande parte da área, altera a vegetação de banhado, tornando-a menos densa, sobretudo ao longo das bordas[1,3]. O fogo é uma ameaça em períodos de seca, principalmente entre janeiro e março. Por fim, a área da R. B. do São Donato é insuficiente para garantir a integridade do sistema, havendo uma proposta de ampliação de seus limites[1].

Referências

1. Fundação Zoobotânica do Rio Grande do Sul (2002); **2.** Bencke (2004); **3.** Bencke et al. (2003); Belton (1994); Glayson A. Bencke (dados inéditos).

Campos de Cima da Serra — RS03

A1 — 29°08'S, 50°27'W

Área: 200.000-250.000 ha
Municípios: São Francisco de Paula, Cambará do Sul, Jaquirana
Grau de proteção: Parcial

Bioma: Mata Atlântica
Altitude: 800-1.000 m
Inventário ornitológico: Representativo
Key Area 138/PROBIO 513

Descrição

Fisionomicamente, essa vasta área de campos planálticos no nordeste do Rio Grande do Sul é muito similar à região dos campos de Bom Jesus e Lajes (RS/SC01), da qual é separada pela calha florestada do rio das Antas, sendo em geral mais baixa. O relevo é relativamente aplainado e apresenta poucas variações de altitude. Entre as pequenas colinas recobertas por vegetação campestre interpõem-se depressões brejosas densamente preenchidas por gravatás, pteridófitas e macegas. Capões de mata com

Espécies ameaçadas: 6

Harpyhaliaetus coronatus	Registros recentes (Belton 1994; Bencke et al. 2003).
Amazona pretrei	Importante área de invernagem da espécie (Varty et al. 1994).
Amazona vinacea	Ocorre marginalmente na área (Belton 1994).
Xolmis dominicanus	População ainda numerosa, espalhada por toda a região (Collar et al. 1992, Belton 1994, BirdLife International 2000, Bencke et al. 2003).
Anthus nattereri	Vários registros recentes; localmente distribuído (Belton 1994; Bencke et al. 2003).
Xanthopsar flavus	População ainda numerosa (Belton 1994).

Espécies quase ameaçadas: 5

Picumnus nebulosus	Comum (Bencke & Kindel 1999).
Leptasthenura setaria	Abundante (Belton 1994).
Limnoctites rectirostris	Comum em pequenos banhados de *Eryngium* e amplamente distribuído na região (Belton 1994, Bencke et al. 2003).
Sporophila melanogaster	Uma das principais áreas de reprodução da espécie; amplamente distribuída (Belton 1994, Bencke et al. 2003).
Cyanocorax caeruleus	Comum (Belton 1994).

Área protegida:

Nome	Categoria	Área
Parque Estadual do Tainhas	Proteção Integral	4.924 ha

araucária ocorrem dispersos por toda a região. A área é contígua à Região dos Aparados da Serra (RS/SC02).

Aves

A avifauna é muito similar à que ocorre nos campos de altitude situados mais ao norte e apresenta várias espécies em comum com a região do Pampa[1]. As espécies ameaçadas dos Campos de Cima da Serra encontram-se esparsamente distribuídas através de toda a região e ocupam diferentes hábitats[1,2], necessitando de vastas áreas preservadas para manterem níveis populacionais adequados. As populações de *Xolmis dominicanus* (noivinha-de-rabo-preto), *Xanthopsar flavus* (veste-amarela) e *Limnoctites rectirostris* (junqueiro-de-bico-reto) da região presumivelmente representam uma parcela considerável das populações mundiais dessas espécies[2,3]. A área também é de extrema importância para *Sporophila melanogaster* (caboclinho-de-barriga-preta), espécie quase ameaçada com área de reprodução limitada aos campos planálticos do Rio Grande do Sul e Santa Catarina[2].

Ameaças

Os campos da região, tradicionalmente utilizados para a pecuária extensiva, vêm sendo substituídos por extensos plantios comerciais de pínus a um ritmo alarmante[2,4]. Vastas áreas no entorno do Parque Nacional de Aparados da Serra e ao longo do rio Tainhas já foram completamente florestadas. O alastramento espontâneo dessa conífera exótica sobre os campos adjacentes aos plantios agrava a situação. As queimadas anuais para renovação das pastagens nativas e a drenagem ou represamento dos banhados dos quais dependem várias espécies ameaçadas da região são impactos adicionais de grande repercussão sobre a avifauna[2].

Referências

1. Belton (1994); **2.** Bencke et al. (2003); **3.** BirdLife International (2000); **4.** Bencke & Kindel (1999); Collar et al. (1992); Varty et al. (1994); Wege & Long (1995).

Região dos Aparados da Serra — RS/SC02

A1, A2, A3 — **29°13'S, 50°10'W**

Área: 150.000 ha
Municípios: Maquiné e São Francisco de Paula (RS) até Lauro Müller (SC)
Grau de proteção: Parcial
Bioma: Mata Atlântica
Altitude: 40-1.500 m
Inventário ornitológico: Preliminar
Key Areas 136, 137/PROBIO 514

Descrição

As florestas que recobrem a borda leste do Planalto Meridional, ou Serra Geral, configuram um corredor de Mata Atlântica ainda bem preservada que se estende de forma praticamente contínua desde a Serra do Rio do Rastro, em Santa Catarina, até o vale do rio Maquiné, no Rio Grande do Sul. A paisagem dessa porção do sul do Brasil é marcada por um conjunto espetacular de cânions profundos e íngremes, delimitados por penhascos verticais que parecem ter sido aparados a faca, daí o nome pelo qual a região é conhecida. A vegetação varia da floresta atlântica de encosta a matas montanas, que passam a florestas com araucária nas altitudes superiores a 800 m da porção meridional do maciço[1]. Autênticas matas de neblina revestem certos trechos da orla do Planalto voltados diretamente para o mar. Localmente, o maciço florestal estende-se até áreas de baixada e incorpora remanescentes de floresta atlântica de terras baixas, como na Reserva Biológica Estadual da Mata Paludosa, no Rio Grande do Sul. Os campos de altitude ocorrem apenas marginalmente, nos

Parques Nacionais de Aparados da Serra e da Serra Geral. Tal como a vegetação, o clima também varia conforme a altitude, de úmido e relativamente quente nas baixadas a superúmido e temperado nas partes mais elevadas. Um cordão de áreas protegidas quase contíguas protege a parte sul do maciço florestal.

Aves

Ainda persistem no maciço florestal da Serra Geral espécies que requerem extensas áreas de hábitat bem preservado para sobreviver, como *Pipile jacutinga* (jacutinga) e grandes falconiformes florestais[2]. A área abriga o maior conjunto de espécies características da EBA076 (Floresta Atlântica Montana) entre as IBAs do sul do Brasil. As matas com araucária que orlam o topo do Planalto na porção gaúcha do maciço propiciam a ocorrência de espécies típicas desse ambiente, como os endêmicos *Amazona vinacea* (papagaio-de-peito-roxo), *Strix hylophila* (coruja-listrada), *Leptasthenura setaria* (grimpeiro) e *L. striolata* (grimpeirinho). O quase ameaçado *Morphnus guianensis* (uiraçu-falso) foi avistado em Siderópolis (SC) no início da década de 1980[3], podendo ainda estar presente nos vales mais protegidos da parte norte da área.

Ameaças

Construção de estradas, desmatamentos para ampliação de áreas de cultivo, caça predatória e corte seletivo em florestas[2]. As unidades de conservação da região carecem de fiscalização adequada e, em geral, apresentam problemas de regularização fundiária e implementação.

Referências

1. Bencke & Kindel (1999); **2.** Bencke et al. (2003); **3.** Albuquerque (1983); Belton (1994); Varty et al. (1994); Parker & Goerck (1997), Voss et al. (1998); Kirwan & Williams (1999); Bencke et al. (2000); Glayson A. Bencke (dados inéditos); Giovanni N. Maurício e Marcos R. Bornschein (dados inéditos).

Espécies ameaçadas: 10	
Pipile jacutinga	Um registro recente (G. A. Bencke).
Amazona pretrei	Presente principalmente durante o inverno, em número reduzido (Belton 1994, Varty et al. 1994).
Amazona vinacea	Principalmente na porção sul da área (Belton 1994, Parker & Goerck 1997).
Scytalopus iraiensis	Presente em pequenos banhados de altitude do P. N. de Aparados da Serra (G. N. Maurício e M. R. Bornschein).
Procnias nudicollis	Razoavelmente comum em algumas áreas (Belton 1994, Bencke & Kindel 1999, Bencke et al. 2003).
Piprites pileata	Escasso na porção sul da área (Belton 1994, Bencke & Kindel 1999).
Phylloscartes kronei	Ocorrência ocasional na R. B. E. Mata Paludosa (Bencke et al. 2003).
Xolmis dominicanus	Ocorrência marginal na IBA (Belton 1994, Parker & Goerck 1997, Bencke & Kindel 1999).
Anthus nattereri	Ocorrência marginal (P. N. da Serra Geral; Bencke et al. 2003).
Xanthopsar flavus	Ocorrência marginal (Belton 1994, Parker & Goerck 1997, Bencke & Kindel 1999).

Espécies quase ameaçadas: 20	
Tinamus solitarius	Bencke & Kindel (1999).
Leucopternis polionotus	Registrada nas imediações do P. N. da Serra Geral (Kirwan & Williams 1999).
Triclaria malachitacea	Comum na escarpa do Planalto (G. A. Bencke).
Strix hylophila	Parker & Goerck (1997).
Picumnus nebulosus	Parker & Goerck (1997).
Piculus aurulentus	Parker & Goerck (1997).
Leptasthenura setaria	Abundante (Belton 1994, Parker & Goerck 1997, Bencke & Kindel 1999).
Limnoctites rectirostris	Ocorrência marginal (Belton 1994, Parker & Goerck 1997).
Anabacerthia amaurotis	Na base da escarpa do Planalto apenas (Bencke & Kindel 1999, Bencke et al. 2003).
Scytalopus indigoticus	R. B. E. Mata Paludosa (Bencke & Kindel 1999).
Psilorhamphus guttatus	Raro (Bencke & Kindel 1999, Bencke et al. 2000).
Myrmotherula unicolor	Ocorrência local (R. B. E. Mata Paludosa; Bencke & Kindel 1999).
Carpornis cucullata	Bencke & Kindel (1999).
Phyllomyias griseocapilla	Recentemente registrada na R. B. da Serra Geral, limite sul de distribuição da espécie (G. A. Bencke).
Phylloscartes difficilis	Localmente comum (Belton 1994, Voss et al. 1998; G. N. Maurício).
Sporophila melanogaster	Ocorrência marginal (Belton 1994, Parker & Goerck 1997).
Amaurospiza moesta	Incomum (G. A. Bencke).
Euphonia chalybea	Bencke & Kindel (1999).
Thraupis cyanoptera	Belton (1994), G. A. Bencke.
Cyanocorax caeruleus	Comum (Belton 1994, Parker & Goerck 1997, Bencke & Kindel 1999).

Espécies de distribuição restrita: 12 **EBA076**

Espécies endêmicas: 87 **ATL**

Áreas protegidas:		
Nome	**Categoria**	**Área**
Parque Nacional de Aparados da Serra	Proteção Integral	10.250 ha
Parque Nacional da Serra Geral	Proteção Integral	17.300 ha
Estação Ecológica Estadual Aratinga	Proteção Integral	5.882 ha
Reserva Biológica da Serra Geral	Proteção Integral	4.846 ha
Reserva Biológica Estadual Mata Paludosa	Proteção Integral	113 ha
Reserva Biológica Estadual de Aguaí	Proteção Integral	7.672 ha
CPCN-Pró-Mata	Privada (PUC/RS)	4.500 ha
APA Rota do Sol (em parte)	Uso Sustentável	52.355 ha

Banhado dos Pachecos — RS04

A1 — **30°06'S, 50°52'W**

Área: 2.560 ha
Municípios: Viamão
Grau de proteção: Total

Bioma: Mata Atlântica, Pampa
Altitude: 15-30 m
Inventário ornitológico: Não disponível

Descrição

O Banhado dos Pachecos está situado junto à localidade de Águas Claras, a poucos quilômetros de Porto Alegre, e faz parte do Sistema Banhado Grande, complexo de áreas alagadas que dá origem ao rio Gravataí. O banhado é uma turfeira (área pantanosa com grande acúmulo de matéria vegetal em decomposição) e corresponde a uma das cabeceiras do sistema[1,2]. A vegetação palustre é bastante densa, sendo composta principalmente por ciperáceas, gramíneas e pteridófitas[1,2,3]. Grande parte do Banhado dos Pachecos já foi convertida em lavouras ou açudes, restando atualmente cerca de 1.685 ha de banhados naturais[2]. Em 2002, toda a área remanescente de banhado, juntamente com os campos e matas de restinga adjacentes, foi transformada em uma unidade de conservação estadual, principalmente para proteger o último refúgio do cervo-do-pantanal (*Blastocerus dichotomus*) no Rio Grande do Sul.

Aves

A área apresenta grande importância como hábitat de aves que dependem de banhados densos e capinzais úmidos. Levantamentos recentes ao longo de toda a área de distribuição de *Scytalopus iraiensis* (macuquinho-da-várzea), descrito apenas em 1998, evidenciaram que o Banhado dos Pachecos abriga uma das maiores populações conhecidas dessa espécie ameaçada[4]. A população local de *Eleothreptus anomalus* (curiango-do-banhado), recentemente descoberta[3], é a única conhecida atualmente no Rio Grande do Sul e habita principalmente uma faixa relativamente estreita de hábitat que abrange a margem do banhado e os campos de restinga adjacentes[3,5]. Há um registro de *Leucopternis polionotus* (gavião-pombo-grande) para o Banhado dos Pache-

Espécies ameaçadas: 3	
Scytalopus iraiensis	Accordi et al. (2003).
Xolmis dominicanus	Iury A. Accordi *in* Bencke et al. (2003).
Xanthopsar flavus	População residual de menos de 100 indivíduos (I. A. Accordi *in* Bencke et al. 2003).

Espécies quase ameaçadas: 3	
Rhea americana	Voss et al. (1981).
Eleothreptus anomalus	Até 6 indivíduos observados em um mesmo dia (Accordi 2002).
Limnoctites rectirostris	Belton (1994), Bencke et al. (2003).

Área protegida:

Nome	Categoria	Área
Refúgio de Vida Silvestre Banhado dos Pachecos	Proteção Integral	2.543 ha

cos, datado da década de 1970[6], mas essa espécie não ocorre regularmente na área.

Ameaças

Núcleos urbanos estão crescendo rapidamente e sem planejamento adequado no entorno da área[5]. Em adição, o Refúgio de Vida Silvestre Banhado dos Pachecos é quase todo cercado por um assentamento rural de 376 famílias, cujas atividades agrícolas são conflitantes com os objetivos da unidade de conservação[1,2]. Impactos advindos da ocupação humana desordenada, como deposição de lixo, queimadas e presença de animais domésticos, podem estar afetando espécies como *E. anomalus*, que ocupam principalmente a faixa marginal do banhado[5]. As queimadas, em particular, representam um problema sério, pela freqüência com que ocorrem. Por fim, extensos canais de drenagem ainda permanecem ativos em vários setores da área[2,5].

Referências

1. Accordi et al. (2003); **2.** Fundação Zoobotânica do Rio Grande do Sul (2002); **3.** Accordi (2002); **4.** Marcos R. Bornschein e Giovanni N. Maurício (dados inéditos); **5.** Bencke et al. (2003); **6.** Voss et al. (1981); Belton (1994).

Médio Rio Camaquã — RS05

A1, A2 — **30°50'S, 53°07'W**

Área: 450.000 ha
Municípios: Caçapava do Sul, Santana da Boa Vista, Encruzilhada do Sul, Amaral Ferrador, Canguçu
Grau de proteção: Nenhum
Bioma: Pampa
Altitude: 50-400 m
Inventário ornitológico: Representativo
Key Areas 140, 141, 142/PROBIO 602

Descrição

Essa área abrange a porção média da bacia hidrográfica do rio Camaquã, entre os municípios de Amaral Ferrador e Caçapava do Sul, e compreende principalmente os terrenos drenados pelo curso inferior dos afluentes da margem norte desse rio. Um mosaico de ambientes caracteriza a região. As extensas e amplas matas ripárias ao longo do rio Camaquã e de seus tributários, em grande parte ainda bem preservadas, assim como matas de encosta semi-isoladas, marcam uma paisagem predominantemente aberta de campos naturais. No município de Caçapava do Sul, as florestas recobrem uma proporção maior da paisagem. Embora as matas da região sejam semidecíduas, o clima local é úmido, não apresentando uma estação seca[1].

Espécie ameaçada	
Amazona pretrei	Uma das principais áreas de reprodução da espécie (Varty et al. 1994).

Espécies quase ameaçadas: 6	
Strix hylophila	Belton (1994).
Picumnus nebulosus	Belton (1994), Maurício & Dias (2001a).
Piculus aurulentus	Maurício & Dias (2001a).
Carpornis cucullata	Incomum e local (Maurício & Dias 2001a).
Euphonia chalybea	Maurício & Dias (2001a).
Cyanocorax caeruleus	Maurício & Dias (2001a).

Espécies de distribuição restrita: 1 [EBA076] (*Amazona pretrei*)

Aves

A bacia do rio Camaquã é uma das principais áreas de reprodução de *Amazona pretrei* (charão), que ocorre dispersa por toda a região, reproduzindo-se em florestas ripárias e capões de mata[2]. Grandes dormitórios pós-reprodutivos desse papagaio formam-se nas Serras dos Vargas e dos Pedrosos entre janeiro e março[2,3]. Tais concentrações antecedem a migração da população regional do charão para o nordeste do Rio Grande do Sul e sudeste de Santa Catarina, em busca dos pinhões da araucária (*Araucaria angustifolia*). Mais de 200 espécies de aves já foram detectadas na região, incluindo *Picumnus nebulosus* (pica-pau-anão-carijó), pouco representado em outras IBAs mas localmente comum[4].

Ameaças

Embora em pequena escala, a extração de lenha das florestas nativas é comum em toda a região, tendo-se intensificado com o recente assentamento de colonos sem-terra no vale do rio Camaquã. A captura de filhotes de charão para abastecer o comércio ilegal de aves silvestres é uma prática antiga e bem disseminada na área, sendo comum ainda hoje[2,3]. Ao saquearem os ninhos, os coletores de filhotes muitas vezes danificam as árvores, o que reduz a oferta de ocos adequados para a reprodução da espécie[2]. O uso generalizado das matas como abrigo para o gado prejudica a regeneração natural da vegetação, comprometendo a manutenção a longo prazo desses ambientes[2,3].

Referências

1. IBGE (1986); **2.** Varty et al. (1994); **3.** Bencke et al. (2003); **4.** Maurício & Dias (2001a); Belton (1994); BirdLife International (2000).

Parque Nacional da Lagoa do Peixe — RS06

A1, A3, A4i,iii — **31°14'S, 50°57'W**

Área: 34.400 ha
Municípios: Tavares, Mostardas
Grau de proteção: Total

Bioma: Zonas Costeira e Marinha
Altitude: 0-15 m
Inventário ornitológico: Representativo
PROBIO 604 (111)/RAMSAR 603

Descrição

Essa unidade de conservação costeira situa-se no litoral médio do Rio Grande do Sul, ao longo da estreita península arenosa que separa a laguna dos Patos do oceano Atlântico, conhecida como restinga de São José ou península de Mostardas. Uma laguna rasa e salina (lagoa do Peixe), de características únicas no contexto da costa brasileira, está inteiramente inserida no parque. Variações sutis no nível da água da laguna ou na direção e intensidade dos ventos expõem extensos bancos de lodo, utilizados por aves costeiras como áreas de alimentação[1]. A laguna também apresenta grande importância como abrigo e área de reprodução para uma variada gama de organismos marinhos e estuarinos (*e.g.*, crustáceos e peixes). A ligação da Lagoa do Peixe com o mar é intermitente e se dá pelo rompimento da barra, que antigamente ocorria somente de forma natural, mas hoje é feita artificialmente durante o inverno, para garantir a alta produtividade primária das águas[2]. Além do ambiente lagunar, o parque inclui banhados de água doce, marismas (banhados salobres), campos úmidos, alagados temporários, matas de restinga e paludosas, dunas móveis e fixas e um extenso segmento de praia oceânica. Na região da barra

Espécies ameaçadas: 3	
Phoenicoparrus andinus	Alguns indivíduos visitam a área durante o inverno, em certos anos (Belton 1994).
Porzana spiloptera	Pequena população residente (S. B. Scherer); BirdLife International (2000).
Larus atlanticus	Vários indivíduos observados recentemente (Barnett et al. 2004); Nascimento (1995).

Espécies quase ameaçadas: 3	
Phoenicopterus chilensis	Algumas centenas de indivíduos ocorrem regularmente no inverno (Belton 1994).
Tryngites subruficollis	Uma das principais áreas de invernagem da espécie (Lanctot et al. 2002).
Spartonoica maluroides	Maurício & Bencke (2000).

Espécies congregantes: 6	
Calidris canutus	Ocorre principalmente durante a migração para o norte; mais de 11.000 indivíduos utilizam a área regularmente como paradouro migratório (Harrington et al. 1986).
Calidris alba	Acima de 5.000 aves utilizam a lagoa regularmente (Harrington et al. 1986).
Calidris fuscicollis	Acima de 6.000 aves utilizam a lagoa regularmente (Harrington et al. 1986).
Limosa haemastica	Mais de 1.000 indivíduos usam a área como paradouro migratório (Harrington et al. 1986, Belton 1994).
Tryngites subruficollis	Área de invernagem muito importante (Lanctot et al. 2002).
Sterna hirundo	Até 12.000-14.000 indivíduos presentes no verão austral (Harrington et al. 1986, Lara-Resende & Leeuwenberg 1987).

Espécies endêmicas: 4	PAM

Área protegida:		
Nome	**Categoria**	**Área**
Parque Nacional da Lagoa do Peixe	Proteção Integral	34.400 ha

existe uma pequena comunidade de pescadores artesanais dedicados à pesca de camarão[3]. No entorno da unidade de conservação são desenvolvidas principalmente a silvicultura e a pecuária extensiva.

Aves

A Lagoa do Peixe constitui um dos mais espetaculares refúgios para aves migratórias em toda a costa leste da América do Sul[2,3]. Várias espécies limícolas oriundas do sul do continente ou da região neártica congregam-se em números significativos nessa área, ali invernando ou realizando escala durante suas migrações até regiões mais austrais[1,3,4]. Pelo menos seis espécies migratórias concentram-se na área em números que excedem 1% de suas populações biogeográficas. A concentração de *Sterna hirundo* (trinta-réis-boreal) é a maior da costa gaúcha[3,5,6]. *Tryngites subruficollis* (maçarico-acanelado), espécie quase ameaçada com população global reduzida, tem nos campos úmidos à volta da Lagoa do Peixe um de seus principais sítios de invernagem em escala mundial[7]. A área também é o principal ponto de parada para repouso e alimentação de *Calidris canutus* (maçarico-de-papo-vermelho) no Brasil[3]. Por sua importância para as aves migratórias, a Lagoa do Peixe foi incluída na Rede Hemisférica de Reservas para Aves Limícolas, em 1991, e reconhecida como Sítio Ramsar em 1993[3]. Adicionalmente, o Parque Nacional da Lagoa do Peixe abriga um grande número de espécies limícolas e aquáticas residentes, além de uma das duas únicas populações de *Porzana spiloptera* (sanã-cinza) conhecidas no Brasil[8,9].

Ameaças

A situação fundiária do parque está apenas parcialmente regularizada. As áreas com ocupação humana incluem não só a pequena comunidade de pescadores artesanais estabelecidos junto à barra, que aumenta durante a safra do camarão com a afluência de pescadores temporários, mas também casas de veraneio construídas após criação do parque, sobretudo na área conhecida como Talha-mar[2]. O gado está presente em muitos setores, mas não se sabe até que ponto sua presença aumenta as áreas de hábitat favorável a *Tryngites subruficollis*[7]. Talhões de pínus, estabelecidos antes da criação da unidade de conservação, ainda permanecem em seu interior e são fonte para a disseminação espontânea dessa conífera exótica, que já invade grandes áreas do parque. Outros problemas incluem o trânsito de veículos na praia e através da Lagoa do Peixe, a pesca predatória na faixa de oceano abrangida pelo parque, a caça clandestina e a drenagem de áreas úmidas para o cultivo de arroz[3].

Referências

1. Harrington et al. (1986); **2.** Leonardo V. Mohr (in litt.). **3.** Nascimento (1995); **4.** Morrison & Ross (1989); **5.** Lara-Resende & Leeuwenberg (1987); **6.** Belton (1994); **7.** Lanctot et al. (2002); **8.** BirdLife International (2000); **9.** Bencke et al. (2003); Hays et al. (1997); Maurício & Bencke (2000); Barnett et al. (2004); Scherezino B. Scherer (verb.).

Campos da Região de Bagé — RS07

A1 — 31°24'S, 53°48'W

Área: c.82.000 ha
Municípios: Bagé, Candiota, Hulha Negra
Grau de proteção: Nenhum

Bioma: Pampa
Altitude: 200 m
Inventário ornitológico: Preliminar
PROBIO 603

Descrição

Localizada a sudeste da cidade de Bagé, essa área compreende as cabeceiras do rio Jaguarão, estendendo-se da região carbonífera de Candiota, na borda do Planalto Sul-Rio-Grandense, até próximo da fronteira uruguaia, ao longo da depressão drenada pelos arroios Candiota, Jaguarão e Jaguarão do Meio. Campos naturais sobre terrenos suavemente ondulados formam a paisagem dominante, na qual se inserem áreas úmidas de conformação dendrítica. Muito característicos do trecho superior da bacia do arroio Candiota são os gravatazais, densas formações herbáceas da umbelífera *Eryngium pandanifolium* (gravatá), as quais ocupam as vertentes úmidas em meio aos campos. A IBA Região de Pinheiro Machado (RS08) situa-se um pouco a leste, já no topo do Planalto Sul-Rio-Grandense, ou Serra do Sudeste.

Aves

Sporophila cinnamomea (caboclinho-de-chapéu-cinzento) ocorre disperso principalmente através da região carbonífera de Candiota, junto às cabeceiras do arroio homônimo, onde ocupa os gravatazais e capinzais úmidos adjacentes[1]. Esta

Espécies ameaçadas: 3	
Xolmis dominicanus	Belton (1994); G. A. Bencke.
Sporophila cinnamomea	Escassa mas amplamente distribuído na região (Bencke et al. 2003).
Xanthopsar flavus	Atualmente muito rara (Belton 1994).

Espécies quase ameaçadas: 2	
Rhea americana	Em declínio (G. A. Bencke).
Limnoctites rectirostris	Comum (Bencke et al. 2003; G. A. Bencke).

é a única população reprodutora conhecida no Brasil até o momento. A quase ameaçada *Limnoctites rectirostris* (junqueiro-de-bico-reto) está presente em virtualmente todos os gravatazais densos da região, ocupando exclusivamente este hábitat[2]. *Xanthopsar flavus* (veste-amarela) foi registrada na área fronteiriça ao Uruguai, mas não tem sido observada recentemente[3].

Ameaças

Sobrepastoreio dos campos e sua substituição por pastagens de forrageiras exóticas, conversão dos banhados em áreas agrícolas, mineração de carvão e assentamentos rurais desordenados[2,3].

Referências

1. Bencke et al. (2003); **2.** Glayson A. Bencke (dados inéditos); **3.** Belton (1994).

Região de Pinheiro Machado — RS08

A1 — **31°46'S, 53°27'W**

Área: 100.000-150.000 ha
Municípios: Pinheiro Machado, Piratini, Herval
Grau de proteção: Nenhum
Bioma: Pampa
Altitude: 100-480 m
Inventário ornitológico: Preliminar

Descrição

Essa área, a cerca de 80 km de Pelotas, situa-se na porção meridional da Serra do Sudeste, um planalto granítico baixo onde predominam formações vegetais semiabertas. A área estende-se aproximadamente da Serra das Asperezas, a leste, até a Coxilha Pedras Altas, a oeste, e da rodovia BR-293, ao norte, até a fronteira com o Uruguai, ao sul. A paisagem local é marcada por um relevo ondulado e rico em afloramentos rochosos, sobre o qual crescem matas baixas e matagais arbustivos entremeados por áreas abertas. Florestas mais altas ocorrem associadas a grotas. A região é relativamente erma, tendo como principal atividade econômica a pecuária extensiva, desenvolvida em médias e grandes propriedades.

Aves

A área abrange a única região do Brasil onde a ocorrência de *Gubernatrix cristata* (cardeal-amarelo) tem sido relatada com certa regularidade[1]. Um exemplar desse pássaro ameaçado e em acentuado declínio foi coletado em Herval na década de 1970, e vários relatos recentes de capturas por passarinheiros levam a crer que uma população da espécie ainda persiste na região[1,2]. A IBA é definida pelos limites aproximados da área presumivelmente ocupada pela população remanescente do cardeal-amarelo.

Espécie ameaçada	
Gubernatrix cristata	Bencke et al. (2003).

Espécies quase ameaçadas: 4	
Picumnus nebulosus	Razoavelmente comum (G. N. Maurício).
Piculus aurulentus	G. N. Maurício.
Limnoctites rectirostris	População significativa (G. N. Maurício).
Cyanocorax caeruleus	G. N. Maurício.

Ameaças

O cardeal-amarelo está sujeito a uma alta pressão de captura na região[1], que presumivelmente poderá levá-lo à extinção local em breve. Portanto, a avaliação de sua área de ocupação e situação populacional, assim como o combate intensivo à captura e ao comércio ilegal da espécie, são ações urgentes na área[1]. Recentemente, a região de Pinheiro Machado e outros setores da metade sul do Rio Grande do Sul foram eleitos por empresas privadas para o desenvolvimento de grandes empreendimentos de silvicultura, visando à ampliação do setor industrial de base florestal do Estado. O programa de expansão da atividade conta com fomento do governo estadual e, se implementado sem uma preocupação com a conservação dos ecossistemas originais da região, poderá levar à eliminação do hábitat de espécies ameaçadas como *G. cristata* e *Limnoctites rectirostris* (junqueiro-de-bico-reto) por vastas áreas contínuas.

Referências

1. Bencke et al. (2003); **2.** Belton (1994); Giovanni N. Maurício (dados inéditos).

Estuário da Laguna dos Patos — RS09

A1, A3, A4i — **32°01'S, 52°09'W**

Área: ?
Municípios: Rio Grande, São José do Norte
Grau de proteção: Nenhum

Bioma: Pampa, Zonas Costeira e Marinha
Altitude: 0-10 m
Inventário ornitológico: Representativo
PROBIO 604 (123)

Descrição

A área corresponde à orla da extremidade meridional da laguna dos Patos, aproximadamente entre a barra do canal São Gonçalo e a foz da laguna no oceano Atlântico. Compreende ambientes estuariais cuja distribuição no Brasil se restringe à costa do Rio Grande do Sul, destacando-se as marismas, pântanos salobres caracterizados por vegetação halófila (*e.g.* *Spartina densiflora*, *S. alterniflora*, *Scirpus maritimus* e *S. olneyi*) e profundidade influenciada pelas oscilações da maré. As rasas enseadas do estuário, regionalmente denominadas sacos, e as marismas adjacentes abrigam variada fauna eurialina, constituindo um importante local de reprodução para peixes e crustáceos estuarinos. Pântanos de água doce e manchas de floresta palustre ou psamófila (de restinga) distribuem-se esparsamente na periferia do estuário.

Aves

Entre as cerca de 190 espécies de aves registradas na área destacam-se várias migratórias, tanto visitantes austrais (*Phoenicopterus chilensis*, *Charadrius*

Espécies ameaçadas: 3	
Porzana spiloptera	Alguns registros visuais em marismas; *status* indeterminado (Bencke et al. 2003).
Larus atlanticus	Invernante escassa; 20-50 indivíduos freqüentam anualmente a área (G. N. Maurício; Dias & Maurício 1998, Bencke et al. 2003).
Xolmis dominicanus	Um registro de uma ave possivelmente vagante (G. N. Maurício; Dias & Maurício 1998).
Espécies quase ameaçadas: 3	
Phoenicopterus chilensis	Ocorre irregularmente em pequeno número (R. A. Dias e G. N. Maurício).
Tryngites subruficollis	Lanctot et al. (2002).
Spartonoica maluroides	Comum no período não-reprodutivo; dezenas a algumas centenas de indivíduos em marismas (G. N. Maurício e R. A. Dias).
Espécie congregante	
Tryngites subruficollis	Invernante regular; 400-800 indivíduos anualmente, concentrados sobretudo na ilha da Torotama (R. A. Dias; Lanctot et al. 2002).
Espécies endêmicas: 4	**PAM**

modestus, *Larus atlanticus*) quanto setentrionais (*Pluvialis* spp., *Calidris* spp., *Tryngites subruficollis*, *Sterna hirundo*), muitas delas congregando-se em números expressivos[1]. *Larus atlanticus* (gaivota-de-rabo-preto) parece ter no estuário da laguna dos Patos sua única área de invernagem regular em território brasileiro. A Ilha da Torotama acolhe regularmente a maior concentração de *Tryngites subruficollis* (maçarico-acanelado) no Brasil, embora o número total de indivíduos seja inferior ao registrado em outras áreas do Rio Grande do Sul[2]. Em anos de estiagem, *Cygnus melancoryphus* (cisne-de-pescoço-preto) refugia-se em grande número nas enseadas do estuário; as concentrações registradas em determinados anos provavelmente correspondem a grande parte da população do Estado[3,4].

Ameaças

A expansão de áreas urbanas e do distrito industrial da cidade portuária de Rio Grande atualmente está se processando em direção às marismas onde *Porzana spiloptera* (sanã-cinza) tem sido registrada; vários trechos de marismas no entorno do saco da Mangueira, junto a Rio Grande, já foram descaracterizados ou completamente destruídos[5]. O pisoteio pelo gado e as queimadas freqüentes têm levado à alteração da cobertura vegetal de amplas áreas desses ambientes salobres singulares[5].

Referências

1. Dias & Maurício (1998); **2.** Lanctot et al. (2002); **3.** Dias & Fontana (2002); **4.** Rafael A. Dias (verb.); **5.** Bencke et al. (2003); Maurício & Dias (1996, 2001b); Giovanni N. Maurício e Rafael A. Dias (dados inéditos).

Várzea do Canal São Gonçalo — RS10

A1, A3, A4i,iii — **32°04'S, 52°29'W**

Área: c.70.000 ha
Municípios: Rio Grande, Pelotas, Capão do Leão, Arroio Grande
Grau de proteção: Nenhum
Bioma: Pampa
Altitude: 0-20 m
Inventário ornitológico: Preliminar
PROBIO 604 (124)

Descrição

Ligação natural entre a laguna dos Patos e a lagoa Mirim, o canal São Gonçalo percorre ao longo de seus cerca de 75 km uma ampla várzea formada por terrenos sedimentares relativamente jovens. Em sua maior parte, essa várzea é delimitada por uma barreira de sedimentos mais antigos, de idade pleistocênica, que não está sob a influência do regime de inundações periódicas do canal. Campos inundáveis e banhados com diferentes fisionomias, desde aqueles caracterizados por amplos espelhos-d'água até os constituídos por espessas turfeiras e densa cobertura vegetal, dominam a paisagem local, a qual é marcada aqui e ali por capões de mata palustre ou psamófila. Junto à barreira pleistocênica desenvolvem-se, em muitos trechos, longos cordões de mata, que localmente dão lugar a dunas fósseis de considerável altura. A Várzea do Canal São Gonçalo engloba o segmento final da mata de galeria do rio Piratini, o maior e mais caudaloso curso de água que deságua nesse canal, e também inclui duas lagoas razoavelmente extensas, Formosa e do Fragata. A salinização temporária de grande parte das águas do canal São Gonçalo e da lagoa Mirim, fenômeno anteriormente regular durante o verão, é impedida por uma eclusa construída nas imediações da cidade de Pelotas.

Aves

Levantamentos ornitológicos conduzidos em diferentes localidades, cujos resultados encontram-se apenas parcialmente divulgados, apontam a ocorrência de cerca de 260 espécies de aves na área[1,2,3]. A diversidade de ambientes límnicos é res-

Espécies ameaçadas: 2	
Xolmis dominicanus	População pequena (G. N. Maurício e R. A. Dias).
Sporophila palustris	Possivelmente uma população significativa; sofre pressão de captura; Belton (1994).

Espécies quase ameaçadas: 7	
Rhea americana	G. N. Maurício.
Tryngites subruficollis	Lanctot et al. (2002).
Picumnus nebulosus	G. N. Maurício.
Piculus aurulentus	G. N. Maurício.
Spartonoica maluroides	Belton (1994), Bencke et al. (2003).
Limnoctites rectirostris	Ocorrência pontual (Bencke et al. 2003).
Carpornis cucullata	Possivelmente de ocorrência apenas irregular em pontos periféricos da área (G. N. Maurício).

Espécie congregante	
Plegadis chihi	A área presumivelmente concentra mais de 1% da população global da espécie (R. A. Dias e G. N. Maurício).

Espécies endêmicas: 4	**PAM**

ponsável pela presença de um elevado número de espécies de aves de áreas úmidas, destacando-se alguns grupos como Ardeidae (11 espécies), Anatidae (16 espécies) e Rallidae (14 espécies), assim como a excepcional representatividade de passeriformes paludícolas das famílias Furnariidae (6 espécies), Tyrannidae (7 espécies) e Icteridae (5 espécies). Várias espécies florestais, inclusive algumas endêmicas da Mata Atlântica, ocorrem especialmente ao longo do baixo curso do rio Piratini, alcançando marginalmente a várzea do canal São Gonçalo. A área abriga populações expressivas de *Limnornis curvirostris* (junqueiro-de-bico-curvo) e *Cranioleuca sulphurifera* (arredio-de-papo-manchado), dois endemismos do Pampa presentes em apenas outras cinco IBAs brasileiras. *Gubernatrix cristata* (cardeal-amarelo), conhecido para a extremidade sul dessa área através de um espécime coletado na década de 1930[4], parece estar extinto, não só localmente mas também em toda a planície costeira do Rio Grande do Sul[5]. As duas espécies ameaçadas atualmente presentes, *Xolmis dominicanus* (noivinha-de-rabo-preto) e *Sporophila palustris* (caboclinho-de-papo-branco), contam com registros apenas para os extremos norte e sul da área[5], que correspondem aos setores melhor explorados ornitologicamente, mas é possível que ocorreram também em trechos intermediários com hábitat adequado.

Ameaças

Alguns milhares de hectares de banhados já foram drenados e descaracterizados para a expansão de lavouras de arroz, que ocupam a maior parte das áreas de entorno. Recentemente, novos canais de drenagem foram abertos ilegalmente em vários pontos da várzea. A cada ano, produtores de arroz utilizam grandes volumes de água dos mananciais locais (banhados e lagoas) para a irrigação das lavouras, justamente no período de déficit hídrico natural na região. A expansão urbana foi responsável pela eliminação de consideráveis porções de banhados naturais e ameaça trechos ainda bem preservados na Região Metropolitana de Pelotas. A captura ilegal de aves para manutenção em cativeiro e para abastecer o comércio clandestino de espécies silvestres é comum na área, especialmente nos arredores da localidade de Santa Isabel, onde *Sporophila palustris* foi registrada[5].

Referências

1. Maurício (1993); **2.** Maurício & Dias (1996); **3.** Giovanni N. Maurício e Rafael A. Dias (dados inéditos); **4.** Collar et al. (1992); **5.** Bencke et al. (2003); Belton (1994); Lanctot et al. (2002).

IBA sugerida por Rafael A. Dias

Banhado do Maçarico e Cordões Litorâneos Adjacentes — RS11

A1, A3 — **32°16'S, 52°24'W**

Área: 41.100 ha
Municípios: Rio Grande
Grau de proteção: Nenhum

Bioma: Pampa
Altitude: 0-20 m
Inventário ornitológico: Preliminar
PROBIO 604

Descrição

Essa ampla área úmida é formada por banhados e campos litorâneos dispostos alternamente sob a forma de longas e estreitas faixas paralelas (cordões), configuradas pelas microoscilações do nível do mar durante a fase de regressão marinha holocênica. Situa-se entre a costa oceânica e os terrenos mais elevados da planície costeira, de idade pleistocênica.

Espécies ameaçadas: 4	
Scytalopus iraiensis	Aparentemente uma população viável (Maurício & Dias 2001b).
Xolmis dominicanus	Algumas centenas de indivíduos presentes na área (G. N. Maurício e R. A. Dias; Bencke et al. 2003).
Anthus nattereri	Pequena população residente (G. N. Maurício e R. A. Dias; Bencke et al. 2003).
Sporophila palustris	Entre 200-300 indivíduos na área (Maurício & Dias 2000; G. N. Maurício e R. A. Dias).

Espécies quase ameaçadas: 2	
Tryngites subruficollis	*Status* indefinido (G. N. Maurício, R. A. Dias).
Spartonoica maluroides	Raro (G. N. Maurício e R. A. Dias).

Espécies endêmicas: 4	PAM

Espécies endêmicas: 4	[ATL] (*Phacellodomus ferrugineigula*)

A faixa palustre localizada junto à barreira, mais antiga do que aquelas situadas mais a leste, constitui o banhado do Maçarico propriamente dito, sendo caracterizada por uma turfeira espessa densamente coberta por vegetação palustre emergente (especialmente ciperáceas e gramíneas) e esparsas manchas de floresta paludosa. As faixas subseqüentes de banhado apresentam fisionomia diferenciada, com cobertura vegetal menos densa e diversificada. Áreas relativamente restritas com águas abertas também estão presentes. Essa área situa-se imediatamente ao norte da Estação Ecológica do Taim (RS12) e ao sul do estuário da laguna dos Patos (RS09), onde está localizada a cidade de Rio Grande.

Aves

Um inventário preliminar registrou a presença de pelo menos 170 espécies de aves nessa área[1]. Em sua grande maioria, são espécies aquáticas ou campestres, havendo poucos representantes florestais. A população local de *Sporophila palustris* (caboclinho-de-papo-branco) representa, aparentemente, a maior concentração da espécie em território brasileiro durante o período reprodutivo[1,2].

Ameaças

Sobrepastoreio pelo gado bovino nas bordas dos banhados (principais áreas de alimentação de *S. palustris*); florestamento com pínus (momentaneamente restrito a alguns setores) e, marginalmente, cultivo de arroz irrigado[1,2,3].

Referências

1. Maurício & Dias (2000, 2001b); **2.** Giovanni N. Maurício e Rafael A. Dias (dados inéditos); **3.** Bencke et al. (2003).

Banhado do Taim **RS12**

A3, A4i,iii **32°41'S, 52°27'W**

Área: 32.000 ha
Municípios: Rio Grande, Santa Vitória do Palmar
Grau de proteção: Parcial

Bioma: Pampa
Altitude: 0-20 m
Inventário ornitológico: Representativo
PROBIO 604 (131)

Descrição

O Banhado do Taim é um amplo complexo de lagoas e banhados costeiros situado entre a margem leste da lagoa Mirim e o oceano Atlântico. A área abrange o extremo norte da lagoa Mangueira e trechos de praia oceânica e lacustre, em grande parte inseridos nos limites da Estação Ecológica do Taim, assim como áreas particulares adjacentes onde ocorrem espécies de aves de interesse. Além dos ambientes acima, o Banhado do Taim comporta formações florestais restritas (matas de restinga e paludosas), campos úmidos e dunas. No entorno imediato da unidade de conservação predominam áreas agrícolas, nas quais o cultivo do arroz irrigado, em geral consorciado à pecuária extensiva, é a principal atividade econômica. A E. E. do Taim teve sua área ampliada para quase 100.000 ha em 2003, mas o decreto de ampliação foi revogado no ano seguinte.

Aves

Cerca de 230 espécies de aves ocorrem na área, total que inclui cerca de 77 espécies aquáticas (excluindo passeriformes), muitas das quais se reproduzem localmente[1,2]. Por essa razão, o Banhado do Taim é considerado de grande importância para a conservação de aves de áreas úmidas, inclusive espécies migratórias, como o quase ameaçado *Tryngites subruficollis* (maçarico-acanelado), que ocupa principalmente campos úmidos em

Espécie ameaçada	
Xolmis dominicanus	Alguns registros durante o inverno (Mähler Jr. et al. 1996).
Espécies quase ameaçadas: 3	
Phoenicopterus chilensis	Registros de indivíduos isolados (Belton 1994).
Tryngites subruficollis	Lanctot et al. (2002).
Spartonoica maluroides	Existem coletas dessa espécie na Estação Ecológica do Taim (Belton 1994).
Espécies congregantes: 3	
Cygnus melancoryphus	Cerca de 1.270 indivíduos contados na área em novembro de 2000, mas números maiores podem estar presentes durante o inverno (Dias & Fontana 2002).
Coscoroba coscoroba	Cerca de 1.460 indivíduos contados na área em novembro de 2000, mas números maiores podem estar presentes durante o inverno (Dias & Fontana 2002).
Tryngites subruficollis	Centenas presentes no verão austral (Lanctot et al. 2002).
Espécies endêmicas: 3	**PAM**

Área protegida:		
Nome	**Categoria**	**Área**
Estação Ecológica do Taim	Proteção Integral	32.000 ha

terras privadas vizinhas à estação ecológica[1,3,4]. Embora os censos de aves realizados na região cubram somente parte dos ambientes úmidos disponíveis ou focalizem apenas grupos específicos da avifauna (*p.ex.*, anatídeos), o Banhado do Taim seguramente suporta concentrações de mais de 20.000 aves aquáticas, qualificando-se sob o critério A4iii como área úmida de importância internacional. As contagens de *Cygnus melancoryphus* (cisne-de-pescoço-preto) e *Coscoroba coscoroba* (capororoca) excedem o limite estimado de 1% da população global dessas espécies, as quais também se reproduzem na área[5]. A única espécie ameaçada registrada (*Xolmis dominicanus*) parece ter ocorrência ocasional[1]. Contudo, ambientes adequados presumivelmente capazes de suportar populações pequenas dessa espécie ocorrem na periferia da estação ecológica[4].

Ameaças

A captação ilegal de água nos banhados e lagoas para a irrigação de lavouras de arroz é uma prática comum durante o período de safra, o que contribui para a diminuição da altura da lâmina d'água do sistema na época em que há déficit hídrico na região (verão). A caça e a pesca predatórias são praticadas em toda a área, inclusive dentro da E. E. do Taim.

Referências

1. Mähler et al. (1996); **2.** Belton (1994); **3.** Lanctot et al. (2002); **4.** Bencke et al. (2003); **5.** Dias & Fontana (2002).

Tabela 2. Espécies ameaçadas de extinção com ocorrência nas IBAs do Rio Grande do Sul

Espécies	Categ.*	Código IBA														Total**	
		RS01	RS/SC01	RS02	RS03	RS/SC02	RS04	RS05	RS06	RS07	RS08	RS09	RS10	RS11	RS12	a	b
Phoenicoparrus andinus	VU								X							1	1
Harpyhaliaetus coronatus	EN		X		X											2	13
Pipile jacutinga	EN	X				X										2	19
Porzana spiloptera	VU								X			X				2	2
Larus atlanticus	VU								X			X				2	2
Amazona pretrei	VU		X		X	X		X								4	5
Amazona vinacea	VU		X		X	X										3	24
Dryocopus galeatus	VU	X														1	6
Scytalopus iraiensis	EN					X	X							X		3	7
Procnias nudicollis	VU					X										1	39
Piprites pileata	VU					X										1	8
Phylloscartes kronei	VU					X										1	9
Xolmis dominicanus	VU		X		X	X	X			X		X	X	X	X	9	17
Anthus nattereri	VU		X		X	X								X		4	10
Gubernatrix cristata	EN										X					1	1
Sporophila palustris	EN			X									X	X		3	5
Sporophila cinnamomea	VU			X						X						2	5
Sporophila zelichi	CR			X												1	1
Xanthopsar flavus	VU		X		X	X	X			X						5	5
Total de espécies		**2**	**6**	**3**	**6**	**10**	**3**	**1**	**3**	**3**	**1**	**3**	**2**	**4**	**1**		
Rhea americana	NT		X	X			X			X			X			5	13
Tinamus solitarius	NT	X				X										2	36
Phoenicopterus chilensis	NT								X			X			X	3	3
Leucopternis polionotus	NT		X			X										2	29
Tryngites subruficollis	NT								X			X	X	X	X	5	5
Triclaria malachitacea	NT					X										1	22

Tabela 2. (continuação) Espécies ameaçadas de extinção com ocorrência nas IBAs do Rio Grande do Sul

Espécies	Categ.*	Código IBA														Total**	
		RS01	RS/SC01	**RS02**	**RS03**	RS/SC02	RS04	**RS05**	**RS06**	RS07	RS08	**RS09**	RS10	RS11	**RS12**	a	b
Strix hylophila	NT	X	X			X		X								4	18
Eleothreptus anomalus	NT						X									1	7
Baillonius bailloni	NT	X														1	26
Picumnus nebulosus	NT		X		X	X		X			X		X			6	12
Piculus aurulentus	NT	X	X			X		X			X		X			6	34
Leptasthenura setaria	NT		X		X	X										3	15
Clibanornis dendrocolaptoides	NT	X	X													2	11
Spartonoica maluroides	NT								X			X	X	X	X	5	5
Limnoctites rectirostris	NT		X		X	X	X			X	X		X			7	7
Anabacerthia amaurotis	NT					X										1	20
Myrmotherula unicolor	NT					X										1	23
Psilorhamphus guttatus	NT					X										1	17
Scytalopus indigoticus	NT					X										1	22
Phibalura flavirostris	NT	X														1	22
Carpornis cucullata	NT					X		X					X			3	23
Phyllomyias griseocapilla	NT					X										1	19
Phylloscartes eximius	NT	X														1	12
Phylloscartes difficilis	NT					X										1	13
Polioptila lactea	NT	X														1	3
Sporophila melanogaster	NT		X		X	X										3	9
Amaurospiza moesta	NT	X				X										2	9
Thraupis cyanoptera	NT					X										1	23
Euphonia chalybea	NT	X				X		X								3	12
Cyanocorax caeruleus	NT		X		X	X		X			X					5	17
Total de espécies		**10**	**10**	**1**	**5**	**20**	**3**	**6**	**3**	**2**	**4**	**3**	**7**	**2**	**3**		

* Categorias de ameaça: CR – criticamente em perigo; EN – em perigo; VU – vulnerável; NT – quase ameaçada.
** Número de IBAs em que a espécie se encontra presente em: **a** – Rio Grande do Sul; **b** – Região como um todo.

Tabela 3. Espécies endêmicas por IBA no Estado do Rio Grande do Sul, agrupadas por Bioma

Espécies	nº EBA*	Código IBA														Total**	
		RS01	RS/SC01	RS02	RS03	RS/SC02	RS04	RS05	RS06	RS07	RS08	RS09	RS10	RS11	RS12	a	b
Mata Atlântica																	
Tinamus solitarius		X				X										2	36
Leucopternis polionotus			X			X										2	29
Ortalis araucuan						X		X					X			3	22
Pipile jacutinga		X				X										2	19
Odontophorus capueira		X				X										2	38
Aramides saracura		X	X		X	X		X								5	41
Pyrrhura frontalis		X	X			X		X			X		X			6	49
Brotogeris tirica						X										1	38
Pionopsitta pileata		X	X			X		X								4	34
Amazona pretrei	76		X		X	X		X								4	5
Amazona vinacea			X		X	X										3	24
Triclaria malachitacea	75					X										1	22
Otus sanctaecatarinae		X	X		X	X		X							X	6	7
Strix hylophila		X	X			X		X								4	18
Pulsatrix koeniswaldiana	75	X				X										2	34
Macropsalis forcipata		X				X										2	17
Phaethornis eurynome		X				X										2	32
Melanotrochilus fuscus						X										1	46
Stephanoxis lalandi		X	X			X		X					X			5	23
Thalurania glaucopis		X				X		X								3	44
Leucochloris albicollis		X	X		X	X		X					X		X	7	35
Trogon surrucura		X				X		X			X		X			5	47
Baryphthengus ruficapillus		X														1	28
Notharchus swainsoni		X														1	15
Baillonius bailloni		X														1	26
Selenidera maculirostris		X														1	30

Tabela 3. (continuação) Espécies endêmicas por IBA no Estado do Rio Grande do Sul, agrupadas por Bioma

Espécies	nº EBA*	Código IBA														Total**	
		RS01	RS/SC01	**RS02**	**RS03**	RS/SC02	RS04	**RS05**	**RS06**	RS07	RS08	**RS09**	RS10	RS11	**RS12**	a	b
Mata Atlântica																	
Ramphastos dicolorus		X				X		X								3	30
Picumnus temminckii		X				X										2	12
Melanerpes flavifrons		X														1	27
Veniliornis spilogaster		X	X	X	X	X		X		X	X	X	X	X	X	12	37
Piculus aurulentus		X	X			X		X			X		X			6	34
Dryocopus galeatus		X														1	6
Campephilus robustus		X				X										2	28
Dendrocincla turdina		X														1	35
Lepidocolaptes squamatus/falcinellus		X	X		X	X		X			X		X			7	48
Xiphorhynchus fuscus		X				X										2	60
Campylorhamphus falcularius		X				X										2	29
Cinclodes pabsti	76		X		X	X										3	5
Leptasthenura striolata	76		X		X	X										3	7
Leptasthenura setaria	76		X		X	X										3	15
Synallaxis ruficapilla		X				X		X					X			4	37
Cranioleuca obsoleta		X	X	X	X	X		X	X				X			8	18
Phacellodomus ferrugineigula								X	X		X	X	X	X		6	9
Clibanornis dendrocolaptoides	75	X	X													2	11
Cichlocolaptes leucophrus	75					X										1	26
Anabacerthia amaurotis	75					X										1	20
Philydor lichtensteini		X														1	25
Philydor atricapillus						X										1	31
Sclerurus scansor		X				X		X								3	36
Heliobletus contaminatus		X	X			X		X			X		X			6	28
Hypoedaleus guttatus		X				X										2	22
Mackenziaena severa		X														1	30

Tabela 3. (continuação) Espécies endêmicas por IBA no Estado do Rio Grande do Sul, agrupadas por Bioma

Espécies	nº EBA*	Código IBA														Total**	
		RS01	RS/SC01	RS02	RS03	RS/SC02	RS04	RS05	RS06	RS07	RS08	RS09	RS10	RS11	RS12	a	b
Mata Atlântica																	
Mackenziaena leachii		X	X			X		X			X		X			6	28
Myrmotherula unicolor	75					X										1	23
Drymophila rubricollis	75	X														1	9
Drymophila malura		X	X			X										3	22
Pyriglena leucoptera		X				X										2	45
Myrmeciza squamosa	75					X										1	14
Chamaeza ruficauda	76	X				X										2	14
Hylopezus nattereri		X				X										2	15
Conopophaga lineata		X	X	X	X	X		X			X		X			8	49
Psilorhamphus guttatus	75					X										1	17
Scytalopus iraiensis						X	X							X		3	7
Scytalopus speluncae			X			X										2	25
Scytalopus pachecoi		X	X			X		X			X					5	6
Scytalopus indigoticus						X										1	22
Carpornis cucullata	75					X		X					X			3	23
Pyroderus scutatus		X						X								2	29
Procnias nudicollis		?				X										1	39
Schiffornis virescens		X				X		X								3	38
Chiroxiphia caudata		X				X		X								3	42
Piprites pileata	76					X										1	8
Mionectes rufiventris		X				X										2	34
Hemitriccus obsoletus	76	X	X			X										3	12
Phyllomyias virescens		X	X			X		X								4	14
Phyllomyias griseocapilla	76					X										1	19
Phylloscartes eximius		X														1	12
Phylloscartes difficilis	76					X										1	13

Tabela 3. (continuação) Espécies endêmicas por IBA no Estado do Rio Grande do Sul, agrupadas por Bioma

Espécies	nº EBA*	Código IBA														Total**	
		RS01	RS/SC01	RS02	RS03	RS/SC02	RS04	RS05	RS06	RS07	RS08	RS09	RS10	RS11	RS12	a	b
Mata Atlântica																	
Phylloscartes kronei	75					X										1	9
Myiornis auricularis		X														1	33
Knipolegus nigerrimus						X										1	32
Muscipipra vetula						X										1	25
Attila rufus						X										1	35
Turdus subalaris		X	X		X	X		X			X		X			7	19
Polioptila lactea		X														1	3
Haplospiza unicolor		X				X										2	32
Poospiza thoracica	76					X										1	13
Sporophila melanogaster	76		X		X	X										3	9
Amaurospiza moesta		X				X										2	9
Saltator fuliginosus		X				X										2	36
Saltator maxillosus		X	X			X										3	15
Pyrrhocoma ruficeps		X				X		X								3	16
Hemithraupis ruficapilla						X										1	36
Orthogonys chloricterus	76					X										1	17
Tachyphonus coronatus		X				X		X			X		X			5	41
Thraupis cyanoptera	75					X										1	23
Euphonia chalybea		X				X		X								3	12
Euphonia pectoralis		X				X										2	39
Tangara seledon		X				X										2	31
Tangara cyanocephala						X										1	41
Basileuterus leucoblepharus		X	X	X	X	X		X	X	X	X	X	X	X	X	13	34
Hylophilus poicilotis		X				X										2	23
Cyanocorax caeruleus			X		X	X		X			X					5	17
Total de espécies		**67**	**31**	**4**	**16**	**87**	**1**	**34**	**3**	**2**	**14**	**3**	**18**	**4**	**4**		

Tabela 3. (continuação) Espécies endêmicas por IBA no Estado do Rio Grande do Sul, agrupadas por Bioma

Espécies	nº EBA*	Código IBA														Total**	
		RS01	RS/SC01	**RS02**	**RS03**	RS/SC02	RS04	**RS05**	**RS06**	RS07	RS08	**RS09**	RS10	RS11	**RS12**	a	b
Pampas																	
Larus atlanticus									X			X				2	2
Limnornis curvirostris							X		X			X	X	X	X	6	6
Spartonoica maluroides									X			X	X	X	X	5	5
Cranioleuca sulphurifera				X					X			X	X	X	X	6	6
Sporophila cinnamomea	77			X						X						2	5
Sporophila palustris	77			X									X	X		3	5
Sporophila zelichi	77			X												1	1
Total de espécies		**0**	**0**	**4**	**0**	**0**	**1**	**0**	**4**	**1**	**0**	**4**	**4**	**4**	**3**		
Total geral de espécies		**67**	**31**	**8**	**16**	**87**	**2**	**34**	**7**	**3**	**14**	**7**	**22**	**8**	**7**		

* EBA: Endemic Bird Areas of the World (Stattersfield et al., 1998). Ver capítulo 4.

** Número de IBAs em que a espécie se encontra presente em: **a** – Rio Grande do Sul; **b** – Região como um todo.

LITERATURA CONSULTADA/*GENERAL BIBLIOGRAPHY*

Abreu, C. R. M. & R. Ribon (2002) Avifauna da Fazenda Alto Cariri, Salto da Divisa, MG, com dois novos acréscimos à lista de aves de Minas Gerais. Resumos do X Congresso Brasileiro de Ornitologia e VIII Encontro Nacional de Anilhadores de Aves, Fortaleza, pp. 53–54.

Accordi, I. A. (2002) New records of the Sickle-winged Nightjar, *Eleothreptus anomalus* (Caprimulgidae), from a Rio Grande do Sul, Brazil wetland. *Ararajuba* 10(2):227–230.

Accordi, I. A., S. M. Hartz & A. Ohlweiler (2003) O sistema Banhado Grande como uma área úmida de importância internacional. Pp. 56–63 *in* II Simpósio de Áreas Protegidas – Conservação no âmbito do Cone Sul. *Anais*... Pelotas (CD ROM).

Albuquerque, E. P. (1981) Lista preliminar das aves observadas no Parque Florestal Estadual do Turvo, Tenente Portela, Rio Grande do Sul, Brasil. *Roessleria* 4(1):107–122.

Albuquerque, J. L. B. (1983) Sobre la presencia de *Harpyhaliaetus coronatus* y *Morphnus quianensis* [sic] en el sudeste de Brasil y recomendaciones para la conservacion de las especies mediante el mantenimiento de su medio ambiente natural. *Hornero* 12(número extraordinário):70–73.

Albuquerque, J. L. B. (1995) Observations of rare raptors in southern Atlantic rainforest of Brazil. *J. Field Ornithol.* 66:363–369.

Albuquerque, J. L. B. & F. M. Brüggemann (1996) A avifauna do Parque Estadual da Serra do Tabuleiro, Santa Catarina, Brasil e as implicações para sua conservação. *Acta Biol. Leopold.* 18(1):47–68.

Aleixo, A. L. P. (1992) Relatório de uma excursão à Reserva Biológica de Nova Lombardia–ES. *Atualidades Orn.* 46:15.

Aleixo, A. (1999) Effects of selective logging on a bird community in the Brazilian Atlantic forest. *Condor* 101:537–548.

Aleixo, A. & M. Galetti (1997) The conservation of the avifauna in a lowland Atlantic forest in south-east Brazil. *Bird Conserv. Internat.* 7:235–261.

Almeida, A. C. C. & D. M. Teixeira (1993) Notas sobre algumas espécies do gênero *Picumnus* no nordeste extremo do Brasil (Aves, Picidae). Resumos do III Congresso Brasileiro de Ornitologia, Pelotas, Painel 41.

Almeida, A. C. C. & D. M. Teixeira (1994) Estudo da avifauna da Reserva Biológica Guaribas, PB. Resumos do IV Congresso Brasileiro de Ornitologia, Recife, p. 51.

Almeida, A. C. C. & D. M. Teixeira (1996) Sobre a biologia de *Procnias nudicollis* (Vieillot, 1817) (Aves, Cotingidae). Resumos do V Congresso Brasileiro de Ornitologia, Campinas, p. 2.

Almeida, E., S. M. Von Matter & M. A. S. Alves (2000) Consumo de frutos por espécies de aves em *Psychotria brasiliensis* (Rubiaceae) em área de Mata Atlântica, Ilha Grande, Rio de Janeiro. P. 360 *in* F. C. Straube, M. M. Argel-de-Oliveira & J. F. Cândido-Jr. (eds.) *Ornitologia brasileira no século XX, incluindo os Resumos do VIII Congresso Brasileiro de Ornitologia*. Curitiba: Universidade do Sul de Santa Catarina e Sociedade Brasileira de Ornitologia.

Almeida, F. F. M. (2000) A Ilha de Trindade. *In* C. Schobbenhaus, D. A. Campos, E. T. Queiroz, M. Winge, M. Berbert-Born (eds.) *Sítios Geológicos e Paleontológicos do Brasil*. Disponível em: www.unb.br/ig/sigep/sitio092/sitio092.htm.

Alves, M. A. S. (2001) Estudos de ecologia de aves na Ilha Grande, Rio de Janeiro. Pp. 61–68 *in* J. L. B. Albuquerque, J. F. Cândido-Jr., F. C. Straube & A. L. Roos (eds.) *Ornitologia e conservação: da ciência às estratégias*. Tubarão: Editora Unisul.

Alves, M. A. S., J. F. Pacheco, L. A. P. Gonzaga, R. B. Cavalcanti, M. A. Raposo, C. Yamashita, N. C. Maciel & M. Castanheira (2000a) Aves. Pp. 113–124 *in* H. G. Bergallo, C. F. D. Rocha, M. A. S. Alves & M. Van Sluys (orgs.) *A fauna ameaçada de extinção do estado do Rio de Janeiro*. Rio de Janeiro: EdUERJ.

Alves, M. A. S., C. F. D. Rocha, M. V. Sluys & H. G. Bergallo (2000b) Guildas de beija-flores polinizadores de quatro espécies de Bromeliaceae de Mata Atlântica da Ilha Grande, RJ, Brasil: composição e taxas de visitação. Pp. 171–185 *in* M. A. S. Alves, J. M. C. Silva, M. V. Sluys, H. G. Bergallo & C. F. D. Rocha (orgs.) *A Ornitologia no Brasil, pesquisa atual e perspectivas.* Rio de Janeiro: EdUERJ.

Alves, V. S., A. B. A. Soares, G. S. do Couto, A. B. B. Ribeiro & M. A. Efe (2000) *As aves do arquipélago de Abrolhos (Bahia, Brasil).* Brasília: IBAMA.

Amaral, F. S. R. do & L. F. Silveira (2004) *Tinamus solitarius pernambucensis* Berla, 1946 é sinônimo de *Tinamus solitarius* (Vieillot, 1819). *Ararajuba* 12(1):33–41.

Anciães, M. & M. Â. Marini (2000) Assimetria flutuante em passeriformes da Mata Atlântica. Pp. 187–204 *in* M. A. S. Alves, J. M. C. Silva, M. V. Sluys, H. G. Bergallo & C. F. D. Rocha (orgs.) *A Ornitologia no Brasil, pesquisa atual e perspectivas.* Rio de Janeiro: EdUERJ.

Andrade, M. A. (1998) O Parque Estadual do Itacolomi e suas aves. *Uiraçu* 2(2):4.

Andrade, M. A. & M. V. G. Andrade (1998) Notas sobre a Águia-cinzenta (*Harpyhaliaetus coronatus*) e registros de sua ocorrência em Minas Gerais. *Atualidades Orn.* 83:11.

Andrade, M. A., M. V. Freitas & G. T. Mattos (1986) A redescoberta de "*Xiphocolaptes franciscanus*" Snethlage, 1927 no Estado de Minas Gerais, Brasil. *Anais Soc. Sul-Riograndense de Ornitol.* 7:18–20.

Andrade, M. A., G. T. Mattos & M. V. de Freitas (1994) Avifauna da APA do Peruaçu, Minas Gerais. Resumos do IV Congresso Brasileiro de Ornitologia, Recife, p. 32.

Andrade, M. A., M. V. G. Andrade & R. G. R. Gontijo (1997) Avifauna no Vale do Matutu, Minas Gerais: Conservação e distribuição altitudinal. Resumos do VI Congresso Brasileiro de Ornitologia, Belo Horizonte, p. 171.

Andrade, M. A., M. V. G. Andrade, R. G. R. Gontijo & P. O. Souza (1998) Ocorrência do Cipó-canastero (*Asthenes luizae*) e do Gavião-pernilongo (*Geranospiza caerulescens*) no interior do Parque Nacional da Serra do Cipó, Minas Gerais. *Atualidades Orn.* 82:10.

Andrade, M. V. G. & M. A. Andrade (2000) Aves observadas em uma barragem de rejeito de minério de ferro no município de Mariana, Minas Gerais. Resumos do XXIII Congresso Brasileiro de Zoologia, Cuiabá, p. 470.

Andrade, R. D. & M. Â. Marini (2001) Bird movements between natural forest patches in southeast Brazil. Pp. 125–136 *in* J. L. B. Albuquerque, J. F. Cândido-Jr., F. C. Straube & A. L. Roos (eds.) *Ornitologia e conservação: da ciência às estratégias.* Tubarão: Editora Unisul.

Anjos, L. (2001a) Bird communities in five atlantic forest fragments in southern Brazil. *Orn. Neotrop.* 12(1):11–27.

Anjos, L. (2001b) Comunidades de aves florestais: implicações na conservação. Pp. 17–37 *in* J. L. B. Albuquerque, J. F. Cândido-Jr., F. C. Straube & A. L. Roos (eds.) *Ornitologia e conservação: da ciência às estratégias.* Tubarão, Editora Unisul.

Anjos, L. & V. Graf (1993) Riqueza de aves da Fazenda Santa Rita, região dos Campos Gerais, Palmeira, Paraná, Brasil. *Rev. Bras. Zool.* 10:673–693.

Anjos, L. & R. Boçon (1999) Bird communities in natural forest patches in southern Brazil. *Wilson Bull.* 111(3):397–414.

Anjos, L. & K.-L. Schuchmann (1997) Biogeographical affinities of the avifauna of the Tibagi river basin, Paraná drainage system, southern Brazil. *Ecotropica* 3(1):43–66.

Anjos, L., K.-L. Schuchmann & R. Berndt (1997) Avifaunal composition, species richness, and status in the Tibagi river basin, Parana state, southern Brazil. *Orn. Neotrop.* 8:145–173.

Antas, P. T. Z. (1991) Status and conservation of seabirds breeding in Brazilian waters. Pp. 141–158 *in* J. P. Croxall (ed.) *Seabird status and conservation: a supplement.* Cambridge, U.K.: International Council for Bird Preservation (ICBP Technical Publ. No. 11).

Antas, P. T. Z., J. F. Cândido-Jr., B. L. Reinert & R. T. Pinheiro (1993) Lista das aves da Fazenda Jatobá, Correntina, BA. Resumos do III Congresso Brasileiro de Ornitologia, Pelotas, Painel 29.

Antonini, R. D., P. D. Ritter, E. Almeida, M. A. S. Alves (2000) Observações de aves em *Miconia prasina* (Melastomataceae) em uma área de Mata Atlântica, Ilha Grande, Rio de Janeiro. P. 357 *in* F. C. Straube, M. M. Argel-de-Oliveira & J. F. Cândido-Jr. (eds.) *Ornitologia brasileira no século XX, incluindo os Resumos do VIII Congresso Brasileiro de Ornitologia.* Curitiba: Universidade do Sul de Santa Catarina e Sociedade Brasileira de Ornitologia.

Argel-de-Oliveira, M. M. (1999) Frugivoria por aves em um fragmento de floresta de restinga no estado do Espírito Santo, Brasil. Tese de Doutorado. Campinas, Universidade de Campinas.

Arruda, S. D. & S. C. Luçolli (1991) Ocorrência de aves ameaçadas de extinção em General Carneiro, Centro-sul do Estado do Paraná. Resumos do I Congresso Brasileiro de Ornitologia, Belém, Resumo 60.

Atlas da Conservação da Natureza Brasileira (2004) *Atlas da conservação da natureza brasileira – Unidades federais.* São Paulo: Metalivros.

Avanzo, V. C. & L. F. Sanfilippo (2000) Levantamento preliminar da avifauna de Ilha Comprida, São Paulo. *Boletim CEO* 14:10–14.

Azevedo, C. O. & H. S. Soares (2000) Perfil da fauna de himenópteros parasitóides (Insecta, Hymenoptera) em uma área de Mata Atlântica da Reserva Biológica de Duas Bocas, Cariacica, ES, Brasil. *Bol. Mus. Biol. Mello Leitão* (N. Sér.) 11/12:117–126.

Azevedo Jr., S. M. (1990) A Estação Ecológica de Tapacurá e suas aves. Pp. 92–99 *in* IV Encontro Nacional de Anilhadores de Aves (ENAV). *Anais...* Recife.

Azevedo Jr., S. M., J. L. X. Nascimento & I. L. S. Nascimento (2000) Novos registros de ocorrência de *Antilophia bokermanni* Coelho e Silva, 1999 [sic] na Chapada do Araripe, Ceará, Brasil. *Ararajuba* 8(2):133–134.

Azevedo Jr., S. M., R. M. Lyra-Neves, W. R. Telino Jr. & M. E. Larrazábal (2004) Composição avifaunística da Reserva Estadual [sic] de Gurjaú, Pernambuco, Brasil. Resumos do XXV Congresso Brasileiro de Zoologia, Brasília, p. 30.

Bañuelos-Irusta, J., A. G. Silveira & A. A. Varela-Freire (2000) Levantamento da ornitofauna e considerações ecológicas na Estação Ecológica do Seridó, Serra Negra do Norte, Rio Grande do Norte. P. 246 *in* F. C. Straube, M. M. Argel-de-Oliveira & J. F. Cândido-Jr. (eds.) *Ornitologia brasileira no século XX, incluindo os Resumos do VIII Congresso Brasileiro de Ornitologia.* Curitiba: Universidade do Sul de Santa Catarina e Sociedade Brasileira de Ornitologia.

Barbieri, E., J. T. Mendonça & S. C. Xavier (2002) Variação temporal na abundância do trinta-réis-de-bico-amarelo (*Sterna eurygnatha*) na Ilha Comprida, litoral sul de São Paulo. Resumos do XXIV Congresso Brasileiro de Zoologia, Itajaí, p. 491.

Barbosa, F. A. R. & P. Moreno (s.d.). *Mata Atlântica e Sistema Lacustre do Médio Rio Doce.* Site 4. Belo Horizonte: Instituto de Ciências Biológicas, UFMG. Disponível em: www.icb.ufmg.br/~peld/port_site04.pdf . Acesso em junho de 2004.

Barbosa, M. R. de V., M. de F. Agra, E. V. S. B. Sampaio, J. P. da Cunha & L. A. de Andrade (2004) Diversidade florística na Mata do Pau-Ferro, Areia, Paraíba. Pp. 111–122 *in* K. C. Pôrto, J. J. P. Cabral & M. Tabarelli (orgs.) *Brejos de altitude em Pernambuco e Paraíba: história natural, ecologia e conservação.* Brasília: Ministério do Meio Ambiente (Série Biodiversidade, 9).

Barnett, J. M., G. Kirwan, M. Pearman, L. N. Naka & J. A. Tobias (2000) Rediscovery and subsequent observations of Kaempfer's Tody-tyrant *Hemitriccus kaempferi* in Santa Catarina, Brazil, with notes on conservation, life history and plumage. *Bird Conserv. Internat.* 10(4):371–379.

Barnett, J. M., C. J. Carlos & S. A. Roda (2005) Renewed hope for the threatened avian endemics of northeastern Brazil. *Biodiv. and Conserv.* 14:2265–2274.

Barnett, J. M., J. Minns, G. M. Kirwan & H. Remold (2004) Informações adicionais sobre as aves dos estados do Paraná, Santa Catarina e Rio Grande do Sul. *Ararajuba* 12:55–58.

Baudet, G. (2001) Primeira observação do entufado-baiano (*Merulaxis stresemanni*) na natureza. *Tangara* 1(2):51–56.

Bauer, C. (1999) Padrões atuais de distribuição de aves florestais na região sul do Estado do Espírito Santo, Brasil. Dissertação de Mestrado. Rio de Janeiro, Universidade Federal do Rio de Janeiro.

Bauer, C. & J. F. Pacheco (2000) Lista das aves da região de Visconde de Mauá, Serra da Mantiqueira, no limite dos Estados do Rio de Janeiro e Minas Gerais. *Atualidades Orn.* 97:7.

Bauer, C., J. F. Pacheco & P. S. M. Fonseca (1997) As matas primárias do entorno do Parque Estadual da Pedra Azul (Sul do Espírito Santo) e sua relevância na manutenção da avifauna florestal dependente. Resumos do VI Congresso Brasileiro de Ornitologia, Belo Horizonte, p. 136.

Bauer, C., J. F. Pacheco, A. C. Venturini & B. M. Whitney (2000) Rediscovery of the Cherry-throated Tanager *Nemosia rourei* in southern Espírito Santo, Brazil. *Bird Conserv. Internat.* 10(2):97–108.

Belin, A. A. R., S. Bazilio & J. F. Cândido Jr. (2003) Avifauna na Reserva Particular do Patrimônio Natural (RPPN) Corredor do Iguaçu da Empresa Araupel S/A, região sudoeste do Estado do Paraná. Resumos do XI Congresso Brasileiro de Ornitologia e IX Encontro Nacional de Anilhadores de Aves, Feira de Santana (CD ROM).

Bellini, C., M. Â. Marcovaldi, T. M. Sanches, A. Grossman & G. Sales (1996) Atol das Rocas Biological Reserve: second largest *Chelonia* rookery in Brazil. *Marine Turtle Newsletter* (72):1–2.

Belton, W. (1994) *Aves do Rio Grande do Sul: distribuição e biologia.* Tradução de Teresinha Tesche Roberts. São Leopoldo: Ed. Universidade do Vale do Rio dos Sinos.

Bencke, C. S. C. & L. P. C. Morellato (2002) Estudo comparativo da fenologia de nove espécies arbóreas em três tipos de floresta atlântica no sudeste do Brasil. *Rev. Bras. Bot.* 25(2):237–248.

Bencke, G. A. (2004) O caboclinho *Sporophila zelichi* observado no Rio Grande do Sul, Brasil. *Ararajuba* 12:170–171.

Bencke, G. A. & A. Kindel (1999) Bird counts along an altitudinal gradient of Atlantic forest in northeastern Rio Grande do Sul, Brazil. *Ararajuba* 7(2):91–107.

Bencke, G. A., A. Kindel & J. K. Mähler Jr. (2000) Adições à avifauna de Mata Atlântica do Rio Grande do Sul. Pp. 317–323 *in* M. A. S. Alves, J. M. C. Silva, M. V. Sluys, H. G. Bergallo & C. F. D. Rocha (orgs.) *A Ornitologia no Brasil, pesquisa atual e perspectivas.* Rio de Janeiro: EdUERJ.

Bencke, G. A., C. S. Fontana, R. A. Dias, G. N. Maurício & J. K. Mähler Jr. (2003) Aves. Pp. 189–479 *in* C. S. Fontana, G. A. Bencke & R. E. Reis (eds.) *Livro Vermelho da Fauna Ameaçada de Extinção no Rio Grande do Sul.* Porto Alegre: Edipucrs.

Bergallo, H. G., C. F. D. Rocha, M. A. S. Alves & M. Sluys (orgs.) (2000) A *fauna ameaçada de extinção do Estado do Rio de Janeiro.* Rio de Janeiro: EdUERJ.

Berla, H. F. (1944) Lista das aves colecionadas em Pedra Branca, município de Parati, estado do Rio de Janeiro, com algumas notas sôbre sua biologia. *Bol. Mus. Nac.*, Zool. 18:1–21.

Berla, H. F. (1946) Lista das aves colecionadas em Pernambuco, com descrição de uma subespécie n., de um alótipo fêmea e notas de campo. *Bol. Mus. Nac.*, Zool. 65:1–35.

BirdLife International (2000) *Threatened birds of the world.* Cambridge, U. K.: Lynx Edicions & BirdLife International.

BirdLife International (2004) *Threatened birds of the world 2004.* CD-ROM. Cambridge, U. K.: BirdLife International.

Bóçon, R., C. Seger, M. Pichorim & P. Scherer-Neto (1994) Contribuição para o conhecimento da avifauna da região sudoeste do estado do Paraná. Resumos do IV Congresso Brasileiro de Ornitologia, Recife, p. 43.

Bornschein, M. R. & B. L. Reinert (1997) Acrescido de Marinha em Pontal do Paraná: uma área a ser conservada para a manutenção das aves dos campos e banhados do litoral do Paraná, sul do Brasil. Pp. 875–889 *in Anais do Congresso Brasileiro de Unidades de Conservação.* Vol. 2.

Bornschein, M. R. & B. L. Reinert (1997) Novas informações sobre a distribuição e hábitat de *Stymphalornis acutirostris* (Formicariidae). Resumos do VI Congresso Brasileiro de Ornitologia, Belo Horizonte, p. 120.

Bornschein, M. R., F. C. Straube, M. Pichorim & B. L. Reinert (1993) Novos registros de aves para a Floresta Atlântica Paranaense. Resumos do III Congresso Brasileiro de Ornitologia, Pelotas, Resumo 44.

Bornschein, M. R., B. L. Reinert & D. M. Teixeira (1995) Um novo Formicariidae do sul do Brasil (Aves, Passeriformes). *Publicação Técnico-Científica do Instituto Iguaçu de Pesquisa e Preservação Ambiental* 1:1–18.

Bornschein, M. R., B. L. Reinert & M. Pichorim (1998) Descrição, ecologia e conservação de um novo *Scytalopus* (Rhinocryptidae) do sul do Brasil, com comentários sobre a morfologia da família. *Ararajuba* 6(1):3–36.

Bornschein, M. R., M. Pichorim & B. L. Reinert (2001) Novos registros de *Scytalopus iraiensis. Nattereria* 2:29–33.

Bornschein, M. R., G. N. Maurício, C. A. F. R. Gatto & H. Mata (2005) Avaliação do status taxonômico do macuquinho-baiano *Scytalopus psychopompus* (Rhinocryptidae), com comentários sobre aspectos biológicos e conservação da espécie. BirdLife International – Programa do Brasil. Relatório não publicado.

Brandt, A. & R. B. Machado (1990) Área de alimentação e comportamento alimentar de *Anodorhynchus leari. Ararajuba* 1:57–63.

Braz, V. S. & M. F. Amaral (2004) Avifauna da Reserva Biológica de Guaribas, Paraíba. Resumos do XXV Congresso Brasileiro de Zoologia, Brasília, p. 33.

Bruno, S. F. & W. Bartmann (2003) Brazilian Mergansers in Serra da Canastra National Park, Minas Gerais, Brazil. *TWSG News* 14:53–54.

Buzzetti, D. R. C. (1996) Aves de floresta de restinga em Itanhaém, litoral sul do Estado de São Paulo, Brasil. Resumos do V Congresso Brasileiro de Ornitologia, Campinas, p. 17.

Buzzetti, D. R. C. (1998) As aves registradas durante o plano de gestão da baía da Ilha Grande/RJ. Resumos do VII Congresso Brasileiro de Ornitologia, Rio de Janeiro, p. 103.

Buzzetti, D. R. C. (2000) Distribuição altitudinal de aves em Angra dos Reis e Parati, sul do Estado do Rio de Janeiro, Brasil. Pp. 131–148 *in* M. A. S. Alves, J. M. C. Silva, M. V. Sluys, H. G. Bergallo & C. F. D. Rocha (orgs.) *A Ornitologia no Brasil, pesquisa atual e perspectivas.* Rio de Janeiro: EdUERJ.

Buzzetti, D. R. C. & J. M. Barnett (2003) Description of the nest and eggs of two *Myrmeciza* antbirds endemic to the Atlantic Forest of Brazil. *Cotinga* 20:89–93.

Buzzetti, D. R. C., A. M. K. Uejima, C. A. F. R. Gatto & M. Pichorim (2001) Dados preliminares sobre a ecologia de *Eleothreptus anomalus* (Caprimulgidae) no Parque Estadual de Vila Velha, Paraná. Pp. 158–159 *in* F. C. Straube (ed.) *Ornitologia sem fronteiras, incluindo os resumos do IX Congresso Brasileiro de Ornitologia.* Curitiba: PUC–PR.

Cabral, J. J. P., R. Braga, S. Montenegro, S. Campello, A. Cirillo, G. Pérrier-Júnior & S. Lopes-Filho (2004) Recursos hídricos e os Brejos de Altitude. Pp. 31–48 *in* K. C. Pôrto, J. J. P. Cabral & M. Tabarelli (orgs.) *Brejos de altitude em Pernambuco e Paraíba: história natural, ecologia e conservação.* Brasília: Ministério do Meio Ambiente (Série Biodiversidade, 9).

Calazans, F. M. B. (1996) Levantamento preliminar da avifauna da reserva particular de Murici, AL. Resumos do V Congresso Brasileiro de Ornitologia, Campinas, p. 18.

Camargo, H. F. A. (1976) Sobre o ninho de *Triclaria malachitacea* (Spix, 1824) (Aves, Psittacidae). *Pap. Avuls. Zool.* 29(14):93–94.

Campos, F. P. de, D. Paludo, P. de J. Faria & R. A. C. Campanhã (2002) Propostas visando proteção integral de colônias ameaçadas de aves marinhas insulares residentes, criando unidades de conservação da natureza no litoral do Estado de São Paulo. Resumos do X Congresso Brasileiro de Ornitologia e VIII Encontro Nacional de Anilhadores de Aves, Fortaleza, pp. 81–83.

Campos, F. P. de, D. Paludo, P. de J. Faria & P. Martuscelli (2004) Aves insulares marinhas, residentes e migratórias, do litoral do Estado de São Paulo. Pp. 57–82 *in* J. O. Branco (org.) *Aves marinhas e insulares brasileiras: bioecologia e conservação.* Itajaí: Editora da UNIVALI.

Carnevalli, N. (1980) Contribuição ao estudo da ornitofauna da Serra do Caraça, Minas Gerais. *Lundiana* 1:88–98.

Carrano, E. & C. F. Ribas (2000) Novos registros de aves para a região de cerrado no Paraná. *Atualidades Orn.* 94:12.

Carrano, E., P. Scherer-Neto, C. F. Ribas & L. Klemann-Jr. (2001) Novos registros de Falconiformes pouco comuns para os estados do Paraná e Santa Catarina. P. 169 *in* F. C. Straube (ed.) *Ornitologia sem fronteiras, incluindo os resumos do IX Congresso Brasileiro de Ornitologia*. Curitiba: PUC–PR.

Carvalhaes, A. M. P. (2001) Acréscimos à lista de aves da Chapada Diamantina, Bahia. P. 170 *in* F. C. Straube (ed.) *Ornitologia sem fronteiras, incluindo os resumos do IX Congresso Brasileiro de Ornitologia*. Curitiba: PUC–PR.

Castella, P. R. & R. M. de Britez (2004) *A floresta com araucária no Paraná: conservação e diagnóstico dos remanescentes florestais*. Brasília: Ministério do Meio Ambiente.

Cavalcante, A. (2005) *A Serra do Baturité*. Edit. Livrarias Livro Técnico.

CBRO [Comitê Brasileiro de Registros Ornitológicos] (2000) Resolução N° 4 – Excluir *Pterodroma hasitata* (Kuhl, 1820) da lista principal de aves brasileiras [...]. *Nattereria* 1:39.

CBRO [Comitê Brasileiro de Registros Ornitológicos] (2000a) Resolução N° 3 – Incluir *Arremon franciscanus* Raposo, 1997 na lista principal de aves brasileiras [...]. *Nattereria* 1:38.

CBRO [Comitê Brasileiro de Registros Ornitológicos] (2000b) Resolução N° 26 – Excluir *Dendroica cerulea* (Wilson, 1810) da lista principal de aves brasileiras [...]. *Nattereria* 1:58–59.

Chiarello, A. G. (2000) Influência da caça ilegal sobre mamíferos e aves das matas de tabuleiro do norte do estado do Espírito Santo. *Bol. Mus. Biol. Mello Leitão* (N. Sér.) 11/12:229–247.

CPRH [Agência Estadual de Meio Ambiente e Recursos Hídricos] (1999) *Diagnóstico Sócio-ambiental da Área de Proteção Ambiental de Guadalupe (APA - Guadalupe)*. www.cprh.gov.pe.br .

Coelho, A. G. de M. (1978) Lista de algumas espécies de aves do Nordeste do Brasil. *Notulae Biol.*, n. s. 1:1–7.

Coelho, A. G. de M. (1987a) *Novas informações sobre a avifauna da Estação Ecológica do Tapacurá – Pernambuco*. Recife: Univ. Federal de Pernambuco (Publ. Avulsa 1).

Coelho, A. G. de M. (1987b) *Aves da reserva biológica de Serra Negra (Floresta – PE). Lista Preliminar*. Recife: Univ. Federal de Pernambuco (Publ. Avulsa 2).

Coelho, A. G. (2002) Lista das aves do Parque Nacional do Catimbau. Sociedade Nordestina de Ecologia. Não publicado.

Coelho, G. & W. Silva (1998) A new species of *Antilophia* (Passeriformes: Pipridae) from Chapada do Araripe, Ceará, Brazil. *Ararajuba* 6(2):81–84.

Coelho, E. P., V. S. Alves, F. A. S. Fernandez & M. L. L. Soneghet (1991) On the bird faunas of coastal islands of Rio de Janeiro state, Brazil. *Ararajuba* 2:31–40.

COFIC, CETREL S. A., Bahia Pulp S.A., Fundação Garcia D´Avila, INDES, Millenium Chemichals S. A., Governo do Estado da Bahia, SEMARH/SFC & SEDUR-CONDER (2005). Programa Corredor Ecológico Norte da Bahia: Compromisso de desenvolvimento sustentável, conservação da Mata Atlântica, biodiversidade e recursos hidricos. Camaçari. Não publicado.

Collar, N. J., L. P. Gonzaga, N. Krabbe, A. Madroño Nieto, L. G. Naranjo, T. A. Parker III & D. C. Wege (1992) *Threatened birds of the Americas*. The ICBP/IUCN Red Data Book. Cambridge, U. K.: International Council for Bird Preservation.

Cordeiro, P. H. C. (2000) Levantamento em oito fragmentos de Mata Atlântica no sul da Bahia. P. 187 *in* F. C. Straube, M. M. Argel-de-Oliveira & J. F. Cândido-Jr. (eds.) *Ornitologia brasileira no século XX, incluindo os Resumos do VIII Congresso Brasileiro de Ornitologia*. Curitiba: Universidade do Sul de Santa Catarina e Sociedade Brasileira de Ornitologia.

Cordeiro, P. H. C. (2001) Ocorrência de aves endêmicas, raras e ameaçadas em fragmentos de Mata Atlântica do sul da Bahia. Pp. 187–188 *in* F. C. Straube (ed.) *Ornitologia sem fronteiras, incluindo os resumos do IX Congresso Brasileiro de Ornitologia*. Curitiba: PUC–PR.

Cordeiro, P. H. C. (2002) A fragmentação da Mata Atlântica no sul da Bahia e suas implicações na conservação dos psitacídeos. Pp. 215–227 *in* M. Galetti & M. A. Pizo (eds.) *Ecologia e conservação de psitacídeos no Brasil*. Belo Horizonte: Melopsittacus Publicações Científicas.

Cordeiro, P. H. C., T. A. Melo Jr. & M. F. de Vasconcelos (1998) A range extension for Cipo Canastero *Asthenes luizae* in Brazil. *Cotinga* 10:64–65.

Crespo, S. & L. P. Carneiro (2000) Perfil sócio-demográfico-ambiental e identificação das demandas do entorno. Pesquisa com lideranças. Pp. 73–92 *in O Parque Nacional do Itatiaia*. Rio de Janeiro: Fundação Brasileira para o Desenvolvimento Sustentável (Cadernos FBDS 3). Disponível em: www.fbds.org.br/IMG/pdf/doc-32.pdf.

D'Angelo Neto, S. & S. R. Queiroz (2001) Ocorrência da maria-corruíra (*Euscarthmus rufomarginatus*) no norte de Minas Gerais, Brasil. *Tangara* 1(2):90–94.

D'Angelo Neto, S. & M. F. de Vasconcelos (2003) Novo registro estende a distribuição geográfica conhecida de *Arremon franciscanus* (Passeriformes: Emberizidae) ao sul. *Ararajuba* 11(2):215.

D'Angelo Neto, S., M. F. de Vasconcelos & L. F. Silveira (2001) Range extensions, plumage variation, and conservation of the Narrow-billed Antwren (*Formicivora iheringi*), a Brazilian endemic. *Internat. J. Ornithol.* 4(2):225–229.

Develey, P. F. (1997) Estrutura, composição e territorialidade de bandos mistos de aves de Mata Atlântica. Resumos do VI Congresso Brasileiro de Ornitologia, Belo Horizonte, p. 46.

Develey, P. F. (2004a) As aves da Estação Ecológica Juréia-Itatins. Pp. 278–295 *in* O. A. V. Marques & W. Duleba (eds.) *Estação Ecológica Juréia-Itatins: ambiente físico, flora e fauna*. Ribeirão Preto: Holos Editora.

Develey, P. F. (2004b) Efeitos da fragmentação e do estado de conservação da floresta na diversidade de aves de Mata Atlântica. Tese de Doutorado. São Paulo, Universidade de São Paulo.

Develey, P. F. & C. A. Peres (2000) Resource seasonality and the structure of mixed species bird flocks in a coastal Atlantic forest of southeastern Brazil. *J. Trop. Ecol.* 16:33–53.

Develey, P. F. & E. Endrigo (2004) *Aves da Grande São Paulo: guia de campo*. São Paulo: Aves e Fotos Editora.

Develey, P. F. & L. F. Silveira (2001) Avifauna da Serra das Lontras e Javi, Bahia, Brasil. São Paulo. Relatório não publicado.

Dias, R. A. & G. N. Maurício (1998) Lista preliminar da avifauna da extremidade sudoeste do saco da Mangueira e arredores, Rio Grande do Sul. *Atualidades Orn.* 86:10–11.

Dias, R. A. & C. S. Fontana (2002) Distribuição, biologia, ecologia e conservação do cisne-de-pescoço-preto *Cygnus melanocorypha*, e da capororoca *Coscoroba coscoroba*, no Brasil. Pp. 1–20 *in Censo Neotropical de Cisnes: Conteo de Cisnes de Cuello Negro (*Cygnus melancoryphus*) y Coscorobas (*Coscoroba coscoroba*) en Argentina, Brasil y Uruguay. Periodo 1998–2001.* Buenos Aires: L.O.L.A. v.1.

Efe, M. A. (2004) Aves marinhas das ilhas do Espírito Santo. Pp. 101–118 *in* J. O. Branco (org.) *Aves marinhas e insulares brasileiras: bioecologia e conservação*. Itajaí: Editora da UNIVALI.

Efe, M. A. & C. M. Musso (1994) Crescimento de filhotes de *Sterna* (*sandvicensis*) *eurygnatha*, na Ilha Escalvada, ES. Resumos do IV Congresso Brasileiro de Ornitologia, Recife, p. 44.

Efe, M. A. & C. M. Musso (1996) Reprodução de *Sterna hirundinacea* nas ilhas Itatiaia, ES, em 1994. Resumos do V Congresso Brasileiro de Ornitologia, Campinas, p. 35.

Efe, M. A. & C. M. Musso (2001) Primeiro registro de *Puffinus lherminieri* Lesson, 1839 no Brasil. *Nattereria* 2:21–23.

Efe, M. A., C. Musso & L. Glock (2001) Parâmetros populacionais de *Sterna sandvicensis eurygnatha* no Brasil. P. 198 *in* F. C. Straube (ed.) *Ornitologia sem fronteiras, incluindo os resumos do IX Congresso Brasileiro de Ornitologia*. Curitiba: PUC–PR.

Efe, M. A., J. L. X. Nascimento, I. L. S. Nascimento & C. Musso (2000) Distribuição e ecologia reprodutiva de *Sterna sandvicensis eurygnatha* no Brasil. *Melopsittacus* 3(3):110–121.

Farias, G. B. (1996) Distribuição do pintor-verdadeiro *Tangara fastuosa* no Estado de Pernambuco. Resumos do V Congresso Brasileiro de Ornitologia, Campinas, p. 36.

Farias, G. B., M. T. Brito & G. L. Pacheco (2001) Levantamento das aves da RPPN Maurício Dantas, Betânia/Floresta (Pernambuco). P. 202 *in* F. C. Straube (ed.) *Ornitologia sem fronteiras, incluindo os resumos do IX Congresso Brasileiro de Ornitologia*. Curitiba: PUC–PR.

Farias, G. B., M. T. de Brito & G. L. Pacheco (2002) *Registros ornitológicos de Pernambuco*. Recife: Observadores de Aves de Pernambuco.

Ferreira, I., R. B. Pineschi & J. Nesi (2000) Deslocamentos de aves relacionados à frutificação da taquara *Chusquea capituliflora* na Serra do Mar, Rio de Janeiro. P. 293 *in* F. C. Straube, M. M. Argel-de-Oliveira & J. F. Cândido-Jr. (eds.) *Ornitologia brasileira no século XX, incluindo os Resumos do VIII Congresso Brasileiro de Ornitologia.* Curitiba: Universidade do Sul de Santa Catarina e Sociedade Brasileira de Ornitologia.

FIDEM (1987) Região Metropolitana do Recife: Reservas Ecológicas. Recife: Governo do Estado de Pernambuco, Secretaria de Planejamento do Estado de Pernambuco, Fundação de Desenvolvimento da Região Metropolitana do Recife.

Figueiredo, L. F. A. & V. K. Lo (2000) Lista das aves do município de São Paulo. *Boletim CEO* 14:15–35.

Fitzpatrick, J. W. (2004) Family Tyrannidae (tyrant flycatchers). Pp. 170–462 *in* J. del Hoyo, A. Elliott & D. A. Christie (eds.) *Handbook of the birds of the world.* Vol. 9. Cotingas to Pippits and Wagtails. Barcelona: Lynx Edicions.

Floeter, S. R., R. Z. P. Guimarães, L. A. Rocha, C. E. L. Ferreira, C. A. Rangel & J. L. Gasparini (2001) Geographic variation in reef-fish assemblages along the Brazilian coast. *Global Ecol. and Biogeogr.* 10:423–431.

Fonseca Neto, F. P. (2004) Aves marinhas da ilha Trindade. Pp. 119–146 *in* J. O. Branco (org.) *Aves marinhas e insulares brasileiras: bioecologia e conservação.* Itajaí: Editora da UNIVALI.

Forrester, B. C. (1993) *Birding Brazil. A check-list and site guide.* Irvine: John Geddes.

Freitas, M. A. de & Y. de M. Barros (2002) Ornitofauna de Curaçá (pátria da ararinha-azul) riqueza e diversidade na Caatinga da região norte da Bahia. Resumos do X Congresso Brasileiro de Ornitologia e VIII Encontro Nacional de Anilhadores de Aves, Fortaleza, pp. 150–152.

Fundação BIO-RIO, SECTAM/PA, IDEMA/RN, SNE/PB, SMA/SP & FEPAM/RS (2002) *Avaliação e ações prioritárias para conservação da biodiversidade das Zonas Costeira e Marinha. Sumário Executivo.* Brasília: Ministério do Meio Ambiente, Secretaria de Biodiversidade e Florestas.

Fundação Zoobotânica do Rio Grande do Sul (2002) Avaliação da biodiversidade da Reserva Biológica do São Donato. Parte I – Proposição de limites da Reserva Biológica do São Donato. Porto Alegre, FZB. Relatório não publicado.

Gagliardi, R. & J. F. Pacheco (2003) Aves do Parque Nacional da Tijuca. Disponível em: www.terrabrasil.org.br/ecosistema/ecosist_aves1.htm. Acesso em dezembro de 2005.

Galetti, M. (1997) Seasonal abundance and feeding ecology of parrots and parakeets in a lowland Atlantic forest of Brazil. *Ararajuba* 5(2):115–126.

Galetti, M. & A. Aleixo (1998) Effects of palm heart harvesting on avian frugivores in the Atlantic rain forest of Brazil. *J. Applied Ecol.* 35:286–293.

Galetti, M. & D. Stotz (1996) *Miconia hypoleuca* (Melastomataceae) como espécie-chave para aves frugívoras no sudeste do Brasil. *Rev. Bras. Biol.* 56: 435–439.

Galetti, M., P. Martuscelli, F. Olmos & A. Aleixo (1997a) Ecology and conservation of the jacutinga *Pipile jacutinga* in the Atlantic forest of Brazil. *Biol. Conserv.* 82:31–39.

Galetti, M., P. Martuscelli, M. A. Pizo & I. Simão (1997b) Records of Harpy and Crested Eagles in the Brazilian Atlantic Forest. *Bull. Brit. Ornith. Club* 117(1):27–31.

Girão e Silva, W. A. de & C. G. Albano (2002) *Lista remissiva da avifauna cearense.* Recife: Observadores de Aves de Pernambuco. Disponível em: www.oap.org.br/listaCE.htm.

Girão e Silva, W. A. de, C. G. Albano & P. T. P. de Brito (2003) A "misteriosa" Serra do Castelo, localidade típica de *Picumnus limae* Snethlage, 1924. Resumos do XI Congresso Brasileiro de Ornitologia e IX Encontro Nacional de Anilhadores de Aves, Feira de Santana, FA63 (CD ROM).

Giulietti, A. M. & J. R. Pirani (1988) Patterns of geographic distribution of some plant species from the Espinhaço range, Minas Gerais and Bahia, Brazil. Pp. 39–69 *in* P. E. Vanzolini & W. R. Heyer (eds.) *Proceedings of a workshop on Neotropical distribution patterns.* Rio de Janeiro: Academia Brasileira de Ciências.

Goerck, J. (1992) Observações da avifauna de Trindade durante expedição do Centro Tamar (9–21 de março de 1990). Pp. 95–97 *in* VI Encontro Nacional de Anilhadores de Aves. *Anais...* Pelotas: Educat.

Goerck, J. M. (1999) Distribution of birds along an elevational gradient in the atlantic forest of Brazil: implications for the conservation of endemic and endangered species. *Bird Conserv. Internat.* 9:235–253.

Goerck, J. M. (2001) Programa de áreas importantes para a conservação das aves (IBAs) – uma estratégia global da BirdLife International. Pp. 231–238 *in* J. L. B. Albuquerque, J. F. Cândido-Jr., F. C. Straube & A. L. Roos (eds.) *Ornitologia e conservação: da ciência às estratégias.* Tubarão: Editora Unisul.

Gomes, M. A. (2004) Parque Ecológico Vasconcelos Sobrinho e a reprodução social do insustentável. Pp. 49–76 *in* K. C. Pôrto, J. J. P. Cabral & M. Tabarelli (orgs.) *Brejos de altitude em Pernambuco e Paraíba: história natural, ecologia e conservação.* Brasília: Ministério do Meio Ambiente (Série Biodiversidade, 9).

Gonzaga, L. P. (1983) Notas sobre *Dacnis nigripes* Pelzeln, 1856 (Aves, Coerebidae). *Iheringia*, Sér. Zool. 63:45–58.

Gonzaga, L. P. (1988) A new antwren from Southeastern Brazil. *Bull. Brit. Ornith. Club* 108(3):132–135.

Gonzaga, L. P. & G. Castiglioni (2001) *Aves das montanhas do sudeste do Brasil.* CD de Áudio. Rio de Janeiro: Arquivo Sonoro Prof. Elias Coelho, UFRJ (ASECCD01).

Gonzaga, L. P. & J. F. Pacheco (1990) Two new subspecies of *Formicivora serrana* (Hellmayr) from southeastern Brazil, and notes on the type locality of *Formicivora deluzae* Ménétriès. *Bull. Brit. Ornith. Club* 110(4):187–193.

Gonzaga, L. P. & J. F. Pacheco (1992) Uma análise retrospectiva da avifauna do baixo rio Doce, Espírito Santo. Resumos do II Congresso Brasileiro de Ornitologia, Campo Grande, Resumo 82.

Gonzaga, L. P. & J. F. Pacheco (1995) A new species of *Phylloscartes* (Tyrannidae) from the mountains of southern Bahia, Brazil. *Bull. Brit. Ornith. Club* 115(2):88–97.

Gonzaga, L. P., J. F. Pacheco, C. Bauer & G. D. A. Castiglioni (1995) An avifaunal survey of the vanishing montane Atlantic forest of southern Bahia, Brazil. *Bird Conserv. Internat.* 5:279–290.

Gonzaga, L. P., J. F. Pacheco, C. Bauer, B. M. Whitney, P. S. M. Fonseca, G. D. A. Castiglioni & H. B. Rajão (1996) A avifauna da mata-de-cipó da região de Boa Nova, BA. Resumos do V Congresso Brasileiro de Ornitologia, Campinas, p. 40.

Graham, D. J. (1991) The avifauna and the vegetation structure of a mature Araucaria plantation in São Paulo, Brazil. *IF, Série Registros* 6:1–79.

Grantsau, R. (1988) *Os beija-flores do Brasil.* Rio de Janeiro: Expressão e Cultura.

Granzinolli, M. A. M., L. E. Lopes & M. Martins (2001) Predação e predadores de ninhos experimentais em diferentes fisionomias de cerrado. P. 232 *in* F. C. Straube (ed.) *Ornitologia sem fronteiras, incluindo os resumos do IX Congresso Brasileiro de Ornitologia.* Curitiba: PUC–PR.

Gridi-Papp, C. O., M. Gridi-Papp & W. R. Silva (2004) Differential fruit consumption of two Melastomataceae by birds in Serra da Mantiqueira, southeastern Brazil. *Ararajuba* 12(1):7–13.

Harrington, B. A., P. T. Z. Antas & F. Silva (1986) Northward shorebird migration on the Atlantic coast of southern Brazil. *Vida Silvestre Neotrop.* 1(1):45–54.

Hayes, F. E. (1995) *Status, distribution and biogeography of the birds of Paraguay.* American Birding Association (Monographs in Field Ornithology No. 1).

Hays, H., J. DiConstanzo, G. Cormons, P. T. Z. Antas, J. L. X. Nascimento, I. L. S. Nascimento & R. E. Bremer (1997) Recoveries of Roseate and Common Terns in South America. *J. Field Ornithol.* 68(1):79–90.

Hays, H., P. Lima, L. Monteiro, J. DiCostanzo, G. Cormons, I. C. T. Nisbet, J. E. Saliva, J. A. Spendelow, J. Burger, J. Pierce & M. Gochfeld (1999) A nonbreeding concentration of Roseate and Common Terns in Bahia, Brazil. *J. Field Ornithol.* 70(4):455–464.

Höfling, E. & F. Lencioni (1992) Avifauna da Floresta Atlântica, região de Salesópolis, Estado de São Paulo. *Rev. Bras. Biol.* 52:361–378.

IBAMA [Instituto Brasileiro do Meio Ambiente e dos Recursos Naturais Renováveis] (1998) Reserva Biológica Guaribas: Plano de Ação Emergencial. Brasília. Não publicado.

IBGE [Instituto Brasileiro de Geografia e Estatística] (1986) *Folha SH.22 Porto Alegre e parte das folhas SH.21 Uruguaiana e SI.22 Lagoa Mirim: geologia, geomorfologia, pedologia, vegetação, uso potencial da terra. Levantamento de Recursos Naturais.* Vol. 33. Rio de Janeiro: IBGE.

IBGE [Instituto Brasileiro de Geografia e Estatística] (2004) *Mapa de vegetação do Brasil.* 3ª. ed. Brasília: IBGE.

IPECE [Instituto de Pesquisa e Estratégia Econômica do Ceará] (2005) *Anuário Estatístico do Ceará 2004.* Disponível em: www.ipece.ce.gov.br/publicacoes/Anuario_2004/conteudo/index_fisiografia.htm.

Irgang, B. E. (1980) A mata do Alto Uruguai no RS. *Ciênc. e Cult.* 32(3):323-324.

Isfer, O. (2000) Composição da avifauna do Parque Estadual do Rio da Onça, Matinhos, Paraná. P. 373 *in* F. C. Straube, M. M. Argel-de-Oliveira & J. F. Cândido-Jr. (eds.) *Ornitologia brasileira no século XX, incluindo os Resumos do VIII Congresso Brasileiro de Ornitologia.* Curitiba: Universidade do Sul de Santa Catarina e Sociedade Brasileira de Ornitologia.

Isler, M. L. & P. R. Isler (1987) *The Tanagers: natural history, distribution, and identification.* Washington: Smithsonian Institution Press.

Isler, M. L., P. R. Isler & B. M. Whitney (1997) Biogeography and systematics of the *Thamnophilus punctatus* (Thamnophilidae) complex. Pp. 355–381 *in* J. V. Remsen Jr. (ed.) *Studies in Neotropical Ornithology honoring Ted Parker.* American Ornithologist's Union (Ornithol. Monogr., 48).

Isler, P. R. & B. M. Whitney (2002) *Songs of the Antbirds: Thamnophilidae, Formicariidae, and Conopophagidae.* CDs de Áudio. Ithaca, NY: Macaulay Library of Natural Sounds/Cornel Laboratory of Ornithology.

Jesus, N. G., I. S. Santos, I. Santana, J. B. Santos, S. L. Bispo, M. R. Fonseca, G. S. S. Almeida, M. D. O. Ribeiro, A. M. S. Jorge & M. L. Guedes (2000) Composição florística preliminar da flora da Reserva Particular do Patrimônio Natural da Lontra/Saudade – Entre Rios. UNEM, Relatório de atividades. Não publicado.

Juniper, A. T. & C. Yamashita (1991) The habitat and status of Spix's Macaw *Cyanopsitta spixii. Bird Conserv. Internat.* 1:1–9.

Kikuchi, R. K. P. (2002) Atol das Rocas, litoral nordeste do Brasil: único atol do Atlântico Sul Equatorial Ocidental. Pp. 379–390 *in* C. Schobbenhaus, D. A. Campos, E. T. Queiroz, M. Winge & M. L. C. Berbert-Born (eds.) *Sítios geológicos e paleontológicos do Brasil.* Brasília: DNPM, CPRM, SIGEP.

Kirwan, G. M. & R. S. R. Williams (1999) Mantled Hawk *Leucopternis polionota* in Rio Grande do Sul, Brazil. *Cotinga* 11:97.

Kirwan, G. M., J. M. Barnett & J. Minns (2001) Significant ornithological observations from the Rio São Francisco valley, Minas Gerais, Brazil, with notes on conservation and biogeography. *Ararajuba* 9(2):145–161.

Klein, R. M. (1972) Árvores nativas da floresta subtropical do Alto Uruguai. *Sellowia* 24:9–62.

Koch, Z. & R. Bóçon (1994) *Guia ilustrado das aves comuns [Parque Nacional do Iguaçu].* Curitiba: Maxi Gráfica e Editora.

Krabbe, N. & T. Schulenberg (2003) Family Formicariidae (ground-antbirds). Pp. 682–731 *in* J. del Hoyo, A. Elliott & D. A. Christie (eds.) *Handbook of the birds of the world.* Vol. 8. Broadbills to Tapaculos. Barcelona: Lynx Edicions.

Krul, R. (1997) Esforço reprodutivo sazonal de aves marinhas nas Ilhas dos Currais, Estado do Paraná. Resumos do VI Congresso Brasileiro de Ornitologia, Belo Horizonte, p. 153.

Lamas, I. R. (2003) *Mergus octosetaceus*: nova estimativa do tamanho da população na região do Parque Nacional da Serra da Canastra. Resumos do XI Congresso Brasileiro de Ornitologia e IX Encontro Nacional de Anilhadores de Aves, Feira de Santana, PC21 (CD ROM).

Lamas, I. R. & L. V. Lins (1994) Contribuição ao conhecimento da avifauna da Mata Atlântica do Sul da Bahia. Resumos do IV Congresso Brasileiro de Ornitologia, Recife, p. 113.

Lanctot, R. B., D. E. Blanco, R. A. Dias, J. P. Isacch, V. A. Gill, J. B. Almeida, K. Delhey, P. F. Petracci, G. A. Bencke & R. Balbueno (2002) Conservation status of the Buff-breasted Sandpiper: historic and contemporary distribution and abundance in South America. *Wilson Bull.* 114:44–72.

Lara-Resende, S. & F. Leeuwenberg (1987) Ecological studies of Lagoa do Peixe. Washington. Relatório final para a World Wildlife Fund. Não publicado.

Lima, F. C. T. de (1999) A range extension for the Caatinga Black-tyrant, *Knipolegus franciscanus* (Tyrannidae), a rare Brazilian endemic. *Bull. Brit. Ornith. Club* 119:270–271.

Lima, A. L. & J. J. Soares (2003) Aspectos florísticos e ecológicos de palmeiras (Arecaceae) da Reserva Biológica de Duas Bocas, Cariacica, Espírito Santo. *Bol. Mus. Biol. Mello Leitão* (N. Sér.) 16:5–20.

Lima, P. C., H. Hays, R. de C. F. da R. Lima & S. S. dos Santos (2001a) Recuperação de *Sterna dougallii*, anilhadas nos Estados Unidos e Europa. P. 257 *in* F. C. Straube (ed.) *Ornitologia sem fronteiras, incluindo os resumos do IX Congresso Brasileiro de Ornitologia.* Curitiba: PUC–PR.

Lima, P. C., S. S. dos Santos, Z. S. Magalhães & R. de C. F. da R. Lima (2001b) Avifauna da Mata Atlântica no Baixo Sul, Bahia. Pp. 262–263 *in* F. C. Straube (ed.) *Ornitologia sem fronteiras, incluindo os resumos do IX Congresso Brasileiro de Ornitologia.* Curitiba: PUC–PR.

Lima, P. C., S. S. dos Santos & R. de C. F. da R. Lima (2003a) Levantamento e anilhamento da ornitofauna na pátria da arara-azul-de-lear (*Anodorhynchus leari*, Bonaparte, 1856): um complemento ao levantamento realizado por H. Sick, L. P. Gonzaga e D. M. Teixeira, 1987. *Atualidades Orn.* 112:11 (versão completa do artigo disponível em: www.ao.com.br – seção AO On-Line).

Lima, P. C., S. S. dos Santos & R. de C. F. da R. Lima (2003b) Novas informações sobre o levantamento e anilhamento da ornitofauna na Pátria da Arara-azul-de-lear (*Anodorhynchus leari*, Bonaparte, 1856), Bahia, Brasil. *Atualidades Orn.* 115:3–4.

Lima, P. C. (2002) Biodiversidade no Litoral Norte da Bahia. Relatório CONDER. Não publicado.

Lima, H. C. & R. R. Guedes-Bruni (eds.) (1997) *Serra de Macaé de Cima: diversidade florística e conservação em Mata Atlântica.* Rio de Janeiro: Jardim Botânico do Rio de Janeiro.

Locatelli, E. & I. C. Machado (2004) Fenologia das espécies arbóreas de uma mata serrana (brejo de altitude) em Pernambuco, nordeste do Brasil. Pp. 255–276 *in* K. C. Pôrto, J. J. P. Cabral & M. Tabarelli (orgs.) *Brejos de altitude em Pernambuco e Paraíba: história natural, ecologia e conservação.* Brasília: Ministério do Meio Ambiente (Série Biodiversidade, 9).

Lopes, L. E., A. M. Fernandes & M. A. Marini (2002) Dieta de quatro espécies de aves de Mata Atlântica ameaçadas de extinção no Estado de Minas Gerais. Resumos do XXIV Congresso Brasileiro de Zoologia, Itajaí, p. 469.

Lowen, J. C., R. P. Clay, J. M. Barnett, A. Madroño Nieto, M. Pearman, B. López-Lanús, J. A. Tobias, D. C. Liley, T. M. Brooks, E. Z. Esquivel & J. M. Reid (1997) New and noteworthy observations on the Paraguayan avifauna. *Bull. Brit. Ornith. Club* 117(4):275–293.

Luçolli, S. C. (1991) Incrementando a coleta de dados biológicos durante o processo de anilhamento de aves. Resumos do I Congresso Brasileiro de Ornitologia, Belém, Resumo 59.

Luigi, G. & J. B. Nacinovic (1997) A avifauna do Arquipélago de Martim Vaz, ES, com ênfase ao status de *Anous tenuirostris* (Temminck, 1823) (Aves: Lariidae). Resumos do VI Congresso Brasileiro de Ornitologia, Belo Horizonte, p. 62.

Lyra-Neves, R. M., M. M. Dias, S. M. de Azevedo-Jr, W. R. Telino-Jr & M. E. L. de Larrazábal (2004) Comunidade de aves da Reserva Estadual de Gurjaú, Pernambuco, Brasil. *Rev. Bras. Zool.* 21(3):581–592.

Machado, C. G. (1999) A composição dos bandos mistos de aves na Mata Atlântica da Serra de Paranapiacaba, no sudeste brasileiro. *Rev. Bras. Biol.* 59(1):75–85.

Machado, R. B. & G. A. B. da Fonseca (2000) The avifauna of Rio Doce valley, southeastern Brazil, a highly fragmented area. *Biotropica* 34(4b):914–924.

Machado, R. B., L. M. de S. Aguiar, I. R. Lamas & H. K. M. Corrêa (1995) Notes on the occurrence of *Jacamaralcyon tridactyla* (Vieillot) (Aves, Piciformes, Galbulidae) in an Atlantic forest fragment, municipality of Antônio Dias (Minas Gerais). *Rev. Bras. Zool.* 12(4):743–746.

Machado, A. B. M., G. A. da Fonseca, R. B. Machado, L. M. de S. Aguiar & L. V. Lins (eds.) (1998) *Livro Vermelho das espécies em extinção da fauna de Minas Gerais.* Belo Horizonte: Fundação Biodiversitas.

Mähler Jr., J. K. F. (1996) Contribuição ao conhecimento da avifauna do Parque Estadual do Turvo, Rio Grande do Sul, Brasil. *Acta Biol. Leopold.* 18:123–128.

Mähler Jr., J. K. F., A. Kindel & E. A. I. Kindel (1996) Lista comentada das espécies de aves da Estação Ecológica do Taim, Rio Grande do Sul, Brasil. *Acta Biol. Leopold.* 18:69–103.

Mallet-Rodrigues, F. & M. L. M. de Noronha (2003) The avifauna of low elevations in the Serra dos Órgãos, Rio de Janeiro state, south-east Brazil. *Cotinga* 20:51–56.

Marigo, L. C. (2002.) Harpia na Serrinha do Alambari. *Atualidades Orn.* 109:7.

Marini, M. A., R. Durães, A. M. Fernandes, L. E. Lopes & C. E. A. Carvalho (2002) Redescoberta de *Myrmeciza ruficauda* (Thamnophilidae) no Estado de Minas Gerais. Resumos do XXIV Congresso Brasileiro de Zoologia, Itajaí, p. 470.

Marques, O. A. V. & W. Duleba (eds.) (2004) *Estação Ecológica Juréia-Itatins: ambiente físico, flora e fauna.* Ribeirão Preto: Holos Editora.

Marsden, S. J., M. Whiffin, L. Sadgrove & P. Guimarães Jr. (2000) Parrot populations and habitat use in and around two lowland Atlantic forest reserves, Brazil. *Biol. Conserv.* 96:209–217.

Martinelli, G. (1997) Biologia reprodutiva de Bromeliaceae na Reserva Ecológica de Macaé de Cima. Pp. 213–250 *in* H. C. Lima & R. R. Guedes-Bruni (eds.) *Serra de Macaé de Cima: diversidade florística e conservação em Mata Atlântica.* Rio de Janeiro: Jardim Botânico do Rio de Janeiro.

Martinez, J. & N. P. Prestes (2002) Ecologia e conservação do papagaio-charão *Amazona pretrei.* Pp. 173–192 *in* M. Galetti & M. A. Pizo (eds.) *Ecologia e conservação de psitacídeos no Brasil.* Belo Horizonte: Melopsittacus.

Martuscelli, P. (1995) Ecology and conservation of the Red-tailed Amazon *Amazona brasiliensis* in south-eastern Brazil. *Bird Conserv. Internat.* 5:405–420.

Martuscelli, P., F. P. Campos, L. Buitrón, R. A. C. Campanhã, H. G. de Oliveira & S. L. de Oliveira (2000) Arquipélago dos Alcatrazes: um importante sítio reprodutivo de aves marinhas no sudeste brasileiro sob risco ambiental. P. 253 *in* F. C. Straube, M. M. Argel-de-Oliveira & J. F. Cândido-Jr. (eds.) *Ornitologia brasileira no século XX, incluindo os Resumos do VIII Congresso Brasileiro de Ornitologia.* Curitiba: Universidade do Sul de Santa Catarina e Sociedade Brasileira de Ornitologia.

Martuscelli, P, F. Olmos, M. Galetti et al. (s.d.) Birds of Ilha do Cardoso State Park. Rio Claro: UNESP. Disponível em: www.rc.unesp.br/ib/ecologia/birdscardoso.html.

Mateos, E., J. C. Guix, A. Serra & K. Pisciotta (eds.) (2002) *Censuses of vertebrates in a Brazilian Atlantic rainforest area: the Paranapiacaba fragment.* Barcelona: Centre de Recursos de Biodiversitat Animal, Universitat de Barcelona.

Mattos, G. T. & H. Sick (1985) Sobre a distribuição e a ecologia de duas espécies crípticas: *Embernagra longicauda* Strickland, 1844, e *Embernagra platensis* (Gmelin, 1789). Emberizidae, Aves. *Rev. Bras. Biol.* 45:201–206.

Mattos, G. T. & J. E. Simon (1994) Avifauna do Parque Estadual da Serra do Brigadeiro, Minas Gerais. Resumos do IV Congresso Brasileiro de Ornitologia, Recife, p. 101.

Mattos, G. T. & M. A. Andrade (2000) Observações sobre a tiriba *Pyrrhura cruentata*: espécie endêmica da Mata Atlântica. *Melopsittacus* 3(3):128–133.

Maurício, G. N. (1993) Levantamento ornitofaunístico do banhado do Pontal da Barra, Pelotas, Rio Grande do Sul. Resumos do III Congresso Brasileiro de Ornitologia, Pelotas, Painel 14.

Maurício, G. N. (2005) Taxonomy of southern populations in the *Scytalopus speluncae* group, with description of a new species and remarks on the systematics and biogeography of the complex (Passeriformes: Rhinocryptidae). *Ararajuba* 13(1):7–28.

Maurício, G. N. & G. A. Bencke (2000) New avifaunal records from the Mostardas peninsula, Rio Grande do Sul, Brazil. *Cotinga* 13:69–71.

Maurício, G. N. & R. A. Dias (1996) Novos registros e extensões de distribuição de aves palustres e costeiras no litoral sul do Rio Grande do Sul. *Ararajuba* 4(1):47–51.

Maurício, G. N. & R. A. Dias (2000) New distributional information for birds in southern Rio Grande do Sul, Brazil, and the first record of the Rufous Gnateater *Conopophaga lineata* for Uruguay. *Bull. Brit. Ornith. Club* 120(4):230–237.

Maurício, G. N. & R. A. Dias (2001a) Distribuição e conservação da avifauna florestal na Serra dos Tapes, Rio Grande do Sul, Brasil. Pp. 137–158 *in* J. L. B. Albuquerque, J. F. Cândido-Jr., F. C. Straube & A. L. Roos (eds.) *Ornitologia e conservação: da ciência às estratégias.* Tubarão: Editora Unisul.

Maurício, G. N. & R. A. Dias (2001b) Áreas prioritárias para a conservação de espécies de aves ameaçadas de extinção no litoral sul do Rio Grande do Sul. Pp. 191–195 *in* I Simpósio de Áreas Protegidas, Pesquisa e Desenvolvimento Sócio-Econômico. *Anais...* Pelotas.

Melo Jr T. A. (1996) Registros de algumas aves ameaçadas no estado de Minas Gerais. *Atualidades Orn.* 72:13–14.

Melo Jr., T. A., L. G. M. Mendes & M. M. Coelho (1998) Range extension for Itatiaia Spinetail *Oreophylax moreirae* with comments on its distribution. *Cotinga* 10:68–70.

Melo-Jr., T. A., M. F. Vasconcelos, G. W. Fernandes & M. Â. Marini (2001) Bird species distribution and conservation in Serra do Cipó, Minas Gerais, Brazil. *Bird Conserv. Internat.* 11:189–204.

Mendes, S. L. & M. da P. Padovan (2000) A Estação Biológica de Santa Lúcia, Santa Teresa, Espírito Santo. *Bol. Mus. Biol. Mello Leitão* (N. Sér.) 11/12:7–34.

Mendonça, J. R., A. M. de Carvalho, L. A. Mattos-Silva e W. W. Thomas (1994) *45 anos de desmatamento no sul da Bahia.* Ilhéus: Projeto Mata Atlântica do Nordeste/CEPEC.

Mendonça, E. C. & L. P. Gonzaga (2000) Nidificação de *Iodopleura pipra* (Cotingidae) em Angra dos Reis, Rio de Janeiro. P. 172 *in* F. C. Straube, M. M. Argel-de-Oliveira & J. F. Cândido-Jr. (eds.) *Ornitologia brasileira no século XX, incluindo os Resumos do VIII Congresso Brasileiro de Ornitologia.* Curitiba: Universidade do Sul de Santa Catarina e Sociedade Brasileira de Ornitologia.

Mendonça-Lima, A. & J. F. Pacheco (2003) Registros recentes de falconiformes na Reserva Biológica do Tinguá, RJ. *Boletim ABFPAR* 6(1):7–9.

Mitchell, M. H. (1957) *Observations on birds of southeastern Brazil.* Toronto: University of Toronto Press.

MMA [Ministério do Meio Ambiente] (2004) *Plano de ação para a conservação do mutum-do-sudeste* Crax blumenbachii. Brasília: IBAMA, MMA (Série Espécies Ameaçadas, 1).

Moraes, V. S. (1991) Avifauna da Ilha do Mel, litoral do Paraná. *Arq. Biol. Tecnol.* 34(2):195–205.

Moraes, V. S. & R. Krul (1997) Notes on the Black-backed Tanager *Tangara peruviana* (Desmarest, 1806). *Bull. Brit. Ornith. Club* 117(4):316–318.

Moreira, L., C. Baptistotti, J. Scalfone, J. C. Thomé & A. P. L. S. de Almeida (1995) Occurrence of *Chelonia mydas* on the island of Trindade, Brazil. *Marine Turtle Newsletter* 70:2.

Morellato, L. P. C., D. C. Talora, A. Takahasi, C. C. Bencke, E. C. Romera & V. B. Ziparro (2000) Phenology of Atlantic rain forest trees: a comparative study. *Biotropica* 32(4b):811–823.

Morrison, R. I. G. & R. K. Ross (1989) *Atlas of neartic shorebirds on the coast of South America.* vol. 2. Ottawa: Canadian Wildlife Service.

Müller, J. A., P. Scherer-Neto, E. Carrano & J. Andreiv (2001) Avifauna do Parque Natural Municipal São Francisco de Assis, Blumenau, Santa Catarina. P. 288 *in* F. C. Straube (ed.) *Ornitologia sem fronteiras, incluindo os resumos do IX Congresso Brasileiro de Ornitologia.* Curitiba: PUC–PR.

Musso, C. M., M. A. Efe, & M. P. Maia (1997) Resultados do monitoramento e conservação de *Sterna* spp. no Espírito Santo no período de 1988 a 1996. Resumos do VI Congresso Brasileiro de Ornitologia, Belo Horizonte, p. 115.

Naka, L. N., J. M. Barnett, G. M. Kirwam, J. A. Tobias & M. A. G. Azevedo (2000) New and noteworthy bird records from Santa Catarina state, Brazil. *Bull. Brit. Ornith. Club* 120(4):237–250.

Naka, L. N., J. M. Barnett, G. M. Kirwam, J. A. Tobias & D. Buzzetti (2001) Records of bird species previously considered uncommon in Santa Catarina state, Brazil. *Cotinga* 16:68–70.

Nascimento, I. L. S. (1995) *As aves do Parque Nacional da Lagoa do Peixe.* Brasília: Instituto Brasileiro do Meio Ambiente e dos Recursos Naturais Renováveis.

Nascimento, J. L. X (1996) *Aves da Floresta Nacional do Araripe, Ceará.* Brasília: Instituto Brasileiro do Meio Ambiente e dos Recursos Naturais Renováveis.

Nascimento, J. L. X. (2000) Estudo comparativo da avifauna em duas estações ecológicas da caatinga: Aiuaba e Seridó. *Melopsittacus* 3(1):12–35.

Nascimento, J. L. X. do (2001) Brasil. Censo Neotropical de Aves Aquáticas 1995. Pp. 53–59 *in* D. E. Blanco & M. Carbonell (eds.) *El Censo Neotropical de Aves Acuáticas. Los primeros 10 años: 1990–1999.* Buenos Aires e Memphis: Wetlands International e Ducks Unlimited.

Nascimento, J. L. X., I. L. S. Nascimento & C. M. Musso (1992) Conservação de *Sterna* (*sandvicensis*) *eurygnayha* no Espírito Santo. Resumos do II Congresso Brasileiro de Ornitologia, Campo Grande, Resumo 101.

Nascimento, J. L. X., I. L. S. Nascimento & S. M. Azevedo Jr. (2000) Aves da Chapada do Araripe (Brasil): biologia e conservação. *Ararajuba* 8(2):115–125.

Nascimento, J. L. X. do, Y. de M. Barros, C. Yamashita, E. M. Alves, C. A. Bianchi, A. A. Paiva, A. C. de Menezes, D. M. Alves, J. da Silva, L. V. Lins & T. M. A. da Silva (2001) Censos de araras-azuis-de-Lear (*Anodorhynchus leari*) na natureza. *Tangara* 1:135–138.

Neves, R. L. & W. R. Telino Jr. (1997) Biologia e anilhamento de aves silvestres no Refúgio Ecológico Charles Darwin, Igarassu, Pernambuco. Resumos do VI Congresso Brasileiro de Ornitologia, Belo Horizonte, p. 169.

Neves, R. L., A. M. I. Farias, W. R. Telino Jr. et al. (2000a) Ectoparasitismo em aves silvestres (Passeriformes – Emberizidae) de Mata Atlântica, Igarassu, Pernambuco. *Melopsittacus* 3(2):64–71.

Neves, R. M. de L., W. R. Telino-Jr., R. C. Rodrigues & M. N. Botelho (2000b) *Caracterização e avaliação da população avifaunística da Área de Proteção Ambiental de Guadalupe.* Recife: Prodetur/PE e CPRH.

Noronha, M. L. M., F. Mallet-Rodrigues & M. V. Rodrigues (1996) Inventário preliminar da avifauna do Parque Ecológico Salvaterra, Guapimirim, RJ. Resumos do V Congresso Brasileiro de Ornitologia, Campinas, p. 79.

Novaes, F. C. (1952) Resultados ornitológicos da "Expedição João Alberto" à Ilha da Trindade. *Rev. Bras. Biol.* 12: 219–228.

Novaes, F. C. (1992) Bird observations in the State of Piauí, Brazil. *Goeldiana Zool.* 17:1–5.

OIKOS Pesquisa Aplicada (2001) Estudos ambientais complementares para duplicação da BR-101 entre Palmares (PE) e Natal (RN). Rio de Janeiro. Relatório não publicado.

Oliveira, M. M. & J. C. C. Oliveira (1993) A situação dos Cebídeos como indicador do estado de conservação da Mata Atlântica no Estado da Paraíba, Brasil. Pp. 155–167 *in* M. E. Yamamoto & M. B. C. Souza (orgs.) *A primatologia no Brasil, volume 4: Anais do V Congresso Brasileiro de Primatologia.* Salvador: Sociedade Brasileira de Primatologia.

Olmos, F. (1993) Birds of Serra da Capivara National Park, in the "caatinga" of north-eastern Brazil. *Bird Conserv. Internat.* 3:21–36.

Olmos, F. (1994) Ilhabela State Park: a poorly known reserve in southeast Brazil. *Neotropical Primates* 2(1):10–11.

Olmos, F. (1996) Missing species in São Sebastião island, southeastern Brazil. *Pap. Avuls. Zool.* 39(18):329–349.

Olmos, F. (2003) Birds of Mata Estrela private reserve, Rio Grande do Norte, Brazil. *Cotinga* 20:26–30.

Olmos, F. (2005) Aves ameaçadas, prioridades e políticas de conservação no Brasil. *Natureza & Conservação* 3(1):21–42.

Olmos, F., C. S. São Bernardo & M. Galetti (2004) O impacto dos guarani sobre unidades de conservação em São Paulo. *In* F. Ricardo & V. Macedo (eds.) *Terras indígenas e unidades de conservação da natureza – O desafio das sobreposições territoriais.* São Paulo: Instituto Socioambiental.

Olmos, F., W. A. de G. e Silva & C. Albano (2005) Grey-breasted Conure *Pyrrhura griseipectus*, an overlooked endangered species. *Cotinga* 24:77–83.

Oniki, Y. & E. O. Willis (1996) Morte acidental em aves comuns por fatores humanos. *Rev. Cent. Ci. Bioméd. Univ. Fed. Uberlândia* 12(1):33–37.

Oren, D. C. (1982) A avifauna do Arquipélago de Fernando de Noronha. *Bol. Mus. Paraense E. Goeldi*, nova série, Zool. 118:1–22.

Oren, D. C. (1984) Resultados de uma nova expedição zoológica a Fernando de Noronha. *Bol. Mus. Paraense E. Goeldi*, Zool. 1:19–44.

Originalis Natura (1998) *Fauna da RPPN Cafundó, mamíferos e aves. 1 – Primatas e psitacídeos*. Vila Velha: Originalis Natura.

Originalis Natura (s.d.). *Aves da Reserva Cafundó*. Vol. 1. CD de áudio. Vila Velha: Originalis Natura.

Otoch, R. (1991) Aves. *In* SEMACE [Secretaria do Meio Ambiente do Estado do Ceará]. *Zoneamento ambiental da APA da Serra de Baturité: Diagnóstico e diretrizes*. Fortaleza: SEMACE.

Ozório, L. M., M. V. Freitas & O. F. Villarinhos (1994) Levantamento preliminar da avifauna do P. E. Itacolomi, Ouro Preto-MG. Resumos do IV Congresso Brasileiro de Ornitologia, Recife, p. 63.

Paccagnella, S. G., C. E. Scardua & S. D. Arruda (1992) Ocorrência de papagaios do gênero *Amazona* (Psittacidae) no centro e norte oriental do Espírito Santo, Brasil. Resumos do II Congresso Brasileiro de Ornitologia, Campo Grande, Resumo 62.

Pacheco, J. F. (1988a) Acréscimos à lista de aves do município do Rio de Janeiro. *Boletim FBCN* 23:104–120.

Pacheco, [J.] F. (1988b) Black-hooded Antwren *Formicivora* [*Myrmotherula*] *erythronotos* re-discovered in Brazil. *Bull. Brit. Ornith. Club* 108(4):179–182.

Pacheco, J. F. (1999) É de Minas Gerais o exemplar único e original de *Nemosia rourei*? *Atualidades Orn.* 89:7.

Pacheco, J. F. & C. Bauer (1998) Limites setentrionais inéditos e documentados de aves da região da Mata Atlântica no Espírito Santo. *Atualidades Orn.* 86:4.

Pacheco, J. F. & C. Bauer (2000) Biogeografia e conservação da avifauna na Mata Atlântica e Campos Sulinos – Construção e nível atual do conhecimento. Subprojeto "Avaliação e Ações Prioritárias para Conservação dos Biomas Floresta Atlântica e Campos Sulinos". Síntese dos resultados e Relatório Final do Grupo Temático Aves. Brasília: PROBIO/ PRONABIO/MMA. Disponível em: www.conservation.org.br/ma/rfinais/rt aves.html.

Pacheco, J. F. & P. S. M. Fonseca (1992) O chororó-cinzento *Cercomacra brasiliana*: a avaliação de sua distribuição no vale do Paraíba do Sul. Resumos do II Congresso Brasileiro de Ornitologia, Campo Grande, Resumo 8.

Pacheco, J. F. & P. S. M. Fonseca (2000) A admirável redescoberta de *Calyptura cristata* por Ricardo Parrini no contexto das preciosidades aladas da Mata Atlântica. *Atualidades Orn.* 93:6.

Pacheco, J. F. & P. S. M. Fonseca (2002) Resultados de excursão ornitológica a determinadas áreas dos estados de São Paulo, Santa Catarina e Rio Grande do Sul em janeiro de 1990. *Atualidades Orn.* 106:3–5.

Pacheco, J. F. & L. P. Gonzaga (1995) A new species of *Synallaxis* of the *ruficapilla*/*infuscata* complex from eastern Brazil (Passeriformes: Furnariidae). *Ararajuba* 3:3–11.

Pacheco, J. F. & R. Parrini (1998) O status de algumas espécies não documentadas do estado do Rio de Janeiro. *Atualidades Orn.* 84:5.

Pacheco, J. F. & R. Parrini (2000) Aves do Estado do Rio de Janeiro: Região meridional do vale do rio Paraíba do Sul – retificação de limites e complementação dos registros inéditos mais antigos. *Atualidades Orn.* 95:12.

Pacheco, J. F. & R. Parrini (2002) Alguns registros relevantes de aves para o estado de Pernambuco. *Atualidades Orn.* 109:7.

Pacheco, J. F. & B. M. Whitney (1995) Range extensions for some birds in northeastern Brazil. *Bull. Brit. Ornith. Club* 115(3):157–163.

Pacheco, J. F., C. E. S. Carvalho e P. S. M. Fonseca (1992a) Contribuição ao conhecimento ornitológico do Parque Estadual do Desengano, RJ. Resumos do II Congresso Brasileiro de Ornitologia, Campo Grande, Resumo 10.

Pacheco, J. F., C. E. S. Carvalho e P. S. M. Fonseca (1992b) Notas sobre a ocorrência e distribuição de algumas espécies no Parque Estadual do Desengano, norte do Estado do Rio de Janeiro. Resumos do II Congresso Brasileiro de Ornitologia, Campo Grande, Resumo 11.

Pacheco, J. F., P. S. M. Fonseca, G. T. Mattos & J. E. Simon (1994) O status de *Ara maracana* (Vieillot) no Rio de Janeiro e na Zona da Mata de Minas Gerais. Resumos do IV Congresso Brasileiro de Ornitologia, Recife, p.142.

Pacheco, J. F., B. M. Whitney & L. P. Gonzaga (1996a) A new genus and species of furnariid (Aves: Furnariidae) from the cocoa-growing region of southeastern Bahia, Brazil. *Wilson Bull.* 108(3):397–606.

Pacheco, J. F., R. Parrini, P. S. M. Fonseca, B. M. Whitney & N. C. Maciel (1996b) Novos registros para o estado do Rio de Janeiro: Região Norte. *Atualidades Orn.* 72:10–12.

Pacheco, J. F., R. Parrini, B. M. Whitney, P. S. M. da Fonseca & C. Bauer (1996c) Novos registros de aves para o estado do Rio de Janeiro: Vale do Paraíba Norte. *Atualidades Orn.* 73:6.

Pacheco, J. F., R. Parrini, B. M. Whitney, C. Bauer & P. S. M. da Fonseca (1997) Novos registros de aves para o estado do Rio de Janeiro: Costa Verde. *Atualidades Orn.* 78:4–5.

Pacheco, J. F., P. S. M. da Fonseca & R. Parrini (2003a) Coletânea cronológica de registros recentes de *Harpia harpyja* (L.) para os estados do Rio de Janeiro e Espírito Santo. *Atualidades Orn.* 111:7.

Pacheco, J. F., I. N. C. Astor & C. Bauer (2003b) Avifauna da Reserva Biológica de Poço das Antas. Relatório não publicado.

Pacheco, J. F., P. S. Fonseca, B. M. Whitney & R. H. Bart (s.d.). Aves da região de Serra Bonita, sul da Bahia. Relatório não publicado.

Parker, T. A., III & J. M. Goerck (1997) The importance of national parks and biological reserves to bird conservation in the Atlantic forest region of Brazil. Pp. 527–541 *in* J. V. Remsen, Jr. (ed.) *Studies in Neotropical Ornithology honoring Ted Parker.* American Ornithologists' Union (Ornithol. Monogr. 48).

Parker, T. A., III & E. O. Willis (1997) Notes on three tiny grassland flycatchers, with comments on the desappearance of South American fire-diversified savannas. Pp. 549–555 *in* J. V. Remsen, Jr. (ed.) *Studies in Neotropical Ornithology honoring Ted Parker.* American Ornithologists' Union (Ornithol. Monogr. 48).

Parker, T. A., III, D. F. Stotz & J. W. Fitzpatrick (1996) Ecological and distributional databases. Pp. 118–436 *in* D. F. Stotz, J. W. Fitzpatrick, T. A. Parker III & D. K. Moskovitz. *Neotropical birds: ecology and conservation.* Chicago: University of Chicago Press.

Parrini, R. & J. F. Pacheco (1997) Seis novos registros de aves para o Estado de Minas Gerais. *Atualidades Orn.* 80:6.

Parrini, R., C. E. S. Carvalho & J. Minns (1998) Ocorrência do joão-botina *Phacellodomus erythrophthalmus ferrugineigula* (Furnariidae) no Estado do Rio de Janeiro. *Atualidades Orn.* 84:5.

Parrini, R., M. A. Raposo, J. F. Pacheco, A. M. P. Carvalhaes, T. A. Melo Júnior, P. S. M. da Fonseca & J. C. Minns (1999) Birds of the Chapada Diamantina, Bahia, Brazil. *Cotinga* 11:86–95.

Paynter, R. A., Jr. & M. A. Traylor (1991) *Ornithological Gazetteer of Brazil.* 2 Vols. Cambridge, Mass.: Museum of Comparative Zoology.

Paz, P. R. & A. C. Venturini (2003) Diagnóstico faunístico de aves e mamíferos da Reserva Natural da Vale do Rio Doce, Linhares, ES. Vila Velha, Originalis Natura. Relatório não publicado.

Pedralli, G., M. do C. B. Teixeira, V. L. de O. Freitas, S. T. Meyer & Y. R. F. Nunes (2000) Florística e fitossociologia da Estação Ecológica do Tripuí, Ouro Preto, MG. *Ciênc. Agrotec.* 24(Edição Especial):103–136.

Pedrocchi, V., C. R. Silva & A. Silva (2002) Check list of birds and mammals in the Paranapiacaba forest fragment. Pp. 183–204 *in* E. Mateos, J. C. Guix, A. Serra & K. Pisciotta (eds.) *Censuses of vertebrates in a Brazilian Atlantic rainforest area: the Paranapiacaba fragment.* Barcelona: Centre de Recursos de Biodiversitat Animal, Universitat de Barcelona.

Peixoto, A. L. & A. Gentry (1990) Diversidade e composição florística da mata de tabuleiro na Reserva Florestal de Linhares (Espírito Santo, Brasil). *Rev. Bras. Bot.* 13:19–25.

Pérez V., N. & A. Colmán J. (1995) Avifauna de las areas protegidas de Itaipu. 1. Aves del Refugio Biológico Mbaracayú, Salto del Guairá, Paraguay. Ciudad del Este, Superint. Medio Ambiente, Itaipu Binacional (*Biota* 4:1–24).

Pichorim, M., A. M. K. Uejima & C. A. F. R. Gatto (2000) Avifauna de um remanescente florestal do sudoeste do Estado do Paraná. P. 212 *in* F. C. Straube, M. M. Argel-de-Oliveira & J. F. Cândido-Jr. (eds.) *Ornitologia brasileira no século XX, incluindo os Resumos do VIII Congresso Brasileiro de Ornitologia*. Curitiba: Universidade do Sul de Santa Catarina e Sociedade Brasileira de Ornitologia.

Pineschi, R. B. (1990) Aves como dispersores de sete espécies de *Rapanea* (Myrsinaceae) no maciço do Itatiaia, estados do Rio de Janeiro e Minas Gerais. *Ararajuba* 1:73–78.

Pineschi, R. B. & C. Yamashita (1999) Occurrence, census and conservation of the Brazilian Merganser (*Mergus octosetaceus*) in Brazil with notes about feeding behaviour and habitat preferences. Proc. Neotrop. Waterfowl Symposium, VI Neotropical Ornithology Congress, Monterrey, Mexico.

Pineschi, R. B. & C. Yamashita (2000) Ocorrência e notas sobre o comportamento do pato-mergulhão (*Mergus octosetaceus*) no Estado da Bahia. P. 179 *in* F. C. Straube, M. M. Argel-de-Oliveira & J. F. Cândido-Jr. (eds.) *Ornitologia brasileira no século XX, incluindo os Resumos do VIII Congresso Brasileiro de Ornitologia*. Curitiba: Universidade do Sul de Santa Catarina e Sociedade Brasileira de Ornitologia.

Pinheiro, C. V., C. E. B. Portes, J. C. S. Santos & A. R. Monteiro (2001) Levantamento da ornitofauna em fragmento de mata atlântica (Parque Estadual da Serra do Mar – Núcleo Caraguatatuba, Litoral Norte do Estado de São Paulo). P. 315 *in* F. C. Straube (ed.) *Ornitologia sem fronteiras, incluindo os resumos do IX Congresso Brasileiro de Ornitologia*. Curitiba: PUC–PR.

Pinto, O. M. O. (1944) *Catálogo das Aves do Brasil. Pt. 2 – Passeriformes*. São Paulo: Publicação do Departamento de Zoologia, Secretaria de Agricultura, Indústria e Comércio.

Pinto, O. M. O. (1954) Aves do Itatiaia. Lista remissiva e novas achegas à avifauna da região. *Boletim do P. N. do Itatiaia* 3:1–87.

Pinto, O. M. O. (1978) *Novo catálogo das aves do Brasil. Primeira parte. Aves não Passeriformes e Passeriformes não Oscines, com exclusão da família Tyrannidae*. São Paulo: Empresa Gráfica Revista dos Tribunais.

Pinto, O. M. O. & E. A. Camargo (1961) Resultados ornitológicos de quatro recentes expedições do Departamento de Zoologia ao Nordeste do Brasil, com descrição de seis novas subespécies. *Arq. Zool. São Paulo* 11:193–284.

Pisciotta, K. (2002) The Paranapiacaba forest fragment. Pp. 19–25 *in* E. Mateos, J. C. Guix, A. Serra & K. Pisciotta (eds.) *Censuses of vertebrates in a Brazilian Atlantic rainforest area: the Paranapiacaba fragment*. Barcelona: Centre de Recursos de Biodiversitat Animal, Universitat de Barcelona.

Pôrto, K. C., J. J. P. Cabral & M. Tabarelli (orgs.) (2004) *Brejos de altitude em Pernambuco e Paraíba: história natural, ecologia e conservação*. Brasília: Ministério do Meio Ambiente (Série Biodiversidade, 9).

Radtke, R. & E. Weber (1993) Observações sobre algumas aves do sul do Brasil. *Iheringia*, Sér. Zool. 75:189–190.

Rajão, H. & R. Parrini (2003) Distribuição por altitude e simpatria das espécies do gênero *Drymophila* (Passeriformes: Thamnophilidae) na região da Serra dos Órgãos, RJ. Resumos do XI Congresso Brasileiro de Ornitologia e IX Encontro Nacional de Anilhadores de Aves, Feira de Santana, SI10 (CD ROM).

Raposo, M. A. (1997) A new species of *Arremon* (Passeriformes: Emberizidae) from Brazil. *Ararajuba* 5(1):3–9.

Raposo, M. A. & D. M. Teixeira (1992) Revalidação de *Chamaeza meruloides* Vigors, 1825 (Aves, Formicariidae). *Bol. Mus. Nac., Zool.* 350:1–11.

Raposo, M. A. & R. Parrini (1997) On the validity of the Half-collared Sparrow *Arremon semitorquatus* Swainson, 1837. *Bull. Brit. Ornith. Club* 117(4):294–298.

Raposo, M. A., J. B. Nacinovic & R. Parrine (1994a) Notas sobre algumas aves raras ou ameaçadas de extinção no município de Teresópolis, Rio de Janeiro. Resumos do IV Congresso Brasileiro de Ornitologia, Recife, p. 71.

Raposo, M. A., J. B. Nacinovic & R. Parrine (1994b) Notas sobre alguns Passeriformes raros e ameaçados de extinção no município de Teresópolis, Rio de Janeiro. Resumos do IV Congresso Brasileiro de Ornitologia, Recife, p. 72.

Raposo, M. A., J. M. Barnett, G. M. Kirwan & R. Parrini (2002) New data concerning the distribution, behaviour, ecology and taxonomic relationships of Minas Gerais Tyrannulet *Phylloscartes roquettei*. *Bird Conserv. Internat.* 12:241–253.

Reinert, B. L., J. C. Pinto, M. R. Bornschein, M. Pichorim & M. Â. Marini (1996) Body masses and measurements of birds from southern Atlantic forest, Brazil. *Rev. Bras. Zool.* 13(4):815–820.

Reitz, R., R. M. Klein & A. Reis (1988) *Projeto Madeira do Rio Grande do Sul.* Porto Alegre: Herbário Barbosa Rodrigues, SUDESUL, Governo do Estado do Rio Grande do Sul.

Remsen, J. V. (2003) Family Furnariidae (ovenbirds). Pp. 162–357 *in* J. del Hoyo, A. Elliott & D. A. Christie (eds.) *Handbook of the birds of the world.* Vol. 8. Broadbills to Tapaculos. Barcelona: Lynx Edicions.

Ribeiro, R. C. C. (1997) Ocorrência da águia-cinzenta (*Harpyheliaetus coronatus*) no município de Itambé do Mato Dentro – MG. *Atualidades Orn.* 78:14.

Ribon, R. (2000) Até prova em contrário não há *Caprimulgus nigrescens* no sudeste do Brasil. E nem *Xiphocolaptes falcirostris franciscanus* na margem direita do rio São Francisco. *Bol. Soc. Bras. Ornit.* 30:8–9.

Ribon, R. & J. E. Simon (1997) Avifauna da região do Projeto Jaíba, Médio Rio São Francisco, Minas Gerais. Resumos do VI Congresso Brasileiro de Ornitologia, Belo Horizonte, p. 31.

Ribon, R. & M. Maldonado-Coelho (2001) Range extension for Slender Antbird *Rhopornis ardesiaca* with comments on external morphology of adults. *Cotinga* 16:52–56.

Ribon, R. & J. M. Goerck (2003) Birds of Jequitinhonha: searching for globally threatened birds in the Jequitinhonha and Mucuri river valleys, Minas Gerais and Bahia states, Brazil. Proposta de projeto. BirdLife International – Programa do Brasil.

Ribon, R., B. M. Whitney & J. F. Pacheco (2002) Discovery of Bahia Spinetail *Synallaxis cinerea* in north-east Minas Gerais, Brazil, with additional records of some rare and threatened montane Atlantic Forest birds. *Cotinga* 17:46–50.

Ribon, R., G. T. de Mattos & F. de C. Morais (2003) Avifauna da Fazenda Santana, Salto da Divisa, Minas Gerais. Resumos do XI Congresso Brasileiro de Ornitologia e IX Encontro Nacional de Anilhadores de Aves, Feira de Santana, FA53 (CD ROM).

Roberta, R. C., R. M. de L. Neves, W. R. Telino Jr. & M. da C. N. Botêlho (2003) Inventário da avifauna da Área de Proteção Ambiental de Guadalupe, Pernambuco. Resumos do XI Congresso Brasileiro de Ornitologia e IX Encontro Nacional de Anilhadores de Aves, Feira de Santana, FA55 (CD ROM).

Robbins, C. S., J. W. Fitzpatrick & P. B. Hamel (1992) A warbler in trouble: *Dendroica cerulea*. Pp. 549–562 *in* J. M. Hagan & D. W. Johnston (eds.) *Ecology and conservation of Neotropical migrant landbirds.* Washington, D.C.: Smithsonian Press.

Roda, S. A. (2002) Aves endêmicas e ameaçadas de extinção no Estado de Pernambuco. Pp. 537–556 *in* M. Tabarelli & J. M. C. da Silva (orgs.) *Diagnóstico da biodiversidade de Pernambuco.* Vol. 2. Recife: Secretaria da Ciência, Tecnologia e Meio Ambiente, Ed. Massangana.

Roda, S. A. (2004a) Aves da Usina Trapiche, Sirinhahém, Pernambuco. Relatório Técnico (Série Relatórios da Avifauna, 1). Centro de Pesquisas Ambientais do Nordeste (CEPAN), Recife. Disponível em: www.cepan.org.br.

Roda, S. A. (2004b) Aves da Fazenda Morim, São José da Coroa Grande, Pernambuco. Relatório Técnico (Série Relatórios da Avifauna, 1). Centro de Pesquisas Ambientais do Nordeste (CEPAN), Recife. Disponível em: www.cepan.org.br.

Roda, S. A. (no prelo) Aves. *In* K. Pôrto, M. Tabarelli & J. A. Cortez (orgs.). *Sítios chaves para a conservação da biodiversidade da floresta Atlântica ao norte do São Francisco.* Brasília: Ministério do Meio Ambiente e Universidade Federal de Pernambuco.

Roda, S. A. & C. J. Carlos (2003) New records for some poorly known birds of the Atlantic Forest in north-east Brazil. *Cotinga* 20:17–20.

Roda, S. A. & C. J. Carlos (2004) Composição e sensitividade da avifauna dos brejos de altitude do Estado de Pernambuco. Pp. 211–228 *in* K. C. Pôrto, J. J. P. Cabral & M. Tabarelli (orgs.) *Brejos de altitude em Pernambuco e Paraíba: história natural, ecologia e conservação.* Brasília: Ministério do Meio Ambiente (Série Biodiversidade, 9).

Roda, S. A., C. J. Carlos & R. C. Rodrigues (2003) New and noteworthy records for some endemic and threatened birds in the Atlantic forest of northeastern Brazil. *Bull. Brit. Ornith. Club* 123:227–236.

Rodal, M. J. N., K. V. de S. A. Andrade, M. F. de Sales & A. P. S. Gomes (1998) Fitossociologia do componente lenhoso de um refúgio vegetacional no município de Buíque, Pernambuco. *Rev. Bras. Biol.* 58(3):517–526.

Rodal, M. J. N. & L. M. Nascimento (2002) Levantamento florístico da floresta serrana da reserva biológica de Serra Negra, microrregião de Itaparica, Pernambuco, Brasil. *Acta Bot. Bras.* 16(4):481–500.

Rodrigues, M. (1995) Spatial distribution and food utilization among tanagers in southeastern Brazil (Passeriformes: Emberizidae). *Ararajuba* 3:27–32.

Rodrigues, R. C., A. C. A. do Amaral & L. G. Sales Jr. (2003) Inventário da avifauna na Área de Proteção Ambiental do Maciço do Baturité, CE. Resumos do XI Congresso Brasileiro de Ornitologia e IX Encontro Nacional de Anilhadores de Aves, Feira de Santana, FA56 (CD ROM).

Rolim, F. A. & G. A. Ribeiro (2001) Levantamento do potencial turístico do Parque Estadual da Serra do Brigadeiro – PESB com o suporte em geoprocessamento. Pp. 967–969 *in* X Simpósio Brasileiro de Sensoriamento Remoto. *Anais...* Foz do Iguaçu.

Roos, A. L. (2000) Ocorrência da jacucaca (*Penelope jacucaca*) no nordeste brasileiro, Curaçá, Bahia. P. 362 *in* F. C. Straube, M. M. Argel-de-Oliveira & J. F. Cândido-Jr. (eds.) *Ornitologia brasileira no século XX, incluindo os Resumos do VIII Congresso Brasileiro de Ornitologia.* Curitiba: Universidade do Sul de Santa Catarina e Sociedade Brasileira de Ornitologia.

Rosário, L. A. (1996) *As aves em Santa Catarina. Distribuição geográfica e meio ambiente.* Florianópolis: Fundação do Meio Ambiente (FATMA).

Saibene, C. A., M. A. Castelino, N. R. Rey, J. Herrera & J. Calo (1996) *Inventario de las aves del Parque Nacional "Iguazu", Misiones, Argentina.* Buenos Aires: L. O. L. A. (Literature of Latin America).

Sales, G. (1991) *Plano de implantação da reserva Biológica do Atol das Rocas.* Natal: IBAMA.

Sales, M. F. de, S. J. Mayo & M. J. N. Rodal (1998) *Plantas Vasculares das Florestas Serranas de Pernambuco: um checklist da flora pernambucana ameaçada dos brejos de altitude, Pernambuco, Brasil.* Recife: Universidade Federal Rural de Pernambuco.

Sales-Jr., L. G. & J. L. X. Nascimento (2001) Avaliação rápida das potencialidades ecológicas e econômicas das aves do Parque Nacional de Ubajara, Ceará, e aspectos de sua biologia. P. 342 *in* F. C. Straube (ed.) *Ornitologia sem fronteiras, incluindo os resumos do IX Congresso Brasileiro de Ornitologia.* Curitiba: PUC–PR.

Sánchez-Alonso, C., I. Oliveras & M. Martín (2002) Density estimates of guans (Aves: Cracidae): *Pipile jacutinga* and *Penelope obscura.* Pp. 67–78 *in* E. Mateos, J. C. Guix, A. Serra & K. Pisciotta (eds.) *Censuses of vertebrates in a Brazilian Atlantic rainforest area: the Paranapiacaba fragment.* Barcelona: Centre de Recursos de Biodiversitat Animal, Universitat de Barcelona.

Santos, Â. A. dos & C. E. Zikan (2000) Descrição geral do Parque Nacional do Itatiaia. Pp. 21–30 *in O Parque Nacional do Itatiaia.* Rio de Janeiro: Fundação Brasileira para o Desenvolvimento Sustentável (Cadernos FBDS 3). Disponível em: www.fbds.org.br/IMG/pdf/doc-32.pdf.

Santos, M. P. D. (1998) Composição da avifauna nas APAs Serra da Tabatinga e Chapada das Mangabeiras (TO, MA e PI). Resumos do VII Congresso Brasileiro de Ornitologia, Rio de Janeiro, p. 34.

Santos, M. P. D. (2000) Avifauna da Serra do Uruçuí, Piauí. P.237 *in* F. C. Straube, M. M. Argel-de-Oliveira & J. F. Cândido-Jr. (eds.) *Ornitologia brasileira no século XX, incluindo os Resumos do VIII Congresso Brasileiro de Ornitologia.* Curitiba: Universidade do Sul de Santa Catarina e Sociedade Brasileira de Ornitologia.

Santos, M. P. D. (2001) Composição da avifauna nas Áreas de Proteção Ambiental Serra da Tabatinga e Chapada das Mangabeiras. Brasil. *Bol. Mus. Paraense E. Goeldi*, Zool. 17(1):43–67.

dos Santos, R. F. (2000) Mapeamentos temáticos: Vegetação, uso e ocupação da terra. Pp. 40–48 *in O Parque Nacional do Itatiaia.* Rio de Janeiro: Fundação Brasileira para o Desenvolvimento Sustentável (Cadernos FBDS 3). Disponível em: www.fbds.org.br/IMG/pdf/doc-32.pdf.

Scherer-Neto, P., L. dos Anjos & F. C. Straube (1994) Avifauna do Parque Estadual de Vila Velha, Estado do Paraná. *Arq. Biol. Tecnol.* 37:223–229.

Scherer-Neto, P., F. C. Straube & M. R. Bornschein (1996) Avifauna e conservação dos campos cerrados no estado do Paraná (Brasil). *Acta Biol. Leopold.* 18:145–157.

Schubart, O., A. C. Aguirre & H. Sick (1965) Contribuição para o conhecimento da alimentação das aves brasileiras. *Arq. Zool. Est. de São Paulo* 12:95–249.

Schulz-Neto, A. (1995) *Observando aves no Parque Nacional Marinho de Fernando de Noronha: guia de campo.* Brasília: Instituto Brasileiro do Meio Ambiente e dos Recursos Naturais Renováveis.

Schulz-Neto, A. (1998) Aspectos biológicos da avifauna marinha na reserva biológica do Atol das Rocas, Rio Grande do Norte, Brasil. *Hornero* 15:17–28.

Schulz-Neto, A. (2004a) Aves marinhas do Atol das Rocas. Pp. 169–192 *in* J. O. Branco (org.) *Aves marinhas e insulares brasileiras: bioecologia e conservação.* Itajaí: Editora da UNIVALI.

Schulz-Neto, A. (2004b) Aves insulares do arquipélago de Fernando de Noronha. Pp. 147–168 *in* J. O. Branco (org.) *Aves marinhas e insulares brasileiras: bioecologia e conservação.* Itajaí: Editora da UNIVALI.

Scott, D. A. (1997) A possible re-sighting of the Cherry-throated Tanager *Nemosia rourei* in Espírito Santo, Brazil. *Cotinga* 7:61–63.

Scott, D. A. & M. L. Brooke (1985) The endangered avifauna of Southeastern Brazil: a report on the BOU/ WWF expeditions of 1980/81 and 1981/82. Pp. 115–139 *in* A. W. Diamond & T. E. Lovejoy. *Conservation of Tropical Forest Birds.* International Council for Bird Preservation (Techn. Publ. 4).

SECTMA [Secretaria de Ciências, Tecnologia e Meio Ambiente] (2002) *Atlas da biodiversidade de Pernambuco.* CD ROM. Recife: SECTMA.

Seger, C. & R. Bóçon (1993) Contribuição para o conhecimento da bioecologia de *Amazona vinacea* (Kuhl, 1820) (Psittacidae). Resumos do III Congresso Brasileiro de Ornitologia, Pelotas, Painel 37.

Seger, C. & R. Bóçon (1994) Aspectos da biologia de *Leucopternis polionota* (Kaup, 1847), Accipitridae. Resumos do IV Congresso Brasileiro de Ornitologia, Recife, p. 27.

Short, L. L. & K. C. Parkes (1979) The status of *Agelaius forbesi* Sclater. *Auk* 96:179–183.

Sick, H. (1962) Reivindicação do papa-capim *Sporophila ardesiaca* (Dubois). Sua ocorrência no Brasil. *Bol. Mus. Nac.*, Nova Série, Zool. 235:1–23.

Sick, H. (1973) Nova contribuição ao conhecimento de *Cinclodes pabsti* Sick, 1969 (Furnariidae, Aves). *Rev. Bras. Biol.* 33:109–117.

Sick, H. (1979) Notes on some Brazilian birds. *Bull. Brit. Ornith. Club* 99(4):115–120.

Sick, H. (1985) *Ornitologia brasileira, uma introdução.* Brasília: Editora Universidade de Brasília.

Sick, H. (1997) *Ornitologia brasileira.* Edição revista e ampliada por José Fernando Pacheco. Rio de Janeiro: Nova Fronteira.

Sick, H. & L. A. R. Bege (1984) Novas informações sobre as aves do Estado de Santa Catarina. *Anais da Soc. Sul-Riograndense de Ornitol.* 5:3–6.

Sick, H. & D. M. Teixeira (1979) *Notas sobre aves brasileiras raras ou ameaçadas de extinção.* Rio de Janeiro: Museu Nacional (Publ. Avuls. Mus. Nac., 62).

Sick, H., L. P. Gonzaga & D. M. Teixeira (1987) A arara-azul-de-Lear, *Anodorhynchus leari* Bonaparte, 1856. *Rev. Bras. Zool.* 3(7):441–463.

Siedlecki, K. N., M. C. O. Portes & R. Cielo Filho. (2003) Proposta de adequação dos limites do Parque Nacional Saint-Hilaire/Lange (Serra da Prata) – Estado do Paraná. Pp. 56–63 *in* II Simpósio de Áreas Protegidas – Conservação no âmbito do Cone Sul. *Anais...* Pelotas (CD ROM).

Silva, J. M. C. & D. Oren (1992) Notes on *Knipolegus franciscanus* Snethlage, 1928 (Aves, Tyrannidae), an endemism of central Brazilian dry forest. *Goeldiana Zool.* 16:1–9.

Silva, J. M. C. & D. Oren (1997) Geographic variation and conservation of the Moustached Woodcreeper *Xiphocolaptes falcirostris*, an endemic and threatened species of north-eastern Brazil. *Bird Conserv. Internat.* 7:263–274.

Silva, J. M. C. & F. C. Straube (1996) Systematics and biogeography of Scaled Woodcreepers (Aves: Dendrocolaptidae). *Stud. Neotrop. Fauna & Environm.* 31:3–10.

Silva, J. M. C., G. Coelho & L. P. Gonzaga (2002) Discovered on the brink of extinction: a new species of Pygmy-owl (Strigidae: *Glaucidium*) from Atlantic forest of northeastern Brazil. *Ararajuba* 10:123–130.

Silva, H. C. H., S. G. Freire, D. Piechowski, L. Krause, A. C. B. Lins e Silva, M. Schessl, M. J. N. Rodal & G. Gottsberger (2003) Estrutura e regeneração de fragmentos de Mata Atlântica ao norte do Estado de Pernambuco. Resumos do LIV Congresso Nacional de Botânica, Belém, Universidade da Amazônia.

Silveira, L. F. (1998) The birds of Serra da Canastra National Park and adjacent areas, Minas Gerais, Brazil. *Cotinga* 10:55–63.

Silveira, L. F. (2001) Aves da Estação Ecológica de Uruçuí-Una, Piauí. BirdLife International – Programa do Brasil. Relatório não publicado.

Silveira, L. F. (2003) Espécies de aves ameaçadas e quase ameaçadas de extinção registradas nos fragmentos entre Boa Nova e Itambé, Bahia. São Paulo. Relatório não publicado.

Silveira, L. F. & H. R. Nobre (1998) New records of Three-toed Jacamar *Jacamaralcyon tridactyla* in Minas Gerais, Brazil, with some notes on its biology. *Cotinga* 9:47–51.

Silveira, L. F. & V. J. Silveira (1998) The biology of Dwarf Tinamou *Taoniscus nanus*, with notes on its breeding in captivity. *Cotinga* 9:42–46.

Silveira, L. F. & W. D. Bartmann (2001) Natural history and conservation of Brazilian Merganser *Mergus octosetaceus* at Serra da Canastra National Park, Minas Gerais, Brazil. *Bird Conserv. Internat.* 11:287–300.

Silveira, L. F., A. Calonge-Méndez & G. R. R. Brito (2001) Range extensions and new records for birds in Piauí state, Brazil. *Internat. J. Ornithol.* 4(2):219–224.

Silveira, L. F. & M. P. D. Santos (2002) Aves do Parque Nacional da Serra das Confusões. Relatório não publicado.

Silveira, L. F., F. Olmos & A. J. Long (2003a) Birds in Atlantic Forest fragments in north-east Brazil. *Cotinga* 20:32–46.

Silveira, L. F., F. Olmos, S. A. Roda & A. J. Long (2003b) Notes on the Seven-coloured Tanager *Tangara fastuosa* in north-east Brazil. *Cotinga* 20:82–88.

Simão, I., F. A. M. Santos & M. A. Pizo (1997) Vertical stratification and diet of psittacids in a Tropical lowland forest of Brazil. *Ararajuba* 5(2):169–174.

Simon, J. E. (2000) Composição da avifauna da Estação Biológica de Santa Lúcia, Santa Tereza – ES. *Bol. Mus. Biol. Mello Leitão* (N. Sér.) 11/12:149–170.

Simon, J. E., R. Ribon, G. T. Mattos & C. R. M. Abreu (1999) A avifauna do Parque Estadual da Serra do Brigadeiro, Minas Gerais. *Rev. Árvore* 23(1):33–48.

Siqueira, E. R. & F. E. Ribeiro (2001) *Mata Atlântica de Sergipe*. Aracaju: Embrapa Tabuleiros Costeiros.

SNE [Sociedade Nordestina de Ecologia] (2000) Relatório técnico sobre o complexo florestal de Murici, em Alagoas. Relatório Final. BirdLife International – Programa do Brasil.

SNE [Sociedade Nordestina de Ecologia] (2002) Projeto Técnico para a Criação do Parque Nacional do Catimbau/PE. Relatório não publicado.

Snow, D. W. (1982) *The cotingas*. Ithaca: Cornell University Press.

Snow, D. W. (2004) Family Pipridae (manakins). Pp. 110–169 *in* J. del Hoyo, A. Elliott & D. Christie (eds.) *Handbook of the birds of the world*. Vol. 9. Mousebirds to Hornbills. Barcelona: Lynx Edicions.

Snyder, N., P. McGowan, J. Gilardi & A. Grajal (eds.) (2000) *Parrots. Status survey and conservation action plan 2000–2004*. Gland e Cambridge: IUCN.

Soto, J. M., A. Filippini & M. M. Mincarone (2000) Lista sistemática das aves registradas no Arquipélago Fernando de Noronha, com novas inclusões. Pp. 352–353 *in* F. C. Straube, M. M. Argel-de-Oliveira & J. F. Cândido-Jr. (eds.) *Ornitologia brasileira no século XX, incluindo os Resumos do VIII Congresso Brasileiro de Ornitologia.* Curitiba: Universidade do Sul de Santa Catarina e Sociedade Brasileira de Ornitologia.

Soto, J. M., M. B. de Souza-Filho & T. Z. Serafini (2001) A problemática da invasão de *Passer domesticus* (Passeriformes, Ploceidae) no Arquipélago Fernando de Noronha, Brasil. Pp. 373–374 *in* F. C. Straube (ed.) *Ornitologia sem fronteiras, incluindo os resumos do IX Congresso Brasileiro de Ornitologia.* Curitiba: PUC–PR.

Sousa, M. C. de, L. J. R. da Silva & G. A. Mota (2002) Aves de um remanescente de cerrado no Estado de Sergipe. Resumos do X Congresso Brasileiro de Ornitologia e VIII Encontro Nacional de Anilhadores de Aves, Fortaleza, pp. 140–141.

Souza, D. G. S. (1999) Novos registros de espécies de aves no estado da Bahia e sua correlação com os ecossistemas. *Atualidades Orn.* 88:6–7.

Stattersfield, A. J., M. J. Crosby, A. J. Long & D. C. Wege (1998) *Endemic bird areas of the world.* Cambridge, U.K.: BirdLife International.

Stotz, D. F. (1993) Geographic variation in species composition of mixed species flocks in lowland humid forests in Brazil. *Pap. Avuls. Zool.* 38(4):61–75.

Straube, F. C. (1990) Conservação de aves no litoral-sul do estado do Paraná (Brasil). *Arq. Biol. Tecnol.* 33(1):159–173.

Straube, F. C. (1991) Novos registros de duas aves raras no Estado do Paraná: *Crypturellus noctivagus* (Tinamiformes: Tinamidae) e *Tigrisoma fasciatum* (Ciconiiformes: Ardeidae). *Ararajuba* 2:93–94.

Straube, F. C. (1998) O cerrado no Paraná: ocorrência original e atual e subsídios para sua conservação. *Cadernos da Biodiversidade* 1:12–24.

Straube, F. C. (2003) Avifauna da Área Especial de Interesse Turístico do Marumbi (Paraná, Brasil). *Atualidades Orn.* 113:12 (versão completa do artigo disponível em: www.ao.com.br – seção AO On-Line).

Straube, F. C. & M. R. Bornschein (1992) Sobre *Clibanornis dendrocolaptoides* (Pelzeln, 1859): notas bionômicas e conservação (Furnariidae, Aves). P. 65 *in* Anais do VI Encontro Nacional de Anilhadores de Aves, Pelotas. Pelotas: Educat.

Straube, F. C. & P. Scherer-Neto (1995) Novas observações sobre o "cunhataí" *Triclaria malachitacea* (Spix, 1824) nos Estados do Paraná e São Paulo (Psittacidae, Aves). *Acta Biol. Leopold.* 17:147–152.

Straube, F. C. & A. Urben-Filho (2004) Uma revisão crítica sobre o grau de conhecimento da avifauna no Parque Nacional do Iguaçu (Paraná, Brasil) e áreas adjacentes. *Atualidades Orn.* 118:6 (versão completa disponível em: www.ao.com.br – seção AO On-Line).

Straube, F. C., M. R. Bornschein & P. Scherer-Neto (1996) Coletânea da avifauna da região noroeste do Estado do Paraná e áreas limítrofes (Brasil). *Arq. Biol. Tecnol.* 39(1):193–214.

Straube, F. C., A. Urben-Filho & D. Kajiwara (2004) Aves. Pp. 143–496 *in* S. B. Mikich & R. S. Bérnils (eds.) *Livro vermelho da fauna ameaçada no Estado do Paraná.* Curitiba: Instituto Ambiental do Paraná.

Studer, A. 1985. Estudo ecológico do conjunto florestal da Serra das Guaribas e da Serra do Cavaleiro. Pedido para a salvaguarda desta floresta. Associação Nordeste. Relatório não publicado.

Sugieda, A. M., G. Levy, L. F. Sanfilippo & C. Yamashita (2000) Biologia e comportamento reprodutivo de *Anodorhynchus leari.* P. 395 *in* F. C. Straube, M. M. Argel-de-Oliveira & J. F. Cândido-Jr. (eds.) *Ornitologia brasileira no século XX, incluindo os Resumos do VIII Congresso Brasileiro de Ornitologia.* Curitiba: Universidade do Sul de Santa Catarina e Sociedade Brasileira de Ornitologia.

Teixeira, D. M. (1990) Notas sobre algumas aves descritas por Emile [sic] Snethlage. *Bol. Mus. Nac., Zool.* 337:1–6.

Teixeira, D. M. (1991) Revalidação de *Pyrrhura anaca* (Gmelin, 1788) do nordeste do Brasil (Psittaciformes: Psittacidae). *Ararajuba* 2:103–104.

Teixeira, D. M (1992a) Sobre a biologia da "maria-macambira", *Gyalophylax hellmayri* (Reiser, 1905) (Aves, Furnariidae). *Iheringia,* Sér. Zool. 72:141–146.

Teixeira, D. M. (1992b) Notas sobre *Pyrrhura a. anaca* (Gmelin, 1788) no nordeste do Brasil (Psittacidae). Resumos do II Congresso Brasileiro de Ornitologia, Campo Grande, Resumo 13.

Teixeira, D. M. & L. P. Gonzaga (1983) Um novo furnariidae do nordeste do Brasil: *Philydor novaesi* sp. nov. (Aves, Passeriformes). *Bol. Mus. Paraense E. Goeldi*, nova série, Zool. 124:1–22.

Teixeira, D. M. & N. Carnevalli (1989) Nova espécie de *Scytalopus* Gould, 1837, do nordeste do Brasil (Passeriformes, Rhinocryptidae). *Bol. Mus. Nac.*, Zool. 331:1–11.

Teixeira, D. M. & A. C. C. Almeida (1996) Sobre a alimentação de *Xipholena atropurpurea* (Wied, 1820) (Aves, Cotingidae) no Nordeste do Brasil. Resumos do V Congresso Brasileiro de Ornitologia, Campinas, p. 118.

Teixeira, D. M. & A. C. C. Almeida (1997) *A biologia da "Escarradeira"* Xipholena atropurpurea *(Wied, 1820) (Aves, Cotingidae).* Eunápolis: Veracruz Florestal [Estação Veracruz, Publ. Técnico-científica nº 2].

Teixeira, D. M., J. B. Nacinovic & M. S. Tavares (1986) Notes on some birds of northeastern Brazil. *Bull. Brit. Ornith. Club* 106(2):70–74.

Teixeira, D. M., J. B. Nacinovic & G. Luigi (1988) Notes on some birds of northeastern Brazil. *Bull. Brit. Ornith. Club* 108(2):75–79.

Teixeira, D. M., J. B. Nacinovic & G. Luigi (1989) Notes on some birds of northeastern Brazil (4). *Bull. Brit. Ornith. Club* 109(3):152–157.

Teixeira, D. M., R. Otoch, G. Luigi, M. Raposo & A. C. C. Almeida (1993) Notes on some birds of northeastern Brazil (5). *Bull. Brit. Ornith. Club* 113(1):48–52.

Telino Jr., W. R., R. M. L. Neves & R. S. Carneiro (2000) Observações de *Touit surda* (Psittacidae) em fragmentos florestais de Pernambuco, Brasil. *Melopsittacus* 3:159–165.

Toledo, M. C. B. & M. C. Ribeiro (1994) Estudo comparativo entre populações de Furnariidae e Formicariidae florestais em dois fragmentos de Mata Atlântica. Resumos do IV Congresso Brasileiro de Ornitologia, Recife, p. 118.

Tormin-Borges, A. B., E. H. Silva & V. de Q. Piacentini (2002) A jacutinga *Pipile jacutinga* (Cracidae) no Parque Estadual da Serra do Tabuleiro, Santa Catarina: ocorrência e pressão de caça. Resumos do X Congresso Brasileiro de Ornitologia e VIII Encontro Nacional de Anilhadores de Aves, Fortaleza, pp. 223–224.

Urben-Filho, A. & L. M. Abe (2001) Inventário preliminar da avifauna da Fazenda Primavera (Adrianópolis, Paraná). P. 380 *in* F. C. Straube (ed.) *Ornitologia sem fronteiras, incluindo os resumos do IX Congresso Brasileiro de Ornitologia.* Curitiba: PUC–PR.

Urben-Filho, A., C. A. F. R. Gatto & F. C. Straube (2000) Avifauna do Parque Estadual do Cerrado, Jaguariaíva, Paraná. Pp. 347–348 *in* F. C. Straube, M. M. Argel-de-Oliveira & J. F. Cândido-Jr. (eds.) *Ornitologia brasileira no século XX, incluindo os Resumos do VIII Congresso Brasileiro de Ornitologia.* Curitiba: Universidade do Sul de Santa Catarina e Sociedade Brasileira de Ornitologia.

Vanzolini, P. E. (1992) *A supplement to the Ornithological Gazetteer of Brazil.* São Paulo: Museu de Zoologia da Universidade de São Paulo.

Varty, N., G. A. Bencke, L. M. Bernardini, A. S. Cunha, E. V. Dias, C. S. Fontana, D. L. Guadagnin, A. Kindel, E. Kindel, M. M. Raymundo, M. Richter, A. O. Rosa & C. S. Tostes (1994) *Conservação do papagaio-charão Amazona pretrei no sul do Brasil: um plano de ação preliminar.* Porto Alegre: EDIPUCRS (Div. Mus. Ciênc. Tecnol. – UBEA/PUCRS nº. 1).

Vasconcelos, M. F. (1998) Registros de duas espécies de aves ameaçadas de extinção em Unidades de Conservação do Estado de Minas Gerais: *Amazona vinacea* e *Pyroderus scutatus. Atualidades Orn.* 86:6.

Vasconcelos, M. F. (1999a) Natural history notes and conservation of two species endemic to the Espinhaço Range, Brazil: Hyacinth Visorbearer *Augastes scutatus* and Grey-backed Tachuri *Polystictus superciliaris. Cotinga* 11:75–78.

Vasconcelos, M. F. (1999b) Contribuição ao conhecimento ornitológico do Pico do Papagaio, município de Aiuruoca, Minas Gerais. *Atualidades Orn.* 90:10–11.

Vasconcelos, M. F. (2001a) Adições à avifauna da Serra do Caraça, Minas Gerais. *Atualidades Orn.* 104:3–4.

Vasconcelos, M. F. (2001b) Hummingbirds and their flowers in the campos rupestres of Southern Espinhaço Range, Brazil. *Melopsittacus* 4:3–30.

Vasconcelos, M. F. (2001c) Estudo biogeográfico da avifauna campestre dos topos de montanha do Sudeste do Brasil. Dissertação de Mestrado. Belo Horizonte, Universidade Federal de Minas Gerais.

Vasconcelos, M. F. (2002a) O joão-cipó (*Asthenes luizae*) no Parque Estadual do Pico do Itambé, Minas Gerais, Brasil. *Atualidades Orn.* 107:10.

Vasconcelos, M. F. (2002b) O pixoxó (*Sporophila frontalis*) nos municípios de Serro e Santa Bárbara, Minas Gerais: possíveis casos de extinções locais. *Atualidades Orn.* 106:2.

Vasconcelos, M. F. (2003) A avifauna dos campos de altitude da Serra do Caparaó, estados de Minas Gerais e Espírito Santo, Brasil. *Cotinga* 19:40–48.

Vasconcelos, M. F. & T. A. Melo Jr. (2001) An ornithological survey of Serra do Caraça, Minas Gerais, Brazil. *Cotinga* 15:21–31.

Vasconcelos, M. F., M. Maldonado-Coelho & R. Durães (1999) Notas sobre algumas espécies de aves ameaçadas e pouco conhecidas da porção meridional da cadeia do Espinhaço, Minas Gerais. *Melopsittacus* 2(2/4):44–50.

Vasconcelos, M. F., S. D'Angelo Neto & M. Rodrigues (2002) A range extension for the Cipó Canastero *Asthenes luizae* and the consequences for its conservation status. *Bull. Brit. Ornith. Club* 122(1):7–10.

Vasconcelos, M. F., P. N. Vasconcelos, G. N. Maurício, C. A. R. Matrangolo, C. M. Dell'Amore, A. Nemésio, J. C. Ferreira & E. Endrigo (2003a) Novos registros ornitológicos para a Serra do Caraça, Brasil, com comentários sobre distribuição geográfica de algumas espécies. *Lundiana* 4(2):135-139.

Vasconcelos, M. F., M. Maldonado-Coelho & D. R. C. Buzzetti (2003b) Range extensions for the Gray-backed Tachuri (*Polystictus superciliaris*) and the Pale-throated Serra-Finch (*Embernagra longicauda*) with a revision on their geographic distribution. *Orn. Neotrop.* 14:477–489.

Vasconcelos, M. F., S. D'Angelo Neto & M. Maldonado-Coelho (2004) New noteworthy occurrences of the Wied's Tyrant-Manakin (*Neopelma aurifrons*) in Brazil. *Orn. Neotrop.* 15:547–548.

Venturini, A. C., M. P. Rehen, P. R. de Paz & L. P. Carmo (2000/2001) Contribuição ao conhecimento das aves da região centro serrana do Espírito Santo: municípios de Santa Maria do Jetibá e Itarana. *Atualidades Orn.* 98:11–12; 99:12.

Venturini, A. C., P. R. de Paz & G. Kirwan (2002) First breeding data for Cherry-throated Tanager *Nemosia rourei. Cotinga* 17:42–45.

Vielliard, J. (1990) Uma nova espécie de *Asthenes* da serra do Cipó, Minas Gerais, Brasil. *Ararajuba* 1:121–122.

Vielliard, J. M. & Silva, W. R. (2001) Avifauna. Pp. 123–145 *in* Secretaria de Estado do Meio Ambiente & Fundação para a Conservação e a Produção Florestal do Estado de São Paulo. *Intervales.* São Paulo: Fundação Florestal.

Vooren, C. M. & L. F. Brusque (1999) As aves do ambiente costeiro do Brasil: biodiversidade e conservação. Disponível em: www.bdt.org.br/workshop/costa/aves.

Voss, W. A., F. R. S. Breyer, G. C. Mattes & H. G. Konrad (1981) Constatação e observação de uma população residual de *Blastocerus dichotomus* (Illiger, 1811) (Mammalia, Cervidae). *Iheringia*, Sér. Zool. 59:25–36.

Voss, W. A., M. V. Petry & M. Sander (1998) *Aves do Parque Nacional de Aparados da Serra. Lista preliminar.* São Leopoldo: Unisinos.

Wege, D. C. & A. J. Long (1995) *Key areas for threatened birds in the Neotropics.* Cambridge, U. K.: BirdLife International (BirdLife Conservation Series no. 5).

Whiffin, M., L. Sadgrove, P. Guimarães Jr. & S. Marsden (1999) Status of key birds in the Porto Seguro and Sooretama/Linhares reserves, Brazil. Pp. 1–8 *in* The status and ecology of parrots and other birds in and around the Sooretama/Linhares and Porto Seguro Atlantic forest reserves, Brazil. Relatório ao IBAMA, Companhia Vale do Rio Doce e Blackpool Zoo. Manchester, Metropolitan University.

Whitney, B. M. (2003) Family Conopophagidae (gnateaters). Pp. 732–747 *in* J. del Hoyo, A. Elliott & D. A. Christie (eds.) *Handbook of the birds of the world.* Vol. 8. Broadbills to Tapaculos. Barcelona: Lynx Edicions.

Whitney, B. M. & J. F. Pacheco (1994) Behavior and vocalizations of *Gyalophylax* and *Megaxenops* (Furnariidae), two little-known genera endemic to northeastern Brazil. *Condor* 96:559–565.

Whitney, B. M. & J. F. Pacheco (1995) Distribution and conservation status of four *Myrmotherula* antwrens (Formicariidae) in the Atlantic Forest of Brazil. *Bird Conserv. Internat.* 5:421–439.

Whitney, B. M. & L. Bevier (2003) Northeastern Brazil (F. de Noronha ext.) February 6, 2003 to March 1, 2003. Field Guides Triplist. Disponível em: www.fieldguides.com/2003weblists.

Whitney, B. M., J. F. Pacheco & R. Parrini (1995a) Two species of *Neopelma* in southeastern Brazil and diversification within the *Neopelma/Tyranneutes* complex: implications of the subespecies concept for conservation (Passeriformes: Tyrannidae). *Ararajuba* 3:43–53.

Whitney, B. M., J. F. Pacheco, P. R. Isler & M. L. Isler (1995b) *Hylopezus nattereri* (Pinto, 1937) is a valid species (Passeriformes: Formicariidae). *Ararajuba* 3:37–42.

Whitney, B. M., J. F. Pacheco, D. R. C. Buzzetti & R. Parrini (2000) Systematic revision and biogeography of the *Herpsilochmus pileatus* complex, with description of a new species from northeastern Brazil. *Auk* 117(4):869–891.

Whitney, B. M., J. F. Pacheco, L. F. Silveira & R. R. Laps (2003a) Rediscovery of *Nyctibius leucopterus* (White-winged Potoo) in the Atlantic Forest of Brazil. *Ararajuba* 11(1):1–4.

Whitney, B. M., J. F. Pacheco, P. S. M. da Fonseca, R. E. Webster, G. M. Kirwan & J. M. Barnett (2003b) Reassignment of *Chordeiles vielliardi* Lencioni-Neto, 1994, to *Nyctiprogne* Bonaparte, 1857, with comments on the latter genus and some presumably related chordeilines (Caprimulgidae). *Bull. Brit. Ornith. Club* 123(2):103–112.

Willis, E. O. (1988) *Drymophila rubricolis* [sic.] (Bertoni, 1901) is a valid species (Aves: Formicariidae). *Rev. Bras. Biol.* 48:431–438.

Willis, E. O. (1989) Mimicry in bird flocks of cloud forests in southeastern Brazil. *Rev. Bras. Biol.* 49(2):615–619.

Willis, E. O. (1992) Three *Chamaeza* antthrushes in eastern Brazil (Formicariidae). *Condor* 94:110–116.

Willis, E. O. (1995) Algumas aves de hábitats especiais da região de Itirapina (São Paulo). *Atualidades Orn.* 68:7.

Willis, E. O. (2004) Birds of a habitat spectrum in the Itirapina savanna, São Paulo, Brazil (1982-2003). *Braz. J. Biol.* 64(4):901–910.

Willis, E. O. & Y. Oniki (1981a) Levantamento preliminar de aves em treze áreas do Estado de São Paulo. *Rev. Bras. Biol.* 41(1):121–135.

Willis, E. O. & Y. Oniki (1981b) Notes on the Slender Antbird. *Wilson Bull.* 93(1):103–107.

Willis, E. O. & Y. Oniki (1982) Behavior of Fringe-backed Fire-eyes (*Pyriglena atra*, Formicariidae): a test case for taxonomy versus conservation. *Rev. Bras. Biol.* 42(1):213–223.

Willis, E. O. & Y. Oniki (1991) Avifaunal transects across the open zones of northern Minas Gerais, Brazil. *Ararajuba* 2:41–58.

Willis, E. O. & Y. Oniki (1992) A new *Phylloscartes* (Tyrannidae) from southeastern Brazil. *Bull. Brit. Ornith. Club* 112(3):158–165.

Willis, E. O. & Y. Oniki (1993) New and reconfirmed birds from the state of São Paulo, Brazil, with notes on disappearing species. *Bull. Brit. Ornith. Club* 113(1):23–34.

Willis, E. O. & Y. Oniki (2002) Birds of Santa Teresa, Espírito Santo, Brazil: do humans add or subtract species? *Pap. Avuls. Zool.* 42(9):193–264.

Willis, E. O. & K.-L. Schuchmann (1993) Comparison of cloud-forest avifaunas in southeastern Brazil and western Colombia. *Orn. Neotrop.* 4:55–63.

Willis, E. O., D. W. Snow, D. F. Stotz & T. A. Parker III (1993) Olive-sided Flycatchers in southeastern Brazil. *Wilson Bull.* 105(1):193–194.

Yamashita, C. (2002) Histórico comentado sobre a arara-azul-de-spix (*Cyanopsitta spixii*), um especialista de hábitat da Caatinga. Pp. 229–235 *in* M. Galetti & M. A. Pizo (eds.) *Ecologia e conservação de psitacídeos no Brasil.* Belo Horizonte: Melopsittacus Publicações Científicas.

Zimmer, K. J. & M. L. Isler (2003) Family Thamnophilidae (typical antbirds). Pp. 448–681 *in* J. del Hoyo, A. Elliott & D. A. Christie (eds.) *Handbook of the birds of the world.* Vol. 8. Broadbills to Tapaculos. Barcelona: Lynx Edicions.

Zimmermann, C. E. (1992) Registros de campo para aves do Estado de Santa Catarina. Pp. 84–91 *in* VI Encontro Nacional de Anilhadores de Aves. *Anais...* Pelotas: Educat.

Zimmermann, C. E. (1993) Nota sobre a avifauna do Parque Ecológico Spitzkopf – Blumenau/ SC. *Dynamis* 1(3):7–13.

Zimmermann, C. E. (1994) Avifauna da cidade de Blumenau, Santa Catarina. Resumos do IV Congresso Brasileiro de Ornitologia, Recife, p. 33.

Zimmermann, C. E. (1995a) Novas informações sobre a avifauna do Parque Ecológico Artex. *Biotemas* 8:7–20.

Zimmermann, C. E. (1995b) Nota sobre a ocorrência de *Dacnis nigripes* (Pelzeln) (Passeriformes, Coerebidae) em Santa Catarina, Brasil. *Rev. Bras. Zool.* 12:185–188.

Zimmermann, C. E. (1996) Observações preliminares sobre a frugivoria por aves em *Alchornea glandulosa* (Endl. & Poepp.) (Euphorbiaceae) em vegetação secundária. *Rev. Bras. Zool.* 13(3):533–538.

Zimmermann, C. E., C. A. Krieck, D. Fink, C. S. Brandt, C. A. Borchardt-Junior., L. G. Assunção & C. Krieck (2003) O papel do Parque das Nascentes na conservação da avifauna da floresta Atlântica: Blumenau – Santa Catarina. Pp. 76–82 *in* II Simpósio de Áreas Protegidas – Conservação no âmbito do Cone Sul. *Anais...* Pelotas (CD ROM).

Apêndice 1. Áreas Importantes para a Conservação das Aves (IBAs) nos Estados do Domínio da Mata Atlântica

Código da IBA	Nome	Bioma[1]	Inventário[2]	Proteção[3]	Área mínima (ha)	Página
AL/PE01	São José da Laje/Canhotinho	ATL	PR	N	4.000	170
AL01	Engenho Coimbra (Usina Serra Grande)	ATL	PR	N	800	171
AL02	Murici	ATL	RE	P	7.000	172
AL/PE02	Reserva Biológica de Pedra Talhada	ATL	RE	P	5.000	174
AL03	Usina Cachoeira	ATL	PR	N	6.000	176
BA01	Curaçá	CAA	ND	N	5.000	187
BA02	Raso da Catarina	CAA	RE	P	390.000	188
BA03	Sento Sé/Campo Formoso	CAA	ND	N	?	189
BA04	Mangue Seco	C/M	PR	N	1.000	190
BA05	Parque Estadual do Morro do Chapéu	CAA, CER	PR	T	6.000	191
BA06	Matas de Conde e Baixios	ATL	ND	N	3.000	192
BA07	Serra de Bonito	ATL	PR	N	?	194
BA08	Itanagra	ATL	ND	P	3.000	195
BA09	Mata da Campina e Fragmentos Adjacentes	ATL	ND	N	10.000	196
BA10	Ibiquera/Ruy Barbosa	CAA, ATL	ND	N	?	197
BA11	Santo Amaro/Cachoeira	ATL	ND	P	2.000	198
BA12	Parque Nacional da Chapada Diamantina	CER, ATL, CAA	RE	P	152.000	199
BA13	Jaguaquara	CAA	ND	N	5.000	201
BA14	Baixo-Sul	ATL	PR	N	50.000	202
BA15	Jequié	CAA	ND	N	?	203
BA16	Rio Arrojado	CER	ND	N	100.000	204
BA17	Boa Nova/Serra da Ouricana	ATL, CAA	RE	N	15.000	205
BA18	Ilhéus/Itabuna	ATL	ND	N	50.000	206
BA19	Vitória da Conquista	CAA, ATL	PR	N	10.000	207
BA20	Serra do Teimoso	ATL	ND	P	1.000	208
BA21	Una	ATL	ND	P	12.000	209
BA22	Serras das Lontras e do Javi	ATL	RE	N	3.000	211
BA23	Serra Bonita	ATL	PR	P	4.500	213
BA24	Foz dos Rios Pardo e Jequitinhonha	ATL	ND	N	50.000	214
BA25	Santa Cruz Cabrália/Belmonte	ATL	ND	P	10.000	215
BA26	Estação Veracruz	ATL	ND	T	7.214	216
BA27	Parque Nacional do Pau-Brasil/Trancoso	ATL	ND	P	20.000	217
BA28	Parque Nacional de Monte Pascoal	ATL	ND	T	22.500	218
BA29	Serra de Itamaraju	ATL	ND	N	10.000	220
BA30	Parque Nacional do Descobrimento	ATL	ND	P	25.000	220
BA31	Rio Mucuri	ATL	PR	N	5.000	222
CE01	Serra de Ibiapaba	CAA, ATL	ND	P	100.000	126
CE02	Serras de Maranguape e da Aratanha	CAA, ATL	ND	N	4.500	127
CE03	Serra do Baturité	ATL, CAA	ND	P	32.690	128
CE/PE01	Chapada do Araripe	ATL, CAA, CER	RE	N	100.000	130
ES01	Sooretama/Linhares	ATL	RE	T	46.000	272
ES02	Santa Teresa	ATL	RE	P	14.000	274
ES03	Itarana	ATL	RE	N	5.000	276
ES04	Reserva Biológica de Duas Bocas	ATL	PR	P	4.100	277
ES05	Fazenda Pindobas IV e Arredores	ATL	RE	N	4.000	279
ES/MG01	Parque Nacional do Caparaó	ATL	PR	T	31.850	28
ES06	Encostas da Região de Domingos Martins	ATL	PR	N	24.000	282
ES07	Complexo Pedra Azul/Forno Grande	ATL	PR	P	10.000	283
ES08	Trindade e Martim Vaz	C/M	RE	N	1.500	284
ES09	Ilhas do Litoral Sul do Espírito Santo	C/M	RE	N	100	286

[1] Bioma: ATL (Mata Atlântica), CER (Cerrado), CAA (Caatinga), PAM (Pampa), C/M (Zonas costeira e marinha).
[2] Inventário ornitológico: ND (não disponível), PR (preliminar), RE (representativo).
[3] Grau de proteção: N (nenhum), P (parcial), T (total).

Apêndice 1. (continuação) Áreas Importantes para a Conservação das Aves (IBAs) nos Estados do Domínio da Mata Atlântica

Código da IBA	Nome	Bioma[1]	Inventário[2]	Proteção[3]	Área mínima (ha)	Página
ES10	Cafundó e Bananal do Norte	ATL	RE	P	2.000	287
MG01	Mocambinho	CAA	PR	P	20.000	235
MG02	Vale do Peruaçu	CAA	PR	P	60.000	236
MG03	Januária	CER, CAA	PR	N	?	238
MG/BA01	Bandeira/Macarani	ATL	ND	N	3.000	239
MG04	Fazenda Santana	ATL	ND	N	5.000	240
MG05	Reserva Biológica da Mata Escura	ATL	ND	T	50.890	241
MG/BA02	Alto Cariri	ATL	ND	N	22.000	242
MG06	Chapada do Catuni	CER	ND	N	500	243
MG07	Botumirim	CER	ND	N	2.000	244
MG08	Baixo Rio das Velhas	CAA, CER	PR	N	5.000	245
MG09	Parque Estadual do Rio Preto	CER	ND	P	12.000	246
MG10	Parque Estadual do Pico do Itambé e Serra do Gavião	CER	ND	P	5.000	247
MG11	Serra do Cipó	CER, ATL	RE	P	50.000	248
MG12	Parque Estadual do Rio Doce	ATL	PR	T	36.000	250
MG13	Caratinga	ATL	ND	T	957	251
MG14	Serra do Caraça	CER, ATL	RE	P	10.000	252
MG15	Serra da Canastra	CER	RE	P	200.000	254
MG16	Ouro Preto/Mariana	ATL, CER	ND	P	50.000	256
MG17	Parque Estadual da Serra do Brigadeiro	ATL	RE	T	13.210	257
MG/RJ01	Laranjal/Miracema	ATL	ND	N	10.000	258
MG18	Parque Estadual da Serra do Papagaio	ATL	PR	T	22.917	259
PB01	Mamanguape	ATL	ND	P	20.000	142
PB02	Usina Jacuípe	ATL	ND	N	4.000	143
PB03	Mata do Pau-Ferro	ATL	ND	P	600	144
PE01	Arquipélago de Fernando de Noronha	C/M	RE	T	1.800	148
PE02	Mata do Estado	ATL	PR	N	600	150
PE03	Serra do Mascarenhas	ATL	ND	N	3.500	151
PE04	Igarassu	ATL	PR	P	7.200	152
PE05	Brejo de Taquaritinga	ATL	PR	N	4.000	153
PE06	Tapacurá	ATL	RE	P	776	154
PE07	Complexo Gurjaú	ATL	RE	P	1.700	155
PE08	Reserva Ecológica Maurício Dantas	CAA	RE	T	1.485	156
PE09	Brejo dos Cavalos	ATL, CAA	PR	P	5.200	157
PE10	Guadalupe	ATL	PR	P	15.000	158
PE11	Parque Nacional do Catimbau	CAA	RE	T	62.300	159
PE12	Serra Negra (Floresta)	CAA, ATL	RE	P	6.000	160
PE13	Serra do Urubu	ATL	PR	P	1.000	162
PE14	Garanhuns	ATL	ND	N	15.000	163
PI01	Parque Nacional da Serra da Capivara	CAA	RE	T	100.000	116
PI02	Estação Ecológica de Uruçuí-Una	CER	RE	T	135.000	117
PI03	Parque Nacional da Serra das Confusões	CAA	RE	T	502.902	119
PI/MA/TO01	Nascentes do Rio Parnaíba	CER, CAA	RE	T	730.000	120
PR/MS01	Parque Nacional de Ilha Grande	ATL	ND	T	78.875	370
PR01	Jaguariaíva	CER, ATL	RE	P	5.000	371
PR02	Cânion do Guartelá	CER, ATL	ND	P	20.000	373
PR03	Parque Estadual das Lauráceas e Entorno	ATL	ND	P	40.000	374
PR/SP01	Guaraqueçaba/Jacupiranga/Cananéia	ATL	PR	P	500.000	375
PR04	Campos Gerais do Paraná	ATL, CER	RE	P	6.000	378
PR05	Várzeas da Região Metropolitana de Curitiba	ATL	ND	N	?	380

[1] Bioma: ATL (Mata Atlântica), CER (Cerrado), CAA (Caatinga), PAM (Pampa), C/M (Zonas costeira e marinha).
[2] Inventário ornitológico: ND (não disponível), PR (preliminar), RE (representativo).
[3] Grau de proteção: N (nenhum), P (parcial), T (total).

Apêndice 1. (continuação) Áreas Importantes para a Conservação das Aves (IBAs) nos Estados do Domínio da Mata Atlântica

Código da IBA	Nome	Bioma[1]	Inventário[2]	Proteção[3]	Área mínima (ha)	Página
PR06	Serra do Marumbi	ATL	RE	P	66.000	381
PR07	Parque Estadual do Rio Guarani	ATL	ND	T	2.235	383
PR08	Baixo Curso do Rio Nhundiaquara	ATL	ND	N	1.200	384
PR09	Parque Nacional do Iguaçu	ATL	RE	T	185.000	385
PR10	Corredor do Iguaçu	ATL	ND	P	6.000	386
PR11	Rio Guaraguaçu	ATL	ND	P	5.000	387
PR12	APA de Guaratuba	ATL	RE	P	130.000	388
PR13	Ilhas dos Currais	C/M	ND	N	10	391
PR14	Várzeas do Curso Médio-Superior do Rio Iguaçu	ATL	ND	N	?	391
PR15	Várzeas em Tijucas do Sul	ATL	ND	N	20.000	392
PR16	General Carneiro	ATL	ND	N	100.000	393
RJ01	Parque Estadual do Desengano e Entorno	ATL	PR	P	22.500	300
RJ/MG01	Parque Nacional de Itatiaia	ATL	RE	T	30.000	302
RJ02	Região Serrana do Rio de Janeiro	ATL	ND	P	55.000	304
RJ03	Reserva Biológica União	ATL	PR	T	3.126	306
RJ04	Serra dos Órgãos	ATL	RE	P	16.000	307
RJ05	Reserva Biológica de Poço das Antas	ATL	RE	T	5.000	310
RJ06	Serra do Tinguá	ATL	RE	T	28.000	311
RJ07	Maciços da Tijuca e Pedra Branca	ATL	RE	T	15.700	313
RJ08	Restinga de Maçambaba e Ilha de Cabo Frio	ATL	PR	P	9.000	315
RJ09	Ilha Grande	ATL	PR	P	19.000	316
RJ/SP01	Serra da Bocaina/Paraty/Angra dos Reis	ATL	RE	P	150.000	317
RN01	Atol das Rocas	C/M	RE	T	36.249	136
RN02	Mata Estrela	ATL	PR	P	2.000	137
RN03	Estação Ecológica do Seridó	CAA	RE	T	1.166	139
RS01	Parque Estadual do Turvo	ATL	RE	T	17.491	424
RS/SC01	Campos do Planalto das Araucárias	ATL	PR	P	850.000	426
RS02	Banhado São Donato	PAM	RE	P	17.500	427
RS03	Campos de Cima da Serra	ATL	RE	P	200.000	429
RS/SC02	Região dos Aparados da Serra	ATL	PR	P	150.000	430
RS04	Banhado dos Pachecos	ATL, PAM	ND	T	2.560	433
RS05	Médio Rio Camaquã	PAM	RE	N	450.000	434
RS06	Parque Nacional da Lagoa do Peixe	C/M	RE	T	34.400	435
RS07	Campos da Região de Bagé	PAM	PR	N	82.000	437
RS08	Região de Pinheiro Machado	PAM	PR	N	100.000	438
RS09	Estuário da Laguna dos Patos	C/M	RE	N	?	439
RS10	Várzea do Canal São Gonçalo	PAM	PR	N	70.000	441
RS11	Banhado do Maçarico e Cordões Litorâneos Adjacentes	PAM	PR	N	41.100	442
RS12	Banhado do Taim	PAM	RE	P	32.000	444
SC01	Baía da Babitonga	ATL	ND	P	30.000	406
SC02	Salto do Piraí	ATL	ND	P	5.000	407
SC/PR01	Campos de Água Doce e Palmas	ATL	ND	N	110.000	409
SC03	Região de Blumenau	ATL	PR	T	57.374	410
SC04	Parque Estadual da Serra do Tabuleiro	ATL	RE	T	87.405	411
SC05	Painel/Urupema	ATL	ND	N	135.000	413
SC06	Urubici	ATL	ND	N	20.000	414
SC07	Parque Nacional de São Joaquim	ATL	PR	T	49.300	415
SE01	Serra de Itabaiana e Matas de Areia Branca	ATL, CAA, CER	ND	T	7.966	180
SE02	Mata do Crasto e Restingas de Itaporanga e Estância	ATL, CER	ND	N	10.000	181

[1] Bioma: ATL (Mata Atlântica), CER (Cerrado), CAA (Caatinga), PAM (Pampa), C/M (Zonas costeira e marinha).
[2] Inventário ornitológico: ND (não disponível), PR (preliminar), RE (representativo).
[3] Grau de proteção: N (nenhum), P (parcial), T (total).

Apêndice 1. (continuação) Áreas Importantes para a Conservação das Aves (IBAs) nos Estados do Domínio da Mata Atlântica

Código da IBA	Nome	Bioma[1]	Inventário[2]	Proteção[3]	Área mínima (ha)	Página
SP01	Itirapina	CER	RE	P	2.300	332
SP/MG01	Serra da Mantiqueira	ATL	PR	P	95.000	335
SP/MG02	São Francisco Xavier/Monte Verde	ATL	PR	N	?	336
SP02	Parque Estadual da Serra do Mar (entre Caraguatatuba e Picinguaba)	ATL	RE	P	85.000	338
SP03	Serra da Cantareira	ATL	RE	P	8.000	340
SP04	Parque Estadual da Serra do Mar (entre Santos e São Sebastião)	ATL	RE	T	110.000	342
SP05	Bertioga	ATL	ND	N	6.000	344
SP06	Parque Estadual de Ilhabela	ATL	RE	T	27.025	345
SP07	Parque Estadual da Serra do Mar (entre Pedro de Toledo e Cubatão)	ATL	ND	T	140.000	346
SP08	Itanhaém/Mongaguá	ATL	ND	N	8.000	348
SP09	Arquipélago dos Alcatrazes	C/M	PR	P	200	349
SP10	Maciço Florestal de Paranapiacaba	ATL	RE	P	140.000	350
SP11	Estação Ecológica de Juréia-Itatins	ATL	RE	P	80.000	353
SP12	Ilhas Comprida e Cananéia	ATL	PR	N	24.000	356
Total					**8.413.973**	

[1] Bioma: ATL (Mata Atlântica), CER (Cerrado), CAA (Caatinga), PAM (Pampa), C/M (Zonas costeira e marinha).
[2] Inventário ornitológico: ND (não disponível), PR (preliminar), RE (representativo).
[3] Grau de proteção: N (nenhum), P (parcial), T (total).

Apêndice 2. Espécies globalmente ameaçadas (Critério A1) com ocorrência nos Estados do Domínio da Mata Atlântica

Nome científico	Nome vulgar		Categoria de ameaça[1]
	Português	Inglês	
Espécies ameaçadas			
Nothura minor	Codorna-mineira	Lesser Nothura	VU
Taoniscus nanus	Inhambu-carapé	Dwarf Tinamou	VU
Pterodroma arminjoniana	Grazina-de-trindade	Trindade Petrel	VU
Phoenicoparrus andinus	Flamingo-grande-dos-andes	Andean Flamingo	VU
Mergus octosetaceus	Pato-mergulhão	Brazilian Merganser	CR
Leptodon forbesi	Gavião-de-pescoço-branco	White-collared Kite	CR
Leucopternis lacernulatus	Gavião-pombo-pequeno	White-necked Hawk	VU
Harpyhaliaetus coronatus	Águia-cinzenta	Crowned Eagle	EN
Penelope ochrogaster	Jacu-de-barriga-castanha	Chestnut-bellied Guan	VU
Penelope jacucaca	Jacucaca	White-browed Guan	VU
Pipile jacutinga	Jacutinga	Black-fronted Piping-guan	EN
Crax (=Mitu) mitu	Mutum-do-nordeste	Alagoas Curassow	EW
Crax blumenbachii	Mutum-de-bico-vermelho	Red-billed Curassow	EN
Laterallus xenopterus	Sanã-de-cara-ruiva	Rufous-faced Crake	VU
Porzana spiloptera	Sanã-cinza	Dot-winged Crake	VU
Numenius borealis	Maçarico-esquimó	Eskimo Curlew	CR(PE)
Larus atlanticus	Gaivota-de-rabo-preto	Orlog´s Gull	VU
Columbina cyanopis	Rolinha-do-planalto	Blue-eyed Ground-dove	CR
Claravis godefrida	Pararu-espelho	Purple-winged Ground-dove	CR
Anodorhynchus hyacinthinus	Arara-azul-grande	Hyacinth Macaw	EN
Anodorhynchus leari	Arara-azul-de-lear	Lear´s Macaw	CR
Anodorhynchus glaucus	Arara-azul-pequena	Glaucous Macaw	CR
Cyanopsitta spixii	Ararinha-azul	Spix´s Macaw	CR(PE)
Pyrrhura cruentata	Tiriba-grande	Blue-chested Parakeet	VU
Touit melanonotus	Apuim-de-costas-pretas	Brown-backed Parrotlet	EN
Touit surdus	Apuim-de-cauda-amarela	Golden-tailed Parrotlet	VU
Amazona pretrei	Papagaio-charão	Red-spectacled Amazon	VU
Amazona rhodocorytha	Chauá	Red-browed Amazon	EN
Amazona brasiliensis	Papagaio-de-cara-roxa	Red-tailed Amazon	VU
Amazona vinacea	Papagaio-de-peito-roxo	Vinaceous Amazon	VU
Eleothreptus (=Caprimulgus) candicans	Bacurau-de-rabo-branco	White-winged Nightjar	EN
Glaucis dohrnii	Balança-rabo-canela	Hook-billed Hermit	EN
Jacamaralcyon tridactyla	Cuitelão	Three-toed Jacamar	VU
Picumnus limae	Pica-pau-anão-da-caatinga	Ochraceous Piculet	VU
Dryocopus galeatus	Pica-pau-de-cara-canela	Helmeted Woodpecker	VU
Xiphocolaptes falcirostris	Arapaçu-do-nordeste	Moustached Woodcreeper	VU
Synallaxis cinerea (=whitneyi)	João-baiano	Bahia Spinetail	VU
Synallaxis infuscata	Tatac	Plain Spinetail	EN
Acrobatornis fonsecai	Acrobata	Pink-legged Graveteiro	VU
Asthenes luizae	Lenheiro-da-serra-do-cipó	Cipó Canastero	VU
Thripophaga macroura	Rabo-amarelo	Striated Softtail	VU
Philydor novaesi	Limpa-folha-do-nordeste	Alagoas Foliage-gleaner	CR
Biatas nigropectus	Papo-branco	White-bearded Antshrike	VU
Dysithamnus plumbeus	Choquinha-chumbo	Plumbeous Antvireo	VU
Myrmotherula snowi	Choquinha-de-alagoas	Alagoas Antwren	CR
Myrmotherula fluminensis	Choquinha-fluminense	Rio de Janeiro Antwren	CR
Myrmotherula minor	Choquinha-pequena	Salvadori´s Antwren	VU
Myrmotherula urosticta	Choquinha-de-rabo-cintado	Band-tailed Antwren	VU

[1] Categoria de ameaça, segundo IUCN (2004)*: CR (criticamente em perigo), EN (em perigo), VU (vulnerável), NT (quase ameaçada), PE (possivelmente extinta), EW (extinta na natureza).
* IUCN (2004) *2004 IUCN Red List of Threatened Species.* <www.iucnredlist.org> Acessado em: 31 dezembro 2005.

Apêndice 2. (continuação) Espécies globalmente ameaçadas (Critério A1) com ocorrência nos Estados do Domínio da Mata Atlântica

Nome científico	Nome vulgar		Categoria de ameaça[1]
	Português	Inglês	
Espécies ameaçadas			
Herpsilochmus pileatus	Chorozinho-de-boné	Bahia Antwren	VU
Herpsilochmus pectoralis	Chorozinho-de-papo-preto	Pectoral Antwren	VU
Stymphalornis acutirostris	Bicudinho-do-brejo	Marsh Antwren	EN
Formicivora littoralis	Formigueiro-do-litoral	Restinga Antwren	CR
Formicivora erythronotos	Formigueiro-de-cabeça-negra	Black-hooded Antwren	EN
Terenura sicki	Zidedê-do-nordeste	Orange-bellied Antwren	EN
Pyriglena atra	Papa-taoca-da-bahia	Fringe-backed Fire-eye	EN
Rhopornis ardesiacus	Gravatazeiro	Slender Antbird	EN
Myrmeciza ruficauda	Formigueiro-de-cauda-ruiva	Scalloped Antbird	EN
Merulaxis stresemanni	Entufado-baiano	Stresemann´s Bristlefront	CR
Scytalopus iraiensis	Macuquinho-da-várzea	Tall-grass Wetland Tapaculo	EN
Scytalopus psychopompus	Macuquinho-baiano	Bahia Tapaculo	CR
Tijuca condita	Saudade-de-asa-cinza	Grey-winged Cotinga	VU
Carpornis melanocephala	Sabiá-pimenta	Black-headed Berryeater	VU
Calyptura cristata	Tietê-de-coroa	Kinglet Calyptura	CR
Cotinga maculata	Crejoá	Banded Cotinga	EN
Xipholena atropurpurea	Anambé-de-asa-branca	White-winged Cotinga	EN
Procnias nudicollis	Araponga	Bare-throated Bellbird	VU
Antilophia bokermanni	Soldadinho-do-araripe	Araripe Manakin	CR
Neopelma aurifrons	Fruxu-baiano	Wied's Tyrant-manakin	VU
Piprites pileata	Caneleirinho-de-chapéu-preto	Black-capped Manakin	VU
Hemitriccus mirandae	Maria-do-nordeste	Buff-breasted Tody-tyrant	VU
Hemitriccus kaempferi	Maria-catarinense	Kaempfer's Tody-tyrant	CR
Hemitriccus furcatus	Papa-moscas-estrela	Fork-tailed Pygmy-tyrant	VU
Elaenia ridleyana	Cocoruta	Noronha Elaenia	VU
Culicivora caudacuta	Papa-moscas-do-campo	Sharp-tailed Grass-tyrant	VU
Phylloscartes roquettei	Cara-dourada	Minas Gerais Tyrannulet	CR
Phylloscartes ceciliae	Cara-pintada	Alagoas Tyrannulet	EN
Phylloscartes beckeri	Borboletinha-baiana	Bahia Tyrannulet	EN
Phylloscartes kronei	Maria-da-restinga	Restinga Tyrannulet	VU
Platyrinchus leucoryphus	Patinho-gigante	Russed-winged Spadebill	VU
Onychorhynchus swainsoni	Maria-leque-do-sudeste	Atlantic Royal Flycatcher	VU
Xolmis dominicanus (=Heteroxolmis dominicana)	Noivinha-de-rabo-preto	Black-and-white Monjita	VU
Alectrurus tricolor	Galito	Cock-tailed Tyrant	VU
Alectrurus risora	Tesoura-do-campo	Strange-tailed Tyrant	VU
Anthus nattereri	Caminheiro-grande	Ochre-breasted Pipit	VU
Gubernatrix cristata	Cardeal-amarelo	Yellow Cardinal	EN
Coryphaspiza melanotis	Tico-tico-de-máscara-negra	Black-masked Finch	VU
Poospiza cinerea	Capacetinho-do-oco-do-pau	Cinereous Warbling-finch	VU
Sporophila frontalis	Pixoxó	Buffy-fronted Seedeater	VU
Sporophila falcirostris	Cigarra-verdadeira	Temminck's Seedeater	VU
Sporophila palustris	Caboclinho-de-papo-branco	Marsh Seedeater	EN
Sporophila cinnamomea	Caboclinho-de-chapéu-cinzento	Chestnut Seedeater	VU
Sporophila zelichi	Caboclinho-de-coleira-branca	Entre Ríos Seedeater	CR
Nemosia rourei	Saíra-apunhalada	Cherry-throated Tanager	CR
Tangara fastuosa	Pintor-verdadeiro	Seven-coloured Tanager	VU
Tangara peruviana	Saíra-sapucaia	Black-backed Tanager	VU
Dendroica cerulea	Mariquita-azul	Cerulean Warbler	VU

[1] Categoria de ameaça, segundo IUCN (2004)*: CR (criticamente em perigo), EN (em perigo), VU (vulnerável), NT (quase ameaçada), PE (possivelmente extinta), EW (extinta na natureza).
* IUCN (2004) *2004 IUCN Red List of Threatened Species.* <www.iucnredlist.org> Acessado em: 31 dezembro 2005.

Apêndice 2. (continuação) Espécies globalmente ameaçadas (Critério A1) com ocorrência nos Estados do Domínio da Mata Atlântica

Nome científico	Nome vulgar		Categoria de ameaça[1]
	Português	Inglês	
Espécies ameaçadas			
Xanthopsar flavus	Veste-amarela	Saffron-cowled Blackbird	VU
Sturnella defilippii	Peito-vermelho-grande	Pampas Meadowlark	VU
Curaeus forbesi	Anumará	Forbes's Blackbird	EN
Carduelis yarrellii	Pintassilgo-do-nordeste	Yellow-faced Siskin	VU
Espécies quase ameaçadas			
Rhea americana	Ema	Greater Rhea	NT
Tinamus solitarius	Macuco	Solitary Tinamou	NT
Crypturellus noctivagus	Jaó-do-sul, zabelê	Yellow-legged Tinamou	NT
Phoenicopterus chilensis	Flamingo-chileno	Chilean Flamingo	NT
Neochen jubata	Pato-corredor	Orinoco Goose	NT
Leucopternis polionotus	Gavião-pombo-grande	Mantled Hawk	NT
Morphnus guianensis	Uiraçu-falso	Crested Eagle	NT
Harpia harpyja	Gavião-real	Harpy Eagle	NT
Ortalis superciliaris	Aracuã-de-sobrancelhas	Buff-browed Chachalaca	NT
Tryngites subruficollis	Maçarico-acanelado	Buff-breasted Sandpiper	NT
Primolius (=Propyrrhura) maracana	Maracanã-do-buriti	Blue-winged Macaw	NT
Aratinga auricapillus	Jandaia-de-testa-vermelha	Golden-capped Parakeet	NT
Amazona xanthops	Papagaio-galego	Yellow-faced Amazon	NT
Triclaria malachitacea	Sabiá-cica	Blue-bellied Parrot	NT
Strix hylophila	Coruja-listrada	Rusty-barred Owl	NT
Nyctiprogne vielliardi	Bacurau-do-são-francisco	Plain-tailed Nighthawk	NT
Eleothreptus anomalus	Curiango-do-banhado	Sickle-winged Nightjar	NT
Ramphodon naevius	Beija-flor-rajado	Saw-billed Hermit	NT
Thalurania watertonii	Beija-flor-de-costas-violeta	Long-tailed Woodnymph	NT
Augastes lumachella	Beija-flor-de-gravata-vermelha	Hooded Visorbearer	NT
Augastes scutatus	Beija-flor-de-gravata-verde	Hyacinth Visorbearer	NT
Baillonius bailloni	Araçari-banana	Saffron Toucanet	NT
Picumnus fulvescens	Pica-pau-anão-canela	Tawny Piculet	NT
Picumnus nebulosus	Pica-pau-anão-carijó	Mottled Piculet	NT
Piculus aurulentus	Pica-pau-dourado	Yellow-browed Woodpecker	NT
Geobates poecilopterus	Andarilho	Campo Miner	NT
Leptasthenura setaria	Grimpeiro	Araucaria Tit-spinetail	NT
Gyalophylax hellmayri	João-xique-xique	Red-shouldered Spinetail	NT
Clibanornis dendrocolaptoides	Cisqueiro	Canebreak Grouncreeper	NT
Spartonoica maluroides	Boininha	Bay-capped Wren-spinetail	NT
Limnoctites rectirostris	Junqueiro-de-bico-reto	Straight-billed Reedhaunter	NT
Anabacerthia amaurotis	Limpa-folha-miúdo	White-browed Foliage-gleaner	NT
Dysithamnus stictothorax	Choquinha-de-peito-pintado	Spot-breasted Antvireo	NT
Myrmotherula unicolor	Choquinha-cinzenta	Unicoloured Antwren	NT
Herpsilochmus sellowi	Chorozinho-da-caatinga	Caatinga Antwren	NT
Formicivora iheringi	Formigueiro-do-nordeste	Narrow-billed Antwren	NT
Drymophila genei	Choquinha-da-serra	Rufous-tailed Antbird	NT
Drymophila ochropyga	Choquinha-de-dorso-vermelho	Ochre-rumped Antbird	NT
Cercomacra brasiliana	Chororó-cinzento	Rio de Janeiro Antbird	NT
Hylopezus ochroleucus	Torom-do-nordeste	White-browed Antpitta	NT
Psilorhamphus guttatus	Tapaculo-pintado	Spotted Bamboowren	NT
Merulaxis ater	Entufado	Slaty Bristlefront	NT

[1] Categoria de ameaça, segundo IUCN (2004)*. CR (criticamente em perigo), EN (em perigo), VU (vulnerável), NT (quase ameaçada), PE (possivelmente extinta), EW (extinta na natureza).
* IUCN (2004) *2004 IUCN Red List of Threatened Species*. <www.iucnredlist.org> Acessado em: 31 dezembro 2005.

Apêndice 2. (continuação) Espécies globalmente ameaçadas (Critério A1) com ocorrência nos Estados do Domínio da Mata Atlântica

Nome científico	Nome vulgar		Categoria de ameaça[1]
	Português	Inglês	
Espécies quase ameaçadas			
Scytalopus novacapitalis	Tapaculo-de-brasília	Brasília Tapaculo	NT
Scytalopus indigoticus	Macuquinho	White-breasted Tapaculo	NT
Laniisoma elegans	Chibante	Elegant Mourner	NT
Phibalura flavirostris	Tesourinha-da-mata	Swallow-tailed Cotinga	NT
Tijuca atra	Saudade	Black-and-gold Cotinga	NT
Carpornis cucullata	Corocoxó	Hooded Berryeater	NT
Iodopleura pipra	Anambezinho	Buff-throated Purpletuft	NT
Lipaugus lanioides	Tropeiro-da-serra	Cinnamon-vented Piha	NT
Hemitriccus orbitatus	Tiririzinho-do-mato	Eye-ringed Tody-tyrant	NT
Phyllomyias griseocapilla	Piolhinho-serrano	Grey-capped Tyrannulet	NT
Polystictus pectoralis	Papa-moscas-canela	Bearded Tachuri	NT
Polystictus superciliaris	Papa-moscas-de-costas-cinzentas	Grey-backed Tachuri	NT
Euscarthmus rufomarginatus	Maria-corruíra	Rufous-sided Pygmy-tyrant	NT
Phylloscartes eximius	Barbudinho	Southern Bristle-tyrant	NT
Phylloscartes paulista	Não-pode-parar	São Paulo Tyrannulet	NT
Phylloscartes oustaleti	Papa-moscas-de-olheiras	Oustalet's Tyrannulet	NT
Phylloscartes difficilis	Estalinho	Serra do Mar Tyrannulet	NT
Phylloscartes sylviolus	Maria-pequena	Bay-ringed Tyrannulet	NT
Contopus cooperi	Piuí-boreal	Olive-sided Flycatcher	NT
Knipolegus franciscanus	Maria-preta-do-nordeste	Brazilian Black-tyrant	NT
Polioptila lactea	Balança-rabo-leitoso	Creamy-bellied Gnatcatcher	NT
Arremon franciscanus	Tico-tico-do-são-francisco	São Francisco Sparrow	NT
Charitospiza eucosma	Mineirinho	Coal-crested Finch	NT
Embernagra longicauda	Rabo-mole-da-serra	Pale-throated Pampa-finch	NT
Sporophila ruficollis	Caboclinho-de-papo-escuro	Dark-throated Seedeater	NT
Sporophila hypochroma	Caboclinho-de-sobre-ferrugem	Grey-and-chestnut Seedeater	NT
Sporophila melanogaster	Caboclinho-de-barriga-preta	Black-bellied Seedeater	NT
Oryzoborus maximiliani	Bicudo	Great-billed Seed-finch	NT
Amaurospiza moesta	Negrinho-do-mato	Blackish-blue Seedeater	NT
Passerina (=*Porphyrospiza*) *caerulescens*	Campainha-azul	Yellow-billed Blue Finch	NT
Orchesticus abeillei	Sanhaço-pardo	Brown Tanager	NT
Neothraupis fasciata	Cigarra-do-campo	White-banded Tanager	NT
Thraupis cyanoptera	Sanhaço-de-encontro-azul	Azure-shouldered Tanager	NT
Euphonia chalybea	Cais-cais	Green-chinned Euphonia	NT
Dacnis nigripes	Saí-de-pernas-pretas	Black-legged Dacnis	NT
Vireo gracilirostris	Juruviara-de-noronha	Noronha Vireo	NT
Cyanocorax caeruleus	Gralha-azul	Azure Jay	NT

[1] Categoria de ameaça, segundo IUCN (2004)*: CR (criticamente em perigo), EN (em perigo), VU (vulnerável), NT (quase ameaçada), PE (possivelmente extinta), EW (extinta na natureza).
* IUCN (2004) *2004 IUCN Red List of Threatened Species*. <www.iucnredlist.org> Acessado em: 31 dezembro 2005.

Apêndice 3. Espécies endêmicas e de distribuição restrita (Critérios A2 e A3) com ocorrência nos Estados do Domínio da Mata Atlântica

Nome científico	Nome vulgar		EBA*
	Português	Inglês	
Mata Atlântica			
Tinamus solitarius	Macuco	Solitary Tinamou	
Crypturellus noctivagus	Jaó-do-sul	Yellow-legged Tinamou	
Pterodroma arminjoniana	Grazina-de-trindade	Trindade Petrel	
Leptodon forbesi	Gavião-de-pescoço-branco	White-collared Kite	71
Leucopternis lacernulatus	Gavião-pombo-pequeno	White-necked Hawk	
Leucopternis polionotus	Gavião-pombo-grande	Mantled Hawk	
Ortalis araucuan (inclui *squamata*)	Aracuã-de-barriga-branca	East Brazil Chachalaca	
Pipile jacutinga	Jacutinga	Black-fronted Piping-guan	
Crax (=*Mitu*) *mitu*	Mutum-do-nordeste	Alagoas Curassow	71
Crax blumenbachii	Mutum-de-bico-vermelho	Red-billed Curassow	75
Odontophorus capueira	Uru	Spot-winged Wood-quail	
Aramides saracura	Saracura-do-mato	Slaty-breasted Wood-rail	
Claravis godefrida	Pararu-espelho	Purple-winged Ground-dove	
Pyrrhura cruentata	Tiriba-grande	Blue-chested Parakeet	
Pyrrhura frontalis	Tiriba-de-testa-vermelha	Maroon-bellied Parakeet	
Pyrrhura leucotis	Tiriba-de-orelha-branca	White-eared Parakeet	
Pyrrhura griseipectus(=*anaca*)	Tiriba-de-peito-cinza	Gray-breasted Parakeet	
Brotogeris tirica	Periquito-rico	Plain Parakeet	
Touit melanonotus	Apuim-de-costas-pretas	Brown-backed Parrotlet	75
Touit surdus	Apuim-de-cauda-amarela	Golden-tailed Parrotlet	
Pionopsitta pileata	Cuiú-cuiú	Pileated Parrot	
Amazona pretrei	Papagaio-charão	Red-spectacled Amazon	76
Amazona rhodocorytha	Chauá	Red-browed Amazon	
Amazona brasiliensis	Papagaio-de-cara-roxa	Red-tailed Amazon	75
Amazona vinacea	Papagaio-de-peito-roxo	Vinaceous Amazon	
Triclaria malachitacea	Sabiá-cica	Blue-bellied Parrot	75
Otus atricapilla	Corujinha-sapo	Black-capped Screech-owl	
Otus sanctaecatarinae	Corujinha-do-sul	Long-tufted Screech-owl	
Strix hylophila	Coruja-listrada	Rusty-barred Owl	
Pulsatrix koeniswaldiana	Murucututu	Tawny-browed Owl	75
Glaucidium minutissimum	Caburé-miudinho	Least Pygmy-owl	
Glaucidium mooreorum	Caburé-de-pernambuco	Pernambuco Pygmy Owl	
Macropsalis forcipata	Bacurau-tesoura-gigante	Long-trained Nightjar	
Phaethornis eurynome	Rabo-branco-de-garganta-rajada	Scale-throated Hermit	
Phaethornis squalidus	Rabo-branco-pequeno	Dusky-throated Hermit	
Phaethornis margarettae (inclui *camargoi*)	Rabo-branco-de-margarette	Margarette´s Hermit	
Phaethornis idaliae	Rabo-branco-mirim	Minute Hermit	75
Ramphodon naevius	Beija-flor-rajado	Saw-billed Hermit	75
Glaucis dohrnii	Balança-rabo-canela	Hook-billed Hermit	75
Melanotrochilus fuscus	Beija-flor-preto	Black Jacobin	
Stephanoxis lalandi	Beija-flor-de-topete	Plovercrest	
Thalurania glaucopis	Beija-flor-de-fronte-violeta	Violet-capped Woodnymph	
Thalurania watertonii	Beija-flor-de-costas-violeta	Long-tailed Woodnymph	
Leucochloris albicollis	Beija-flor-de-papo-branco	White-throated Hummingbird	
Aphantochroa cirrhochloris	Beija-flor-cinza	Sombre Hummingbird	
Clytolaema rubricauda	Beija-flor-rubi	Brazilian Ruby	
Trogon surrucura	Surucuá-variado	Surucua Trogon	
Baryphthengus ruficapillus	Juruva-verde	Rufous-capped Motmot	

* EBA: Endemic Bird Area (Stattersfield et al. 1998).

Apêndice 3. (continuação) Espécies endêmicas e de distribuição restrita (Critérios A2 e A3) com ocorrência nos Estados do Domínio da Mata Atlântica

Nome científico	Nome vulgar		EBA*
	Português	Inglês	
Mata Atlântica			
Jacamaralcyon tridactyla	Cuitelão	Three-toed Jacamar	75
Notharchus swainsoni	Macuru-de-barriga-castanha	Buff-bellied Puffbird	
Malacoptila striata	Barbudo-rajado	Crescent-chested Puffbird	
Baillonius bailloni	Araçari-banana	Saffron Toucanet	
Selenidera maculirostris	Araçari-poca	Spot-billed Toucanet	
Ramphastos dicolorus	Tucano-de-bico-verde	Red-breasted Toucan	
Picumnus temminckii	Pica-pau-anão-de-coleira	Ochre-collared Piculet	
Melanerpes flavifrons	Benedito-de-testa-amarela	Yellow-fronted Woodpecker	
Veniliornis spilogaster	Picapauzinho-verde-carijó	White-spotted Woodpecker	
Veniliornis maculifrons	Picapauzinho-de-testa-pintada	Yellow-eared Woodpecker	71
Piculus aurulentus	Pica-pau-dourado	Yellow-browed Woodpecker	
Dryocopus galeatus	Pica-pau-de-cara-canela	Helmeted Woodpecker	
Campephilus robustus	Pica-pau-rei	Robust Woodpecker	
Dendrocincla turdina	Arapaçu-liso	Thrush-like Woodcreeper	
Lepidocolaptes squamatus/falcinellus[1]	Arapaçu-escamoso	Scaled Woodcreeper	
Xiphorhynchus (=*Lepidocolaptes*) *fuscus*	Arapaçu-rajado	Lesser Woodcreeper	
Campylorhamphus falcularius	Arapaçu-de-bico-torto	Black-billed Scythebill	
Cinclodes pabsti	Pedreiro	Long-tailed Cinclodes	76
Leptasthenura striolata	Grimpeirinho	Striolated Tit-spinetail	76
Leptasthenura setaria	Grimpeiro	Araucaria Tit-spinetail	76
Oreophylax (=*Schizoeaca*) *moreirae*	Garrincha-chorona	Itatiaia Thistletail	76
Synallaxis ruficapilla	Pichororé	Rufous-capped Spinetail	
Synallaxis infuscata	Tatac	Plain Spinetail	71
Synallaxis cinerea (=*whitneyi*)	João-baiano	Bahia Spinetail	76
Acrobatornis fonsecai	Acrobata	Pink-legged Graveteiro	75
Cranioleuca pallida	Arredio-pálido	Pallid Spinetail	
Cranioleuca obsoleta	Arredio-oliváceo	Olive Spinetail	
Thripophaga macroura	Rabo-amarelo	Striated Softtail	75
Phacellodomus erythrophthalmus	João-botina-da-mata	Red-eyed Thornbird	75
Phacellodomus ferrugineigula	João-botina-do-brejo	Orange-eyed Thornbird	
Clibanornis dendrocolaptoides	Cisqueiro	Canebrake Groundcreeper	75
Cichlocolaptes leucophrus	Trepador-sobrancelha	Pale-browed Treehunter	75
Anabacerthia amaurotis	Limpa-folha-miúdo	White-browed Foliage-gleaner	75
Philydor lichtensteini	Limpa-folha-ocráceo	Ochre-breasted Foliage-gleaner	
Philydor atricapillus	Limpa-folha-coroado	Black-capped Foliage-gleaner	
Philydor novaesi	Limpa-folha-do-nordeste	Alagoas Foliage-gleaner	71
Anabazenops fuscus	Trepador-coleira	White-collared Foliage-gleaner	
Automolus leucophthalmus	Barranqueiro-de-olho-branco	White-eyed Foliage-gleaner	
Sclerurus scansor	Vira-folha	Rufous-breasted Leaftosser	
Heliobletus contaminatus	Trepadorzinho	Sharp-billed Treehunter	
Hypoedaleus guttatus	Chocão-carijó	Spot-backed Antshrike	
Mackenziaena severa	Borralhara	Tufted Antshrike	
Mackenziaena leachii	Borralhara-assobiadora	Large-tailed Antshrike	
Thamnophilus ambiguus	Choca-de-sooretama	Sooretama Slaty Antshrike	
Biatas nigropectus	Papo-branco	White-bearded Antshrike	75
Dysithamnus stictothorax	Choquinha-de-peito-pintado	Spot-breasted Antvireo	75
Dysithamnus xanthopterus	Choquinha-de-asa-ferrugem	Rufous-backed Antvireo	76
Dysithamnus plumbeus	Choquinha-chumbo	Plumbeous Antvireo	75

* EBA: Endemic Bird Area (Stattersfield et al. 1998).
[1] Estas duas espécies são tratadas em conjunto nas tabelas de endemismos apresentadas nas seções dos estados pela impossibilidade de se atribuir a uma ou outra forma os registros compilados para o nordeste do Estado de São Paulo.

Apêndice 3. (continuação) Espécies endêmicas e de distribuição restrita (Critérios A2 e A3) com ocorrência nos Estados do Domínio da Mata Atlântica

Nome científico	Nome vulgar		EBA*
	Português	Inglês	
Mata Atlântica			
Myrmotherula snowi	Choquinha-de-alagoas	Alagoas Antwren	71
Myrmotherula gularis	Choquinha-de-garganta-pintada	Star-throated Antwren	75
Myrmotherula fluminensis	Choquinha-fluminense	Rio de Janeiro Antwren	75
Myrmotherula minor	Choquinha-pequena	Salvadori's Antwren	75
Myrmotherula unicolor	Choquinha-cinzenta	Unicoloured Antwren	75
Myrmotherula urosticta	Choquinha-de-rabo-cintado	Band-tailed Antwren	75
Stymphalornis acutirostris	Bicudinho-do-brejo	Marsh Antwren	
Herpsilochmus pileatus	Chorozinho-de-boné	Bahia Antwren	
Formicivora littoralis	Formigueiro-do-litoral	Restinga Antwren	75
Formicivora serrana	Formigueiro-da-serra	Serra Antwren	75
Formicivora erythronotos	Formigueiro-de-cabeça-negra	Black-hooded Antwren	75
Drymophila ferruginea	Trovoada	Ferruginous Antbird	
Drymophila rubricollis	Trovoada-de-bertoni	Bertoni's Antbird	75
Drymophila genei	Choquinha-da-serra	Rufous-tailed Antbird	76
Drymophila ochropyga	Choquinha-de-dorso-vermelho	Ochre-rumped Antbird	76
Drymophila malura	Choquinha-carijó	Dusky-tailed Antbird	
Drymophila squamata	Pintadinho	Scaled Antbird	
Terenura maculata	Zidedê	Streak-capped Antwren	
Terenura sicki	Zidedê-do-nordeste	Orange-bellied Antwren	71
Cercomacra brasiliana	Chororó-cinzento	Rio de Janeiro Antbird	75
Pyriglena leucoptera	Papa-taoca-do-sul	White-shouldered Fire-eye	
Pyriglena atra	Papa-taoca-da-bahia	Fringe-backed Fire-eye	75
Myrmeciza ruficauda	Formigueiro-de-cauda-ruiva	Scalloped Antbird	71, 75
Myrmeciza loricata	Formigueiro-assobiador	White-bibbed Antbird	75
Myrmeciza squamosa	Papa-formiga-de-grota	Squamate Antbird	75
Chamaeza meruloides	Tovaca-cantadora	Such's Antthrush	75
Chamaeza ruficauda	Tovaca-de-rabo-vermelho	Rufous-tailed Antthrush	76
Hylopezus nattereri	Pinto-do-mato	Speckle-breasted Antpitta	
Conopophaga lineata	Chupa-dente	Rufous Gnateater	
Conopophaga cearae	Cuspidor-do-nordeste	Caatinga Gnateater	
Conopophaga melanops	Cuspidor-de-máscara-preta	Black-cheeked Gnateater	
Psilorhamphus guttatus	Tapaculo-pintado	Spotted Bamboowren	75
Merulaxis ater	Entufado	Slaty Bristlefront	75
Merulaxis stresemanni	Entufado-baiano	Stresemann's Bristlefront	75
Scytalopus iraiensis	Macuquinho-da-várzea	Tall-grass Wetland Tapaculo	
Scytalopus speluncae	Tapaculo-preto	Mouse-coloured Tapaculo	
Scytalopus sp. nov.	Macuquinho	Tapaculo	
Scytalopus psychopompus	Macuquinho-baiano	Bahia Tapaculo	75
Scytalopus indigoticus	Macuquinho	White-breasted Tapaculo	
Laniisoma elegans	Chibante	Elegant Mourner	
Tijuca atra	Saudade	Black-and-gold Cotinga	76
Tijuca condita	Saudade-de-asa-cinza	Grey-winged Cotinga	76
Carpornis cucullata	Corocoxó	Hooded Berryeater	75
Carpornis melanocephala	Sabiá-pimenta	Black-headed Berryeater	
Iodopleura pipra	Anambezinho	Buff-throated Purpletuft	71, 75
Calyptura cristata	Tietê-de-coroa	Kinglet Calyptura	75
Lipaugus lanioides	Tropeiro-da-serra	Cinnamon-vented Piha	
Cotinga maculata	Crejoá	Banded Cotinga	75

* EBA: Endemic Bird Area (Stattersfield et al. 1998).

Apêndice 3. (continuação) Espécies endêmicas e de distribuição restrita (Critérios A2 e A3) com ocorrência nos Estados do Domínio da Mata Atlântica

Nome científico	Nome vulgar		EBA*
	Português	Inglês	
Mata Atlântica			
Xipholena atropurpurea	Anambé-de-asa-branca	White-winged Cotinga	71, 75
Pyroderus scutatus	Pavó	Red-ruffed Fruitcrow	
Procnias nudicollis	Araponga	Bare-throated Bellbird	
Schiffornis virescens	Flautim	Greenish Schiffornis	
Chiroxiphia caudata	Tangará	Swallow-tailed Manakin	
Ilicura militaris	Tangarazinho	Pin-tailed Manakin	
Neopelma chrysolophum	Fruxu	Serra do Mar Tyrant-manakin	73, 76
Neopelma aurifrons	Fruxu-baiano	Wied's Tyrant-manakin	
Piprites pileata	Caneleirinho-de-chapéu-preto	Black-capped Manakin	76
Mionectes rufiventris	Abre-asa-de-cabeça-cinza	Grey-hooded Flycatcher	
Hemitriccus diops	Olho-falso	Drab-breasted Bamboo-tyrant	
Hemitriccus obsoletus	Catraca	Brown-breasted Bamboo-tyrant	76
Hemitriccus orbitatus	Tiririzinho-do-mato	Eye-ringed Tody-tyrant	
Hemitriccus nidipendulus	Tachuri-campainha	Hangnest Tody-tyrant	
Hemitriccus mirandae	Maria-do-nordeste	Buff-breasted Tody-tyrant	71
Hemitriccus kaempferi	Maria-catarinense	Kaempfer's Tody-tyrant	75
Hemitriccus furcatus	Papa-moscas-estrela	Fork-tailed Pygmy-tyrant	75
Todirostrum poliocephalum	Teque-teque	Yellow-lored Tody-flycatcher	
Phyllomyias virescens	Piolhinho-verdoso	Greenish Tyrannulet	
Phyllomyias griseocapilla	Piolhinho-serrano	Grey-capped Tyrannulet	76
Elaenia ridleyana	Cocoruta	Noronha Elaenia	69
Phylloscartes eximius	Barbudinho	Southern Bristle-tyrant	
Phylloscartes paulista	Não-pode-parar	São Paulo Tyrannulet	
Phylloscartes oustaleti	Papa-moscas-de-olheiras	Oustalet's Tyrannulet	75
Phylloscartes difficilis	Estalinho	Serra do Mar Tyrannulet	76
Phylloscartes ceciliae	Cara-pintada	Alagoas Tyrannulet	71
Phylloscartes beckeri	Borboletinha-baiana	Bahia Tyrannulet	76
Phylloscartes kronei	Maria-da-restinga	Restinga Tyrannulet	75
Phylloscartes sylviolus	Maria-pequena	Bay-ringed Tyrannulet	
Myiornis auricularis	Miudinho	Eared Pygmy-tyrant	
Platyrinchus leucoryphus	Patinho-gigante	Russet-winged Spadebill	
Onychorhynchus swainsoni	Maria-leque-do-sudeste	Atlantic Royal Flycatcher	
Knipolegus nigerrimus	Maria-preta-de-garganta-vermelha	Velvety Black-tyrant	
Muscipipra vetula	Tesoura-cinzenta	Shear-tailed Grey Tyrant	
Attila rufus	Capitão-de-saíra	Grey-hooded Attila	
Turdus subalaris	Sabiá-ferreiro	Eastern Slaty-thrush	
Polioptila lactea	Balança-rabo-leitoso	Creamy-bellied Gnatcatcher	
Arremon semitorquatus	Tico-tico-do-mato	Half-collared Sparrow	
Haplospiza unicolor	Cigarra-bambu	Uniform Finch	
Poospiza thoracica	Peito-pinhão	Bay-chested Warbling-finch	76
Sporophila frontalis	Pixoxó	Buffy-fronted Seedeater	75
Sporophila falcirostris	Cigarra-verdadeira	Temminck's Seedeater	75
Sporophila ardesiaca	Papa-capim-de-costas-cinza	Dubois's Seedeater	75
Sporophila melanogaster	Caboclinho-de-barriga-preta	Black-bellied Seedeater	76
Amaurospiza moesta	Negrinho-do-mato	Blackish-blue Seedeater	
Saltator fuliginosus	Pimentão	Black-throated Grosbeak	
Saltator maxillosus	Bico-grosso	Thick-billed Saltator	
Orchesticus abeillei	Sanhaço-pardo	Brown Tanager	

* EBA: Endemic Bird Area (Stattersfield et al. 1998).

Apêndice 3. (continuação) Espécies endêmicas e de distribuição restrita (Critérios A2 e A3) com ocorrência nos Estados do Domínio da Mata Atlântica

Nome científico	Nome vulgar		EBA*
	Português	Inglês	
Mata Atlântica			
Pyrrhocoma ruficeps	Cabecinha-castanha	Chestnut-headed Tanager	
Hemithraupis ruficapilla	Saíra-ferrugem	Rufous-headed Tanager	
Nemosia rourei	Saíra-apunhalada	Cherry-throated Tanager	75
Orthogonys chloricterus	Catirumbava	Olive-green Tanager	76
Tachyphonus coronatus	Tiê-preto	Ruby-crowned Tanager	
Ramphocelus bresilius	Tiê-sangue	Brazilian Tanager	
Thraupis cyanoptera	Sanhaço-de-encontro-azul	Azure-shouldered Tanager	75
Thraupis ornata	Sanhaço-de-encontro-amarelo	Golden-chevroned Tanager	
Euphonia chalybea	Cais-cais	Green-chinned Euphonia	
Euphonia pectoralis	Ferro-velho	Chestnut-bellied Euphonia	
Tangara cyanomelas (=*cyanomelaena*)	Saíra-diamante	Silvery-breasted Tanager	
Tangara brasiliensis	Cambada-de-chaves	White-bellied Tanager	
Tangara fastuosa	Pintor-verdadeiro	Seven-coloured Tanager	71
Tangara seledon	Saíra-sete-cores	Green-headed Tanager	
Tangara cyanocephala	Saíra-militar	Red-necked Tanager	
Tangara desmaresti	Saíra-lagarta	Brassy-breasted Tanager	76
Tangara cyanoventris	Saíra-douradinha	Gilt-edged Tanager	75
Tangara peruviana	Saíra-sapucaia	Black-backed Tanager	75
Dacnis nigripes	Saí-de-pernas-pretas	Black-legged Dacnis	75
Basileuterus leucoblepharus	Pula-pula-assobiador	White-browed Warbler	
Vireo gracilirostris	Juruviara-de-noronha	Noronha Vireo	69
Hylophilus poicilotis	Verdinho-coroado	Rufous-crowned Greenlet	
Curaeus forbesi	Anumará	Forbes's Blackbird	71
Cyanocorax caeruleus	Gralha-azul	Azure Jay	
Cerrado			
Nothura minor	Codorna-mineira	Lesser Nothura	
Taoniscus nanus	Inhambu-carapé	Dwarf Tinamou	
Penelope ochrogaster	Jacu-de-barriga-castanha	Chestnut-bellied Guan	
Columbina cyanopis	Rolinha-do-planalto	Blue-eyed Ground-dove	
Amazona xanthops	Papagaio-galego	Yellow-faced Amazon	
Eleothreptus (=*Caprimulgus*) *candicans*	Bacurau-de-rabo-branco	White-winged Nightjar	
Phaethornis nattereri (inclui *maranhaoensis*)	Besourão-de-sobre-amarelo	Cinnamon-throated Hermit	
Augastes lumachella	Beija-flor-de-gravata-vermelha	Hooded Visorbearer	73
Augastes scutatus	Beija-flor-de-gravata-verde	Hyacinth Visorbearer	73
Xiphocolaptes franciscanus	Arapaçu	Snethlage's Woodcreeper	
Geobates poecilopterus	Andarilho	Campo Miner	
Asthenes luizae	Lenheiro-da-serra-do-cipó	Cipó Canastero	73
Philydor dimidiatum	Limpa-folha-do-brejo	Russet-mantled Foliage-gleaner	
Hylocryptus rectirostris	Fura-barreira	Chestnut-capped Foliage-gleaner	
Herpsilochmus longirostris	Chorozinho-de-bico-comprido	Large-billed Antwren	
Melanopareia torquata	Tapaculo-de-colarinho	Collared Crescent-chest	
Scytalopus novacapitalis	Tapaculo-de-brasília	Brasília Tapaculo	
Scytalopus sp.	Macuquinho	Tapaculo	73
Culicivora caudacuta	Papa-moscas-do-campo	Sharp-tailed Grass-tyrant	
Polystictus superciliaris	Papa-moscas-de-costas-cinzentas	Grey-backed Tachuri	73, 76
Phylloscartes roquettei	Cara-dourada	Minas Gerais Tyrannulet	74
Knipolegus franciscanus	Maria-preta-do-nordeste	Brazilian Black-tyrant	74
Alectrurus tricolor	Galito	Cock-tailed Tyrant	

* EBA: Endemic Bird Area (Stattersfield et al. 1998).

Apêndice 3. (continuação) Espécies endêmicas e de distribuição restrita (Critérios A2 e A3) com ocorrência nos Estados do Domínio da Mata Atlântica

Nome científico	Nome vulgar		EBA*
	Português	Inglês	
Cerrado			
Gubernetes yetapa	Tesoura-do-brejo	Streamer-tailed Tyrant	
Antilophia galeata	Soldadinho	Helmeted Manakin	
Arremon franciscanus	Tico-tico-do-são-francisco	São Francisco Sparrow	
Poospiza cinerea	Capacetinho-do-oco-do-pau	Cinereous Warbling-finch	
Embernagra longicauda	Rabo-mole-da-serra	Pale-throated Pampa-finch	73
Sporophila hypochroma	Caboclinho-de-sobre-ferrugem	Grey-and-chestnut Seedeater	
Charitospiza eucosma	Mineirinho	Coal-crested Finch	
Passerina (=Porphyrospiza) caerulescens	Campainha-azul	Yellow-billed Blue Finch	
Neothraupis fasciata	Cigarra-do-campo	White-banded Tanager	
Cypsnagra hirundinacea	Bandoleta	White-rumped Tanager	
Compsothraupis loricata	Carretão	Scarlet-throated Tanager	
Basileuterus hypoleucus	Pula-pula-de-barriga-branca	White-bellied Warbler	
Basileuterus leucophrys	Pula-pula-de-sobrancelha	White-striped Warbler	
Cyanocorax cristatellus	Gralha-do-campo	Curl-crested Jay	
Caatinga			
Penelope jacucaca	Jacucaca	White-browed Guan	
Anodorhynchus leari	Arara-azul-de-lear	Lear's Macaw	70
Cyanopsitta spixii	Ararinha-azul	Spix's Macaw	70
Caprimulgus hirundinaceus	Bacurauzinho-da-caatinga	Pygmy Nightjar	70
Nyctiprogne (=Chordeiles) vielliardi	Bacurau-do-são-francisco	Plain-tailed Nighthawk	70
Phaethornis gounellei	Rabo-branco-de-cauda-larga	Broad-tipped Hermit	
Picumnus fulvescens	Pica-pau-anão-canela	Tawny Piculet	70, 75
Picumnus limae	Pica-pau-anão-da-caatinga	Ochraceous Piculet	
Picumnus pygmaeus	Pica-pau-anão-pintado	Spotted Piculet	
Celeus obrieni	Pica-pau-do-parnaíba	Caatinga Woodpecker	
Xiphocolaptes falcirostris	Arapaçu-do-nordeste	Moustached Woodcreeper	
Gyalophylax hellmayri	João-xique-xique	Red-shouldered Spinetail	70
Megaxenops parnaguae	Bico-virado-da-caatinga	Great Xenops	
Pseudoseisura cristata	Casaca-de-couro	Rufous Cacholote	
Sakesphorus cristatus	Choca-do-nordeste	Silvery-cheeked Antshrike	
Herpsilochmus pectoralis	Chorozinho-de-papo-preto	Pectoral Antwren	
Herpsilochmus sellowi	Chorozinho-da-caatinga	Caatinga Antwren	
Formicivora iheringi	Formigueiro-do-nordeste	Narrow-billed Antwren	72
Rhopornis ardesiacus	Gravatazeiro	Slender Antbird	72
Hylopezus ochroleucus	Torom-do-nordeste	White-browed Antpitta	
Antilophia bokermanni	Soldadinho-do-araripe	Araripe Manakin	
Stigmatura bahiae	Alegrinho	Wagtail-tyrant	
Paroaria dominicana	Cardeal-do-nordeste	Red-cowled Cardinal	
Pampas			
Larus atlanticus	Gaivota-de-rabo-preto	Olrog's Gull	
Limnornis curvirostris	Junqueiro-de-bico-curvo	Curve-billed Reedhaunter	
Spartonoica maluroides	Boininha	Bay-capped Wren-spinetail	
Cranioleuca sulphurifera	Arredio-de-papo-manchado	Sulphur-bearded Spinetail	
Sporophila cinnamomea	Caboclinho-de-chapéu-cinzento	Chestnut Seedeater	77
Sporophila palustris	Caboclinho-de-papo-branco	Marsh Seedeater	77
Sporophila zelichi	Caboclinho-de-coleira-branca	Entre Ríos Seedeater	77
Sturnella defilippii	Peito-vermelho-grande	Pampas Meadowlark	

* EBA: Endemic Bird Area (Stattersfield et al. 1998).

Apêndice 3. (continuação) Espécies endêmicas e de distribuição restrita (Critérios A2 e A3) com ocorrência nos Estados do Domínio da Mata Atlântica

Nome científico	Nome vulgar		Bioma*	EBA**
	Português	Inglês		
Outros Biomas				
Xolmis coronatus	Noivinha-coroada	Black-crowned Monjita	Patagônia	
Neoxolmis rufiventris	Gaúcho-chocolate	Chocolate-vented Tyrant	Patagônia	42
Spiziapteryx circumcincta	Falcãozinho-cinza	Spot-winged Falconet	Chaco	
Anodorhynchus glaucus[1]	Arara-azul-pequena	Glaucous Macaw	Chaco	
Drymornis bridgesii	Arapaçu-platino	Scimitar-billed Woodcreeper	Chaco	
Poospiza melanoleuca	Capacetinho	Black-capped Warbling-finch	Chaco	
Phoenicoparrus andinus[2]	Flamingo-grande-dos-andes	Andean Flamingo	Andes Centrais	

* Conforme Stotz et al. (1996)
** EBA: Endemic Bird Area (Stattersfield et al. 1998).
[1] Provavelmente extinta.
[2] Ocorre ocasionalmente na IBA Parque Nacional da Lagoa do Peixe (RS06).

Lista dos Colaboradores para a Elaboração do Diretório
List of Collaborators for the Elaboration of the Accounts

Fábio Olmos
PB02, PB03, PI02, PI04, RN01, RN02, RN03

Luis Fábio Silveira
BA13, BA15, BA17, BA19, BA20

Marcelo Cardoso de Souza
SE01, SE02

Pedro F. Develey
BA01, BA02, BA03, BA05, BA07, BA10, BA12, BA16, BA18, BA24, BA25, BA30, BA31, PE13, PR06, PR07, PR08, PR10, PR11, PR12, PR13, PR14, PR15, PR16, SC01, SC05, SP/MG01, SP/MG02, SP02, SP03, SP04, SP05, SP06, SP07, SP08, SP09, SP10, SP11, SP12.

Priscila Napoli
BA22

Rafael G. Pimentel
BA26, BA27, BA28, BA29, PR06, PR07, PR08, PR10, PR11, PR12, PR13, PR14, PR15, PR16

Sidnei S. Santos
BA06, BA08, BA09, BA11

Sonia Roda
PE07, PE08, PE09, PE10, PE14

Weber A. de G. Silva
CE01, CE02, CE03, CE/PE01